国家重点研发计划项目（2016YFC0801800）
国家自然科学基金重点项目（41430318）

煤 矿 灾 害 防 控 新 技 术 丛 书

煤层底板水害预测防控理论与技术

武　强　刘守强　曾一凡
崔芳鹏　孙文洁　赵颖旺　董东林　李沛涛　著

煤 炭 工 业 出 版 社
·北　京·

内容提要

本书在系统总结前人成果的基础上，提出了我国矿井水害类型划分方案，分析了其充水水文地质特征，研究提出了针对不同水害类型的防治技术方法，划分了我国煤矿井的水文地质类型，构建了煤层底板水害预测评价理论和防控技术体系，包括突水系数小于0.06 MPa/m带压区的底板水害危险性预测评价方法、煤层底板水害预测评价的新型实用方法——常权与变权脆弱性指数法、煤巷掘进前方小构造预测预报技术方法、岩溶陷落柱突水机理与危险性评价方法、矿井涌（突）水水源快速判识技术方法和断裂构造延迟滞后突水评价方法等。在此基础上，选择典型示范煤矿井，将底板水害预测评价理论和防控技术体系应用于相关工程实践，取得了较为满意的实施效果。

本书可供煤炭行业和相关矿业部门从事水害防治、水文地质、工程地质、水资源以及水利水电、高铁高速等行业隧道工程专业和方向的科技、管理、现场工程技术人员使用，也可供高等院校相关专业师生参考。

前 言

煤炭是我国的主体能源，而我国煤矿充水水文地质条件十分复杂，水害严重威胁着煤矿生产安全。根据我国煤矿历年各类重特大安全事故的统计，突水事故在死亡人数和发生次数方面仅次于煤矿瓦斯事故，被称为煤矿的“第二大杀手”。而且，从经济损失严重程度、事故抢险救援难度和矿井恢复生产所需时间等方面来看，水害事故在各类煤矿灾害事故中最为突出、最为严峻。据统计，2000—2018 年全国煤矿共发生水害事故 1184 起，死亡及失踪人数达 4735 人，其中重特大突水事故 98 起，死亡及失踪人数达 1804 人。

根据我国煤矿水害事故记录，历史上曾发生过百余起重特大突（透）水淹井事故，其中 55% 以上的事故是由底板突水引发的。煤层底板突水事故之所以难以遏制，主要原因是对煤层底板突水机理认识不足，缺乏系统的煤层底板水害预测评价理论和防控技术。煤层底板突水是一种多因素影响下具有复杂非线性动力过程的突水灾害，特别是随着煤矿开采深度的增加和下组煤的大规模开发，煤层底板突水主控因素增多，各因素对底板突水的控制权重随其时空域变化而变化，主控因素之间相互影响干扰，导致突水机理与过程越来越复杂，出现了小构造延迟滞后突水和突水系数小于 0.06 MPa/m 情况下仍发生底板突水事故等新的突水类型，传统预测理论和防控技术难以真实评价并处置煤层底板突水的复杂非线性动力过程。为此，本书从突水水源、突水通道和突水强度方面系统分析了煤层底板水害特征和主控因素体系，建立了煤层底板充水水文地质物理概念模型，运用先进的数学理论方法和物理模拟技术以及基于大数据的现代信息系统，提出并研发了突水系数小于 0.06 MPa/m 情况下煤层底板突水预测评价、基于常权脆弱性指数法预测评价、基于变权脆弱性指数法预测评价、掘进巷道前方小构造预测预报、矿井突（透）水水源快速判识、岩溶陷落柱突水预测评价和断裂构造延迟滞后突水预测评价等一系列成套理论、技术和信息系统，构建形成了较为系统的煤矿突水预测评价理论方法、辅助决策信息系统和防控技术体系。

本书分两篇共 15 章，第 1 篇主要介绍煤层底板水害预测评价理论与防控技术，在矿井水害类型及特征分析的基础上，提出了我国矿井水害防控技术体系，划分了全国煤矿水文地质类型，提出了较为系统的煤层底板水害预测评价理论、辅助决策信息系统和防控技术。第2篇主要介绍煤层底板水害预测评价理论与防控技术的工程应用，依据第1篇中提出的各种煤层底板水害预测评价理论与防控技术，分别结合典型矿井进行实际工程应用。

本书是整个研究团队的共同成果，参与此次研究和编写工作的成员还包括刘金韬博士、刘伟韬博士、朱斌博士、牛磊博士、李峥硕士、解淑寒硕士、陈红硕士、赵文德硕士、彭颖硕士、郭俊硕士、胡忠平硕士、翟延亮硕士、张维硕士。博士研究生于帅、丁航航，硕士研究生杜鑫、张俊杰、田勇等对本书部分资料进行了收集和整理，在此表示谢意。本书的出版得到了煤炭行业众多企业和多位专家的大力支持和帮助，同时得到了国家重点研发计划项目（2016YFC0801800）、国家自然科学基金重点项目（41430318）、国家自然科学基金项目（41572222、41602262、41877186、41702261）等多项科研项目和国家出版基金的资助，在此表示衷心的感谢。

由于煤层底板突水风险评价理论与技术涉及学科众多，条件多变，机理复杂，有许多理论和实践问题还有待于进一步探讨和研究，书中不妥之处敬请批评指正。

著　者

2019年10月

目　　次

第2篇 工程应用实例

1 绪 论

1.1 研究背景、目的及意义

1.1.1 我国煤矿水害情况

我国煤炭资源较丰富，占世界煤炭资源总储量的12%，煤炭资源地质储量位居世界第3名。20多年前我国已是世界第一产煤大国，2018年我国煤炭产量高达3.68 Gt。然而，由于我国是一个由多个构造板块经多序次地质构造运动拼接而成的陆地，地质构造条件十分复杂，因此我国是世界上煤矿水害最为严重的国家之一。据原国家安全生产监督管理总局统计，水害在我国煤矿重特大事故中是仅次于瓦斯事故的第二大杀手，水害矿难不仅容易造成井下作业人员重大伤亡，而且其造成经济损失严重程度、事故处置与抢险救援难度和被淹矿井恢复生产所需时间等方面在各类煤矿灾害事故中最为突出。此外，水害事故发生面广，凡涉及矿山开采特别是井工开采的各类矿种的矿山企业或涉及地下工程开挖的各类行业部门均普遍面临该问题，故社会影响面广，国内外关注程度高。

长期以来，煤矿突水事故已经给国家和人民生命财产安全造成了极大损失。2000—2018年，全国煤矿发生的水害事故共1184起，死亡及失踪人数达4735人，其中重特大水害事故达98起，死亡及失踪人数高达1804人（表1-1）。在煤矿重特大事故中，由煤矿突（透）水事故给国家造成的直接经济损失也一直位居各类煤矿灾害事故之首。例如，2006年5月18日，山西大同左云县张家场乡新井煤矿发生一起特别重大透水事故，造成56人死亡，直接经济损失达5312万元。另据统计，1980—2007年的20多年里，我国先后有250多对矿井因发生突水事故而被淹没，死亡近9000人，造成的经济损失高达350多亿元。

表1-1 2000—2018年我国煤矿水害事故统计

年份/年	煤矿水害事故发生次数/次	事故造成死亡及失踪人数/人	重特大突（透）水事故发生次数/次	重特大突（透）水事故造成死亡及失踪人数/人
2000	104	351	5	65
2001	109	432	9	168
2002	159	509	9	130
2003	137	551	14	231
2004	118	357	5	107
2005	109	605	13	357
2006	99	417	5	124
2007	63	255	3	56
2008	59	263	8	135

表 1-1(续)

年份/年	煤矿水害事故发生次数/次	事故造成死亡及失踪人数/人	重特大突（透）水事故发生次数/次	重特大突（透）水事故造成死亡及失踪人数/人
2009	47	166	4	54
2010	38	224	6	137
2011	44	192	6	85
2012	24	122	5	57
2013	21	89	2	28
2014	19	79	2	38
2015	12	64	1	21
2016	7	30	1	11
2017	9	14	0	0
2018	6	15	0	0
总计	1184	4735	98	1804

随着浅部和上组煤易采资源储量逐渐枯竭，深部和下组煤煤炭资源开采的水害问题日益严重，矿井充水水文地质条件日趋复杂，突水影响控制因素增多，突水机理和类型复杂多变。我国许多矿井不仅面临煤层顶板因上层资源开采或关闭大量不具备安全生产条件的小煤矿形成的采空区积水的透水威胁，而且面临着底板高承压碳酸盐岩地下水的突水胁迫，同时煤层中还常伴随有瓦斯等有害气体爆炸或煤与瓦斯及地下水等的突出，即井下作业人员工作现场处于水害“顶威、底迫、中突”的恶劣环境中。

另一方面，矿井的水害威胁也严重影响矿井的安全生产。随着科技的进步和煤炭生产的现代化，我国涌现出了一批高产高效的现代化生产矿井，许多矿井年产量达 10 Mt 以上，甚至高达 30 Mt，水害事故一旦发生就会造成巨大的经济损失和重大的人员伤亡，即使不淹井，也会影响综采设备的正常运行进而影响生产。

由此可见，煤矿水害已经严重影响和制约着我国煤炭的安全生产，为有效遏制矿井水害事故的发生，积极开展煤矿水害预测评价理论和防控技术研究工作对保障矿井的安全生产具有重要的现实意义和长远的战略意义。

1.1.2 我国煤矿底板水害特征

煤矿底板水害涉及我国大部分煤田，包括华北、华南的大部分晚古生代煤田以及个别中生代及新生代煤田，涉及范围广、水量大。特别是我国华北型煤田，煤层底板水害问题尤为突出。该煤田石炭二叠系煤层的开采受其下方太原组薄层灰岩和奥陶系巨厚层灰岩强含水层充水的威胁，特别是奥陶系巨厚层灰岩与太原组薄层灰岩一旦沟通后，奥灰的高水压和强富水特性使得上覆煤层开采的底板突水概率大大增加，一旦发生突水事故，就会造成生命和经济财产的巨大损失。例如，1984 年开滦矿区范各庄矿 2171 工作面发生煤层底板岩溶陷落柱奥灰突水事故，最大突水量高达 2053 m^3/min，造成淹井并且殃及周边三对矿井，损失煤炭产量近 8.5 Mt，直接和间接经济损失超过 5 亿元。

随着煤层开采深度不断增加和下组煤大规模开发，煤层开采的底板带压越来越大，深部高承压水害的威胁也越来越严重。主要表现在：受水害威胁的老矿井，煤炭向深部开采的底板水害成为其安全生产的主要制约因素；另外，矿井开采上组煤结束后，需进一步开采下组煤，其与奥灰之间的隔水层厚度逐渐变小，煤层底板带压却相应增加，使得煤层底板突水的概率进一步加大；此外，对于先期勘探认为是水文地质条件简单的矿井，由于对岩溶陷落柱、断裂构造、裂隙密集带等垂向导水通道的发育规律和超前探测工作未能给予足够重视，容易造成底部高承压突水灾害。例如，2010 年原神华集团骆驼山煤矿发生掘进工作面底板奥灰特别重大突水事故，其原因就是工作面导通了下方的隐伏导水岩溶陷落柱，造成 31 人死亡，直接经济损失达 4853 万元。

1.1.3 研究目的和意义

据统计，我国煤炭储量中约有 73.2% 的储量其埋深超过 1000 m，并且目前我国已经有近百对矿井开采深度超过 1000 m，“高地温、高水压、高地应力”使得煤矿开采的环境越来越复杂，煤层底板突水的威胁也更为严重。与此同时，煤炭企业往往受经济因素制约或因矿井地下水补给通道不集中等充水水文地质条件特点，很难开展帷幕注浆等大型防治水工程，并且由于奥灰含水层的强富水性，也很难完全开展疏水降压的大型防治水工程，进一步开采深部煤层就要进行带压开采，特别是为保障高产高效矿井安全生产，使得新形势下的煤层底板突水危险性预测评价理论和防控技术研究意义更为重大。

虽然我国在煤矿底板突水方面开展了大量研究工作，积累了一定经验，但很多理论尚处于研究阶段，很难应用于生产实际。特别是随着煤层开采深度增加和下组煤开采，一些浅部研究总结的理论很难适应于深部底板高承压水的突水预测评价，这些新情况的出现迫切要求我们对煤层底板突水的防控理论和技术有更进一步的系统研究和评价。

因此，认真分析煤矿存在的底板突水问题，深入研究煤层底板突水机理，系统总结新形势下科学合理的煤层底板突水危险性预测评价理论和方法，并制定和采取有针对性的防治水技术对策与措施，从而有效遏制煤矿底板突水事故的发生，解放受煤层底板水害威胁的大量煤炭储量，对保障我国煤炭工业可持续健康发展，具有极其重要的理论指导意义和实用价值。

1.2 国内外研究现状与进展

近年来我国在煤炭产量大幅增长、开采强度不断加大情况下，煤矿水害防控形势总体保持稳定、持续好转的发展态势。全国煤炭产量从 2000 年的近 1.384 Gt 增加到 2018 年的 3.68 Gt，增加了近 2.7 倍；与此同时，我国煤矿水害事故发生总数和总死亡人数分别从 2000 年的 104 次与 351 人下降至 2018 年的 6 次与 15 人，分别下降 94.2% 与 95.7%。根据国家煤矿安全监察局 2012 年的调查统计，全国煤矿每年实际排水量约 7.17×10^9 m^3，全国共有 61 处煤矿的矿井正常涌水量超过 1000 m^3/h，矿井水资源化利用率逐年提高。这些数据说明，近年来我国在矿井水防控与资源化利用领域取得了明显的进展和研究成果。但由于我国煤田充水水文地质条件类型多，构造复杂，矿井突水隐蔽致灾因素与机理多变，特别是随着深部资源和下组煤的大规模开发，水害防控形势依然十分严峻，存在诸多难题，面临众多挑战，煤矿地下水控制与资源化利用仍将是我国煤矿安全生产和煤炭科学开采的一个重大科研课题。

煤层底板突水不仅是单纯的水文地质问题，也不仅是单纯的岩体力学问题，而是一种受控于多因素影响且具有非常复杂的非线性动力特征的水文地质与采矿复合动态现象，是在人为采掘活动的诱发下，底板岩性、结构（陷落柱、断层和裂隙等）和采矿地质环境（区域构造场、温度场、渗流场、水理作用场等）综合作用的结果。

由于煤层底板突水的影响因素众多，突水机理复杂，人们对其的研究也是一个渐进过程。几十年来，国内外诸多学者对煤层底板突水开展了大量卓有成效的研究，进行了有益的探索，在矿井水防控理论与技术和矿井水资源化利用等方面取得了一批重要的研究成果。

1.2.1 防治水基础理论

完善了矿井防治水基本原则，提出了新的“十六字”防治水基本原则和与其配套的“探、防、堵、疏、排、截、监”七项水害综合防治措施。我国原有的矿井防治水基本原则是“有疑必探、先探后掘”的“八字”原则。“八字”原则本身不存在任何问题，特别是随着近年来国家对矿山生产安全的高度重视和出台的一系列政策法规与惩罚条例等，矿山企业安全生产意识与管理水平大幅提高，加之采掘一线工作人员自身对安全的重视，如果矿井生产现场发现水患疑点，现场工程技术人员和专职探放水工肯定会即刻进行超前探放水，查清疑点或隐患后再进行采掘。但现在的问题是如何发现水患疑点，如何提前判断水害隐患，这是目前急需矿山企业和现场工程技术人员解决的重大难题。针对此难题，《煤矿防治水细则》第三条提出了我国矿井防治水的新的基本原则，即“预测预报、有疑必探、先探后掘、先治后采”，即通过科学的预测预报方法和手段，首先发现矿井水患疑点，对疑点或隐患必须坚持超前探放水，先探放后掘进、先治理后回采。这样，“十六字”基本原则就对矿井水害防治工作概括形成了一个完整的闭合技术思路。另外，配合新的“十六字”基本原则，《煤矿防治水细则》还提出了与其相配套的 7 项水害综合防治措施，即“探、防、堵、疏、排、截、监”。

在系统总结与分析我国近年来矿井重特大水害案例特征基础上，补充完善了矿井水文地质类型划分的基本原则和主要影响因素，提出了我国矿井水文地质类型划分依据的新方案。矿井水文地质类型划分的目的是分析矿井水文地质条件，有针对性地指导矿井水文地质补充勘探和水害预防、控制和治理工作。由于我国矿井水文地质条件复杂，水害类型齐全，受水害威胁的煤炭资源比重大，故水文地质类型划分对保障矿井安全生产意义重大。考虑到我国采空区积水分布范围广，大部分采空区积水区具体范围、位置与形状不清，以及近年来连续发生多起由采空区积水诱发的重特大透水矿难，同时考虑矿井在建设、生产过程中是否发生过突水事故和发生突水的突水量与矿井充水水文地质条件复杂程度相关，在矿井水文地质类型划分原有的 4 项依据基础上，增补了“矿井及周边采空区水分布状况”和“矿井突水量”2 项矿井水文地质类型划分的新依据。

近年来，随着西北煤田和华北型煤田西部矿井数目逐渐增多，开采规模和开采强度逐渐增大，矿井涌水量大幅增加，如陕西彬长矿区个别矿井涌水量已超过 3000 m^3/h。为此，《煤矿防治水细则》中矿井涌水量（正常 Q_1、最大 Q_2）取消《煤矿防治水规定》对西北地区单独定标准的做法，这样也有利于全国统一标准；原简单类型突水量 Q_3 为“无”，不科学，结合突水点等级划分标准，重新划定突水量 $Q_3 \leqslant 60$ m^3/h 为简单类型。对于井田及周边采空区水分布状况，取消采空区积水量作为划分依据，由于积水量不论大小，只要条件清楚，留足煤柱或超前探放都是安全的。

水体下和周边不同条件下安全开采的技术要求和规定的技术标准不断完善。随着我国煤炭资源开采强度增大和浅部资源殆尽，除了加大深部资源开发外，在过去技术条件下一般不宜开发的海、湖、河、水库、采空区积水区和强富水含水层等大型水体下与周边的开采活动日益增多。对于有疏干条件的矿井，应首先对威胁采掘工作面生产安全的各类水体进行预先疏排，在排除积水、消除危险隐患后方可进行采掘工程活动；如因各种原因无法排除水体但需在其下或附近开采倾斜、缓倾斜煤层的矿井，则必须查明充水水文地质条件，按照《建筑物、水体、铁路及主要井巷煤柱留设与压煤开采规程》中有关水体下开采规定，编制专项开采设计，组织相关技术人员研究讨论，确定安全可靠的防隔水煤（岩）柱和制定安全防范措施，由煤矿企业主要负责人审批后，方可进行采掘工程活动，但要密切加强动态监测，如发现异常情况，立即停产撤人；对在水体下或附近开采急倾斜煤层的矿井，鉴于急倾斜煤层开采后诱发的抽冒机理、抽冒发育规律和发育高度预测以及抽冒控制等理论和工程技术问题目前仍未得到有效解决，因此，严禁在水患未消除之前开采水体下或附近急倾斜煤层。

剖析了突水系数计算公式演化历史，明确了突水系数概念和水文地质意义，提出了突水系数计算公式。突水系数计算公式 $T=p/M$ 是我国在 1964 年焦作水文地质大会战期间借鉴匈牙利工程师韦格・弗伦斯的相对隔水厚度（$T=M/p$）概念而提出，并依据焦作、峰峰、井隆、邯郸、肥城和淄博等大水矿区出现的大量底板突水案例和基础数据，计算得出了正常地质块段临界突水系数值为 0.1 MPa/m、构造块段为 0.06 MPa/m。相比韦格・弗伦斯的相对隔水层厚度计算公式，显然，我们提出的突水系数计算公式是其倒数。这个倒数从数学上看似非常简单，但作者认为其水文地质意义重大，因为突水系数反映了水文地质学中地下水渗流最基本的规律——Darcy 定律的核心思想，即煤层底板充水含水层地下水在水压 p 的驱动条件下渗透通过煤层与充水含水层之间隔水段厚度 M 的距离、最终突入采掘场地时所消耗的能量，它描述了煤层底板突水的整个动力学过程。同时，明确了突水系数计算公式中水压 p 为煤层底板隔水层底界直接承受的水压，而不是煤层底界承受的水压。

后期随着人们对采掘工程活动诱发的煤层底板矿压破坏现象、隔水段岩层岩性组合和底板承压地下水原始导升发育现象等认识的不断深化，陆续出现了突水系数的不同计算公式，这些公式更加真实地描述了我国煤层底板突水的水文地质物理概念模型，但所提出的临界突水系数值仍然采用的是 1964 年未考虑这些现象时提出的临界值，这显然是不妥的。因此，《煤矿防治水细则》的制定本着还原历史的原则，在目前尚未提出考虑这些现象的普遍可接受的新的临界突水系数值之前，突水系数计算公式仍采用 $T=p/M$，将来一旦提出能够考虑这些现象的新的临界突水系数值，突水系数计算公式还可重新修订。

矿井充水水文地质条件三维可视化分析平台建设取得了一定进展。传统的充水水文地质条件分析方法是以点、线、平面、剖面等为基础，通过推算预测，形成对矿井充水水文地质条件二维空间的了解与认识。这些方法不能真实反映与刻画自然界复杂的三维充水条件和现象，缺乏动态处理和时空分析能力，存在很大的局限性。三维水文地质可视化建模与模拟分析方法在一定程度上解决了这些问题，它可以提供统一的三维显示通道，支持地面水文地质勘探、试验和井下探测以及采掘工程揭露等数据的全方位、一体化显示与管理；可进行任意地层剖面分析，各种水文地质参数查询；可实现应力应变分析、地下水流模拟、突水危险性评价、水量预测计算和防治水对策方案优化比选等。矿井三维充水水文地质条件可视化分析平台将成为地面与井下水文地质勘探与测试数据处理、充水条件物理概念模型分析、水流模拟评价、水害预测预报和防治水方案制定等工作的有效工具。

提出了以人为本的井下突（透）水异常征兆信息的处置程序。井下采掘工作面或其他地点在接近或处于突（透）水极限平衡状态前的不长时间段内，在其附近的滴淋水量及水质、煤层或围岩应力变形、水岩温度或气体理化性质等均会显现出不同程度的变化，即各种各样的突（透）水征兆信息。这些信息的出现并不可怕，而且信息起始初值大小也不是关键，关键是要密切观测征兆信息的动态变化特征。如征兆信息虽然起始初值不大，但其动态变化很快，显然比较危险；反之，即使信息初值较大，但若其基本无变化或动态变化很缓，应该问题不大，需继续加强动态监测。一旦井下突（透）水异常征兆信息出现，应当立即停止井下所有作业，撤出所有受水害威胁区域人员，报告矿调度室并发出警报，组织专业技术人员分析原因，开展必要探查监测工作，做出科学判断，制定相应对策。在原因未查清、隐患未排除之前，不得进行任何采掘工程活动。

1.2.2 矿井水害预测预报方法

矿井水害预测预报理论不断完善，水害评价的技术方法体系日益成熟，不同水害类型预测评价技术得以更新换代。水文地质（补充）勘探工作为矿井构造、主采煤层与含水层沉积结构关系、充水水源、导水通道和采空区等提供了非常重要的原始地学信息。但这些有限信息是局部离散的，直接应用这些信息分析水患规律是非常粗浅的，无法充分挖掘出水文地质勘探成果所蕴含的价值。如果采用先进科学的评价模型和方法将这些原始信息加以分析、统计、模拟与处理，得出的结果就可以系统整体地评价预测矿井在采掘生产过程中可能面临的诸如底板、顶板、采空区和构造等水害威胁的分区特征和程度。根据预测预报成果，即可方便有效地制定出矿井不同类型水害的防治对策措施和建议。

针对我国普遍面临的煤层底板突水难题，在原有“突水系数法”和“五图-双系数法”评价方法基础上，提出了可考虑更多影响因素的“脆弱性指数法”评价方法。

世界上许多国家如匈牙利、波兰、西班牙等，在煤矿开发中都不同程度地受到底板岩溶水的影响。在国外，对煤矿底板水的研究已经有一百多年的历史，在底板岩体结构的研究、探测技术及防治水措施等方面，积累了丰富的经验。

20 世纪初，突水机理研究以静力学理论为基础。1944 年，匈牙利韦格·弗伦斯第一次提出底板相对隔水层的概念，建立了水压、隔水层厚度与底板突水的关系；苏联学者 B. 斯列萨列夫将煤层底板视作两端固定的承受均布荷载作用的梁并结合强度理论推导出底板理论安全水压值的计算公式。20 世纪 60—70 年代，加强了地质因素——主要是隔水层岩性和强度方面的研究。在匈牙利、南斯拉夫等国家广泛采用了相对隔水层厚度。20 世纪 70—80 年代末期，许多国家的岩石力学工作者在研究矿柱的稳定性时研究了底板的破坏机理。20 世纪 80 年代末，苏联矿山地质力学和测量科学研究院突破传统线性关系，指出导水裂隙和采厚呈平方根关系。实质上，其对煤层底板突水问题的研究与岩体水力学问题的研究密不可分。岩体水力学是一门始于 20 世纪 60 年代末的新兴学科，自 1968 年 Show D. T. 通过实验发现平行裂隙中渗透系数的立方定律后，人们对裂隙流的认识从多孔介质流中转变过来。1974 年，Louis 根据钻孔抽水试验得出裂隙中水的渗透系数和法向地应力服从指数关系。此后，Erichsen 又从裂隙岩体的剪切变形分析出发建立了渗流和应力之间的耦合关系。1986 年，Oda 用裂隙几何张量统一表达了岩体渗流与变形之间的关系。

1992 年，Derek Elsworth 将以双重介质岩石格架的位移转移到裂隙上，再根据裂隙渗流服从立方定律的关系，建立渗流场计算的固-液耦合模型，并开发了有限元计算程序。目前，在矿井水害研究方面，澳大利亚等国家的有些学者主要从事地下水运移数学模型的建立。

在国内，自 20 世纪 60 年代起开始底板突水规律的研究工作，对矿井突水机理进行了一些有益的探索，至今已经取得了大量的研究成果。代表性理论与技术有：突水系数法、“下三带”理论、薄板结构理论、零位破坏与原位张裂理论、岩水应力关系法、强渗通道说、关键层理论、泛决策分析理论等。

以上理论与方法对矿井安全生产起到了一定的积极指导作用，但现有理论和学说多数还停留理论研究阶段，有许多关键技术问题尚未解决：①煤层底板突水机理复杂且影响煤层底板突水的主要控制因素众多，而传统的评价理论在模型概化时一般只考虑了水压、隔水层厚度等部分主控因素，未能真实反映多因素控制下煤层底板突水的非线性动力现象；②面对量多、复杂、多变的主控因素，如何对各个主控因素进行量化分析，并考虑各主控因素之间复杂的作用关系及对底板突水的影响权重大小，是急需解决的实际问题；③在水文地质条件发生变化时，各主控因素对突水的控制作用是否发生变化。

为此，本书提出了煤层底板突水评价的新型实用方法——脆弱性指数法，综合考虑了影响煤层底板突水的多个主控因素，建立了主控因素指标体系，并考虑了各主控因素的权重大小，构建了一套系统的煤层底板突水评价理论和方法体系，这也是本书的部分重点研究内容。

脆弱性指数法，是一种将可确定底板突水多主控因素权重系数的信息融合方法与具有强大空间信息分析处理功能的地理信息系统（GIS）耦合于一体的煤层底板突水预测评价方法，是一种评价在不同类型构造破坏影响下、由多岩性多岩层组成的煤层底板岩段在矿压和水压联合作用下突水风险的预测方法。作者早在 20 世纪 90 年代就致力于研究基于多源信息集成理论和“环套理论”，并采用具有强大空间数据统计分析处理功能的 GIS 与线性或非线性数学方法的集成技术，对煤层底板突水进行了研究，并提出了煤层底板突水评价的新型实用方法——脆弱性指数法，经逐步完善，已经形成系统的煤层底板突水预测评价理论体系。根据 GIS 与线性或非线性数学法方法集成方式的不同，脆弱性指数法可分为：基于 GIS 的层次分析法型脆弱性指数法、基于 GIS 的人工神经网络型脆弱性指数法、基于 GIS 的证据权型脆弱性指数法、基于 GIS 的加权逻辑回归型脆弱性指数法。为进一步提高评价精度，在常权脆弱性评价基础上，提出了基于变权的脆弱性指数法。脆弱性指数法综合考虑了影响煤层底板突水的多个主控因素及其影响底板突水的权重大小，揭示了煤层底板突水的复杂作用机理，真实反映了多因素影响下煤层底板突水的非线性动力过程，科学有效地解决了煤层底板水害的预测预报难题，在我国得到了较好的推广和应用。

1.2.3 煤巷掘进前方小构造预测预报

1975 年煤炭系统各高等院校合编《矿井地质及矿井水文地质》教材时，正式提出了“矿井构造预测”的术语，并系统总结了截至当年我国在构造预测方面所取得的进展，指出了根据几何作图、地质力学和数理统计 3 个方面进行预测的思路和方法。1976 年，王桂梁在大连召开的全国第一届地质力学经验交流大会上系统地介绍了矿井构造预测的思路和方法，引起了学术界和生产单位的广泛重视。

国内外研究学者在长期生产实践中，逐渐积累了一些矿井小构造预测的丰富经验。目前常用的研究方法主要有三大类：一是利用矿井物探资料预测小构造，二是利用地质规律分析预测小构造，三是利用数学分析方法预测小构造。

在矿井物探预测方面，一般采用地震勘探预测矿井小构造展布的空间位置，利用电法勘探预测矿井小构造的水力性质。地震勘探主要包括地面地震勘探、瑞利波勘探和槽波勘探等，电法勘探主要包括直流电法、电磁频率测深法和无线电波透视法等。

在地质规律分析预测方面，岩层和煤层中的各种构造形迹，都是地质历史时期中区域或局部构造应力场的变形产物，它们之间存在着普遍的内在联系。在空间上显现出固有的展布特征和组合形式，在时间上表现出一定的演化序列。因此，深入分析和研究其展布和演化规律，并利用相似类比、相关分析、产状推延和构造分区等方法，可以实现对矿井构造的定位预测。另外，由于井田内小构造的发育展布规律一般受控于大、中型构造体系，大多数小构造主要为大、中型构造的伴生构造，其大部分是在构造应力作用下沿煤层产生的层间滑动小断层，少数小构造是在局部应力场作用下煤层中形成的小断层。因此，预测小构造必须首先明确井区内的大、中型构造发育规律，在开采接近这些构造部位时，应特别注意可能出现的小构造。

在数学分析法预测方面，主要是在传统构造规律分析基础上，充分利用数理统计和现代数学研究新进展，对矿井内各种构造之间的关系和不同区段的构造复杂程度做出统计和定量评价，得出相应的数理方程和构造类型。

以上方法虽然对解决矿井小构造的预测预报难题起到了积极作用，但由于费用太高、精度有限或样本获取困难等诸多原因，未能很好地解决工程尺度的小构造预测预报难题，特别是未能解决掘进巷道前方小构造的超前预测难题。

为此，作者依据与小构造展布空间位置密切相关的煤层变化特征信息，采用“多重环套理论”的定性分析与人工神经网络技术的定量计算相结合的方法，提出了掘进巷道前方煤层小构造预测预报的一套完整的理论体系和工作方法。

1.2.4 岩溶陷落柱突水

华北矿区岩溶陷落柱最早约在1937年发现于河北井陉煤矿，当时在井下作图的德国技术员把这种被扰乱的地段称为局部扰动，后被日本的采矿技术员称为“圆形断层”。20世纪40年代初，日本经济侵略机构北支开发株式会社调查局的小贯义男写了一篇“关于井陉煤田的陷落柱（所谓圆形断层）”的文章，第一次提出了“陷落柱”的名词，并叙述了西山煤矿和阳泉煤田井下的“无炭柱”或“无炭部”就是这种陷落柱，同时论述了陷落柱是含煤岩层陷落形成于奥陶系灰岩溶洞之中。

20世纪50年代—60年代初，研究偏重于陷落柱的形态及派生构造的描述；20世纪60年代—70年代中期，应用无线电波透视法等一些新的地球物理探测技术方法探测陷落柱；20世纪70年代中期—80年代中期，研究集中在陷落柱的分布和柱体特征以及分布规律方面；1984年6月2日，开滦矿区范各庄矿2171工作面发生奥陶纪灰岩岩溶陷落柱特别重大突水灾害，国家相关部门也组织了多次学术交流和研讨会，确立了多项相关科技攻关项目，研究陷落柱在各方面都有所涉及和突破，为后期的陷落柱突水研究奠定了基础；20世纪90年代中期，大量新方法、新手段（如地震波法、高密度电法、GIS等）被引进对陷落柱进行探测和研究，地质力学、岩体力学等相关学科也被用来分析陷落柱的形成和突水机理，突水陷落柱的综合治理也初步成形；21世纪以来，应用ANSYS、$FLAC^{3D}$等数值模拟软件开展相关数值模拟，GIS 等地理信息和数据管理等技术方法也开始广泛应用于陷落柱研究中，新的物探方法如三维地震法、矿井瞬变电磁法等开始应用于陷落柱的探测和辅助探测之中。

总体以上关于岩溶陷落柱在不同阶段的研究方法和内容，可大致总结划分为 4 个方面：

（1）运用地质学理论分析陷落柱的形成背景、分布规律及形态构造特征、柱体内部结构以及各结构的岩体力学性质等陷落柱地质特征。陷落柱的形成机理一直是陷落柱研究的热点和争论的焦点，不同学者提出了多种陷落柱成因理论，主要有：王锐等提出的重力塌陷学说、钱学溥等提出的石膏溶蚀学说、真空吸蚀学说和热液成因学说，另外，尚克勤和郭敏泰等对陷落柱的形成时间问题进行了研究。

（2）利用弹塑性力学、理论力学等理论分析或者利用有限元、有限差分等进行数值计算来探讨陷落柱的突水机理。在理论分析方面，国内外学者提出了以下陷落柱突水机理，例如，尹尚先依据陷落柱突水的不同部位得到“厚壁筒”力学机理，许进鹏借助于弹塑性理论、岩石力学理论等研究陷落柱活化导水机理并推导出陷落柱导水机理力学判据，杨为民、司海宝等借助于 Druck-Parger 屈服准则、岩体硬化规律和流动法则建立的导突水的陷落柱力学模型。在数值软件模拟方面，主要进行流-固耦合分析，例如，朱万成等借助 COMSOL Multiphysics 软件、李连崇等利用 RFPA2D 软件、刘志军等使用有限元分析软件 ANSYS 等开展陷落柱突水的流-固耦合分析。相似模型试验也是机理研究尤其是突水机理研究常用的方法，国内外对于陷落柱突水机理在此方面的研究有所缺乏，作者和王家臣等开展了导水陷落柱突水相似材料模拟。

（3）运用地球物理勘探、地球化学勘探以及钻探等多种勘探手段探测陷落柱。陷落柱探测一向是陷落柱研究中的热点和重点，经过几十年的发展，比较成熟的物探方法有三维地震勘探、高密度电法探测和瞬变电磁法探测，老的钻探法依然十分有效，同时一些新的技术和方法也被引进以辅助探测陷落柱的存在和形态。例如，杨德义、肖建华、宁建宏等利用三维地震法探讨陷落柱探测特征，张献民等利用高密度电法探测陷落柱，盛业华等结合遥感图像圈定陷落柱分布区。

（4）采用钻物探探查与注浆封堵相结合方法超前治理导水岩溶陷落柱。随着陷落柱突水事故的频发，陷落柱的治理工作也日益成熟。依据水量、水温、水质等因素综合分析快速识别陷落柱导水性，利用井下物探、钻探相结合综合探测陷落柱的位置和范围，最终通过钻探探查与注浆封堵相结合完成突水陷落柱通道的超前治理，开滦矿区范各庄矿和峰峰矿区梧桐庄矿的岩溶陷落柱超前治理方案就是其中典型代表。

以上研究对岩溶陷落柱突水防治起到了积极的促进作用，但还存在着岩溶陷落柱突水机理不清、陷落柱突水模式和相应突水判据缺乏、陷落柱突水危险性评价不够完善等问题。针对存在的问题，作者经多年研究与总结，提出了岩溶陷落柱内部结构的概化模型，并基于此模型开展了岩溶陷落柱的分类研究；提出了岩溶陷落柱突水模式模型和相应突水判据；采用理论分析、相似材料模拟和数值仿真模拟等多种手段揭示了岩溶陷落柱突水机理，提出了一套基于模糊综合评判的岩溶陷落柱突水危险性评价方法。

1.2.5 矿井涌（突）水水源快速判识

井下采掘工程的任一涌（突）水点，往往是由于接受了诸如大气降水、地表水、地下水或采空区水等不同类型水源的补给、经径流后排泄于井下而形成，由于不同类型水源在其形成、径流和排泄等过程中受到不同地质环境和人为因素等影响与干扰，其水源的水文地球化学背景特征、水温和水位（压）各不相同。因此在矿井现场收集到的水化学、水温和水压（位）等大量样本点，可为井下涌（突）水点补给来源的快速判识数学模型建立提供极其重要的水源样品和基础数据库。根据井下涌（突）水点水压（位）、水温实测值和水样水化学分析结果，应用基于大量实测数据建立判识数学模型和信息系统，即可快速准确地判识出井下任一涌（突）水点的补给水源。

在国内，一些学者从不同方面对突水水源判识和预测做了较多研究。

（1）从突水机理角度来判识突水水源。水害来源的分析主要考虑岩体结构、岩体强度、采动破碎等，从岩体力学、地下水渗流场理论等角度研究和处理问题，例如薄板结构理论、“关键层”理论、“下三带”理论等突水预测预报理论。

（2）通过分析充水含水层水化学背景值来识别水源。通过分析不同含水层中地下水水化学数据特征，从突水的水化学信息中判识突水水源，常规水化学特征、同位素、微量元素等是水化学分析的主要内容。

（3）近年来，利用数学模型对矿井水化学数据进行处理并判识突水水源，是现代地球化学、数学和计算机科学相结合的必然结果，它将数学与地球化学紧密结合，使地球化学数学化、定量化，给判识水源带来了新的途径，并使得判识方法、判识效率、判识效果都有很大的发展。

虽然上述方法为矿井涌（突）水水源的快速判识发挥了一定的作用，但各种方法的研究均有待于进一步深入，在实际应用中，应结合水源判识的具体问题，选取合适的方法，采用多源信息，综合判识，以达到最优效果。尤其是在充水水文地质条件复杂的矿区，单纯利用水化学判识也存在一定的局限性，且这些方法中有的不能处理混合水源的涌（突）水问题，即使可以处理混合水源的情况，也仅能给出突水点中某种水源占主要成分、其他水源占次要成分，而不能有效地判断各水源在同一突水点中各自所占的比例，更不能进一步揭示未知水源。

作者将井下涌（突）水点的水化学、水温、水压等多源信息综合考虑，开展了井下涌（突）水水源的快速判识研究，采用模糊综合判识法、灰色关联法、模糊识别法、人工神经网络法、系统聚类分析法、简约梯度法建立了 6 种矿井涌（突）水点的水源快速判识的数学模型，其中利用简约梯度法在模型求解过程中引入的松弛变量，不仅可以计算各水源在突水中所占的比例，若松弛变量值较大，还可能揭示存在的未知水源；此外，研发了矿井井下涌（突）水水源综合快速判识信息系统，在此基础上，研制了矿用本安型涌（突）水水源快速判识仪器。

1.2.6 断裂构造延迟滞后突水

矿井突水是一种严重的井下灾害事故，它给煤矿开采带来巨大的危害，每年造成大量的经济损失和人员伤亡。据统计，与断裂构造有关的突水事故达 90%，其中断裂带延迟滞后突水往往具有时间上的滞后特征，即在巷道开拓阶段通过某一断层带时未发现有含水迹象，且经过多年都未见涌水现象的发生，但在开采其邻近工作面时，却出现由断层带充水逐步发展到向巷道涌水，直至最后突水，其相对于开采起始时间具有一段滞后期。这类突水在时间上往往难以预测，对安全生产威胁很大。1972 年在赵各庄矿 9 水平东 1 石门发生的突水事故即为其中典型，就目前情况看，该类突水的发生机制尚处于研究阶段。

刘仁武等通过对矿井滞后突水的具体实例分析后认为，断裂带长期在承压水的作用下，过水裂隙不断软化、冲蚀延扩、通道连通，形成较大的过水通道时，便会发生滞后突水。倪宏革等提出了优势面的控水机制，建立了相应的优势评价指标和评价准则，认为优势断裂具有明显的屏蔽效应，是造成滞后突水的主要原因。童有德、叶贵钧认为，厚达百余米的岩体在切穿中奥陶统灰岩断裂带两侧，长时间承受石灰岩高压水作用下，岩体软化，因剪切塑变，破裂结构面扩张，导致剪切强度极大降低，并在底板岩体地应力场和底板采动效应共同作用下发生滞后突水，岩体工程地质力学性质是影响底板突水的基本因素。

以上断裂构造延迟滞后突水研究取得了一定的成果，但还存在着一些问题需要更深入研究：①对于断裂构造在岩层破坏失稳和底板突水中所起的作用研究不足，特别是对底板岩层的流变特性以及底板岩层破坏失稳对突水的时效性和断裂构造导致延迟滞后突水的时效性研究不够深入；②随着开采深度的不断加大，地应力也势必随之增大，高地应力条件下断裂构造延迟滞后突水机理研究不足，对采动和高压水共同影响下的岩体渗流特征研究不足。

针对以上问题，作者认为延迟滞后突水部位的断层具有蠕变的时效特征，以开滦矿区赵各庄矿为例，提出了煤层底板断裂构造突水时间弱化效应的概念，认为随着采矿活动的延长，煤层底板岩体的断层带物质在高承压水和矿压长期的联合作用下，其强度逐渐降低，弱化范围不断扩大，当原始导升高度接近或沟通矿压破坏带时，就会发生底板突水。在此基础上，构建了弹塑性应变-渗流耦合模型、流变应力场与渗流场耦合模型、变参数流变-渗流耦合模型等不同类型模型，深入剖析了断裂构造延迟滞后突水的复杂机理，揭示了延迟滞后突水的失效特征。

1.2.7 水文地质（补充）勘探

矿井水文地质补充调查与勘探理念和技术手段有所创新，勘探程度有所提高。针对我国大部分矿井或开拓延深区以往水文地质勘探程度偏低和充水水文地质条件不清等问题，《煤矿防治水细则》第二十条规定了在7种情况下必须进行矿井水文地质补充勘探。

近年来在我国东北、西北和东部开拓延深区等矿井，水文地质补充勘探程度有所提高，勘探理念有所突破，勘探技术手段和方法有所创新，在地质构造、充水水源、导水通道、采空区探查和矿井涌水量预测等方面取得了一定进展，如地质构造勘探的地面高分辨率三维地震技术，含水层富水性和充水通道水力性质及导含水构造勘探的地面瞬变电磁、高密度电法、频率测深、可控源声频大地电磁测深（CSAMT）、磁偶源频率测深和钻孔无线电波透视等技术，采空区和积水采空区勘探的地面高分辨率三维地震技术、地面电法勘探和充电法造影成像，水文地质物理概念模型建立和水文地质参数确定的单孔、多孔、群孔稳定与非稳定流抽（放）水试验、示踪联通试验和二者联合试验、脉冲干扰试验等，水文地质勘探程度的提高较好地满足了矿井高强度开发之需求。

1.2.8 井下水害超前探测（放）与监测预警

1. 井下采掘工作面超前探放水

井下采掘工作面超前探放水概念明确，就是必须采用钻探或坑探等直接手段进行探放水，绝不允许应用物探或化探等间接手段直接探水；其理论与技术不断完善，探放水工作程序与步骤逐渐具体化，探放水工作须满足“三专与两探”要求。虽然采掘工作面超前探放水是一项传统的井下防治水技术，但在地面工作无法查明矿井水文地质条件和充水因素的情况下，对预测和避免重特大水害事故突发仍然具有十分重要的使用价值。一般采掘工作面超前探放水的手段包括物探、化探、钻探和坑探等，其中物探和化探为无损性探测，钻探和坑探为扰动破坏性探测，而物探和钻探为主要常用手段。探放水具体工作程序与步骤应首先采用廉价、快速并能够对整个采掘工作面大范围实施超前探测的物探手段进行总体宏观探测，然后必须应用钻探等直接手段检查验证物探等间接手段的探测结果，并对含水体实施井下放水，绝不允许将未经钻探检验的物探间接探测成果直接作为采掘工程设计的依据。

2. 井下地球物理超前探测技术

经过多年的基础理论研究、现场试验、探测对比和分析，井下地球物理超前探测技术取得了长足发展，基本能够覆盖井下采掘工程的各个环节，初步形成了一套较为完整的井下地球物理探测技术体系。在掘进工作面超前探测方面，主要方法包括直流电法、瞬变电磁法、瑞利波法、激发极化法、高分辨二维地震法、地质雷达法和陆地声呐法等，其中目前应用效果较好的常用方法主要为直流电法和瞬变电磁法。前者的优点是无探测盲区，且为接触型探测；其不足之处是在井下巷道空间只能向掘进前方单方向探测，探测距离较短(60~80 m)，且体积效应相对大。后者的优点是在井下巷道可多方向探测，探测距离相对较长（80~120 m)，体积效应相对较小；其不足之处是探测成果存在 20 m 左右盲区，且为非接触型探测。在回采工作面超前探测方面，音频电透视法、瞬变电磁法、无线电透视CT(坑透）法、槽波地震法和弹性波 CT 层析成像法等为主要探测方法，其中音频电透视法和瞬变电磁法主要探测煤层顶底板含水层、烧变岩的富水性和采空积水区分布以及含导水构造等，无线电透视 CT(坑透）法、槽波地震法和弹性波 CT 层析成像法主要探测煤层构造、煤厚变化、岩浆岩和火烧区等。目前井下应用的地球物理探测新技术还包括钻孔窥视、孔巷透视、钻孔测斜、孔深探测和开孔定向等。

3. 钻物探无缝一体化的采掘工作面随钻超前探放水技术

井下采掘工作面超前探放水一般主要采用钻探和地球物理勘探两种手段，二者各有优缺点。钻探手段优点是直观明了，只要钻孔触及含水体，即可探明其确切位置并实施放水，达到超前探放水目的；其缺点是一孔之见，控制范围有限，存在勘探盲区，所需工期长、投资大，即如触及不到含水体，仅证明在直径细小探放水钻孔位置不存在含水体，如想探测清楚采掘工作面整个范围的含水体分布，必须设计多个钻孔。地球物理勘探手段的缺点是多解，探测精度随探测范围增大而急速下降（体积效应)，受探测环境影响大，无论何种方法均存在这些问题；其优点是在较小投资情况下能快速对整个采掘工作面实施大范围超前探测，且在探测范围较小情况下，其精度较好。鉴于上述优缺点分析，目前井下通常采用先物探后钻探验证的探放水方案，但二者的结合是属于一种有缝的配合，无法达到真正意义上的钻物探无缝一体化探测。近些年研发的先钻探后物探的钻物探一体化探测技术是真正意义上的无缝结合，这些技术充分吸收了二者各自优点，克服了各自不足，在钻探完成后或过程中实施随钻物探探测，将其物探探头置于钻孔内，探头的网口通过网线电缆与现场主机网口相连接。目前这种钻物探无缝一体化随钻超前探测方法主要包括钻孔激发极化法、钻孔电磁波层析成像法、钻孔三维瞬变电磁法和钻孔雷达法等。

4. 采动条件下矿井地质构造活化、煤层顶底板破裂高度和水害监测与预警技术

在采动条件下，矿井水害的形成和发生都有一个从孕育、发展到发生的演变过程，在这一过程的不同阶段，应力应变（特别是地质构造部位）、水压（水位）、涌水量、水化学和水温等方面均会释放出对应的突（透）水征兆，及时、准确、有效地监测这些征兆信息，建立一个集矿井水害监测、判识和预警技术于一体的完整体系，对于预防重特大水害事故发生具有重要的理论意义和实用价值。

目前在采动条件下能够实时、动态、面状诊断并立体显示煤层顶底板变形破坏过程和断层与陷落柱等地质构造活化强度及相关时空参数的高精度微震监测技术，在我国应用效果较好。中国煤炭科工集团西安研究院采用水压（位）、水温和三分量应变光栅类传感器，应用光纤光栅通信技术研发的多参数点状矿井水害监测预警技术，在我国许多矿山也得到应用。

但是，微震监测技术和多参数点状矿井水害监测预警技术还存在一些不足，需要进一步完善。突（透）水灾害的发生必须同时存在3个条件，即补给水源、导水通道并具有一定强度，如缺少任一条件，均不可能发生。目前微震监测技术虽然能够对导水通道在采动变形过程中进行实时、面状、高精度定位和三维展示与分析，可以确定通道类型、通道时空位置和变形尺度等，但其本身无法探测并判断采动过程中不断变形的通道是否充水或含水，即微震自身无法监测并预警突（透）水潜势。因为采动变形再大，如无水源补给，也不会导致突（透）灾害。中国煤炭科工集团西安研究院研发的基于光纤光栅通信技术的多参数（应变、水压、水温）煤层底板突水监测系统，目前虽然能够监测采动变形，而且可通过监测水压和水温来探测判断是否充水，但多参数监测系统只能进行“点”监测，无法覆盖整个工作面。

因此，研发同时能够面状监测采动变形和充水含水两大特征的矿井水害监测预警技术体系，是水害监测预警领域的一个重要发展方向。作者提出并研发的基于物联网式的微震与激发极化高密度电法耦合监测的煤矿突（透）水监测预警方法与装备，可实现采动变形和突（透）水潜势同时面状监测预警的目标。

1.2.9 矿井水害主要预防与治理技术

1. 煤层底板注浆加固和含水层注浆改造以及注浆封堵导水通道技术

该技术是20世纪80年代中后期我国自主研发并逐渐应用于煤层底板突水预防处理的一项注浆防水方法。当煤层底板充水含水层富水性强、水头压力高且煤层隔水底板厚度薄或遇构造破碎带和导水断裂带，无法采用疏水降压方法保障安全开采，或疏排水费用太高、造成地下水资源浪费且经济上不合理时，采用底板隔水层加固和含水层改造及局部封堵导水通道的注浆防水方法实属上策。该项技术主要针对煤层底板水害的预防问题，利用回采工作面已掘出的上通风巷道和下运输巷道，应用地球物理勘探和钻探等手段，探查工作面范围煤层底板隔水岩层裂隙发育规律和含水层富水性状况，确定裂隙发育和富水段，采用注浆措施加固底板隔水层并同时改造含水层富水性，进一步提高其隔水强度并使其富水性大幅降低。该项技术采用人为注浆工程手段，解决了在自然条件下无法保障安全开采，或采用人为疏降水措施无法实施安全开采的我国煤矿普遍面临的煤层底板突水难题。但应该清醒地认识到，目前这项技术主要应用在井下单工作面回采前的煤系薄层灰岩含水层的注浆加固和改造方面。随着华北型煤田下组煤和深部开采规模逐渐扩大，如何将煤层

底板从一工作面一治理转变为区域治理、从回采工作面形成后再治理转变为形成前的预先主动治理、从以井下治理为主转变为以地面治理为主、从以煤系薄层灰岩含水层作为主要治理对象转变延伸到以奥灰含水层顶部作为主要治理对象，解决这些问题是该项技术进一步研发的方向和内容。

2. 注浆技术

随着采深加大和下组煤开采，矿井水害事故频发，潜在水患加剧，地面和井下整体或局部注浆技术在快速封堵治理突水灾害、消除潜在水害隐患方面，显示出了明显的优势。例如帷幕截流注浆在矿井地下水集中补给带和地下水排泄区强径流带等水害隐患处的封堵截流，局部预注浆改造充水含水层富水性和封堵导水通道，地面定向注浆在岩溶陷落柱上部建造“堵水塞”切断深部奥灰补给水源通道，地面综合注浆工艺和技术在充水巷道建立“阻水墙”等，这些成套的配合注浆技术实施的快速定向钻进及分支造孔技术、不同工艺和方法的地面与井下注浆技术、各种注浆堵水效果评判方法和准则等，为矿井水害预防与治理提供了强大的技术保障。

3. 综合机械化充填采煤技术

该技术利用煤壁、支架和充填体对直接顶的不间断接力支护，限制直接顶变形，使直接顶转变为基本顶，改变了矿山压力岩梁传递作用岩层，控制了矿压显现，稳定了煤层顶底板含水层结构，从而达到预防控制煤层顶底板水害的目的。此外，综合机械化充填采煤技术在控制地表沉降、消除矿井地面矸石山、杜绝采空区瓦斯积聚、根除煤层自然发火隐患和减少矿山环境地质问题等方面，也具有重要的意义。

4. 大功率、高扬程、大流量矿用潜水电泵技术。

过去一直依赖于进口的矿用潜水电泵由于价格高昂等原因，使有限数量的进口潜水电泵一直只能应用于突（透）水事故发生后应急抢险救援的排水。随着我国科学技术进步，具有自主知识产权的大功率、高扬程、大流量潜水电泵技术已逐渐成熟，大量物美价廉的国产矿用潜水电泵为我国矿山水害预防与治理的普遍使用提供了物质保障，为圆满解决水文地质条件复杂和极复杂矿井井底车场周围设置防水闸门困难和与国家刚性技术标准要求相互冲突的难题提供了技术支撑，为确实不具备建设防水闸门条件的水文地质条件复杂、极复杂矿井提供了一个替代技术的选择。

1.3 面临的挑战与存在的主要问题

（1）矿井防治水基础工作薄弱，水文地质调查和勘探程度偏低，严重制约了矿井建设速度和生产强度。矿井防治水必备的基础资料、图纸和台账不健全，矿井及周边废弃关闭小煤矿的采空区范围不准，积水区域不明，充水水文地质条件不清，充水含水层水文地质参数缺乏，致灾通道特别是隐蔽致灾通道不明，制定的防治水措施缺乏针对性，水害预测预报与水患排查治理制度不落实，水害隐患不明。

（2）矿井突水机理认识不足，缺乏大型相似材料物理再现实境模拟。随着采深加大和下组煤大规模开发，高地应力、高水温、高水压和高瓦斯压力的“四高”问题逐渐显现，影响矿井突水的因素随之增多，突水类型呈复杂多样化特征，延迟滞后突水或离层水突水等浅部少见的突水现象逐渐增多。研究方法过分依赖数学模拟，忽视了物理模拟，缺乏从多因素、多场耦合和多种模拟手段等方面开展综合研究。

（3）相对落后的探测和防治水技术手段未能完全满足高强度快速采掘工程和生产的要求，特别是小型隐蔽性致灾通道的超前精细探测定位技术与装备有待进一步提高。小型隐蔽性致灾通道是指无明显地表或井下出露和显现特征、发育于岩层内部规模有限的地质构造，主要包括自然的隐伏断层、裂隙密集带、局部构造破碎带、岩溶陷落柱、岩溶塌落洞和人为诱发的冒裂带、抽冒带、切冒带、封闭不良钻孔等，这些构造是沟通矿井充水水源与采掘工程之间水力联系的主要导水通道。近年来，煤矿的采深、采高和采掘工作面尺度均在不断加大，井巷工程掘进和工作面回采速度不断提高，水害诱发条件、形成机理以及威胁程度都在发生变化。然而，面对复杂的水文地质背景、大尺度的采掘工程和高强度的生产要求，我国目前的水害探测和防治水技术手段以及小型隐蔽性致灾通道的超前精细探测定位技术与装备仍无法完全满足工程实践要求，缺乏对水情的高精度实时探测预报和对水害的有效监测预警，现代高新技术在煤矿水害探测和防治方面的应用有待提高，许多探测和防治技术问题未能得到根本解决。

（4）尚未形成一套完整有效的采空区和积水采空区探测与定位技术方法体系。采空区水害是采空区积水突入矿坑造成的灾害，是近年来我国煤矿重特大水害事故的主要类型。采空区水害的发生主要是采空区的防水煤（岩）柱被采掘工程扰动破坏后不足以抵抗采空积水水压所致。水害发生原因，一是积水采空区位置和底界面标高不准，积水范围不清，水位和水量不明，又未开展有效的超前探放水工作，采掘时误入积水采空区所致；二是开采积水采空区煤柱，许多资源枯竭煤矿开采废弃煤柱以延长矿井服务年限，开采时对其相邻煤矿的积水采空区位置不清，缺乏有效监测和保护措施，酿成透水灾害。因此，采空区和积水采空区成套有效探查、定位技术方法的研究与开发意义重大。

（5）采煤、控水、保生态三者优化结合的管理理论和成套技术方法尚未建立与形成。我国西北和华北型煤田西部早中侏罗纪煤田地处干旱、半干旱气候区，年降水量仅有250~450 mm，自然生态环境十分脆弱，该地区煤层厚，埋藏浅，地质构造条件相对简单，大采高条件下的控水、保地质环境、保生态系统的“一控、二保”约束压力非常大。我国中东部矿区受底板奥灰承压岩溶裂隙水威胁严重，水压大，富水性强，导水通道隐蔽复杂，底板突水时有发生；另外，浅部和上组煤开采遗留的资料不清的大量积水采空区，也是威胁我国中东部矿区安全生产的重大危险源隐患。因此，破解煤矿区采煤、控水、保生态三者之间的尖锐矛盾与冲突问题，实现煤矿区地下水控制、利用、生态环保三者优化结合，变水害为水利，是目前急需关注和解决的课题。

（6）专业技术人员短缺，人才培养与培训缺乏组织和长期规划，科技治水能力不足，煤炭企业的产、学、研、用结合程度不够，缺少防治水专项资金支撑。目前，煤矿地质、水文地质和测量等一线专业技术人才严重匮乏，特别是大学本科以上高端学术人才更为缺乏。从业人员技术培训无长期规划，已有知识严重过期老化，新知识、新方法和新技术缺乏不断更新，科学技术研究资金有限且研发水平低、研发能力不足。由于从业人员防治水整体素质和专业知识有限，许多井下突水预兆信息甚至明显的突水预兆信息无法及时捕捉并加以准确判识，违章指挥和违规施工现象时有发生，酿成了许多本可以避免的水害事故。

1.4 发展趋势和研究展望

（1）完善精细智能化的煤矿安全高效开采地质保障系统研发。煤矿地质安全保障系统应包括两大部分，即生产地质保障子系统和安全地质保障子系统。无论矿井生产还是安全，基础地质保障系统是先决条件。基础地质保障是一个宏大的系统工程，主要包括水文地质调查与勘探、水情与水害的预测预报、地质构造特别是隐蔽性致灾地质构造和充水含水层富水性的高精度精细综合探测定位技术与装备、矿井水害快速有效治理和抢险救援的钻探施工技术与装备、矿井充水水文地质条件和采动效应的动态监测与预警等内容，这是一个有机结合的整体，需要根据大系统工程理论和方法开展研究，是保障煤矿安全生产的重大基础科学问题。

（2）深部和下组煤开采条件下矿井水害防治基础理论与技术方法。随着我国东部矿区浅部和上组煤煤炭资源逐渐枯竭、西部丰富煤炭资源因受交通运输和脆弱生态环境约束等外部条件限制，加大中、东部矿区深部和下组煤煤炭资源开发和生产强度是满足我国国民经济快速发展对能源需求的必然选择。可以预计，在未来 20 年我国东部矿区许多矿井将逐步开采 1000~1500 m 深度的煤炭资源。因此，应深入开展深部和下组煤开采条件下的煤层赋存规律、高地应力、高水压、高水温和高瓦斯压力的“四高”特征与分布规律，以及深部岩石在“四高”环境下的力学行为演化特征，充水水文地质条件补充勘探，深部岩溶水补、径、排特征和底板岩溶水突出机理，采动岩体裂隙动态演化规律，深部矿井突水动力灾害致灾机理和触发条件，经济技术可行的深部隐伏地质构造精细探测定位技术与方法，煤炭资源开发的多种地质灾害耦合互馈链式反应效应，突水灾害预测预报理论和治理技术及监测监控预警方法等工作。

（3）加强“煤-水”双资源型矿井建设和开发理论与技术研究，以及“控水采煤”核心技术研发。我国大水矿区普遍面临采煤（排水）、控水（供水）、生态环保三者之间的矛盾与冲突问题，“煤-水”双资源型矿井建设和“控水采煤”技术研发是解决三者矛盾与冲突问题的有效方法和具体途径。该方法核心支撑技术主要包括：①对于具备可疏性矿井，宜采用矿井排水、供水、生态环保“三位一体”优化结合方法。排水措施可以实施地面排水，也可井下放水，有时可二者结合，井下放水最好采用清污分流的排水系统，这样可大大减少矿井水的处理成本。②对于可疏性差矿井，宜采用矿井地下水控制、利用、生态环保“三位一体”优化结合方法。地下水控制措施包括：煤层底板注浆加固与含水层改造；注浆封堵导水通道；改变走向长壁采煤方法，实施诸如充填开采法或房柱式开采法等，优化开采工艺；在第四系强富水含水层下对煤层覆岩实施局部轻微爆破松散，抑制断裂带发育高度；局部限制采用对煤层顶底板扰动破坏大的一次性采全高或放顶煤等开采工艺；应用“三图法”对研究区实施开采适宜性评价，进行开采适宜性分区，圈定不宜开采地段；建立地面浅排水源地，预先截取补给矿井的地下水流；预先疏排诸如强径流带等地下水强富水地段等。在对补给矿坑地下水实施最大限度控制、最大限度减小矿井涌水量的基础上，将有限的矿井排水分质处理后进行最大化地利用。通过对矿井水实施有效控制与利用，保护矿区地下水资源，防止地下水水位大幅下降，避免矿区生态系统和地质环境的恶化，维护矿区原始生态地质环境。③对于具备回灌条件的矿井，可采用矿井水控制、处理、利用、回灌、生态环保“五位一体”优化结合模式和方法，首先通过采取各种防治水的有效措施后，将有限的矿井水进行井下和地面的水质处理，最大限度地在井下生产环节和地面供水环节利用矿井水，最后剩余的矿井水经处理达标后回灌地下，达到矿井水在地面的零排放目标，实现我国煤炭资源开发与水资源和生态环境保护统筹规划、协调可持续发展的最终目标。④管理层面的组织协调。由于“三位一体”或“五位一体”优化结合系统涉及矿山、水务、环保3个相互独立的不同部门，如能使三者实施无缝有效地成功结合，由不同层次的政府出面组织协调三部门相互关系是非常重要的保障。

（4）“煤-水-气-热”多资源型矿井建设与开发理论与技术。我国相当一部分煤矿同时遭受水害、气害（瓦斯）、热害等灾害的威胁，矿井开发过程中，不仅面临煤层顶底板和采空区积水突（透）水问题，而且瓦斯爆炸、煤与瓦斯突出和高水温、高岩（煤）温等灾害难题并存，特别位于地热异常带和深部开采的矿井，三大灾害问题尤其严峻。因此，针对这类涌水量大、瓦斯丰富、地温高的矿井，在煤炭资源安全、高效、绿色、健康的开发过程中，将传统被认为灾害源的矿井水、瓦斯、地温能实施预先抽放或采用地源热泵等技术加以综合利用，将其作为煤炭资源开发过程中的共伴生资源加以开发，应用大系统工程理论，使煤炭资源开发与水、气、热资源化利用作为一个完整系统加以综合研究，建设“煤-水-气-热”多资源型矿井，是现代煤炭工业实现和谐可持续发展的必然途径。

（5）进一步加强废弃矿井闭坑管理机制与可操作措施研究。考虑到大量关闭废弃矿井对周围环境造成的不稳定影响和给周围矿井生产带来的重大安全隐患，特别是废弃积水矿井，已构成对周围煤矿安全生产的严重威胁，近年来已发生多起此类的重特大透水事故。据国家煤矿安全监察局统计资料，2006年我国煤矿共发生水害事故99起，其中一次死亡人数超过3人的有45起，且均为采空区透水事故。为了从根本上解决这个问题，《煤矿防治水细则》第十八条对废弃矿井应当提交闭坑报告和报告内容等做了专门规定。但由于历史原因，过去已遗留的废弃矿井无法提交正规闭坑报告，只能根据后期需花费大量人力、物力和资金的专门勘探和评估等工作来弥补。因此现在应该立即采取管理变革措施，绝不允许把现在正在废弃的矿井和采空区特别是积水矿井和采空区在不编制任何正规闭坑报告情况下不负责任地遗留下来，坚决防止并杜绝把废弃矿井的类似问题留给我们的子孙后代。

（6）大采高综合机械化采煤或一次性采全高放顶煤开采条件下的顶板超高导水断裂带和底板超深矿压扰动破坏带的预测评价理论和现场实测技术方法研究。从20世纪90年代开始，我国大部分大型煤矿陆续采用大采高综合机械化采煤或一次性采全高放顶煤开采方法实施回采，这些采煤方法在创建高产高效矿井的同时也带来了新的水文地质问题，即超高顶板冒裂带高度和超深底板矿压破坏深度远大于传统分层开采所造成的高度和深度，使得在传统开采诱发的扰动破坏带以外对矿井安全生产本不构成威胁的顶底板充水水源转变到采动破坏带内，对煤矿安全生产构成了充水威胁。这些采煤方法诱发的煤层顶、底板异常扰动破坏带增加了采掘工程触及煤层顶、底板含水层或采空区积水或地表水体的概率，增大了矿井突水的可能。因此，大采高综合机械化采煤或一次性采全高放顶煤开采条件下的顶底板异常扰动破坏带完全有别于分层开采情况，需要从基础理论和现场实测技术两个方面开展深入研究。

（7）矿井正常排水系统的潜水电泵研发技术。由于潜水电泵具有地面可控制和泵房淹没后仍能正常工作等诸多优点，大扬程、大流量潜水电泵已在我国煤矿使用。但由于缺少长期稳定运行的工程实践，目前主要用于矿井短期抗灾强排或应急抢险救援使用，在矿井正常排水系统中应用极少。对于水文地质条件复杂或极复杂、涌水量大、有突水危险的矿井，特别是采用传统的吸入式矿用多级离心水泵不能满足吸水高度或泵站硐室温度不能满足要求或泵站噪声超标等情况下，研发应用于矿井正常排水系统的潜水电泵设备和配套装备意义重大。

（8）进一步加强华北型煤田奥灰顶板古风化壳发育充填规律和隔水性能预测评价以及在下组煤安全开采中的水文地质意义研究。1976 年，峰峰地层会议将中奥陶系分为 3 组 8 段，其中峰峰组 8 段及上、下马家沟组 5、6 段和 2、3 段为相对强富水段，峰峰组 7 段及上、下马家沟组 4 段和 1 段为相对弱富水段。目前尚无证据显示，中奥陶系顶部峰峰组因地层原始沉积变异而致其富水性变差。但是，由于加里东构造运动，我国华北型煤田近 8×10^5 km^2 的奥陶系碳酸盐岩大范围裸露地表，经历了长期的地表风化剥蚀，在中奥陶统碳酸盐岩顶界面形成了古风化壳，后期受各种因素影响又被风化充填。显然，在碳酸盐岩顶界面被黏土等物质充填的古风化壳，其渗透性和富水性是相当有限的。华北型煤田奥陶系碳酸盐岩顶界面大范围存在的低渗透、弱富水的古风化壳对整个煤田下组煤安全开采具有十分重大的水文地质意义。因此，研究奥陶系古风化壳受古地形、埋藏深度、地质构造和地表径流条件等因素控制影响的发育与充填规律，建立刻画奥灰顶部古风化壳隔水性能的指标体系，提出奥灰顶部古风化壳隔水性能定量评价理论与方法等，对遭受底板突水严重威胁的煤炭储量巨大的华北型煤田下组煤的安全绿色开采意义重大。

（9）采掘工作面超前定向钻孔探放水技术。钻孔超前探放水是我国传统的在目前仍被广泛应用的井下防治水的最重要、最有效方法之一，但由于目前井下超前钻孔探放水均为直孔，按照煤矿防治水有关技术规定，一个掘进工作面如仅需探测煤层底板水，至少需打 3 个直孔以上；如探测顶、底板水，所需探放直孔数量就更多。大量的超前钻探工作量严重影响了掘进工作面掘进速度，超前探放水与掘进速度之间产生了尖锐矛盾，这种矛盾严重影响了井下超前钻孔探放水技术的推广应用。因此，在保证超前探放水质量和效果前提下如何减少探放水钻孔数量的技术变革就显得尤为重要。由于超前定向钻孔探放水技术具有人为定向和钻孔钻进轨迹可按照预先设计要求延伸到达预定目标等功能，一个定向钻孔探放水效果可代替多个直孔，可大大减少掘进工作面超前探放水钻孔数量，而且可将定向探放水钻孔开孔位置放在掘进工作面后部，这样就能解决钻孔超前探放水与掘进工作面掘进速度之间的冲突和矛盾。这种井下定向探放水钻孔具有开孔密度小、钻进轨迹可控性高、无效进尺少、探测目标点准确和排水效率高等诸多优点，且一孔多方位、可与掘井同时平行作业互不影响，是对传统井下探放水技术装备的一次革命。此外，由于井下定向钻进和分支造孔技术的独特优势，其在回采工作面底板定向注浆加固隔水层与改造充水含水层、在超前预探放顶底板充水含水层地下水和采空区水、在地质构造和煤厚变化等不良地质异常体探测与治理等方面，具有很好的应用前景。

（10）矿井突水事故应急救援与井下灾情现场实地勘查的两栖救生车技术和装备研发。矿井突水事故一旦发生，往往造成井下工作面或采区甚至整个矿井全部被淹，被矿井水围困人员与外界隔绝，无法得到食品、水源等人体生存必需的物质，如果延续时间超过人体生存极限，将导致被困人员死亡。因此，研发在井下巷道与水体环境下可同时运行的两栖救生车技术和装备，对于突水灾变情况下快速解救被困人员、运输人体生存必需物质、勘查井下突水具体位置和突水量为灾害有效治理提供依据等，均具有重大的意义。井下两栖救生车必须满足能够清除或跨越巷道各种障碍物、保证一定运行时间和具有稳定性等基本要求。

（11）矿山救护医学的基础理论与临床试验研究。矿井发生突（透）水事故后，在井下淹没水位标高以下的采掘空间，一般会被全部淹没，误入这些地点的避灾人员，生还可能性有限。但即使在这种情形下，如果被淹空间处于诸如独头巷道等完整封闭的不漏气隔绝环境，突（透）水的高压高速水流通过高度压缩封闭采掘空间原有空气，并能形成一个气-水压力相对稳定的平衡界面，即“气穴”，即使外部淹没水位高于该空间顶部标高，被困避灾人员也不会被水淹没，仍有生存可能。然而，处于原有空气被高度压缩的环境中被困人员究竟能承受多大气压，不同气压下的生命极限时间是多少；长期被困人员如无法在井下环境寻找到水源，或虽然找到水源但水质不适合饮用，在这种情况下被困人员是否可饮用自己的小便，长期不饮水的被困人员的小便是否含有不利于健康的成分；在从井下抢救并运送长期被困人员时要采取措施，防止突然或太快改变其已适应的生存环境，造成不应有的伤亡或人体器官损伤，但针对被困时间不同的人员，究竟从井下向地面运送速度控制在多少为宜；被困期间断绝食物后，在饥饿难忍情况下，是否可嚼食诸如煤块等杂物充饥。这些人体体能极限数据对于应急抢险救援预案的科学制定意义重大，需要从人体医学基础理论和临床试验等方面开展研究。

（12）矿山环境问题突出，修复与治理工作欠账较多，需深入系统研究。以往长期无序不合理开发，特别是“肥水快流”政策的实施和管理经验上的不足，采矿工程活动诱发了一系列严重的矿山环境问题。如何对众多复杂的矿山环境问题实施科学的梳理与分类，有效地开展矿山环境调查与勘探，对矿山环境进行真实评价与演化趋势预测，制定矿山环境保护和修复治理方案，这些均是今后矿山环境问题研究的核心内容。

第1篇
基础理论与方法

2 矿井水害类型划分方案与特征分析

在矿井水害研究方面，不同类型的水害往往对应不同的防控技术，因此针对矿井水害依据其不同特点进行分类便尤为必要。但因矿井水害的多样性与复杂性，目前对矿井水害进行的系统性、整体性、全面性分类尚不多见。事实上，矿井水害的科学分类是一个庞大的系统分类工程，需要制定定性、定量及二者相结合的分类方法，并需要大量的现场数据和水害案例，更需要相关科学理论的支撑。因此，矿井水害分类对于矿井水害基础理论研究、调查与勘探、预测预报评价、探测仪器与装备研发、预防与治理技术、矿井水综合利用和矿山生态环境保护等均具有重要的理论指导意义和实用价值。

2.1 矿井水害类型的划分依据

在对矿井水害类型划分前，首先需明确其划分依据。根据我国大量矿井水害案例及其具体特征等，将充水水源、导水通道、危害形式、经济损失与人员伤亡和时效特征等作为水害类型的划分依据。充水水源是指赋存于矿体和其周围岩层中的及与之存在水力联系的在开采过程中造成矿坑持续涌（突）水的水源的总称；导水通道是这些水源进入矿坑的途径；危害形式主要指具有温度异常和腐蚀性等特征的矿坑涌（突）水；经济损失和人员伤亡指矿坑涌水所造成的直接经济损失大小和人员伤亡数量；时效特征主要指矿坑涌（突）水与采掘工程推进之间的时间关系。

2.2 矿井水害类型的划分方案

1. 按矿井水害的充水水源分类

依据其性质，充水水源可划分为天然和人为两大类。天然充水水源型水害包括以大气降水为直接补给源的矿井水害、地表水（大型地表水体，如海、湖泊、河流、沼泽、水库、水池等）充水水源型矿井水害和地下水充水水源型矿井水害。其中地下水充水水源型水害依据充水含水层介质特征可划分为松散岩孔隙充水水源水害、基岩裂隙充水水源水害和可溶岩岩溶充水水源水害；依据充水含水层水力特征可划分为上层滞水水源水害、潜水水源水害和承压含水层充水水源水害。人为充水水源型水害包括地下水袭夺水源型矿井水害和矿井采空区积水型矿井水害。

2. 按可采矿层与充水含水层的相对位置和接触关系分类

依据可采矿层与充水岩层相对位置，矿井水害可划分为顶板充水水源、底板充水水源和周边充水水源 3 种类型；依据可采矿层与充水岩层接触关系，可将矿井水害进一步划分为顶板直接和间接充水水源、底板直接和间接充水水源、周边直接和间接充水水源 6 种类型。

3. 按矿井水害的导水通道分类

导水通道可分为矿井充水天然通道和矿井充水人为通道两大类。其中天然通道型矿井水害可分为点状岩溶陷落柱通道型水害、线状断裂（裂隙）带通道型水害、窄条状隐伏露头通道型水害、面状裂隙网络（局部面状隔水层变薄区）通道型水害和地震通道型水害；人为通道型矿井水害可分为顶板冒落裂隙带通道型水害、顶板切冒裂隙带通道型水害、抽冒带通道型水害、底板矿压破坏带通道型水害、底板地下水导升带通道型水害、地面岩溶塌陷带通道型水害和封孔质量不佳钻孔通道型水害。

4. 按矿井水害的危害形式分类

矿井水害按其危害形式可分为：常温水害、中高温水害和腐蚀性水害。

5. 按矿井水害造成的经济损失或人员伤亡分类

依据矿井水害造成的人员伤亡或直接经济损失，可将其分为：特别重大型水害、重大型水害、较大型水害、一般型水害。

6. 按矿井水害发生的时效特征分类

按矿井水害发生的时效特征，可将其分为即时型水害、滞后型水害、跳跃型水害和渐变型水害。

2.3 不同类型矿井水害的特征分析

1. 大气降水型矿井水害

大气降水是地下水的主要补给来源，所有矿床充水都直接或间接地与大气降水有关。但本书所述大气降水水源，是指矿床直接充水的唯一水源，其致灾时间与大气降水时间具有同步相关性或固定时间的延迟相关性，其致灾性与降水强度和降水量有关，且一般与降水量呈正比关系。

2. 地表水源型矿井水害

在有大型地表水体（海、湖泊、河流、沼泽、水库、水池）分布的矿床地区，查清天然条件下和矿床开采后的地表水对矿床开采的影响是矿区水文地质勘探和矿井水文地质工作的关键。地表水体分布一般较为集中、水量较大，采矿活动及其影响范围一旦与其形成水力联系，其致灾性往往较大。

3. 地下水源型矿井水害

地下水源型矿井水害类型复杂，依据充水含水层介质特征可划分为松散岩孔隙充水水源型水害、基岩裂隙充水水源型水害、可溶岩岩溶充水水源型水害；依据充水含水层水力特征可划分为上层滞水水源型水害、潜水水源型水害和承压含水层水源型水害。从不同性质含水介质导致的矿井水害看，一般而言，由于岩溶水含水层富水性较强，故一旦采矿活动及其影响范围导通该类型含水层，形成的岩溶水源型矿井水害往往具有较强的致灾性；从含水层的水力特征看，由于承压含水层富水性往往较强，导致该种类型的矿井水害的致灾性相应较强。

4. 袭夺水源型矿井水害

由于矿床开采，地下水降落漏斗不断扩展，采矿活动强烈改造着矿区天然地下水流场，人工地下水流场获得新的补给水源称为袭夺水源。袭夺水源存在下列4种情况：①位于矿区地下水排泄区的泉水；②位于矿区地下水排泄区的地表水体（海、湖、河）；③位于矿区地下水径流带内的排泄区一侧的相邻含水层；④相邻水文地质单元的地下水。因此，该种类型的矿井水害致灾效果一般与补给水源的富水性呈正比关系。

5. 采空区积水型矿井水害

前期的矿山开采（包括同一矿山的开采和周围其他矿山的开采）后遗留的一部分采空区，其被后期的地下水或地表水等充填，便形成采空区积水。如果后期的地下采掘工程触及其水体边缘，该部分采空区积水就会以突然溃入的方式涌入井下，造成突发性的矿井水害事故。据统计，恶性矿井水害以该种类型数量最多且致灾性最强，2006—2010 年，全国范围内采空区积水型水害共发生 129 起、死亡 971 人，分别占较大以上水害事故总数的 92.1%和总死亡人数的 89.7%。该种类型的矿井水害主要有如下特点：①突发性；②采空区积水往往呈酸性状态；③采空区积水中硫化氢气体的浓度较高；④涌水量大，破坏性强，但因其储水空间较封闭导致其涌水持续时间短，较易疏干。

6. 顶板水源型矿井水害

当采矿活动及其影响范围（冒落裂隙带、导水构造等）触及矿体上部的充水岩层，便引发顶板矿井水害。依据矿体与充水岩层的接触关系，顶板水源型矿井水害可划分为顶板直接充水水源型水害和顶板间接充水水源型水害。顶板水源型矿井水害的致灾性与其导通的充水含水层富水性和连通性直接相关，若采矿活动影响范围内的含水层富水性和连通性较强，其对矿山安全开采的致灾性则较强。

7. 底板水源型矿井水害

当采矿活动及其影响范围（矿压破坏带、导水构造等）触及矿体下部的充水岩层时，便引发底板矿井水害。同理，依据矿体与充水岩层的接触关系，底板水源型矿井水害可划分为底板直接充水水源型水害和底板间接充水水源型水害。底板水源型矿井水害的致灾性与其矿压破坏带触及的充水含水层富水性和连通性直接相关，若采矿活动影响范围内的含水层富水性和连通性较强，其对矿山安全开采的致灾性则较强。

8. 周边水源型矿井水害

当采矿活动及其影响作用（造成裂隙萌生、断裂活化等）触及矿体周边的充水岩层时，便引发周边水源型矿井水害。依据矿体与充水岩层的接触关系，周边水源型水害可划分为周边直接充水水源型水害和周边间接充水水源型水害。同理，其致灾性与周边充水含水层的富水性和裂隙连通性呈正比增长关系。

一般而言，以上 8 种类型矿井水害中的直接充水水源是指水源与开采矿体直接接触或矿体开发过程中诱发导水冒裂带或矿压破坏带能够触及的水源；间接充水水源是指通过某种导水构造穿过隔水围岩或通过越流方式进入矿井的充水水源，其主要分布于开采矿体周围，但与矿体并未直接接触或处于正常冒裂带或矿压破坏带以外。常见的直接充水水源有煤层直接顶板含水层、直接底板含水层和露天矿井剥离扰动的含水层；常见的间接充水水源含水层有顶板间接含水层、底板间接含水层、侧帮间接含水层或多种水源形成的某种组合。

9. 天然导水通道型矿井水害

矿体开采时，充水水源进入矿坑的各种途径称为导水通道，而经非人为导水通道进入矿坑的涌水造成的矿井水害称为天然导水通道型矿井水害。此种类型的矿井水害包括：①点状岩溶陷落柱通道型水害；②线状断裂（裂隙密集）带通道型水害；③窄条状隐伏露头通道型水害；④面状裂隙网络（局部面状隔水层变薄区）通道型水害；⑤地震通道型水害。

点状岩溶陷落柱通道沟通了煤系充水含水层中地下水与中奥陶统灰岩水的联系，特别位于富水带上的岩溶陷落柱，可造成不同充水含水层组中地下水的密切水力联系，从而使该种类型矿井水害的致灾性增强。作为导水通道的岩溶陷落柱导水形式多种多样，有的柱体本身导水，有的则是阻水的，还有的岩溶陷落柱柱体内部分导水、部分阻水，但陷落柱四周或者局部由于受塌陷作用影响而形成较为密集的次生裂隙带，从而成为沟通多层含水层组之间地下水的水力联系。线状断裂（裂隙密集）带通道多分布在断层密集带、断层交叉点、断层收敛处或断层尖灭端等部位，其沟通了充水岩层组之间密切的水力联系，从而形成矿井水害。

在我国大部分煤矿山，煤系薄层灰岩充水含水层、中厚层砂岩裂隙充水含水层以及巨厚层的碳酸盐岩充水含水层多呈窄条状的隐伏露头与上覆第四系松散沉积物不整合接触。如果煤系和巨厚层的碳酸盐岩充水含水层组在隐伏露头的风化带部位渗透性较好，呈高承压水头的巨厚层碳酸盐岩充水含水层组地下水首先直接通过“越流”或“天窗”部位，上补第四系松散孔隙含水层组，而第四系孔隙水又以同样方式下补被疏降的煤系薄层灰岩含水层组或中厚层砂岩裂隙含水层组。第四系孔隙含水层组在煤系和巨厚层碳酸盐岩充水含水层组两个窄条状隐伏露头处，沟通了彼此间的水力联系，形成窄条状隐伏露头通道型水害，其致灾性往往较强。

根据含煤岩系和矿床水文地质沉积环境分析，在华北型煤田的北部一带，煤系含水层组主要以厚层状砂岩含水层组为主，薄层灰岩沉积较少。在厚层砂岩含水层组之间沉积了以细砂岩、粉细砂岩和泥岩为主的隔水层组。在地质历史的多期构造应力作用下，脆性的隔水岩层受力后以破裂形式释放应力，致使隔水岩层产生了不同方向的较为密集的裂隙和节理，形成了较为发育的呈整体面状展布的裂隙网络，此种裂隙网络随着上、下充水含水层组地下水水头差增大，以面状越流形式形成了垂向水量交换，形成面状裂隙网络（局部面状隔水层变薄区）通道型水害。

强震发生时，震中附近地层受地震力的周期拉压与剪切耦合作用形成较多规模不一的裂隙，如果煤层附近的裂隙发育到沟通其周围含水层组，将发生煤矿井突水灾害，即地震通道型水害，而由地震作用形成的裂隙则被称为地震裂隙通道。据开滦矿区唐山矿在唐山地震时矿井涌水量和地下水位观测资料，地震前区域含水层受张力作用时，区域地下水位下降，矿坑涌水量减少；当强震发生时，区域含水层压缩，区域地下水位瞬间上升数米，矿坑涌水量瞬时增加数倍。

10. 人为导水通道型矿井水害

矿体开采时，经人为导水通道进入矿坑的涌水造成的矿井水害称为人为导水通道型矿井水害。此种类型的矿井水害包括：①顶板冒落裂隙带通道型水害；②顶板切冒裂隙带通道型水害；③顶板抽冒带通道型水害；④底板矿压破坏带通道型水害；⑤底板地下水导升带通道型水害；⑥地面岩溶塌陷带通道型水害；⑦封孔质量不佳钻孔通道型水害。

亚类①②和亚类③具有相似性，均为采矿活动触发的顶板岩体破坏沟通了上部含水层而导致的矿井水害，不同的是亚类①中的冒落裂隙带主要发育在水平或缓倾斜岩层中，而亚类②中的抽冒带发育在急倾斜岩层中，亚类③中的切冒裂隙带则主要发育在煤层顶板为厚层或巨厚层的弹性模量较大的砂岩或粗砂岩地层中，开采范围有限时不冒落，但一旦发生冒落，即为大范围冒落，这样对顶板或底板的破坏性均很大。同理，亚类④和⑤亦具有相似性，均为采矿活动诱发的底板岩体破坏沟通了下部含水层而形成的矿井水害，不同的是亚类④中的矿压破坏带发育在紧邻矿体下部的岩层中，而亚类⑤中的地下水导升带则发育在矿体下伏含水层的顶部。

随着我国岩溶充水矿床大规模抽放水试验和疏干实践，矿区及其周围地区的地表岩溶塌陷发育较多，地表水和大气降水通过塌陷坑充入矿井，形成亚类⑥，即地面岩溶塌陷带通道型人为矿井水害。有时随着塌陷面积的增大，大量砂砾石和泥沙与水一起溃入矿坑。

由于矿区钻孔封孔质量不佳，易转变为矿井突水的人为导水通道。当掘进巷道或采区工作面触及此类封孔不良钻孔时，煤层顶、底板充水含水层地下水将沿着钻孔突入采掘工作面，形成亚类⑦，即封孔质量不佳钻孔通道型矿井水害，这是人为条件造成矿井水文地质条件复杂化的一种类型。

11. 常温水害、中高温水害和腐蚀性水害

常温水害指突水水温在当地地下水正常温度范围内的水害；受地热异常影响致使突水水温高于正常水温的水害为中高温水害；腐蚀性水害指突水水源中含有对采掘机械设备、排水设备和巷道等有腐蚀作用的矿井水害。

12. 特别重大型水害、重大型水害、较大型水害和一般型水害

特别重大型水害是指造成30人以上死亡，或100人以上重伤，或1亿元以上直接经济损失的水害；重大型水害是指造成10人以上30人以下死亡，或50人以上100人以下重伤，或5000万元以上1亿元以下直接经济损失的水害；较大型水害是指造成3人以上10人以下死亡，或10人以上50人以下重伤，或1 000万元以上5000万元以下直接经济损失的水害；一般型水害是指造成3人以下死亡，或10人以下重伤，或1000万元以下直接经济损失的水害。

13. 即时型水害、滞后型水害、跳跃型水害和渐变型水害

即时型水害是指发生在矿井采掘的工作面突水灾害；滞后型水害是指发生在采掘工作面后方采空区中的突水水害，随着矿井开采深度逐渐加大和下组煤大规模开发，采掘环境的地应力和水压也在逐渐增大，因断裂构造、裂隙密集带或岩溶陷落柱等不同类型通道诱发的滞后型水害正在增多，应该引起高度重视；跳跃型水害是指突水水量随时间不断变化的突水灾害；渐变型水害是指突水水量随时间逐渐增加或者减小的突水灾害。

3 矿井水害防治（控）技术方法及特征分析

煤矿井水害因其强烈的致灾性引起了广泛关注与深入研究。总体而言，其研究内容主要集中在矿井水文地质条件探查、矿井突水危险性理论计算与综合评价及基于以上研究成果的众多类型矿井水害预防与治理技术等方面。事实上，矿井水文地质条件的精细化探查与评价对矿井水害的预防至关重要，同时也是采取相应综合和系统化防治技术的物质基础。因此，进行特定水文地质条件基础上的矿井水害预防和治理是相关研究工作的基本目的，同时也是矿井安全开采和矿区经济、社会等可持续发展的重要保障。

可喜的是，煤矿井水害防治技术得益于中国煤炭悠久的开采历史与丰富的经验教训而得到了长远发展并日臻完善，针对不同类型矿井水害的防控技术与方法日趋成熟。遗憾的是，目前种类繁多的防治技术多集中在某些类型的煤矿井水害，或针对特定类型的煤矿井水害防治技术尚不完善和系统化，即针对系统化矿井水害类型划分的综合防控技术体系尚未建立，而该体系的建立和完善必将对目前矿井水文地质条件的精细化和煤矿井水害综合防治起到重要的指导作用，从而对受水害威胁严重的煤矿井安全生产具有较高的实践价值。

如上所述，煤矿井水害防治技术体系的建立与完善须基于系统的矿井水害类型划分体系，而目前较为完善的矿井水害类型划分体系已由中国矿业大学（北京）提出，该体系在充分、系统地考虑煤矿井水害分类依据的基础上得出，极具现实意义。因此，本书以该分类体系为基础，系统地建立针对以上不同类型矿井水害的综合防治技术体系，具有较高的理论价值与实践指导意义。

3.1 矿井水害防治技术分类依据

总体而言，煤矿井水害防治技术因不同类型的矿井水害而异，故其分类多参照或与矿井水害类型划分依据有关。因此本书采用目前较为系统和完善的煤矿井水害类型划分依据，即依据充水水源、导水通道、矿层与含水层相对位置关系、危害形式、经济损失与人员伤亡和时效特征等划分依据，其中较为重要和常用的当属充水水源和导水通道两个依据。

3.2 充水水源型水害防治技术与方法

依据其性质，充水水源可划分为天然充水和人为充水两大类型，而天然充水水源包括以大气降水为直接补给源的水源、地表水源（大型地表水体，如海、湖泊、河流、沼泽、水库、水池）和地下水源（部分）三大类型，人为充水水源则主要包括地下水袭夺水源、采空区积水水源和矿层顶板离层水源三大类型。其对应的煤矿井水害综合防治技术与方法分述如下。

3.2.1 大气降水型水害防治技术与方法

极端性恶劣天气诱发的暴雨、洪水等巨量地表水或其自身直接通过矿井出/入口直灌井下，将造成灾难性的矿井水害。存在暴雨、洪水隐患的煤矿井，其具体防治技术与方法为：

（1）建立健全防范暴雨、洪水水害事故灾难的组织机构和机制。成立以企业主要负责人为主体的雨季防洪、防排水、防雷电的“三防”领导机构，编制雨季“三防”工作计划，明确“三防”任务和责任，及时召开会议，研究、检查和落实相关工作，加强雨季调度和值班工作，做到领导到位、隐患治理计划到位、信息接收与值班指挥到位。

（2）主动与当地气象、水利、防汛等部门建立灾害性天气预警、预防机制。及时接收和掌握可能危及矿井安全生产的暴雨、洪水灾害信息，密切关注灾害性天气预报、预警信息，掌握汛情、水情，针对矿井存在的防洪薄弱环节和险情要害，及时主动采取措施。

（3）雨季期间要安排专人，对可能危及矿井安全的水库、湖泊、河流、涵洞、堤防工程等重点部位及矿井防洪工程的险要部位进行巡视检查，在接到暴雨灾害预警信息和警报后，必须实施 24 小时不间断巡视。

（4）建立暴雨、洪水等可能引发淹井紧急情况下的井下人员及时撤出制度，要明确启动标准、指挥部门、撤人程序；发现暴雨、洪水等水害灾情严重，可能引发淹井时，必须立即撤人。

3.2.2 地表水源型水害防治技术与方法

总体而言，地表水源型矿井水害的综合防治技术与方法可细化为：

（1）调查矿区及井田附近地面水流系统的汇水、渗漏情况以及疏水能力和有关水利工程等情况，掌握历年降水量和最高洪水位。

（2）查明流经矿区或流经本井田河流的常年和历史最大流量、最高洪水位，矿区上游或附近水库的最大蓄水标高、蓄水能力、泄洪标高、泄洪路线及可能的泄洪区位置，摸清采动塌陷区、地表裂缝、溶洞、废弃钻孔、废古井等地表水及降水直接或间接流入井下的通道，绘制矿区地形地质图或井上下对照图。

（3）查明井田内最高洪水位以下的水淹区、集水洼地与井口工业场地及采后塌陷区的关系；在山区还应查明可能发生泥石流、滑坡地段与井筒、井口工业场地的关系。

（4）矿井井口、工业场地内建筑物高程低于历年最高洪水位或距雨季地表径流、水库泄洪道较近，可能受到威胁的，应修筑堤坝、挖掘泄洪沟渠或采取其他防排水措施进行矿井地表水防治。

（5）在井田地面易积水地点应修筑沟渠排泄积水，修筑沟渠时应避开矿层露头、导水岩层；漏水的沟渠和河床应及时堵漏或改道；禁止开采露头区的防水矿柱；采后塌陷区的采动导水裂缝应充填夯实。

（6）对于近山区或丘陵区的矿井，上游主要营造山坡植被、挖鱼鳞坑、筑拦洪坝、沟谷设石棚栏等，以减慢洪水流速，减少泥沙携带量，避免泥石流形成，开挖分洪道，减少流经井田或井口区水量；中游主要加深、加宽主排洪道，增大水流通过能力；下游主要清淤、排障，加快水流下泄速度。

（7）修筑防洪沟时，防洪沟要避开与矿井充水有关含水层露头区、断层破碎带、岩溶发育区，对防洪沟位置、断面、坡度和边坡，须进行严格设计。

进一步讲，易触发矿井水害的地表水源按其性质可分为矿井附近大型地表水体和矿井范围内的地表塌陷漏洞两种类型，其防治技术与方法分述如下。

1. 地表大型水体触发型水害防治技术与方法

该类型煤矿井水害的综合防治技术和方法为：

（1）查明矿井范围内有无直达或可能直达地表大型水体、含水体的断裂构造，特别是高角度断层、破碎带。

（2）查明地表大型水体的底面标高和变化，底面地层结构及岩层岩性、厚度和层组结构变化，隔水层层厚、稳定性变化，水体底面至所采矿层之间的地层厚度、岩性、层组结构变化，特别要查明有效隔水层厚度、与所采矿层的层间距变化。

（3）查明控制基岩面的标高和变化，各含（隔）水层层次、厚度、岩性结构变化，底部含水层岩性、富水性变化及可能的补给水源，底部含水层与基岩面之间有效的黏土、沙质黏土隔水层厚度与隔水性变化。

（4）当矿层的采动冒落带或采动导水裂隙（缝）波及破坏到其上覆的水体（江、河、湖、海）或含水体（松散含水层、基岩强含水层）时，会发生矿井突水水害、淹井水害，要正确留设安全矿柱；采用合理的矿产资源开采方法，限制和控制开采强度；动态监控各有关含水层水位与采掘工作面涌水量变化并及时采取应变措施。

（5）矿井在河流、水库、积水洼地等地表水体下开采矿床时，基岩裸露或上覆盖层较薄，不能起到有效防隔水作用时，要按规定严格留设保护煤柱。

（6）当河流、沟渠等地表水系流经矿区断层破碎带或石灰岩含水层露头带时，在不适宜改道的情况下，在河床、沟渠底部的漏失地段，用防漏防渗材料铺设河底，修建不渗水的人工河床，以防止河水向井下渗漏。

（7）流经矿区的河道，下方有岩溶含水层或河底裂隙多时，不适宜修人工河床，应将河流改道，用人工河道将河水引出矿区之外。

（8）建立健全矿井隐患排查治理和水害防治管理制度，实现矿井水害隐患排查治理工作经常化和制度化。

2. 地表塌陷漏洞触发型水害防治技术与方法

该类型煤矿井水害的综合防治技术和方法可细化为：

（1）防止地表水进入采矿塌陷区。地表水体、采矿塌陷区、矿系地层露头等部位有漏水现象时，要对漏水的水体基底进行防漏加固处理；清理疏通河道，加速泄流，减少渗漏；对漏水的河、库、塘铺底防漏或人工改道；严重漏水的洞穴用黏土、水泥灌注填实。

（2）控制大气降水和地表水系补给矿井。在塌陷裂缝区外围开挖截水沟渠，在塌陷区内开顺水沟，将降水集中到不致渗漏于井下的地段，及时引流出塌陷裂缝区；用土、石充填陷坑；用土堤将塌陷裂缝围截隔离，以防洪水漫灌入塌陷裂缝区；用自流或泵站排出积水区积水。

（3）对老窑井口进行填堵。大井口可用水泥盖封闭，再用黄土堆满盖上；浅而小的旧坑老窑井口可直接就近取土填塞；对靠近河沟的井口，应加盖 1 m 厚的灰土，并使井口高出地面 1 m 以上；处于农田内的井筒，在填实后还应在距地表以下 2 m 处打厚度不小于 1 m 的三七灰土，后再覆以耕土；位于山坡上的古窑井口，用片石砌高度不小于 1 m 的圆形挡水墙。

3.2.3 地下水源型水害防治技术与方法

地下水源型水害依据充水含水层介质特征可分为孔隙型、裂隙型和岩溶型矿井水害，按照充水含水层水力特征可分为上层滞水、潜水和承压含水层矿井水害。其主要防治技术与方法分述如下：

1. 孔隙型矿井水害防治

该类矿井水害又称松散冲积层水源型矿井水害，其防治须首先查清冲积层沉积特征、含水层厚度、分布范围与含水性，然后通过多种试验手段充分掌握本区煤层开采后形成的冒落带与导水裂隙带发育范围和高度，合理留设防水煤岩柱并选择正确的开采和支护方法。

2. 裂隙型矿井水害防治

对受冲积层水顺层补给但补给量不大的裂隙型矿井水害，主要采取超前疏放水进行治理。对矿层底板以下的砂岩裂隙含水层，当其与开拓层位较近且具有一定静水压力时，为避免掘进工作面集中涌水，可从巷道侧帮用钻孔超前放水，能起到较好作用。对于地下水静、动储量丰富的砂岩裂隙含水层，在查明其补给水源和主要补给通道后，须采取针对性措施，如封堵其与补给水源的构造连通部位、截断其主要补给水源等，进行有效疏放水。

3. 岩溶型矿井水害防治

薄层灰岩水的防治是探明采区内可能存在的各条中、小型断层，隔水岩组岩性、结构、厚度等变化；观测、研究矿层采动后对顶、底板岩石的破坏程度和有效隔水层抗水压能力等；按构造块段分别计算可开采安全水压值和合理水位疏降值，用打钻注浆加固底板隔水岩组中的薄弱地带。

另外，对于厚度较大、水量较为丰富的奥灰含水层水，其防治技术与方法可细化为：

（1）奥灰的动、静水量不大，有可能实现局部疏水降压时，以加强、加固中间隔水层的注浆改造为主，在封闭或半封闭状的构造块段，采取有限的疏水降压。

（2）奥灰的动、静水量比较大，难以直接进行疏水降压时，首先要采取全面规避方案，不能轻举妄动，在建成抗险扩排能力和区域动态观测网等有关配套设施后，才能先以较小或适当的放水量进行较长时段试验放水，并随时结合地面各观测孔水位观测资料，进行专题研究。

（3）奥灰的动、静水量大，目前进行疏水降压在技术上无把握、经济上不合理的矿产资源，从技术可行、经济合理角度衡量，应暂行放弃开采。

对于因含水层水力特征而异的上层滞水、潜水和承压水矿井水害，因其划分结果与因含水层介质特征而异的划分结果有较大重叠，如上层滞水和潜水大多位于孔隙含水层中，而承压水含水层又包括了裂隙和岩溶含水层，致使其相应类型矿井水害防治技术和方法亦与上述内容重叠较多，故此处不再赘述。

3.2.4 采空区水源型水害防治技术与方法

采空区水源型水害防治的基本对策是：探明积水区范围、标高、可能积水量及与设计开采区层间距或同一层位上下标高差的空间关系，在留设一定防隔水矿柱条件下，打钻放净积水。

首先，在进行采空积水区探查时，应查明有无漏填、错填的积水采空区和废弃井巷，在采掘工程图上标明积水区及其最低点的具体位置和积水区水面标高，初步圈定其范围，再外推 60 m 圈出积水采空区警戒线；以平面、剖面图确切反映积水区与采掘工作面的空间关系，对于缓倾斜、近水平复矿层或厚矿层分层回采的上覆采空区，应绘制小等高距采空区底板等深线图，以表明积水区的构造和形状，分析其主要充水因素，预计可能积水量和动水量。根据矿井现场实际情况，制定探放采空区积水的方法和安全技术措施。

其次，利用信息化、数字化、定量化等方法，通过采空区水害治理可行性评价、防水矿（岩）柱设计依据核查、数值模拟等手段进行防水矿（岩）柱的可靠性评价等定量评价矿井采空区积水水害危险性程度，建立基于 GIS 的采空区水害管理信息系统数据库，主要包括：采空区现状分布信息子系统、采空区水害情况信息子系统、采空区安全评价专家子系统。

最后，根据矿井采空区酸性矿井水形成的主要因素及矿区地质条件等间接因素，采用封闭矿坑与采空区、控制矿井采空区水补给源、地下水疏干系统等方法对矿井采空区水酸性水害进行预防；采用中和法、微生物法（生物化学方法）、湿地生态工程法等方法对矿井采空区酸性水进行处理。

3.2.5 袭夺水源型水害防治技术与方法

由于矿床开采，地下水降落漏斗不断扩展，采矿活动强烈改造着矿区天然地下水流场，人工地下水流场获得新的补给水源称为袭夺水源。一般而言，袭夺水源型水害的致灾效果与补给水源的富水性呈正比关系，该类型水害因其特征决定了其防治的关键是切断水源与开采区域的水力联系，一般多采用注浆法。

3.2.6 离层水源型水害防治技术与方法

顶板离层为采动触发的覆岩沉陷运动过程中沿层面产生分离现象，其普遍存在于各类采场覆岩中，在垮落带、裂隙带及弯曲下沉带中均可产生，但前二者中离层发育时间较短且其空隙会逐渐被压实闭合，而弯曲下沉带中一般离层范围较大且发育时间也较长。采场顶板离层根据其所能持续稳定的时间、最大离层量及其导水富水性不同，可分为裂隙型和空腔型两种类型，但因空腔型离层具有离层空间大、维持稳定时间长、富水性透水性强及其积水形成的离层水危害大等特点，是发生离层水水害的主要类型。

离层水源型矿井水害的防治技术和方法一般是基于综合探查后，在工作面的上下巷道迎着推进方向斜向工作面内一定的间距施工疏干钻孔，使离层空腔的次生水及时排除，为了保证在开采过程中钻孔不会因为超前破坏而堵孔，须在钻孔内下入透水套管，同时完善矿井排水系统。

3.3 相对位置型水害防治技术与方法

相对位置是指可采矿层与充水含水层的彼此位置，依据该相对位置可细化为顶板充水水源型、底板充水水源型和周边充水水源型矿井水害，其相应的防治技术与方法分述如下。

3.3.1 顶板充水型水害防治技术与方法

根据顶板含水层富水性及其分层结构、底部含（隔）水层厚度变化、采区上方基岩顶面起伏变化、标高、冲积层与地表水体及其他含水层之间的水力联系以及地层倾角、采高和顶板岩组力学特性等，通过试验手段掌握开采后顶板所产生的垮落带与导水裂隙带的发育范围和高度，合理留设防水矿（岩）柱，选择正确的矿层开采和支护方法进行矿层顶板水害防治。

在冲积层含水性较弱，地下水动、静储量有限的地区，可采用疏干开采。在冲积层含水性中等，地下水动、静储量不太大，预计矿井中后期有可能疏干的地区采取留防护矿柱措施。在矿体相对集中且紧接强含水层时，若疏干排水易引发严重环境地质问题甚至使资源失去开采价值的，可采用顶板帷幕注浆水害防治技术。该技术具有节约排水费用、保护地下水资源、保护地质环境与不浪费矿产资源等显著优点，缺点是技术风险大、技术难度高。

3.3.2 底板充水型水害防治技术与方法

当煤层底板有承压含水层且含水层自身水压和采掘活动所引发的矿山采动压力打破承压含水层水的原始平衡条件时，将发生底板突水灾害。总体而言，底板水害综合防治技术与方法有带压开采、疏水降压、加固隔水底板、局部底板改造、利用改造切割分块治理、留设防水岩柱、构筑防水闸墙实行分区隔离防治、改变采矿方法、建立防排系统、防渗堵漏等。在对煤矿井底板水害进行防控前，因其水量大、水压高等典型特征决定了对其构造和含隔水层特征的探查至关重要，可细化如下：

（1）查明底板构造发育特征与各承压含水层空间分布及其水文地质特征。

（2）正确留设断层防水煤（岩）柱，划定断层防水警界线，进行超前探放水；设计施工过断层时，要采取全断面预注浆封水措施，采用永久性强力支护的方案。

（3）在巷道掘进阶段，采用瑞利波法、直流电法及超前钻探方法，查明巷道前方构造及其导水性；对已圈定或正掘进的采煤工作面，要充分利用周边巷道采用坑透方法查找其内部主要构造，同时采用直流电法、音频电穿透法探查底板富水异常区段，进一步查明采煤工作面中间或板以下有无隐伏导水构造的可能性，发现问题立即钻探验证，并根据存在问题采取相应防治措施。

（4）采用以探明构造断裂、查明隔水层厚度和含水层水压为基础，以突水系数和脆弱性指数为核心的判别法，将各采区、工作面进行鉴别、划分为基本安全区、较安全区、风险区、危险区和严重危险区 5 个级别，进行矿井底板水害危险性分区评价和治理。

在此基础上，底板充水型水害的关键防治技术和方法分述如下：

（1）太原统上组灰岩含水层水害防治技术与方法：与下组太灰含水层和奥灰水无较好水力联系时，直接打钻疏放水。与下组太灰含水层有一定或较好水力联系时，须先查明水源补给方式和通道，再注浆封堵，最后进行疏放。

（2）太原统下组灰岩含水层水害防治技术与方法：与奥灰水力联系不明显、水源主要来自本层（组）时，采用疏水降压防治方法。水源来自太原统薄层灰岩、有奥灰水间接介入时，根据放水试验资料进一步分析奥灰水介入量，基于分析结果，采取先注浆封堵来自底部含水层主要补给通道，再进行疏放水；或选择靠近底部某层能够进浆且具有一定厚度层段，通过注浆将其改造为隔水层后，再进行水位疏降。

（3）奥灰含水层水害防治技术与方法：当奥灰动、静水量较小，有可能实现局部疏水降压时，以加强、加固中间隔水层的注浆改造为主，在封闭或半封闭构造块段，采取有限的疏水降压。当奥灰动静水量较大，难以直接进行疏水降压时，首先采取全面规避方案，在建设抗险扩排能力和区域动态观测网等有关配套设施后，再进行较小或适当水量的较长时段放水试验，并随时结合地面各观测孔水位资料，进行专题分析。奥灰动静水量大，目前进行疏水降压在技术上无把握、经济上不合理的，从技术可行、经济合理角度衡量，应暂行放弃开采该部分煤炭资源。

3.3.3 周边充水型水害防治技术与方法

当采矿活动及其影响作用（造成裂隙萌生、断裂活化等）触及矿体周边充水岩层时，便引发周边水源型矿井水害。依据矿体与充水岩层的接触关系，周边水源型水害可划分为直接充水水源型水害和间接充水水源型水害，其致灾性与周边充水含水层的富水性和裂隙连通性呈正比关系。

因此，该类型水害防治关键是查明周边含水层的富水性及其与开采区域的水力联系，技术上则以物探、钻探并基于勘探成果用注浆法切断其水力联系为主。

3.4 导水通道型水害防治技术与方法

导水通道是矿井充水因素分析的重要内容之一。总体上，矿井水害导水通道可分为天然通道和人为通道两大类，其中天然通道可分为点状岩溶陷落柱通道、线状断裂（裂隙集中）带通道、窄条状隐伏露头通道、面状裂隙网络（局部面状隔水层变薄区）通道和地震通道；人为通道可分为顶板冒落裂隙带通道、顶板切冒裂隙带通道、顶板抽冒带通道、底板矿压破坏带通道、底板地下水导升带通道、地面岩溶塌陷带通道和封孔质量不佳钻孔通道。

在依据不同类型导水通道进行的矿井水害类型划分时，部分类型的矿井水害防治技术与方法是较为相似甚至相同的，如顶板冒落裂隙带通道、顶板切冒裂隙带通道、顶板抽冒带通道型水害其防治技术与方法应是相似的，底板矿压破坏带通道、底板地下水导升带通道型水害其防治技术与方法也是相似的，线状断裂（裂隙）带通道、窄条状隐伏露头通道、面状裂隙网络（局部面状隔水层变薄区）通道和地震通道型水害其防治技术与方法同样是相似的。因此，在对上述不同类型导水通道型水害的防治技术与方法进行类型划分时，将较为相似的结果进行了概化。

3.4.1 陷落柱通道型水害防治技术与方法

陷落柱通道型水害的基本特点是：突水水源多为强大的奥灰水，突水后水量呈台阶状跳跃式增长，迅猛异状，其峰值可高达每小时数万至数十万立方米；矿井因原有排水能力与其相差悬殊，根本无法与之抗衡而导致淹井。

该类型矿井水害的防治技术和方法，首先是对陷落柱空间发育特征的探查，然而目前对于陷落柱探查一般无法实现采用一种探测手段或方法即可对其具体位置、是否导水、发育特征等做出准确判断，即一般是几种探测技术（方法）结合在一起进行，如常用方法有三维地震勘探法、槽波地震法、瞬变电磁法、直流电法、音频电穿透法、坑透法、超波法等物探、井下钻探、放水试验和构造分析法等。其次，根据陷落柱位置探查初步成果，布设若干地面钻孔，在最下主采矿层底板采动影响带以下，采用分段下行注浆法，通过骨料充填和注浆加固，建造柱内隔水塞以隔断奥灰水通过陷落柱进入矿系地层。同时，施工中须随时监测柱内水位和附近奥灰观测孔水位及井下有关出水点的水量变化，并以各孔、段的最终标准进行验收。再次，经过注浆堵水治理后的陷落柱，应留设保护矿岩柱，严防采动破坏。最后，还应加强对隐伏导水陷落柱的查找和防范，在矿井控、排水方面做出妥善安排。

3.4.2 断裂裂隙通道型水害防治技术与方法

断裂裂隙通道型水害包括了线状断裂（裂隙）带通道、面状裂隙网络（局部面状隔水层变薄区）通道和地震触发裂隙型通道矿井水害，是一种较危险的突水形式，突水的原因主要是原留设断层防水矿柱不准确、不可靠，或直接触动了隐伏导水构造，或由于构造应力和地震作用形成裂隙导通了含水层与开采矿层的水力联系。总体而言，其防治技术和方法为：运用三维地震勘探法、槽波地震法、瞬变电磁法、直流电法、音频电穿透法、坑透法、超波法等物探和井下钻探、放水试验法、构造分析法、突水资料分析法、水化学分析法、遥感调查等对矿井断层、破碎带和不明地质体等进行探测，探查断裂构造的具体位置、导水性、发育特征等；对断裂构造导水性及结构特征、形成机理、与围岩接触特征进行分析，给出定性、定量判据，运用断裂构造水害防治的注浆封堵、留设防水矿柱等方法治理。

其中断裂构造型矿井水害防治技术与方法可细化为：

(1) 对于贯穿或贯入强含水层的断层，按规定留设断层防水矿柱，掘进巷道进入防水警界线以后须在超前探水钻孔的引领下探水前进。

(2) 对发育于非含水地层中且未曾穿经或切入强含水层的断层，采取超前探、放水措施，确保断层无水或已经疏干后才可掘进通过。

(3) 对于具有集中径流带特征和进水边界特征的断层，除按规定留设断层防水矿柱等外，还应根据专项水文地质勘探所取得资料，有针对性地进行注浆截、堵、封等专项治理。

3.4.3 其他通道型水害防治技术与方法

主要包括窄条状隐伏露头通道型水害和人为通道型水害，其防治技术与方法分述如下：

(1) 对于窄条状隐伏露头通道型矿井水害，其防治技术与方法的关键在于切断开采矿层与含水层在隐伏露头处风化带介质中的水力联系，因此可采用基于查明风化带介质渗透性基础上的注浆封堵或帷幕对其进行进一步防治。

(2) 对于顶板通道的冒落裂隙带通道、顶板切冒裂隙带通道、顶板抽冒带通道等，因其防治技术和方法与顶板充水型水害相同，故此处不再赘述。

(3) 对于底板通道的矿压破坏带通道、底板地下水导升带通道等，因其防治技术和方法与底板充水型水害相同，故此处不再赘述。

(4) 对于地面岩溶塌陷带通道型水害，因其防治技术和方法已包括在地表水源型水害的防治技术与方法中，故此处不再赘述。

(5) 对于封孔质量不佳钻孔通道型水害，可采用井下探放水、地面重新启封和留设防隔水矿柱等技术方法消除其对矿层开采的威胁。

3.5 其他类型矿井水害防治技术与方法

基于危害形式分类的常温、中高温和腐蚀性矿井水害，基于经济损失与人员伤亡分类的特别重大型水害、重大型水害、较大型水害和一般型水害和基于时效特征进行分类的即时型水害、滞后型水害、跳跃型水害和渐变型矿井水害，其分类结果与基于充水水源和导水通道等依据进行分类的结果存在部分甚至完全重叠，又或者基于某种依据的分类结果其防治技术和方法并无较大差异，故此处不再赘述。

4 矿井水文地质类型划分与特征分析

煤炭在促进国民经济发展与社会进步中发挥着重要作用。然而，我国煤炭资源赋存特征与其目前开采现状一定程度上导致了矿井水文地质条件复杂化，煤炭开采受到包括地表水、冲积层水、顶底板水及采空区积水等水害的威胁，且受水害威胁范围及威胁程度均为世界少有。水害是矿井建设、生产过程中常见的五大煤矿灾害之一，严重制约着矿井的安全生产和经济发展。科学查明矿井水文地质条件、准确划分矿井水文地质类型及加强防治水工作是有效避免或减少煤矿水害发生的重要前提和技术保障。

4.1 全国煤矿井水文地质类型划分和特征分析

4.1.1 全国煤炭资源基本情况

中国是世界上重要的煤炭资源大国之一，已探明可直接利用的煤炭储量为 18.86×10^{10} t，人均探明煤炭储量为 145 t，已探明的煤炭储量占世界煤炭储量的 12.6%，位居世界第三。

4.1.2 全国煤矿井水文地质类型划分结果

煤矿井水文地质类型是煤矿防治水方案制定、中长期发展规划、矿井扩建和改造的基础依据。随着近年来煤矿井开采环境的不断变化，水文地质条件愈趋复杂化，煤矿井水害威胁程度不断加大，防治水形势严峻。之前陈旧的矿区水文地质资料已无法满足矿区安全生产和防治水工作的需要，为准确了解和及时更新掌握全国煤矿水害现状和特点，依据《煤矿防治水规定》的要求，国家煤矿安监局于 2012 年对以省为单位全国范围内的煤矿井开展了煤矿水文地质类型划分结果调查统计与分析工作。本书从煤矿数量、涌水量、富水系数、类型复杂程度、专门防治水机构、从业技术人员、持证探放水工和专用探放水钻机等方面，分析了全国和各省市区煤矿的基本特点、专门机构成立、技术人员配备与专用设备保障情况，重点分析了 905 个水文地质类型复杂和极复杂型煤矿及 61 处大水煤矿的分布规律。

截至 2012 年 6 月 30 日，根据全国 26 个省（区、市）统计、原国家安全生产监管总局公布的数据，全国范围内记录在册的煤矿总数为 12985 个，其中有 11504 个煤矿组织开展了矿井水文地质类型划分。矿井水文地质类型划分的结果为：极复杂型矿井 78 个，复杂型矿井 827 个，中等型矿井 4141 个，简单型矿井 6458 个（图 4-1）。全国煤矿共设有防治水机构 10559 个，从事防治水专业技术人员 18748 名，持证探放水工 42181 名，专用探放水钻机 23828 台。

根据本次全国调查统计，由于实际情况的差异，各省（区、市）上报其管辖区内的煤矿数量也各不相同。具体情况如图 4-2 所示：北京、江苏、湖北和新疆 4 个省区市，辖区内所有煤矿均进行水文地质类型划分工作并且如实全部上报辖区内煤矿的信息；安徽、福建、山东、河南、湖南、云南、陕西、甘肃 8 个省开展煤矿水文地质类型划分超过所在省煤矿数量的95%以上；河北、宁夏、青海3个省区做到矿井水文地质类型划分的煤矿近不到50%。其中未能全部如实上报矿井水文地质类型划分结果的煤矿主要属于兼并重组、长期停产或没有开展类型划分工作等矿井。

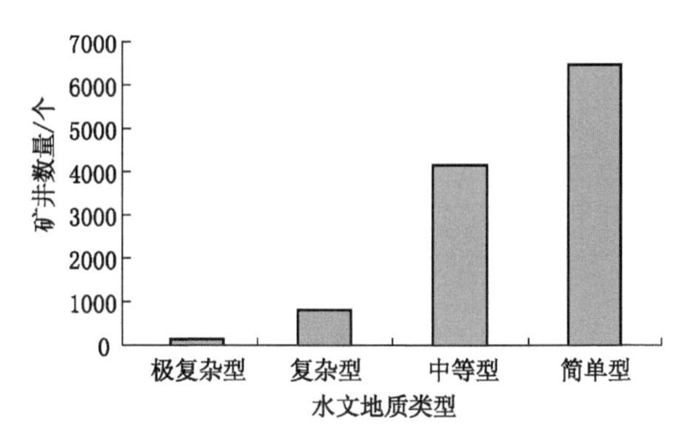

图4-1 不同水文地质类型的矿井数量柱状图

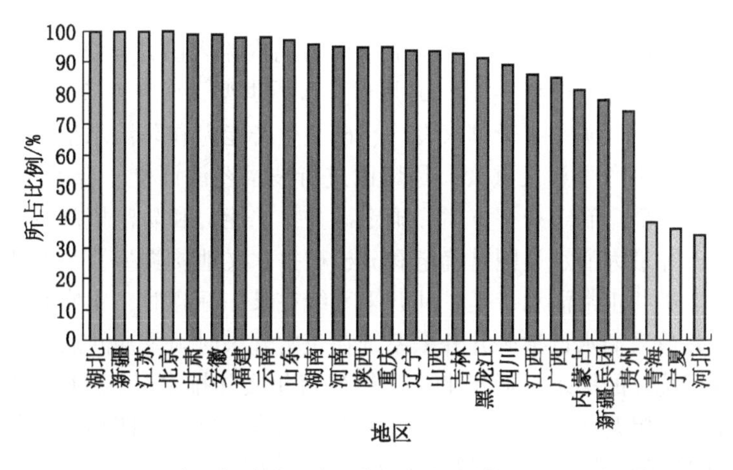

图4-2 进行类型划分矿井数量占本省煤矿矿井总数比例

由表4-1统计的数据显示，全国水文地质类型复杂和极复杂型的煤矿共905个，占全国煤矿总数（只包括开展水文地质类型划分工作的煤矿）的7.8%。从地理位置上看，水文地质类型复杂和极复杂型的煤矿主要集中分布在山西、黑龙江、安徽、山东、河南、湖南、重庆、四川、贵州9个省市，其矿井总数高达672个，占全国煤矿复杂、极复杂矿井总数的74.3%，是典型的煤矿水害重灾区。这些地区发生重特大突（透）水事故的频次较多且造成的伤亡和损失也较大，是全国煤矿水害防治工作重点监管监察地区。

表4-1 全国煤矿水文地质类型复杂和极复杂矿井统计

地区	数量/个	所占比例/%	地区	数量/个	所占比例/%
贵 州	112	12.4	陕 西	27	3
山 西	93	10.3	湖 北	20	2.2
黑龙江	89	9.8	广 西	20	2.2
湖 南	89	9.8	新 疆	20	2.2

表 4-1(续)

地区	数量/个	所占比例/%	地区	数量/个	所占比例/%
四　川	82	9.1	内蒙古	17	1.9
河　南	63	7	云　南	17	1.9
山　东	53	5.9	宁　夏	14	1.5
安　徽	45	5	辽　宁	4	0.4
重　庆	45	5	吉　林	4	0.4
甘　肃	30	3.3	江　苏	4	0.4
河　北	27	3	福　建	2	0.2
江　西	27	3	新疆兵团	1	0.1
合计				905	100

4.1.3 全国煤矿井水文地质特征分析

1. 矿井涌水量特征

矿井涌水量是指矿山建设和生产过程中单位时间内流入矿井（各种巷道和开采系统）的水量。矿井涌水量的确定依据主要有矿井水文地质类型、矿井水文地质类型复杂程度、矿井开发经济技术条件、矿井疏干排水设计、矿井生产能力和防治水措施。矿井涌水量在煤炭勘查和矿井建设生产中意义重大，是煤田进行技术经济评价、合理开发的重要指标，同时也是设计和生产部门制定采掘方案、确定矿井排水能力和防治措施的重要依据。而矿井正常涌水量和矿井最大涌水量则是确定和分析矿井水文地质类型及复杂程度的两个重要参数和计算指标。矿井正常涌水量是矿井开采系统在某一标高时，正常状态保持相对稳定的总涌水量；矿井最大涌水量指矿井开采系统在正常开采时雨季期间的最大涌水量。

依据调查数据统计的结果，近年来全国煤矿每年实际排水量达 $71.7\times10^8\ m^3$，其中河北、山西、内蒙古、黑龙江、江西、山东、河南、湖南、重庆、四川、贵州、云南和陕西共计 13 个省区市内煤矿排水量每年超过 $2\times10^8\ m^3$，约占全国煤矿每年总排水量的 83.2%，局部地区内煤矿排水量最大可突破 $9\times10^8\ m^3$，煤矿排水现状十分严峻。

全国矿井正常涌水量超过 1000 m^3/h 的煤矿共有 61 处，其地理分布情况为：河南 18 处，河北 11 处，山东 7 处，内蒙古 6 处，黑龙江 5 处，陕西 3 处，山西、广西和重庆各有 2 处，辽宁、江苏、安徽、江西和四川各有 1 处。全国矿井开采煤矿的矿井涌水量最大的是位于陕西的神东集团锦界煤矿，矿井正常涌水量为 4900 m^3/h，最大涌水量高达 5499 m^3/h；其次是位于河南的焦煤集团演马庄煤矿，矿井正常涌水量为 4500 m^3/h，最大涌水量高达 5400 m^3/h。最大的露天开采煤矿是位于内蒙古东部的元宝山煤矿，矿井正常涌水量为 11250 m^3/h，矿井最大涌水量高达 12500 m^3/h。

全国煤矿合计最大涌水量与正常涌水量之比为 1.9，其中合计最大涌水量与正常涌水量比值大于等于 2 的省（区、市）共有 9 个，依次是广西、湖北、江西、重庆、贵州、湖南、四川、福建和云南（图 4-3），这些地区大部分位于我国南部，受季节性降雨影响较大。广西壮族自治区内煤矿最大涌水量之和是正常涌水量之和的 3.02 倍，为全国最高。重庆三汇二矿正常涌水量 657 m^3/h，最大涌水量 13250 m^3/h，最大涌水量是正常涌水量的 20.2 倍；广西合煤公司东矿斜井，正常涌水量 1860 m^3/h，最大涌水量 11500 m^3/h，最大涌水量是正常涌水量的6.2倍。这些矿井最大涌水量和正常涌水量的比值普遍较大，在矿井正常建设和生产中遭受的威胁也最大。

矿井正常涌水量与最大涌水量关系十分微妙，两者之间的差值越大，表明大气降水和地表水与矿井下部沟通越好，比如南方雨季较多且频繁，在雨季来临时，井下涌水量会呈现相应的急速增长，因此矿井必须配置足够的备用排水设施来缓解较大的水量，否则，严重情况下将会导致淹井。一旦发生极端气候条件（如暴雨和洪水），如处理不当造成的损失将是灾难性的，所以最好的措施是停止生产的同时撤离矿井工作人员，等待暴雨和洪水退去之后，经过专业的矿井技术人员对相关隐患进行排查之后，再进行恢复生产。

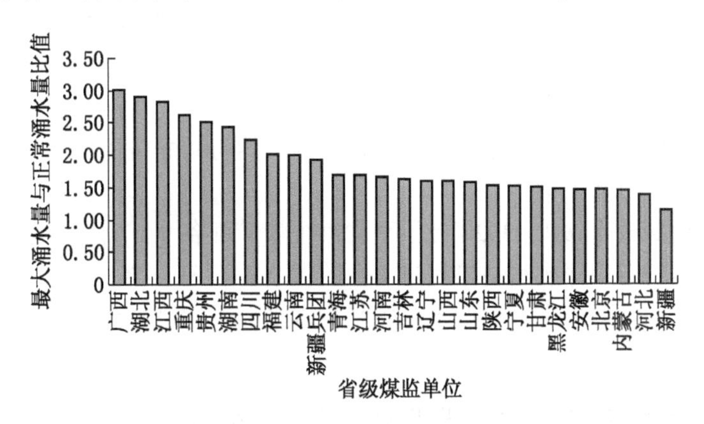

图4-3 煤矿最大涌水量与正常涌水量比值图

2. 富水系数特征

富水系数是指生产矿井在某时期排出水量与同一时期内煤炭产量的比值。全国煤矿平均富水系数为2.04 m^3/t，即表示全国煤矿平均生产1 t煤炭需要排放水量2.04 m^3。在全国范围内，富水系数平均值超过5的省（区、市）有9个，依次为广西、湖北、重庆、江西、湖南、福建、四川、贵州和河南（图4-4），这些地区大多数位于我国南部，分布特征和涌水量情况相似。其他地区富水系数都小于5，而且多集中在2~4之间。富水系数最小的为内蒙古，其富水系数不足1。

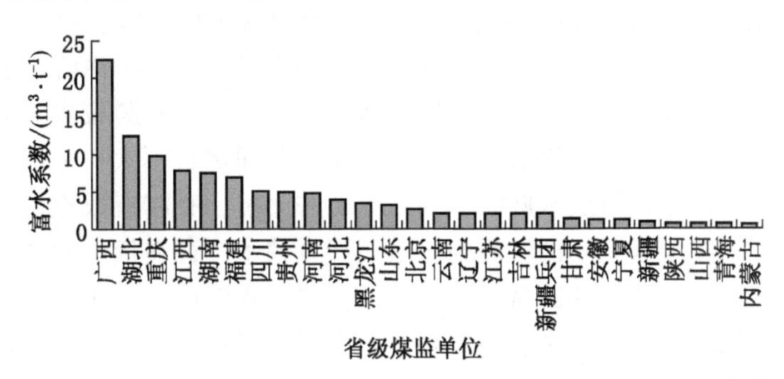

图4-4 全国煤矿富水系数柱状图

3. 防治水专门机构成立情况

据统计数据显示，全国共成立煤矿防治水机构有10559个，平均每个矿井为0.92个，说明部分地区的一些矿井未按照国家的相关规定成立防治水专门机构。从地区分布情况看，每个矿井均成立防治水机构的省（市）有5个，依次为北京、河北、福建、山东和江苏；而广西和陕西成立防治水机构的煤矿为全国最少，所占比例不足全省区煤矿总数的70%。

4. 专业技术人员配备情况

全国共有防治水专业技术人员18748名，平均每个煤矿配置1.63名。从地区分布情况看，矿井专业技术人员配备较多的省（市）有4个，依次为北京、河北、山西和山东；而辽宁、湖北和广西等地情况不容乐观，每个矿井平均配备专业治水人员不到1人。

5. 持证探放水工配备情况

全国共有持证探放水工作者42181名，平均每个煤矿配置3.67名。从地区分布情况看，平均每个矿井配备的探放水工作者超过10名的省（市）有4个，依次为北京、河北、山东和河南；福建、江西、湖北、湖南、四川、云南、甘肃、青海、新疆及新疆建设兵团持证探放水工作者则较少，且低于全国平均水平，平均每矿配备探放水工作者不到2名。

6. 专用探放水钻机配备情况

全国共有专用探放水钻机23828台，平均每个煤矿配备2.07台。从地区分布情况看，平均每个矿井配备的专用探放水钻机超过4台的省（市）有4个，依次为北京、河北、山西和江苏；而广西和甘肃最少，远低于全国平均水平，平均每个矿井配备的专用探水钻机不到1台。

4.2 四大水害区煤矿井水文地质类型划分和特征分析

由于煤系地层形成的沉积环境和地质构造作用的不同，加之我国水文地质条件的复杂，往往导致不同地区对应不同的矿区水害类型。按照我国聚煤区域的不同地质条件、水文地质特征，同时结合矿井水害对煤矿生产的威胁程度，总体可将全国划分为6个矿井水害区：华北石炭二叠纪煤田岩溶-裂隙水害区、华南晚二叠纪煤田岩溶水害区、东北白垩纪煤田裂隙水害区、西北侏罗纪煤田裂隙水害区、西藏—滇西中生代煤田裂隙水害区、台湾第三纪煤田裂隙水害区。近几十年来，这些地区均有发生不同程度的灾害性透（突）水事故。

我国煤矿水害主要分布在华北和华南两大区域。各大煤田的特点具体如下：①华北石炭二叠纪煤田煤系地层基岩底部的中奥陶统岩溶-裂隙含水层水害、黄淮平原新生界松散层孔隙水的水害，该水害区矿井出水、突水频繁，涌水量大。②华南晚二叠纪煤田矿区地面塌陷严重，在雨季，浅部煤层开采受顶底板灰岩岩溶水水害威胁较大。③东北白垩纪煤田虽然存在着裂隙水以及第四纪松散层水害，但是矿井涌水量不大，一般不影响生产；局部地区受地表水、第四纪松散层水威胁，易发生矿井突水，有时造成淹井事故。④西北侏罗纪煤田处于干旱、半干旱气候区，因为该区域严重缺水，存在供水问题，仅部分地区存在地表水和采空区积水威胁。⑤西藏—滇西包括西藏、青海南部、川西、滇西，主要聚煤期为晚三叠世和晚第三纪，早石炭、晚二叠、早白垩含煤性差，含煤层组以土门煤系、小龙潭组和昭通组为主，除了早石炭世马查拉煤系含有少量薄层灰岩外，含煤地层均为碎屑沉积；水文地质条件比较简单，以裂隙水为主；中生代裂隙水害区位于昆仑—秦岭构造带西段以南，川滇构造带以西的西藏、四川西部和云南西部地区。⑥台湾岛由晚古生代到第四纪的地层组成，含煤地层为中新统的木山组和南庄组，为半深海-滨海沼泽相的沉积特征；由于中新世地层主要分布在台湾西部山麓较高处，所含煤层多为薄煤层，其上覆和下伏地层由砂岩、页岩组成，地下水的补给和径流条件均较差，水文地质条件简单；煤系以陆相碎屑岩为主，含水性弱，煤矿水害不严重。

综上所述，由于台湾的中生代、新生代煤田的水文地质条件与川滇地区相似，均比较简单，水害问题不严重。因此，本书主要以其他四大水害区为主进行介绍。

《煤矿防治水规定》（2009 版）要求全国各煤矿在 2010 年 9 月底前完成矿井水文地质类型划分工作，以后每 3 年重新划分一次。为掌握全国煤矿企业对此项工作的实施情况，进一步查清全国矿井水文地质特征，为下一步煤矿防治水工作提供支持，国家煤矿安监局于 2012 年组织开展了全国煤矿矿井水文地质类型划分结果调查工作。此次调查结果对各区域煤田水文地质条件出现的新情况和新变化进行下一步的研究；重新划分矿井水文地质类型和分析区域水文地质特征；查明近年来我国各个大煤田水害事故发生的主要原因。此次调查工作对有效指导煤矿深部安全开采具有重要的实践价值。

本书从煤矿数量、矿井正常涌水量和最大涌水量、矿井排水现状、富水系数、水文地质类型复杂程度、防治水专门机构、专业人员及设备等方面，分析了全国四大水害区的煤矿基本特征、防治水专门机构成立、专业人员和设备配备与保障情况，进一步分析了各大聚煤区矿井水文地质类型的基本特征，重点总结了矿井水文地质类型为复杂型和极复杂型煤矿的分布规律和基本状况。

4.2.1 华北石炭二叠纪煤田岩溶-裂隙水害区

1. 煤田基本情况

华北石炭二叠纪煤田是指阴山构造带以南、昆仑—秦岭构造带东段以北、贺兰山构造带以东、黄海和渤海以西这片区域内的煤田，主要受以上三大地质构造带控制。主要成煤时期为石炭纪-二叠纪，其次为早中侏罗纪。华北北部以山西太原为代表，主要含煤地层为太原组和山西组；华北南部以河南平顶山为代表，主要含煤地层为山西组和大风口组成。煤系地层下赋存有巨厚的奥陶系（局部为寒武系）碳酸盐岩。由于奥陶纪后期华北区地层隆起遭受剥蚀致使晚奥陶世至早中石炭世的地层缺失，含煤地层下伏地层主要以中奥陶统岩溶灰岩为主，部分为寒武系灰岩，太原组中也含有多层灰岩。

以行政区域划分，华北型煤田包括河南、山东、山西、内蒙古西部、陕西、宁夏、江苏和安徽等地区的煤田。华北型煤田因煤炭资源分布广、煤层多和储量大的特点而著名，长久以来一直是中国重要的煤炭产地。但是，随着煤炭资源的持续开采，开采深度不断增大，各地区煤矿开采深度基本均在 800~1000 m，进入深部开采时期。目前，华北型煤田开采深度最大的矿井是新汶矿业集团孙村煤矿，开采深度达 1501 m，成为中国甚至亚洲开采深度最大的矿井。

在不同地区开采不同时代煤层所遇到的地质灾害问题和复杂程度大有不同。岩溶水通常突水性强、突水量大，伴随着突水的还有大量泥沙的涌出。二叠系含水层以裂隙水为主，因其距奥陶纪灰岩层较远，一般不发生岩溶水突水现象。华北区早中侏罗世含煤地层主要分布在北京地区即门头沟煤系，以陆相沉积为主。水文地质条件较简单，个别煤田与灰岩层直接接触，存在岩溶突水问题。目前，华北型大部分煤田以开采二叠系山西组或上、下石盒子组煤层为主，但严重的岩溶裂隙水底板突水问题已普遍地威胁着矿井安全生产。大量水害事故致使井田防治突水灾害的费用逐年增加，生产效益不断下降，特别是一些大水岩熔煤矿，岩溶裂隙水底板突水常常造成井巷被淹，使国家和人民生命财产遭受巨大损失。另一方面，由于矿井开采深度的不断增加，华北型煤田开采的煤层已由最初的二叠系山西组或上、下石盒子组逐步转入现在的石炭系太原组，矿井水文地质条件变得越来越复杂，水害问题也随之越来越严重，除了浅部和上组煤采空区积水及闭坑矿山采空区积水的突水威胁，另一个严重的突水威胁来自煤层底板高承压奥灰岩溶水。水害事故时有发生，轻则经过一定处理可以排水复矿，重则只能投资巨款重新查清条件、建立防治水工程后再考虑排水复矿工作。

2. 煤矿井水文地质类型划分结果

华北石炭二叠纪煤矿区是中国主要的产煤区，核定生产能力 281896×10^5 t/a，占全国煤炭储量近 66%。截至 2012 年 6 月 30 日，该区上报煤矿总数为 3389 个，其中 2889 个煤矿开展了矿井水文地质类型划分，进行类型划分的煤矿数量占煤矿总数的 85. 2%。北京和江苏 2 个省市的所有煤矿都开展了水文地质类型划分；河南、陕西、山东、安徽 4 个省开展水文地质类型划分超过了 95%；河北和宁夏 2 个省区开展水文地质类型划分不到 50%。有 500 个矿井没有上报其水文地质类型划分情况，主要原因是矿井处于兼并重组或长期停产期，或者根本没有开展类型划分工作。

水文地质类型划分结果统计的 2889 个煤矿中，水文地质条件极复杂型矿井有 41 个，复杂型矿井有 299 个，中等型矿井有 1585 个，简单型矿井有 964 个（表 4-2）。其中水文地质类型复杂、极复杂型煤矿共 340 个，主要分布在山西、安徽、山东和河南 4 个省，占华北型煤田区复杂、极复杂型矿井总数的 74. 7%。这 4 个省经常发生重特大透水事故，据国家煤矿安监局统计资料计算可知，1949—2012 年华北型煤田共发生 13 起特别重大水害事故，其中山东 4 起、死亡 320 人，河南 3 起、死亡 109 人，山西 3 起、死亡 145 人，河北 2 起、死亡 72 人，内蒙古 1 起、死亡 32 人。在这 13 起特别重大水害事故中有 10 起位于山西、安徽、山东和河南 4 个省，共死亡 574 人，占华北型煤田特别重大水害事故死亡总数的 85%。因此，这些地区是煤矿防治水工作重点监管监察地区。

表 4-2 华北石炭二叠纪煤田水文地质类型结果按省份分布情况

序号	地区	矿井数量/个			
		极复杂型	复杂型	中等型	简单型
1	北京	0	0	4	0
2	河北	4	23	64	14
3	山西	4	89	811	90
4	内蒙古西部	1	13	40	314
5	江苏	0	4	16	1
6	安徽	5	40	67	32
7	山东	8	45	158	9
8	河南	14	49	371	82
9	陕西	4	23	44	410
10	宁夏	1	13	10	12
合　计		41	299	1585	964

3. 煤矿井水文地质特征分析

1）矿井涌水量

华北石炭二叠纪煤田矿井正常涌水量为 29.759×10^5 m^3/h，最大涌水量为 46.931×10^5 m^3/h。根据各地区矿井实际排水量情况，若计算标准采用“12 个月的矿井涌水量=进行类型划分矿井的涌水量+没有进行类型划分矿井的涌水量=9 个月的正常涌水量+3 个月的最大涌水量+按 30 m^3/h 计算的 500 个没有进行类型划分矿井的涌水量”，则华北型煤田矿井 2012 年之前每年实际排水量达 31.1×10^8 m^3，见表 4-3，而全国排水量为 71.7×10^8 m^3，华北型煤田区占全国排水量的 43%。其中，河北、山西、山东、河南和陕西 5 个省的排水量每年超过 2×10^8 m^3，约占华北地区排水量的 85%。排水量最大的地区是河南，排水量共计 9.08×10^8 m^3/a。

表 4-3 华北石炭二叠纪煤田矿井排水情况统计表

序号	地区	排水量/(10^8 m^3 · a^{-1})	富水系数/(m^3 · t^{-1})	最大涌水量与正常涌水量之比
1	北京	0.13	2.60	1.47
2	河北	3.63	3.90	1.38
3	山西	5.88	0.67	1.61
4	内蒙古西部	1.51	0.22	1.56
5	江苏	0.44	2.09	1.69
6	安徽	1.65	1.21	1.47
7	山东	4.98	3.25	1.58
8	河南	9.08	4.85	1.66
9	陕西	2.90	0.73	1.54
10	宁夏	0.94	1.16	1.52
合计		31.1	1.18	1.58

在华北型煤田中，正常涌水量超过 1000 m^3/h 的矿井有 44 处，占全国总数的 72%。其中河南有 18 处，河北有 11 处，山东有 7 处，陕西有 3 处，山西有 2 处，内蒙古西部、江苏和安徽均有 1 处。矿井涌水量最大的是陕西的神东集团锦界煤矿，正常用水量为 4900 m^3/h，最大涌水量为 5499 m^3/h；其次是河南的焦煤集团演马庄煤矿，正常涌水量为 4500 m^3/h，最大涌水量为 5400 m^3/h，这两个煤矿开采方式均为井工开采，在全国矿井涌水量排名中同样位居前两位。

2）富水系数

华北石炭二叠纪煤田区内各煤矿平均富水系数为 1.18 m^3/t，即表示华北石炭二叠纪煤田区每生产 1 t 煤炭需要排放水量 1.18 m^3，远低于全国煤矿平均富水系数的 2.04 m^3/t，见表 4-3。从行政区划上看，平均富水系数值超过 2 m^3/t 的省（市）有 5 个，依次为河南、河北、山东、北京和江苏；而平均富水系数最小的地区是内蒙古西部，其次是陕西。

3）防治水专门机构成立情况

华北石炭二叠纪煤田共有 2590 个煤矿防治水机构，占全国防治水机构的 24.5%；平均每个矿井设有防治水机构 0.9 个，说明一些矿井尚未成立防治水机构。其中，北京、河北、山东和江苏 4 个省市的矿井均已成立防治水机构；陕西成立防治水机构的煤矿占煤矿总数不到 70%。

4）专业技术人员配备情况

华北石炭二叠纪煤田区内各煤矿中共有技术人员 6948 名，占全国专业技术人员总人数的 37.1%；达到平均每个矿井 2 名专业技术人员的配备，比全国平均水平的 1.64 人略高。从行政区划上看，单个煤矿配置专业技术人员最多的省（市）有 4 个，依次为北京、河北、山东和山西。

5）持证探放水工配备情况

华北石炭二叠纪煤田区内共有探放水工 23054 名，占全国探放水工总人数的 53.4%；平均每个矿井配备探放水工 8 人，远远高于全国平均水平的 3.67 人。从行政区划上看，单个煤矿配置持证探放水工最多的省（市）有 4 个，依次为北京、河北、山东和山西。

6）专用探放水钻机配备情况

华北石炭二叠纪煤田区内共有共有 9109 台专用探放水钻机，占全国专用探放水钻机总数的 38.2%；平均每个煤矿配置 3.2 台，略高于全国平均水平的 2.07 台。从行政区划上看，单个煤矿配置专用探放水钻机超过 4 台的省（市）共有 4 个，依次为北京、河北、江苏和山西。

4.2.2 华南晚二叠纪煤田岩溶水害区

1. 煤田基本情况

华南晚二叠纪煤田位于秦岭—昆仑山构造以南、川滇构造带以东地区，主要包括桂、黔、粤、湘、赣、浙、闽、琼及云、鄂、川大部。该区煤田聚煤时期较多，包括早石炭世、晚二叠世、晚三叠世、早侏罗世、新近纪，其中以晚二叠世成煤作用最强，晚三叠世成煤作用次之。前者主要包括的含煤层组依次为童子岩组、龙潭组、宣威组，是夹在长兴灰岩和茅口灰岩之间的一套碎屑岩沉积。这些灰岩已经高度岩溶化，煤矿开发容易诱发地表岩溶塌陷，从而导致产生一系列更加严重的后果。后者主要包括的含煤层组依次为须家河组、小塘子组、大荞地组、安源组和民口组，且其沉积方式均为碎屑岩沉积。该区水文地质条件较为简单，煤层一般距下伏灰岩层较远，当发生地层错动使其相互接触后，才会产生岩溶突水问题。

2. 煤矿井水文地质类型划分结果

华南晚二叠系煤田区内煤矿总数为 7163 个，其中有 6362 个煤矿开展了水文地质类型划分，占本区煤矿总数的 88.8%，占全国类型划分煤矿总数的 55%。虽然该区煤矿数量占全国半数多，但其核定生产能力仅占全国的 16%，为 67908.7×10^5 t/a。该区煤矿突（透）水频繁，复杂和极复杂型矿井有 414 个，占全国复杂和极复杂型矿井总数的 45.7%。简单型矿井有 3833 个，占华南型煤田进行类型划分矿井总数的 61%；中等型矿井有 2088，占华南型煤田进行类型划分矿井总数的 33%；复杂型矿井有 394 个，占华南型煤田进行类型划分矿井总数的 6%；极复杂型矿井共 25 个，占华南型煤田进行类型划分矿井总数的 0.39%。该区主要受采空区积水、地表水和煤层顶、底板岩溶裂隙水等水害威胁。

3. 煤矿井水文地质特征分析

1）矿井涌水量

华南晚二叠纪煤田煤矿正常涌水量较大为 23.745×10^5 m^3/h，最大涌水量达 58.684×

10^5 m^3/h，居全国首位；同时，煤矿突水量也较大。在华南型煤田中，正常涌水量超过 1000 m^3/h 的矿井有 6 处，占全国总数的 9.84%。从行政区划上看，广西和重庆各有 2 处，江西和四川各有 1 处。华南型煤田区所有地区煤矿合计最大涌水量与正常涌水量之比全部大于等于 2，这些省（区、市）依次是广西、湖北、江西、重庆、贵州、湖南、四川、福建和云南（表 4-4），特别是广西煤矿最大涌水量之和是正常涌水量之和的 3.02 倍，位列全国第一。

表 4-4 华南晚二叠系煤田矿井排水情况统计表

地区	排水量/(10^8 $m^3 \cdot a^{-1}$)	富水系数/($m^3 \cdot t^{-1}$)	最大涌水量与正常涌水量之比
福建	1.59	6.9	2.01
江西	2.18	7.89	2.83
湖北	1.89	12.47	2.92
湖南	5.77	7.41	2.44
广西	1.29	22.55	3.02
重庆	4.24	9.72	2.62
四川	3.75	5.09	2.24
贵州	7.65	4.9	2.51
云南	2.19	2.2	2
合计	30.55	8.79	2.51

2）富水系数

华南晚二叠纪煤田区内各煤矿富水系数平均值为 8.79 m^3/t，即表示华南晚二叠纪煤田区每生产 1 t 煤炭需要排放水量 8.79 m^3，远高于全国煤矿平均富水系数的 2.04 m^3/t，见表 4-4。从行政区划上看，平均富水系数值超过 2 m^3/t 的省（市）有 7 个，依次为江西、福建、湖北、湖南、广西、重庆和四川；平均富水系数最大的地区是广西，超过 20 m^3/t；平均富水系数最小的地区是云南，其次是贵州。华南型煤田平均富水系数最小的地区（云南，2.2 m^3/t）都高于全国平均水平。

3）防治水专门机构成立情况

华南晚二叠纪煤田目前共有 5896 个煤矿防治水机构，占全国防治水机构总数的 55.8%；平均每个矿设有防治水机构 0.94 个，基本和全国平均标准的 0.92 持平，该数据说明华南型煤田区大多数的矿井尚未成立防治水机构。从行政区划上看，仅福建满足平均每个矿井设立 1 个防治水机构的指标，其余地区均未达到此要求。其中广西最甚，平均每个煤矿仅有 0.68 个防治水专门机构。

4）专业技术人员配备情况

华南晚二叠纪煤田区内各煤矿中共有技术人员 9226 名，占全国专业技术人员总人数的 49.2%，相比华北石炭二叠纪煤田要多出 2000 多名技术人员；达到平均每个矿井 1.47 名专业技术人员的配备，由于华南型煤田区煤矿基数比较大，此指标比全国平均水平的 1.64 名略低。从行政区划上看，单个煤矿配置专业技术人员最多的是贵州，平均每个矿井配置 2.54 名，其次为福建、云南和重庆；单个煤矿配置专业技术人员最少的是湖北，平均每个矿井配置 0.57 名，严重低于全国平均水平，平均每个煤矿不足一名专业技术人员。

5）持证探放水工配备情况

华南晚二叠纪煤田区内共有探放水工 12716 名，占全国探放水工总人数的 31.5%，相比华北石炭二叠纪煤田探放水工配置较少；平均每个矿井配备的探放水工 2.03 人，低于全国平均水平的 3.67 人。从行政区划上看，持证探放水工在华南型煤田区分布极为不均匀。单个煤矿配置持证探放水工最多的是贵州，平均每个矿井配置 4.12 名，其次为广西、重庆和福建；单个煤矿配置持证探放水工最少的是湖北，平均每个矿井配置 0.82 名，严重低于全国平均水平。

6）专用探放水钻机配备情况

华南晚二叠纪型煤田区内共有 11383 台专用探放水钻机，占全国专用探放水钻机总数的 47.8%，相比华北石炭二叠纪煤田区排水设备多出 2274 台；平均每个煤矿 1.82 台，稍低于全国平均水平的 2.07 台。从行政区划上看，单个煤矿配置专用探放水钻机超过 3 台的仅有贵州，其他地区均不满足国家平均水平，其中单个煤矿配置专用探放水钻机数量最少的是广西。

4.2.3 东北白垩纪煤田裂隙水害区

1. 煤田基本情况

东北白垩纪煤田位于阴山构造带以南地区，主要包括内蒙古东部、黑龙江、吉林大部和辽宁北部。主要成煤时期为晚侏罗世、早白垩世，其次为古近纪。主要含煤地层为大磨拐组、伊敏组、沙海组、阜新组、滴道组、城子河组和穆棱组。含煤岩系及其下伏与上覆地层均为碎屑沉积，部分直接沉积于侏罗纪火山岩基底之上。含水层以孔、裂隙水为主，所有煤田不存在岩溶水问题，水文地质条件比较简单，但位于松辽平原及山间河谷地带等地的煤田上覆第四纪沙砾层含水量大，对浅部煤层具有较大的威胁。

2. 煤矿井水文地质类型划分结果

东北白垩纪煤田区内煤矿总数为 1788 个，其中有 1655 个矿井开展了水文地质类型划分，占本区煤矿总数的 92.6%，占全国类型划分煤矿总数的 14%。其中 1655 个煤矿的核定生产能力为 46.379×10^8 t/a，占全国的 11%。简单型矿井有 1180 个，占东北型煤田进行类型划分矿井总数的 71%；中等型矿井有 374，占东北型煤田进行类型划分矿井总数的近 23%；复杂型矿井有 98 个，占东北型煤田进行类型划分矿井总数的 6%；极复杂型矿井有 3 个，在东北型煤田进行类型划分矿井中占比极少。该区复杂和极复杂型煤矿有 101 个，占全国复杂和极复杂型煤矿总数的 11%，主要受采空区积水、地表水和煤层顶板裂隙水等水害威胁，例如黑龙江鸡西、七台河等煤矿经常发生采空区透水事故，部分煤矿受季节性降水形成的地表汇流和第四系松散层水的威胁。

3. 煤矿井水文地质特征分析

1）矿井涌水量

东北白垩纪煤田矿井正常涌水量为 7.85×10^5 m^3/h，最大涌水量达 11.757×10^5 m^3/h。在东北型煤田中，正常涌水量超过 1000 m^3/h 的矿井有 11 处，占全国总数的 18.03%。从行政区划上看，黑龙江和内蒙古东部各有 5 处，辽宁有 1 处。东北型煤田区内煤矿合计最大涌水量与正常涌水量之比全部低于国家平均水平，且最大涌水量与正常涌水量比值主要集中在 1.36~1.64 之间，整体上较华南型和华北型煤田的比值小。从行政区划上看，吉林的最大涌水量与正常涌水量比值最大，为1.64；而位于内蒙古东部地区煤田的最大涌水量与正常涌水量比值为全东北型煤田区最小，为1.36(表4-5)。

表4-5 东北白垩纪煤田矿井排水情况统计表

地区	排水量/(10^8 $m^3 \cdot a^{-1}$)	富水系数/($m^3 \cdot t^{-1}$)	最大涌水量与正常涌水量之比
内蒙古东部	2.64	0.87	1.36
辽宁	1.28	2.17	1.61
吉林	0.89	2.07	1.64
黑龙江	3.26	3.32	1.49
合计	8.07	2.11	1.53

2）富水系数

东北白垩纪煤田区内各煤矿平均富水系数为2.11 m^3/t，即表示东北白垩纪煤田区每生产1 t煤炭需要排放水量2.11 m^3，略高于全国煤矿平均富水系数的2.04 m^3/t，见表4-5。从行政区划上看，平均富水系数值超过3 m^3/t的地区仅有黑龙江1个；平均富水系数值超过2 m^3/t的地区有2个，依次为吉林和辽宁；而平均富水系数最小的地区是内蒙古东部。

3）防治水专门机构成立情况

东北白垩纪煤田共有1591个煤矿成立了专门防治水机构，占全国防治水机构总数的15.7%；平均每个矿井有防治水机构0.96个，和全国平均水平相差不多，该指标说明一些矿井尚未成立防治水机构；其中复杂、极复杂型矿井除2处未成立防治水机构之外，其余均成立了专门防治水机构。从行政区划上看，东北型煤田区内4个省（区）之间差距很小，都集中在0.93~0.99之间。

4）专业技术人员配备情况

东北白垩纪煤田区内各煤矿中共有技术人员1755名，占全国专业技术人员总人数的9.5%；达到平均每个矿1.06名专业技术人员的配备，比全国平均水平的1.64名略低。从行政区划上看，单个煤矿配置专业技术人员最多的是内蒙古自治区东部，其次为黑龙江和吉林；单个煤矿配置专业技术人员最少的为辽宁，平均值仅为0.42个。

5）持证探放水工配备情况

东北白垩纪煤田区内共有探放水工5656名，占全国探放水工总人数的13.4%；平均每个矿井配备探放水工3.42人，稍低于全国平均水平的3.67人。从行政区划上看，东北型煤田区内4个省（区）之间差距较小，单个煤矿配置持证探放水工最多的为吉林。

6）专用探放水钻机配备情况

东北白垩纪煤田区内共有2602台专用探放水钻机，占全国专用探放水钻机总数的10.9%；平均每个煤矿配置1.57台，低于全国平均水平的2.07台。从行政区划上看，东北型煤田区内4个省（区）之间差距较小，单个煤矿配置专用探放水钻机最多的是吉林。

4.2.4 西北侏罗纪煤田裂隙水害区

1. 煤田基本情况

西北侏罗纪煤田位于昆仑—秦岭构造带以北，贺兰山构造以东地区，包括新疆、青海、甘肃大部、宁夏、内蒙古部分地区和新疆建设兵团。主要聚煤期是石炭纪、早中侏罗世，其中早中侏罗世成煤作用最强，以新疆含煤性最好。新疆地区早中侏罗世的含煤地层主要分布在准噶尔盆地，以八道湾组、三工河组、西山窑组为主。鄂尔多斯盆地含煤地层主要是延安组和富县组，其中延安组为主要含煤地层。早中侏罗世含煤地层由陆相粉砂岩、泥岩、砂砾岩和煤层组成，是典型的陆相沉积地层。该区以裂隙含水层为主，本区气候干旱，蒸发量大，地下水贫乏，补给条件差，年均量不足 100 mm，只有甘肃、新疆西北部局部地区年降水量可达 300~400 mm。

2. 煤矿井水文地质类型划分结果

西北侏罗纪煤田区内煤矿总数为 645 个，其中有 598 个矿井进行了水文地质类型划分，占本区煤矿总数的 92.7%，占全国类型划分煤矿总数的 5%，其核定生产能力为 32248.6×10^5 t/a，占全国煤炭储量的 7.5%。该区复杂和极复杂型煤矿有 51 个，占全国复杂和极复杂型煤矿总数的 5.6%。简单型矿井有 457 个，占西北型煤田进行类型划分矿井总数的 76%；中等型矿井有 90 个，占西北型煤田进行类型划分矿井总数的 15%；复杂型矿井有 41 个，占西北型煤田进行类型划分矿井总数的 7%；极复杂型矿井共 10 个，占西北型煤田进行类型划分矿井总数的 2%。本区地处干旱和半干旱区域，严重缺水，存在煤矿供水问题，总体矿井水害威胁不大，部分煤矿存在煤层顶板裂隙水、采空区积水和极端气候条件下的地表洪流充水等水害威胁。由于该区煤炭资源埋藏相对较浅，煤层厚度较大，生态环境脆弱，故保水开采是实现该地区煤炭工业可持续和谐发展的一个重要技术问题。

3. 煤矿井水文地质特征分析

1）矿井涌水量

西北侏罗纪煤田煤矿正常涌水量较大为 1.896×10^5 m³/h，最大涌水量达 2.606×10^5 m³/h。在西北型煤田区内所有地区各大煤矿的正常涌水量均未超过 1000 m³/h，为四大煤田区涌水量最小。虽然西北型煤田区内煤矿合计最大涌水量与正常涌水量之比全部低于全国平均水平，但煤矿最大涌水量与正常涌水量比值的上下波动比较大。从行政区划上看，新疆生产建设兵团的最大涌水量与正常涌水量比值为全区最大，为 1.92；而新疆的煤田最大涌水量与正常涌水量比值为全西北型煤田区的最小值，为 1.15(表 4-6)。

表 4-6 西北侏罗纪煤田矿井排水情况统计表

地区	排水量/(10^8 m³·a⁻¹)	富水系数/(m³·t⁻¹)	最大涌水量与正常涌水量之比
甘 肃	0.64	1.36	1.51
青 海	0.12	0.65	1.69
新 疆	0.9	0.84	1.15
新疆兵团	0.28	1.9	1.92
合计	1.94	1.88	1.57

2）富水系数

西北侏罗纪煤田区内各煤矿平均富水系数为 1.88 m³/t，即表示西北侏罗纪煤田区每生产 1 t 煤炭需要排放水量 1.88 m³，略低于全国煤矿平均富水系数的 2.04 m³/t，见表 4-

6。从行政区划上看，西北型煤田区各地区平均富水系数值均未超过 2 m^3/t，仅甘肃和新疆生产建设兵团超过 2 m^3/t，其中新疆生产建设兵团富水系数最大，为 1.9 m^3/t；而平均富水系数最小的地区为青海，其次是新疆。

3）防治水专门机构成立情况

西北侏罗纪煤田共有 482 个煤矿防治水机构，占全国防治水机构总数的 4.6%；平均每个矿井有防治水机构 0.81 个，和全国平均水平相差不多，该指标说明一些矿井尚未成立防治水机构；其中复杂、极复杂型矿井除 19 处未成立防治水机构之外，其余均成立了专门防治水机构。从行政区划上看，西北型煤田区内各地区之间差距很小，都集中在 0.18~0.98 之间，其中平均数值最大的是新疆生产建设兵团。

4）专业技术人员配备情况

西北侏罗纪煤田区内各煤矿中共有技术人员 819 名，占全国专业技术人员总人数的 7.76%；达到平均每个矿井 1.36 名专业技术人员的配备，比全国平均水平的 1.64 人略低。从行政区划上看，西北型煤田区内各地区之间差距较小，主要集中在 1.21~1.66 个之间；单个煤矿配置专业技术人员最少的为新疆，平均值仅为 1.21 个。

5）持证探放水工配备情况

西北侏罗纪煤田区内共有探放水工 755 名，占全国探放水工总人数的 1.79%；平均每个矿井配备的探放水工 1.26 人，远远低于全国平均水平的 3.67 人。从行政区划上看，西北型煤田区内各地区之间差距较小，主要集中在 0.95~1.96 之间，而单个煤矿配置持证放水工相对最少的地区为甘肃，平均每个矿井配备的探放水工仅有 0.95 人，严重低于全国平均水平。

6）专用探放水钻机配备情况

西北侏罗纪煤田区内共有 734 台专用探放水钻机，占全国专用探放水钻机总数的 3.08%；达平均每个煤矿 1.23 台，远低于全国平均水平的 2.07 台。从行政区划上看，西北型煤田区内各地区单个煤矿配置专用探放水钻机数量大都集中在 0.99~2 台之间。

5 煤层底板水害预测评价理论与方法

煤层底板突水机理复杂，受控于多因素影响且具有非常复杂的非线性动力特征。本书作者经过多年研究，提出了突水系数小于 0.06 MPa/m 带压区的底板水害评价新方法——基于 GIS 的三图法和煤层底板突水评价的新方法——脆弱性指数法，研发了煤层底板突水评价信息系统，建立了一套系统的煤层底板突水预测评价理论与方法。本章主要对常用的突水系数法、五图-双系数法和脆弱性指数法进行介绍。

5.1 突水系数法

5.1.1 突水系数法的演化历史

突水系数定义为煤层底板单位隔水层厚度所承受的水压力，它是带压开采条件下衡量煤层底板突水危险程度的定量指标。突水系数法的水文地质物理概念模型简单，使用方便，其公式为

$$T=\frac{p}{M} \tag{5-1}$$

式中 T——煤层底板突水系数，MPa/m；

M——隔水层厚度，m；

p——隔水层底板承受水压，MPa。

突水系数法自提出以来，对我国煤矿水害评价起到了积极的指导作用，解放了受水害威胁的大量煤炭地质储量。随着对煤层底板水害规律的不断认识和总结，突水系数法经历了多次修正。

1. 突水系数法的提出

20 世纪 60 年代，煤炭工业部组织有关部门技术人员在焦作进行矿井水文地质“会战”，在分析、总结当时焦作、峰峰、淄博、井陉等大水矿区大量煤层底板突水实例的基础上，认识到煤层底板突水与底板含水层静水压力和底板隔水层厚度之间存在一定的平衡关系。而后，煤炭科学研究院西安煤田地质勘探研究所提出了煤层底板突水系数概念和计算公式［式（5-1)］，并根据对大量突水资料统计分析总结出了临界突水系数 T_s(表 5-1)。当突水系数值 $T\leqslant T_s$ 时，煤层底板一般不会突水；当突水系数值 $T>T_s$ 时，煤层底板可能突水。

表 5-1 某些矿区临界突水系数 MPa/m

矿 区	峰峰、邯郸	焦作	淄博	井陉
临界突水系数 T_s	0.066~0.076	0.060~0.100	0.060~0.140	0.060~0.150

2. 第一次修正

20 世纪 70 年代，煤炭科学研究总院西安分院和其他有关单位考虑了采矿对底板破坏

的影响，对突水系数计算公式进行了第一次修正：

$$T_s = \frac{p}{M - C_p} \tag{5-2}$$

式中　T_s——煤层底板突水系数，MPa/m；

M——隔水层厚度，m；

p——隔水层底板承受水压，MPa；

C_p——矿压破坏底板深度，m。

在1984年煤炭工业部颁发的《矿井水文地质规程（试行）》和1986年煤炭工业部颁发的《煤矿防治水工作条例（试行）》中均采用式（5-2）。

3. 第二次修正

匈牙利等国学者注意到不同强度的底板岩层具有不同的阻隔水性能，以泥岩抗水压能力为标准，根据不同岩层的强度比值系数将其他岩性隔水层厚度换算成泥岩厚度（表5-2）；这样，换算后的等效厚度值不仅有厚度，而且有强度概念。通过考虑底板隔水层不同岩层的强度和阻水能力，对突水系数计算公式进行了第二次修正：

$$T_s = \frac{p}{\sum_{i=1}^{n} M_i m_i - C_p} \tag{5-3}$$

式中　T_s——煤层底板突水系数，MPa/m；

M_i——隔水层第 i 分层厚度，m；

p——隔水层底板承受水压，MPa；

m_i——隔水层第 i 分层等效厚度的强度比值系数；

C_p——矿压破坏底板深度，m。

表5-2　不同岩层的强度比值系数

岩石名称	砂岩	砂质页岩	页岩（黏土）	断裂带	灰岩
强度比值系数	1.0	0.7	0.5	0.35	0

4. 第三次修正

20世纪80年代，在研究底板承压水导升高度的基础上，对突水系数公式进行了第三次修正：

$$T = \frac{p}{M - C_p - h_1} \tag{5-4}$$

式中　T——煤层底板突水系数，MPa/m；

M——隔水层厚度，m；

p——隔水层底板承受水压，MPa；

C_p——矿压破坏底板深度，m；

h_1——导升高度，m。

在1992年修订的《煤矿安全规程》中，采用了式（5-4），即突水系数值为煤层底板隔水层所承受的水压值与底板隔水层有效厚度的比值。

5. 第四次修正

突水系数法在首次提出时，由于矿井防治水工作的工程技术人员对矿压破坏现象和由此产生的煤层底板扰动矿压破坏带认识有限，当时提出的突水系数计算公式和对应的临界突水系数值并未考虑矿压破坏带等因素。随着从事矿井防治水工作的工程技术人员对矿压破坏现象和矿压破坏带认识的深化，以及矿压破坏带探测技术水平的提高，第二次修正的突水系数计算公式更真实地描述了我国煤层底板突水的水文地质物理概念模型。但遗憾的是，虽然计算公式刻画了突水的实际物理概念模型，但提出的临界突水系数值仍然采用1964年未考虑矿压破坏现象总结提出的临界值。显然，这是不妥的。而后进行的第三次修正也存在同样问题。

由此，在目前尚未总结提出考虑矿压破坏带的大家普遍可接受的新的临界突水系数值之前，本着还原历史的原则，2009年《煤矿防治水规定》中对突水系数进行了第四次修正，重新采用计算式（5-1）。该式适用于采煤和掘进工作面，临界突水系数值在底板受构造破坏段取0.06 MPa/m，在正常块段取0.1 MPa/m。

当然，将来一旦对不同的修订公式提出新的临界突水系数值，突水系数计算公式还可以重新修订。

5.1.2 突水系数小于0.06 MPa/m的带压区煤层底板突水评价方法

为进一步完善煤层底板突水的评价方法，本书针对临界突水系数小于0.06 MPa/m情况下煤层底板仍有可能突水的问题进行了研究。通过研究分析，提出了对临界突水系数小于0.06 MPa/m的带压区煤层底板突水评价的新方法——基于GIS的三图法。

研究主要对临界突水系数小于0.06 MPa/m的带压区引发突水的导水通道和充水含水层的富水性两方面进行了综合评价分析。一方面对导水通道的研究，主要对充水通道的空间分布位置和其水力性质进行研究，得出导水通道的位置及导水性，进一步得出临界突水系数小于0.06 MPa/m的带压区煤层底板导水安全性分区图，这是临界突水系数小于0.06 MPa/m的带压区煤层底板突水评价的第一张图。另一方面对充水含水层富水性的研究，主要通过对影响充水含水层富水性的各主控因素的分析，应用新型的含水层富水性评价方法——富水性指数法综合得出充水含水层富水性分区图，这是临界突水系数小于0.06 MPa/m的带压区煤层底板突水评价的第二张图。进一步应用基于GIS的环套理论将两图进行叠加，对于既存在导水通道且对应充水含水层富水性中等以上的区域均有突水的危险，从而得出临界突水系数小于0.06 MPa/m情况下带压区的煤层底板突水危险性评价分区图，这是临界突水系数小于0.06 MPa/m的带压区煤层底板突水评价的第三张图。

对临界突水系数小于0.06 MPa/m的带压区煤层底板突水危险性评价的新型方法，主要从充水通道和充水水源上对临界突水系数小于0.06 MPa/m的带压区煤层底板突水危险性进行了评价分析，创新性地提出和完善了临界突水系数小于0.06 MPa/m的带压区一定为安全区的传统评价理论和方法。

5.1.2.1 基于GIS的三图法

1. 理论基础

基于GIS的三图法应用了系统工程的思想，以“环套理论”为基本指导理论，进行多因素的信息叠加。

环套理论根据事物的局部特征组合落影揭示了客观事物真貌，统一了客体固有的特性与主体的逐步认识之间的矛盾，是多元信息理论之一。

“环套理论”的数学含义为集合的交集，交集是该理论产生的基础。若每一类信息为一个集合，那么所有集合的交集为每个集合所共有，也是每一类信息所共同包含的。若用“韦恩图”表示，平面上多个信息环相互叠加，立体上层层相套，所有信息环相交的部分为每类信息所共有（图 5-1）。

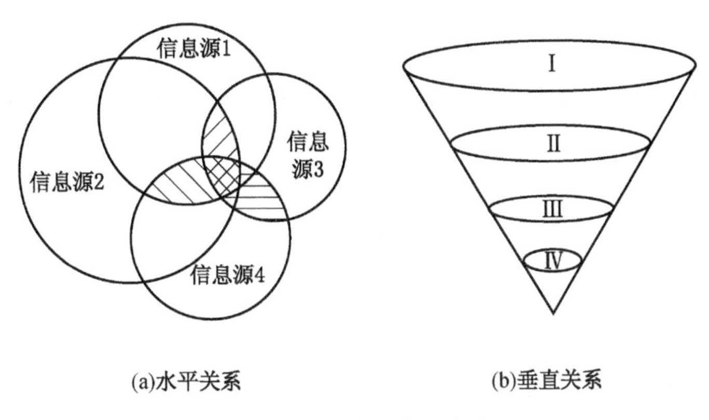

图 5-1 环套群集的关系

2. 研究思路

基于 GIS 的三图法是应用现代信息技术，评价时将定性与定量相结合，使大量复杂地质问题得到了有效的解决；并且能够将理论与实践相结合，在地学研究领域得到了成功应用。

利用 GIS 强大的空间数据处理和信息分析功能，对各种地学信息进行量化分析，并以直观的图形形式展示出来。该方法运用定性与定量相结合的思维来研究地学问题，可以更加深入地解释问题的本质，并且使结果更为直观、准确。其研究思路是：

（1）利用 GIS 软件的信息采集、数据编辑和转换、概化及计算等基本功能对空间信息进行处理，建立基于 GIS 的空间数据库和属性数据库。

（2）建立临界突水系数小于 0.06 MPa/m 的带压区煤层底板突水评价的前二张图，第一张图即导水安全性分区图；第二张图即充水含水层富水性分区图。

（3）利用 GIS 进行信息的叠加，即对前两张图进行叠加。最终结果用 GIS 的显示及制图功能表达，并用 GIS 的数据库存储。

5.1.2.2 构造性质研究

对充水通道（断裂构造、褶皱轴部和陷落柱 3 个方面）的研究主要从两方面考虑，一方面就是构造的空间分布位置，利用钻探与物探等手段研究其空间分布规律；另一方面就是对构造的水力性质进行分析，主要通过对影响构造水力性质的 7 个场（岩性场、构造场、水化学场、渗流场、水温和岩温场、同位素场、地球物理场）的研究，综合分析得出构造的水力性质。

1. 确定构造空间分布

为查明地质构造的空间分布，可以利用物探和钻探相结合的手段。

随着物探技术的快速发展，用来探查构造的物探技术有多种，主要包括：①高密度电阻率法技术；②音频电穿透法技术；③瞬变电磁法技术；④电磁频率测深技术；⑤无线电波透视法技术；⑥地质雷达法技术；⑦浅层地震勘探法技术；⑧瑞利波地震勘探技术；

⑨槽波地震勘探技术。

对于物探成果要结合钻探探测成果进行验证，以确保资料的准确性和可靠性。

2. 确定通道水力性质

通过以上分析可知，利用多种手段可以探查充水通道（地质构造包含断裂导水通道、裂隙、导水陷落柱及褶皱轴部等）的空间分布。但是充水通道的导水性能尚不清楚，需要进一步采取措施，并充分利用已有资料进行分析。为此，主要从岩性场、构造场、水化学场、渗流场、水温和岩温场、同位素场和地球物理场共 7 个方面对充水通道的水力性质进行研究。

1）岩性场

构造的导水性能与其所处的岩性场密切相关。自然状态下，塑性岩一般导水性很差或者不导水；而脆性岩往往发育有一定裂隙或岩溶，具有一定的导水性能。但在构造应力作用下，不同力学性质的岩性对应的破坏特征是不同的，其导水性能也发生较大改变。一般来讲，脆性岩的力学强度较大，受构造应力作用后，裂隙较为发育，其导水性和渗透性能也相应增强；而塑性岩的力学强度较小，受构造应力作用后，易发生塑性变形，往往进一步压密而不透水。

所以，构造的导水性能与构造破坏前隔水岩体的脆性与塑性岩层的厚度比密切相关。对于由脆性岩和塑性岩组成的隔水层，受构造破坏后，起隔水作用的往往只有塑性岩，其整体隔水性能大为降低；特别是构造破坏严重的情况下（如断层的落差较大，连通多个含水层的陷落柱等），隔水岩体受较大扰动，母岩的结构也已经完全不存在，其导水性能会进一步增强。对于脆性岩组成的隔水层，受构造破坏后，隔水岩体几乎不再具有隔水性，特别是构造连通多个含水层时，在上下含水层水压差作用下，很可能转化为透水岩体。

隔水岩体的脆性与塑性岩层的厚度比值直接影响着构造的水力性质。对岩性场进行研究时，需要收集钻孔柱状图等资料，对隔水岩层的脆塑性岩厚度进行统计分析，并生成比值等值线图，为定量分析构造导水性能提供依据。

2）构造场

构造场主要是指构造的规模、性质、构造应力场等。构造场对构造的导水性影响较大。

构造的规模越大，反映其原岩受破坏作用越强，破坏影响的范围也相应越大，其导水性就越强。例如，落差较大的断层，两盘之间岩体一般较为破碎，对应两盘裂隙也较为发育，往往具有一定的导水性，特别是切割多个含水层后，其导水性能会进一步增强。

构造性质的不同，导水性也有一定差别。对于断裂构造，受张力作用形成的正断层岩体松散，其破碎带中脆性岩及两盘张裂隙发育，导水的能力也大大增强；而受压力作用形成的逆断层，两盘之间岩体往往相对密实，破碎带导水性相对减弱，但影响带发育裂隙的导水性往往增强。

构造应力场对构造的规模和性质都会产生影响，对原岩的破坏作用也不同。特别是在多次构造应力作用下形成不同断裂构造的复合和交接部位（特别是断层影响带的交接部位）、分支断裂与主干断裂的交接部位、裂隙的转角或交接、膨大或缩小部位等地段往往裂隙发育，导水性相应增强。

3）水化学场

从地下水系统角度考虑，地下水流由补给区经不同渗透岩层径流至排泄区，特别在含水介质中的长期渗透，具有一定溶解能力的含水介质溶解了大量可溶成分，形成了不同水文地球化学特征的地下水流。因而，地下水介质具有天然示踪剂的作用。地下水中天然化学场的研究方法主要有：皮帕尔水化学图、玫瑰花图、代表性水化学成分指示剂和水化学聚类分析。通过研究地下水中的水化学成分，来推知地下水的渗透性能；特别是对于连通多个含水层的构造，通过分析构造附近含水介质的水化学成分对比，来判断构造的导水性能和水力性质。

另外，可以通过连通试验确定地下水的渗流途径。其试验方法主要有水位传递法和示踪试验法，目前多用示踪试验法。由于示踪剂在一定时间内稳定且不易被岩石吸附和滤掉，通过对切割多个含水层的构造附近某一含水层进行投放示踪剂，若能在构造附近的另一含水层中监测到示踪剂，说明构造具有导水性能。

4）渗流场

在观测孔布置合理的情况下，一次大型的天然或人工水文地质试验完全可以揭示出多层充水含水层立体结构的整体渗流场分布特征。

一方面，在平面内，通过分析各充水含水层组的渗流水位等值线图，分析多层充水含水层组的渗流场展布特征以及其之间的水力联系，并进一步研究构造的导水性能。

另一方面，在时间域上，可以分析断裂构造或褶皱轴两侧同一含水层长观孔的水位历时曲线或构造（断裂构造、褶皱轴或陷落柱）附近不同充水含水层长观孔的水位历时曲线，研究渗流场的变化特征，从而确定构造的导水性能。若构造两侧同一充水含水层成对钻孔的水位历时曲线变化特征相近，说明构造具有一定的导水性能；反之，则说明构造的导水性较弱。若构造附近不同充水含水层长观孔的水位历时曲线变化特征较为一致，也反映构造具有较好的垂向导水能力；反之，则说明构造的导水性较弱。

需要指出，大多数抽（放）水试验结束后，一般要进行与其呈相反过程的水位恢复试验，由此形成的渗流场，在构造导水性的判别中，同样具有重要的研究意义。

5）水温和岩温场

地下水温场的分布反映了地下水循环渗透的特征，地下水系统的不同部位，如补给区、径流区、排泄区均具有不同的水温。由于不同充水含水层组可能具有不同的补给源，在没有垂向上的沟通通道情况下，各含水层水温场将保持各自的水温特征，彼此间可能存在一定差异。根据这些差异，对构造切割的多个充水含水层的含水介质进行水温取样和测试，若各充水含水层的水温相近，说明可能是构造导水引起的。

而地下水在长期渗流中，不断与其周围的渗透裂隙介质发生热能交换，根据能量守恒原理，裂隙介质的岩温也会逐渐与水温相平衡。因此，也可以通过构造附近的岩温来推知渗流地下水的水温，进一步判断构造的导水性能；如果构造切割地层岩温相近，则反映对应岩层中渗流的地下水水温也相近，相应含水层的水力联系较好，说明可能是构造导水引起的。

6）同位素场

当构造切割的不同充水含水层组中地下水的同位素组成不同时，可以依据构造附近各个充水含水层组中地下水的 D 和 O_{18} 含量判定各含水层的水力联系，确定构造的导水性能。

7）地球物理场

利用物探技术可以对地层中存在的构造异常带进行探测，特别对于导水并富含水的构造异常带，探测技术多，实际探测构造应用效果较好。

当然，由于地质条件的复杂性，且各种物探技术都有其自身特点和适用条件；在探测时可以利用多种探测技术相结合、井上和井下相结合，尽可能减少干扰因素的影响，提高探测成果的准确性。

另外，物探成果要结合钻探的方法对其探测成果进行验证，以确保资料的准确性和可靠性。

综上所述，针对矿井水文地质问题的复杂性，在确定构造的水力性质时主要考虑影响构造的岩性场、构造场、水化学场、渗流场、水温和岩温场、同位素场、地球物理场共7个场，多场分析相结合，相互验证，综合确定充水通道的水力性质。

5.1.2.3 含水层富水性研究

1. 富水性分布规律

含水层的富水性是煤层底板突水的物质基础，充水含水层的富水性情况决定了突水后的水量大小和持续时间。只有在充水含水层具有较强富水性的情况下煤层底板突水后才会有充足的水源，才会引发突水事故；否则，即使煤层底板突水也不会引发大的突水事故。含水层的富水性受多方面因素共同影响，主要有充水含水层的厚度、岩性、岩溶裂隙发育程度、构造发育情况和补径排条件等。一般在地下水的强径流区、构造发育地段和岩溶裂隙发育带，含水层的富水性越强。

具体影响主控因素指标有：含水层的厚度、含水层的脆塑性比、构造分布（断层、陷落柱和褶皱轴等）、单位涌水量、渗透系数、岩芯采取率和冲洗液消耗量等。

1）含水层的厚度

含水层的总厚度越大，其储水能力相对越强，对应含水层的富水性一般也较大。

2）含水层的脆塑性比

由于应力的作用，含水层中力学强度较大的脆性岩一般发育裂隙和节理等，容易形成承压水的导水通道，富集一定的水量，其渗透能力也相应增强；而含水层中力学强度较小的塑性岩一般只发生塑性变形而更加致密，其富水性和导水性较弱。另外，脆塑性岩相间的含水层，脆性岩厚度越大，含水层赋存空间相对越大，且各含水层间的水力联系也相应增强，含水层释放水的能力也相应增大。综合考虑，含水层的脆塑性岩厚度比值越大，含水层的储水能力愈强，各含水层组的水力联系也相应增强，一般对应含水层的富水性也愈强。

3）构造分布

（1）断层。含水层中的断裂裂隙是地下水的良好通道，断层的破碎带及其两盘发育一定宽度导水裂隙的影响带往往是地下水的富集区。特别是连通多个含水层的断层，一旦断层具有导水功能，含水层的富水性便会大大增强。另外，断层性质的不同，其破碎带及影响带的导水性能及富水性也往往不同，一般对于正断层，多是在低围压条件下形成，断面张裂程度大，断层破碎带比较松散，其导水性及富水性往往较好；而逆断层，多是在高围压条件下形成，破碎带相对压实，较为致密，其导水性和富水性相对较弱，但其两盘的裂隙影响带往往具有一定的导水性能。

(2) 陷落柱。陷落柱柱体内一般岩体较为破碎，其周边也发育有一定范围的裂隙，这往往成为地下水的富集区，特别是陷落柱规模较大时，往往处在地下水的强径流区，其富水性往往较强。

(3) 褶皱轴部。由于褶皱轴部应力比较集中，岩体裂隙较为发育，形成了地下水的良好通道，并容易成为地下水的富集区。特别是褶皱轴部连通多个含水层时，其富水性会进一步增强。另外，褶皱的性质不同，其轴部富水性也有所差别，一般背斜轴部受张力作用，裂隙更为发育，富水性相对更强；而向斜轴部受压力作用，裂隙发育相对较差，富水性相对较弱。

4) 单位涌水量

单位涌水量是反映含水层富水性的最直接参数，一般单位涌水量越大，含水层的渗透性就也好，水源补给也就越充分，对应含水层的富水性就越强。在资料较少的情况下，也可以直接利用钻孔的单位涌水量对含水层的富水性进行分区。

5) 渗透系数

渗透系数主要反映含水层水透过的能力，一方面取决于岩石的性质，另一方面也取决于流体的物理性质。对于地下水而言，一般渗透性越大，岩石透水能力就越好，含水层的富水性也相对更强。

6) 岩芯采取率

岩芯采取率主要反映岩体的完整程度，一般岩芯采取率越低，岩体的完整性就越差，相应岩体的裂隙就越发育或者岩溶就越发育，相应含水层的储水能力和渗透性能也就越好，对应含水层的富水性也相对越强。另外，对于可溶性岩，若岩芯采取率低，对应岩溶也相对发育，也说明含水层可能处在地下水的强径流区，对应含水层的富水性也相对较强。

7) 冲洗液消耗量

冲洗液消耗量能够反映地层多方面的信息特征。一方面反映了岩体的完整程度，另一方面反映了含水层的水力性质（水压和渗透系数等）。一般钻孔钻入含水层后的冲洗液消耗量越大，反映含水层的完整性越差，岩体的岩溶与裂隙可能较为发育，其储水能力就相对越强；也反映了含水层的水压相对较小，但含水层的渗透性相对较好。总体上冲洗液消耗量一定程度上反映了含水层的富水性，其值越大，含水层的富水性就相对越强。

2. 富水性程度精细分区

由于含水层受多种主控因素的共同影响，相互作用机理复杂，很难用现代数学理论和方法在时空域内建立定量的数学方程和模型来描述含水层富水性与各主控因素之间的复杂作用关系。因此，需要进一步分析各主控因素之间复杂作用关系及对含水层富水性的影响，旨在寻找新的理论和方法，以确定含水层的富水性分布规律和特点。通过进一步的研究发现，多种主控因素对含水层富水性的影响存在两个共同点：一是空间域内不同空间坐标点，各主控因素对含水层的富水性影响程度是不一样的；二是不同水文地质条件下，各主控因素对含水层的富水性影响程度也是不一样的。也就是说，各主控因素影响含水层富水性的“权重”是不同的。由此提出新型的含水层富水性评价方法——富水性指数法。

1) 基本原理

富水性指数法利用具有强大空间信息分析和处理功能的 GIS 与现代信息融合技术，对影响含水层富水性的多种主控因素及多因素影响含水层富水性的复杂作用关系进行综合分析研究，最终得出含水层的富水性分区。

首先，应用具有强大空间信息分析和处理功能的 GIS 对影响含水层富水性的多种主控因素进行定量分析，研究其空间分布规律，生成各主控因素专题图层；其次，应用现代信息融合技术，根据已知样本信息训练学习或反演识别，定量确定各主控因素影响含水层富水性的权重大小，并进一步应用基于 GIS 的信息融合技术建立多因素影响下的含水层富水性指数评价预测模型；最后，通过 GIS 的数据处理和空间分析功能，对研究区各区段的富水性指数值进行统计分析，根据其频率直方图确定富水性分区阈值，进行含水层富水性评价分区。

根据信息融合的数学方法的不同，可以将富水性指数法分为线性和非线性两大类。线性富水性指数法包括基于 GIS 的 AHP 型富水性评价法等；非线性富水性指数法包括基于 GIS 的 ANN 型富水性评价方法、基于 GIS 的证据权型富水性评价方法和基于 GIS 的逻辑回归型富水性评价方法等。

基于 GIS 的含水层富水性评价方法是一种将具有强大空间信息分析与处理功能的 GIS 和确定各主控因素影响含水层富水性的权重耦合于一体的预测评价方法。它一方面反映了影响含水层富水性的多种主控因素；另一方面反映了各主控因素影响含水层富水性的权重大小，并实现了含水层的富水性分区，真实地反映了多因素影响下充水含水层的富水性。

2）技术路线

基于 GIS 的富水性评价方法——富水性指数法有着一套系统的理论体系和研究技术路线（图 5-2）。

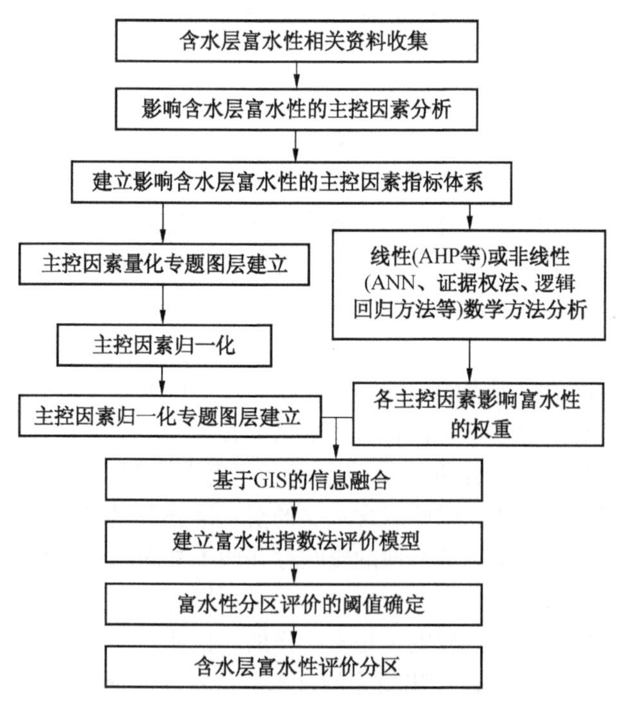

图 5-2 富水性指数法评价技术路线图

（1）研究区资料收集整理和分析。主要对研究区地质条件、水文地质条件等相关的钻探、物探、水文地质试验、水化学分析等成果（报告、图纸和数据等），以及对与研究含水层相关的研究报告等成果进行收集，并进行资料的整理和分析。

（2）影响含水层富水性的主控因素分析。通过对收集资料的整理分析，结合研究区实际，从含水层的岩性场、地下水动力场、岩溶裂隙发育程度、水化学场和地质构造场等方面确定影响含水层富水性的主要控制因素。

（3）建立影响含水层富水性的主控因素指标体系。通过对影响含水层富水主控因素的分析，建立影响含水层富水性的主控因素指标体系。进一步结合研究区实际资料情况，确定各主控因素的指标，并对各指标进行信息采集。

（4）主控因素量化及专题图的建立。通过对各主控因素量化指标的信息采集，对相关资料进行量化，建立空间数据库和各地质实体的属性数据库，进一步利用 GIS 显示各主控因素图形，建立各主控因素专题图层。

为消除不同影响因素量纲对富水性评价结果的影响，需要对各主控因素的数据进行归一化处理［式（5-5）］，从而使数据更有可比性和统计意义。

$$A_i = a + \frac{(b-a)\times[x_i - \min(x_i)]}{\max(x_i) - \min(x_i)} \tag{5-5}$$

式中 A_i——归一化处理后的数据；

a，b——归一化范围的下限和上限，为归一化前的原始数据，可取 0 和 1；

$\min(x_i)$，$\max(x_i)$——各主控因素量化值的最小值和最大值。

式（5-5）是评价单含水层富水性时的归一化处理，对于同一区域评价多个含水层时，也可以进行统一归一化处理，从而使得各含水层的富水性评价结果具有可比性。

通过各主控因素数据的归一化处理，应用 GIS 建立各主控因素归一化专题图层。

（5）各主控因素影响含水层富水性的权重确定。应用信息融合不同的数学方法（线性：AHP 等；非线性：ANN、证据权法和逻辑回归法等），确定各主控因素影响含水层富水性的权重大小。

（6）基于 GIS 的信息融合。应用 GIS 的空间信息处理和分析功能，将影响含水层富水性的各主控因素和影响含水层富水性权重耦合于一体。

（7）富水性评价模型建立。在信息融合的基础上，建立含水层富水性评价模型。引入富水性指数 WI(Water-richness Index) 的初始模型［式（5-6）］来对含水层的富水性进行评价。

$$WI = \sum_{k=1}^{n} W_k \cdot f_k(x, y) \tag{5-6}$$

式中 WI——脆弱性指数；

W_k——影响因素权重；

$f_k(x, y)$——单因素影响值函数；

x，y——地理坐标；

n——影响因素的个数。

（8）富水性分区阈值确定。富水性指数法初始模型建立后，对各个专题层图进行信息处理和分析，应用频率直方图对各区块的富水性指数值进行统计分析，通过已知点进一步拟合分析和反演识别，最终确定富水性评价分区阈值。

（9）富水性评价分区。根据分区阈值，对含水层进行富水性评价分区，并生成含水层富水性评价分区图。

3）富水性评价分区

根据研究区具体情况，首先确定影响含水层富水性的主要控制因素及量化指标；并根据含水层富水性的已知样本点信息量，选用具体的富水性评价方法。一般已知样本点较少的情况下，可以采用基于 GIS 的 AHP 型富水性评价法；对于已知样本点较多的情况下，可以采用基于 GIS 的 ANN 型富水性评价方法、基于 GIS 的证据权型富水性评价方法和基于 GIS 的逻辑回归型富水性评价方法。

根据富水性指数法评价技术路线，最终确定含水层富水性评价分区。

5.2 五图-双系数法

五图-双系数法是一种带压开采工作面评价的方法。该方法用于采煤工作面评价时涉及许多细致的工作内容，其中最重要的是围绕“五图”“双系数”和“三级判别”来进行，如图 5-3 所示。

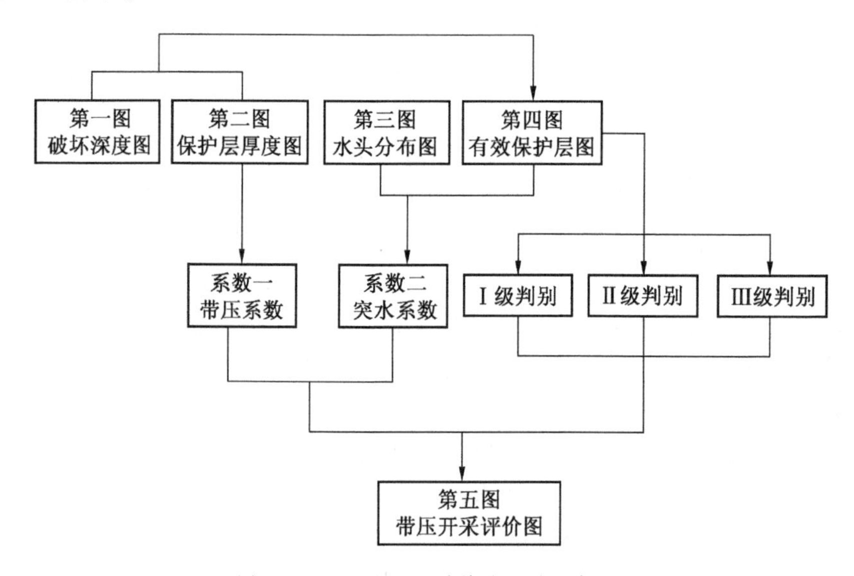

图 5-3 “五图-双系数法”流程框图

1. 五图

（1）在工作面回采过程中，由于矿压等因素综合作用的结果，在煤层底板产生一定深度的破坏，这种破坏后的岩层具有导水能力，故称之为“导水破坏深度”，通过实验和计算可以获得该值的分布状况，据此绘制“底板保护层破坏深度等值线图”（第一图）。

（2）煤层底面至隔水层顶面之间的这段岩层称之为底板保护层，是阻止承压水涌入采掘空间的屏障，需查明其厚度及其变化规律，据此绘制“底板保护层厚度等值线图”（第二图）。

（3）煤层底板以下含水层的承压水头将分别作用在不同标高的底板上，据此绘制

“煤层底板上的水头等值线图”（第三图）。

（4）把导水破坏深度从底板保护层厚度中减去，所剩厚度称之为有效保护层，它是真正具有阻抗水头压力能力且起安全保护作用的部分，据此绘制“有效保护层厚度等值线图”（第四图）。

（5）最后根据有效保护层的存在与否和厚度大小，依照“双系数”和“三级判别”综合分析，即可绘制带压开采技术的最重要图件“带水头压力开采评价图”（第五图）。

2. 双系数

1）带压系数

在研究保护层时要同时进行保护层的阻抗水压能力的测试，根据所获参数计算保护层的总体带压系数，它是表示单位厚度岩层阻抗水压的指标。

（1）岩层抗压强度。根据在山东、河南、河北等矿区所做的实验，取得不同岩层单位厚度抗压强度的实测值（表5-3）。

表5-3 不同岩层抗压强度试验值汇总表

类型	岩层代表	抗压强度试验值/(MPa · m^{-1})
Ⅰ	砂岩	0.10
Ⅱ	砂质页岩	0.07
Ⅲ	铝质页岩	0.05
Ⅳ	断裂带	0.035

（2）岩性力学分层及抗压强度。根据钻探、测井、岩石力学测试资料，将底板岩层综合划分为以下3类，然后根据各分层岩石类型的抗压强度及厚度计算底板总体抗压强度。

Ⅰ类：包括各种砂岩及灰岩。

Ⅱ类：包括砂质泥岩、铝质泥岩、铁质泥岩等。

Ⅲ类：包括煤、泥岩、黏土岩等。

（3）带压系数的计算。由计算所得的底板总体抗压强度与底板保护层厚度的比值即为带压系数。

2）突水系数

突水系数是有效保护层厚度与作用其上的水头值之比。

3. 三级判别

三级判别可与双系数配合用来判别是否突水、突水形式和突水量变化的3个指标。

Ⅰ级判别：是判别工作面必然发生直通式突水的指标。

Ⅱ级判别：是判别工作面发生非直通式突水可能性及其突水形式的指标。

Ⅲ级判别：是判别已被 n 级判别定为突水的工作面其突水量变化状况的指标。

4. 判别方法

运用比值系数的方法进行判别，即带压系数与突水系数的比值，如大于1，即为安全区；如小于1，即为危险区。

5.3 常权脆弱性指数法

煤层底板突水是多因素影响下具有非常复杂形成机理的非线性动力现象。本书通过研究确定了影响煤层底板突水的各个主控因素并对其进行了量化研究。研究时充分应用了现代信息技术，以具有强大空间分析和数据处理等多功能于一体的GIS为平台，将量多、复杂、多变的影响煤层底板突水的各主控因素的数据信息进行量化分析，掌握其空间分布规律，从而对煤层底板突水所处的岩性场、构造场、地下水动力场和渗流场等进行全面分析。由于煤层底板突水是多场影响下多个主要控制因素的综合作用，相互作用关系复杂，每一个主控因素的改变都会对煤层底板突水产生影响，从而造成煤层底板突水。如何将各个主控因素间复杂的作用关系及其对煤层底板突水的影响综合起来研究就显得至关重要。

基于此，在充分应用现代信息和数学技术的基础上，提出基于GIS的脆弱性指数法技术对煤层底板突水进行综合研究。该技术综合考虑了影响煤层底板突水的各个主要控制因素及其对煤层底板突水综合作用，能够真实反映煤层底板突水受控于多种因素影响且具有非常复杂形成机理和演变过程的非线性动力过程，为煤层底板突水的预测预报提供了一种新的思路。

该方法不是对影响煤层底板突水的各个主控因素进行简单的叠加，而是考虑了各主控因素在煤层底板突水中所起的作用大小，从而综合反映各个主控因素间的复杂作用关系及煤层底板突水的非线性动态过程；这也突破了传统突水系数法只考虑影响煤层底板突水的水压和隔水层两种主要控制因素，且没有考虑各主控因素在底板突水中发挥作用大小的重大缺陷。

5.3.1 总体思路

脆弱性指数法是一种将可确定底板突水多种主控因素权重系数的信息融合方法与具有强大空间信息分析处理功能的GIS耦合于一体的煤层底板突水预测预报评价方法，旨在预测和评价在不同类型构造破坏影响下由多岩性、多岩层组成的煤层底板岩段在矿压和水压联合作用下突水风险。它不仅可以考虑煤层底板突水的众多主控因素，而且可以刻画多因素之间相互复杂的作用关系和对突水控制的相对“权重”比例，并可实施脆弱性的多级分区。根据信息融合的不同数学方法，脆弱性指数法可划分为非线性和线性两大类。非线性脆弱性指数法包括基于GIS的ANN型脆弱性指数法、基于GIS的证据权重法型脆弱性指数法、基于GIS的逻辑回归法型脆弱性指数法等；线性脆弱性指数法包括基于GIS的AHP型脆弱性指数法等。

脆弱性指数法评价的具体步骤：

（1）根据对矿井充水水文地质条件分析，建立煤层底板突水的水文地质物理概念模型。

（2）确定煤层底板突水主控因素。

（3）采集各突水主控因素基础数据，并进行归一化无量纲分析和处理。

（4）应用地理信息系统，建立各主控因素的子专题层图。

（5）应用信息融合理论，采用非线性数学方法（如ANN、证据权重法、逻辑回归法或其他方法）或线性数学方法（如AHP等其他方法）。通过模型的反演识别或训练学习，确定煤层底板突水各主控因素的“权重”系数，建立煤层底板突水脆弱性的预测预报评价模型。

（6）根据研究区各单元计算的突水脆弱性指数，采用频率直方图的统计分析方法，合理确定突水脆弱性分区阈值。

（7）提出煤层底板突水脆弱性分区方案。

（8）进行底板突水各主控因素的灵敏度分析。

（9）研发煤层底板突水脆弱性预测预报的信息系统。

（10）根据突水脆弱性预测预报结果，制定和提出煤层底板水害防治的对策措施与建议。

5.3.2 主控因素体系构建

煤层底板承压充水含水层水害对我国煤矿安全开采危害严重，并多次造成突水淹采煤工作面、淹采区、淹水平和淹整个矿井的恶性事故。内蒙古乌海，河北开滦、峰峰、邢台、邯郸，河南焦作、郑州、鹤壁，山东肥城、淄博，江苏徐州，湖南涟邵、煤炭坝和广西合山等煤矿都发生过这种底板突水事故，不同特定条件下的底板承压充水含水层突水事故多达几十次甚至数百次。

一般来讲，煤层底板发生突水需要具备的条件有：一是导水通道，包括天然通道（断裂裂隙、陷落柱和褶皱轴部裂隙通道等）和人为通道（矿压破坏带等）；二是充水水源，主要为赋存于煤层底板砂岩或灰岩裂隙含水层中的地下水（也可分为底板直接充水含水层和底板间接充水含水层）；三是充水强度，也就是含水层要有一定的富水性，这样才能提供充足的水量。具备以上三方面条件就会发生煤层底板突水。

通过分析我国多年来大量煤层底板突水案例，并结合煤层底板突水研究已经取得的成果，发现煤层底板突水是一种受控于多种因素影响且具有非常复杂形成机理的非线性动力现象。其以地质条件（围岩性质、岩层组合、断裂、褶皱、倾角、埋藏深度及新构造运动等）为背景，以水文地质条件（含水层、隔水层、富水性、补给、径流及排泄条件，水头压力等）为基础；在人为采掘活动（工作面斜长、煤层采高与采深、开采方法与工艺等）的诱发下，受到地质场、渗流场、构造场和应力场等多种场的综合控制，各个场间具有复杂的作用关系，任何一场的任一具体因素的变化，都会影响煤层底板突水。通过进一步的分析总结和归纳，影响煤层底板突水的主要控制因素可以分为五大部分：煤层底板充水含水层、煤层底板与下伏含水层顶板之间的隔水岩段防突性能、地质构造、矿压破坏发育带和导升发育带。

通过大量的理论研究和工程实际分析，根据煤层底板突水中煤层的数量和含水层数量及其不同组合形式，本书将煤层底板突水的水文地质物理概念模型概化为 4 种类型：单一煤层底板单一含水层、单一煤层底板多含水层、多煤层底板单一含水层和多煤层底板多含水层（图 5-4）。

对于单一煤层底板单一含水层类型（图 5-4a），主要是指所研究煤层一层，威胁其开采的主要底板含水层为一层。例如，华北型煤田太原组主采的一组煤层，开采普遍面临的底板奥陶系灰岩含水层水害。对于单一煤层底板多含水层类型（图 5-4b），主要是指所研究煤层一层，而威胁其开采的主要底板含水层有多层。例如，华北型煤田山西组主采的一组上组煤，其主要底板水害为太原组灰岩含水层水害和奥陶系灰岩含水层水害。对于多煤层底板单一含水层类型（图 5-4c），是指矿井主采煤层多层，而对应底板均面临同一含水层的突水威胁，如成庄矿 3 号、9 号、15 号煤层开采面临着底板奥灰突水的威胁。对于多煤层底板多含水层类型（图 5-4d），是指矿井主采煤层多层，而多层煤层面临的底板突水含水层有多层。例如，华北型煤田上组煤底板往往存在太原组灰岩和奥陶系灰岩突水的威胁，而下组煤底板面临的主要底板突水含水层为奥灰突水含水层，如沙曲矿上组煤（3号+4号煤层、5号煤层）主要底板水害为太灰和奥灰，下组煤（8号+9号煤层、10号煤层）主要底板水害为奥灰。

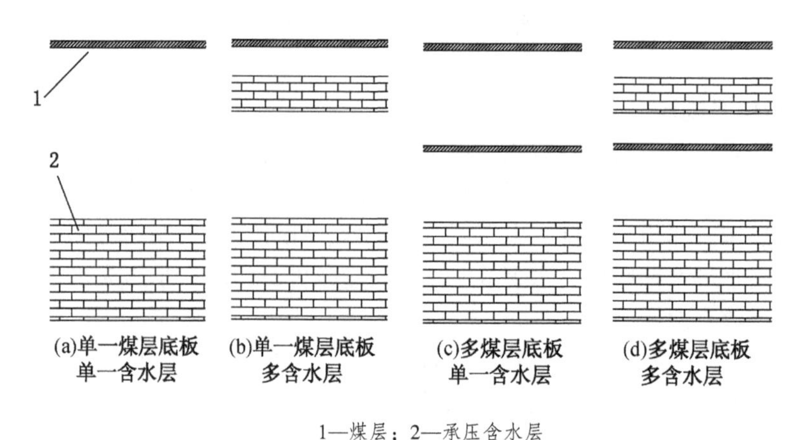

1—煤层；2—承压含水层

图5-4 煤层底板突水的4种类型

5.3.2.1 影响煤层底板突水因素分析

通常，煤层底板承压含水层的存在是底板突水的先决条件；承压含水层的富水性是底板突水的物质基础，决定了突水量的大小；而承压含水层的水压是底板突水的动力来源。煤层底板隔水层则是底板突水的抑制条件，其抑制能力取决于隔水层总厚度、脆塑性岩厚度比和关键岩层位置等。地质构造即断层、褶皱及岩溶陷落柱等往往是底板突水的天然通道，能够直接导致突水事故的发生，而且绝大多数突水事故特别是大型突水事故都与地质构造有关。矿山压力和采掘活动是底板突水的诱导因素。

1. 煤层底板含水层对底板突水的影响

煤层底板承压含水层的存在是底板突水的前提，一般由含水层水头压力、含水层富水性、含水层渗透性等因素共同影响决定。

1）水压

岩溶含水层的水压是底板突水的动力。煤层底板突水最基本前提是煤层底板带压，也就是承压含水层的自由水位标高要在煤层底板标高之上；要使底板突水，下伏承压含水层还必须有足够的水头压力。在采掘工程没有直接揭露含水层、导水断裂或导水陷落柱等直接导水通道的情况下，水压足够大时，才能够破坏隔水层从而引发底板突水事故。水压对底板突水的影响主要通过动水压力和静水压力作用对隔水层的影响而表现出来的。

（1）煤层底板承压水对隔水层的静水压力作用主要表现在：首先，水对岩石具有软化作用，降低了岩石的强度；其次，承压水对裂隙岩体具有有效应力作用，类似于土力学中太沙基原理，孔隙水压力会降低裂隙岩体的整体强度；再者，孔隙水压力的存在可以使隔水层内的裂隙产生扩张和延伸，并且造成裂隙劈裂长度随着水压力的增加而增大，主要表现为承压水导升高度的存在，特别在断层带附近导升现象明显。

（2）煤层底板承压水对隔水层的动水压力作用主要表现在：对底板内原有的构造裂隙和由静水压力及矿山压力破坏形成的剪切裂隙进一步潜蚀、软化，从而使裂隙进一步扩展、沟通，并削弱底板隔水层的强度；另外，在突水过程中，高压水流会将突水通道逐渐冲刷扩大，使突水通道的导水性不断增强、突水量不断增大。

2）含水层富水性

煤层底板含水层的富水性是底板突水的物质基础，其富水程度和补给条件决定了底板突水后的水量和突水点涌水的持续时间。只有含水层具有较强的富水性，才可能发生突水事故。另外，含水层的渗透性越好，其导水能力就越强，对煤层底板突水的威胁也就越大。对于华北型煤田，煤层底板主要含水层为石炭系灰岩含水层和其下的奥陶系灰岩含水层。一般来讲，太灰含水层的富水性相对较弱，即使水压较大，往往也不会发生大的突水事故；而奥灰含水层的富水性相对较强，对应水压较大，一旦发生突水，往往造成淹井等重大事故。特别注意的是，当太灰与奥灰导通时，太灰获得了丰富的水源补给，其水压也相应增大，对煤层底板的威胁就大大增加；当煤层底板与太灰顶板之间隔水层的厚度较小时，常发生突水事故，这也往往是太灰突水事故发生的原因。

3）华北型煤田奥陶系灰岩特征

随着煤层开采深度的增加，煤层底板突水问题越来越严重。特别是华北型煤田，对煤层开采威胁最大的底板含水层就是奥陶系灰岩含水层，其水压大、富水性强、厚度大，突水后涌水量大、持续时间长，往往造成灾难性事故。通过对奥灰的大量地质勘探、工程实践和奥灰突水事故的分析，对奥灰的研究也越来越深入，现将奥灰含水层特征简要分析如下。

（1）奥陶系灰岩含水层分布。奥陶系灰岩含水层的厚度大、分布广，广泛分布于河北、河南、山东、山西、陕西和江苏等华北型煤田分布地区，其沉积厚度在区域上是变化的，总体上呈中间厚、南北薄。其中，峰峰、邢台、临城、曲阳、井陉等地奥陶系灰岩总厚度较大（700 m 左右）。

（2）奥陶系灰岩含水层渗透性。由于华北型煤田喀斯特陷落柱比较发育，以及中朝准地台长期平缓隆起和强烈的物理风化作用，奥陶系灰岩含水层形成点状陷落柱、线状断裂及面状裂隙相结合的复杂网络系统。该系统在水平方向及垂直方向上均具有较好的连通性。一般奥陶系灰岩岩溶地下水的水力坡度小，岩层的渗透阻力小，从而其渗透性好、导水性强。

（3）奥陶系灰岩含水层的富水性。由于奥陶系灰岩喀斯特发育具有明显的非均匀和各向异性特性，这就决定赋存于其中的地下水也具有类似的特点。这主要表现在奥陶系灰岩含水层的富水性在水平方向上和垂直方向上具有较大差异。水平方向上，在岩溶发育的主要径流带上，奥灰含水层富水性强且动储量丰富；在垂直方向上，往往在某一标高范围内，岩溶较为发育，奥灰含水层富水；随着埋深的增加，其富水性及渗透性有减弱的趋势。另外，从区域奥灰地下水补给、径流和排泄特点上分析，一般从补给区到排泄区，地下水径流强度逐渐增强，对应奥灰含水层的富水性也由弱变强。

（4）中奥陶统灰岩顶界面古风化壳。华北型煤田自奥陶系灰岩沉积以后经历了长期上升的剥蚀作用，致使奥陶系灰岩顶部普遍存在一层 10~30 m 厚的岩溶裂隙较发育的古风化壳，但其裂隙多被黏土物质、方解石、奥陶系时期形成的红土及本溪组的铝质泥岩等充填，致使古风化壳透水能力大幅下降，并具有较好的隔水性能，相对增加了隔水岩段的总厚度和阻水性能。充填的奥灰古风化壳的存在对其上高承压采煤和避免矿井底板突水提供了非常有利的条件。

根据现场钻探资料，对各矿区奥陶系灰岩顶界面古风化壳相对隔水层厚度进行了分析统计（表5-4）。

表5-4 各矿区奥陶系灰岩顶界面古风化壳相对隔水层厚度

矿区	焦作	峰峰	邯邢	肥城	霍州	渭北、韩城	澄合
O_2 顶面隔水层厚度/m	20~30	20	0~30	0~50	10~15	10~20	0
充填特征	有黏土充填裂隙	黏土或钙质充填裂隙	局部充填	黏土充填含水差	后期沉积物充填	充填	

2. 煤层底板隔水层对底板突水的影响

煤层底板隔水层是指煤层底板至其下含水层顶界面之间的隔水岩层。影响隔水层阻水性能的因素主要包括底板隔水层的总厚度、岩性组合以及关键层的位置等。

1）隔水层厚度

隔水层的厚度也就是煤层底板至含水层顶界面的法向距离。隔水层的总厚度越大，其抵抗水压和矿压破坏的能力就越强，阻水性能就越好。因此，在正常地质条件下的区段，若底板隔水层总厚度越大，其突水的可能性越小；反之，底板隔水层总厚度越小，突水的概率就越大。为表征不同水压条件下隔水层阻抗水压的能力，早在20世纪60年代我国就提出了突水系数的概念。突水系数即单位隔水层厚度所抵抗的水压，并取正常地段临界突水系数值为0.1 MPa/m、构造发育地段的临界突水系数值为0.06 MPa/m。该方法反映了底板隔水层厚度在防治煤层底板突水中起到至关重要的作用，该方法的应用为防治底板突水起到了积极的作用。

2）隔水层的岩性组合

由于组成煤层底板隔水层岩层的岩性往往不同，而不同岩性抵抗水压的能力是不同的，对应不同岩性组合的隔水层的阻水能力也是不一样的。这也正能解释，在隔水层厚度、含水层水压等地质条件类似的情况下，突水系数小的地段发生突水，而相对突水系数大的地段却没有发生突水的现象。

不同岩性对应的力学性能和阻水性能不同。隔水岩段中的脆性岩，其岩性坚硬，抗压能力强，但其隔水性则相对较差；而隔水岩段的塑性岩，其力学强度较小，抗压能力较差，但隔水性相对较好。一般说来，隔水层中力学性能强的脆性岩与隔水性好的塑性岩互层出现，其总体防隔水能力则相对较强，在隔水层总厚度相同的情况下抑制底板突水的能力更强。根据水力压裂的力学原理，承压水压力必须克服围岩最小主应力才能使裂隙得到延伸，裂缝在各向同性的岩层结构中会一直延伸至新的界面。当界面另侧岩层的弹性模量较小时，裂隙才会继续扩张；反之，则裂缝在界面终止。这就是不同岩层组合对裂隙扩展的抑制或加速作用的基本原理。

不同岩性组合关系对煤层底板突水的影响也一直为人们所关注。20世纪60年代匈牙利和南斯拉夫等学者提出以泥岩的厚度作为标准隔水层厚度，将其他不同岩性的岩层按照质量等值系数换算成等效的泥岩厚度（质量等效厚度）（表5-5），用以衡量其抵抗底板承压水的能力。70年代，煤炭科学研究院西安煤田地质勘探研究所以此为基础，并根据现场压水试验成果提出了强度比值系数，以砂岩厚度为标准隔水层厚度，将其他不同岩性的岩层按照强度等值系数换算成等效的砂岩厚度（强度等效厚度）（表5-6），用来衡量其抵抗煤层底板承压水的能力。90 年代，中国矿业大学（北京）通过对大量现场压水试验资料成果的进一步分析，并结合理论研究和大量的工程应用实践，考虑了不同岩性的岩层抵抗承压水的综合能力，提出了综合等效系数（表 5-7）；其他不同岩性的岩层按照等效系数换算成标准厚度，用来衡量其抵抗煤层底板承压水的能力。

表5-5 质量等效系数

岩性	泥岩	灰岩	砂岩	砂页岩
质量等效系数	1.0	1.3	0.8	0.4

表5-6 强度等效系数

岩性	砂岩	灰岩	砂页岩	泥岩	破碎带
强度等效系数	1.0	1.2	0.7	0.5	0.35

表5-7 综合等效系数

岩性	砂岩	灰岩	砂页岩	泥岩	破碎带
综合等效系数	1.1	1.2	0.7	0.6	0.3

3）关键层的位置

底板关键岩层一般是指底板岩层中强度最高的岩层。隔水层底板关键层的位置决定了其在阻水中所发挥的作用。若坚硬的关键岩层在隔水层的底部，虽然其强度较高，但是其裂隙较发育，易于造成底板奥灰水的侵入而突水，其突水量决定于裂隙的发育程度；若坚硬的关键岩层在隔水层的顶部，煤层开采后，由于矿压对底板的破坏作用，使得关键岩层会进一步受到破坏，裂隙会进一步发育，对防突水也不利；若隔水关键层处在底板隔水层的中间位置，其顶、底部都为相对较软的岩层，软硬相间，关键岩层才能发挥最大的阻水作用。

3. 地质构造对底板突水的影响

地质构造主要包括断层、褶皱和岩溶陷落柱等，尤其是断层和陷落柱往往是造成煤层底板突水的主要原因。构造结构面破坏了岩体结构的完整性，易成为承压水的导水通道。

1）断层对底板突水的影响

断层对矿井底板突水所起的作用十分复杂，主要表现在以下 4 个方面：

（1）断层提供了底板突水的通道。断层带岩层一般比较破碎，在胶结松散的情况下往往具有良好的导水性。若断层切割了煤层和富水性较强的含水层，则断层就会成为富水的导水通道；当工作面揭露或接近此类断层时，大量的水就会涌入工作面而引起突水。即使断层带岩层开始不导水或者导水性很弱，但由于开采的扰动，连通富水性较强含水层的断层也常会变为导水通道，形成突发、缓发或滞后的突水事故。如果断层切割了不同含水层，那么各含水层之间就可能发生或加强水力联系，造成相互补给，对底板突水的威胁更大，突水后的突水量也会更大。

（2）断层缩短了煤层与含水层的距离。对于切断煤层与含水层的断层，由于两盘岩层的相对位移，许多情况下会缩短煤层底板与含水层的距离；以正断层为例（图5-5），两盘的移动使得上盘煤层与下盘含水层之间隔水层的厚度减少（图 5-5a），甚至使煤层与含水层对接（图 5-5b），增加了底板突水的可能性；特别是断层切割了多个含水层，使得突水的概率会进一步增加（图 5-5c）。另外，断层面的倾角大小也会直接影响工作面与含水层之间的距离，倾角推测失误就会得到工作面与含水层的错误关系，进一步导致突水事故。

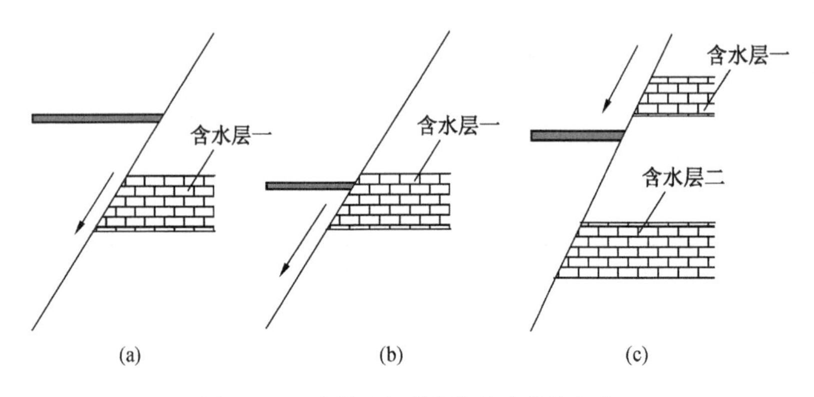

图 5-5 正断层缩短煤层与含水层的距离

（3）断层破碎带降低了底板隔水层的强度。断层破碎带是多种因素综合作用的产物，既与断层带本身的成分、结构和构造有关，也与断层两侧次级构造的性质与规模有关。一般断层破碎带的强度只有正常地段的 30% 左右，尤其在断层交叉处或是断层尖灭等地带，岩层破坏程度更大，使隔水岩层承受水压的能力大大降低，极易引发突水事故。因而，在隔水层厚度和水压相同的条件下，断层破碎带比正常地带更容易引发底板突水灾害。

（4）断裂导致底板承压水的导升和更大的矿压破坏深度，增加了底板突水的概率。由于断层裂隙的存在，承压含水层水会沿裂隙导入断层带一定高度，形成带状或束状的原始导升。在开采和矿压的影响下，一方面，在断层附近，底板产生一定的采动破坏深度，且一般是正常地段矿压破坏深度的 2 倍左右；另一方面，承压含水层中水会在原始导升的基础上进一步沿断裂裂隙导升，产生递进导升，当矿压破碎带与递进导升带相连通时，就会引发底板突水灾害。断层突水机理如图 5-6 所示。

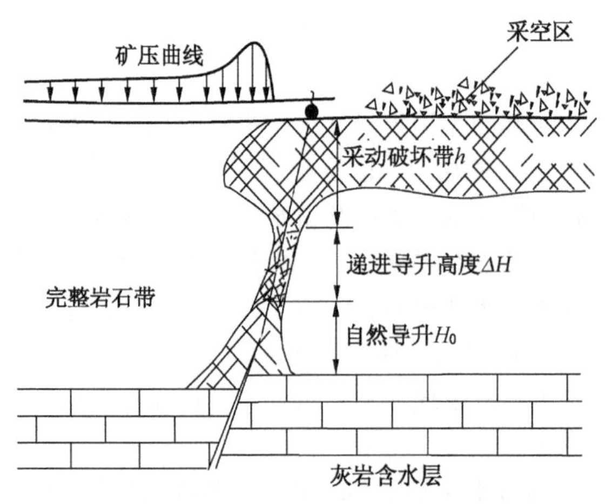

图 5-6 断层突水机理

2）陷落柱对底板突水的影响

陷落柱内岩体比较破碎，易成为承压含水层水的良好通道，从而比正常岩体结构地层更容易引发底板突水，且突水后危害极大。陷落柱对底板突水的影响主要表现在以下 4 个方面。

（1）岩溶陷落柱的柱体内岩体破碎，引起了柱体内及周边围岩的应力释放和地应力的重新分布，一方面，由于局部应力集中而导致陷落柱的柱体内及周边和上部均发育有一定宽度的裂隙带，为底板承压水提供了良好的导水通道；另一方面，裂隙带地应力值的降低，可能导致水平方向最小主应力小于承压水的压力，使得裂隙带的裂缝进一步张开，并引发承压水的导升进而导致突水。

（2）柱体内岩体破碎且裂隙带中多为胶结性差的泥质或炭质胶结，其总体强度较低；在承压水的长期作用下，岩体被软化、溶蚀，岩体剪切更为容易，使得承压水能够进一步导升，导致有效隔水层厚度的减少，为突水创造了条件。

（3）柱体破碎形成的空隙裂隙为地下水渗流提供了通道；采掘至陷落柱时，引起陷落柱周边围岩的破坏以及地应力的释放，使得岩体的渗透性更进一步增加，突水的概率也相应增大。

（4）陷落柱分布有限，地面无显现，比断层更难探查，具有一定隐蔽性；绝大部分北方岩溶陷落柱并不充水也不导水，但是陷落柱一旦突水，其水量大且危害严重，其预测和防治难度也非常大。

3）褶皱对底板突水的影响

一般来讲，褶皱轴部应力集中，裂隙相对较为发育，容易成为承压水的良好导水通道；并且在含水层中裂隙发育使得承压水的富水性进一步增强，为底板突水提供了水源。从而，褶皱轴部是底板突水易发部位，应加强防范。

但并非遇到构造就会引发底板突水事故，这主要取决于构造的导水性以及构造对应部位底板含水层的富水性。只有在构造导水且对应底板含水层的富水性较强的情况下，构造才会发生底板突水。

4. 矿山压力和采掘活动对底板突水的影响

矿山压力和采掘活动是煤层底板突水的诱发因素，其主要作用是对底板的破坏，尤其是煤层底板存在地质构造时，这种作用更加明显。

井下巷道的掘进和工作面的回采，使岩体的连续性遭到破坏，改变了原有应力平衡状态，从而引起应力的重新分布。在应力重新分布的作用下，一方面隔水层底板遭到破坏，形成裂隙发育的矿压破坏带，破坏煤层底板的连续性，并且随着构造裂隙的发展、扩大，其力学性能降低且具有导水作用，从而降低了隔水层的阻水性能；另一方面，在矿压和水压等综合作用下，隔水层底板发育的原始导升高度会进一步导升。而能够抵抗水压的有效隔水层即隔水层总厚度减去矿压破坏带深度和导升高度，很明显这两方面作用使得有效隔水层的厚度变小，而导水通道进一步增大，为煤层底板突水创造了有利条件。特别是对于构造发育部位，其矿压破坏深度和导升高度一般比正常岩层地段会更大，引发突水事故的概率进一步增大。

矿压破坏深度则取决于多种因素，主要有：工作面斜长、煤层倾角、煤层厚度、开采深度以及煤层底板的岩性等。一般说来，工作面斜长越长、开采煤层越厚、煤层倾角越大、开采深度越大，矿压破坏带深度越深，矿压对底板的破坏作用越强。

综上所述，煤层底板突水是多种因素共同影响的结果，当然并不是每一处突水都有这些因素的作用，也不可能每种因素都起到同等重要作用。在分析煤层底板突水时，要抓住影响突水的主要控制因素，从而对底板突水进行科学合理的评价预测研究。

5.3.2.2 主控因素指标体系构建

1. 主控因素指标选取原则

通过以上5个方面对影响煤层底板突水因素的研究，定性分析了各因素对煤层底板水害的影响，但要对煤层底板突水进行定量评价，还需要进一步对各主控因素进行定量化研究，这就需要对各主控因素进行指标的选取，建立系统的主控因素指标体系。

由于影响煤层底板突水的各主控因素都受多种因素的影响，全部纳入指标体系也太为繁杂，并且使得指标体系的可操作性大为降低。这就需要结合实际，抓住每一主控因素的主导指标，并遵循一定的选取原则，建立科学合理的影响煤层底板突水的主控因素指标体系。通过系统的总结和分析，在建立影响煤层底板突水的各主控因素的指标体系时主要考虑了以下原则：

（1）主导性原则。影响煤层底板突水的因素很多，选取时要针对能够控制煤层底板突水的主要因素，这样才能抓住问题的主要矛盾。

（2）可度量原则。指标选取时，尽可能选取能够具体量化的指标，从而直观反映影响煤层底板突水的各主控因素的具体现状，并有利于采取有针对性的措施。

（3）可操作性原则。主控因素的选取要兼顾指标的可操作性，使得数据易于获取，并随时间变化还可以更新数据。

（4）覆盖面广。煤层底板突水是充水含水层、底板隔水层、地质构造、矿压破坏带和承压水导水发育带五大方面多种因素影响下的复杂作用过程，指标选取时应覆盖这五大方面。

（5）灵活性原则。单一因子若不能直接说明或反映指标的变化情况，可以用两种变量间的比值等来表示。

2. 主控因素指标体系的建立

通过以上五大方面分析各主要因素对煤层底板突水的影响，并系统分析和总结我国多年来大量煤层底板突水案例，遵循主控因素指标体系的选取原则，选取并建立影响煤层底板突水的主控因素体系（图5-7）。主控因素指标体系的建立，构建了煤层底板突水评价的水文地质物理概念模型，为进一步评价多因素影响下的具有非常复杂形成机理的煤层底板突水过程奠定了基础。

3. 主控因素指标分析及信息采集

对影响煤层底板突水的各主控因素指标进行分析，并结合具体情况对各指标进行信息采集，煤层底板突水主控因素体系如图5-7所示。

1）充水含水层

（1）充水含水层的水压。煤层底板充水含水层水压是指隔水层底板所承受的承压含水层的水头压力。水压的大小主要由隔水岩段底界面标高和承压水自由水界面标高共同决定。另外，根据隔水层底板存在的导水高度和古风化壳情况，进一步确定隔水岩段底界面标高。

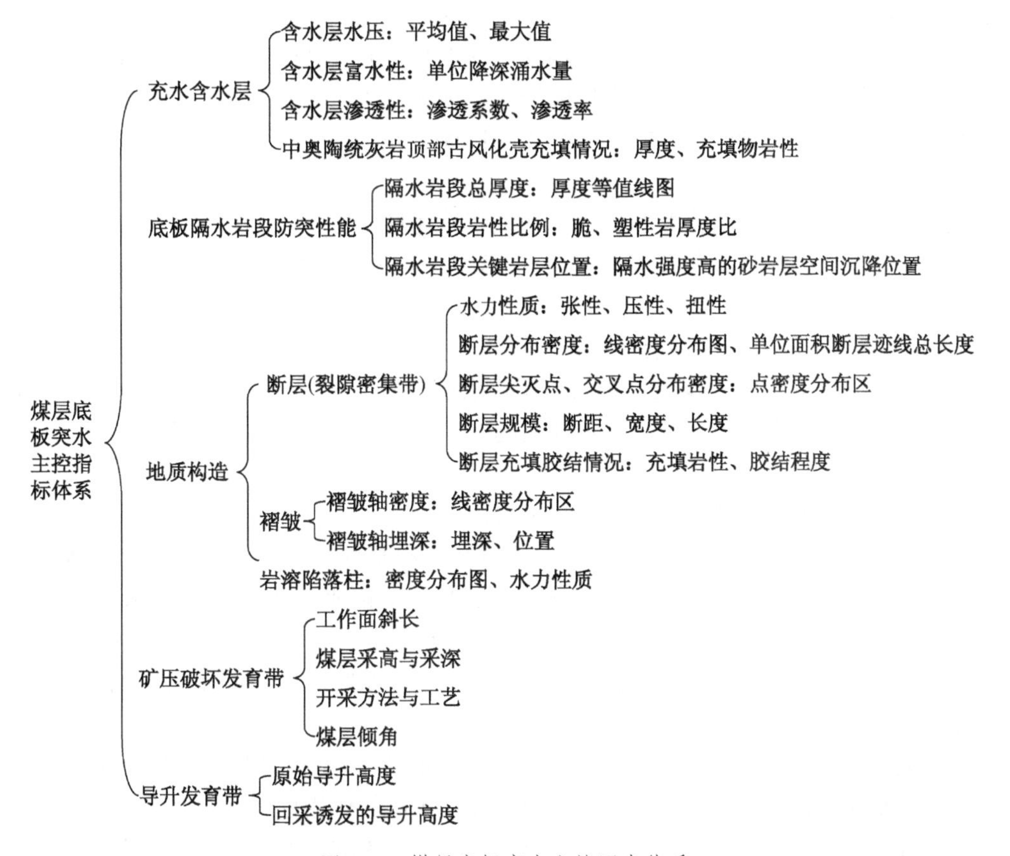

图 5-7　煤层底板突水主控因素体系

信息采集时，隔水层底板标高可以根据钻孔柱状图得出；承压水自由水界面标高可以根据水文观测孔得出。特别是对于煤层底板存在多层含水层时，要注意各含水层的水力联系，若各含水层之间水力联系较好，则两含水层的自由水位是相同的。例如，平禹一矿二$_1$煤层底板存在 $L_{1\text{-}3}$ 灰岩和奥陶-寒武系灰岩两层含水层，由于两含水层的水力联系较好，其对应水位可看作是相同的。

（2）充水含水层的富水性。承压含水层的富水性反映了含水层能够释放水量的能力，影响含水层富水性的主控因素有含水层的岩性、厚度、地质构造、岩溶裂隙发育程度和补径排条件。

信息采集时，主要采集信息单位涌水量、含水层的厚度、含水层的脆塑性比、渗透系数、钻孔的冲洗液消耗量、岩芯采取率、地质构造，再通过多种信息的进一步分析得出承压含水层的富水性。

（3）充水含水层的渗透性。渗透性主要反映地下水的透水性能，主要取决于岩石的岩溶裂隙发育程度、颗粒大小等；一定程度上也反映了含水层的富水性情况，一般渗透性好的含水层对应富水性也较强。影响含水层渗透性的主要指标为渗透系数或渗透率，可以根据抽（放）水试验成果得出。

信息采集时，主要采集渗透系数或渗透率。

（4）中奥陶统灰岩顶部古风化壳充填情况。中奥陶统灰岩含水层顶部古风化壳的岩溶发育及充填情况，对评价煤层底板奥灰含水层突水危险性至关重要。被黏土等充填的古风化壳具有一定的隔水作用，相应增加了隔水层的阻水性能。其阻水性能主要取决于古风化壳厚度、充填物及充填情况。由于中奥陶统灰岩顶部古风化壳发育及充填情况受当时的沉积环境、古地貌和古气候等多方面因素共同影响，可以通过钻探资料和物探成果分析获取。

信息采集，主要采集钻孔取芯成果、冲洗液消耗量变化、初次见水位置及测井曲线成果。通过收集资料进一步分析确定古风化壳厚度，并根据充填物及充填情况决定其阻水性能。

2）底板隔水岩段的防突性能

（1）隔水岩段总厚度。煤层底板与承压含水层顶板之间岩层的总厚度为隔水层岩段总厚度。隔水岩段总厚度越大，其防突水性能越好。这里的隔水岩段厚度不包括充填的奥灰古风化壳厚度。

信息采集时，可以直接根据钻孔柱状图得出。

（2）隔水岩段岩性比例。隔水岩段中的脆性岩和塑性岩，其力学性能和阻水性能不同，导致组成隔水岩段不同的脆塑性岩比值，直接影响隔水岩段的总体阻水性能。一般，脆弱性比值越大，其阻水能力越强；反之，则阻水能力越弱。

信息采集时，主要收集钻孔取芯资料，根据钻孔柱状图对组成隔水岩段的岩性进行统计分析。

（3）隔水岩段关键层的位置。隔水岩段关键层的位置对隔水岩段的阻水性能有很大影响。当隔水关键层处在隔水岩段顶板时，由于开采矿压的作用而产生矿压破坏，起不到阻水作用；当隔水关键层处在隔水岩段底板时，也因承压水的导水作用，同样起不到阻水效果；只有隔水关键层处在有效隔水层中才能真正发挥其关键阻水性能。

信息采集时，主要收集钻孔取芯资料，判断关键层的位置；对于矿压破坏带深度和承压水导升带高度可以根据实测试验、经验公式、相似材料模拟试验和数值模拟等多种方法共同确定，并相应采集煤层开采工作面尺寸、煤层倾角、煤层埋深、地层的力学性能参数、初次来压等资料。

3）地质构造

（1）断层（裂隙密集带）。

由于断层影响底板突水的作用比较复杂，本书主要考虑以下指标。

水力性质。根据断层的力学形成机理，一般张性和张扭性断层的破碎带受挤压程度相对较小，且两盘影响带裂隙较为发育，导水性能强；而压性和压扭性断层的破碎带受挤压程度大，且两盘影响带裂隙发育相对较差，总体导水能力弱，多为隔水断层。主要影响指标有：断层分布、断层性质、区域应力特征。

信息采集时，主要收集钻探和物探实测断层分布情况并分析其性质，根据地应力测试资料，结合对断层走向玫瑰花图等分析区域应力特征。

断层分布密度。断层分布位置往往是承压含水层的导水通道。在分析断层分布时，考虑了断层的影响带和破碎带，由于其力学性质不同，影响带和破碎带的阻水性能存在差别。通过分析断层走向玫瑰花图等定性分析区域应力特征。

信息采集时，主要收集断层的分布位置、迹线长度、断层的落差和倾角等资料。

断层的尖灭点和交叉点分布密度。断层的尖灭点和交叉点应力往往比较集中，岩体破碎，容易形成导水的良好通道，对底板突水具有较强的控制性，所以单独建立主控指标。

信息采集时，收集断层分布、断层的力学性质、断层倾角和落差等资料。

断层规模。断层的规模包括断层延展长度、纵向切割深度、单位面积内断层组数和延伸情况。一般，单位面积内断层延伸长度越长、纵向切割地层越深、断层组数越多，断层规模就越大，对煤层底板突水的影响也就越大。断层规模主控指标有：断层分布、断层断距和其方向。

信息采集时，主要采集断层的分布位置、延展情况、断层的断距和方向等。

断层充填胶结情况。断层充填情况不同，其导水性能也不同。断层的充填情况还直接控制着断层破碎带的宽度和断层影响带的宽度，是影响煤层底板突水的主要指标。

信息采集时，主要根据钻探取芯成果，也可以参考物探成果进行推测。

（2）褶皱。

褶皱轴密度。褶皱轴部应力较为集中，岩体破碎，容易形成底板突水的导水通道，往往引发突水事故。根据褶皱形成机理的不同，背斜与向斜的轴部破碎程度不一样，相应导水性能也不一样，一般褶皱轴部受拉伸应力作用的背斜轴相对导水性更好。

信息采集时，主要收集地层剖面图，以及背斜和向斜的分布，绘制褶皱分布图和褶皱轴密度图。

褶皱轴埋深。褶皱轴部埋深不同，其所受地应力不同，对应轴部岩体的破碎程度也不同，其导水性能也就存在差别。

信息采集时，主要收集地层剖面图，合理评价褶皱轴埋深。

（3）陷落柱。

岩溶陷落柱的柱体内及周边围岩，岩体相对破碎、裂隙相对发育，极易形成良好的导水通道。当煤层底板存在岩溶陷落柱时，由于回采矿压的影响，陷落柱内裂隙往往会进一步增大而引发突水。

信息采集时，主要采集陷落柱的分布位置、陷落柱的导水性质。

4）矿压破坏发育带

由于煤层的开采，引起了地下岩层中应力分布的不平衡。在应力重分布作用下，隔水层上部形成矿压破坏带，破坏了煤层底板的连续性，使底板隔水层中的构造裂隙进一步发展、扩大，进而降低了隔水层的阻水能力。

影响矿压破坏发育带的主要因素有工作面斜长、煤层开采高度及采深、开采方法与工艺、煤层倾角等。一般说来，工作面斜长越长、开采煤层越厚、煤层倾角越大、开采深度越大，矿压破坏带深度就越深，对底板的破坏作用也越强。

信息采集时，主要采集工作面斜长、煤层开采高度及采深、开采方法与工艺、煤层倾角等。矿压破坏带深度也可以通过实测试验、经验公式、相似材料模拟试验和数值模拟等多种方法共同确定，并相应采集地层的力学性能参数、初次来压等资料。

5）导升发育带

（1）原始导升高度。原始导升高度是天然状态下，煤层底板承压水沿煤层底板裂隙向上导升的高度。其影响因素主要有：承压含水层的水压、煤层底部隔水岩段的裂隙发育程度及岩性。断层分布部位一般导升高度较大。

信息采集时，可以根据导升高度实测，或者根据承压水的水压、隔水岩段阻水性能进行经验分析。

（2）回采诱发的导升高度。在煤层回采和巷道掘进时，由于矿压和水压的影响作用，使得煤层底板隔水岩段的原始导升高度进一步向上导升。在断裂构造处表现尤为突出，常引起断层活化而突水。

信息采集时，主要结合实测试验得出；也可以根据水压和隔水岩段的阻水性能情况，再进一步收集地层的力学性能参数，应用数值模拟的方法和经验确定递进导升高度。

5.3.3 主控因素量化分析

煤层底板突水是一种受控于多因素影响且具有非常复杂的非线性动力特征的水文地质与采矿复合动态现象。上文已在理论研究和系统分析与总结我国多年来大量突水案例的基础上，建立了系统的、符合我国煤层底板突水实际的新型实用主控指标体系。由于地质条件和水文地质条件的复杂性，各主控因素指标的量化也比较复杂，特别对于定性指标需要统一的量化标准；另外对于复杂类型煤层底板突水评价，各主控因素的相对量化也需要统一的标准。下文将对各主控因素指标进行量化分析研究，进一步揭示其相互作用的复杂关系。

各主控因素指标的量化包括两方面内容：一方面是各主控因素的绝对量化，能够真实反映各主控因素的时空变化规律；另一方面是各主控因素的相对量化，这是在对各主控因素绝对量化的基础上进行的，以消除不同主控因素的量纲对评价的影响，使得各主控因素具有可比性。

各主控指标量化方法的不同，建立的专题也不同，评价的结果也不一致。所以各主控指标的量化研究，对煤层底板突水评价至关重要。特别是对于复杂地质条件下，需要评价的煤层和含水层往往不止一层，这也使得煤层底板突水评价更为复杂。为了使得评价结果更具有科学性、统一性和可比性，就要从系统的角度出发，对多种评价类型（单一煤层底板单一含水层、单一煤层底板多含水层、多煤层底板单一含水层和多煤层底板多含水层 4 种类型）进行统一量化处理和分析。

通过对各主控因素量化方法的研究分析，建立各主控因素指标的量化体系，从而建立科学的各主控因素专题图层，为煤层底板突水的信息融合评价奠定基础。

5.3.3.1 煤层底板突水主控因素指标量化方法

在影响煤层底板突水的主控因素指标体系基础上，从充水含水层、底板隔水岩段、地质构造、矿压破坏带和导升高度五大方面对各主控因素指标进行量化分析。接下来主要根据主控因素指标对各主控因素进行绝对量化，当然对于定性指标量化时具有一定的相对性，旨在建立一定的量化标准。

在对煤层底板突水主控因素指标量化时，要确定量化的依据，根据其特征进行相应的量化分析，坚持定性与定量相结合的原则，凡能用数学方法定量的，尽量精确定量化；对于因数据不全或其他原因较难定量的指标，应通过试算分析、专家咨询或权威性数据等给予赋值。同时，坚持通过理论分析、试验测试、经验公式和数值模拟等相结合的原则，多方面验证所得数据的可靠性。

通过对以上主控因素指标体系分析知，主控因素指标按照其定性特征可以分为 2 类：一类是定量指标，这类指标的量化可以利用公式计算等对其做出精确的量化，例如含水层水压等指标；另一类是定性指标，这类指标则需要按照一定的量化标准进行量化，例如断层分布等指标；再者就是半定量半定性指标，这类指标也需要按照一定的量化标准将其定量化，例如利用经验总结的奥灰古风化壳等效厚度转化系数将充填的中奥陶统灰岩古风化壳厚度转化为等效厚度。针对各主控因素指标的定性特征不同，对应采取不同的量化方法。

1. 充水含水层

主控因素指标体系中主要考虑了含水层水压、含水层富水性、含水层渗透性和中奥陶统灰岩古风化壳岩溶发育及充填程度等4个指标。

1）充水含水层水压

根据收集到的隔水岩段底界面标高和测压水位标高，确定隔水岩段底界面承受的水头高度 H，并进一步转化为水头压力 p，即

$$p=\rho gH \tag{5-7}$$

式中　p——隔水岩段底界面承受的水头压力，MPa；

ρ——承压水的密度，kg/m^3；

g——重力加速度，N/kg；

H——隔水岩段底界面承受的水头高度，m。

在受大气降水补给明显的矿区，季节不同，测压水位可能有一定变化，应采用最高水位。对于所有统计资料来说，应采用同一时期所测水位。

这里所说的隔水岩段底界面是指能有效抵抗水压力的岩层底界面，按照其所处位置可以分为以下3种情况：①无导升带和无奥灰古风化壳，隔水岩段底界面也就是含水层顶界面，如图5-8a所示；②存在导升带，隔水岩段底界面为导升带的顶界面，如图5-8b所示；③存在奥灰古风化壳，隔水岩段底界面为充填的奥灰古风化壳的底界面，如图5-8c所示。

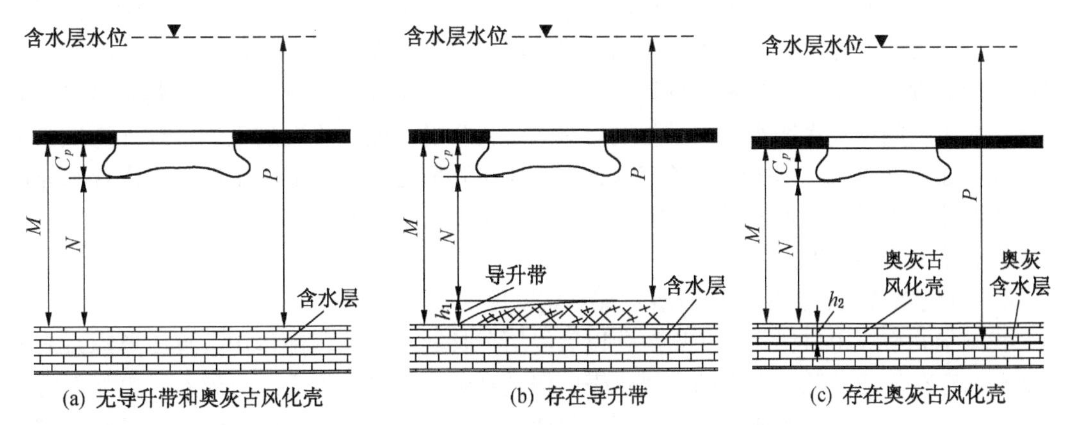

P—含水层水压；M—隔水岩段厚度；C_p—矿压破坏带深度；
N—有效隔水岩段厚度；h_1—导升带发育高度；h_2—充填的奥灰古风化壳厚度

图5-8　不同情况下隔水岩段底界面（参阅：刘其声，2009）

2）充水含水层富水性

影响含水层富水性的主要因素有：含水层总厚度、含水层与其间不透水夹层厚度比、

单位涌水量、岩芯采取率、渗透系数、钻孔冲洗液消耗量和突水引发的渗流场动态变化(突水水量等)等地学信息。

综合考虑采集到的各主控因素指标，应用基于GIS的信息融合技术——富水性指数法对含水层富水性进行评价分区。应用时首先对影响含水层富水性的各主要因素进行量化分析，利用AHP确定影响含水层富水性的主控因素的权重，然后将各主控因素进行叠加分析，最终根据富水性指数值确定含水层富水性分区，具体见5.1.2.3。

若研究区做过大量水文地质试验，也可以直接根据含水层单位涌水量划分含水层富水性。根据钻孔单位涌水量 q，含水层富水性可以分为以下4个等级：①弱富水性，$q \leq 0.1$ L/(s·m)；②中等富水性，0.1 L/(s·m) $< q \leq 1.0$ L/(s·m)；③强富水性，1.0 L/(s·m) $< q \leq 5.0$ L/(s·m)；④极强富水性，$q > 5.0$ L/(s·m)。根据《煤矿防治水细则》在考虑钻孔单位涌水量时应转化为标准口径和降深情况下的标准单位涌水量，即应以孔径91 mm、抽水水位降深10 m为准。若口径、降深与上述不符时，应先换算成标准单位涌水量后，再对含水层的富水性进行分级。

3）充水含水层渗透性

反映含水层渗透性的主要指标为含水层的渗透系数或渗透率。

根据资料采集情况，可以利用水文地质试验资料，定量分析各充水含水层组的渗透系数或渗透率；也可以通过含水层的水化学场分析，定性分析含水层的渗透性能。

通过大型的天然或人工水文地质试验可以揭示多层充水含水层组立体结构的整体分布特征。天然水文地质试验主要指煤炭开采过程中发生的突水或淹井事故形成的流场变化；人工水文地质试验主要包括放（抽）水试验和注水试验等。利用水文地质试验资料，绘制各充水含水层组的渗透系数或渗透率等值线图，分析多层充水含水层组的流场展布特征及其之间的水力联系。

另外，通过对含水层水化学场的分析，也可以了解含水层的渗透性能。对天然水化学场进行分析可以利用水化学聚类分析法，通过对同一充水含水层中的多个水化学样进行聚类分析，了解同一充水含水层组中不同块段之间的地下水渗透性能；通过对多个不同含水层组中的大批水化学样进行聚类分析，根据水化学特征实施归类分类，从而判断出多个充水含水层组之间地下水的水力联系程度。对人工化学场研究主要通过人工示踪连通试验进行研究，通过计算人工示踪剂在各充水含水介质中弥散迁移的速度，了解各充水含水介质的渗透性能。也可以根据取样点检测到的示踪剂浓度大小来判断多层充水含水层介质相互间水力联系的密切程度。

4）中奥陶统灰岩古风化壳岩溶发育及充填程度

我国华北型煤田自奥陶系灰岩沉积以后经历了长期上升的剥蚀作用，致使奥陶系灰岩顶部普遍存在岩溶裂隙较发育的古风化壳，但其裂隙多被黏土物质、方解石、奥陶系时期形成的红土及本溪组的铝质泥岩等充填，致使古风化壳透水能力大幅下降，并具有一定的隔水作用，相对增加了隔水岩段的总厚度及阻水性能。古风化壳发育的深度、范围和强度依赖于古地貌和古气候。在华北型煤田下组煤主要是山西组与太原组煤层开采时，充填的奥灰古风化壳的阻水性能对奥灰水害有着至关重要的影响，所以充填的奥灰古风化壳岩溶发育及充填程度应单独考虑并建立专题。

影响和判断奥陶系灰岩古风化壳阻水性能的主要因素有：充填物岩性、充填物充填特征、岩溶裂隙发育程度、奥灰孔的冲洗液消耗量、岩芯采取率和钻孔涌水量等。例如在钻探过程中，冲洗液在穿过奥灰顶部一定厚度后才开始漏失，并且有水位出现等现象，这时可以初步判断是奥灰古风化壳。

古风化壳的裂隙发育程度、裂隙充填物的岩性特征及充填程度对灰岩古风化壳的阻水性能具有关键作用。由于充填物的岩性不同，充填物的充填特征不同，导致古风化壳的阻水性能也有所不同。在煤层底板突水脆弱性评价中，根据充填物的岩性和充填特征，将充填的各分层奥陶系灰岩古风化壳厚度折算成相应的等效厚度，再累加得到充填古风化壳等效厚度。等效厚度转化系数见表 5-8。

表 5-8 奥灰古风化壳等效厚度转化系数

充填程度	全充填	半充填	无充填
赋值	1	0.5	0.25

2. 矿压破坏发育带

矿压破坏带确定方法有现场试验观测法、室内模拟试验观测法、经验公式法及理论公式计算 4 种。根据信息采集情况，尽可能利用现场试验观测获得矿压破坏带发育深度。在没有现场试验观测的情况下，可以采用多种方法相结合综合确定矿压破坏带深度。

通过研究全国现场试验实测资料，经回归分析，总结获得方便可靠的底板导水破坏深度的经验公式为

$$h = 0.0085H + 0.1665\alpha + 0.1079L - 4.3579 \tag{5-8}$$

式中 h——底板导水破坏深度，m；

L——开采工作面斜长，m；

H——开采深度，m；

α——开采煤层倾角，(°)。

式（5-8）运用范围为采深 100~1000 m，倾角 4°~30°，一次采厚 0.9~5.5 m（分层开采总厚小于 10 m）；该适用范围可适当外扩。

3. 导升发育带

隔水岩层底板导升发育带一般可分为原始导升带和回采诱发导升发育带。

原始导升高度是在自然状态下隔水岩段底部的承压水沿隔水岩段中的断层或裂隙向上导升的高度，与奥灰含水层顶面以上隔水岩段的岩性及岩性组合有关。一般较坚硬岩石（如砾岩、砂岩等）易产生裂隙，存在导升现象；较软岩石（如泥岩、页岩等）不易产生裂隙，正常条件无导升现象。因此在坚硬岩石分布地段和断裂带可能产生导升现象。

回采诱发导升高度是当煤层开采时，由于矿压的作用，在岩层中应力重新分布作用下，导致的原始导高的进一步导升。

承压水导升高度一般可采用物探和钻探方法确定。物探最常用的是电法，可在井下巷道用电测深方法探测低值异常区进行预测，必要时用钻探验证。若当井下物探与钻探条件受限时，也可通过以往勘探钻孔资料分析确定。

若奥灰含水层顶部发育古风化壳且被充填物充填，则其具有一定的阻水性能，在隔水岩段底部就不会有承压水导升带。

4. 底板隔水岩段

煤层底板隔水岩段对煤层底板突水起着抑制作用，而隔水岩段的隔水能力与隔水岩段的厚度、岩性（强度）及其组合关系有关。主控指标体系建立时也主要考虑了底板隔水岩段总厚度、底板隔水岩段岩性及比例、隔水岩段关键岩层沉积位置3个指标。由于3个指标单独反映信息较少，为了更简洁地反映出隔水岩段的隔水能力，定量化时融合考虑了两专题，即有效隔水岩段等效厚度、关键层的厚度与位置。有效隔水岩段等效厚度主要反映隔水岩段厚度及其岩性，关键层的厚度与位置主要反映隔水岩段岩性及其组合关系。

1）有效隔水岩段等效厚度

由于煤层的开采，引起了地下岩层中应力分布的不平衡。根据煤层底板突水的“下三带”理论，受到破坏和扰动的煤层底板与下伏含水层之间的相对隔水岩层，按破坏的方式和导水性能分为矿压破坏带、有效隔水带和承压水导升带。而真正起到阻水作用的是有效隔水带，也就是有效隔水岩段。不同岩性的岩层，隔水性能是不同的，需要按照等效系数将有效隔水岩段厚度转化为等效厚度。

（1）有效隔水岩段厚度的确定。有效隔水岩段厚度是指有效隔水带厚度，其值等于隔水岩段总厚度减去矿压破坏带厚度和承压导升带厚度。

（2）有效隔水岩段等效厚度确定。由于隔水岩段由多种岩性的岩层组成，因此必须考虑不同岩性组合特征对隔水能力的影响。在考虑不同岩性的隔水强度时，利用中国矿业大学（北京）总结出的综合等效系数（表5-7），对各个钻孔有效隔水岩段中不同岩性岩层厚度折算成相应的等效厚度，再累加生成有效隔水岩段等效厚度。

2）关键层的厚度与位置

隔水岩段中不同的岩性组合及其位置的分布对底板突水的影响很大，特别是对隔水岩段中对阻水起控制作用的关键层的位置与厚度直接决定隔水岩段的总体防隔水性能。

一般来说，隔水岩段中脆性岩的岩性坚硬，抗压能力强，但其隔水性则相对较差；而隔水岩段塑性岩的力学强度较小，抗压能力较差，但隔水性则相对较好，所以应根据岩层的隔水性及相对密度和抗张强度综合确定关键层。一般来说，根据岩性组合关系，力学性能强的脆性岩与隔水性好的塑性岩互层出现，总体防隔水能力较强。

处在煤层直接底板岩层，不论是脆性岩还是塑性岩，都不可避免受矿压影响产生破坏；处在隔水岩段底板脆性岩，若有导升带的存在，也起不到阻水效果；只有处在有效隔水岩段的高力学强度的脆性岩才能充分发挥其所具备的强防突性能。有效隔水岩段如图5-8中N所示。

量化时主要考虑了隔水岩段中关键层的位置与厚度，关键层厚度统计公式为式（5-9），将研究区段各分层统计后相加即为该区段关键层总厚度。

$$A_j = \begin{cases} 0 & X_{j2} < C_p \\ X_{j2} - X_{j1} & X_{j1} > C_p \text{ 且 } X_{j2} \leqslant M - h_1 \\ 0 & X_{j1} \geqslant M - h_1 \end{cases} \tag{5-9}$$

式中 A_j——隔水岩段关键岩层厚度，m；

X_{j1}——第j区段隔水岩段关键岩层顶板与煤层底板的距离，m；

X_{j2}——第j区段隔水岩段关键岩层底板与煤层底板的距离，m；

C_p——煤层开采引起的底板矿压破坏带深度，m；

h_1——煤层底板隔水岩段底部导升高度带高度，m；

M——隔水层厚度，m。

5. 地质构造

1）断层分布

断层、裂隙结构面是承压水从煤层底板突出的薄弱面。断层分布区既反映了断层本身可能导水，也反映对底板隔水层的切割、破坏。生成断层分布专题图时，不仅考虑断层破碎带，也考虑断层影响带，也可称之为断层的缓冲区。

（1）断层带结构及宽度。

一个典型的断层带由 2 部分组成：断层破碎带、断层影响带。

断层破碎带。一般断层两盘之间部分属于断层破碎带，由断层泥、糜棱岩、断层角砾岩和压碎岩等各种构造岩组成。

断层影响带。断层影响带是受断层影响而形成的两盘岩石的裂隙发育带，分布在构造岩带的两侧。母岩受断层影响而强烈破坏，产生大量张裂隙、扭裂隙及分支断层，形成裂隙发育带，也称为断层裂隙带。

断层影响带宽度由断层的力学性质、断层落差及两盘岩性决定，一般宽度由数米至十米不等。断裂构造仅在断层面附近引起煤厚度变化和裂隙发育。对正断层带的煤层而言，断层落差与影响宽度之比为 1∶1，即正断层对煤孔隙率的影响宽度大致等于其落差。煤炭科学研究总院西安分院王梦玉对中小型正断层的研究结果表明，断层裂隙带宽度与两盘岩性和断层落差的关系较明显，两盘岩性弱，落差大，断层裂隙带宽度亦大，反之则小。根据矿井实测资料得出了正断层裂隙带宽度与两盘岩性和落差的经验关系式为

$$W_b = \lambda h^{\frac{3}{5}} \tag{5-10}$$

式中 W_b——正断层裂隙宽度，m；

λ——与两盘岩石性质有关的系数，对于松软岩层和煤层，取 1.14；对于中硬岩层，取 0.76；对于坚硬岩层，取 0.38；

h——断层落差，m。

由于断层切割了多个岩层，在研究煤层底板突水中，求取了煤层以及隔水层中各个岩层中断层裂隙带宽度，然后综合考虑煤层以及隔水层中各个岩层的厚度，计算出加权平均值作为最终断层裂隙带宽度。

$$W_b = \frac{\sum_{i=1}^{n} \lambda_i l_i h^{\frac{3}{5}}}{\sum_{i=1}^{n} l_i} \tag{5-11}$$

式中 W_b——正断层裂隙宽度，m；

λ_i——隔水层中第 i 层岩层中与两盘岩石性质有关的系数，对于松软岩层和煤层，取 1.14；对于中硬岩层，取 0.76；对于坚硬岩层，取 0.38；

n——断层切割隔水层中所包含的岩层个数；

l_i——隔水层中第 i 分层的厚度；

h——断层落差，m。

断层裂隙带宽度还取决于断层的力学性质，压性断层影响带的宽度常比张性断层影响带大。一般正断层是在低围压条件下形成的，因此其断裂面的张裂程度很大，断层破碎带较宽，并且破碎带疏松多孔隙，透水及富水性强；但其两盘受力作用较小，裂隙发育较窄，形成影响带则相对较窄，可以设定正断层破碎带宽度与其影响带宽度之比为 1∶2。而逆断层多是在高围压条例下形成的，破碎带宽度小且致密，孔隙小，透水及富水性较差；但断层两盘受力作用影响较大，裂隙发育较宽，形成的断层影响带则较宽，可以设定逆断层破碎带宽度与其影响带宽度之比为 1∶2.5。所以在其他条件相同的情况下，正断层的破碎带宽度一般大于逆断层的断层破碎带宽度；而正断层的影响带宽度一般小于逆断层的影响带宽度。为安全起见，在计算中逆断层的断层影响带宽度可以在式（5-11）基础上乘以一个系数，可以取 1.2。

（2）断层分布专题图生成。

一般说来，对于正断层，其断层破碎带的构造岩岩体破碎，导水性能好，突水的危险性大；而断层影响带中，裂隙发育相对较差，导水性能也较差，其突水的危险性也较小。因此，正断层量化时，其破碎带量化取值为 1，其影响带量化取值为 0.7(图 5-9a)。

对于逆断层，由于其形成时多是挤压破碎，其破碎带导水性能相对较差，突水的危险性相对较差；而其影响带则裂隙发育较好，导水性能相对较好，突水的危险性相对较大。因此在逆断层量化时，其破碎带量化取值为 0.7，而其影响带量化取值为 1(图 5-9b)。

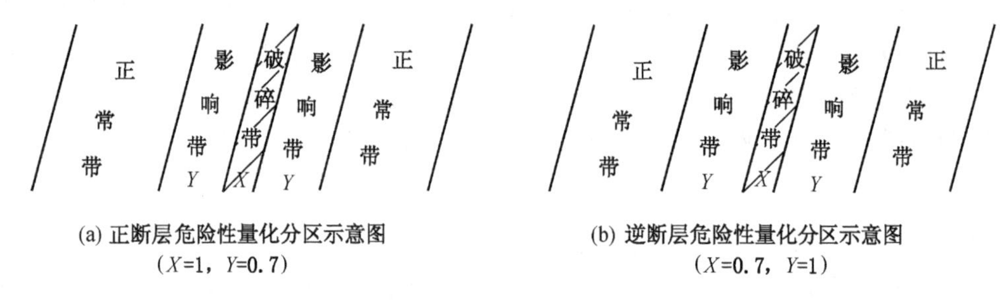

图 5-9　不同性质断层危险性量化赋值示意图

通过以上方法对研究区各个断层进行计算赋值量化处理，生成最终断层分布专题图。

2）断层交点和端点的分布

断层在空间和平面上的展布交叉形成了具有一定发育规律的尖灭点和交叉点，是地应力较为集中的地带。在断层相交与断层的端点处，岩体裂隙发育，导水的可能性增强。在建立断层交点和端点的分布专题图时，考虑断层影响带的影响。对两个断层相交点进行脆弱性量化时，若两断层破碎带量化值分布为 X_1、X_2，影响带量化值分别为 Y_1、Y_2，然后进行叠加生成 4 种类型区域 X_1X_2、X_1Y_2、X_2Y_1 与 Y_1Y_2(图 5-10a)。如两个正断层相交叠加后，生成的 4 种类型区域 X_1X_2、X_1Y_2、X_2Y_1 与 Y_1Y_2 分别对应量化值 2、1.7、1.7 和 1.4。

在断层端点处，岩体裂隙发育，应力也较集中，导水性能好，当受到开采影响时容易发生突水。考虑断层端点影响时，同样考虑了断层缓冲区的影响，一般在断层端点向四周分别沿深断层缓冲区的宽度，所共同围成区域就生成了端点处的突水影响范围，量化时考虑端点岩体破碎，导水性能好，统一量化赋值为 1.7（图 5-10b）。

根据以上对断层交点与端点处危险性量化分区，对研究区内所有断层交点与断层进行

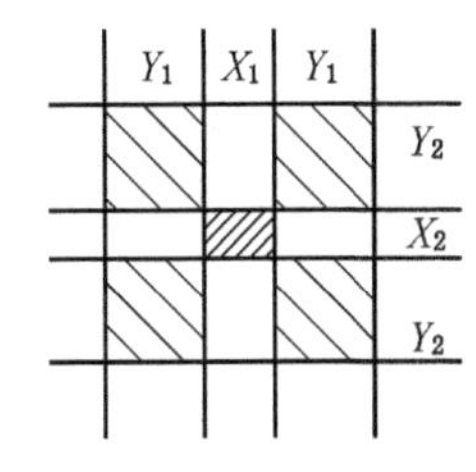

(a)两断层交叉点量化示意图
(断层破碎带：X_1 X_2；对应影响带：Y_1 Y_2)

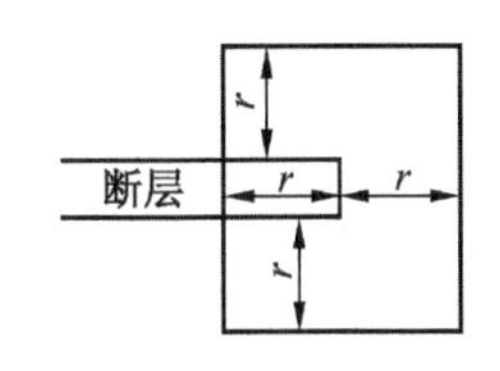

(b)断层端点处量化示意图
(断层影响带宽为r，量化值为1.7)

图 5-10 断层端点及两断层相交区量化示意图

量化赋值，最终生成断层交点和端点分布专题图。

3）断层规模指数

断层规模指数是单位面积内所有断层的落差和长度乘积之和，表达式为式（5-12）。

$$F = \frac{\sum_{i=1}^{n} L_i H_i}{S} \tag{5-12}$$

式中 F——断层规模指数；

H_i——第 i 条断层的落差，m；

L_i——第 i 条断层落在单元内的走向长度，m；

n——落在单元内的断层条数，条；

S——单元面积，m^2。

断层规模指数综合反映断层的规模和发育程度，是影响煤层底板突水脆弱性的又一指标。断层规模指数越大表明断层的规模越大，发育程度越好，发生突水的可能性也就越大。建立断层规模指数专题时可以按照 500 m×500 m 的尺寸建立单元网格，统计单元网格内各个断层的落差及对应的走向长度，计算其断层规模指数，然后提取网格中心点坐标，以此绘制出断层规模指数等值线专题图。

注意，根据研究区域的范围以及断层发育程度，单元网格的尺寸可以适当调节，在断层发育区段可以减小网格尺寸如 100 m×100 m，以更准确地描述断层规模及发育程度；在无断层发育区段可以适当放大网格如 1000 m×1000 m。

4）褶皱轴分布

褶皱发育地带，裂隙也较为发育，特别在褶皱轴部节理裂隙发育，破坏了煤层底板的完整性和连续性，隔水能力降低，易诱发煤层底板突水。在背斜的轴部岩层受拉伸应力作用，裂隙发育，易诱发煤层底板突水；而在向斜的轴部岩层多是受挤压作用形成，裂隙发育相对较差。在具体计算中，背斜轴部的影响宽度可以等于同一水文地质单元中各断层影响带宽度中的最大值；向斜轴部的影响宽度则相对较窄，等于背斜宽度的 60%。在赋值量化时，背斜轴部影响区赋值为 1，向斜轴部影响区赋值为 0.7。

5）陷落柱分布

在陷落柱形成过程中，其周边围岩因卸载、松动、撞击将形成一个以陷落柱柱体为中心的、不规则环状破碎裂隙带，可称之为陷落柱周边缓冲区。建立陷落柱分布专题图时，考虑陷落柱分布区及周边缓冲区。缓冲区的范围为陷落柱长半径向外延长其三分之一长度所形成的环形区域。对于陷落柱分布区岩溶相对发育，导水性能好，对突水的威胁大，突水危险性量化值为1；而缓冲区裂隙也相对较发育，导水性能较好，对突水威胁也较大，突水危险性量化值为0.8(图5-11)。根据这一原则，对研究区内各个陷落柱进行量化分区最终生成陷落柱分布专题图。

6）陷落柱交点分布

陷落柱的相交部分岩体破碎较为严重，其导水性能增强，突水的可能性随之增大。建立陷落柱交点分布专题图时，若陷落柱分布量化为1的区域称为A区，陷落柱分布量化为0.8的区域称为B区，两陷落柱相交后，叠加生成3类区域$A \cap A$、$A \cap B$与$B \cap B$。两陷落柱A区相交部分$A \cap A$，岩体破碎最严重，突水的可能性也最大，量化时赋值2；两陷落柱B区相交部分$B \cap B$，岩体破碎较差，突水的可能性相对减弱，量化时赋值1.6；陷落柱的A区与B区相交部分$A \cap B$，突水可能性位于两者中间，量化时赋值1.8(图5-12)。

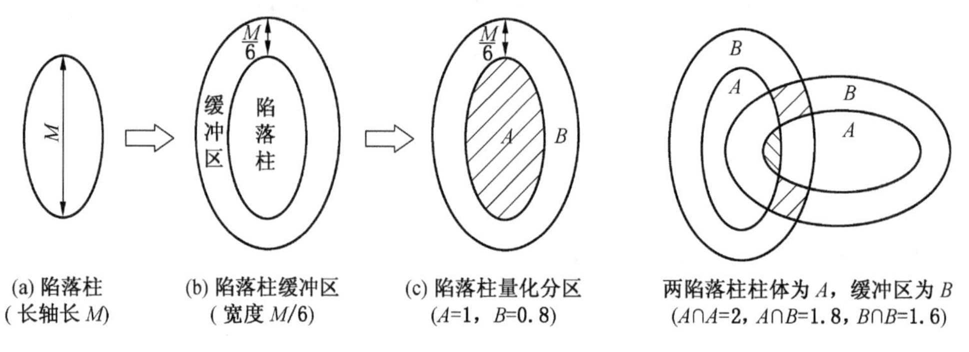

图5-11 单个陷落柱量化示意图　　图5-12 两陷落柱相交区量化示意图

5.3.3.2 各主控因素数据归一化处理

在各个主控因素专题图建立以后，通过泛决策分析理论来确定影响底板突水的各主控因素的权重，而后利用信息融合的方法分析各专题信息。由于各主控因素之间的单位和量级不同，无法进行直接比较。为消除主控因素不同量纲的数据对评价结果的影响，需要对采集数据进行无量纲化处理，使各评价因素具有可比性和可加性。

影响煤层底板突水的各主要控制因素与煤层底板突水脆弱性指数的关系主要分为正向相关和负向相关。一般来说，正向相关因素指标值越大，脆弱性指数值相对越大；负向相关因素指标值越小，脆弱性指数值相对越大。正向相关因素主要包括含水层水压、含水层富水性、含水层渗透性、断层分布、断层端点与交叉点分布、断层规模、褶皱轴分布、陷落柱分布和陷落柱相交区分布等；负向相关因素主要包括有效隔水岩段等效厚度、有效隔水岩段关键层厚度和充填的中奥陶统灰岩古风化壳岩溶厚度等。

分析各主控因素指标值分布的规律性、指标最大值和最小值的差距以及各主控因素之间衡量标准的不同，也就是各主控因素之间单位的不同，对各主控因素分别采用相应的指标值归一化方法，使各主控因素无量纲化并处在同一量级，从而具有可比性。归一化方法主要有极大值法、极小值法和特征值赋分法等。

1. 极大值法

其计算式为

$$A_{ij}=\frac{X_{ij}-X_{\min i}}{X_{\max i}-X_{\min i}} \tag{5-13}$$

式中 A_{ij}——第 i 个主控因素在第 j 区段的归一化后量化值；

X_{ij}——第 i 个主控因素在第 j 区段的归一化前量化值；

$X_{\max i}$——第 i 个主控因素归一化前量化最大值；

$X_{\min i}$——第 i 个主控因素归一化前量化最小值；

式（5-12）适用于主控因素与脆弱性指数呈正相关时主控因素的归一化，主控因素指标值越大，其归一化值越大，对应脆弱性指数值相对越大。

2. 极小值法

其计算式为

$$A_{ij}=\frac{X_{\max i}-X_{ij}}{X_{\max i}-X_{\min i}} \tag{5-14}$$

式中，A_{ij}，X_{ij}，$X_{\max i}$，$X_{\min i}$ 含义同式（5-13）。

式（5-14）适用于主控因素与脆弱性指数呈负相关时主控因素的归一化，主控因素指标值越大，其归一化值越小，对应脆弱性指数值相对越小。

3. 特征值赋分法

当主控因素中其指标值无法直接用定量的数据来表达，应根据其特征及对底板突水的影响程度，并结合专家经验，对其进行特征值赋分法。所赋值可以在0~1之间，这样一方面对该主控因素进行了量化，另一方面也进行了归一化处理。

在煤层底板水害脆弱性评价中，该方法适用的主要控制因素有：断层分布、褶皱轴分布、陷落柱分布等。

在某一主控因素指标归一化时，可能用到多种归一化方法。例如，断层端点与交叉点分布专题中，根据断层端点特征的定性描述，结合专家意见利用特征值赋分法进行定量化；而该控制因素与煤层底板突水脆弱性指数存在正向相关关系，总体上又利用了极大值归一化法。

在某一主控因素指标归一化时，通过适当变形，也可以用多种归一化方法。例如，负向相关主控因素指标值可以直接通过极小值法进行归一化，也可以在主控因素指标值前加负号，与突水脆弱性指数的关系转化为正向相关，然后可以利用极大值法进行主控因素指标值的归一化。

5.3.3.3 不同条件下各专题数据归一化

在煤层底板突水脆弱性评价中，当评价研究区单一煤层下单一含水层的突水脆弱性时，各主控因素专题图建立后可以按照上述归一化的方法进行数据处理，然后进行数据融合分析，最终得出研究区单一煤层底板突水的脆弱性评价结果；当评价研究区多个煤层对应多个含水层的突水脆弱性评价时，若仍然按照单一煤层下单一含水层的突水脆弱性时各主控因素专题数据的归一化，由于部分主控因素专题原始数据的最大值与最小值不同，使得最终各个评价结果不具有统一性，也没有可比性。

为使评价结果更具有科学性、统一性和可比性，在研究区内进行归一化处理量化分析时，应从整体上着手分析各专题数据的最大值与最小值。研究区内所有同类主控因素专题数据归一化时采用对应的同一最大值与最小值，也就是将研究区内同类主控因素专题统一进行归一化。例如，同一研究区内，所有含水层水压专题选取相同的最大值与最小值，然后用极大值归一化方法对各含水层水压专题分别进行归一化。

同一地区进行煤层底板突水脆弱性评价时，根据评价煤层与含水层数量的不同，可分为单煤层单充水含水层、单煤层多充水含水层、多煤层单充水含水层以及多煤层多充水含水层4种评价类型。上文已经介绍了各主控因素专题归一化时所采取的归一化方法，下文主要介绍不同评价类型在各主控因素专题数据归一化时对应最大值与最小值的选取。

1. 单煤层单充水含水层

对于单煤层底板单充水含水层水害评价预测，由于评价煤层与含水层是单一的，对研究区内各专题的相关数据进行统计分析，选取最大值与最小值，采用相应的归一化方法进行归一化。最终生成各主控因素归一化专题图。

注意，隔水层底界面按照其所处位置可以分3种情况（图5-8），当奥灰含水层顶部存在古风化壳时（图5-8c），在建立含水层水压时，水压是指充填的奥灰古风化壳底界面所承受水压；而在建立有效隔水层等效厚度及矿压破坏带下脆性岩厚度专题图时，隔水层底界面应是奥灰古风化壳的顶界面。由于充填的奥灰古风化壳所起的关键阻水作用，将单独建立对应专题图。

2. 单煤层多充水含水层

由于地质构造对多充水含水层的影响基本是一样的，所以针对不同含水层评价时，断层分布、断层尖灭点和交叉点分布、断层规模指数、褶皱轴分布、陷落柱分布、陷落柱相交区分布等专题图是一样的，归一化时直接选取各专题中相关数据的最大值与最小值，采用极大值归一化方法进行归一化，生成对应各主控因素归一化专题图。

对于中奥陶系灰岩古风化壳岩溶发育及充填程度专题，由于奥灰一般是多充水含水层中年代最老含水层且古风化壳只在奥灰含水层顶部发育，所以只有针对奥灰含水层评价时才可能有该专题。通过对奥灰古风化壳等效厚度的统计分析，找出最大值与最小值，采用极小值法进行归一化处理。

对于含水层富水性、含水层水压、有效隔水层等效厚度和矿压破坏带下脆性岩厚度等专题，应分别针对不同的充水含水层脆弱性评价，建立相应的专题图层，然后综合所有同类专题的数据，选取相应的同一最大值和最小值，利用极大值法或极小值法进行归一化处理，生成对应各主控因素归一化专题图。

注意，建立含水层富水性专题时，各充水含水层应选取相同的指标分析充水含水层富水性；有效隔水层等效厚度和矿压破坏带下脆性岩厚度等专题建立时，若目标评价充水含水层上方有其他充水含水层，应当将其上充水含水层视作相对隔水层。

3. 多煤层单充水含水层

当地质构造对各煤层的影响基本一样，可以采用相同的专题图。由于是单充水含水层，所以含水层的水压、含水层的富水性专题也是一样的；若充水含水层为奥灰且其顶部发育有古风化壳，中奥陶系灰岩古风化壳岩溶发育及充填程度专题也是相同的。专题建立后，进行相应归一化即可。

针对不同煤层评价时，有效隔水层等效厚度和矿压破坏带下脆性岩厚度等专题应分别建立其对应专题图层，然后统计所有同类专题的数据并分别选取同一最大值和最小值，利用极小值法进行归一化处理，从而生成各主控因素归一化专题图。

4. 多煤层多充水含水层

一般按照充水含水层从上到下的顺序，依次选取单一充水含水层，建立多煤层单充水含水层底板突水评价模式，并分别建立对应主控因素专题图。当多煤层与所有充水含水层都对应建立多煤层单充水含水层评价模式并建立各主控因素专题后，统计所有同类专题的数据并分别选取同一最大值和最小值，利用相应的归一化方法进行归一化处理，从而生成各主控因素归一化专题图。

5.3.4 基于 GIS 的 AHP 型脆弱性指数法

1. 层次分析法概述

层次分析法（Analytic Hierarchy Process，简称 AHP 法）是由美国运筹学家 T. L. Saaty 于 20 世纪 70 年代提出的多目标多准则决策方法。它是一种定性和定量相结合的层次化、系统化的分析方法。

AHP 法应用系统分析的思想，能够把定性和定量分析结合起来，可以进行定量分析，也可以进行定性分析，从而将多目标、多准则的复杂决策问题转化为简单的定量决策问题。该方法原理简单，容易掌握，自 1983 年引入中国后已被广泛应用于资源分配、方案评比、冲突分析、计划和某些预测、系统分析、规划问题之中。

经过几十年的发展，许多学者针对 AHP 法进行了改进和完善，也形成了一些新理论和新方法，如群组 AHP 法、模糊 AHP 法和灰色 AHP 法等。

2. 基本原理和模型

AHP 法针对所要解决的问题，依据其内容和各因素的相互关系，把各要素按照一定的隶属关系进行层次排列，构建层次结构模型；并进一步按照一定标度进行定量化分析，形成判断矩阵并计算该矩阵的最大特征值和对应的正交化特征向量，得出该层次各元素相对重要性的权重。在此基础上，确定每一层各因素相对重要性的权值，并把上一层信息传递到下一层，进一步得出各元素相对重要性总的排序。最后，根据总排序（权值）结果对所研究问题进行分析和决策。

AHP 法的步骤（图 5-13）是：

（1）建立层次结构模型，以框架结构的形式来表达各层次间的从属关系。一般包括目标层、中间层和方案层（图 5-14）。

（2）构造判断矩阵，这也是将定性问题转化为定量问题的关键。在进行两两因子重要性比较时，一般采用 Satty 的 1~9 标度法进行重要性打分（表 5-9），也可以采用改进标度的打分方法（表 5-10）。

表 5-9 Satty 的 1~9 标度及含义

标 度	含 义
1	表示两个因素相比，具有相同重要性
3	表示两个因素相比，前者比后者稍重要
5	表示两个因素相比，前者比后者明显重要
7	表示两个因素相比，前者比后者强烈重要
9	表示两个因素相比，前者比后者极端重要
2，4，6，8	表示上述相邻判断的中间值
倒数	若因素 i 与因素 j 的重要性之比为 a_{ij}，那么因素 j 与因素 i 重要性之比为 $a_{ji}=\frac{1}{a_{ij}}$

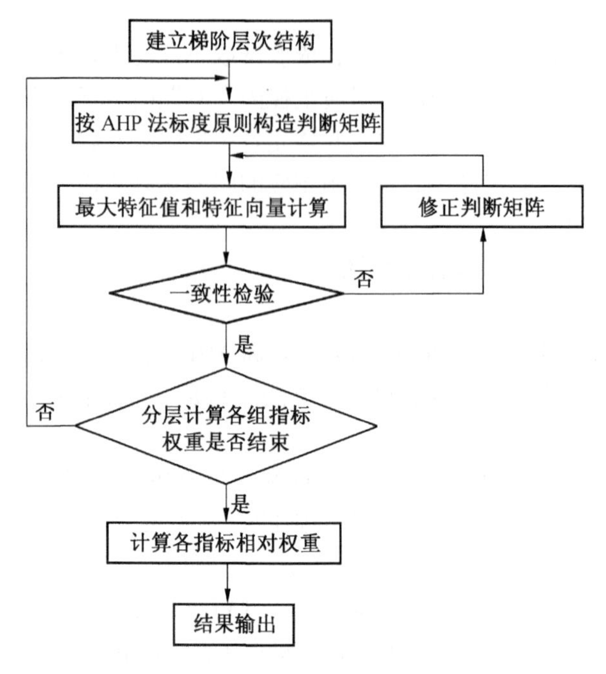

图 5-13 递阶层次结构计算流程图

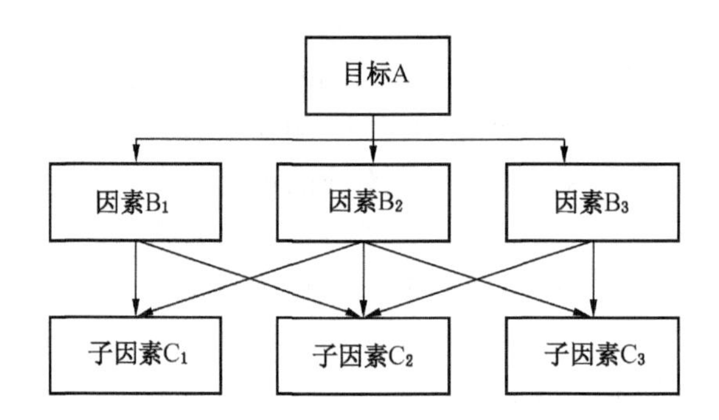

图 5-14 AHP 层次结构模型

表 5-10 改进的 1~9 标度及含义

标度	含义
5/5	表示两个因素相比，具有相同重要性
6/4	表示两个因素相比，前者比后者稍重要
7/3	表示两个因素相比，前者比后者明显重要
8/4	表示两个因素相比，前者比后者强烈重要
9/1	表示两个因素相比，前者比后者极端重要
5.5/4.5，6.5/5.5，7.5/2.5，8.5/1.5	表示上述相邻判断的中间值
倒数	若因素 i 与因素 j 的重要性之比为 a_{ij}，那么因素 j 与因素 i 重要性之比为 $a_{ji}=\frac{1}{a_{ij}}$

假设有 n 个因子 $X = \{x_1, x_2, x_3, \cdots, x_n\}$ 对直接目标层 Z 的影响大小分别为 w_1，w_2，w_3，…，w_n。现两两比较各因子的重要性，构建判断矩阵 A。

$$A = \begin{bmatrix} w_1/w_1 & w_1/w_2 & w_1/w_3 & \cdots & w_1/w_n \\ w_2/w_1 & w_2/w_2 & w_2/w_3 & \cdots & w_2/w_n \\ w_3/w_1 & w_3/w_2 & w_3/w_3 & \cdots & w_3/w_n \\ \cdots & \cdots & \cdots & \cdots & \cdots \\ w_n/w_1 & w_n/w_2 & w_n/w_3 & \cdots & w_n/w_n \end{bmatrix}$$

(3) 层次单排序及一致性检验。分析判断矩阵 A，得出每一因素相对直接目标层的权重。对判断矩阵的一致性比例进行一致性检验，当一致性比例 $CR<0.1$ 时，其一致性符合要求，确定的分层次权重才可以接受；否则要重新构建判断矩阵。

$$CR = \frac{CI}{RI} \tag{5-15}$$

$$CR = \frac{\lambda_{max}}{n-1} \tag{5-16}$$

式中 CR——判断矩阵的一致性比例；

CI——判断矩阵一致性指标；

RI——判断矩阵平均随机一致性指标。

当 $n=1, 2, \cdots, 9$ 时，Saaty 的 1~9 标度对应 RI 的值见表 5-11，改进的 1~9 标度对应 RI 的值见表 5-12。

表 5-11 Saaty 的平均随机一致性指标 RI 的值

n	1	2	3	4	5	6	7	8	9
RI	0	0	0.58	0.90	1.12	1.24	1.32	1.41	1.45

表 5-12 改进标度的平均随机一致性指标 RI 的值

n	1	2	3	4	5	6	7	8	9
RI	0	0	0.169	0.2598	0.3287	0.3694	0.4007	0.4167	0.4370

(4) 层次总排序及一致性检验。综合考虑各层次，得出每一因素对其间接目标层的权重（表 5-13），并进行一致性检验。如：A 层次相对直接目标层 Z 层的单排序权重：a_1，a_2，…，a_m；B 层次相对直接目标层 A 层的权重：b_{1j}，b_{2j}，…，b_{nj}（当 B_i 与 A_j 无关联时，$b_{ij}=0$）；则 B 层对间接目标层 Z 的权重为 $b_i = \sum_{j=1}^{m} b_{ij}a_j (i=1, 2, \cdots, n)$。层次总排序一致性比例见式（5-17），当 $CR<0.1$ 时，总排序一致性可以接受，从而确定各因素对间接目标层的权重大小。

表 5-13 层次总排序计算表

A 层 / B 层	A_1	A_2	…	A_m	B 层总排序
	a_1	a_2	…	a_m	
B_1	b_{11}	b_{12}	…	b_{1m}	$\sum_{j=1}^{m} a_j b_{1j}$

表 5-13(续)

B层 \ A层	A_1	A_2	…	A_m	B层总排序
	a_1	a_2	…	a_m	
B_2	b_{21}	b_{22}	…	b_{2m}	$\sum_{j=1}^{m} a_j b_{2j}$
…	…	…	…	…	…
B_n	b_{n1}	b_{n2}	…	b_{nm}	$\sum_{j=1}^{m} a_j b_{nj}$

$$CR = \frac{CI_{总}}{RI_{总}} = \frac{\sum_{j=1}^{m} CI_j a_j}{\sum_{j=1}^{m} RI_j a_j} \tag{5-17}$$

式中 CR——总排序一致性比例。

3. GIS 与 AHP 融合评价技术

基于 GIS 与 AHP 法融合评价技术研究思路如图 5-15 所示。

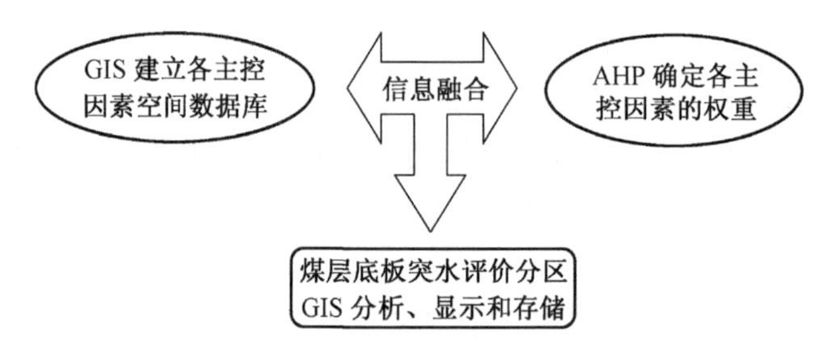

图 5-15 研究思路

首先确定影响煤层底板突水的各主控因素，应用具有强大空间信息处理功能的 GIS 对各主控因素在时空域内的变化规律进行分析；并将各主控因素看作影响因子，利用 AHP 建立层次结构模型，确定各影响因子对目标层——煤层底板突水的影响权重大小；再应用基于 GIS 的信息融合技术对归一化处理后的各主控因素进行信息融合，并进行评价分区。

该技术充分应用了定性与定量相结合的研究思路，一方面考虑了影响突水的各主控因素，另一方面考虑各主控因素对煤层底板突水的影响权重，能够实现煤层底板突水的有效评价，评价结果能够真实反映多因素影响下煤层底板突水的非线性动力过程，并且评价结果可以以图形的形式展现出来，凸显了基于 GIS 的 AHP 型信息融合技术的优势。

5.3.5 基于 GIS 的 ANN 型脆弱性指数法

1. 人工神经网络法概述

人工神经网络（Artificial Neural Network，简称 ANN）是人类在认识理解大脑神经网络的基础上提出的，能够模仿大脑神经网络结构和功能，并用大量简单的处理单元广泛连接组成的复杂网络。ANN 是一种复杂的非线性处理系统，能够模仿人类大脑的学习、记忆、推理和归纳等功能，具有并行处理神经元的结构和特征，可实现输入到输出之间的高度非线性映射，并且其容错性和自适应性均较好，能够处理一些复杂的非线性问题。该方法于 20 世纪 80 年代中后期迅速发展，目前在医学、自动控制、灾害预测等很多复杂系统中都得到了广泛的应用；近几年，ANN 在地学领域也得到了广泛应用和研究，成果显著。

2. 基本原理和模型

ANN 模型已经被开发和应用的有几十种，其中典型模型有：感知器、自适应谐振理论、Hopfield 网络、认知机、自组织映射网、误差反向传播网络，而应用最为广泛的为误差反向传播神经网络，又称为 BP 神经网络。以下主要介绍 BP 神经网络的结构和算法。

1）结构

BP 神经网络属于多层状型的人工神经网络，是一种多层感知器结构，由若干层神经元组成，一般可分为 3 层：输入层、隐含层和输出层，也可具有 3 层以上结构，层间各个神经元实现全连接，其拓扑网络结构如图 5-16 所示。

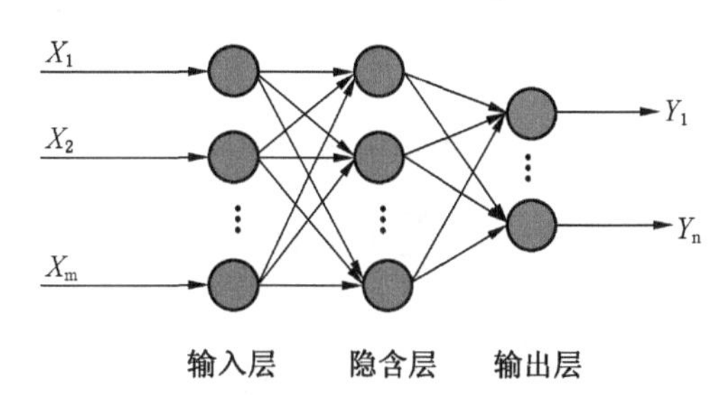

图 5-16 BP 神经拓扑网络结构图

2）算法

BP 神经网络算法的基本过程是：输入信息，要先向前传播到隐含层的节点上，经过各单元的特性为 Sigmoid 型的激活函数运算后，把隐含层节点的输出信息传播到输出节点，最后输出结果。

输入信号从输入层节点依次传过各隐含层节点，然后传到输出层节点。每一层节点的输出只影响下一层节点的输出。其节点单元特性（又称转移函数）通常为 Sigmoid 型函数：

$$f(x)=\frac{\mathrm{e}^{x}-\mathrm{e}^{-x}}{\mathrm{e}^{x}+\mathrm{e}^{-x}} \tag{5-18}$$

输入层到隐含层的关系为

$$b_j=\mathrm{Hiddle}[j]=f\left(\sum_{i=1}^{n}W_{ij}a_i+b_{ij}\right) \tag{5-19}$$

隐含层到输出层的关系为

$$\mathrm{out}[l]==f\left(\sum_{i=1}^{k}V_{jl}b_i+B_{jl}\right) \tag{5-20}$$

式中 a_i——第 i 个输入；

b_j——第 j 个隐含层结点输出；

W_{ij}，V_{jl}——输入层到隐含层、隐含层到输出层的权值；

b_{ij}——输入层到隐含层的偏移量；

B_{jl}——隐含层到输出层的偏移量；

f——转移函数。

BP 神经网络的学习过程由正向和反向传播两部分组成，当输出层得到期望输出时，正向传播；输出层不能得到期望输出时，反向传播。对于输出结果检验可以设置误差函数，从而使权重的调整是向误差减少方向进行反向传播，经过逐层修改各神经元权重，逐次向输入层传播，然后再正向传播，反复运算，达到输出误差要求，结束网络学习。

为使权值的调整是向误差减少的方向进行，构造的误差函数（E_K），即

$$E_k = \frac{\sum_{l=1}^{q}[\mathrm{out}(l)_k - C_l]^2}{2} \tag{5-21}$$

式中，C_l 为第一个输出层节点的目标输出，则输出层到隐含层权值（ΔV）调整量应为

$$\Delta V = \beta(-\mathrm{grad}VE_k) = \beta d_i^k b_j \tag{5-22}$$

式中 β——学习速率。

隐含层到输入层之间的权（ΔW_{ij}）调整值为

$$\Delta W_{ij} = \alpha\left[\sum_{i=1}^{q} V_{ji} d_i^k\right] f'(S_j') a_i^k \tag{5-23}$$

式中 α——学习速率。

从本质上讲，BP 神经网络算法就是把一组样本的输入、输出问题变成了一个非线性优化问题，也可以看作是从 n 维空间到 p 维空间的映射（假设输入层节点数为 n，输出层节点数为 p）。

BP 神经网络算法可以通过以下具体过程实现：①建立神经网络模型，初始化神经网络及学习参数；②提供训练模式，选取实例作学习训练样本，训练网络，直到满足学习要求；③前向传播过程，对给定训练模式输入，计算网络的输出模式，并与期望模式比较，若误差不能满足精度要求，则误差反向传播，否则转到②；④反向传播过程，通过运算最终确定输入各因子的权重大小，并进一步应用到煤层底板突水评价模型中。BP 神经网络训练的流程如图 5-17 所示。

3. GIS 与 ANN 融合评价技术

1）基本思路

GIS 与 ANN 耦合技术的关键是利用多源信息复合技术进行复合叠加，为 ANN 提供必要的输入及训练条件。利用 ANN 与 GIS 耦合技术预测底板突水就是利用 GIS 强大的空间信息处理功能，对影响底板突水各个主控因素进行量化处理，生成各影响因素专题图，从中提取所需要的数据，为 ANN 提供必要的训练和输入条件，建立 ANN 分析模型，用训练好的 ANN 模型对数据进行处理，通过非线性映射比较精确地描述各因素之间的关系，再应用 GIS 的空间复合叠加功能对 ANN 的输出结果进行耦合处理，并利用 GIS 的可视化功能，以直观的图形形式给出空间域内的评价结果。

2）实现方法

（1）确定影响煤层底板突水的各主控因素，建立网络模型，确定网络拓扑结构（图 5-18）。

（2）训练阶段：选择训练样本；训练网络，包括前向传播和反向传播过程，进行网络输出计算和同一层单元的误差计算、权值阈值的修正，直到满足学习要求。

（3）预测阶段：神经网络学习结束后的使用阶段。

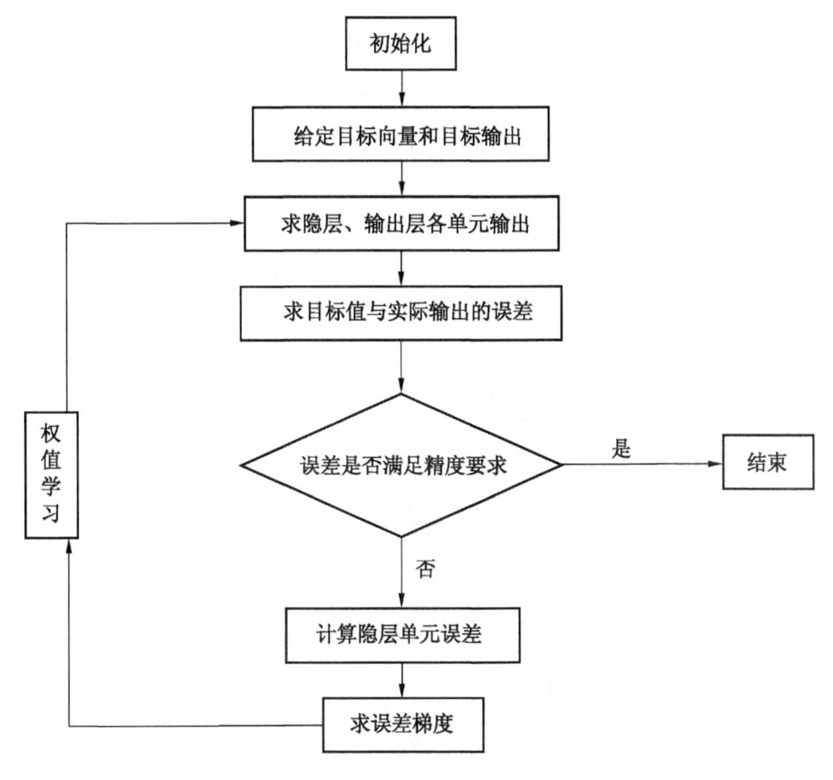

图 5-17　BP 神经网络训练流程图

5.3.6　基于 GIS 的逻辑回归型脆弱性指数法

1. 逻辑回归法概述

逻辑回归法中包含的基本构件与证据权法相同，预测对象为训练层和证据权层。其与证据权法的主要差别在于证据权法要求假设证据层关于预测对象是条件独立的，而逻辑回归法不需要独立性假设要求。

2. 基本原理和模型

研究对象在一组自变量作用下能否发生用指示变量 Y 表示，若 Y 是一个二值定性变量，并且当研究对象发生时，$Y=1$；当研究对象不发生时，$Y=0$。记研究对象出现的概率为 P，不出现的概率为 $1-P$；x_1，x_2，…，x_m 表示影响结果 Y 的 m 个因素，也称为自变量，则逻辑回归公式表示为

$$\mathrm{logit}(P)=\ln\left(\frac{P}{1-P}\right)=\beta_0+\beta_1x_1+\cdots+\beta_mx_m \tag{5-24}$$

式中　β_0，β_1，…，β_m——逻辑回归系数。

由式（5-23）表示 Y 可知：

$Y=1$ 的概率为

$$P=\frac{\mathrm{e}^{\beta_0+\beta_1x_1+\cdots+\beta_mx_m}}{1+\mathrm{e}^{\beta_0+\beta_1x_1+\cdots+\beta_mx_m}} \tag{5-25}$$

$Y=0$ 的概率为

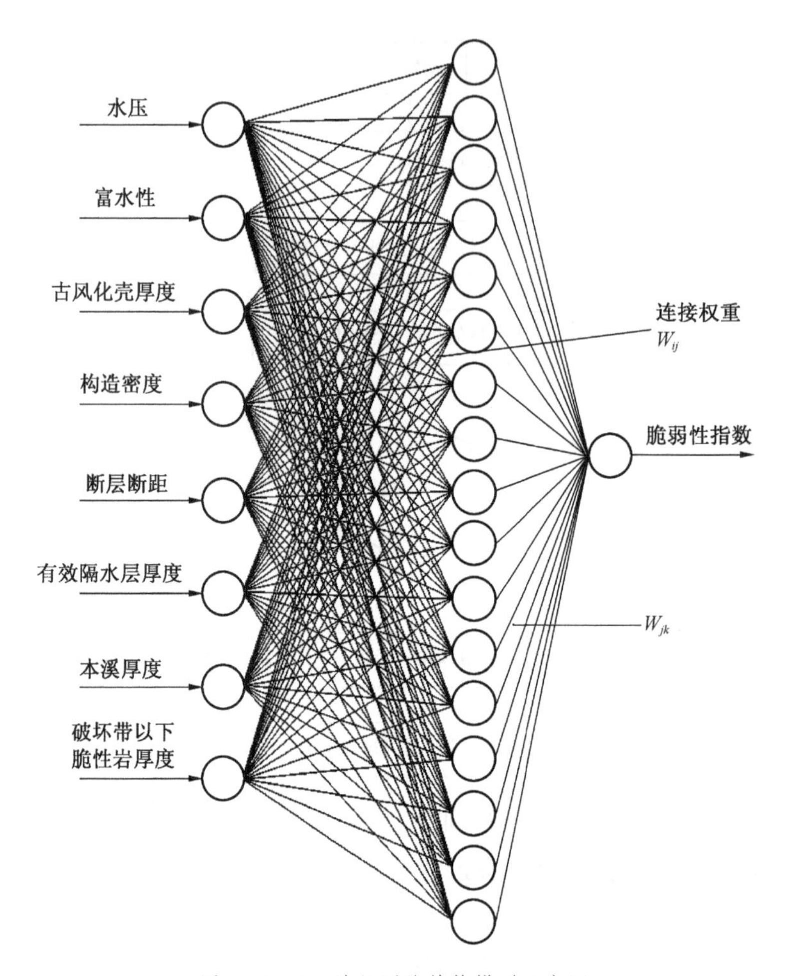

图 5-18 BP 神经网络结构模型示意图

$$Q = 1 - P = \frac{1}{1 + e^{\beta_0 + \beta_1 x_1 + \cdots + \beta_m x_m}} \tag{5-26}$$

由式（5-24）可知，研究对象出现的 logit 与 m 个影响因素之间可用线性关系表示。

3. GIS 与逻辑回归法融合评价技术

GIS 中的逻辑回归法首先将各个证据层空间叠加处理，确定互不相交且互不相同的突水预测区域。假设将 m 个证据层进行空间叠加，共产生 n 个互不相交且互不相同的子区域，有 n_1 区域突水点和 n_2 区域非突水点，$n = n_1 + n_2$，设仅前 n_1 个区域有突水点，计算结果见表 5-14。

表 5-14 多证据层空间叠加结果

区域序号	常数项	证据层 X_1 在每个子区域内的取值	证据层 X_2 在每个子区域内的取值	…	证据层 X_m 在每个子区域内的取值	每子区域包含的矿点数	每子区域包含的面积单元	子区域内是否包含矿点标示
1	1	$x_1(1)$	$x_2(1)$	…	$x_m(1)$	m_1	A_1	1
2	1	$x_1(2)$	$x_2(2)$		$x_m(2)$	m_2	A_2	1

表 5-14(续)

区域序号	常数项	证据层 X_1 在每个子区域内的取值	证据层 X_2 在每个子区域内的取值	…	证据层 X_m 在每个子区域内的取值	每子区域包含的矿点数	每子区域包含的面积单元	子区域内是否包含矿点标示
…			…			…	…	1
n_1	1	$x_1(n_1)$	$x_2(n_1)$		$x_m(n_1)$	m_{n1}	A_{n1}	1
n_1+1	1	$x_1(n_1+1)$	$x_2(n_1+1)$		$x_m(n_1+1)$	0	A_{n1+1}	0
n_1+2	1	$x_1(n_1+2)$	$x_2(n_1+2)$		$x_m(n_1+2)$	0	A_{n1+2}	0
…	…	…	…			…	…	0
n	1	$x_1(n)$	$x_2(n)$		$x_m(n)$	0	A_n	0

由表5-13的值计算在各个子区域的 $\ln[P/(1-P)]$ 的估计值。由于在第 i 个子区域上的概率 P_i 可用 $\hat{P}_i=m_i/A_i$ 估计，$\ln[P/(1-P)]$ 的估计为

$$\ln\left(\frac{\hat{P}_i}{1-\hat{P}_i}\right)=\ln\left(\frac{m_i}{A_i-m_i}\right) \tag{5-27}$$

当 $m_i=0$ 或 $A_i=m_i$ 时，上式无法计算，则将上式修正为

$$\ln\left(\frac{\hat{P}_i}{1-\hat{P}_i}\right)=\ln\left(\frac{m_i+0.5}{A_i-m_i+0.5}\right) \tag{5-28}$$

令 $z=\ln[P/(1-P)]$，则 $z=a_0+a_1x_1+a_2x_2+\cdots+a_kx_k$ 为线性回归模型，利用表5-13和 $\ln[P/(1-P)]$ 的估计值，用多元线性回归的方法获得 a_1，a_2，…，a_k 的估计值 $\hat{a}_1$，$\hat{a}_2$，…，$\hat{a}_k$。逻辑回归模型是一种非线性模型，采用的参数估计方法是最大似然估计法。逻辑回归法能对分类因变量和自变量进行回归建模，有对回归模型和回归参数进行检验的标准，以事件发生概率的形式提供结果，是煤层底板突水预测评价的一种有效方法。模型中的原始海量空间地质数据输入、成果资料的编图、证据层的分类和多证据层的空间叠加以及预测结果的分区评价和成图，可以通过GIS的强大空间分析处理和完美成图功能得以实现。逻辑回归法与GIS的耦合可通过两种途径来实现，一种是与GIS分开使用，单独发挥自身功能，首先在GIS中对证据层数据进行分类，形成多分类数据图层，在此基础上进行多证据层的空间叠加（表5-14）；然后根据表5-13叠加结果，运用统计分析方法，估计逻辑回归的回归系数并进行假设检验，计算在研究区内各点预测对象发生的预测概率；最后，将预测概率结果在GIS中显示、成图，并进行突水脆弱性多级分区预测。另一种方法是将逻辑回归嵌入于GIS中，在GIS平台上进行逻辑回归的所有工作。

5.3.7 基于GIS的证据权型脆弱性指数法

1. 证据权法概述

证据权法是一种贝叶斯方法，是加拿大数学地质学家F. P. Agterberg提出的基于二值图像 的一种地学统计方法。该法能够整合各种来源的空间数据，并作为证据因子，通过证据因子的权重，进一步确定研究目标的关系概率值，从而确定所要研究的结果。该法最初被用在医疗诊断中，20世纪80年代末被引入到矿产资源预测评价中，特别是随着GIS

的发展，该法已广泛应用于旅游、林业和农业等领域。

使用证据权法时，首先确定已知目标点的先验概率，分析各证据因子影响目标的权重，并确定证据层与目标证据层的相关程度；然后综合考虑各证据层，计算研究区各点的后验概率，以此为基础来对研究区进行评价和预测。为了计算先验概率和后验概率，通常需要把整个研究区划分面积单元，然后把研究区内的训练点归属到具有相等面积的面积单元中。采用一种统计分析模式，通过对影响目标的地学专题证据层的叠加分析实现对目标的预测。其中，每一种地学信息都被视为预测的一个证据因子，而每一个证据因子对最终预测的贡献由这个因子的权重值来确定。

2. 基本原理和模型

设 D 为预测事件，B_1，B_2，…，B_m 是与预测事件有关的条件，$P(D)$ 是事件 D 发生的先验概率，一般先验概率为非条件概率，在每一点都为常数；$P(D|B_i)$ 是事件 D 在条件 B_i 下发生的条件概率，则

$$P(D|B_i)=\frac{P(D\cap B_i)}{P(B_i)}\quad(i=1,2,3,\cdots,m)\tag{5-29}$$

在事件 D 发生的条件下，事件 B_i 发生的概率为

$$P(B_i|D)=\frac{P(D|B_i)P(B_i)}{P(D)}\quad(i=1,2,3,\cdots,m)\tag{5-30}$$

令权重系数 $W_i=\ln\frac{P(B_i|D)}{P(B_i|D)}$，假设 B_1，B_2，…，B_m 条件是关于事件 D 独立的，则在条件 B_1，B_2，…，B_m 下，事件 D 发生的可能性用后验概率对数表示为

$$\log it(D|B_1B_2\cdots B_m)=\ln O(D)+W_1+W_2+\cdots+W_m\tag{5-31}$$

式中，$O(D)$ 为事件 D 发生的概率，$O(D)=P(D)/[1-P(D)]$。

式（5-31）说明事件 D 关于条件 B_1，B_2，…，B_m 的 logit 是权重系数的线性组合。进一步转化为条件 B_1，B_2，…，B_m 下事件 D 发生的后验概率：

$$P(D|B_1B_2\cdots B_m)=\frac{e^{\log it(D|B_1B_2\cdots B_m)}}{1+e^{\log it(D|B_1B_2\cdots B_m)}}\tag{5-32}$$

证据权法应用于煤层底板突水预测评价中，影响煤层底板突水的各主控因素可以看作证据因子，通过已知目标突水点确定各证据因子权值的大小；而后综合考虑各证据因子并进行叠加，确定研究区发生底板突水的后验概率值，并进一步进行煤层底板突水危险性评价分区。

3. GIS 与证据权法融合评价技术

基于 GIS 的证据权型信息融合技术应用数据驱动的方法确定各主控因素因子的权重，减少了人为因素的干扰。研究时首先根据已知煤层底板突水点对研究区进行网格剖分，产生训练图层和底板突水网络图层，一般一个单元格对应一个突水点；然后，确定相互独立的各主控因素，并建立各主控因素专题图层，即证据层，经数据处理形成证据因子专题图层；将各证据因子的专题图层分别与训练图层进行叠加，计算每个证据图层的先验概率及权重或模糊权重；对证据图层关于煤层底板突水条件的独立性进行检验，并根据前验概率及权重，筛选出最合理的证据因子专题图层；综合考虑各证据因子并进行叠加分析，得出

研究区各点的后验概率值；根据后验概率值确定煤层底板突水危险性评价分区。

基于 GIS 的证据权型信息融合技术能够将数理统计、人工智能和图像分析等技术有机结合起来，一方面建立了反映煤层底板突水信息的训练图层和证据图层，另一方面综合考虑了煤层底板突水脆弱性的后验概率图层，为煤层底板突水评价提供了一种新的思路和方法。

5.4 变权脆弱性指数法

5.4.1 变权理论概述

1. 变权理论在底板突水评价的意义

变权理论是一种处理因素指标权重的技术，是因素变化理论的重要处理方法。其核心思想是依据不同组合环境，当某一因素指标值发生改变，则所有因素的权值也都发生变化，权重重新分配，组合成一个更合理的状态，以提供更准确的决策服务。例如，当某因素指标数据过小或过大时。为显示出该因素对综合决策结果的影响，而不被其他因素所中和，则应当适当加大该因素的权值。促使综合评价结果较常权的评价结果有所减小或者增大，这也就改进了基于常权的脆弱性指数法中因素一旦确定不再随因素状态变化的缺陷。

以往在运用脆弱性指数法对煤层底板突水危险性进行评价时，各主控因素权重通过各种数学方法确定后，权重即固定不变，不会因为各个主控因素指标数值组合状态的不同而变化，这种权重固定不变的常权模型无法突显出因研究区各主控因素指标值突变而对煤层底板突水危险性控制作用，也不能反映在不同组合状态下，各主控因素相对重要性与偏好性以及其对煤层底板突水的控制与影响作用。

因此，将分区变权技术应用到煤层底板突水脆弱性评价预测中，有效改进了常权评价方法中的缺陷，根据主控因素在不同评价单元的指标值的变化不断调整其权重组合状态，来综合考虑各主控因素指标状态值在不同组合状态情况下的综合作用，有效地反映了多个主控因素在煤层底板突水危险性评价中的综合作用，大大提高了煤层底板突水脆弱性评价预测的准确性，使其评价结果更合理准确。

2. 分区变权模型的基础理论

分区变权模型的定义及基本原理如下：

1）常权向量

称 $W_0=[w^{(0)}_1, w^{(0)}_2, \cdots, w^{(0)}_m]$ 为一个常权向量，如果 $\forall_j\in\{1, 2, \cdots, m\}$，$w^{(0)}_j\in$ $0, 1^m$，且满足：$\sum_{j=1}^{m} w^{(0)}_j=1$。

2）局部变权向量

给定映射 W：$[0, 1]^m\rightarrow 0, 1^m$，称向量 $W(x)=[w_1(x), w_2(x), \cdots, w_m(x)]$ 为一个 m 维分区变权向量，如果满足条件：①归一性：$\sum_{j=1}^{m} w_j(x_1, \cdots, x_m)=1$；②惩罚-激励性：对 $\forall_j\in\{1, 2, \cdots, m\}$，均存在 α_j，$\beta_j\in[0, 1]$ 且 $\alpha_j\leqslant\beta_j$，使 $w_j(x_1, \cdots, x_m)$ 关于 x_j 在 $[0, \alpha_j]$ 内单调递减，而在 $[\beta_j, 1]$ 内单调递增。如果每个 $W_j(X)$ 关于所有变元均连续，则称 $W(x)$ 为一个连续型局部变权向量。

3）状态变权向量

映射 S：$[0, 1]^m \to (0, +\infty)^m$，称向量 $S(x) = [s_1(x), S_2(x), \cdots, S_m(x)]$ 为一个 m 维分区状态变权向量；如果对每个 $j \in \{1, 2, \cdots, m\}$，均存在 α_j，$\beta_j \in [0, 1]$ 且 $\alpha_j \leqslant \beta_j$，满足条件：①对每个 $j \in \{1, 2, \cdots, m\}$，对任一常权向量 $W_0 = [w_1^{(0)}, w_2^{(0)}, \cdots, w_m^{(0)}]$，$w_j(x) = \dfrac{w_j^0 \cdot S_j(X)}{\sum\limits_{k=1}^{m} w_k^{(0)} S_k(X)}$ 关于 x_j 在 $[0, \alpha_j]$ 内单调递减，而在 $[\beta_j, 1]$ 内单调递增；②当 $0 \leqslant x_i \leqslant x_k \leqslant \alpha_i \wedge \alpha_k$ 时，$S_i(x) \geqslant S_k(x)$；当 $\beta_i \vee \beta_k \leqslant x_i \leqslant x_k \leqslant 1$ 时，$S_i(X) \leqslant S_k(X)$。

定义设 $S(x)$ 为一个 m 维分区状态变权向量，$W_0 = [w_1^{(0)}, w_2^{(0)}, \cdots, w_m^{(0)}]$ 为任一常权向量，则变权权重 $W(X)$ 为

$$W(X) = \frac{w_0 \cdot S(X)}{\sum\limits_{j=1}^{m} w_j^{(0)} S_j(X)} = \left(\frac{w_1^{(0)} S_1(X)}{\sum\limits_{j=1}^{m} w_j^{(0)} S_j(X)}, \frac{w_2^{(0)} S_2(X)}{\sum\limits_{j=1}^{m} w_j^{(0)} S_j(X)}, \cdots, \frac{w_m^{(0)} S_m(X)}{\sum\limits_{j=1}^{m} w_j^{(0)} S_j(X)} \right) \tag{5-33}$$

5.4.2 基于变权理论的脆弱性评价模型

在基于常权的信息融合评价方法的基础上发展起来的基于分区变权理论的煤矿底板突水评价方法，不仅能够考虑多种主控因素及其对应的不同权重，而且可定量地确定同一因素处于不同状态值的对应权重。应用分区变权模型确定煤层底板突水同一主控因素处于不同状态值的“变权权重”，具体包括如下步骤：

1. 分区状态向量的构建

状态变权向量是构建变权评价模型的关键步骤。总结各主控因素变权评价特征，依据惩罚指标值对底板突水起阻碍作用、奖励指标值对底板突水起促进作用的原则，构建符合突水客观规律的分区状态变权向量。结合以上分析，确定底板突水同一因素的状态变权向量的数学式（5-34），同一因素状态变权向量曲线如图 5-19 所示。

$$S_j(X) = \begin{cases} e^{a_1(d_{j1}-x)} + c - 1 & x \in [0, d_{j1}) \\ c & x \in [d_1, d_{j2}) \\ e^{a_2(x-d_{j2})} + c - 1 & x \in [d_{j2}, d_{j3}) \\ e^{a_3(x-d_{j3})} + e^{a_2(d_{j3}-d_{j2})} + c - 2 & x \in [d_{j3}, 1] \end{cases} \tag{5-34}$$

式中 c，a_1，a_2，a_3——调权参数；

d_{j1}，d_{j2}，d_{j3}——第 j 个因素变权区间阈值。

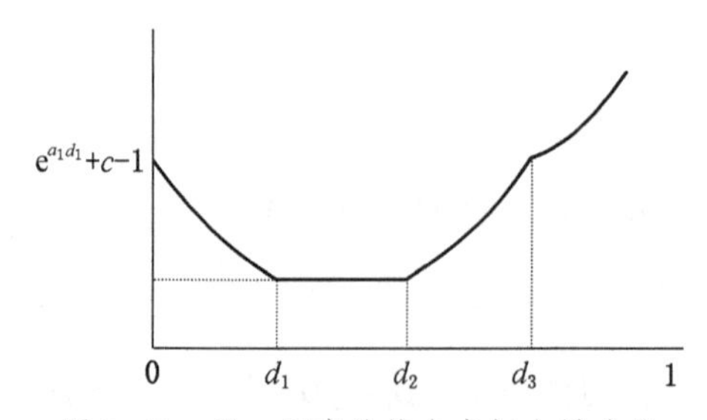

图 5-19 同一因素的状态变权向量曲线

此状态变权向量为指数型向量。状态变权向量的 a 值越大，一旦因素状态值小于区间阈值 d_{j1}，则对该因素的惩罚越大，对突水的阻碍作用也就越大；而当因素状态值大于区

间阈值 d_{j2} 时，其受到激励越大，越促进突水的发生。对于调整水平 C 来说，一般 C 越小，惩罚与激励的程度就越显著，反之则越不明显。变权区间阈值 d_{j1}、d_{j2}、d_{j3} 则将同一因素状态值划分为 4 个区间，依次为：$[0, d_{j1})$ 属于惩罚区间，$[d_{j1}, d_{j2})$ 属于不变区间，$[d_{j2}, d_{j3})$ 属于初激励区间，$[d_{j3}, 1]$ 属于强激励区间。

2. 状态变权向量区间阈值的确定

应用变权模型进行煤层底板突水脆弱性评价时，需要首先确定各主控因素的变权区间，变权区间决定着对研究区突水各主控因素的哪些指标值进行何种类型的权重调整。依据一定的机制，按状态值的不同，将各因素状态值划分为“初激励”“强激励”“惩罚”和“不变”4 个区间，以达到分区变权的目的。但目前变权区间阈值的确定是一个难点，尚没有统一的分析确定方法。本书根据煤层底板突水各主控因素指标值在空间分布上存在差异，同时也具有一定的相似性，提出一种确定变权区间阈值的方法——*K*-均值聚类法。

该法核心思想是，在数据集中随机选取 *K* 个数据点作为初始簇中心，依次计算集中数据点到每一个初始簇中心的距离。依据距离最短原则，数据点被划分到离初始簇中心最近的簇集。然后重复上述算法，分别计算每个簇集新的中心。如此迭代，直至新的中心不再发生变化，则说明聚类算法收敛。否则需重新确定初始簇中心，重新划分所有数据点，直至满足要求。*K*-均值聚类算法流程如图 5-20 所示。

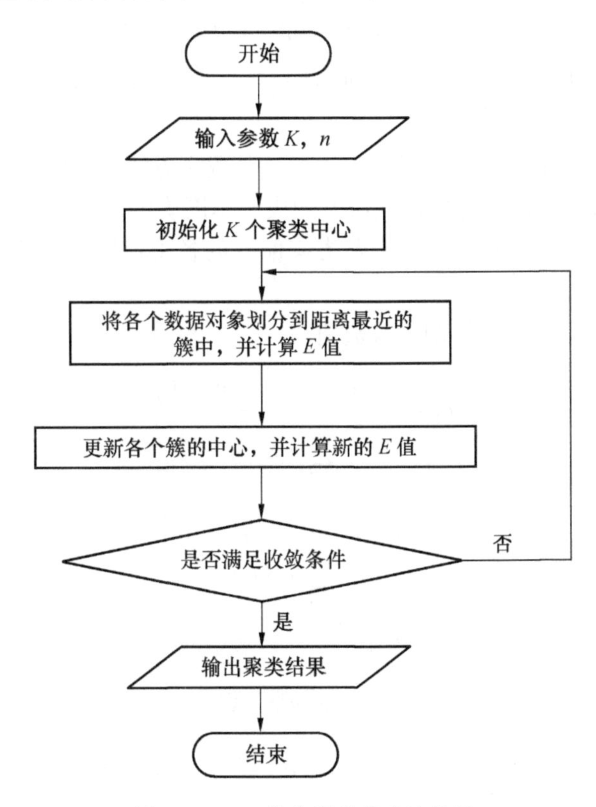

图 5-20 *K*-均值聚类算法流程图

利用 *K*-均值聚类法对各主控因素数据进行分类处理。依据状态变权向量的需要，将分类类别确定为 4 类，根据分类结果确定各主控因素指标值分类临界值（f_{j1}，f_{j2}，f_{j3}，f_{j4}，

f_{j5}，f_{j6}），并按计算公式（5-35）确定各因素变权区间阈值。

$$d_{j1}=\frac{f_{j1}+f_{j2}}{2} \tag{5-35}$$

$$d_{j2}=\frac{f_{j3}+f_{j4}}{2} \tag{5-36}$$

$$d_{j3}=\frac{f_{j5}+f_{j6}}{2} \tag{5-37}$$

式中　d_j——第 j 个因素的变权区间阈值；

f_j——聚类分级中第 j 个因素的指标值的分类临界值。

3. 状态变权向量调权参数的确定

构建状态变权向量关键一步是对其调权参数进行确定，这些参数能够对权重的变权效果进行控制和调节，起到相应的“惩罚”“激励”作用。但是由于变权理论的研究还不完善，目前关于模型调权参数确定的相关研究还很少。本书提出一种能够实现预期调权效果的煤层底板突水变权评价模型中调权参数的确定方法，其技术步骤如下：

（1）选取或给定符合约束条件的一个评价单元格。在已求得变权区间阈值的前提下，选定的评价单元应满足的约束条件如下：因素状态值分别为 x_1，x_2，x_3，…，x_n，其中存在 x_1 位于惩罚区间，x_2 位于不惩罚不激励区间，x_3 位于初激励区间，x_4 位于强激励区间，其他因素状态值所在的区间没有限制，同时 n 个因素的常权权重值（w_1^0，w_2^0，w_3^0，…，w_n^0）已知。

（2）确定选定评价单元的理想变权权重值。其确定方法可以综合考虑各因素指标值的作用及咨询相关专家确定，也可根据决策者的决策态度确定。确定选定评价单元的常权权重（w_1^0，w_2^0，w_3^0，…，w_n^0）和满足决策者决策偏好的各主控因素理想变权权重（w_1，w_2，w_3，…，w_n）。

（3）根据以下参数公式求解调权参数值。

$$w_1=\frac{w_1^0[e^{a_1(d_{11}-x_1)}+c-1]}{\sum_{j=1}^{n}w_j^0S_j(X)} \tag{5-38}$$

$$w_2=\frac{w_2^0c}{\sum_{j=1}^{n}w_j^0S_j(X)} \tag{5-39}$$

$$w_3=\frac{w_3^0[e^{a_2(x_3-d_{32})}+c-1]}{\sum_{j=1}^{n}w_j^0S_j(X)} \tag{5-40}$$

$$w_4=\frac{w_4^0[e^{a_3(x_4-d_{43})}+e^{a_2(d_{43}-d_{42})}+c-2]}{\sum_{j=1}^{n}w_j^0S_j(X)} \tag{5-41}$$

$$a_1=\frac{1}{d_{11}-x_1}\ln\left[\frac{w_1w_2^0-w_2w_1^0}{w_2w_1^0}c+1\right] \tag{5-42}$$

$$a_2=\frac{1}{x_3-d_{32}}\ln\left[\frac{w_3w_2^0-w_2w_3^0}{w_2w_3^0}c+1\right] \tag{5-43}$$

$$a_3=\frac{1}{x_4-d_{43}}\ln\left[\frac{w_4w_2^0-w_2w_4^0}{w_2w_4^0}c+2-\left(\frac{w_3w_2^0-w_2w_3^0}{w_2w_3^0}c+1\right)^{\frac{d_{43}-d_{42}}{x_3-d_{32}}}\right] \tag{5-44}$$

令 $k_1=\frac{w_2^0-w_2^0(w_1+w_2+w_3+w_4)-w_2(w_5^0+w_6^0+w_7^0)}{w_2w_5^0}$，$k_2=\frac{w_1w_2^0-w_2w_1^0}{w_2w_1^0}$，$k_3=\frac{d_{51}-x_5}{d_1^1-x_1}$，则

$$k_1c=(k_2c+1)^{k_3}-1 \tag{5-45}$$

式中 x_1，x_2，x_3，…，x_n——因素指标值；

d_{11}，d_{12}，d_{13}，…，d_{n1}，d_{n2}，d_{n3}——变权区间阈值；

$w_1^{(0)}$，$w_2^{(0)}$，$w_3^{(0)}$，…，$w_n^{(0)}$——因素常权权重值；

w_1，w_2，w_3，…，w_n——因素变权权重值。

4. 各主控因素的变权权重的确定

应用分区变权模型确定各主控因素的变权权重，其数学表达为

$$W(X)=\frac{w_0\cdot S(X)}{\sum_{j=1}^{m}w_j^{(0)}S_j(X)}=\left(\frac{w_1^{(0)}S_1(X)}{\sum_{j=1}^{m}w_j^{(0)}S_j(X)},\ \frac{w_2^{(0)}S_2(X)}{\sum_{j=1}^{m}w_j^{(0)}S_j(X)},\ \cdots,\ \frac{w_m^{(0)}S_m(X)}{\sum_{j=1}^{m}w_j^{(0)}S_j(X)}\right) \tag{5-46}$$

式中，$W(X)$ 为 m 维分区变权向量；$S(X)$ 为 m 维分区状态变权向量；$W_0=[w_1^{(0)}, w_2^{(0)}, \cdots, w_m^{(0)}]$，为任一常权向量。

5. 基于分区变权理论的脆弱性评价模型建立

在影响煤层突水主控因素体系建立的基础上，利用基于分区变权理论的脆弱性指数法，不仅可以考虑前面提到的多种主控因素和其对应的不同权重，而且可定量确定同一因素处于不同状态值的对应权重。其煤层底板突水脆弱性指数模型如下：

$$VI=\sum_{i=1}^{m}w_i(Z)\times f_i(x,y)=\sum_{i=1}^{m}\frac{w_i^{(0)}S_i(Z)}{\sum_{j=1}^{m}w_j^{(0)}S_j(Z)}f_i(x,y)$$

$$\sum_{j=1}^{m}w_j(Z)=1 \tag{5-47}$$

式中 VI——脆弱性指数；

w_i——影响因素变权向量；

$f_i(x,y)$——单因素影响值函数；

(x,y)——地理坐标；

$w^{(0)}$——任一常权向量；

$S(Z)$——m 维分区状态变权向量。

5.5 煤层底板突水评价信息系统

为更进一步揭示煤层底板突水机理，并将研究评价应用到实际当中，应用计算机等设

备和软件系统，研发了具有数据存储、数据处理、图形生成、成果显示等强大功能的煤层底板突水评价信息系统，实现了煤层底板突水评价的信息化和自动化。

该系统建立有功能强大的矿井水文地质数据库管理系统，能够对矿井海量原始资料进行有效存储和管理。由于以往矿井资料往往是纸质版，不易保存，并且因人事变更或其他原因，水害防治技术成果和专业经验等宝贵资源往往不能很好地继承，不利于防治水资料累积、经验存贮、专家知识库的积累和使用。为此该系统建立的矿井水文地质属性数据库和空间数据库，实现了矿井数据的存储和共享，提高了煤矿的管理水平与效率，弥补了数据存储和管理经验方面存在的不足。

该系统具有强大的数据分析和处理功能。在数据分析和处理方面，主要是指：

（1）能够对海量数据进行分析处理，为各主控因素专题提供基础数据，进一步分析数据生成反映各主控因素时空分布特征的专题。

（2）能够分析处理各主控因素构建的判断矩阵等数据，确定各主控因素影响煤层底板突水的权重，主要方法包括 AHP 法和 ANN 法。

（3）能够耦合叠加各主控因素专题，分析各专题时空分布数据，得出煤层底板突水危险性评价分区。

该系统具有图像生成和图像显示功能。这主要体现在各主控因素专题图的自动生成和分级显示、脆弱性指数法评价分区图的生成和分级显示、突水系数法评价分区图的生成和分级显示等。自动生成的图像，能够直观展示各因素和评价结果等的时空分布特征。

另外，该系统还具有可视化操作界面，所见即所得，方便用户理解和操作等。

5.5.1 系统开发环境和平台

1. 系统开发环境

系统的硬件环境：32 位 PC 处理器，内存 1 G 以上，硬盘 100 G 以上，1024 * 768 * 256 色的彩色设备。

系统的软件环境：中文 WindowsXP/7/8/10。

2. 系统开发平台的选择

系统采用微软提供的 Visual Studio 2008（VS2008）开发环境，用 C#语言编写程序。借助目前世界最大的 GIS 供应商 ESRI 的 9.3 系列产品，采用 ArcEngine9.3（AE）进行二次开发。其包含了 ArcObjects 的核心功能，可提供各种 GIS 的定制开发，满足应用软件对于 GIS 的需求，包括 MapControl、PageLayoutControl、TOCControl 等控件，可方便地在各种常见的开发平台下集成开发。

5.5.2 系统功能简介

1. 基本 GIS 功能模块

本系统可以实现 GIS 基本的图层管理、地图浏览等操作。

（1）图层管理功能——主要包括另存为图层和关闭图层功能。

（2）地图浏览功能——包括地图的放大、缩小、漫游、全图、选择功能。

2. 数据库管理

该模块可以实现对水文地质基础数据的存储、修改、删改、查询、刷新和导出，主要包括属性数据库和空间数据库两大部分。

1）属性数据库

含水层水压、含水层富水性、有效隔水层等效厚度及矿压破坏带下脆性岩厚度四大主控因素专题均需提取钻孔相关资料生成，这些资料保存在 Access 数据库表中，详细数据库设计见表 5-15~表 5-18。

表 5-15 含水层水压

字段名称	数据类型	字段大小	索引	备注
ID	自动编号	长整型	有（无重复）	
钻孔编号	文本	255	无	
钻孔名称	文本	255	无	
X	数字	双精度型	无	X 坐标
Y	数字	双精度型	无	Y 坐标
ShuiYa	数字	双精度型	无	水压值

表 5-16 含水层富水性

字段名称	数据类型	字段大小	索引	备注
ID	自动编号	长整型	有（无重复）	
钻孔编号	文本	255	无	
钻孔名称	文本	255	无	
X	数字	双精度型	无	X 坐标
Y	数字	双精度型	无	Y 坐标
FuShuiXing	数字	双精度型	无	富水性值

表 5-17 有效隔水层等效厚度

字段名称	数据类型	字段大小	索引	备注
ID	自动编号	长整型	有（无重复）	
钻孔编号	文本	255	无	
钻孔名称	文本	255	无	
X	数字	双精度型	无	X 坐标
Y	数字	双精度型	无	Y 坐标
YouXiaoDengHou	数字	双精度型	无	等效厚度

表 5-18 矿压破坏带下脆性岩厚度

字段名称	数据类型	字段大小	索引	备注
ID	自动编号	长整型	有（无重复）	
钻孔编号	文本	255	无	
钻孔名称	文本	255	无	
X	数字	双精度型	无	X 坐标
Y	数字	双精度型	无	Y 坐标
CuiHou	数字	双精度型	无	脆性岩厚度

2）空间数据库

断层与褶皱轴分布、断层与褶皱轴交端点分布、规模指数、陷落柱分布等主控因素专题需要提供断层、褶皱轴、陷落柱等空间展布状况，这些资料需对矿方提供相关数据进行矢量化处理，提取出正断层线、逆断层线、背斜、向斜及陷落柱分布 shp 图，为相应主控因素专题图提供数据支撑，相关属性表设计见表 5-19~表 5-23。

表 5-19 正 断 层 线

字段名称	字段类型	备注
FID	Object ID	系统自带 id
inner	Double	破碎带范围
outer	Double	影响带范围
DuanJu	Double	断距
DZid	Short Integer	Id

表 5-20 逆 断 层 线

字段名称	字段类型	备注
FID	Object ID	系统自带 id
inner	Double	破碎带范围
outer	Double	影响带范围
DuanJu	Double	断距
DZid	Short Integer	Id

表 5-21 背 斜 线

字段名称	字段类型	备注
FID	Object ID	系统自带 id
zhezhou	Double	影响带范围
DZid	Short Integer	Id

表 5-22 向 斜 线

字段名称	字段类型	备注
FID	Object ID	系统自带 id
zhezhou	Double	影响带范围
DZid	Short Integer	Id

表 5-23 陷 落 柱

字段名称	字段类型	备注
FID	Object ID	系统自带 id
Buffer	Double	影响带范围

3. 突水主控因素专题图模块

该模块可以生成影响煤层底板突水的各主控因素专题图，包括含水层水压、含水层富水性、有效隔水层等效厚度、矿压破坏带下脆性岩厚度、断层和褶皱分布、断层和褶皱交端点分布、断层规模指数和陷落柱分布各单因素专题图。

4. 煤层底板突水的脆弱性指数法评价模块

该模块主要包括两大部分，第一部分是利用 AHP 法和 BP 神经网络方法进行数学建模，确定各主控因素影响煤层底板突水的权重；第二部分是耦合叠加，即结合各主控因素专题及其对应权重进行耦合叠加分析，得出煤层底板突水脆弱性评价分区：脆弱区、较脆弱区、过渡区、较安全区、相对安全区。为了保证评价拟合精度，该模块实现了根据煤层底板突水脆弱性指数调整分区阈值，实现对煤层底板突水的脆弱性动态分区，对评价结果可以导出为图片进行保存。

5. 煤层底板突水的突水系数法评价模块

该模块可以实现突水系数法对煤层底板突水评价。一方面可以对隔水层厚度专题和含水层水压专题进行叠加和数据分析，得出整个研究区突水系数评价分区；另一方面对研究区任意位置点的水压和隔水层厚度进行输入，可以计算突水系数及所属评价分区。

6. 信息查询模块

该模块分 2 个子模块：脆弱性指数法评价中各空间点对应属性信息查询模块和突水系数法评价中各空间点对应属性信息查询模块。

（1）脆弱性指数法评价中各空间点对应属性信息主要包括：煤层底板的含水层水压、含水层富水性、有效隔水层等效厚度、矿压破坏带下脆性岩厚度、断层和褶皱分布、断层和褶皱交端点分布、断层规模指数和陷落柱分布等各单因素值，以及煤层底板突水脆弱性指数值（图 5-21）。

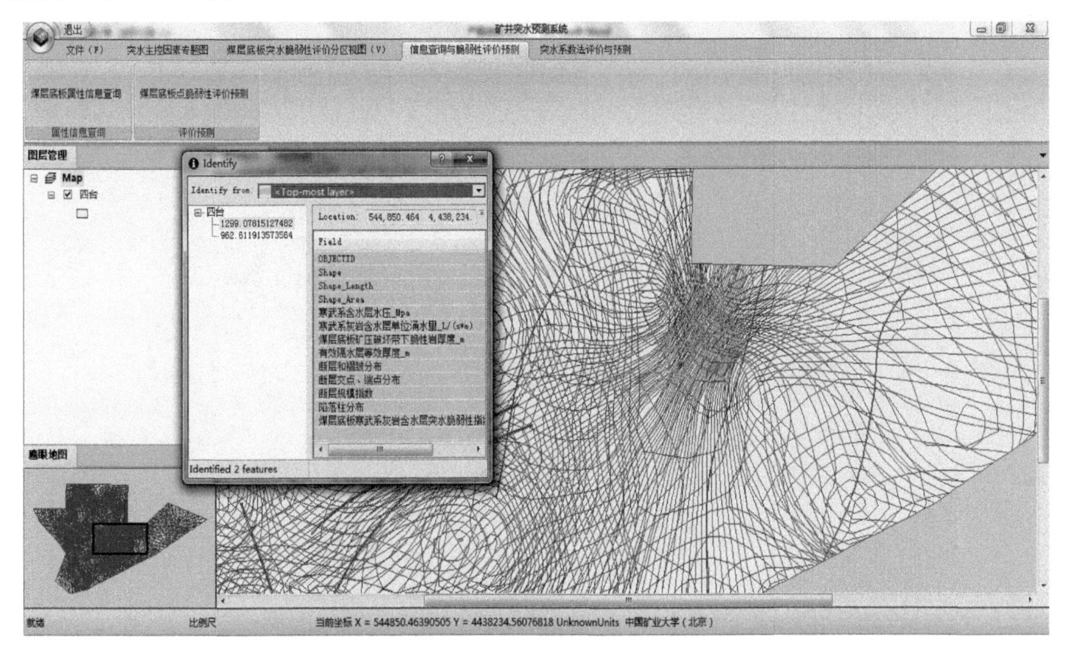

图 5-21 脆弱性指数法空间点对应属性信息查询

（2）突水系数法评价中各空间点对应属性信息主要包括：煤层底板隔水层所承受的水压、煤层底板隔水层厚度以及煤层底板突水系数值（图 5-22）。

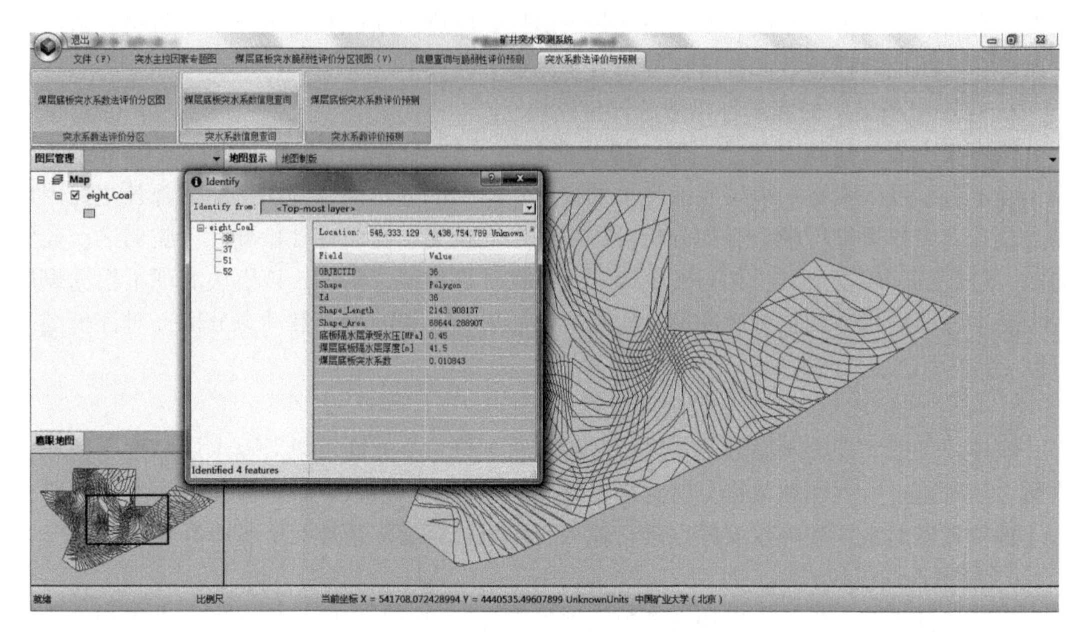

图 5-22　突水系数法空间点对应属性信息查询

6 煤巷掘进前方小构造预测预报技术方法

小构造对矿井采掘和安全生产有极大的影响，矿井小构造预测预报是一项难度极大的研究课题。本章依据与小构造相关的煤层变化信息特征，引入先进的人工神经网络技术，建立矿井小构造预测模型，对煤巷掘进前方小构造进行预测预报。

6.1 矿井小构造预测的意义

小构造一般是指断层落差小于 5 m 的小断层或一些发育规模较小的裂隙、溶隙。在矿井生产过程中，区域性边界大断裂决定井田的构造轮廓，也是煤田或井田的划分依据；中型断层是井田的主要构造，影响水平、采区的划分和主要巷道的布置。小构造同样对工作面回采和巷道开掘具有极大的影响：①影响矿井煤层的可采性，增加矿井施工巷道的掘进量；②破坏煤层顶、底板的稳定性，形成较为隐蔽的涌水通道。这些通道轻则使生产矿井涌水量明显增大，增加矿井的排水费用，提高吨煤成本；重则造成部分巷道、部分工作面甚至整个矿井突水被淹，给国家和人民生命财产造成巨大损失。

6.2 矿井小构造预测的基本原理

环套理论是经典的康托集合论与现今的模糊集合论相结合的产物，它把事物特征的精确表述与人思维分析判断的逻辑递推聚焦性地联系在一起，从事物的局部特征组合落影去揭示客观事物真貌，使客体固有的特性与主体的逐步认识之间的矛盾得到了统一（详见 5.1.2.1）。环套原理是系统工程用于预测实践的切实可行的方法。

矿井小构造预测预报是一项难度极大的研究课题，由于其发育规律的隐蔽性和发育规模的有限性，一般不易被探测。而煤层作为整个煤系沉积地层的一部分，在整个地质历史演变过程中，与其他沉积地层一样，同样经受了一系列的地质构造运动，因而煤层中也必然保留了大量的构造运动痕迹，例如断裂带附近裂隙产状变化和煤层本身的形变、位移、厚度变化以及瓦斯聚集量的变化等。为此，研究煤层中保留的构造运动痕迹，应用环套理论，对煤层变化特征信息进行叠加分析，综合判断巷道掘进前方的小构造，逻辑推理示意图如图 6-1 所示。为实现对煤层变化特征信息的叠加分析，确定巷道掘进前方是否存在小构造，引入具有强大信息处理功能的人工神经网络。ANN 是近年来兴起的一个高科技研究领域，是一种强大的非线性信息处理工具，有模拟人类大脑的学习、记忆、推理和归纳等功能（详见 5.3.5）。在煤层掘进过程中会暴露出各种与煤层小构造相关的信息，这些信息非线性相关，我们难以人为建立相互映射关系。由此，可采用 ANN 技术建立预测模型，对煤矿巷道掘进前方的小构造进行预测。

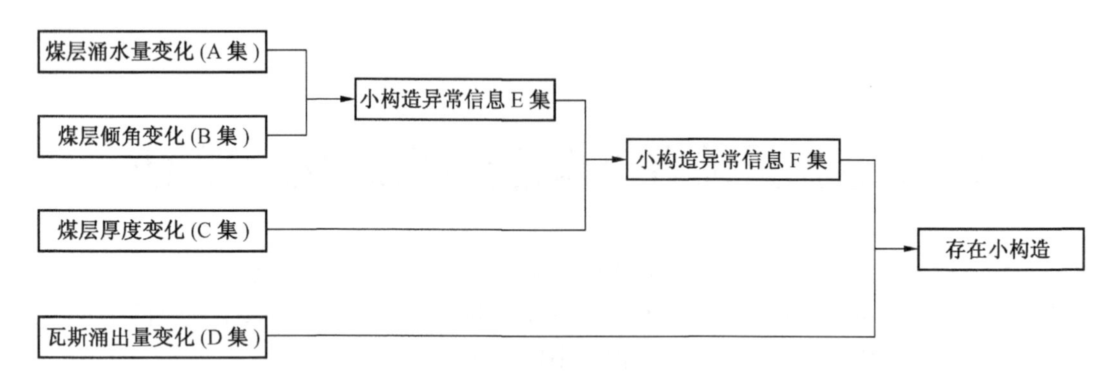

图6-1　环套原理找小构造逻辑推理图

6.3　矿井小构造预测的ANN物理概念模型

6.3.1　与小构造相关的煤层变化特征信息

由于煤比一般岩石质软，因而地质构造运动时煤层更易遭受变形破坏，对应煤层中保留的构造痕迹主要包括以下7个方面：

（1）煤层的裂隙类型的变化。在工作面回采过程中，如果发现所采煤层的裂隙由缓倾斜裂隙（$\alpha<30°$）或X型剪切裂隙（$\alpha=30°\sim44°$）逐渐变化为急倾斜裂隙（$\alpha=45°\sim80°$）甚至垂直裂隙（$\alpha=90°$），则应结合其他信息，注意回采前方可能存在小断层的错动。

（2）煤层倾角的变化。在断层部位，由于受牵曳作用影响，小构造两盘相互错动，使得在原状态下呈某一固定产状延伸的煤层倾角发生急剧变化。煤层的这种倾角变化相对正常带原倾角可变大也可变小，根据大量煤巷掘进实践证明，一般如掘进10 m，其煤层倾角变化大于0.6°时，就应该注意前方可能存在小构造。

（3）煤层厚度的变化。在漫长的地质年代，煤层受区域构造应力的作用可能产生流变，致使煤层厚度发生变化。在小构造部位，由于两盘相互错动，往往使煤层变薄，根据实践经验总结，一般当煤厚变化量大于正常背景厚度的20%时，掘进前方可能存在小构造。

（4）煤层瓦斯聚集量的变化。煤层瓦斯含量主要取决于煤层系统的封闭程度和完整性，如果煤层系统的开启程度差，封闭性好，贮集于煤层的瓦斯气体不易向外散发，那么瓦斯聚集量就大；相反，如果煤层系统的完整性受到诸如小构造错动等的破坏，使其裂隙发育，封闭性变差，煤层中的瓦斯气体就很容易逸出，瓦斯含量就偏低。因此，在煤层掘进过程中，如果发现煤层瓦斯聚集量由正常背景值突然急剧降低，就应注意前方可能存在小构造。

（5）煤层涌水量的变化。大量生产实践证明，导水断裂构造带是矿井涌水的一个重要通道，若导水断裂构造切割充水含水层组，那么靠近断裂构造带，涌水量就会明显增大，甚至可能造成突水淹井事故。因此，若掘进前方涌水量出现异常增大现象，则表明前方可能存在导水小构造。

（6）煤层温度的变化。张性和张扭性断裂带一般是地下水和地下热水运移的良好通道，它既可以使浅层水和上部凉水沿断裂带不断渗透到地下深层，使煤层温度降低，也可以使地下深处的热水或断层生成的热源不断地输送到浅部，使煤层温度升高。因此在回采过程中，如果煤层温度发生急剧的升降变化，也应注意开采前方可能存在小构造。

（7）煤层破碎程度的变化。在含煤建造遭受小构造破坏的同时，赋存于其中的煤层也必然发生破碎变形。煤层受小构造的切割错动，一般在构造影响带，煤层发生碎裂变形破坏，完整性大幅度降低，破碎程度急剧增加，煤层裂隙率明显变高。在构造影响带以外，煤层逐渐恢复到原来的完整状态。

6.3.2 ANN 物理概念模型

ANN 由输入层、隐含层和输出层 3 层网络组成，由于 3 层网络中引入了中间隐含层，每个隐含神经元可以按不同的方法来划分输入空间，从而形成更为复杂的分类区域，大大提高了神经网络的分类能力。

利用 ANN 进行矿井小构造预测时，采用理论趋于成熟的 BP 神经网络模型。上述 7 种构造痕迹为影响小构造的主控因子（因素），作为 BP 神经网络模型的输入层；以巷道掘进前方小构造预测危险性分区作为 BP 神经网络模型的输出层。由于煤层小构造危险性没有明确的指标界限，在此设定为正常区、影响区和破坏区 3 个区域，模型的输出使用矩阵表达的 3 个结点：正常区（{1，0，0}）、影响区（{0，1，0}）和破坏区（{0，0，1}）。由此确定小构造预测预报的网络结构，建立概念模型（图 6-2）。

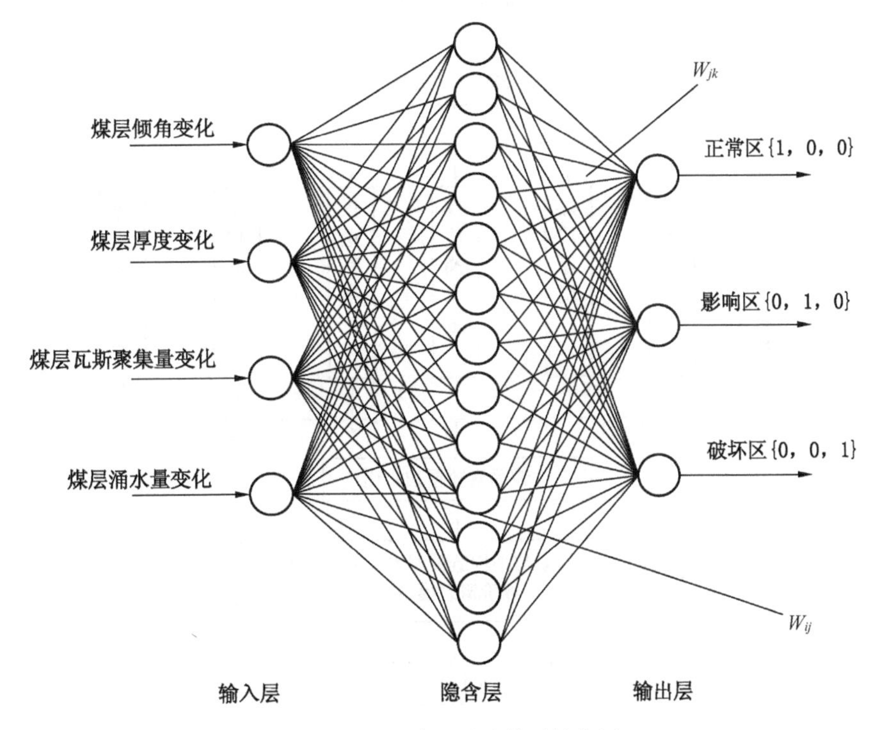

图 6-2 人工神经网络模型结构图

6.4 ANN 技术应用的具体工作程序

ANN 技术进行巷道掘进前方小构造预测时（图 6-3），首先，建立矿井小构造预测物理概念模型；其次，对收集到的数据在实验室进行分类处理，用一定量的已知数据样本对BP神经网络进行训练；最终，建立完整的数学模型，对得到的预测模型进行测试分析。整个预测评价过程基本由计算机自动完成，从而大大降低人为因素的干扰。为简化操作，方便应用，进一步研发小构造预测预报信息系统。

对小构造进行预测的过程如下：

（1）确定评价研究区。查明研究区井田地质情况，分析该区煤层的地质特征，找出影响该区煤层小构造的因素。

（2）收集数据。由于采用的是ANN技术中的BP神经网络模型，所以需要大量准确的样本数据。主要收集小构造附近煤层的相关信息，如煤层产状等以及矿区早期显现的特征等地质资料。

（3）参照收集得到的地质数据信息，选取影响该研究区煤层小构造的主控因素。

（4）对主控因素的样本数据筛选分类，进行归一化或无量纲化处理。

（5）结合收集到的资料信息及选取的主控因素确定小构造预测预报的网络结构，建立概念模型（图6-2）。

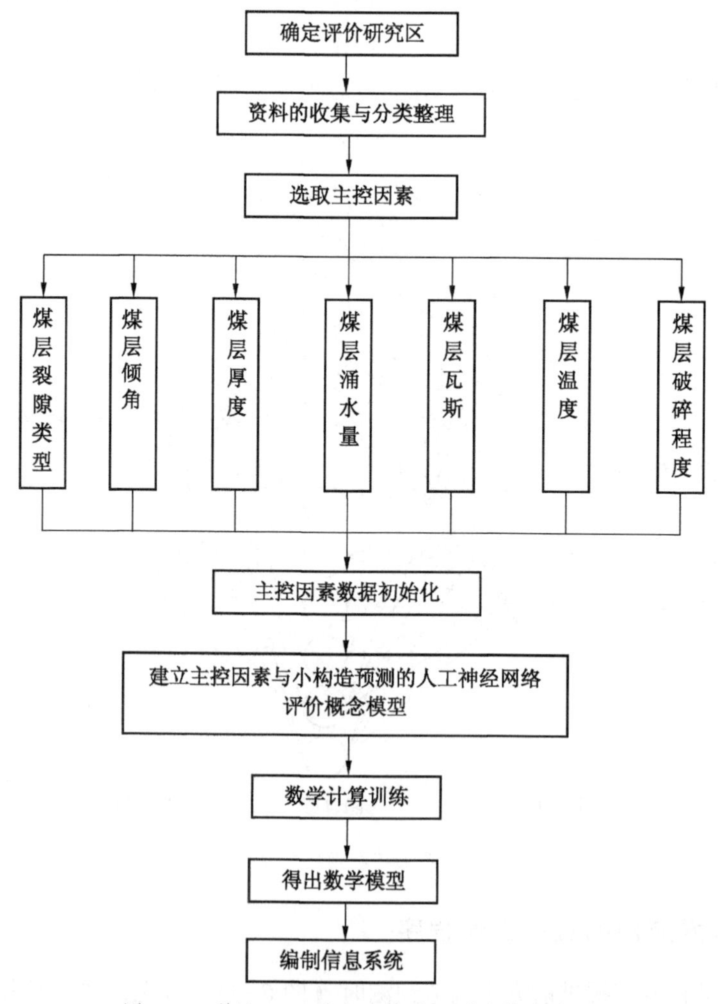

图6-3 利用ANN进行小构造预测的技术路线

（6）利用相关 ANN 程序（如 Matlab）对设计的 BP 神经网络模型进行训练学习。

（7）确定权重系数，建立完整数学模型。

（8）对得到的预测模型进行测试分析。

（9）制作应用软件——小构造预测信息系统。

7 岩溶陷落柱突水机理和危险性评价

我国的岩溶陷落柱多发育于华北的石炭-二叠纪地层，在我国北方 80 多个煤田之中，现揭露和探明的陷落柱总数已达数万个。现揭露的陷落柱绝大多数是不含（导）水的，有些只有少量淋滴水现象，可以很快进行疏干；但相关矿区内煤矿依然发生了多起陷落柱突水事故，导致淹井甚至淹没采区（表 7-1）。

表 7-1 陷落柱突水事故一览表

序号	矿区	突水地点	突水时间	最大突水量/($m^3 \cdot min^{-1}$)	损失程度
1	安阳矿区铜冶矿	103 工作面运输巷	1965 年 8 月 26 日	23	淹井
2	焦作矿区李峰矿	东 18 工作面	1967 年	120	淹井
3	开滦矿区范各庄矿	2171 工作面	1984 年 7 月 2 日	2053	淹井
4	皖北矿区任楼矿	7222 工作面	1997 年 3 月 4 日	576	淹井
5	徐州矿区张集矿	-300 m 水平轨道下山	1997 年 2 月 18 日	402	淹井
6	辉县市吴村矿	32031 工作面	1999 年 11 月 25 日	40	淹采区
7	邢台矿区东庞矿	2903 工作面	2003 年 4 月 12 日	1167	淹井
8	乌海矿区骆驼山矿	16 号回风大巷	2010 年 3 月 1 日	1200	淹井

相比较传统的顶、底板突水，岩溶陷落柱突水具有隐蔽性、突发性和滞后性等特点。如果事先未能查明陷落柱的存在及其含水性，采煤工作面接近或者揭露陷落柱时就有可能扰动陷落柱周边围岩而使陷落柱活化突水；即使做了大量的物探、化探工作，探明了陷落柱的存在，如果没有对陷落柱突水的危险性进行评价，也需耗费大量的人力、物力对陷落柱进行注浆封堵工作，同时由于留设保护煤柱还将造成资源浪费。

因此，确定影响陷落柱突水的指标因素，对陷落柱突水模式进行合理分类并确定各种类型陷落柱的关键隔水层，同时研究开采对陷落柱导水性的影响以及突水时围岩和地下水的时空演变过程等工作就显得十分紧迫。要解决这一系列问题，就必须从陷落柱的突水机理，尤其是在工作面开挖影响下的陷落柱突水机理着手，并在此基础上评价陷落柱突水危险性。

7.1 岩溶陷落柱内部结构及分类

7.1.1 岩溶陷落柱形态及特征

岩溶陷落柱的形态及特征是影响其突水机制的重要因素，已有很多地质工作者对其进行了相关研究并取得了一定的成果。根据勘查和生产过程中发现岩溶陷落柱的实际资料，可对岩溶陷落柱的形态进行详细描述，初步揭示岩溶陷落柱各方面的特征。

1. 地表出露特征

岩溶陷落柱在地表的出露主要包括3种形式：①在其发育过程中坍塌至上覆地层而出露；②由于后期地表岩层遭受风化剥蚀或沟谷冲刷作用而出露；③由于人类修建大型工程如铁路、公路等而被揭露。这些出露地表的岩溶陷落柱与周围岩层的岩性产状等都有所不同，也不同于常见的断层等地质构造，而是形成了一种奇特的地貌景观。先前的地质工作者将其命名为“丘状突起”“盆状凹陷”以及“柱状破碎带”等，并粗略描述了其内部充填物特征。

2. 形态的揭露特征

对于岩溶陷落柱形态的揭露主要有平面投影法、多截面垂直投影叠加法等方法，通过揭露资料，可以得到以下结论：在截面上，岩溶陷落柱通常呈现出椭圆形、近似圆形、近似三角形以及其他一些形态，以往观测资料显示大部分为椭圆形，此外在相关研究中还发现岩溶陷落柱的长轴方向与褶皱等构造的方向呈现一定的相关性。在剖面上，岩溶陷落柱通常为大小不一的圆柱体或圆锥体，其长轴直径一般为20～60 m，也有少部分能够达到100 m以上。岩溶陷落柱的中心轴一般垂直于岩层层面，但也有相当一部分不是直立的，主要是由于岩溶陷落柱穿过的各岩层产状和裂隙发育程度存在较大的差异。岩溶陷落柱的示意图和剖面示意图如图7-1和图7-2所示。

图7-1 岩溶陷落柱示意图

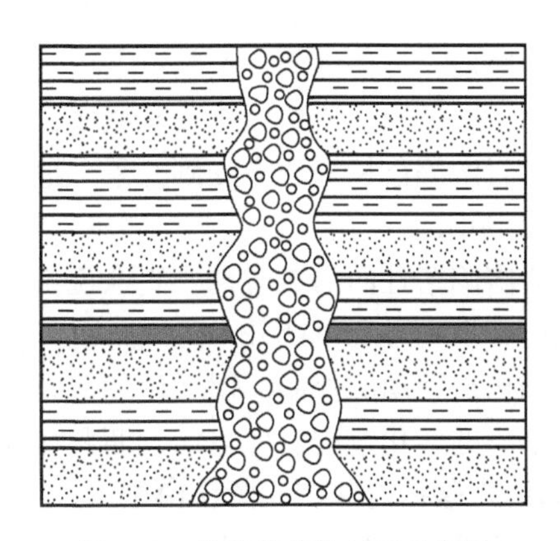

图7-2 岩溶陷落柱剖面示意图

3. 伴生特征

由于岩溶陷落柱形成的特殊地质背景及形成过程，岩溶陷落柱对柱壁围岩的作用不仅体现在塌陷致洞方面，还表现在对围岩的整体性破坏，围岩在集中应力的作用下发生断裂破坏而形成裂隙区，如果裂隙与原岩中的初始裂隙贯通，便有可能形成环绕陷落柱柱体的伴生裂隙带。裂隙带极端发育，甚至有可能形成断层。此类伴生构造经常被地质工作者在实际工程中发现，也成为实际工程中预判岩溶陷落柱的一个标准。岩溶陷落柱的伴生构造具有规模较小（落差一般小于5 m）、指向岩溶陷落柱发育等特点，与岩溶陷落柱形成时期的地质环境和围岩力学性质密切相关。

7.1.2 岩溶陷落柱发育过程

岩溶陷落柱的发育过程，即可溶性岩层在强侵蚀性地下水的作用下形成溶洞，上部岩体在地应力和高压地下水的共同作用下逐步塌陷，经过长时间的岩水相互作用而形成岩溶陷落柱。根据其发育过程中的力学效应可将其发育过程大致总结为以下 4 个阶段：

（1）孕育阶段。此阶段中，在奥灰或者个别寒灰岩地层内部，由于岩溶发育产生溶洞，破坏原岩的初始平衡状态，引起周边围岩的应力重新分布，从而使溶洞上方的应力急剧下降，同时使溶洞两侧壁围岩的应力突然升高，溶洞底部围岩应力集中；在高压地下水的作用下，溶洞上方覆岩和周壁产生不同程度的形变和破坏，地下水也可以随之导升，进而作用于上部岩体。在此过程中，岩溶陷落柱位置得以确定，柱体初步成型。

（2）加速发育阶段。在上一阶段的基础上，塌陷不断扩大而进入煤系地层，强度相对灰岩较小的煤系地层岩体开始塌陷至岩溶陷落柱以内，进而加剧了柱体顶部的应力降低和柱壁的应力集中。在柱壁周边集中应力和高压地下水的长期作用下，煤层向柱体内倾斜，从而形成环绕柱体的共轭剪节理。对于规模较大的岩溶陷落柱，在原本就比较破碎的岩层中，节理极易联通而形成破碎带，甚至可以形成小断层或伴生断层，成为力学上的弱面和水流的通道。

（3）发育衰退阶段。此阶段中，由于地下水文地质条件的变化，加之软弱岩体的蠕变和碎屑物质的填充，地下水和岩体的水岩相互作用逐渐减弱，向上的塌陷逐步减缓。柱边围岩在应力集中的长期作用下，其蠕变效应逐步显现，应力得以重新分布，从而柱顶的应力降低区相较之前逐渐减小，柱壁的应力集中现象也有所消散。

（4）发育停止阶段。柱壁围岩在集中应力的长期作用下进一步倾向于柱体，岩水相互作用进一步减弱，柱体内的充填物有了充足的条件进行压实和胶结。同时柱顶的应力降低区范围缩小，柱壁应力集中区进一步减弱，如果岩溶陷落柱所处位置的水文地质条件没有变化，同时岩溶陷落柱周边未受到开采、地震等动力扰动，整个岩溶陷落柱的各结构趋于稳定，发育停止。

关于岩溶陷落柱的形成时期一直众说纷纭，但其形成必然经历了比较漫长的时空演变过程；同时其发育过程可能并不连续，有可能是跨越式或者循环式发展的，这主要受水文地质条件和构造运动的控制。但无论如何，在其时空性上，对于工程来讲，可以基本不考虑岩溶陷落柱的转化过程，而只需判断其目前所处状态。

7.1.3 岩溶陷落柱内部结构概化模型

岩溶陷落柱内部结构具有多样性。首先，内部堆积物质多为灰岩以及煤系地层的岩石块体，但是不同岩溶陷落柱在岩层中的岩石塌陷距离不同，甚至同一岩溶陷落柱在不同岩层中的岩石塌陷距离也不相同；其次，在岩溶陷落柱中存在大量围岩中不存在的填充物质，其基质多由较细至极细的岩屑、岩粉和岩粒组成，填充物质在岩溶陷落柱不同高度上组分不同，风化程度各异，胶结程度也不同；最后，受集中应力作用的影响，在岩溶陷落柱柱壁的周边形成环绕柱体的裂隙带甚至伴生断层。故岩溶陷落柱内部结构不同于其原始地层，不能用一种简单的类型进行概化，需对其进行分段分析。

岩溶陷落柱的内部结构研究目前还不成熟，大多数是在巷道施工过程中掘进揭露。以赵各庄二号井为例，其井田地质情况为奥陶系灰岩岩溶裂隙含水层厚度比较大且富水性好，主采煤层 3 号煤属于带压开采状态。井田内断层以及岩溶陷落柱比较发育，施工过程中揭露了 DX17、X35 以及 X36 岩溶陷落柱。根据钻探和井巷揭露的结果，从岩溶陷落柱内部的充填情况来看，柱内充填基质由较细至极细的岩屑、岩粉以及黏粒等物质组成。这些物质包裹着大小各异的岩块，紧密胶结，堆积物无分选也没有层理。柱内的充填物具有明显的泥砾结构，大小不一，有明显棱角且排列杂乱无章。而对于九龙矿 15423 工作面垂直钻探所探查的隐伏导水陷落柱来说，其顶部多是含有碎屑物质的岩块，而底部碎屑物质较少且内部并无明显胶结段。同时，在已揭露和探查清楚的岩溶陷落柱中，经常出现柱内岩体相对完整而柱壁岩体破碎的现象，实践中也常常把揭露出现环状破碎带作为判断岩溶陷落柱的一项重要标准。

根据前人研究，本书提出了岩溶陷落柱的概化结构模型。如图 7-3 所示，一个典型的岩溶陷落柱包括堆石段、泥石浆段、岩块碎屑段和柱壁裂隙段 4 个不同的部分。各个部分既相互联系，又显示出力学和水力特征上的不同。

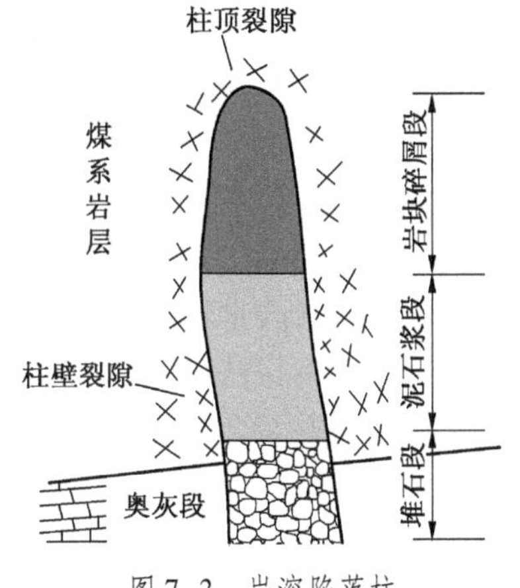

图 7-3 岩溶陷落柱内部结构概化模型

1. 堆石段

堆石段在岩溶陷落柱柱体的最下方，多位于奥灰、寒灰等岩溶陷落柱初始溶洞的发育地层，有时会部分甚至大部分潜入石炭-二叠的煤系地层。其堆积时期在岩溶陷落柱形成的初期，一般在孕育阶段的后期和加速发育阶段。原岩受到强烈的应力改变，导致塌落岩块体积较大；同时受到较强的动水压力作用，导致细小的岩屑、泥质物质等被水流带走，留下的塌落堆积物多为大、中型岩块。对于此段，一方面使其上部岩体的应力也发生重新分布，导致上部岩体继续塌陷；另一方面使岩溶地下水由巨型管流逐步改变为细小的裂隙流甚至逐步减弱为孔隙渗流，削减了动水能量，使动水条件转变为静水条件。由前文可知，堆石段中水流能否搬运走细小的岩屑、泥质物质等碎屑颗粒，即水流的搬运能力主要体现在两个方面，一是流体作用于颗粒上的推力，其主要取决于流体的流速，推力越大则其能搬运的颗粒越大；二是取决于流体流量的荷载力，荷载力越大则能搬运的沉积物越多。因为岩溶陷落柱多产生于地下水强径流带上，形成初期的流量有所保证，所以主要研究水流的流速。根据能量原理，地下水径流速度越大，堆石段的范围越大，因此此段的范围可以反映岩溶陷落柱形成初期的地下水活跃程度。但由于岩溶陷落柱中水流速度难以量测，堆石段上部又是良好的阻水介质，故把柱体内的含水段等效为岩溶陷落柱的堆石段。

岩溶陷落柱在形成初期受到水岩作用的影响，水岩作用在裂隙较大时主要为动水压力，表现为冲刷、搬运等，造成水流沿程水头损失，使水流的动能减小，同时水头压力也相应变小。裂隙面对水流的阻力与其粗糙度有关，粗糙度越大则水头损失愈大，这一结果与水压对岩体裂隙的楔劈作用的分析一致。相反，在裂隙变小时，水岩作用则主要表现为静水压力，会对岩体产生劈裂、水楔等作用，在底板承压水导升过程中同样需要克服裂隙扩展阻力。

2. 泥石浆段

泥石浆段在堆石段的上方，此段形成于岩溶陷落柱发育过程的发育衰退阶段，稳定于发育停止阶段。其形成的物质基础是煤系地层中存在的易于分解且能溶解于水的岩层，比如泥岩、页岩或者含泥质较多的灰岩等。塌陷之后这些岩层在固、液、气三相动力作用下迅速分解并且与水结合形成泥浆，泥浆与周围岩层的塌陷岩块共同组成泥石浆段的固体物质。泥石浆段一方面能够平衡地压、抑制围岩变形，并起到阻水、堵水的作用，灌入岩溶陷落柱柱体以内的泥石浆先阻断了地下水水源的上涌通道，后封堵了其他含水层和柱壁裂隙；另一方面，阻断水力联系后，在重力作用下，泥石浆开始固结、凝固和流变，逐渐形成类似泥质胶结的砾岩。一般来说，此段岩土体的黏粒含量高，胶结密实，渗透率低，不含水也不透水，厚度较大时抗渗能力强；同时体内裂隙多被填充，整体性较好，具有很高的阻水强度，属于岩溶陷落柱中的隔水段。但如果受开采扰动，水流也有可能压裂充填不完全的裂隙而发生导升，若与开采所产生的裂隙带导通，也存在活化突水的可能性。

3. 岩块碎屑段

岩块碎屑段位于岩溶陷落柱柱体的最顶部，此段形成于发育衰退阶段的后期，此时柱体下方被泥石浆段封死，无地下水作用而出现干式塌陷堆积，其颗粒级配比较大，既有较大的岩块，也有含量较多的碎屑物质。此段中岩块原层位多可辨，且同层岩块多连续排列成层，岩层基本保持连续性。此段主要对下层柱体起到盖压作用，裂隙一般比较发育，个别岩溶陷落柱甚至会出现空顶现象。若在此段周围进行开挖，一般不会发生突水事故，但需注意巷道的稳定性问题。

4. 柱壁裂隙段

柱壁裂隙段位于岩溶陷落柱的周边，具体说来可以分为岩溶陷落柱沿柱壁的压剪裂隙区和岩溶陷落柱顶部的拉剪裂隙区。在岩溶陷落柱发育的各个阶段，都经历了岩溶陷落柱柱壁的应力集中和柱顶的应力降低，应力的重新分布使岩溶陷落柱周边相应岩体发生了断裂破坏从而产生裂隙区。根据断裂力学原理，裂隙并非沿着原来的裂纹方向而是沿着与最大主应力相垂直的方向扩展。岩溶陷落柱存在的区域地应力多以垂直应力为主体，故在岩溶陷落柱产生的前期，柱壁裂隙的扩展方向多为朝向岩溶陷落柱方向的水平裂隙，而随着应力集中的加强和柱体临空面的产生，局部的最大主应力方向有可能转变为偏水平方向，扩展后的裂隙不再是直线形式，而变成了与岩溶陷落柱柱体平行的弧线形式。如果岩溶陷落柱柱壁周边相互临近的裂隙发生贯通，便在柱壁周边形成环形的裂隙带，假如裂隙带继续发展，则有可能产生岩溶陷落柱周边的小断层。柱壁裂隙带的存在，一方面吸收了部分集中应力，减缓了岩溶陷落柱的塌陷速度；另一方面却增加了柱壁围岩的破碎度，同时贯通后的裂隙带成为天然的地下水通道，大大增加了靠近岩溶陷落柱的巷道开挖工程和采掘工程的突水危险性。相比较而言，柱顶的裂隙相对简单，多为垂直方向的裂隙，一方面，其切割了原岩，为进一步塌陷提供了基础；另一方面，如果在柱顶进行工程施工，此段的存在减少了完整岩体的厚度，同时又为地下水导升提供了通道，因此需对此段进行密切的关注。

在岩溶陷落柱顶部和侧壁岩体中都发育有许多微细裂纹或裂隙，主要受承压水静水压力的影响作用，在表面产生拉应力而不断扩展和延伸。在此过程中，承压水静水压力释放出的能量一部分用于产生新裂隙面，另一部分则用于产生裂隙新的扩展位移。

7.1.4 岩溶陷落柱分类方案

由前文可知，岩溶陷落柱内部结构与其所处的发育阶段密切相关，由于其发育阶段的不连续性，岩溶陷落柱的内部结构也表现出差异，其各个部分的组合呈现出多样性。岩溶陷落柱具体分类方案见表 7-2，岩溶陷落柱示意图如图 7-4～图 7-11 所示。

表 7-2 岩溶陷落柱按照内部结构分类

岩溶陷落柱类型	结构组成	突水危险性	关键隔水段	举 例
堆石型	堆石段	极大	柱壁与工作面之间的隔水煤岩柱	东庞矿 X7 陷落柱
堆石裂隙型	堆石段+柱壁裂隙段	极大	裂隙带与工作面之间的隔水煤岩柱	任楼矿 A3 陷落柱
堆石泥石浆型	堆石段+泥石浆段	较小	工作面与堆石段之间的泥石浆段	刘桥一矿 A2 陷落柱
堆石泥石浆裂隙型	堆石段+泥石浆段+柱壁裂隙段	较大	裂隙带与工作面之间的隔水煤岩柱	西铭矿 X4 陷落柱
堆石碎屑型	堆石段+岩块碎屑段	较小	工作面与堆石段之间的岩块	范各庄矿 7 号陷落柱
泥石浆型	泥石浆段	小	泥石浆	通二矿 8 号陷落柱
综合型	堆石段+泥石浆段+岩块碎屑段+柱壁裂隙段	小	泥石浆	杨庄矿 3 号陷落柱
柱壁小断层型	柱壁存在裂隙扩展形成的小断层	较大	断层与工作面之间的隔水煤岩柱或泥石浆	刘桥一矿 A6 陷落柱

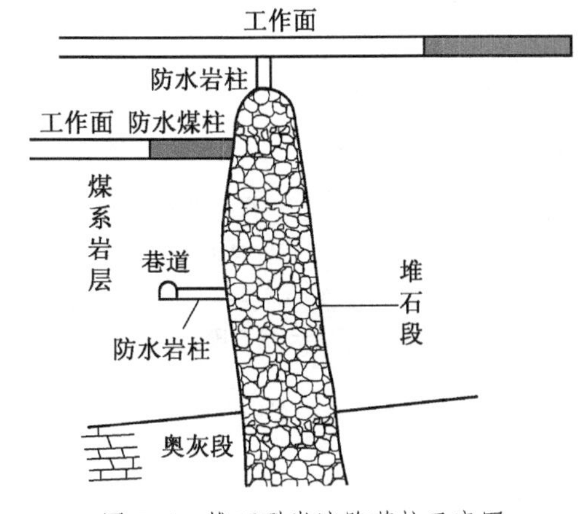

图 7-4 堆石型岩溶陷落柱示意图

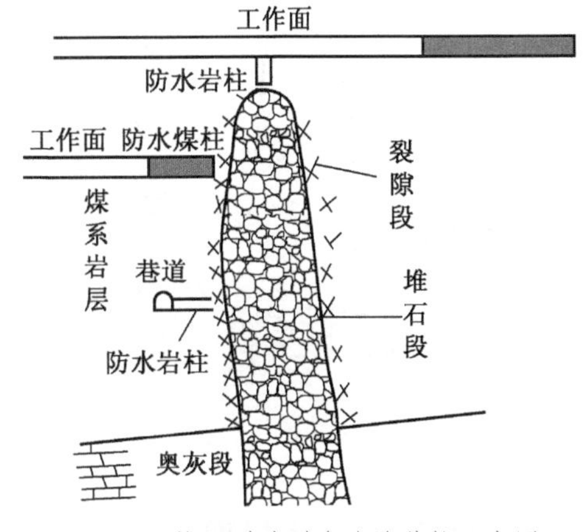

图 7-5 堆石裂隙型岩溶陷落柱示意图

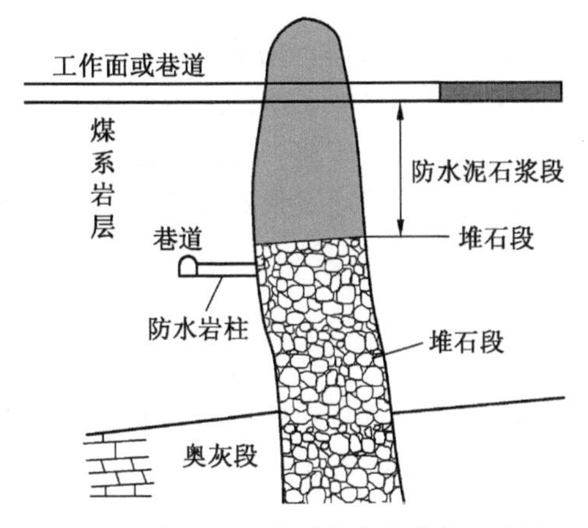

图 7-6 堆石泥石浆型岩溶陷落柱示意图

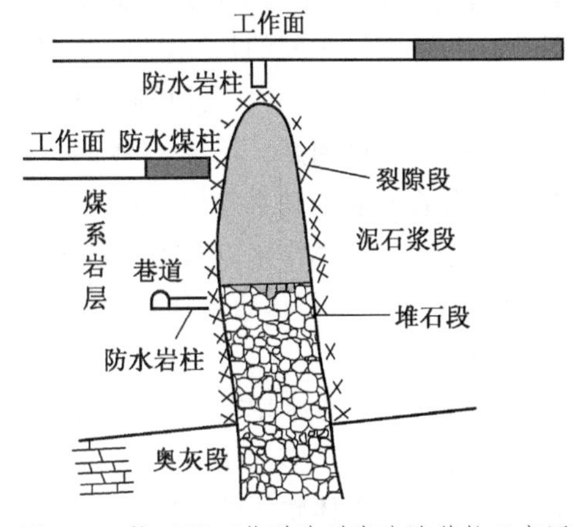

图 7-7 堆石泥石浆裂隙型岩溶陷落柱示意图

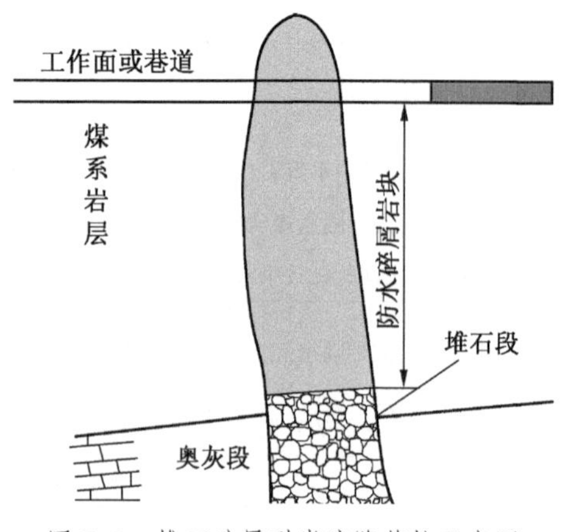

图 7-8　堆石碎屑型岩溶陷落柱示意图

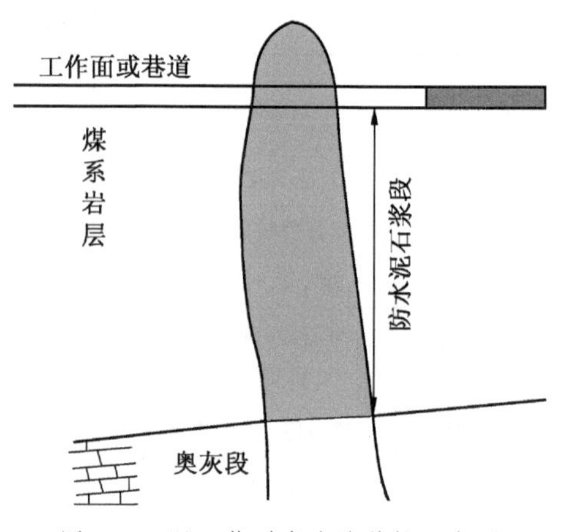

图 7-9　泥石浆型岩溶陷落柱示意图

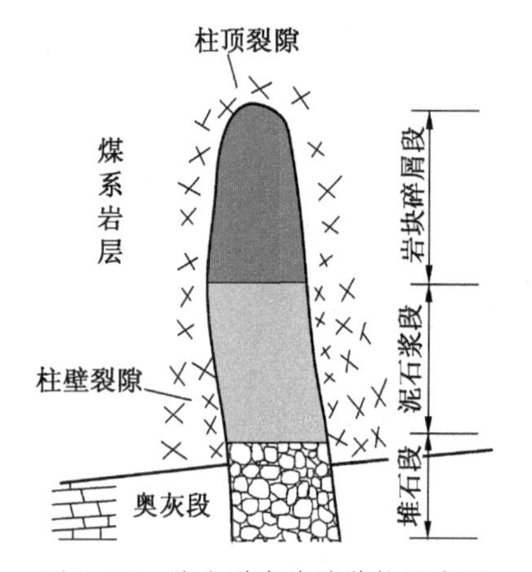

图 7-10　综合型岩溶陷落柱示意图

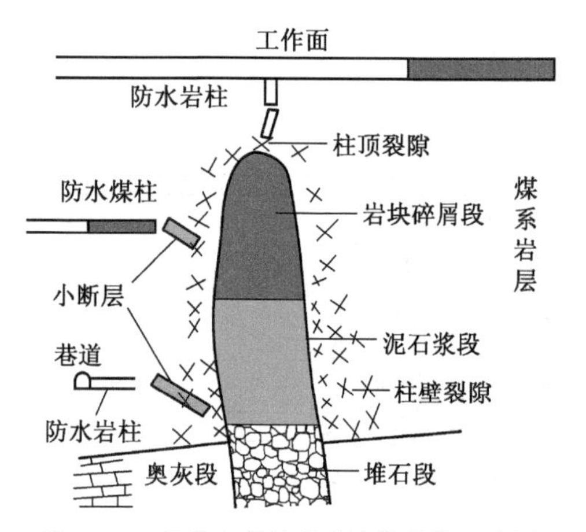

图 7-11　柱壁小断层型岩溶陷落柱示意图

7.2　岩溶陷落柱突水机理研究

7.2.1　地下水对煤岩体力学性质的影响

地下水与煤岩体之间的相互作用，不仅改变了煤岩体的物理、化学以及力学性质，而且改变了地下水的物理、力学性质和化学组分。所以对于煤岩体来说，地下水不仅是其所处的重要的地质环境因素，还是一种重要的地质营力。如前文所述，岩溶陷落柱多处于强径流带上，有着明显的动水条件和较大的静水压力，运动着的地下水对煤岩体产生 3 种作用，即物理作用、化学作用以及力学作用。

7.2.1.1　地下水对煤岩体的物理作用

1. 软化和泥化作用

岩石强度与岩石含水率密切相关，随着含水量的增加，岩石强度逐步降低，地下水水面以下的岩体长期处于饱和状态，地下水对岩体的软化作用不容忽视。对于较为完整的岩体，地下水降低了岩体整体的强度，其效果可表述为

$$\sigma_w = \eta k_w \sigma_0 \tag{7-1}$$

式中 σ_w——软化后的岩体强度；

σ_0——软化前的岩体强度；

η——岩石的强度折减系数，其取值大小与煤岩体的湿度有关；

k_w——岩石的软化系数，其取值只于岩石的岩性相关，$k_w<1$。

对于存在明显结构面的岩体，地下水对其软化作用主要表现在对结构面充填物物理性状的改变上，因为充填物对含水量的敏感程度远大于完整岩块，随着含水量的增加，充填物发生由固态向塑态甚至液态的弱化效应，此时结构面成为岩体强度的主控因素。尤其对于陷落柱中的泥石浆段和柱壁小断层，其充填物容易发生泥化。软化和泥化作用使岩土体的力学性能降低，其内聚力和摩擦角均减小。

2. 润滑作用

煤岩体内的地下水对岩体的不连续面的边界产生润滑作用，从而使岩体沿着不连续面产生剪切运动。反映在力学上，就是岩土体的摩擦角减小从而使不连续面的摩擦阻力减小而导致不连续面上的剪应力效应增强。

3. 有效应力作用

对于非饱和带的岩体，地下水强化岩体的力学性能。这是由于岩体中的地下水是处于负压状态的结合水，根据有效应力原理其有效应力大于岩体的总应力。而对于饱和带的岩体，地下水属于重力水，其有效应力小于岩体的总应力，此时地下水软化和润滑岩体，使岩体的强度减弱。

地下水对煤岩体的物理作用根据其综合力学效应可表示为

$$\Delta\tau=\sigma(\tan\varphi-\tan\varphi_w)+p_w\tan\varphi_w+(c-c_w) \tag{7-2}$$

式中 $\Delta\tau$——地下水引起煤岩体抗剪强度的降低值；

p_w——地下水水压力；

c，φ——煤岩体未被水流浸湿时的内聚力和内摩擦角；

c_w，φ_w——煤岩体被水流浸湿后的内聚力和内摩擦角。

7.2.1.2 地下水对煤岩体的化学作用

地下水对煤岩体的化学作用表现为地下水与煤岩体之间的溶解作用、溶蚀作用、氧化还原作用、离子交换、水解作用、水化作用、沉淀作用以及超渗透作用等。

地下水对煤岩体产生的化学作用不但体现在改变煤岩体的矿物组分，而且改变了煤岩体结构从而影响煤岩体的力学性质。需要注意的是，以上地下水对煤岩体产生的化学作用不是单独作用而是同时进行的。另外化学作用进行得速度很慢，故对一般工程来说不必考虑地下水的化学作用，但若是长期的井巷工程，在化学反应作用明显的地层，则不可忽视地下水对比如可溶性的石膏层、灰岩层等地层的化学作用。

7.2.1.3 地下水对煤岩体的力学作用

地下水主要通过静水压力和动水压力对岩土体的力学性质施加影响。

1. 静水压力对煤岩体力学性质的影响

静水压力指静止液体对接触面上作用的压力，属于表面力，具有大小、方向和作用点三要素，是空间位置和时间的标量函数，可表示为

$$p_w=\rho_w g(H-z) \tag{7-3}$$

式中 p_w——静水压力；

$\rho_w g$——地下水容重；

H——地下水水头；

z——位置高程。

静水压力指向裂隙面，使岩体裂隙发生劈裂，并同时使地下水在岩体中导升。

1）劈裂作用

静水压力对煤岩体的劈裂作用表现为，在静水压力指向裂隙面的作用下，使裂隙面受到沿裂隙方向的剪应力和垂直于裂隙方向的正应力作用。在这两种应力的共同作用下，若法向应力为拉应力，则会使裂隙扩展，劈裂裂隙。

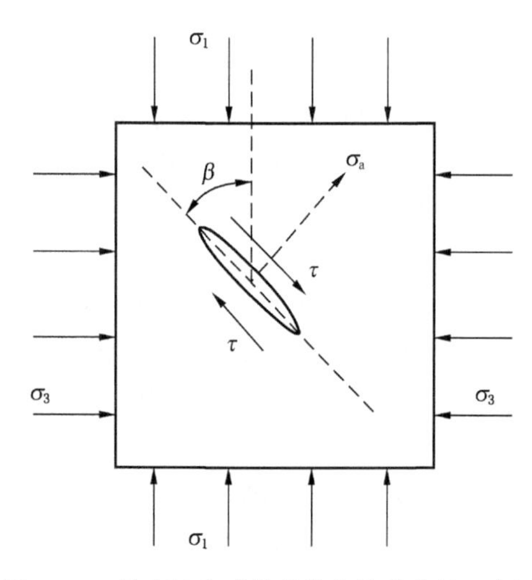

图 7-12　静水压力对煤岩体的劈裂作用示意图

如图 7-12 所示，以静水压力作用下的裂隙岩体为研究目标，裂纹的长度为 $2a$，裂纹长轴与 σ_1 之间的夹角为 β，岩体所受外力为垂直地应力 σ_1 和水平地应力 σ_3，所受静水压力为 p_w，则在裂纹面，存在

$$\begin{cases} \sigma_\beta = -\left(\dfrac{\sigma_1 + \sigma_3}{2} - \dfrac{\sigma_1 - \sigma_3}{2}\cos 2\beta - p_w\right) \\ \tau = -\dfrac{\sigma_1 - \sigma_3}{2}\sin 2\beta \end{cases} \tag{7-4}$$

由式（7-4）可知，当水压较小时，裂纹法向应力为压应力，此时裂纹在压应力作用下将闭合；随着静水压力的增大，法向应力逐渐由压应力转变为拉应力，裂纹开始逐渐扩展，此类问题属于断裂力学中的Ⅰ-Ⅱ复合型裂纹问题。根据线性叠加原理，此类问题的判据为 $K_{\mathrm{I}} + K_{\mathrm{II}} = K_{\mathrm{I}c}$。

由断裂力学 $K_{\mathrm{I}} = \sigma_\beta\sqrt{\pi a}$，$K_{\mathrm{II}} = \tau_\beta\sqrt{\pi a}$，代入整理可知，发生劈裂的临界静水压力为

$$p_{wc} = \frac{\sigma_1 + \sigma_3}{2} - \frac{\sigma_1 - \sigma_3}{2}\cos 2\beta + \frac{\sigma_1 - \sigma_3}{2}\sin 2\beta + \frac{K_{\mathrm{I}c}}{\sqrt{\pi a}} \tag{7-5}$$

特别的，当 $\beta = 90°$，即裂纹水平时，$p_{wc} = \sigma_1 + \dfrac{K_{\mathrm{I}c}}{\sqrt{\pi a}}$。说明水平裂纹的起裂临界静水压力随垂直地应力呈线性增加，同时随裂隙宽度增加而减小。

2）导升作用

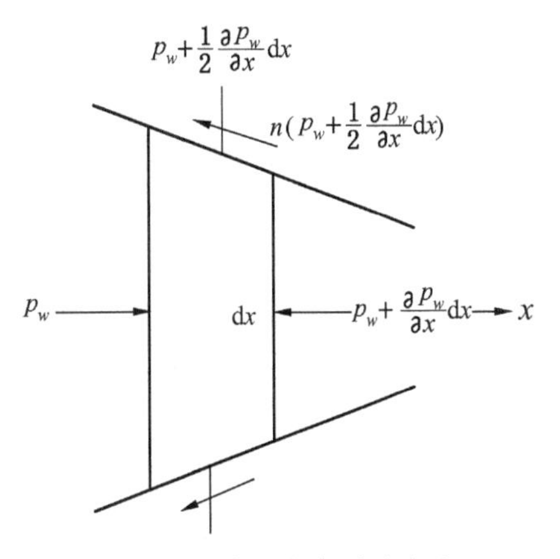

图 7-13 地下水在裂隙中的导升作用示意图

天然的煤岩层中有许多原生或者后生的裂隙，在静水压力的作用下，地下水会沿着裂隙上升至一定的高度，这种作用被称作地下水对煤岩层的导升作用。地下水在裂隙中的导升作用示意图如图 7-13 所示。

对于普通的裂纹，一般假设其曲率很大，可认为是平直的，则静水压力把水从初始位置挤入裂隙，使地下水位导升，其阻力为裂隙表面的阻力。假设裂纹宽度为 B，裂隙面粗糙系数为 n，由于静水压力与作用面的方向无关，由能量守恒，单位长度内，静水压力变量对裂隙宽度做的功等于阻力对裂隙两表面做的功，即

$$\frac{\partial p_w}{\partial x}B = -2p_w n \tag{7-6}$$

解之，可得承压水沿裂缝导升深度：

$$x = \frac{B}{n}\ln\frac{p_{w0}}{p_w} \tag{7-7}$$

式中，p_{w0} 为原始静水压力。由式（7-7）可知，原始静水压力越大，裂纹宽度越大，粗糙度越小，则导升越深入。同时可知，对完整岩体，地下水的导升效果有限。但当工作面开采后在含水层上方形成较大的裂隙时，地下水的导升高度将十分可观。

2. 动水压力对煤岩体力学性质的影响

动水压力是指在地下水水头差作用下，地下水沿裂隙运动产生阻力，为克服阻力而产生的对裂隙逼的作用力。动水压力是一种体积力，是空间和时间的矢量函数。单位体积岩体所受动水压力可表示为

$$D_p = \rho_w gJ$$

动水压力的方向与地下水流动方向一致，由其引起的裂隙水流对裂隙壁的拖曳力表示为

$$t_w = \frac{B}{2}\rho_w gJ$$

由动水压力引起的裂隙水流对裂隙充填物的拖曳力表示为

$$t_f = \frac{B}{2}n\rho_w gJ$$

当 t_w 足以破坏侧壁稳定性时，裂隙会扩容；当 t_f 足以使充填物移动时，物质会被搬运。这都在宏观上破坏了岩体的稳定性，降低了岩体的强度。

7.2.1.4 煤岩体对地下水的影响

岩体对地下水的影响主要表现在 2 个方面，其一是岩体中的矿物质与水发生化学反应，改变了地下水的化学成分，进而使地下水的侵蚀性发生改变；其二是岩体在其结构和性质被地下水改变之后渗透性发生变化，从而改变了地下水在岩体中的运移。

总之，岩体中水岩相互作用的结果就是岩体空隙度增大，裂隙扩展，强度降低；地下水在岩体中渗透性增强，逐步导升。

7.2.2 岩溶陷落柱突水模式分析

7.2.2.1 诱发岩溶陷落柱突水的营力

通过分析岩溶陷落柱的形成过程可知，岩溶陷落柱柱体内部的岩石性质和原岩地层的岩石性质有着明显的不同，则其所处地域的地应力亦与原岩初始地应力有明显不同。由于岩溶陷落柱多处于垂直地应力为主的地区，其作用大概可表示为以下3种：一是岩溶陷落柱柱体本身及其覆岩的重力作用；二是由于原岩塌陷而在柱壁形成的应力集中，其方向多是偏向岩溶陷落柱柱体的；三是高压地下水的水压力作用。就工程所处的时间效应来分析，可以认为前两项不变，而地下水水压力及其水位却是一个变量，故此条件可以作为诱发岩溶陷落柱突水的一种营力。

开采扰动是另一种诱发岩溶陷落柱突水的营力，其对岩溶陷落柱的影响主要表现在2个方面：一是开采扰动使工程面附近的煤岩体发生松动，产生裂隙，破坏原有隔水层的整体性并改变其厚度；二是开采扰动引起地下水的导升，使地下水沿着原有裂隙升高或者扩展至一定高度或宽度。

综上所述，诱发岩溶陷落柱突水的地质营力主要是地下水的水压力，人为营力主要是开采扰动。由此可以得出岩溶陷落柱突水的2种模式，一种是由地下水变化而引起的渗透失稳突水，另一种是由开采扰动而引起的开采失稳突水。

7.2.2.2 采掘工作面与岩溶陷落柱的位置关系

因开采扰动引起失稳而突水的岩溶陷落柱，可以按照其与采掘工作面的位置进行细分，大体可以分为以下3种情况：

1. 采掘工作面位于岩溶陷落柱顶部

岩溶陷落柱的顶端多发育至石炭二叠纪的煤系地层中，位于部分上组煤的底部，当采掘工作面位于这部分上组煤时，工作面会在顶部跨越岩溶陷落柱，这也是岩溶陷落柱具有隐伏性的原因。在此类情况下，岩溶陷落柱所引起的突水实质属于底板突水，其机理与煤层底板断层突水的机理相似，都是构造充当突水通道，开采扰动使工作面和构造顶部之间的隔水层发生破坏从而引发突水。但岩溶陷落柱突水和断层突水不同之处在于断层属于线状构造而陷落柱属于相对集中的点状构造。在此种采煤工作面和岩溶陷落柱位置关系下，发生突水的岩溶陷落柱一般属于前文中提到的堆石型陷落柱以及堆石裂隙型陷落柱，即柱体内部含（导）水的岩溶陷落柱。

2. 采掘工作面位于岩溶陷落柱导水段侧面

当采掘工作面位于岩溶陷落柱柱体穿过的煤层时，采掘工作面位于岩溶陷落柱的侧面。若开采水平位于岩溶陷落柱的非导水段，除非特殊的地质构造导通，一般不会出现突水；但若开采水平位于岩溶陷落柱的导水段，无论是巷道开挖还是工作面开采，都会减少工作面和岩溶陷落柱之间的防水煤岩柱厚度，若防水煤岩柱减小到一定程度，便有可能发生突水。此种采煤工作面和岩溶陷落柱位置关系下，发生突水的岩溶陷落柱一般属于前文中提到的堆石型陷落柱、堆石裂隙型陷落柱、堆石泥石浆型陷落柱的堆石段、堆石裂隙型陷落柱的堆石段或者综合型陷落柱的含（导）水段。此时，突水通道不仅可能是柱体，也有可能是贯通且含（导）水的柱壁裂隙带。

3. 采掘工作面穿越岩溶陷落柱的非导水段

由于岩溶陷落柱的隐伏性和不易探测性，若没有进行充足的前期探测工作，则在开采过程中有可能会揭露岩溶陷落柱。此时揭露的部分一定是岩溶陷落柱的非导水段，揭露过程中也一般不会出现大量的水，故在实际工程中一般都会快速施工穿越岩溶陷落柱。但是开挖过程中没有突水并不代表此岩溶陷落柱整体都不含水，可能是岩溶陷落柱中的隔水泥石浆段阻挡了水流，此时的隔水段变为岩溶陷落柱的含（导）水段即堆石段和工作面之间的泥石浆。由于其特殊的性质，泥石浆可能会发生蠕变从而导致滞后的突水。此种采煤工作面和岩溶陷落柱位置关系下，发生突水的岩溶陷落柱一般属于前文中提到的堆石泥石浆型陷落柱、堆石碎屑型陷落柱以及综合型陷落柱。

7.2.2.3 采掘工作面—岩溶陷落柱系统概化模型

目前关于岩溶陷落柱的研究主要在岩溶陷落柱的形成机理、岩溶陷落柱形态及伴生构造、岩溶陷落柱探查以及遇岩溶陷落柱时的施工处理和施工方法等方面，其中定性分析较多，定量分析相对滞后，机理性研究比较缺乏。造成此现状的突出原因是岩溶陷落柱的分布具有一定随机性，其形态和内部结构也十分多样。当采用理论分析、数值模拟等方法定量研究岩溶陷落柱突水灾害时，大多是针对具体工程和特定地质条件而进行，所得结论的普适性不足，很难推广使用。为了能够规律性地认识岩溶陷落柱的突水机理，准确开展岩溶陷落柱突水危险性评价，合理指导岩溶陷落柱所在矿区的施工和生产，有必要详细分析岩溶陷落柱的突水模式，对采掘工作面-岩溶陷落柱系统进行抽象概化，转化为典型的具有代表性的力学模型进行相应研究。

根据所分析岩溶陷落柱的内部结构及其尺寸大小、岩溶陷落柱所处的水文地质条件、采掘工作面与岩溶陷落柱的位置关系，结合前人研究，本书将采掘工作面-岩溶陷落柱系统转化为以下具有代表性的典型力学模型。

1. 弹性岩梁模型

对于采掘工作面位于岩溶陷落柱顶部的隐伏岩溶陷落柱，其空间形态大多数属于堆石裂隙型，当有采煤工作面在岩溶陷落柱影响范围内穿过时，岩溶陷落柱对采煤工作面稳定性的影响主要表现在采煤工作面与隐伏岩溶陷落柱之间隔水煤岩层的稳定性，若隔水煤岩层的厚度较小且岩性单一，则可以简化为弹性岩梁模型，如图 7-14 所示。此时，自重应力、岩溶充填水压力以及其他充填物压力均匀作用于岩梁之上。那么采煤工作面与隐伏岩溶陷落柱之间隔水煤岩层的稳定性问题就可以转化为均布荷载作用下弹性岩梁的失稳问题，此时可以利用突变理论来判定隔水煤岩层的稳定性。

2. 组合岩梁模型

采煤工作面与隐伏岩溶陷落柱之间隔水煤岩层的另一种组合形态是多种岩性组合且厚度均不可忽略。这时不同岩性的岩体组合就可以区分出相对的软岩和硬岩，两者力学和变形耦合，相互作用，不能分别对待，必须将其作为一个整体来研究。若软岩的厚度不大，便可将软硬组合隔水煤岩层作为组合岩梁，软硬煤岩层同步变形，同步发生断裂破坏。煤岩层在破坏过程中受垂直应力和水平应力的作用。此时组合隔水煤岩层的力学模型如图 7-15 所示，组合岩梁模型也可以利用突变理论来进行判定。

3. 层状煤岩体模型

采掘工作面穿越岩溶陷落柱的非导水段时，隔水段为工作面和岩溶陷落柱导水段之间的泥石浆。阻水作用由工作面以下的各种充填物质和岩块共同承担，此时可以将突水模型简化为若干层渗透系数不同的层状体，在开采和渗流产生的动力作用下发生非线性的破坏。此时隔水煤岩层的力学模型如图 7-16 所示，层状煤岩体模型可用岩体渗流失稳理论来进行判定。

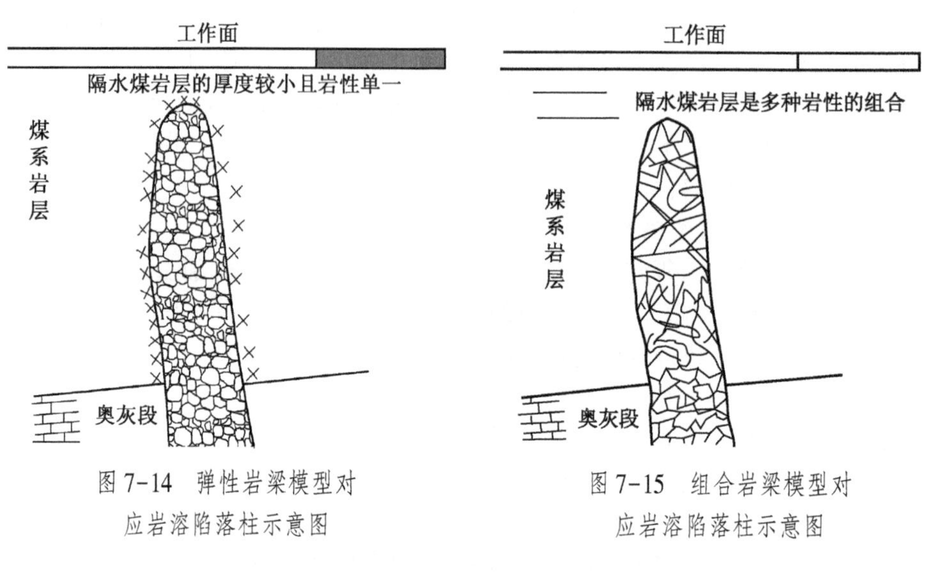

图 7-14 弹性岩梁模型对应岩溶陷落柱示意图

图 7-15 组合岩梁模型对应岩溶陷落柱示意图

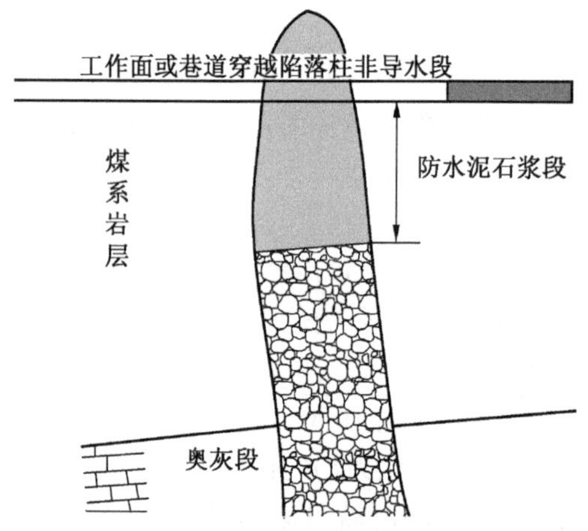

图 7-16 层状煤岩体模型对应岩溶陷落柱示意图

4. 岩墙模型

采掘工作面位于岩溶陷落柱导水段侧面时，前方防水煤岩柱厚度的确定十分关键，厚度过大会浪费大量煤炭资源，同时因增加工作量而延误工期；但若厚度过小，则前方柱体高压含水段内的高压水会压溃岩壁，从而发生突水事故。故研究此类情况的防水煤岩柱十分重要，针对较完整的岩体，可建立岩墙模型（图 7-17），根据厚板理论，将防水煤岩柱等效为轴对称圆板模型，同时以剪切破坏和拉裂破坏为控制条件，对防水煤岩柱的最小安全厚度进行计算；对于不完整的煤岩体，即存在柱壁裂隙带的岩溶陷落柱，可以认为由于开挖扰动降低了水压劈裂的临界水压而造成突水，便可基于临界水压力计算出防水煤岩柱的最小安全厚度。

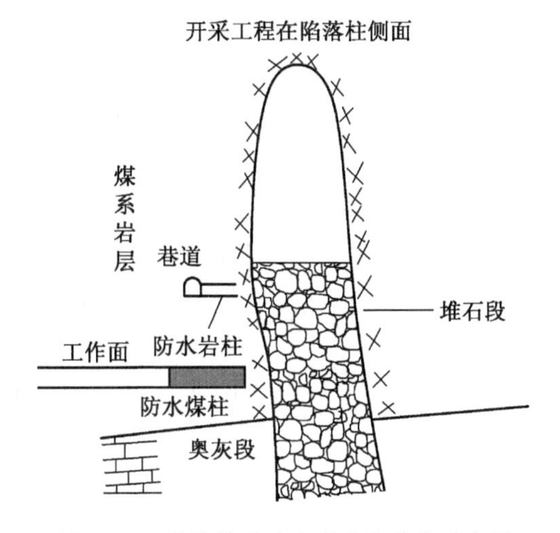

图 7-17 岩墙模型对应岩溶陷落柱示意图

5. 小断层导通模型

由岩溶陷落柱内部结构分析可知，部分岩溶陷落柱柱壁或者顶部会发育出小断层，而且此类小断层距离岩溶陷落柱的柱壁较近，由于其独特的形成过程多表现为张裂隙，故多为易于导水的小断层。对于此类岩溶陷落柱，在采动后极易张开并扩展，对工程不利。此时有效隔水关键层厚度或宽度需减去小断层的尺寸，若小断层的尺寸小于开采导水破坏带的高度，在开采压力和岩溶陷落柱柱体或柱壁高压水的作用下，小断层会活化成为导水的通道，当小断层与采动裂隙贯通时，便会发生工作面突水事故。

7.2.3 岩溶陷落柱突水模式的判据

7.2.3.1 弹性岩梁（板）模型

弹性岩梁模型简化示意图如图 7-18 所示。

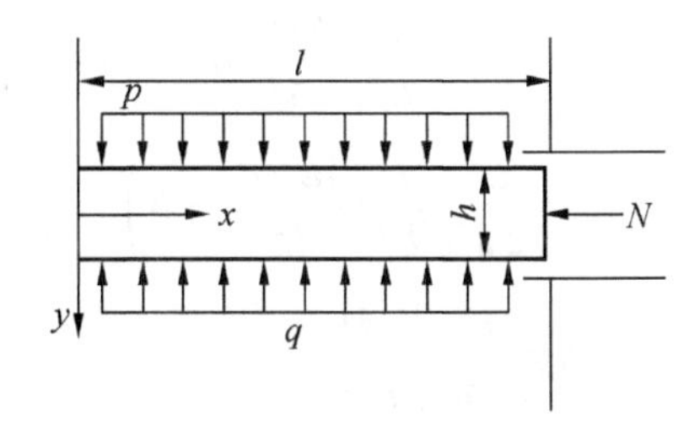

图 7-18 弹性岩梁模型简化示意图

据突变理论，考虑外力做功和岩梁的应变能，系统的总势能 V 可表示为

$$V = U - \sum_{i=0}^{n} W_i = U - W_1 - W_2 - W_3 \tag{7-8}$$

式中 U——整个模型的应变能；

W_1——水平应力做的功；

W_2，W_3——垂向陷落柱高压水压和支撑力做的功。

由弹性应变能的定义以及梁的弯曲理论，可推出岩梁模型的应变能为

$$U = \frac{EI}{2}\int_0^L K^2 \mathrm{d}s \tag{7-9}$$

式中，K为岩梁的变形曲率，其表达式为

$$K=\frac{\mathrm{d}}{\mathrm{d}s}\left(\arcsin\frac{\mathrm{d}f}{\mathrm{d}s}\right)=\frac{\mathrm{d}^2f}{\mathrm{d}s^2}\left[1-\left(\frac{\mathrm{d}f}{\mathrm{d}s}\right)^2\right]^{-\frac{1}{2}} \tag{7-10}$$

则岩梁的应变能为

$$U=\frac{EI}{2}\int_0^L\left(\frac{\mathrm{d}^2f}{\mathrm{d}s^2}\right)^2\left[1-\left(\frac{\mathrm{d}f}{\mathrm{d}s}\right)^2\right]^{-1}\mathrm{d}s \tag{7-11}$$

在水平力的作用下，考虑水平应力做功，梁在水平方向上缩短量为

$$\Delta=L-\int_0^L\sqrt{(\mathrm{d}s)^2-(\mathrm{d}f)^2}\,\mathrm{d}s=\int_0^L\left[1-\sqrt{1-\left(\frac{\mathrm{d}f}{\mathrm{d}s}\right)^2}\right]\mathrm{d}s \tag{7-12}$$

则水平应力做功为

$$W_1=N\Delta=N\int_0^L\left[1-\sqrt{1-\left(\frac{\mathrm{d}f}{\mathrm{d}s}\right)^2}\right]\mathrm{d}s \tag{7-13}$$

令$q_v=p-q$，则垂向应力做功（岩溶水压、堆积体压力等）为

$$W_2=\int_0^L q_v f(s)\,\mathrm{d}s \tag{7-14}$$

得到结构系统的总势能表达式

$$V=\frac{EI}{2}\int_0^L\left(\frac{\mathrm{d}^2f}{\mathrm{d}s^2}\right)^2\left[1-\left(\frac{\mathrm{d}f}{\mathrm{d}s}\right)^2\right]^{-1}\mathrm{d}s-N\int_0^L\left[1-\sqrt{1-\left(\frac{\mathrm{d}f}{\mathrm{d}s}\right)^2}\right]\mathrm{d}s-\int_0^L q_v f(s)\,\mathrm{d}s \tag{7-15}$$

上式被积函数泰勒级数展开，整理可得系统势能的近似表达式为

$$V=\frac{EI\pi^6}{4L^5}\delta^4+\frac{\pi^2}{4L}\left(\frac{4EI\pi^2}{L^2}-N\right)\delta^2+\frac{I}{2}q_v\delta \tag{7-16}$$

引入如下变量代换

$$x=\frac{\pi}{L}\sqrt[4]{\frac{EI\pi^2}{4L}}\delta$$

$$a=\frac{L}{2\pi}\sqrt{\frac{L}{EI}}\left(\frac{4EI\pi^2}{L^2}-N\right)$$

$$b=\frac{L^2}{2\pi}\sqrt[4]{\frac{4L}{EI\pi^2}}(p-q) \tag{7-17}$$

将上式代入式（7-16）得

$$V=x^4+ax^4+bx \tag{7-18}$$

式中，x为变量。式（7-18）即以a(地应力表征值）和b(水压、自重表征值）为控制变量的突变模型的标准方程。

微小的扰动就能使含水构造-岩梁系统发生突变，从而使弹性岩梁退出临界状态，对式（7-18）求导，得到平衡曲面方程为

$$V=4x^3+2ax^2+b \tag{7-19}$$

根据突变理论，系统分叉集满足

$$8a^3+27b^2=0 \tag{7-20}$$

将式（7-17）代入式（7-20），则有

$$8\left[\frac{L}{2\pi}\sqrt{\frac{L}{EI}}\left(\frac{4EI\pi^2}{L^2}-N\right)\right]^3+27\left[\frac{L^2}{2\pi}\sqrt[4]{\frac{4L}{EI\pi^2}}(p-q)\right]^2=0 \tag{7-21}$$

式（7-21）即为弹性岩梁模型失稳突水的充分必要力学判据。只有当 $a\leqslant0$ 时，系统才能跨越分叉集发生突变，在式（7-21）成立的条件下，式（7-19）有 3 个实根，其中有一个二重根，可解为 $x_1=2(-a/3)^{1/2}$ 和 $x_2=x_3=-(-a/3)^{1/2}$。

7.2.3.2　组合梁模型

组合梁模型简化示意图如图 7-19 所示。

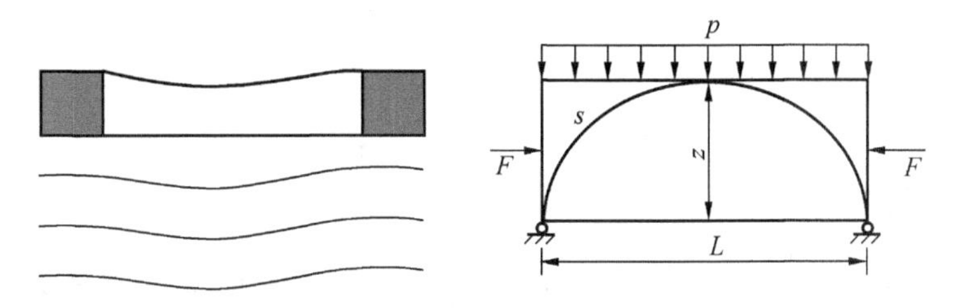

图 7-19　组合梁模型简化示意图

当岩溶陷落柱隐伏于工作面之下多层底板时，就不能忽略任一层的影响。若底板中硬岩在软岩之上且软岩厚度不大时，可使用组合梁模型。此时软硬岩层同步变形从而导致同步破断。岩层在移动过程中受垂向应力 p 和水平应力 F 作用。根据材料力学可知，组合隔水层可作为固支梁的力学模型来考虑。设梁长度为 L，平均厚度为 h，宽度为 b，软岩层弹性模型量为 E_1，横截面惯性矩为 I_1，硬岩层弹性模量为 E_2，横截面惯性矩为 I_2。

根据弹性力学知梁的挠度可表示为

$$f(s)=z\sin\frac{\pi s}{L} \tag{7-22}$$

式中　　s——弧线长；

$f(s)$——梁的横界面上任意点的挠度；

z——最大挠度（向上为正）。

梁的变形量由梁变形后的曲率 k 表示为

$$k=f''(s)\frac{\pi s}{L}[1+f'^2(s)]^{-\frac{3}{2}} \tag{7-23}$$

因 $f'(s)\ll1$，所以 k 可近似为

$$k\approx f''(s)\frac{\pi s}{L}[1+f'^2(s)]^{\frac{1}{2}} \tag{7-24}$$

由于组合隔水层上下层的曲率相同，则组合隔水层的应变能力为

$$U=\frac{(E_1I_1+E_2I_2)}{2}\int_0^L k^2\mathrm{d}s=\frac{(E_1I_1+E_2I_2)\pi^6}{16L^5}Z^4+\frac{(E_1I_1+E_2I_2)\pi^4}{4L^3}Z^2 \tag{7-25}$$

在水平力 F 作用之下，组合隔水层在水平方向上的位移：

$$u_h=\int_0^L[1-\sqrt{1-f'^2(s)}]\mathrm{d}s \tag{7-26}$$

将上式进行泰勒级数展开，得

$$\sqrt{1-f'^2(s)} \approx 1-\frac{1}{2}f'^2(s) \tag{7-27}$$

则

$$u_h=\frac{1}{2}\int_0^L f'^2(s)\,\mathrm{d}s \tag{7-28}$$

水平力所做的功为

$$u_1=\frac{F}{2}\int_0^L f'^2(s)\,\mathrm{d}s=\frac{F\pi^2}{4L}Z^2 \tag{7-29}$$

垂直为 P 做功为

$$u_2=P\int_0^L f(s)\,\mathrm{d}s=\frac{2PL}{\pi}Z \tag{7-30}$$

综合以上可得组合隔水层系统的总势能为

$$V=U-U_1+U_2=\frac{(E_1I_1+E_2I_2)\pi^6}{16L^5}Z^4+\frac{\pi^2}{4L^3}[(E_1I_1+E_2I_2)\pi^2-L^2F]Z^2+\frac{2PL}{\pi}Z \tag{7-31}$$

根据突变理论，建立岩层移动的尖点突变模型，设

$$\begin{cases} x=\dfrac{\pi Z}{2L}\sqrt[4]{\dfrac{(E_1I_1+E_2I_2)\pi^2}{L}} \\ u=\dfrac{(E_1I_1+E_2I_2)\pi^2-L^2F}{\pi\sqrt{(E_1I_1+E_2I_2)L}} \\ v=\dfrac{4PL^2}{\pi^2}\sqrt[4]{\dfrac{L}{(E_1I_1+E_2I_2)\pi^2}} \end{cases} \tag{7-32}$$

由此可将隔水层移动的总势能 V 化为尖点突变模型的标准势函数 $V(x)$ 如下：

$$V(x)=x^4+ux^2+vx \tag{7-33}$$

可行系统的平衡曲面方程为

$$V'(x)=4x^3+2ux+v=0 \tag{7-34}$$

则系统的奇点值方程为

$$V'(x)=12x^2+2u=0 \tag{7-35}$$

由式（7-34）和式（7-35）消去 x 可得系统突变的分叉集方程：

$$\Delta=8u^3+27v^2=0 \tag{7-36}$$

根据建立的突变模型，分析组合隔水层的平衡稳定性问题。由水平力 F 和垂直力 P 构成的 F–P 控制空间，被分叉集 N 分为 5 个区域，即点 O、曲线 N 的两个分支 N_1 及 N_2、尖角区部Ⅰ和区域Ⅱ，它们对应组合岩梁系统的不同平衡状态。

1. 点 O 处

此时 $\Delta=0$，$P=0$，是系统的临界状态，水平力的临界值为

$$F=F_0=\frac{E_1I_1+E_2I_2}{L^2}\pi^2=\frac{E_1bh_1{}^3+E_2bh_2{}^3}{12L^2}\pi^2 \tag{7-37}$$

则最小水平应力为

$$\sigma_F = \sigma_{F_0} = \frac{F_0}{bh} = \frac{\pi^2}{12}\left[E_1\left(\frac{h_1}{L}\right)^2 + E_2\left(\frac{h_2}{L}\right)^2\right] \tag{7-38}$$

2. 分支 N_1 和 N_2 上

分支 N_1 和 N_2 是系统的不稳定平衡点集，此时 $\Delta=0$，$P\neq0$，

$$P = \frac{\pi[L^2F - (E_1I_1 + E_2I_2)\pi^2]}{3L^2}\sqrt{\frac{L^2F}{6(E_1I_1 + E_2I_2)} - \frac{\pi^2}{6}} \tag{7-39}$$

这是系统失稳的充分条件，且平衡方程有一个单根和两个重根：

$$x_1 = 2\sqrt{-\frac{u}{6}},\ x_2 = x_2 = -\sqrt{-\frac{u}{6}} \tag{7-40}$$

此时，只要水平力 F 和垂直力 P 跨越分叉集，系统就发生突变失稳，且组合隔水层系统失稳的突跳量为

$$\Delta x = x_1 - x_2 = 3\sqrt{-\frac{u}{6}} \tag{7-41}$$

3. 区域Ⅰ内

$\Delta<0$，平衡方程有 3 个不同实根，即控制变量在平衡曲面上有 3 个点：其中上下两叶的点使系统处于平衡状态，然而中间叶上的点使系处于不平衡状态，即突变理论中的不可达状态。只要控制变量确定的点不跨越分叉集，突变就不会发生。

4. 区域Ⅱ内

在此区域内，$\Delta>0$，平衡方程只有一个实根，此时组合岩梁处于动态平衡状态。

综上所述，组合梁模型失稳的力学充分必要条件为

$$\begin{cases} P = \dfrac{\pi[L^2F - (E_1I_1 + E_2I_2)\pi^2]}{3L^3}\sqrt{\dfrac{L^2F}{6(E_1I_1 + E_2I_2)} - \dfrac{\pi^2}{6}} \\ F > \dfrac{E_1I_1 + E_2I_2}{L^2}\pi^2 \end{cases} \tag{7-42}$$

7.2.3.3 *层状煤岩体模型*

设岩层厚度为 h，孔隙率为 ϕ，非达西流 β 因子为 β，两端的压力为 p_0 和 p_1，渗透率为 k，加速度系数为 c_2。岩层渗流的动力学方程由孔隙压缩方程、质量方程、流体压缩方程和动量方程组成，对于一维无源流动，方程表示为

$$\begin{cases} \dfrac{\partial(\phi\rho)}{\partial t} + \dfrac{\partial(\rho V)}{\partial x} = 0 \\ \rho c_\alpha \dfrac{\partial V}{\partial t} = -\dfrac{\partial p}{\partial x} - \dfrac{\mu}{k}V + \beta\rho V^2 \\ \phi = \phi_0(1 + c_\phi p) \\ \rho = \rho_0(1 + c_f p) \end{cases} \tag{7-43}$$

式中 V——渗流速度；

c_ϕ——岩石孔隙压缩系数；

ρ——水的质量密度；

μ——水的动力黏度；

p——流体的相对压力；

ρ——参考压力 p_0 下对应的流体质量密度；

ϕ_0——参考压力 p_0 下对应的岩石孔隙率；

c_f——流体的等温压缩系数。

因为对于大多数岩体 $c_\phi \ll 1$，水的 $c_f \ll 1$，则孔隙压缩方程和流体压缩方程可以合写为

$$\frac{\partial(\phi\rho)}{\partial t} = \rho_0\phi_0 c_t \frac{\partial p}{\partial t} \tag{7-44}$$

式中，$c_t = c_f + c_\phi$ 为岩石综合压缩系数，控制方程可化为

$$\begin{cases} \dfrac{\partial p}{\partial t} = -\dfrac{1}{\rho_0\phi_0 c_t}\dfrac{\partial W}{\partial x} \\ \dfrac{\partial W}{\partial t} = \dfrac{1}{c_\alpha}\left[-\dfrac{\partial p}{\partial x} - \dfrac{1}{\rho_0}\left(\dfrac{\mu}{k_i}W - \beta W^2\right)\right] \\ t \in [0, +\infty], \ x \in (H_0, H_1) \end{cases} \tag{7-45}$$

式中，$H_1 = h$；$W = \rho V$，表示动量密度。式（7-45）即为岩层渗流系统的动力学模型。动力系统的平衡态由下列方程确定：

$$\begin{cases} \dfrac{\partial p}{\partial t} = 0, \ \dfrac{\partial W_s}{\partial x} = 0 \\ \dfrac{\partial W}{\partial t} = 0, \ -\dfrac{\partial p_s}{\partial x} + \dfrac{1}{\rho_0}\left(-\dfrac{\mu}{k}W_s + \beta W_s^2\right) = 0 \end{cases} \tag{7-46}$$

由上式积分得：

$$\begin{cases} W_s = \text{const} \\ p_0 - p_1 = \dfrac{h}{\rho_0}\left(\dfrac{\mu}{k}W_s - \beta W_s^2\right) \end{cases} \tag{7-47}$$

令

$$G_p = AW_s - BW_s^2 \tag{7-48}$$

$$A = \frac{\mu}{\rho_0 k} \qquad B = \frac{\beta}{\rho_0} \qquad G_p = \frac{p_0 - p_1}{h_1}$$

由式（7-48）得，层状岩体渗流系统平衡态的存在性由以下判别式决定：

$$D = A^2 - 4BG_p \tag{7-49}$$

当 $D > 0$ 时，系统存在两平衡态，即

$$\begin{cases} W_s^1 = \dfrac{A - \sqrt{A^2 - 4BG}}{2B} \\ p_s = p_0 - \dfrac{p_0 - p_1}{h_1}(x - H_0) \\ x \in (H_0, H_1) \end{cases} \tag{7-50}$$

$$\begin{cases} W_s^2 = \dfrac{A + \sqrt{A^2 - 4BG}}{2B} \\ p_s = p_0 - \dfrac{p_0 - p_1}{h_1}(x - H_0) \\ x \in (H_0, H_1) \end{cases} \tag{7-51}$$

当 $D=0$ 时，系统只有一个平衡态，即

$$\begin{cases} W_s^2 = -\dfrac{A}{2B} \\ p_s = p_0 - \dfrac{p_0 - p_1}{h}(x - H_0) \\ x \in (H_0, H_1) \end{cases} \tag{7-52}$$

当 $D<0$ 时，系统不存在平衡态，意味着不论系统从什么初始条件演化，系统都是不稳定的。因此，$D<0$ 是系统的失稳条件之一。

引入无量纲的量

$$\tilde{t} = \frac{A}{\rho_0 Bh}t \qquad \tilde{x} = \frac{x}{h} \qquad \tilde{p} = \frac{p}{G_p h} \qquad \widetilde{W} = \frac{B}{A}W$$

则有

$$t = \frac{\rho_0 Bh}{A}\tilde{t} \qquad x = h\tilde{x} \qquad p = hG_p\tilde{p} \qquad W = \frac{A}{B}\widetilde{W}$$

$$\begin{cases} \dfrac{\partial \tilde{p}}{\partial \tilde{t}} = -a_0 \dfrac{\partial \widetilde{W}}{\partial \tilde{x}} \\ \dfrac{\partial \widetilde{W}}{\partial \tilde{t}} = -a_1 \dfrac{\partial \tilde{p}}{\partial \tilde{x}} - a_4\widetilde{W} + a_3\widetilde{W} \\ \tilde{t} \in (0, +\infty), \ \tilde{x} \in \left(\dfrac{H_0}{h}, \dfrac{H_1}{h}\right) \end{cases} \tag{7-53}$$

式中，$a_0 = \dfrac{1}{\phi_0 c_t G_p h}$，$a_1 = \dfrac{\rho_0 G_p h}{c_a}$，$a_4 = \dfrac{\mu hA}{c_a kB}$，$a_3 = \dfrac{\beta hA^2}{c_a B^2}$。

$$\tilde{p}_s = \frac{p_0}{G_p h} - \frac{p_0 - p_1}{G_p h}\left(\tilde{x} - \frac{H_0}{h}\right) \tag{7-54}$$

$$x \in (H_0, H_1)$$

$$\widetilde{W}_s = \begin{cases} \dfrac{1}{2}\left(1 \pm \sqrt{1 - \dfrac{4BG_p}{A^2}}\right), \ \text{当} \ 1 - \dfrac{4BG_p}{A^2} > 0 \ \text{时} \\ \dfrac{1}{2}, \ \text{当} \ 1 - \dfrac{4BG_p}{A^2} = 0 \ \text{时} \\ \text{无解，当} \ 1 - \dfrac{4BG_p}{A^2} < 0 \ \text{时} \end{cases} \tag{7-55}$$

现在考虑系统在平衡态附近的情况，令

$$\tilde{p} = \tilde{p}_s(x) + p_1(\tilde{t}, \tilde{x}), \ \widetilde{W} = \widetilde{W}_s + W_1(\tilde{t}, \tilde{x})$$

$$\begin{cases} \dfrac{\partial p_1}{\partial \tilde{t}} = -a_0 \dfrac{\partial W_1}{\partial \tilde{x}} \\ \dfrac{\partial W_1}{\partial \tilde{t}} = -a_1 \dfrac{\partial p_1}{\partial \tilde{x}} + a_2 W_1 + a_3 W_1^2 \\ \tilde{t} \in [0, +\infty), \ \tilde{x} \in \left[\dfrac{H_0}{h}, \dfrac{H_1}{h}\right] \end{cases} \tag{7-56}$$

式中，$a_2=2a_3\widetilde{W}_s-a_4$。

式（7-56）即是以无量纲表示的岩体非达西渗流系统在平衡态附近的演化方程。

系统稳定性分析，引入函数 η，使

$$\widetilde{W}=\frac{\partial\eta}{\partial\tilde{t}},\ \tilde{p}=-a_0\frac{\partial\eta}{\partial\tilde{x}}$$

$$\frac{\partial^2\eta}{\partial\tilde{t}^2}=a_0a_1\frac{\partial^2\eta}{\partial\tilde{x}^2}-a_4\frac{\partial\eta}{\partial\tilde{t}}+a_3\left(\frac{\partial\eta}{\partial\tilde{t}}\right)^2 \tag{7-57}$$

$$\tilde{t}\in[0,\ +\infty),\ \tilde{x}\in\left(\frac{H_0}{h},\ \frac{H_1}{h}\right)$$

设上述方程具有分离变量形成的解，即

$$\eta=\xi(x)+\zeta(t)=-\frac{1}{a_0}\left[\frac{p_0}{G_ph}\tilde{x}-\frac{p_0-p_1}{2G_ph}\left(\tilde{x}-\frac{H_0}{h}\right)^2\right] \tag{7-58}$$

$$\tilde{t}\in[0,\ +\infty),\ \tilde{x}\in\left(\frac{H_0}{h},\ \frac{H_1}{h}\right)$$

$$\ddot{\zeta}=a_1\frac{p_0-p_1}{G_ph}-a_4\dot{\zeta}+a_3\dot{\zeta}^2 \tag{7-59}$$

$$\tilde{t}\in[0,\ +\infty),\ \tilde{x}\in\left(\frac{H_0}{h},\ \frac{H_1}{h}\right)$$

由于ζ在 $\bar{x}\in\left(\frac{H_0}{h},\ \frac{H_1}{h}\right)$上任意点数值相等，并且在任意瞬时 t，式（7-59）右端函数连续，在任意瞬时 t，有

$$\zeta=a_1-a_4\zeta+a_3\zeta^2$$

$$\int\frac{\mathrm{d}\zeta}{a_1-a_4\zeta+a_3\zeta^2}=\int\mathrm{dt}$$

$$\int\frac{\mathrm{d}\zeta}{(\zeta-\lambda_1)^2+\lambda_2}=\int\lambda_3\mathrm{dt}$$

式中，$\lambda_1=\dfrac{a_4}{2a_3}>0$，$\lambda_2=\dfrac{a_1^2}{a_3}-\left(\dfrac{a_4}{2a_3}\right)^2$，$\lambda_3=a_3>0$。

当 $\lambda_2>0$ 时，可将 λ_2 写成 $\lambda_2=\lambda_4^2$，这种情形下上式方程的解为

$$\widetilde{W}=\zeta=\lambda_1+\lambda_4\tan[\lambda_4(\lambda_3t+C_1)] \tag{7-60}$$

式中，C_1 为积分常数。当 $\lambda_2>0$ 时，系统失稳；而当 $\lambda_2<0$ 时，可将 λ_2 写成 $\lambda_2=-\lambda_4^2$，方程解为

$$\widetilde{W}=\dot{\zeta}=\lambda_1+\tan[\lambda_4(\lambda_3t+C_2)] \tag{7-61}$$

式中，C_2 为积分常数。当 $\lambda_2<0$ 时，系统稳定。此时，系统的两个平衡态吸引子为

$$\widetilde{W}_s=\lim_{t\to+\infty}W=\lambda_1+\lambda_4=\lambda_1\pm\sqrt{-\lambda_2} \tag{7-62}$$

当 $\lambda_2=0$ 时，方程解为

$$\widetilde{W}=\dot{\zeta}=\lambda_1-\frac{1}{\lambda_3t+C_3} \tag{7-63}$$

式中，C_3 为积分常数。当 $\lambda_2=0$ 时，系统稳定性取决于 C_3，即取决于初始条件。当 $C_3>0$ 时，系统稳定。此时，系统存在唯一的平衡态吸引子，即

$$\widetilde{W}_s=\lim_{t\to+\infty}W=\lambda_1 \tag{7-64}$$

由此可知，$\lambda_2=0$ 也是系统的分岔条件之一。

$$\lambda_2=\left(\frac{A}{2Ba_4}\right)^2\times\left[\frac{4\rho_0(p_0-p_1)\beta h}{c_a^2}-\left(\frac{\mu h}{c_a k}\right)^2\right] \tag{7-65}$$

于是分岔条件可以表示为

$$\frac{4\rho_0(p_0-p_1)\beta h}{c_a^2}-\left(\frac{\mu h}{c_a k}\right)^2=0 \tag{7-66}$$

$$4\rho_0(p_0-p_1)\beta h-\left(\frac{\mu h}{k}\right)^2=0 \tag{7-67}$$

$$D=\left(\frac{1}{\rho_0 h}\right)^2\times\left[\left(\frac{\mu h}{k}\right)^2-4\rho_0(p_0-p_1)\beta h\right] \tag{7-68}$$

渗流系统失稳条件为 $D<0$，即

$$\left(\frac{\mu h}{k}\right)^2-4\rho_0(p_0-p_1)\beta h<0 \tag{7-69}$$

7.2.3.4 岩墙模型

岩墙模型简化示意图如图 7-20 所示。

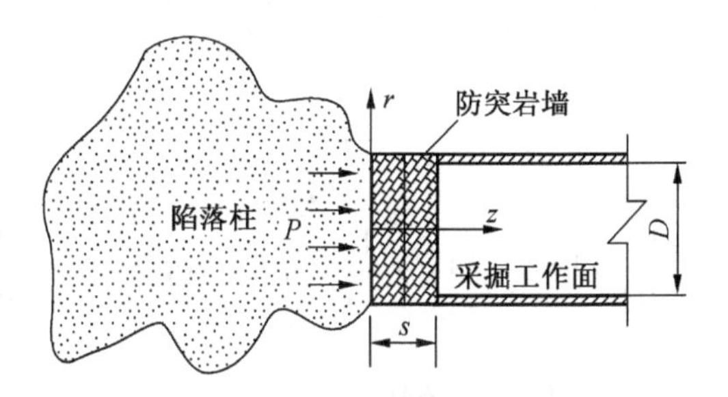

图 7-20 岩墙模型简化示意图

1. 基本方程

在此模型中采用圆柱坐标系（r，θ，z），从而可得

$$\begin{cases} M_r=D\left(\dfrac{\mathrm{d}\beta_r}{\mathrm{d}r}+\mu\dfrac{\beta_r}{r}+\dfrac{1+\mu}{C_0}p\right) \\ M_\theta=D\left(\dfrac{\beta_r}{r}+\mu\dfrac{\mathrm{d}\beta_r}{\mathrm{d}r}+\dfrac{1+\mu}{C_0}p\right) \\ \beta_r=-\dfrac{\mathrm{d}w}{\mathrm{d}r}+\dfrac{Q_r}{C_s} \end{cases} \tag{7-70}$$

$$\begin{cases} \dfrac{\mathrm{d}(Q_r r)}{\mathrm{d}r}+pr=0 \\ Q_r=\dfrac{\mathrm{d}M_r}{\mathrm{d}r}+\dfrac{M_r-M_\theta}{r} \end{cases} \tag{7-71}$$

式中，Q_r 为剪力，M_r、M_θ 为弯矩，C_s、C_0 为常数，w 为弹性板挠度，β_r 为转角。p 为岩溶水压力，其表达式为

$$D=\frac{Es^3}{12(1-\mu^2)}\qquad C_s=\frac{5Es}{6\mu}\qquad C_0=\frac{5Es}{12(1+\mu)}$$

由上述可得

$$\frac{\mathrm{d}^2\beta_r}{\mathrm{d}r^2}+\frac{1}{r}\cdot\frac{\mathrm{d}\beta_r}{\mathrm{d}r}-\frac{\beta_r}{r^2}=\frac{Q_r}{D}-\frac{1+\mu}{C_0}\cdot\frac{\mathrm{d}p}{\mathrm{d}r}\tag{7-72}$$

2. 边界条件

由弹性厚板满足周边固支条件，且联合连续性条件得

$$w_1|r=R=w_2|r=R=0$$
$$(\beta_r)_1|r=R=(\beta_r)_2|r=R=0$$
$$(M_r)_1|r=R=(M_r)_2|r=R$$

外载条件可由下式得出：

$$Q_r=-\frac{1}{r}\int pr\mathrm{d}r+\frac{c}{r}\tag{7-73}$$

根据上式边界条件，求解可得

$$\beta_r=C_1r-\frac{1}{D}\cdot\frac{pr^3}{16}\tag{7-74}$$

$$w=\frac{pr^4}{64D}-\frac{1}{2}C_1r^2-\frac{pr^2}{4C_s}+C_2\tag{7-75}$$

式中待定系数为

$$C_1=\frac{pR^2}{16D}$$

$$C_2=\frac{pR^4}{64D}(8\ln R^2+3)+\frac{1+\mu}{C_0}pR^2(\ln R+1)+\frac{pR^2}{4C_s}$$

3. 厚板中应力表达式

$$\begin{cases}\sigma_r=-\dfrac{6M_r}{s^3}Z\\ \sigma_\theta=-\dfrac{6M_\theta}{s^3}Z\\ \sigma_z=\dfrac{p}{2}\left(1-\dfrac{3z}{s}+\dfrac{4z^3}{s^3}\right)\\ \tau_{r\theta}=0\\ \tau_{rz}=-\dfrac{3Q_r}{2s}\left[1-\left(\dfrac{2z}{s}\right)^2\right]\\ \tau_{\theta z}=0\end{cases}\tag{7-76}$$

由以上各式，可求出 M_r 和 M_θ 为

$$\begin{cases}M_r=D\left[C_1(1+\mu)-\dfrac{3+\mu}{D}\cdot\dfrac{pr^2}{16}+\dfrac{1+\mu}{C_0}p\right]\\ M_\theta=D\left[C_1(1+\mu)-\dfrac{1+3\mu}{D}\cdot\dfrac{pr^2}{16}+\dfrac{1+\mu}{C_0}p\right]\end{cases}\tag{7-77}$$

显然板中心处应力最大，即最危险地段，此时：

$$M_r|_{r=0} = M_\theta|_{\theta=0} = (1+\mu)D\left(C_1 + \frac{p}{C_0}\right) \tag{7-78}$$

在板的下表面作用有拉应力，从而有：

$$\sigma_{\max} = (\sigma_r)_{\max} = (\sigma_\theta)_{\max} = \frac{6}{s^2}(1+\mu)D\left(C_1 + \frac{p}{C_0}\right) \tag{7-79}$$

取选用顶板下表面拉应力为控制条件，假设顶板达到抗拉强度就发生失稳破坏，则有

$$\sigma_{\max} = (\sigma_r)_{\max} = (\sigma_\theta)_{\max} = \frac{6}{s^2}(1+\mu)D\left(C_1 + \frac{p}{C_0}\right) \leqslant \sigma_l \tag{7-80}$$

式中　μ——工作面岩体的泊松比；

σ_l——工作面岩体的抗拉强度。

由式（7-80）可推出工作面前方岩墙安全厚度为

$$S \geqslant \sqrt{\frac{15(1-\mu^2)R^2}{\dfrac{40\sigma_l(1-\mu)}{p} - 48(1+\mu)}} \tag{7-81}$$

采掘工作面轴线方向上的平衡方程为

$$L_c S\left(\sum \gamma_i H_i \cdot \tan\phi + C\right) = p \cdot A \tag{7-82}$$

由式（7-82）得防突岩墙的安全厚度计算公式为

$$S = \frac{pA}{L_c\left(\sum \gamma_i H_i \tan\phi + c\right)} \tag{7-83}$$

式中　γ_i——上覆第 i 层岩层的容重，kN/m^3；

A——防突岩墙的断面面积，m^2；

L_c——岩墙周长，m；

ϕ——岩墙岩体的饱和内摩擦角；

H_i——上覆第 i 层岩层的厚度；

$\sum H_i$——岩墙中心的埋深，m；

p——岩溶陷落柱高压充填水压，kPa；

c——岩墙岩体的饱和黏聚力，kPa。

当采掘工作面为圆形断面时，有：

$$S = \frac{pD}{4\left(\sum \gamma_i H_i \tan\phi + c\right)} \tag{7-84}$$

当采掘工作面为正方形断面时，有：

$$S = \frac{pl}{4\left(\sum \gamma_i H_i \tan\phi + c\right)} \tag{7-85}$$

当采掘工作面为矩形断面时，有：

$$S = \frac{pHW}{2(H+W)\left(\sum \gamma_i H_i \tan\phi + c\right)} \tag{7-86}$$

式中 D——采掘工作面的直径，m；

l——采掘工作面的断面边长，m；

H——采掘工作面的高度，m；

W——采掘工作面的跨度，m。

7.3 岩溶陷落柱突水危险性评价

突水危险性评价一直是矿井突水防治工作的重点和关键部分，突水危险性评价基于对突水特点和突水机理的掌握，并对突水的预报和治理起到指导作用。其中比较成熟的是对底板突水危险性的评价，其研究对象从开始的单一指标（突水系数法）发展为多因素综合指标，从定性评价发展为半定量半定性甚至全定量（脆弱性指数法）评价，也充分利用了模糊数学、神经网络等手段。相较于底板突水，岩溶陷落柱突水评价对象范围小且单一，对于具体研究对象的评价应该可以达到定性和具体的程度。但实际工程应用中，由于岩溶陷落柱的隐伏性和相对的小尺寸性，较难完全掌握岩溶陷落柱的自身结构和性质，同时对岩溶陷落柱所在环境的了解也不一定全面，从而导致理论分析或数值模拟无法进行，或者由于单一指标的偏差而导致最终结果的错误。因此，在实际应用中，最需要的是对岩溶陷落柱的突水危险性有大体评价而并非具体数据。基于以上思考，本书借鉴底板突水危险性评价的思路，尝试用模糊综合评判方法对岩溶陷落柱突水危险性进行评价。

7.3.1 岩溶陷落柱突水危险性评价因素指标

评价基于模糊综合评判方法的岩溶陷落柱突水危险性首先要确定相应的评价因素指标。基于前文对陷落柱突水机理的研究，根据指标具有代表性和可行性的原则，选取 5 个主要因素及 14 项指标，并构建相应的评价等级，见表 5-1。

1. 陷落柱所在地段的岩溶地下水径流条件

通过对岩溶陷落柱形成过程及其内部结构的研究可以得出，岩溶陷落柱所在环境中的岩溶地下水强径流的存在是其形成过程中必备的条件。但是对于华北型煤田中多见的不导水岩溶陷落柱来说，其形成后由于地质构造条件和水文地质条件等的改变，导致岩溶陷落柱初始形成期的强径流条件变差，或者水源尤其是奥陶系石灰岩顶部岩层富水性削弱，导致地下水循环条件改变，速度变缓。水流通道被内部岩溶洞穴之上的塌落岩块填满阻塞，水压力也逐步由动水压力转变为静水压力，当水压力减小至不足以使塌陷继续时，柱体内部的填充物质在重力作用下慢慢压实胶结形成泥石浆段，导水能力在此过程中逐步减弱直至丧失，成为不导水的岩溶陷落柱。此时，由于没有水源的补充，即使开挖扰动乃至揭露此岩溶陷落柱，也不会发生突水灾害。据目前所知，几乎所有导水性强的岩溶陷落柱和所有已经发生的岩溶陷落柱突水灾害，都分布在现代地下水强径流带尤其是现代岩溶泉域的排泄区附近的径流带上，这类正在发育的岩溶陷落柱内部没有泥石浆段起阻水作用因而导水能力极强，一旦受到开挖扰动或者被揭露，极易在活跃的水流条件作用下发生突水。由此可见，地下水径流条件不仅影响岩溶陷落柱导水能力而且直接控制着突水是否发生。本书选取奥陶纪灰岩含水层渗透系数、水力坡度、单位涌水量和奥灰顶部水压 4 项指导来量度岩溶陷落柱所在地段的岩溶地下水径流条件。

2. 岩溶陷落柱内部结构和其导水性

岩溶陷落柱内部结构具有多样性，典型的岩溶陷落柱内部结构如图 7-21 所示。首先，其中堆积物质多为灰岩以及煤系地层的岩石块体，但是不同岩溶陷落柱在同一岩层岩石下落距离不同，甚至同一岩溶陷落柱在不同岩层岩石塌陷距离也不同；其次，在岩溶陷落柱中存在大量围岩中不存在的填充物质，其基质多由较细至极细的岩屑、岩粉以及岩粒组成，填充物质在岩溶陷落柱不同高度上组分不同，风化程度各异，胶结程度亦有不同；最后，岩溶陷落柱柱壁的周边形成了环绕柱体的裂隙带甚至伴生断层。岩溶陷落柱内部结构的不同，导致了不同岩溶陷落柱的导水性差异，在岩溶陷落柱内部物质中，岩块和柱壁裂隙都是水流的良导体，而泥质或炭质的充填物是主要的阻水物质，柱体中的充填物压实越紧密，胶结程度越好，孔隙率越低，岩溶陷落柱本身的导水性就越弱，其突水的危险性就越低。而充填物常常与柱体内的岩块结合，形成泥石浆类物质，故本书选取泥石浆占整个陷落柱柱体的比例、泥石浆压实程度、泥石浆胶结程度和陷落柱柱壁裂隙发育程度 4 项指标来衡量岩溶陷落柱的导水性。

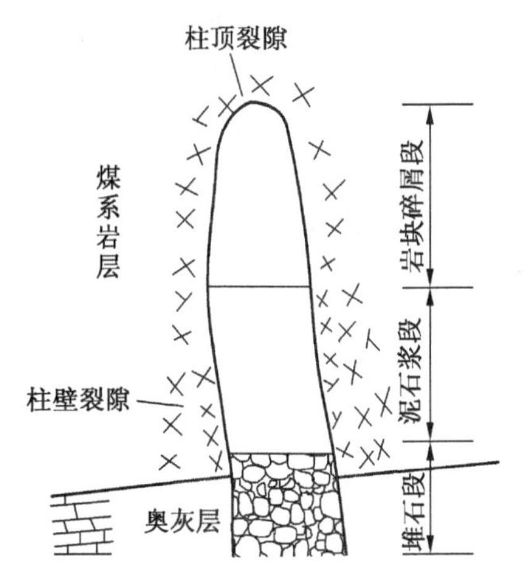

图 7-21　岩溶陷落柱内部结构示意图

3. 关键隔水层（段）

如果岩溶陷落柱所处地段奥陶纪含水层富水性良好且有较大的水压，岩溶陷落柱本身又具有良好的导水性，则岩溶陷落柱本身就可以作为水源来看待。则此时突水工作面与水源之间会被若干层岩层所阻隔，而各岩层的隔水性能由于其分层特性和所处采动岩体中的位置不同而有所区别，其中水最终被阻隔的岩层或者水最终穿透后而导致突水的那部分岩层即为关键隔水层。关键隔水层的意义主要有：第一，岩溶陷落柱与工作面之间如果有较厚软弱隔水层，则不易发生突水事故；第二，采掘工作面若在岩溶陷落柱的上部，如果两者间的结构关键层可起到隔水作用，即结构关键层采动后不破断，则可成为关键隔水层；第三，如果结构关键层受采动扰动后发生破断，但软弱岩层将破断裂隙充填而使裂隙闭合，渗流突水通道无法形成，则结构关键层与软弱岩层组合形成复合关键隔水层。本书选取隔水层总厚度、隔水层岩性组合的防突能力 2 项指标来判断关键隔水层。

4. 采掘工程的扰动

位移、开裂甚至断裂等现象出现在围岩承受的应力超过其极限强度时，其应力变化是由开采活动所造成的。对于岩溶陷落柱这类典型的特殊岩溶构造，采掘工程与岩溶陷落柱的位置对于是否发生突水影响重大。若巷道开挖或者岩溶陷落柱顶部工作面开采所影响的范围远离岩溶陷落柱，则不会引起突水；但若巷道或者采掘工作面接近岩溶陷落柱的充水段，有可能使裂隙扩展进而导通水源和工作面，因此引起突水；如果巷道或者工作面穿越岩溶陷落柱的非充水段，那么工作面和岩溶陷落柱充水段之间的泥石浆或岩块就成为关键隔水层。本书选取采掘工程的工作面尺度和采掘工程与岩溶陷落柱的位置关系来衡量采掘工程的扰动。

5. 岩溶陷落柱周边地质构造发育情况

岩溶陷落柱在形成过程中，有可能生成柱边伴生的小断层。一些发生突水的岩溶陷落柱，比如焦作李封矿 18 大巷岩溶陷落柱突水，与其附近的断裂构造有密切关系。小断层一方面可能把高压奥灰水引入岩溶陷落柱内部而破坏原始陷落柱的阻水性；另一方面也可能将充水陷落柱中的水作为突水通道导出至工作面。本书选取岩溶陷落柱周边的构造发育密度和构造性质 2 项指标来表述岩溶陷落柱周边地质构造的发育情况。影响岩溶陷落柱突水因素等级见表 7-3。

表 7-3 影响岩溶陷落柱突水因素等级表

影响因素		岩溶陷落柱突水危险性等级			
		Ⅰ	Ⅱ	Ⅲ	Ⅳ
陷落柱所在地段岩溶地下水径流条件	渗透系数	极小	较小	较大	极大
	水力坡度	极小	较小	较大	极大
	单位涌水量	极小	较小	较大	极大
	顶部水压	极小	较小	较大	极大
岩溶陷落柱内部结构和其导水性	泥石浆比例	极多	较多	较少	极少
	压实程度	极密实	较密实	较松散	极松散
	胶结程度	极强	较强	较弱	极弱
	柱壁裂隙发育程度	极不发育	较不发育	较发育	极发育
关键隔水层（段）	隔水层总厚度	极厚	较厚	较薄	极薄
	隔水层岩性组合防突能力	极强	较强	较弱	极弱
采掘工程的扰动	工作面尺度	极小	较小	较大	极大
	与岩溶陷落柱的位置关系	极远	较远	较近	极近
岩溶陷落柱周边地质构造发育情况	构造发育密度	极疏	较疏	较密	极密
	构造性质	极安全	较安全	较危险	极危险

7.3.2 模糊综合评判法

综上所述，岩溶陷落柱突水是多种因素综合作用所形成的一种系统，其是否突水在特定的地质条件下应该是确定的。但是鉴于工程技术和经济条件的制约，实际情况下并不允许我们对岩溶陷落柱的内部结构及其所在环境的地质条件进行充分的了解，对于若干影响岩溶陷落柱突水的因素无法给出定量的结果。加之对于具体工程，是否突水的边界并没有统一的界定，因此如何结合现有资料综合评判某一岩溶陷落柱的突水危险性，就是一个无法准确用“是”或“否”来评价的问题。由此，本书引入模糊综合评判法中的二级评判来尝试解决此问题。

8 矿井涌（突）水水源快速判识

我国矿井水文地质条件复杂，水灾事故时有发生，严重威胁工作人员的生命安全，并造成了巨大的经济损失。矿井一旦发生突水事故，为及时抢救被困人员并减少经济损失，需要快速并准确地分析矿井突水水质，判定矿井突水水源，确定矿井突水成因，为矿井水害救援和矿井水防治提供原则性的方案和依据。

目前，依据各含水层地下水化学成分快速判识水源的方法很多，然而，随着煤矿开采深度的逐渐增加，地下水混合程度逐渐增强，多类水源组分参与了混合作用，导致地下水水质组分过渡类型增多。因此，在实际应用工作中，时常发现难以界定各水源特征型水质阈值，也就无法对突水的来源做出正确判断。因此，混合水源的识别以及混合水比例的确定也是当前矿区防治水工作面临的重大难题。

由此，经过多年研究，本书作者的研发团队设计并开发了矿井突水水源快速判识的多源信息综合决策系统。该系统一方面通过分析矿井水质、水温、水位，重点研究涌（突）水水源判识方法，为煤矿管理者提供一种方便快捷的科学决策工具；另一方面使矿井涌（突）水水源快速判识的工作更加科学化、系统化，从而为煤矿地质工作者提供一个解决煤矿水害问题的计算机人工智能环境，使其方便利用系统功能从不同角度分析涌（突）水水源类型，确保水源判识的准确性与有效性，同时，对条件类似的矿井地下水防治工作也起到一定的参考和借鉴价值。

8.1 矿井涌（突）水理论分析

8.1.1 矿井突水主控因素分析

为准确判识矿井涌（突）水水源，首先要弄清矿井涌（突）水的主要控制因素，从机理上来分析矿井涌（突）水。突水的主控因素直接影响突水的发生与否，掌握突水主控因素资料有助于从中分析出突水来源和突水规律。因此，研究矿井突水主控因素对于判识矿井涌（突）水水源具有重要的意义。

矿井突水往往是由多种因素共同引起的，是复杂的地质、水文地质与采矿复合作用的现象。其过程可概括为：由于采掘活动影响和诱导，充水水源突破阻水条件，通过导水通道而大量溃入矿井，从而影响煤矿的正常开采。从中可总结出其主控因素有：采掘影响、充水水源、阻水条件和导水通道 4 个方面，而每个方面又有多个子因素控制，如图 8-1 所示。

8.1.2 涌（突）水水源判识方法概述

1. 水化学元素识别

水质标志着水体的化学特性及其组成的状况，将突水水质与含水层或者其他充水水源的标准水质进行比对，水质最接近的即为涌（突）水水源。

1）常规水化学元素识别

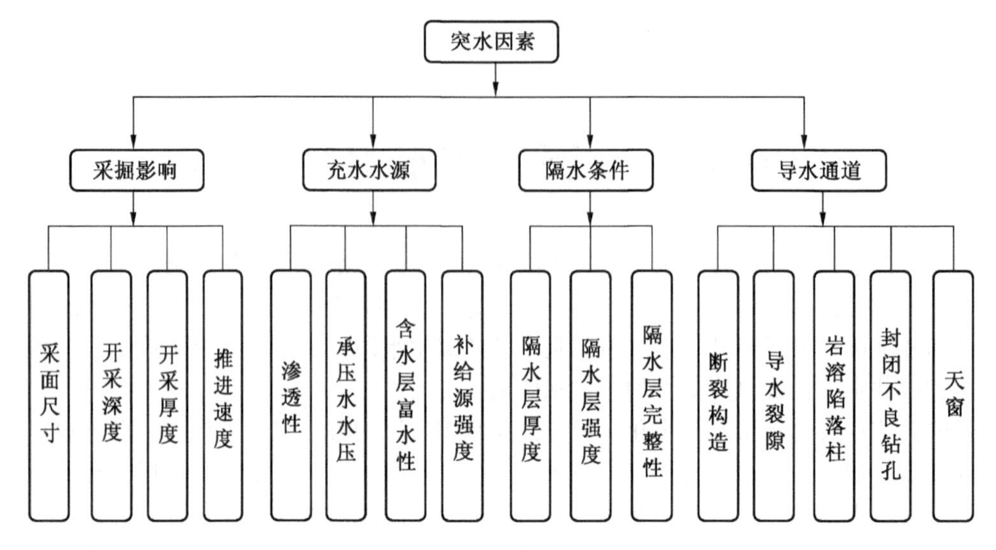

图 8-1　矿井突水主控因素层次图

常规水化学元素主要指 K^++Na^+、Ca^{2+}、Mg^{2+}、Cl^-、SO_4^{2-}及 HCO_3^-这六大离子，常常将 pH、TDS、硬度等指标和常规元素一起用于突水判识。由于测试手段简单，常规水化学测试仪器在很多矿都有配备。基于水常规测试效率高的特点，各矿积累了大量的常规水化学数据，从而也为基于常规水化学识别水源奠定了坚实的数据基础。同时，多元统计分析技术、人工智能技术等都可应用于常规元素的突水快速判识。因此，常规水化学元素识别成为目前最为广泛使用的一种矿井涌（突）水水源快速判识方法。

2）微量元素及同位素识别

微量元素识别能够较好地反映元素来源，从而具有较好的示踪效果；同位素在研究区域地下水演化中具有独特优势，在矿井涌（突）水水源判识中也得到了较多的应用。但是，利用微量元素和同位素识别最大的缺点在于原有数据较少，且测试条件受限较为明显，很难在第一时间获取数据。

因此，在以上几种水化学元素的选择上，目前各个煤矿仍更倾向于使用常规水化学特征作为水质分析的评价因素，且目前利用其判识涌（突）水水源的评价方法很多。

2. 水温识别

地下水的形成温度指的是地下水在其形成时刻所具有的初始温度，对于降水入渗成因的地下水，其形成温度与其入渗时的包气带温度一致。由于赋存于深部含水层的地下水在经历了长时间的水岩作用后，其水温反映的是其现存介质环境的温度，而且是量化值，易于测试，随深度不同，水温变化明显。因此，常用水温来判识涌（突）水水源。

3. 水位动态识别

所谓水位动态识别是依据突水所带来的水位动态变化特征来判识矿井涌（突）水水源。由于采矿活动而引起的矿井突水，其水源可能来自不同的含水层，很多情形表现为突水初期水源来自富水性较弱的含水层，突水量比较小，对煤矿安全生产影响不大，但一段时间后，其水量可能会突然增大，当矿井排水能力难以抵挡住巨大水量时，就会给矿井造成灾害。

因此，利用观测孔的水位动态情况来判断涌（突）水水源是较为简单、直观和有效的方法。在确定井下无大量抽排水的情况下，当突水水量比较大时，突水一段时间便会使突水含水层形成降深漏斗，水位下降。当观测孔在降深半径内，若观测到水位下降，尤其观测孔与突水点平面距离比较小时，观测到的水位降深更加明显，则基本可以确定涌（突）水水源即为水位降深的含水层。此外，还可以依据突水点水位标高与各含水层观测孔和突水点之间最短平面距离的水位标高做比较，水位标高最相近值，则可定义该含水层为涌（突）水水源。可见，掌握煤矿地下水动态，正确认识突水前兆的机理，可为判识水源提供依据，从而提高矿井抵抗水灾能力。

4. 多源信息集成综合判识

本书从简单、实用、快速的角度，将易于测试、量化且有效的因素，如水化学、水温、水位等融于综合识别体系中；而将难以量化、测试，甚至有时未知的因素作为解释和验证性因素对初步判识的结果进行进一步的分析，建立矿井突水多源信息集成综合判识体系。

该体系是根据含水层的水化学、水温以及水位动态来判识涌（突）水水源，然后三者复合判识结果得到初步判识结果。水化学判识选取水样的常规 K^{+}+Na^{+}、Ca^{2+}、Mg^{2+}、Cl^{-}、SO_4^{2-}及 HCO_3^{-}六大离子作为识别指标，建立矿井突水的水化学判识模型判识涌（突）水水源。水温判识主要依据突水水温与不同含水层水温的比较来判识突水的来源。水位动态判识则依据突水点水位标高与各含水层观测孔和突水点之间最短平面距离的水位标高做比较，通过选取水位标高最相近值识别涌（突）水水源。在实际应用中，单纯利用水化学判识往往会出现错判，而水温判识和水位动态识别刚好可以弥补水化学难以判识的劣势，从而增加判识结果的可信度。将三者判识的结果按照一定的权重进行复合，从而可以得到较为准确的判识结果。矿井水害防治专家还可以根据以往水害防治经验，结合矿区水文地质条件、地质构造，以及突水溃出时的携带物质等分析可能的突水水源，并提出相应的治理方案。

8.1.3 矿井突水水质类型分析

8.1.3.1 水化学分析资料整理和表示方法

1. 离子毫克当量浓度

在煤矿矿井水的水化学组成中，通常以 K^{+}、Na^{+}、Ca^{2+}、Mg^{2+}、Cl^{-}、SO_4^{2-}及 HCO_3^{-}等最主要离子的成分来分析不同含水层矿井水的分布规律。为绘制水化学分析图，首先给出计算水样中各离子毫克当量百分数的数学方法如下：

1）计算各离子毫克当量浓度

根据判断水质类型的需要，研究给出如下水质类型影响因子，其中阳离子与阴离子的相对原子质量见表 8-1。

表 8-1 阳离子与阴离子的相对原子质量参照表

阳离子	K^{+}	Na^{+}	Ca^{2+}	Mg^{2+}
相对原子质量	39.102	22.99	20.04	12.156
阴离子	Cl^{-}	SO_4^{2-}	CO_3^{2-}	HCO_3^{-}
相对原子质量	35.453	48.03	30.005	61.017

（1）阳离子毫克量之和 = K^+/39.102+Na^+/22.99+Ca^{2+}/20.04+Mg^{2+}/12.156。

（2）阴离子毫克量之和 = Cl^-/35.453+SO_4^{2-}/48.03+CO_3^{2-}/30.005+HCO_3^-/61.017。

2）计算各离子毫克当量百分数（%）

（1）K^+ = K^+/(39.102×阳离子毫克量之和)×100。

（2）Na^+ = Na^+/(22.99×阳离子毫克量之和)×100。

（3）Ca^{2+} = Ca^{2+}/(20.04×阳离子毫克量之和)×100。

（4）Mg^{2+} = Mg^{2+}/(12.156×阳离子毫克量之和)×100。

（5）Cl^- = Cl^-/(35.453×阴离子毫克量之和)×100。

（6）SO_4^{2-} = SO_4^{2-}/(8.03×阴离子毫克量之和)×100。

（7）CO_3^{2-} = CO_3^{2-}/(30.005×阴离子毫克量之和)×100。

（8）HCO_3^- = HCO_3^-/(61.017×阴离子毫克量之和)×100。

以马兰矿水样数据中水样编号为 1 的水样数据为例，计算其各离子毫克当量百分数，计算结果见表 8-2。

表 8-2 马兰矿 1 号水样中各离子含量计算结果

离子符号	mg/L	毫克当量/L	毫克当量/%	阳/阴离子毫克当量之和
Na^+	469.85	20.4371	96.5878	21.1591
Ca^{2+}	11.98	0.5978	2.8253	
Mg^{2+}	1.51	0.1242	0.587	
Cl^-	62.68	1.768	8.3946	21.0611
SO_4^{2-}	79.03	1.6454	7.8125	
HCO_3^-	1076.81	17.6477	83.7929	

根据计算得到的 1 号水样中各离子的毫克当量百分数，下面通过水化学玫瑰花图示法、库尔洛夫式、Piper 三线图分别表示水样数据的水质特征。

2. 水化学玫瑰花图示法

水化学玫瑰花图示法可以表示某一水样中不同离子的相对含量，具有做法简便、形象醒目的特点。其原理是先将圆六等分，每一半径分别表示地下水中常见的三大阳离子 K^++Na^+、Ca^{2+}、Mg^{2+}和三大阴离子 Cl^-、SO_4^{2-}、HCO_3^-，然后把正对的点两两连线。每一半径划分为 100 等份，用它们的毫克当量百分数计算出它们在图中的相对位置（坐标），用不同长度的线段来表示，然后将各线段的外端点连接在一起，形成类似玫瑰花的图形，图 8-2b 所示为根据表 8-2 中各离子的毫克当量百分数，绘制出的水化学玫瑰花图。

8.1.3.2 地下水化学成分分类

1. 库尔洛夫式

库尔洛夫表示式是以类似数学分式形式表示单个水样化学成分的含量和组成的方法。凡是毫克当量百分数大于 10% 的离子均列入分式；按从大到小的顺序在分式的上端排列阴离子，分式的下端排列阳离子；百分数含量值放在离子的右下角，若右下角为原子数占据时，则将原子数移至右上角；分式前端表示气体成分、特殊成分及矿化度（以 M 为代

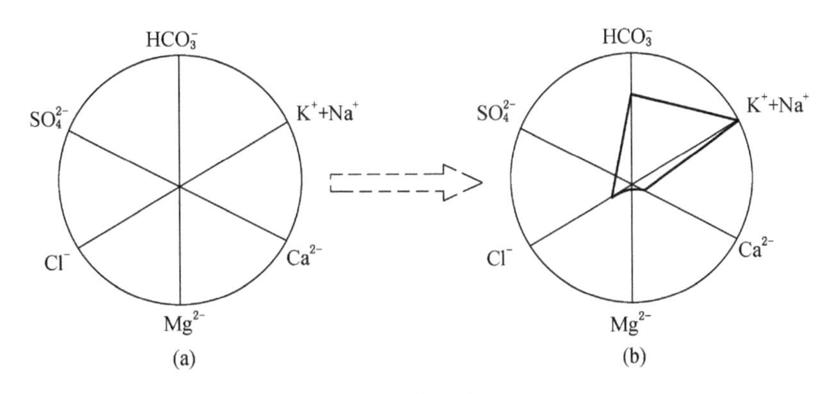

图 8-2　水化学玫瑰花图示法

号)，单位为 g/L；含量标在右下角；分式后端表示水温（以 t 为代号）和流量（以 Q 为代号）。

根据表 8-2 中各离子的毫克当量百分数，假设其他成分 CO_2 含量为 11 mg/L、水温为 11 ℃、流量为 2.6 L/s，首先计算表 8-2 中水样的矿化度，即水中化学组分含量的总和，通常以 1 升水中含有各种盐分的总质量来表示，单位为 mg/L。水样矿化度计算公式如下：

$$\text{矿化度} = Na^+ + Ca^{2+} + Mg^{2+} + Cl^- + SO_4{}^{2-} + HCO_3{}^-$$
$$= 469.85 + 11.98 + 1.51 + 62.68 + 79.03 + 1076.81 = 1701.86 \text{ mg/L}$$

该水样的库尔洛夫式为

$$CO^2_{0.011} M_{1.702} \frac{HCO^3_{83.79}}{Na_{96.59}} t_{11} Q_{2.6} \tag{8-1}$$

毫克当量百分数大于 25% 的阴阳离子参与水样的定名，通常阴离子在前，阳离子在后，含量大者在前，小者在后。由此可得出水样的舒卡列夫水化学类型，比如 HCO_3-Na-B，其中 B 表示矿化度，舒卡列夫分类中矿化度分级见表 8-3。

表 8-3　舒卡列夫分类中矿化度分级表

组别	矿化度/(mg·L^{-1})	组别	矿化度/(mg·L^{-1})
A	<1.5	C	10~40
B	1.5~10	D	>40

2. Piper 三线图

该图由 1 个菱形及 2 个等边三角形组成。左下角三角形的三条边线分别代表阳离子中的 K^++Na^+、Ca^{2+} 及 Mg^{2+} 的毫克当量百分数，右下角三角形的三边边线分别代表阴离子 Cl^-、$SO_4{}^{2-}$ 及 $HCO_3{}^-$ 的毫克当量百分数，菱形的四个边分别两两对应表示 $HCO_3{}^-$ 和 Cl^-+$SO_4{}^{2-}$ 以及 K^++Na^+ 和 Ca^{2+}+Mg^{2+}。在构图时，首先依据任一水样按其阴、阳离子各自的毫克当量百分数确定水样点在两个三角形上的位置，然后通过该点作平行于刻度线的延伸线，两条延伸线在菱形上的交点即为该水样点在菱形上的位置。从菱形中就可以看出水样的一般化学特征，在三角形中可以看出各种离子的相对含量。根据表 8-2 中各离子的毫克当量百分数，绘制出 Piper 三线图（图 8-3a）。

落在菱形中不同区域的水样具有不同的化学特征，见表 8-4 和图 8-3b。

表 8-4 Piper 三线图分区水化学特征表

分区代号	化 学 特 征	分区代号	化 学 特 征
1	碱土金属离子超过碱金属离子（Ca^{2+}、Mg^{2+}大于 50%）	6	非碳酸盐硬度大于 50%
2	碱大于碱土（K^++Na^+大于 50%）	7	碱及强酸大于 50%
3	弱酸根超过强酸根（HCO_3^-大于 50%）	8	碱土及弱酸大于 50%
4	强酸大于弱酸（Cl^-+SO_4^{2-}大于 50%）	9	任意一对阴阳离子毫克当量百分数均小于 50%
5	碳酸盐硬度大于 50%		

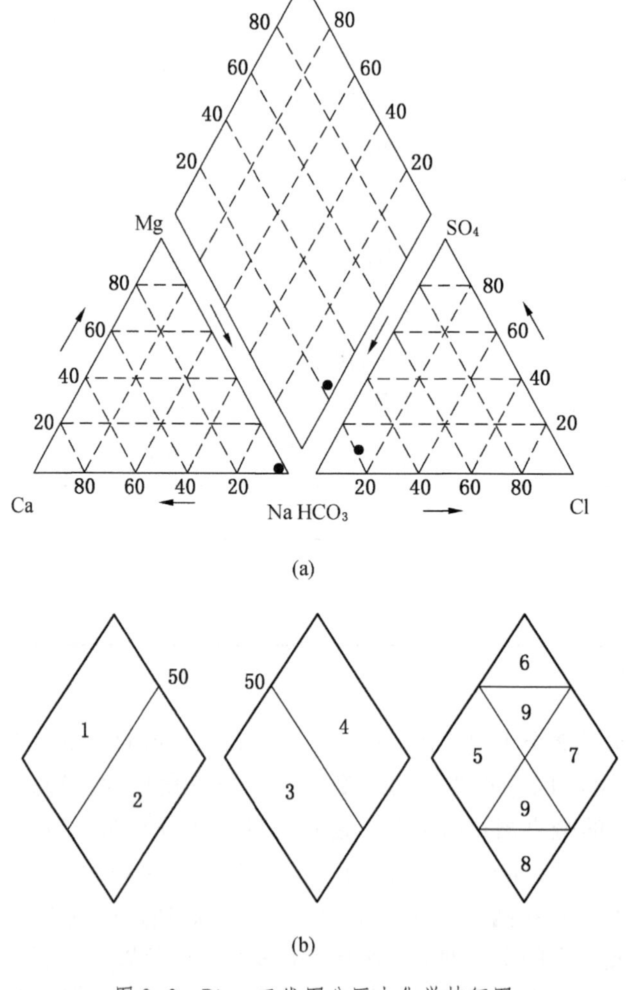

图 8-3 Piper 三线图分区水化学特征图

8.2 矿井涌（突）水水源判识应用模型

8.2.1 水化学判识常用模型

8.2.1.1 模糊综合评判模型

模糊综合评判是一种应用模糊数学原理对受多因素影响的事物或现象进行综合评判的方法，它在描述和解决水源判识这种具有模糊性的问题上有一定优越性。其基本思想是通过模糊运算比较突水水质对各可能水源的隶属度，根据最大隶属度原则，最大者即为涌（突）水水源。

1. 基本方法

该方法将评价目标看作由多种因素组成的模糊集合（称为因素集 V），再设定这些因素所能选取的评审等级，组成评语的模糊集合（称为评判集 U），分别求出各单一因素对各个评审等级的归属程度（称为模糊矩阵），然后根据各个因素在评价目标中的权重分配，通过计算（称为模糊矩阵合成），求出评价的定量解值。该方法是应用模糊变换原理和最大隶属度原则，对各因素做综合评价。

2. 算法步骤

应用模糊综合评判模型进行矿井涌（突）水水源判识时，一般算法步骤如下：

（1）确定评判对象因素集合 $U=\{a_1, a_2, \cdots, a_i, \cdots, a_m\}$，其中 a_i 表示第 i 个含水层。

（2）建立能够比较客观地反映各含水层水质特点的主要影响因素集合 $V=\{x_1, x_2, \cdots, x_i, \cdots, x_n\}$，其中 x_i 表示能反映含水层特征的第 i 个因素指标。

（3）建立评价因子权重模糊矩阵 $E=\{e_1, e_2, \cdots, e_i, \cdots, e_n\}$，其中 e_i 表示第 i 个因素指标对区分含水层的重要性，即权重值。计算权重的方法很多，如超标定权法、层次分析法定权法等。在水源判识中应用较多的是超标加权法：

$$e_i = \frac{x_i}{a_i} \tag{8-2}$$

式中 x_i——突水点采样中第 i 个因素指标的实测值；

a_i——第 i 个因素指标在各含水层中的统计平均值。

因模糊运算需归一化：

$$e_i = \frac{\dfrac{x_i}{a_i}}{\sum\left(\dfrac{x_i}{a_i}\right)} \tag{8-3}$$

（4）建立隶属度模糊关系矩阵 $R=\{r_{ki}\}$，r_{ki} 表示第 i 个因素指标对第 k 个含水层的隶属度。常用的单因素隶属度计算函数如线性降半阶函数，评判集标准表见表 8-5。

表 8-5 评判集标准表

评判集	因子集					
	x_1	x_2	x_3	x_4	x_5	x_6
a_1	u_{11}	u_{12}	u_{13}	u_{14}	u_{15}	u_{16}
a_2	u_{21}	u_{22}	u_{23}	u_{24}	u_{25}	u_{26}
a_3	u_{31}	u_{32}	u_{33}	u_{34}	u_{35}	u_{36}
a_4	u_{41}	u_{42}	u_{43}	u_{44}	u_{45}	u_{46}

现假设 $u_{11}>u_{21}>u_{31}>u_{41}$，评价因子 x_1 对各水源的隶属度函数分布如图 8-4 所示。

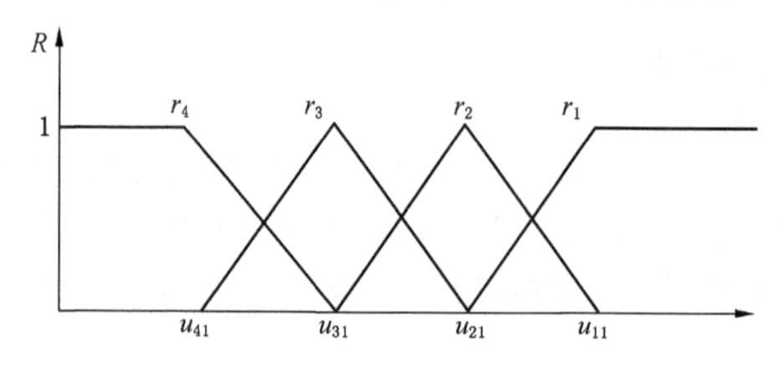

图 8-4　x_1 因子隶属度函数分布示意图

由此得评判因子 x_1 的隶属度函数为

$$\begin{cases} r_1=\begin{cases} 0 & x<u_{21} \\ \dfrac{x-u_{21}}{u_{11}-u_{21}} & u_{21}<x<u_{11} \\ 1 & x>u_{11} \end{cases} \\ r_2=\begin{cases} 0 & x<u_{31} \\ \dfrac{x-r_{31}}{r_{21}-r_{31}} & u_{31}<x<u_{21} \\ \dfrac{r_{11}-x}{r_{11}-r_{21}} & u_{21}<x<u_{11} \\ 0 & x>u_{11} \end{cases} \\ r_3=\begin{cases} 0 & x<u_{41} \\ \dfrac{x-u_{41}}{u_{31}-u_{41}} & u_{41}<x<u_{31} \\ \dfrac{u_{21}-x}{u_{21}-u_{31}} & u_{31}<x<u_{21} \\ 0 & x>u_{21} \end{cases} \\ r_4=\begin{cases} 1 & x<u_{41} \\ \dfrac{x-u_{41}}{u_{31}-u_{41}} & u_{41}<x<u_{31} \\ 0 & x>u_{31} \end{cases} \end{cases} \tag{8-4}$$

（5）综合评判。综合评判的结果由单因素权重矩阵 E 和模糊关系矩阵 R 做复合运算得到

$$B=E\cdot R=\{b_1,\ b_2,\ \cdots,\ b_m\}$$

式中，b_i 表示判识样本对各评判标准的隶属度大小，一般可以按照最大隶属度原则确定判识样本的结果。

8.2.1.2　灰色关联分析模型

灰色关联度算法涌（突）水水源判识的基本思想是：根据标准水样建立涌（突）水

水源判识中各突水含水层的标准序列，按照一定的方法计算出待判序列与标准序列的关联度，其与哪个含水层的标准序列关联度大就判为该含水层。这种方法的优点是对样本大小和分布规律要求不高，分析结果与一般定性分析结果一致。

通过灰色关联分析方法对矿井涌（突）水水源进行识别，其具体实现步骤如下：

（1）确定分析序列。选取矿井突水待判水样中的每一条数据作为一个参考序列，记作 $X_0=(X_0(1), X_0(2), \cdots, X_0(n))$；其中，矿井突水标准水样数据作为比较序列，记为 $X_i=(X_i(1), X_i(2), \cdots, X_i(n))$。

（2）对变量序列进行无量纲化。对 X_0 与 X_i 序列数据进行标准化处理，即无量纲化处理，以使各序列达到无量纲且具有公共参考点，这样各序列才有可比性和等效性，便于进行比较。

（3）求 X_0 与 X_i 在 k 点的关联系数 $X_{0i}(k)$：

$$X_{0i}(k)=\frac{\Delta_{\min}+\Delta_{\max}}{\Delta_{0i}(k)+\rho\Delta_{\max}} \tag{8-5}$$

式中，$\Delta_{0i}(k)$ 表示 k 时刻两比较序列的绝对差，即

$$\Delta_{0i}(k)=|x_0(k)-x_i(k)|(1\leqslant i\leqslant n) \tag{8-6}$$

式中，$\Delta_{\max}$ 和 $\Delta_{\min}$ 分别表示所有比较序列各个时刻绝对差中的最大值和最小值；ρ 为分辨系数，其意义在于削弱最大绝对差数值太大引起的失真，提高关联系数之间的差异显著性。关联系数反映两个被比较序列在某一时刻的紧密（靠近）程度。

（4）计算关联度。用 r_{0i} 表示 X_i 对 X_0 的关联度：

$$r_{0i}=\frac{1}{n}\sum_{k=1}^{n}X_{0i}(k) \tag{8-7}$$

式中，n 为比较序列的长度。

（5）依关联度排序。将各比较序列与参考序列的关联度从大到小排序，关联度越大，说明比较序列与参考序列变化的态势越一致。

8.2.1.3　模糊识别模型

简单地说，模糊识别原理就是将一种研究对象根据某些特征进行识别并分类的一门综合性新兴技术。

1. 基本思想

设 U 是给定的待识别对象的全体集合，U 中的每一个对象有 p 个特性指标 u_1，u_2，…，u_p。每个特性指标所刻画的是对象 u 的某个特征，于是由 p 个特性指标确定的每一个对象 u，可记成 $u=(u_1, u_2, \cdots, u_p)$，此式称为特征向量。识别对象集合 U 可分成 n 个类别，且每一个类别均是 U 上的一个模糊集，记作：A_1，A_2，…，A_n（也称之为模糊模式）。模糊识别就是把对象 $u=(u_1, u_2, \cdots, u_p)$ 划归一个与其相似的类别 A_i 中。当一个识别算法作用于对象 u 时，就产生一组隶属度，$u_{A1}(u)$，$u_{A2}(u)$，…，$u_{An}(u)$，它们分别表示对象 u 隶属于类别 A_1，A_2，…，A_n 的程度，建立模糊隶属函数后，按照某种隶属原则对对象 u 进行判断，确定它应归属哪一类别。

2. 数学模型建立方法

数学模型的建立方法如下：

1）识别对象特性指标的挑选和对象集合类别的确定

在影响识别对象 u 的各因素中，抽选模式识别有显著关系的特性指标，并测出各特性指标的具体数据，然后写出对象 u 的特征向量（u_1，u_2，…，u_p）。根据实际情况把识别对象集合 U 分成 n 个类别，且每一个类别均是 U 上的一个模糊集，记作：A_1，A_2，…，A_n，则称他们为模糊模式。这一过程涉及实际问题的具体内容、背景以及识别者的知识、技巧等多方面，是识别工作的基础，也直接影响识别的效果。

2）构造隶属函数

正确确定隶属函数是应用模糊集合理论定量刻画模糊性事物的基础，是利用模糊数学区解决各种实际问题的关键。这里采用样板法构造隶属函数，具体如下：设 U 是给定的待识别对象的全体集合，给定 U 上 n 个模糊子集（模糊模式）A_1，A_2，…，A_n，每一个对象 $u\in U$ 的特性向量为 $u=(u_1, u_2, \cdots, u_p)$，从模糊模式 A_i 中选出 m_i 个样板：

$$A_{ij}=(a_{ij1}, a_{ij2}, \cdots, a_{ijp}) \qquad i=1, 2, \cdots, n; j=1, 2, \cdots, m_i$$

式中，a_{ij} 为第 i 和模糊模式 A_i 的第 j 个样板的特性向量；a_{ijk} 为第 i 和模糊模式 A_i 中第 j 个样板的第 k 个特性指标的实测数据，$k=1, 2, \cdots, p$。

计算模糊模式 A_i 中的 m_i 个特征向量 $a_{ij}(i=1, 2, \cdots, n; j=1, 2, \cdots, m_i)$ 的平均值 a_i，即：$a_i=(a_{i1}, a_{i2}, \cdots, a_{ip})$。

式中，$a_{ik}=\frac{1}{m}\sum_{j=1}^{m_i}a_{ijk}$，$k=1, 2, \cdots, p$。称 $a_i=(a_{i1}, a_{i2}, \cdots, a_{ip})$ 为模糊模式 A_i 的均值样板。

计算对象 $u=(u_1, u_2, \cdots, u_p)$ 与均值样板 $a_i=(a_{i1}, a_{i2}, \cdots, a_{ip})$ 之间的普通距离：

$$d_i(u, a_i)=\sqrt{\sum_{j=1}^{p}(u_j-a_{ij})}=\sqrt{(u_1-a_{i1})^2+(u_2-a_{i2})^2+\cdots+(u_p-a_{ip})^2} \tag{8-8}$$

令 $D=\sum_{i=1}^{n}d_i(u, a_i)$，则模糊识别 A_i 的隶属函数为

$$u_{A_i}(u)=1-\frac{d_i(u, a_i)}{D} \tag{8-9}$$

3）识别原则

（1）最大隶属原则。设 A_1，A_2，…，A_n 是给定的论域 U 上 n 个模糊子集，$u_0\in U$ 是一被识别对象，若 $u_{Ai}(u_0)=\max[u_{A1}(u_0), u_{A2}(u_0), \cdots, u_{An}(u_0)]$，则认为 u_0 优先隶属于 A_i。

（2）阈值原则。给定论域 U 上 n 个模糊子集 A_1，A_2，…，A_n，规定一个阈值 $s\in[0, 1]$，$u_0\in U$ 是一识别对象，若 $\max[(u_{A1}(u_0), u_{A2}(u_0), \cdots, u_{An}(u_0)]<s$，则作“拒绝识别”的判决，应查找原因另做分析；若 $\max[(u_{A1}(u_0), u_{A2}(u_0), \cdots, u_{An}(u_0)]\geq s$，并且共有 k 个 $u_{A1}(u_0)$，$u_{A2}(u_0)$，…，$u_{An}(u_0)$ 大于或等于 s，则认为识别可行。

3. 模糊数学识别法在矿井涌（突）水水源判识中的应用

为获得比较高的识别正确率，识别过程分三步进行：初判，根据待识别水样的水质类型确定该水样可能属于哪几类含水层；详判，用模糊概率方法和常规特征指标对水样究竟属于初判结果中的哪一类含水层进行识别；校正，结合取样点位置、水文地质环境特征对识别结果再进行适当校正。

8.2.1.4 BP 神经网络模型

误差反向传播网络又称为 BP 神经网络，该模型结构及算法详见第 4 章。BP 神经网络在涌（突）水水源判识模型中应用，将 $K^+ + Na^+$、Ca^{2+}、Mg^{2+}、Cl^-、SO_4^{2-}、HCO_3^-六大离子作为输入参数，输入层个数设定为 6。隐含层个数根据网络调试情况确定。输出层个数为 1，设定各含水层的目标输出值为 0~1 之间，且是等间隔划分开的。将样本代入网络进行训练，然后利用训练好的网络计算新的样本，得到的输出值与训练时含水层设定的目标值进行比较，比较结果最接近的含水层即为该突水水样的水源。

8.2.1.5 系统聚类分析

聚类开始时将矿井突水含水层水样样本（包括标准水样与待判水样）各自作为一类，并规定样本之间的距离和类与类之间的距离，然后将聚类最近的两个类合并成一个新类，计算新类与其他类之间的距离，重复进行两个最近类的合并，每次减少一个类，直到所有的样品合并为一个类。

在聚类分析中，通常用 G 表示类，假定 G 中有 m 个元素（即样本），一般地用列向量 $x_i(i=1, 2, \cdots, m)$ 来表示，用 d_{ij} 表示元素 x_i 与 x_j 之间的距离，D_{KL} 表示类 G_K 与类 G_L 之间的距离。

1. 系统聚类分析判识涌（突）水水源的数学模型

1）样品间的相似性度量

样品间的相似性通过距离来度量。设有 n 个水样，每个水样测得 p 项指标，原始资料矩阵为

$$X = \begin{bmatrix} x_{11} & x_{12} & \cdots & x_{1p} \\ x_{21} & x_{22} & \cdots & x_{2p} \\ \vdots & \vdots & \ddots & \vdots \\ x_{n1} & x_{n2} & \cdots & x_{np} \end{bmatrix}$$

如果把 n 个水样看成 p 维空间中 n 个点，则两个水样间相似程度可用 p 维空间中两点的距离来度量。设 d_{ij} 是样品 x_i 与 x_j 之间的距离，本书采用欧氏距离计算 d_{ij}，如下所示：

$$d_{ij} = \left[\sum_{k=1}^{p} (x_{ik} - x_{jk})^2 \right]^{\frac{1}{2}} \tag{8-10}$$

把任意两个水样的 p 维空间距离都算出来后，可排成距离阵 D，其中 $d_{11}=d_{22}=\cdots=d_{nn}=0$。

$$D = \begin{bmatrix} d_{11} & d_{12} & \cdots & d_{1n} \\ d_{21} & d_{22} & \cdots & d_{2n} \\ \vdots & \vdots & \ddots & \vdots \\ d_{n1} & d_{n2} & \cdots & d_{nn} \end{bmatrix}$$

D 是一个实对称阵，只需计算上三角形部分或下三角形部分即可。根据 D 可对 n 个点进行分类，距离近的点归为一类，距离远的点归为另一类。

2）类与类之间最短距离法聚类

定义类与类之间的距离为两类最近样品间的距离，即

$$D_{KL} = \min\{d_{ij}: x_i \in G_K, x_j \in G_L\} \tag{8-11}$$

若某一步类 G_K 与 G_L 聚成一个新类，记为 G_M，类 G_M 与任意已有类 G_J 之间的距离为

$$D_{MJ} = \min\{D_{KJ}, D_{LJ}\} \quad J \neq K, L \tag{8-12}$$

类间最短距离如图 8-5 所示。

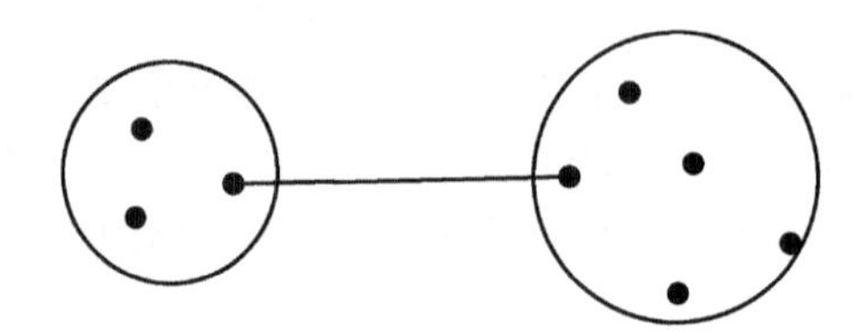

图 8-5 类间最短距离

2. 系统聚类分析判识涌（突）水水源的算法步骤

（1）n 个水样样本开始时作为 n 个类，计算两两之间的距离，构成一个对称距离矩阵：

$$D_{(0)} = \begin{bmatrix} 0 & d_{12} & \cdots & d_{1n} \\ d_{21} & 0 & \cdots & d_{2n} \\ \vdots & \vdots & \ddots & \vdots \\ d_{n1} & d_{n2} & \cdots & 0 \end{bmatrix}$$

（2）找出 $D_{(0)}$ 的非对角线最小元素，设为 D_{KL}，则将 G_K 和 G_L 合并成一个新类，记为 G_M，即 $G_M = \{G_K, G_L\}$。

（3）计算新类与其他类的距离，在 $D_{(0)}$ 中消去 G_K、G_L 所对应的行与列，并加入由新类 G_M 与剩余其他未聚合的类间距离组成的一行和一列，得到一个新的距离矩阵 $D_{(1)}$，它是 $n-1$ 阶方阵。

（4）对 $D_{(1)}$ 重复上述对 $D_{(0)}$ 的（2）~（3）两步操作得 $D_{(2)}$，如此直到所有的元素并成一类为止。

（5）在合并过程中需要记下合并样本的水样编号及两类合并时的距离，然后根据距离绘制聚类图，最后根据分类判识水源。

8.2.2 水源判识新建模型

8.2.2.1 简约梯度法水化学判识模型

简约梯度法在解决大规模的非线性约束的最优化问题数值试验中取得了成功，是当前世界上流行的约束最优化算法之一。

1. 主要思想

简约梯度法每一次迭代都通过积极约束消去一部分变量，从而可以降低最优化问题的维数，每一次迭代都沿可行下降方向搜索，其求解过程实际上是产生一个可行点列 $\{X^k\}$，满足 $f(X^k+1) < f(X^k)$，使 $\{X^k\}$ 不断沿可行下降方向收敛于约束问题的极小点。根据不同的可行方向构造方法，本书主要采用 Wolfe 简约梯度法对建立的模型进行求解。

2. 建立水源判识模型

首先，选取突水点中的 K 种离子，并以这 K 种离子组分的含量来表示不同水源的化学特征。假设某突水点的水量为 M，突水点中第 $k(k=1, 2, \cdots, K)$ 种离子组分的含量为 p_k。且矿井已探明的水源共有 L 个，其中第 $i(i=1, 2, \cdots, L)$ 个水源中含第 k 种离子组

分的含量为 $p_{ik}\geqslant 0$。第 i 个水源的出水量为 $x_i\geqslant 0$，则判断某水源突水量的问题可以用式（8-13）的数学模型加以描述。

模型中目标函数 $f(X)$ 表示各个水源突水量 x_i 与第 i 个水源中第 k 种离子含量 p_{ik} 乘积之和近似等于突水点的突水总量 M 与第 k 种离子含量 p_k 的乘积，使得目标函数 $f(X)$ 取极小值。s. t.（subject to，约束条件）限制了各已知水源突水量 x_i 的累加和应小于等于突水点突水总量 M。

$$\begin{cases}\min[f(X)]=\sum\limits_{k=1}^{K}\left[\sum\limits_{i=1}^{L}(x_ip_{ik})-Mp_k\right]^2\\ \text{s. t.}\quad \sum\limits_{i=1}^{L}x_i\leqslant M\\ x_i\geqslant 0\quad i=(1,\ 2,\ \cdots,\ L)\end{cases}\tag{8-13}$$

3. Wolfe 简约梯度法求解步骤

（1）引入松弛变量 $x_{L+1}\geqslant 0$，将模型转化为非线性规划的形式。转化后模型中的松弛变量 x_{L+1} 表示存在有未探明的水源，建议继续进行水源勘探。

$$\begin{cases}\min[f(X)]=\sum\limits_{k=1}^{K}\left[\sum\limits_{i=1}^{L}(x_ip_{ik})-Mp_k\right]^2\\ \text{s. t.}\quad \sum\limits_{i=1}^{L}x_i+x_{L+1}\leqslant M\\ x_i\geqslant 0\quad i=(1,\ 2,\ \cdots,\ L,\ L+1)\end{cases}\tag{8-14}$$

（2）假设 $X^0=(0,\ 0,\ \cdots,\ M)^T$，即 $(x_1=0,\ x_2=0,\ \cdots,\ x_L=0,\ x_{L+1}=M)$，且终止误差 $\varepsilon>0$，$k=0$。选取 X^k 中的一个最大的分量 x_j^k。

$$\nabla_Bf(X^k)=\left[\frac{\partial f(X^K)}{\partial x_j}\right]^T\tag{8-15}$$

计算得出简约梯度 r_N^k，公式如下所示，且记 r_N^k 的第 $i(i\neq j)$ 个分量为 r_i^k。

$$r_N^k=\left[\left(\frac{\partial f(X^K)}{\partial x_1}-\frac{\partial f(X^K)}{\partial x_j}\right)\cdot\left(\frac{\partial f(X^K)}{\partial x_2}-\frac{\partial f(X^K)}{\partial x_j}\right)\cdots\left(\frac{\partial f(X^K)}{\partial x_{j-1}}-\frac{\partial f(X^K)}{\partial x_j}\right)\cdot\left(\frac{\partial f(X^K)}{\partial x_{j+1}}-\frac{\partial f(X^K)}{\partial x_j}\right)\cdots\left(\frac{\partial f(X^K)}{\partial x_{L+1}}-\frac{\partial f(X^K)}{\partial x_j}\right)\right]^T\tag{8-16}$$

（3）构造可行下降方向 $P^k=[P_1^k\quad P_2^k\quad\cdots\quad P_i^k\quad\cdots\quad P_{L+1}^k]^T$，当 $i\neq j$ 时

$$P_i^k=\begin{cases}-r_i^k & (r_i^k\leqslant 0)\\ -x_i^kr_i^k & (r_i^k>0)\end{cases}\qquad P_j^k=-\left(\sum_{i\neq j}P_i^k\right)\tag{8-17}$$

（4）进行有效一维搜索，求解 $\min\limits_{0\leqslant t\leqslant t_{\max}^k}f(X^k+tP^k)$ 得到最优解 t_k，其中 $t_{\max}^k$ 的确定如下：

$$t_{\max}^k=\begin{cases}+\infty\\ (\forall i\in[1,\ 2,\ \cdots,\ L+1]\text{ 均有 }P_i^k\geqslant 0)\\ \min\left\{-\dfrac{x_i^k}{P_i^k}\mid(1\leqslant i\geqslant L+1,\ P_i^k<0)\right\}\\ (\exists i\in[1,\ 2,\ \cdots,\ L+1]\text{，使得 }P_i^k<0)\end{cases}\tag{8-18}$$

令 $X^{k+1}=X^k+t^kP^k$，$k=k+1$，如果 $|X^{k+1}-X^k|\leqslant\varepsilon$，则停止迭代，输出 X^k，否则重复步骤（2）。

8.2.2.2 水温识别模型

地温随地层埋藏深度的增加而增加，呈线性关系变化规律。地温等于地温梯度乘以井深再加上恒温带温度。因此，地温方程表达式如下：

$$T=\frac{G(H-h_0)}{100}+T_0 \tag{8-19}$$

式中 T——地温,℃；

G——每 100 m 地温梯度,℃；

H——地层的埋深，m；

h_0——恒温带的深度，m；

T_0——恒温带的温度,℃。

依据突水位置和突水水温判识涌（突）水水源，按照上述地温方程原理，建立水温判识的计算公式。现假设研究区有 4 个含水层（水源），2 个可采煤层，基岩面埋深处计算温度为 t_a，煤层 1 底板埋深处计算温度为 t_b，煤层 2 底板埋深处计算温度为 t_c，突水实测水温为 t，水温判识对水源 1、水源 2、水源 3 和水源 4 的隶属值分别为 p_a、p_b、p_c、p_d，且设研究区无地层颠倒等情况，因此有 $t_a<t_b<t_c$，则：

（1）当 $t<t_a$ 时，即突水实测水温 t 落在含水层 1 计算温度范围内，隶属度计算公式如下：

$$\begin{cases}p_a=1\\[4pt] p_b=\left[\dfrac{(t_b-t)+(t_c-t)}{(t_a-t)+(t_b-t)+(t_c-t)}\right]^2\\[4pt] p_c=\left[\dfrac{(t_a-t)+(t_c-t)}{(t_a-t)+(t_b-t)+(t_c-t)}\right]^2\\[4pt] p_d=\left[\dfrac{(t_a-t)+(t_b-t)}{(t_a-t)+(t_b-t)+(t_c-t)}\right]^2\end{cases} \tag{8-20}$$

（2）当 $t_a<t<t_b$ 时，即突水实测水温 t 落在含水层 2 计算温度范围内，隶属度计算公式如下：

$$\begin{cases}p_a=\left[\dfrac{(t_b-t)+(t_c-t)}{(t-t_a)+(t_b-t)+(t_c-t)}\right]^2\\[4pt] p_b=1\\[4pt] p_c=\left[\dfrac{(t-t_a)+(t_c-t)}{(t-t_a)+(t_b-t)+(t_c-t)}\right]^2\\[4pt] p_d=\left[\dfrac{(t-t_a)+(t_b-t)}{(t-t_a)+(t_b-t)+(t_c-t)}\right]^2\end{cases} \tag{8-21}$$

（3）当 $t_b<t<t_c$ 时，即突水实测水温 t 落在含水层 3 计算温度范围内，隶属度计算公式如下：

$$
\begin{cases}
p_a = \left[\dfrac{(t-t_b)+(t-t_c)}{(t-t_a)+(t-t_b)+(t_c-t)}\right]^2 \\
p_b = \left[\dfrac{(t-t_a)+(t_c-t)}{(t-t_a)+(t-t_b)+(t_c-t)}\right]^2 \\
p_c = 1 \\
p_d = \left[\dfrac{(t-t_a)+(t_b-t)}{(t-t_a)+(t-t_b)+(t_c-t)}\right]^2
\end{cases}
\tag{8-22}
$$

（4）当 $t>t_c$ 时，即突水实测水温 t 落在含水层 4 计算温度范围内，隶属度计算公式如下：

$$
\begin{cases}
p_a = \left[\dfrac{(t-t_b)+(t-t_c)}{(t-t_a)+(t-t_b)+(t-t_c)}\right]^2 \\
p_b = \left[\dfrac{(t-t_a)+(t-t_c)}{(t-t_a)+(t-t_b)+(t-t_c)}\right]^2 \\
p_c = \left[\dfrac{(t-t_a)+(t-t_b)}{(t-t_a)+(t-t_b)+(t-t_c)}\right]^2 \\
p_d = 1
\end{cases}
\tag{8-23}
$$

为了扩大水温判识的隶属度差异，本书采用反距离平方的方式，根据各个含水层隶属度的大小，判断涌（突）水水源。

8.2.2.3 水位判识模型

建立水位判识模型，选取各个钻孔的水位标高作为判识因子。水位标高是指绝对标高，即相对于黄海系绝对高程的标高，是城市绝对高程零点与地下水位的距离。首先查明矿区最新的地下水位动态，选择有代表性的地面水文观测孔的水位记录。由于水文观测孔所揭露的含水层水位动态变化阈值难以确定，故突水点水位标高与各含水层观测孔和突水点之间最短平面距离的水位标高做比较（图 8-6）。

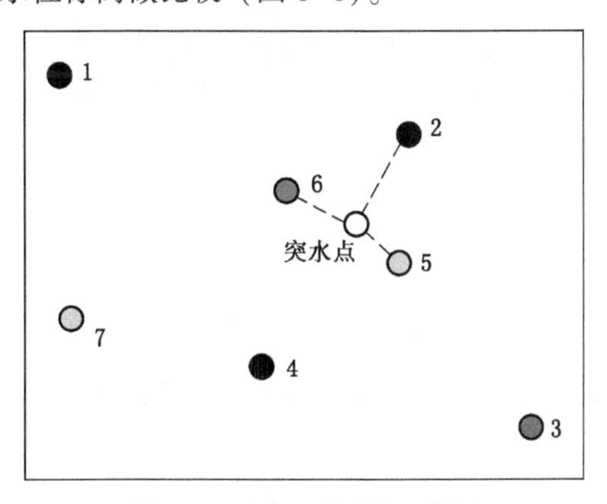

图 8-6 研究区观测孔示意图

在图 8-6 中，白色表示突水点；黑色表示观测孔 1、2、4 揭露同一含水层 A；深灰色表示观测孔 3、6 揭露同一含水层 B；浅灰色表示观测孔 5、7 揭露同一含水层 C；由于观测孔 2、5、6 分别揭露不同的含水层 A、B、C，且与突水点之间的水平距离最短，于是选取观测孔 2、5、6 作为研究对象。通过选取其水位标高与突水点水位标高最接近的观测孔，则观测孔所揭露的含水层即判识为涌（突）水水源。

8.2.3 综合信息快速判识模型的建立

根据矿井突水水化学判识水源具有理论基础，但在实际开采强度较大的矿区时，随着水文地质条件的变化，各含水层地下水水质也将发生变化。因此，仅根据水化学指标难以准确判识涌（突）水水源来自哪个含水层。通过资料分析，在矿区矿井突水过程中，一般有关于含水层观测孔的水温及水位都在变化，证明水化学、水温及水位的演变通常是相互联系的。为此，本书将水化学、水温、水位融于综合识别体系中，建立矿井涌（突）水水源综合信息快速判识模型。

8.2.3.1 QLT 综合判识模型

目前用于判识矿井涌（突）水水源的 QLT 判识法即为水质、水位和水温的简称。

首先，确定评价集合为 $U=\{a_1, a_2, \cdots, a_i, \cdots, a_m\}$，其中 a_i 表示第 i 个含水层；主要影响因素集合为 $V=\{x_1, x_2, \cdots, x_k, \cdots, x_n\}$。考虑的因素除水化学常规六大离子 $K^+ + Na^+$、Ca^{2+}、Mg^{2+}、Cl^-、SO_4^{2-} 及 HCO_3^- 外，增加了水位和水温，即 $n=8$。

由于各因素属于含水层的程度是不同的，因此建立评价因子权重模糊矩阵 $E=\{e_{k1}, e_{k2}, \cdots, e_{km}\}$，$(k=1, 2, \cdots, n)$。

$$\begin{cases} e_{ki} = \dfrac{\dfrac{x_{ki}}{a_{ki}}}{\sum\limits_{k=1}^{n} \dfrac{x_{ki}}{a_{ki}}} \\ e_{ki} \geqslant 0 \\ \sum\limits_{i=1}^{m} e_{ki} = 1 \\ a_{ki} = \dfrac{\sum\limits_{p=1}^{N} x_{kip}}{N} \end{cases} \tag{8-24}$$

式中，x_{ki} 为第 i 个含水层第 k 个因素的实测值，a_{ki} 为第 i 个含水层第 k 个因素的统计平均值，其中 N 为样品个数（$k=1, 2, \cdots, n$；$i=1, 2, \cdots, m$）。于是可以得出矿井的标准权重值矩阵：

$$E = \begin{bmatrix} e_{11} & e_{12} & \cdots & e_{1n} \\ e_{21} & e_{22} & \cdots & e_{2n} \\ \cdots & \cdots & \ddots & \cdots \\ e_{m1} & e_{m2} & \cdots & e_{mn} \end{bmatrix}$$

建立隶属度模糊关系矩阵 $R=\{r_{ki}\}$，r_{ki} 表示第 k 个因素指标对第 i 个含水层的隶属度。由下列隶属函数计算：

$$\begin{cases} R(x_{ki}) = \mathrm{e}^{-\frac{1}{b_{ki}}(x_{ki}-a_{ki})^2} \\ b_{ki} = \left[\dfrac{\sum\limits_{p=1}^{N} x_{kip} - a_{ki}}{N-1} \right]^{\frac{1}{2}} \end{cases} \tag{8-25}$$

式中，b_{ki} 为第 k 个因素对第 i 个含水层的标准差。于是对每一个样品，均能得到一个模糊关系矩阵：

$$R^T = \begin{bmatrix} R_{11}^T & R_{12}^T & \cdots & R_{1n}^T \\ R_{21}^T & R_{22}^T & \cdots & R_{2n}^T \\ \cdots & \cdots & \ddots & \cdots \\ R_{m1}^T & R_{m2}^T & \cdots & R_{mn}^T \end{bmatrix}$$

应用模糊合成运算归一化后求 $B=E\cdot R^T$，其中 $B=\{b_1, b_2, \cdots, b_m\}^T$，$b_k$ 为该样品隶属于各个含水层的程度。然后取 $b_l=\max\limits_{i=1}^{m}\{b_i\}$，则该样品的水源来自第 l 含水层。

当矿井突水时，立即取样测试水化学数据，同时监测各含水层观测孔水位、水温。将水化学数据及不同含水层观测孔水位、水温数据输入 QLT 法判识模型中。根据不同含水层观测孔水化学、水位、水温值分别进行计算，从中找出最大隶属度的含水层即为突水的水源。

8.2.3.2　多源信息集成综合判识模型

多源信息集成综合判识也是根据含水层的水化学、水温以及水位动态来判识涌（突）水水源，其与 QLT 判识法不同之处在于将三种判识信息分别赋予不同的权重后复合叠加得出判识结果。

考虑到判识的结果用于二次复合计算，得出的结果需要对每个含水层有一个合适的评价值，因此本书采用模糊综合评判方法。采用地下水中常规的六大离子 $K^+ + Na^+$、Ca^{2+}、Mg^{2+}、Cl^-、SO_4^{2-} 及 HCO_3^- 作为评价因素集，选取矿井主要充水含水层作为评判集，根据煤矿各含水层水样，计算各含水层的六大离子指标的统计平均值，作为各含水层的标准值。对于突水水样，计算水样各离子指标与各含水层对应指标之间的单因素隶属度，然后采用标准样本各离子权重与单因素隶属度复合计算，得到综合判识结果 p_a^Q、p_b^Q、p_c^Q、p_d^Q，对计算结果再次赋权重 E^Q，得出最后水化学判识结果如下：

$$\begin{cases} F_a^Q = p_a^Q \times E^Q \\ F_b^Q = p_b^Q \times E^Q \\ F_c^Q = p_c^Q \times E^Q \\ F_d^T = p_d^Q \times E^Q \end{cases} \tag{8-26}$$

水温判识主要依据突水水温与不同含水层水温的比较来判识突水的来源，为扩大水温判识的隶属度差异，可采用反距离平方的方式。将突水点水温 t 代入建立的计算方法，假设条件基岩面埋深处计算温度为 t_a，煤层 1 底板埋深处计算温度为 t_b，煤层 2 底板埋深处计算温度为 t_c，且在研究区无地层颠倒情况下 $t_a < t_b < t_c$，水温判识对水源 1、水源 2、水源 3 和水源 4 的隶属值分别为 p_a^T、p_b^T、p_c^T、p_d^T，计算结果分别赋予权重 E^T，得出水温判识结果如下：

$$\begin{cases} F_a^T = p_a^T \times E^T \\ F_b^T = p_b^T \times E^T \\ F_c^T = p_c^T \times E^T \\ F_d^T = p_d^T \times E^T \end{cases} \tag{8-27}$$

水位动态判识则依据突水点水位标高与各含水层观测孔和突水点之间最短平面距离观

测孔的水位标高比较，然后采用模糊综合判识法常用的单因素隶属度计算函数——线性降半阶函数计算突水点的水位标高隶属于揭露不同含水层最近观测孔的隶属值 p^L_a、p^L_b、p^L_c、p^L_d，计算结果分别赋予权重 E^L，水位计算结果如下所示：

$$\begin{cases} F^L_a = p^L_a \times E^L \\ F^L_b = p^L_b \times E^L \\ F^L_c = p^L_c \times E^L \\ F^L_d = p^L_d \times E^L \end{cases} \tag{8-28}$$

将三者判识的结果按照一定的权重进行复合叠加，从而得到判识结果如下：

$$\begin{cases} F_a = F^Q_a + F^T_a + F^L_a \\ F_b = F^Q_b + F^T_b + F^L_b \\ F_c = F^Q_c + F^T_c + F^L_c \\ F_d = F^Q_d + F^T_d + F^L_d \end{cases} \tag{8-29}$$

由判识结果可知，水温判识和水位判识对水化学判识起到了一定的辅助作用，可以较好地弥补水化学判识方法的不足。

8.3 矿井涌（突）水水源快速判识的多源信息综合决策系统

8.3.1 系统总体设计

8.3.1.1 系统开发原则

（1）实用、可操作性强。系统内各项功能切合实际需要，操作简单容易，能适用于不同层次的用户，易于推广使用。

（2）界面友好。系统界面友好，各种功能操作直观简便、可视化程度高，所有参数的数据输入都可以通过人机交互的方式实现。

（3）经济性原则。在保证各项功能完满实现的基础上，以最好的性能价格配置系统的软、硬件，使系统更好地发挥经济效益和社会效益。

（4）可扩充性原则。由于软硬件产品不断更新换代，应用对系统的要求可能不断发展，所以具有良好的接口和方便的二次开发工具，以使系统不断地扩充、完善。

8.3.1.2 系统设计目标

传统涌（突）水水源判识往往是根据水化学资料检测结果，技术人员根据经验判识涌（突）水水源。近年来，多元统计分析方法、人工神经网络法等数学算法和技术手段应用于矿井突水的快速识别，但是这些方法原理复杂且计算困难，对于一般的矿井水害防治人员来说，建立模型计算十分困难，因此实用性也较差。而快速判识矿井涌（突）水水源是争取水害治理时间，采取针对性措施的前提，在矿井水害防治中具有重要的作用和意义。

在前述研究的基础上，本书编写了判识算法，开发了矿井涌（突）水水源快速判识的多源信息综合决策系统 V2.0。该系统主要包括矿井水质分析和矿井涌（突）水水源判识两部分，以矿井水文地质技术工作中产生的水化学、水温及水位信息为研究对象，其中重点是各种数学模型在涌（突）水水源判识中的应用。因此，该系统既包括矿井涌（突）水水源判识中各种功能的实现，又可以为行政管理部门提供宏观的决策服务。

系统开发的总体目标是实现矿井涌（突）水水源判识的系统化、规范化和自动化，需要完成以下工作：

（1）系统须具备相关数据管理的能力，构建的系统可以方便地对突水判识所需的各种空间数据和属性数据进行管理，实现空间数据分层管理（数据加载、浏览及保存）、数据信息查询（属性查询和位置查询）以及图层的编辑功能。

（2）属性数据录入和编辑功能，实现矿井水样指标信息在系统中的录入，以及对含水层、采样点、水化学、水温和水位等基本信息的更新操作。

（3）数据信息分析和图像生成操作，根据水化学类型分析结果分别制作并编辑水化学玫瑰花图和库尔洛夫式、Piper 三线图来表示水样数据的特征。

（4）涌（突）水水源类型判识功能，利用前期建立完成的数据库，根据突水点矿井涌（突）水水源的水化学信息，分析资料分别采用模糊综合判识法、灰色关联分析法、模糊识别法、人工神经网络法、系统聚类分析法、简约梯度法这 6 种数学方法建立模型，可以实现多水源突水的判别。因利用水化学判识往往会出现错判，而水温、水位判识刚好可以弥补水化学判识的劣势，增加判识结果的可信度，故将三者判识的结果按照一定的方法复合计算，建立 QLT 综合判识模型和多源信息集成综合判识模型，从而可得到更精确的判识结果。

除此之外，建设的系统还应具备保存判识结果、建立帮助文档等功能。

8.3.1.3 系统组织结构

基于对矿井涌（突）水水源快速判识系统设计目标的描述，采用分层式结构的软件体系架构设计，将软件系统从下至上依次设计为：数据访问层、业务逻层和用户界面层，系统结构如图 8-7 所示。

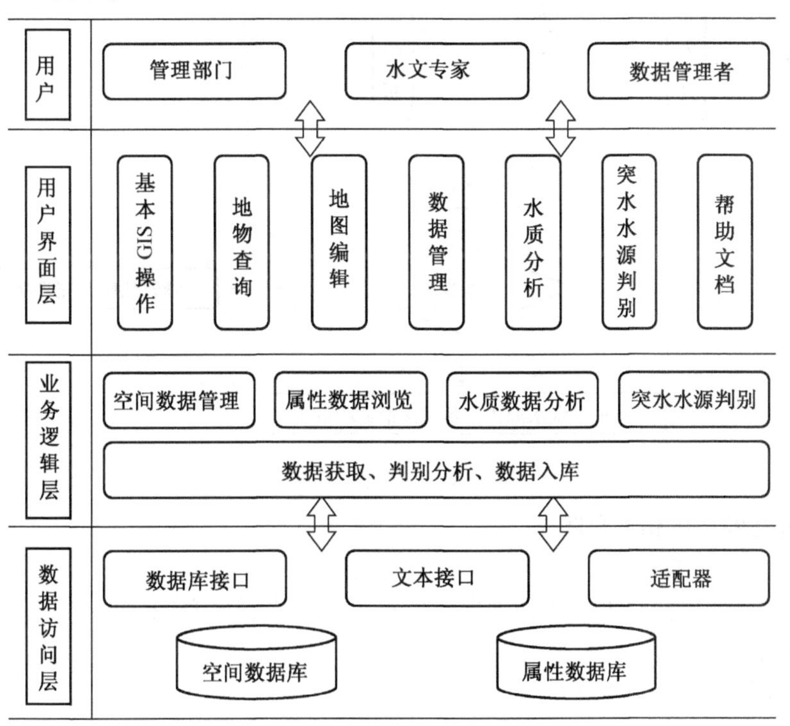

图 8-7 系统结构图

最底层为数据访问层，由空间数据库、属性数据库、文本库中的数据组成，主要负责数据库的访问。采用 Microsoft Access 2007 数据库来管理数据，并通 ADO. NET 方式与数据库连接，从而实现对数据库的访问。业务逻辑层是整个系统的核心，与系统的业务有关。业务逻辑层的相关设计均与矿井涌（突）水水源判识特有的逻辑紧密相关，例如矿井突水水质分析、涌（突）水水源的判定等。尤其是判定涌（突）水水源过程中各种数学模型的建立，都是业务逻辑层设计的重点。用户界面层是用户交互操作的直接对象，可以向用户展示信息，实现 GIS 操作、数据管理、水质分析、涌（突）水水源判识等功能。用户通过系统界面对矿井水样数据进行操作，实现系统需求中所有的功能。本系统主要提供给水文地质专家、地下水管理部门等用户使用，以达到科学管理突水判识相关数据和提供涌（突）水水源判识分析决策支持的目的。

8.3.1.4　系统开发流程

按照系统开发思路，制定系统开发流程（图 8-8）。

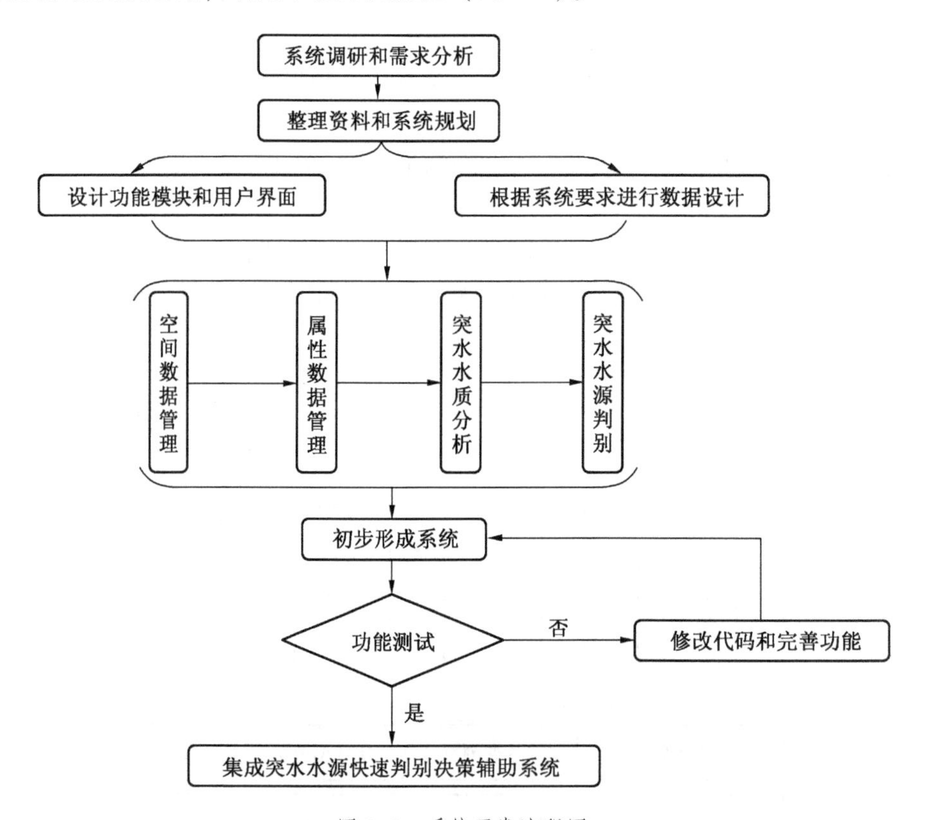

图 8-8　系统开发流程图

8.3.2　系统开发环境和平台选择

8.3.2.1　系统开发环境

系统的硬件环境：32 位 PC 处理器，内存 1 G 以上，硬盘 100 G 以上，1024 * 768 * 256 色的彩色设备。

系统的软件环境：中文 WindowsXP/7。

8.3.2.2 系统开发平台的选择

系统采用微软的 Visual Studio 2008（VS20008）开发环境，用 C#语言编写程序。借助目前世界最大的 GIS 供应商 ESRI 的 9.3 系列产品，主要采 ArcEngine9.3（AE）进行二次开发。包含 ArcObjects 的核心功能，可以提供各种 GIS 的定制开发，满足应用软件对于 GIS 的需求。包括 MapControl、PageLayoutControl、TOCControl 等控件，可以方便地在各种常见的开发平台下集成开发。利用 ADO.NET 与底层数据库进行通信，底层数据库如前述则采用 Microsoft Access 2007 构建。通过创建各种专业应用的数学模型实现与 VS、AE 之间的数据传递和数据表现，并且构成统一的无缝界面。

8.3.3 系统功能开发实现

系统体系采用 VS 2008 平台 C#语言基于 ArcEngine9.3 开发而成，通过闪屏窗口，简单介绍系统名称及制作单位，以等待计算机对系统主窗口的加载操作，系统等待加载界面如图 8-9 所示。

图 8-9 系统等待加载界面

系统主窗口由菜单栏、图层管理器、鹰眼视图、主视图区和状态栏组成，其主界面如图 8-10 所示。菜单栏主要显示各种操作的命令按钮；图层管理器用于控制图层的显示顺序，显示与否，以及图层的符号化等操作；鹰眼视图用于显示当前视图在整个图幅范围中的大小和位置；主视图区用于显示正在使用或者编辑的地图，用于分析结果的展示，制作地图的各种要素，以及空间数据可视化的显示；状态栏用于显示当前图幅的比例尺及指针指向当前图幅的 X、Y 坐标信息等。

8.3.3.1 基本 GIS 功能模块

基本 GIS 功能可以实现地图工程操作、图层管理、地图浏览、地图打印输出以及地图查询、地图编辑等操作。这些操作功能能够满足对于空间数据输入、简单处理和输出的基本 GIS 要求。各项具体功能如下：

1. 开始操作模块

（1）工程文件操作模块可以打开地图工程（*.mxd），保存地图工程和退出地图工程，通过点击主窗口左上方按钮显示来实现相关功能。

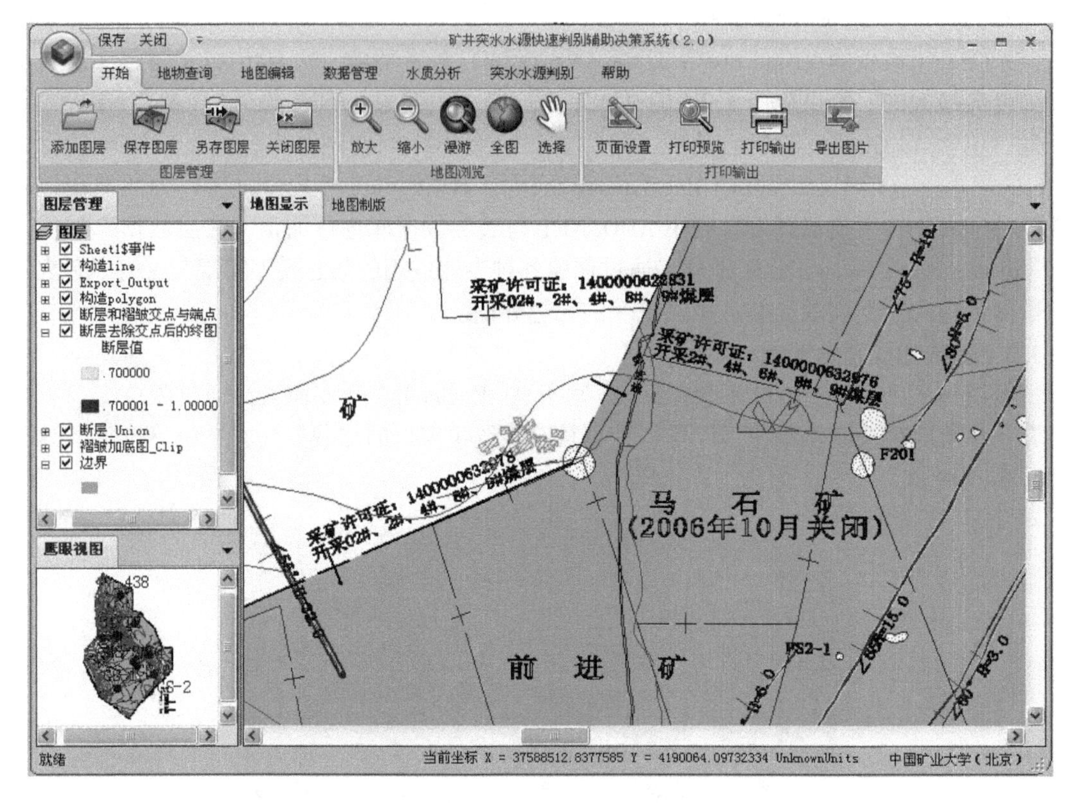

图 8-10 系统主界面

(2) 图层管理功能，主要包括添加图层、保存图层、另存为图层和关闭图层等功能。

(3) 地图浏览功能，包括地图的放大、缩小、漫游、全图、选择等功能。

(4) 打印输出功能，包括页面大小的设置、打印预览、打印输出和导出图片等功能。

2. 地物查询模块

通过该项功能，实现由属性查询图形（即 SQL 查询方式）、由图形查询属性的点选查询、矩形查询和多边形查询（及位置查询）。系统查询界面如图 8-11 所示。

3. 地图编辑模块

通过该项功能，实现图层的点编辑、线编辑、圆编辑、多边形编辑以及文字编辑等操作。地图编辑模块界面如图 8-12 所示。

8.3.3.2 数据管理模块

该模块涉及与水质分析模块和涌（突）水水源判识模块相关的各种数据信息，能够完成对水质数据、水温数据以及水位数据的浏览与编辑操作，在系统主界面下点击【数据管理】/【水质数据】按钮，显示水质数据管理界面（图 8-13），该界面包含 3 个子窗口，分别为水样目录显示窗口、水样信息窗口以及查询条件窗口。

通过该窗口可以执行新增、修改、删除、查询、刷新、退出水质数据等操作，通过点击窗体左侧水样目录显示窗口的水样类型，则在右侧可以筛选对应的数据，而且可通过查询条件窗口的采样编号来快速查询和筛选水样信息，并在右侧的水样信息显示表格中显示符合条件的水样。该窗口还可以将全部水质数据或者查询筛选的水质数据导出“*.xls”

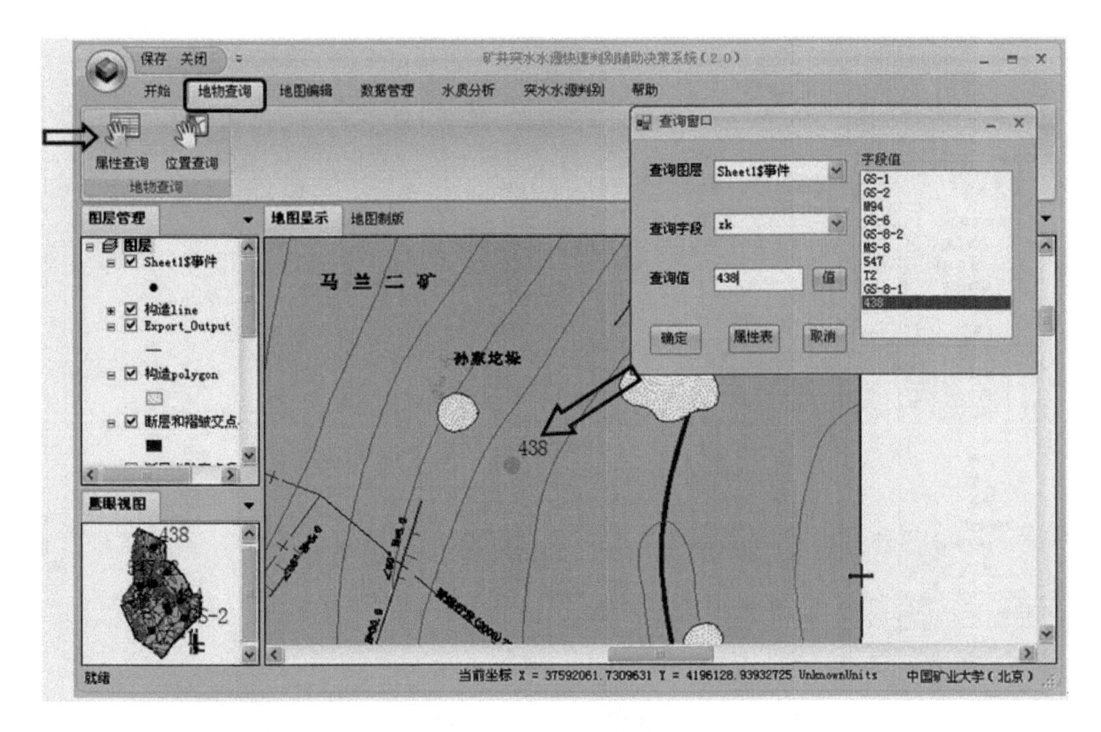

图 8-11 系统查询界面

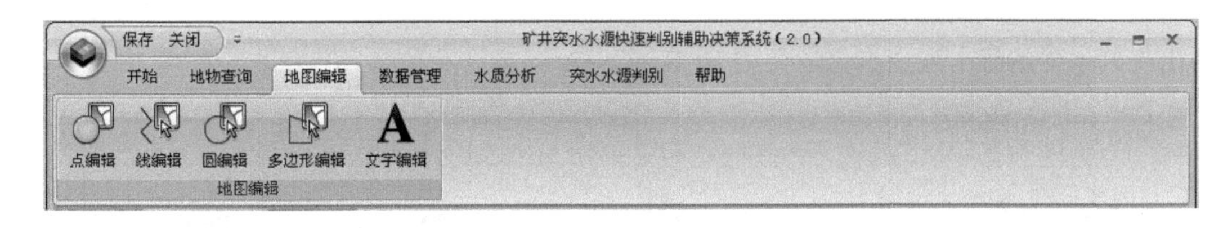

图 8-12 地图编辑模块界面

格式，以及生成报表的功能。

8.3.3.3 水质分析模块

水质分析模块提供对水样的水化学玫瑰花图分析、库尔洛夫式分析以及 Piper 三线图分析，通过该分析模块可以确定水样的水质类型。

1. 水化学玫瑰花图分析

在系统主界面下点击【水质分析】/【玫瑰花图】按钮，显示水质信息输入界面（图 8-14），然后单击【导入数据】按钮，在 DataGridView1 中导入数据库中待判识的水质数据后，生成水化学玫瑰花图（图 8-15），可以直观地看到 ID=1 的待判水样水质类型偏向于 Cl-Mg 型。

2. 库尔洛夫式分析

在系统主界面下点击【水质分析】/【库尔洛夫式】按钮，显示水质信息输入界面（图 8-16），在界面中输入数据库中待判识的水质数据后，单击【确定】按钮，生成库尔洛夫式水化学分析结果（图 8-17），可以直观地看到库尔罗夫表达式中各离子的含量，并可以

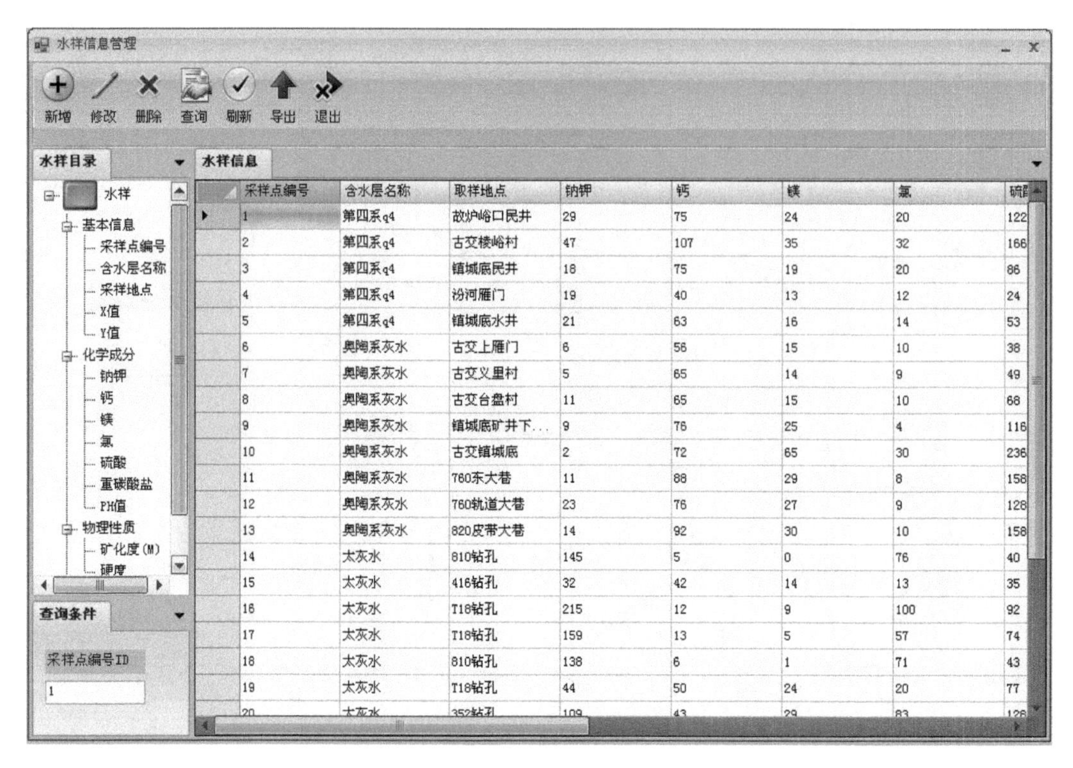

图 8-13　水质数据管理界面

得出待判水样的舒卡列夫水化学类型 HCO_3-Ca-A。

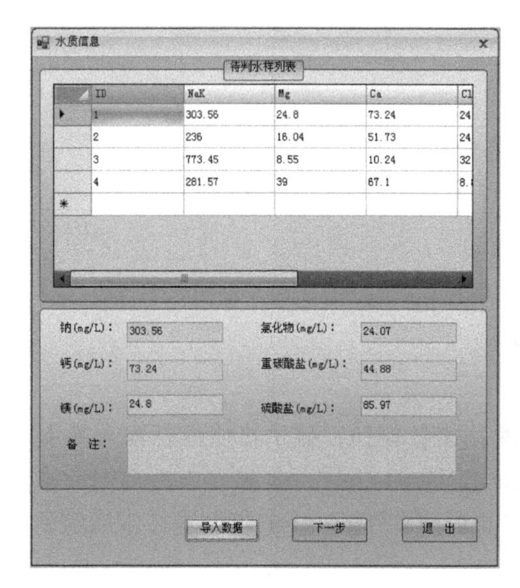

图 8-14　水质信息输入界面

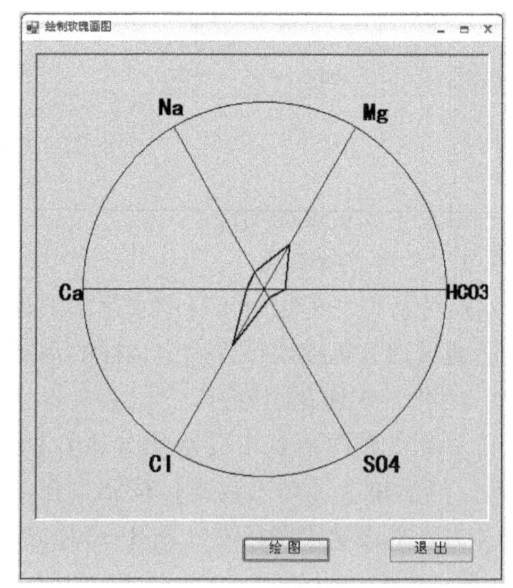

图 8-15　玫瑰花图结果显示

3. Piper 三线图分析

在系统主界面下点击【水质分析】/【Piper 三线图】按钮，显示水质信息输入界面输入水样数据：

阳离子

钾离子(mg/L) 0.57　钠离子(mg/L) 27.6

钙离子(mg/L) 133　镁离子(mg/L) 13.8

铁(mg/L) 0.37　氨氮(mg/L) 0.2

阴离子

氯化物(mg/L) 25.5　硫酸盐(mg/L) 14.2

重碳酸盐(mg/L) 396　氟化物(mg/L) 1.25

硝酸盐(mg/L) 1E-09

其他成分

矿化度(mg/L) 318　温度(℃) 0

确　定

图 8-16　水质信息输入界面

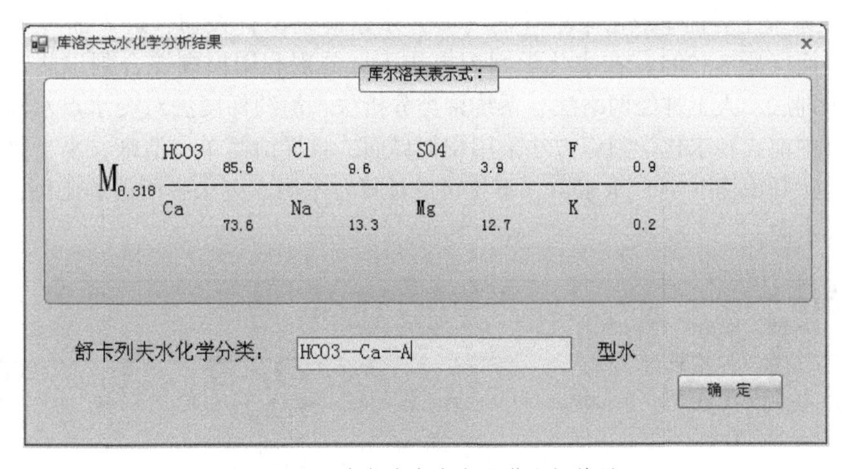

图 8-17　库尔洛夫式水化学分析结果

(图 8-18)，在界面中输入数据库中待判识的水质数据后，单击【确定】/【布点】按钮，生成 Piper 三线图水化学分析结果（图 8-19），可以直观地从三角形中看出各种离子的相对含量，从菱形中就看出水样的一般化学特征。

8.3.3.4　涌（突）水水源判识模块

突水判识模块需要在判识前对水质进行分析，以便将得到的参数用于涌（突）水水源判别。该模块还集成了多种水质判识方法和模型，如模糊综合判识、灰色关联分析判识、模糊识别、人工神经网络判识、系统聚类分析判识、简约梯度法判识等，各判识模型的判

图 8-18 水质信息输入界面

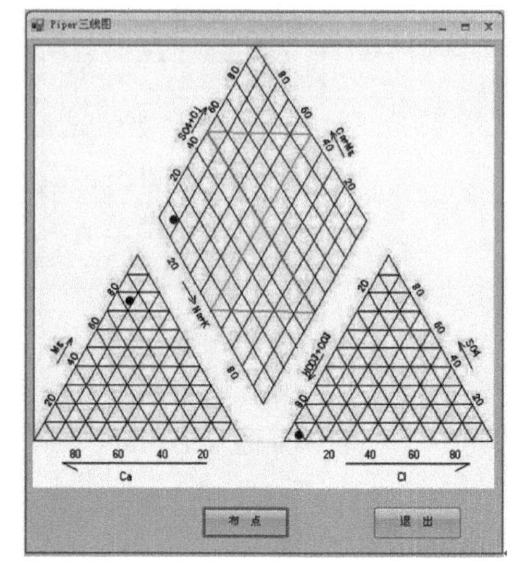

图 8-19 Piper 三线图水化学分析结果显示

识结果可以相互印证和比较。除了利用水质信息判识外，系统还集成了简单、直观、实用的水温特征判识涌（突）水水源模块和水位动态判识涌（突）水水源模块，除此之外，系统还建立了 QLT 综合判识模块和多源信息集成综合判识体系。

1. 水化学判识子模块

（1）在系统主界面下点击菜单【涌（突）水水源判识】按钮，进入涌（突）水水源判识模块界面（图 8-20），在水化学判识模块下，分别利用模糊综合判识法、灰色关联法、模糊识别法、人工神经网络法、系统聚类分析法、简约梯度法对突水点水样进行水化学判识。其中前 5 种水化学判识方法采用相似界面，且界面简单、清晰，易于操作；而利用简约梯度法判识涌（突）水水源，不仅可以计算各水源在突水中所占的比例，还能揭示存在有未知水源。

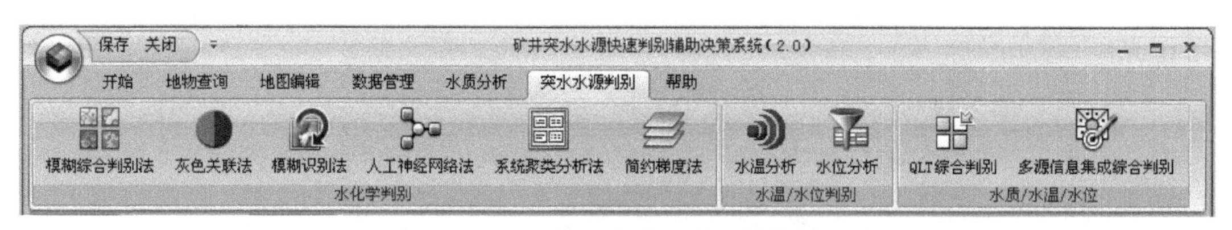

图 8-20 涌（突）水水源判识模块界面

以最常用的【模糊综合判识法】为例，进行涌（突）水水源水化学判识操作。首先在“添加含水层与判识因子”窗口（图 8-21）下，确定充水水源和评价因子，单击【确定】按钮，进入“模糊综合判识法”窗口（图 8-22），输入待评价因子的数值，然后在该窗口下点击【判识实测数据】按钮，对突水点待判水样进行判识。

在弹出的“模糊综合判识结果”界面（图 8-23）中，显示该突水点水样隶属于每个充水水源的隶属度，同时水样判识结果以大号字体在该窗口左下方显示，点击【保存】按钮可以将评判结果以“＊. txt”文件格式进行保存。

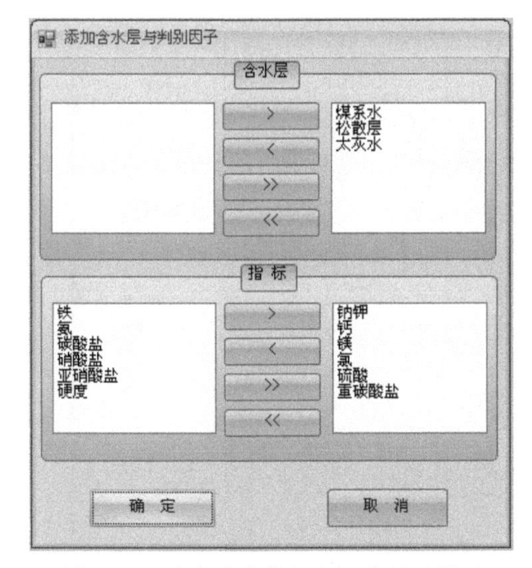

图 8-21 确定充水水源与评价因子界面

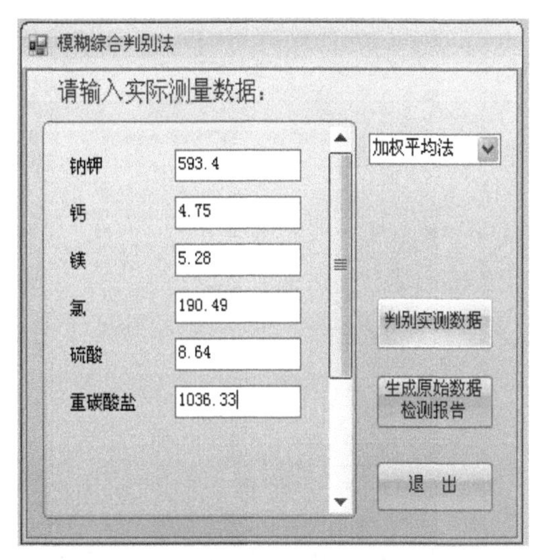

图 8-22 待测水质数据输入界面

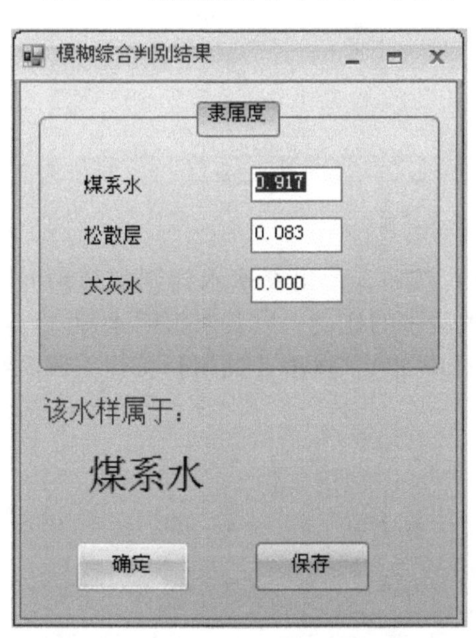

图 8-23 模糊识别判别结果显示界面

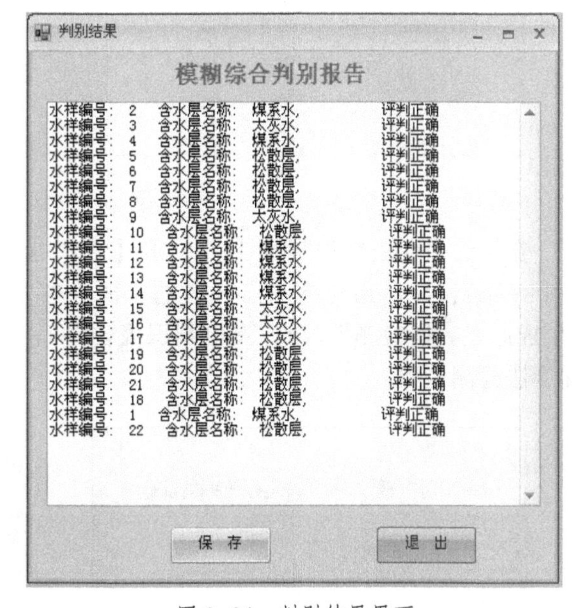

图 8-24 判别结果界面

此外，在“模糊综合判识法”界面（图 8-22）中，单击【生成原始数据检测报告】按钮，显示水样检测报告（图 8-24），点击【保存】按钮可以把检测结果保存为“*.txt”文件，单击【退出】按钮完成模糊综合判识法检测过程。

(2) 采用简约梯度判识法进行涌（突）水水源快速判识，不仅可以判识已知水源是否与突水点导通，计算各水源在突水中所占的比例，而且还能揭示是否存在未知水源。首先，点击系统主界面菜单【涌（突）水水源判识】/【简约梯度法】，弹出简约梯度法判识界面（图 8-25），单击【导入待判数据】按钮，将数据库中待判识的水样数据输入到【出水点检测数据列表】中，点击列表中的任意一行，相应判识因子的值将输入到出水点检测数据的 TextBox 中。

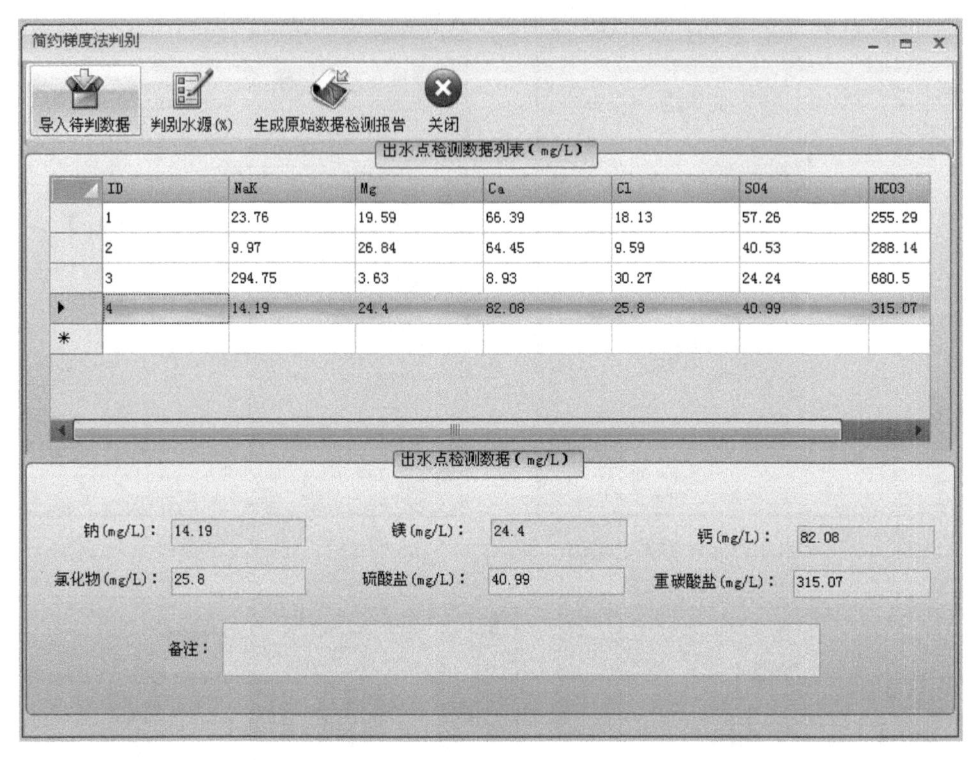

图 8-25 简约梯度法判识界面

在简约梯度法判识界面上，单击【判识水源】按钮，弹出突水水样判识结果界面(图 8-26)，显示出与突水点导通的水源在突水中所占的比例，以及未探明水源。点击【生成原始数据检测报告】，弹出判识报告界面（图 8-27)，点击【关闭】按钮完成简约梯度法检测过程。

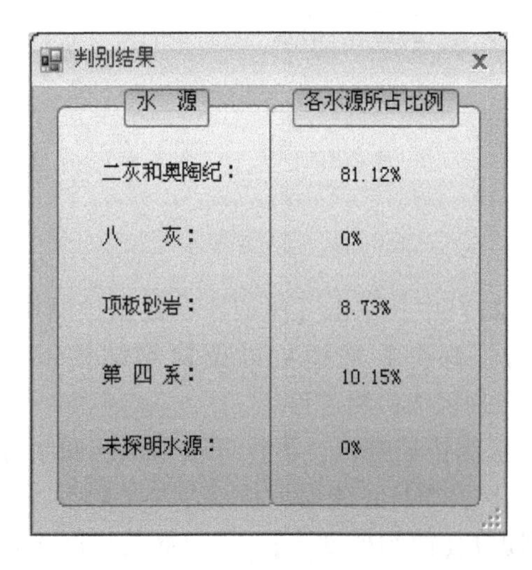

图 8-26 判识结果界面

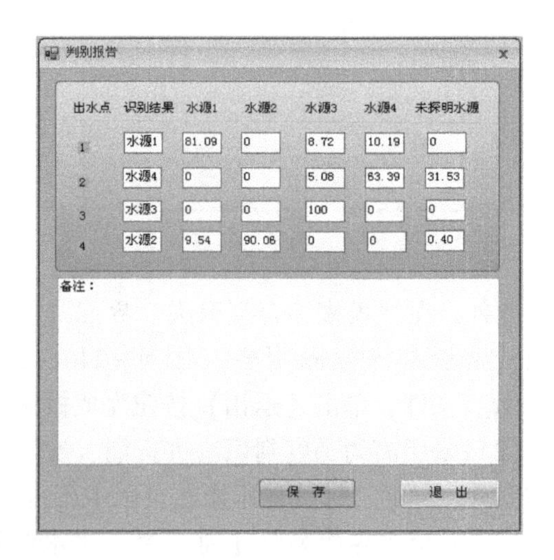

图 8-27 判识报告界面

2. 水温与水位判识子模块

1）水温分析判识

点击系统主界面菜单【突水水源判识】/【水温分析】，弹出突水水源水温判识界面（图 8-28），在此界面输入待判样本中突水点温度及突水点处的埋深数据，若在对话框中未输入正确数据，则点击【水源判识】按钮时，将弹出提示框“请输入正确的突水点温度和埋深!”，输入正确数据后则进入突水水温判识结果界面（图 8-29），该界面可显示该突水点水样隶属于每个充水水源的隶属度，点击【退出】按钮退出水温检测过程。

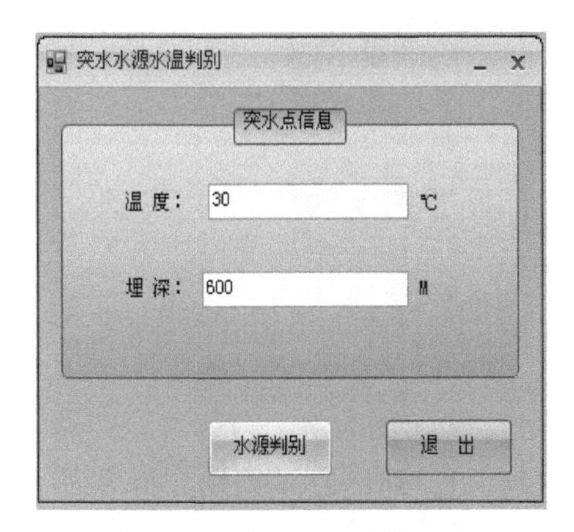

图 8-28　突水水温判别界面

图 8-29　突水水温判识结果界面

2）水位分析判识

点击系统主界面菜单【突水水源判识】/【水位分析】，弹出突水水源水位判别界面（图 8-30）。经分析数据，若观测到某含水层水位明显下降，且本矿和附近矿近期无其他大型抽排水试验，则可以直接确定突水水源为该水位下降的含水层。点击复选框【本矿和附近矿近期有其他较大的抽排水试验等影响】后，【水位判识】按钮呈现灰色显示状态，完成水位判识操作。若各含水层均无水位明显下降现象，单击【导入水位值】按钮，可以

突水水源水位判别

水位判别分析

本矿和附近矿近期有其他较大的抽排水试验等影响

*含水层历史突水水位值：

WaterName	Levels	Address	X	Y
第四系	1205.53	镇城底水井	4193171	37593
奥陶系灰水	1127.7	古交上雁门	4191900	37589
奥陶系灰水	884.52	古交义里村	4191780	37589
奥陶系灰水	905.1	古交台盘村	4191780	37588

*实测煤层突水水位值：900 M

突水点X坐标：419387　突水点Y坐标：37593978

导入水位值　判别分析　退 出

图 8-30　突水水源水位判别界面

直观看到含水层各钻孔水位数据，在此界面则输入实测突水点水位（压）以及突水点地理位置（X，Y坐标），然后进入突水水位判别结果界面（图 8-31），实现对水位信息判识计算，得出判识结果。同上所述，点击【退出】按钮退出当前水位检测过程。

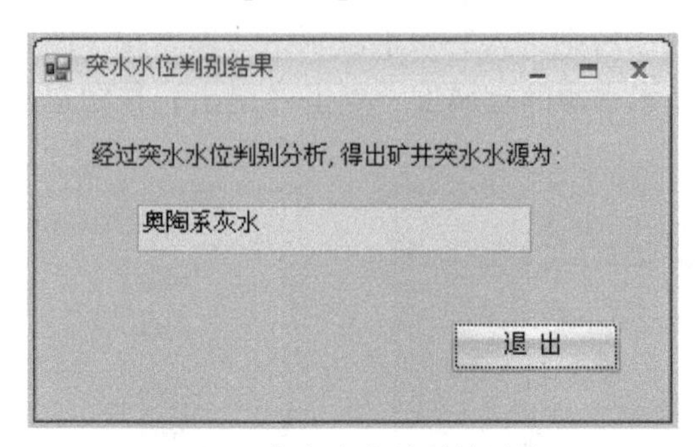

图 8-31 突水水位判别结果界面

3. 突水水质、水温和水位综合判识子模块

1）QLT 综合判识

点击系统菜单【突水水源判识】/【QLT 综合判识】，弹出 QLT 判别分析界面（图 8-32），输入突水点的水质数据、水温及水位数据，单击【判识计算】按钮，可以直观地看到该水样隶属于不同含水层的隶属度，根据最大隶属度原则，最大值对应的含水层即为突水水源。点击【保存文本】按钮，将 QLT 判识结果以“*.txt”文件形式进行保存。

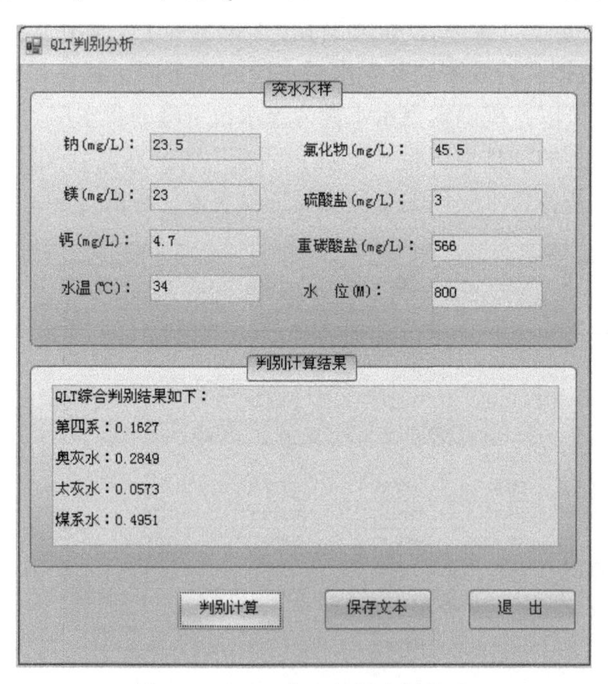

图 8-32 QLT 综合判识分析界面

2）多源信息集成综合判识

点击系统菜单【突水水源判识】/【多源信息集成综合判识】，进入多源信息集成综合判识界面（图 8-33），首先在界面中输入待判别水样的水质、水温、水位数据，然后进入

综合判别计算界面（图8-34），在【突水水源—专家意见】一栏中分别给评判因子输入相

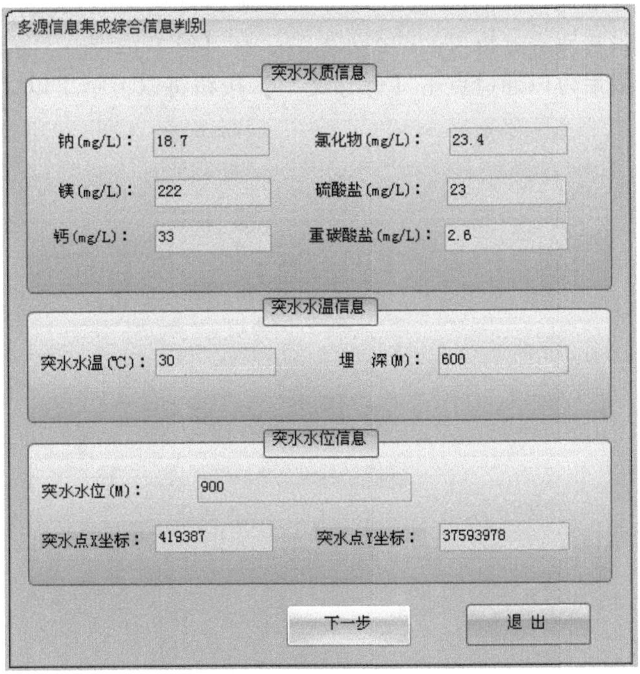

多源信息集成综合信息判别
突水水质信息
钠(mg/L)： 18.7
氯化物(mg/L)： 23.4
镁(mg/L)： 222
硫酸盐(mg/L)： 23
钙(mg/L)： 33
重碳酸盐(mg/L)： 2.6
突水水温信息
突水水温(℃)： 30
埋　深(M)： 600
突水水位信息
突水水位(M)： 900
突水点X坐标： 419387
突水点Y坐标： 37593978
下一步
退 出

图8-33　多源信息集成综合判别界面

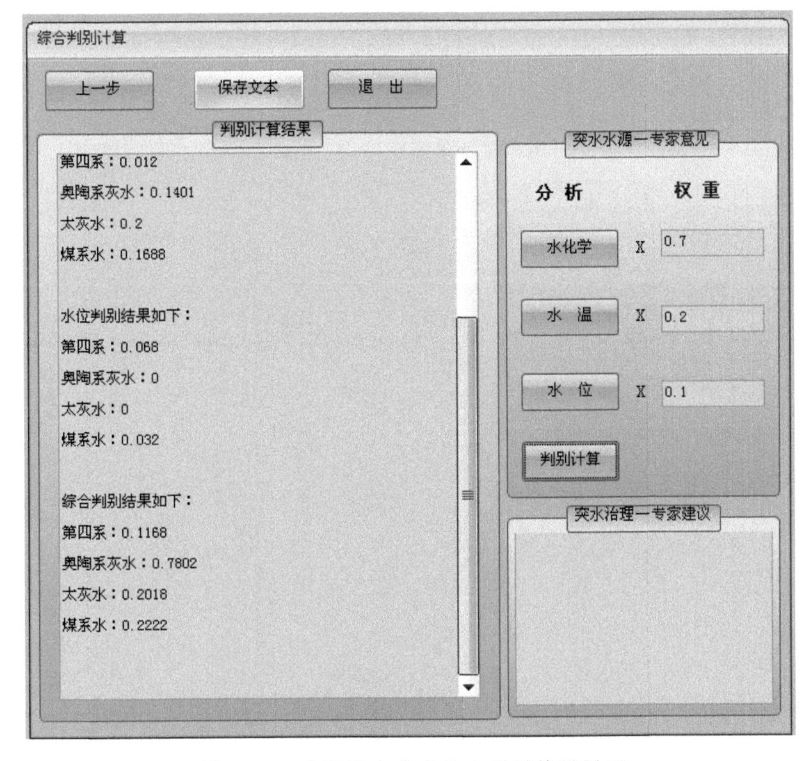

图8-34　多源信息集成综合判别结果界面

应的权重后，复合计算得出最终的结果，该结果将显示在【判识计算结果】一栏中。此外，矿井水害防治专家还可以依据经验知识，根据矿区地质构造情况、水文地质条件，以及突水溃出时的携带物质等分析可能的突水水源，在【突水治理—专家建议】一栏中提出相应的治理方案，最后可以通过点击【保存文本】按钮将以上结果以“*.txt”文件形式进行保存。

9 断裂构造延迟滞后突水

断裂构造是导致煤矿突水的主要因素，其中以断层构造为甚。据统计，80%的突水事故与断层有关。断裂是影响突水的主要因素，具体表现在3个方面：第一，断裂构造的存在破坏了煤层底板的完整性，降低了岩体本身的强度，削弱了底板隔水层阻抗变形的能力；第二，断层上下两盘的错动缩短了煤层与底板含水层之间的距离，或使一盘煤层与另一盘的含水层直接接触，使隔水层部分或全部失去隔水性能；第三，断裂构造将导致形成一定厚度的断层或断裂破碎带，这些破碎带物质长期受到底板含水层水的浸泡作用，其强度必会大大降低，就必然形成一个弱化的导水通道，加上采动对底板的影响，使其阻水能力便大大降低。

断层的存在，并不意味着遇断层即刻突水。大量突水资料表明，导水断裂往往导致深部开采延迟滞后突水，即随着采掘工程活动的延长，煤层底板岩体的断层带物质在奥灰高承压水和矿压的长期联合作用下，其强度逐渐降低，而且随着采掘工程的继续，被弱化的断层带范围会逐渐由下向上扩展，即位于断层带的奥灰水导升高度逐渐向上发育，最后当其与矿压采动破坏带相连通时，便导致煤层底板突水灾害。断裂延迟滞后突水的提出，为研究煤层底板复杂突水机理提供了新的思路和途径。

9.1 底板突水影响因素分析

底板岩体工程地质力学作用是一个时空演化过程，影响这一作用过程并制约岩体变形破坏机制和破坏程度的主要因素，也是影响底板突水的基本因素，主要有以下3个方面：

（1）底板岩体的结构特点和工程地质岩组综合特征以及物理、力学、水理特性。

（2）受地质结构制约并参与底板岩体工程地质力学综合作用的三套应力场-地应力场（包括自重应力场和构造应力场）、工程应力场（由于开采造成的应力重分布，与开采工艺特点有关）和地下水流场（由地下水引起，主要是奥灰水水压）的作用特征。

（3）时间效应。上述任何一种因素或几种作用相叠加，在长时间不改变其作用条件与方式的场合，便会导致被作用的结构面岩石及充填物质发生流变或者蠕变，从而强化结构面的变形、破坏和扩展。

从上述工程地质力学作用过程可知，底板岩体变形破坏的特征和程度取决于在地质结构（地质模型）和岩体力学综合特性以及应力场作用特征（力学模型）制约下的阻水岩体的破坏机制、类型及其结果（岩体破坏的程度同破坏机制和类型密切相关）。例如，缓倾完整层状岩体不易发生整体性破坏，而当岩体陡立时，无论其是否明显受到构造切割，也易于发生岩体整体性结构屈溃破坏；在阻水岩体发育网络状节理裂隙系统，或受到断裂构造贯穿性切割的场合，易于发生结构面的追踪扩展而导致岩体的贯穿型破坏。底板岩体在后3种破坏状态下，易于形成强渗通道而诱发突（奥灰）水。归结起来，对底板突水的成因和趋向做出基本评价的关键是在分析阻水岩体发生破坏（特征和程度）以及因此不断强化增渗效应的基础上，判断其是否足以形成诱发突水的强渗通道，这既是定性地、也是定量地综合评价岩体阻抗突水性能的关键所在，同时也是为突水预测预报奠定基础和提供依据。

9.2 与时间有关的突水问题的探讨

突水是关系到矿井和人员安全的重大问题，其机理十分复杂，所以突水问题的研究应综合考虑。在探讨突水问题时，我们认为突水是一个合适的水文地质条件下的地质工程问题。所谓合适的水文地质条件是指突水水源的储水量大、水头压力高、渗透性强及隔水层带的特性；地质工程问题是指巷道属于地质工程，突水可能在巷道开挖时或开挖后产生，因此巷道开挖时和开挖后的变形、稳定及破坏在突水研究中非常重要。一方面突水的水动力条件导致巷道变形、失稳、破坏并产生突水；另一方面巷道开挖引起应力重新分布，巷道围岩环境因素发生变化，导致巷道变形、破坏、失稳，并在合适的水文地质条件下发生突水。因此无论怎样，突水前巷道都会变形、破坏。概括地说，突水瞬间表现为一个综合效应下的瞬时地质工程事件，突水前表现为一个与时间有关的地质作用过程。从时空观点看，过程与时间有关，瞬时也属时间因素范围，因此突水表现为与时间有关的地质工程事件。

9.2.1 突水类型

在突水过程中，一类属于岩体内已经存在的充水含水层的裂隙型突水，这种类型的突水是在工程直接揭露该充水含水层时发生；一类属于煤层顶、底板软弱岩层变形、破坏引起的软弱岩层破坏型突水；一类属于阻水断层带变形、破坏引起的断层型突水；还有一类为综合类突水。即：

突水类型
- Ⅰ型充水含水层的裂隙型突水
- Ⅱ型煤层顶底板软弱岩层破坏型突水
- Ⅲ型阻水断层破坏型突水
- Ⅳ型综合类突水（上述基本类型组合）

在其他条件相同时，Ⅲ型阻水断层破坏型突水更易于发生，其原因是阻水断层往往为压性、压扭性断层，断层物质常由软、散、碎物质组成，含泥及黏土矿物较多，这种类型的岩体力学介质强度低、变形大，与时间有关的流动变形显著，环境因素力学效应明显，更易产生变形破坏。因此在巷道围岩内，断层带变形大，涉及范围广，一旦塑性流动带接近高压含水层，阻抗突水的效应就会丧失，即形成突水。而且在巷道开挖时，可以观察到断层物质的含水量低，常处于较干的状态。随着断层带暴露时间的增加，断层物质吸湿引起断层物质含水量增加，导致断层物质力学性质恶化。因此在突水前，与时间有关的工程地质力学作用过程（断层带变形破坏等环境因素力学效应）应予以重视。

Ⅱ型煤层软岩围岩破坏型突水也是一个值得重视的问题。在煤矿中煤系地层属碎屑岩沉积环境，煤层顶底板多属软岩类，如泥岩、砂质泥岩、黏土岩等。它们的物化特征是容重小、吸水率大，易崩解，黏土矿物（如蒙脱石、水云母、高岭石、绿泥石等）较多，有的具有膨胀性。因此，这类软岩易于变形，自稳时间短，与时间有关的变形常常导致巷道难支护、难开挖，其防突水潜能在巷道开挖过程中和开挖后大大丧失，突水易在变形大、围岩易破坏的部位发生。

9.2.2 突水的时间效应

为了探讨突水的时间效应，提出防突水潜能 $U_{防}$ 和突水潜能 $U_{突}$ 之比这一概念，把这一比值称作防突水比值 R，即

$$R=\frac{U_{防}}{U_{突}} \tag{9-1}$$

突水潜能 $U_{突}$ 是地下水水压 P、水量 Q、渗透系数 K、隔水岩体厚度和矿压等的函数，即

$$U_{突}=f(p、q、k、X) \tag{9-2}$$

防突潜能 $U_{防}$ 是岩体内固有的属性。对于某一巷道围岩，防突潜能与岩体历史时期产生的变形 ε_e、巷道开挖产生的变形 ε_k、巷道所处的环境因素 V、与突水含水层的距离 L 及该距离内岩层的力学性质有关，即

$$U_{防}=f(\varepsilon_e,\ \varepsilon_k,\ V,\ L,\ \sigma,\ E,\ Y) \tag{9-3}$$

而 ε_e、ε_k、V 是一个变量，与巷道开挖方式、巷道断面大小、地应力、岩体结构力学效应、环境因素力学效应、时间效应等有关。只要岩体开挖，原始岩体内固有的防突潜能就会减少，也就是突水前的工程地质力学作用过程使防突潜能达到某一临界值，即突水潜能。

若 R 比值为 1，则巷道围岩处于突水临界状态。若 R 比值小于 1，则巷道会发生突水。若 R 比值为大于 1 的某一个常数 S，则巷道开挖和运营期间不会发生突水，S 称为防突水安全系数，与 S 相应的 L 称为防突水的安全岩体厚度。

由于突水是复杂的地质工程问题，上述探讨提出的看法仅是初步的。因此在式（9-2）、式（9-3）中，用 X、Y 代表尚待考虑的因素。同时由于复杂性，本书采用了函数关系，这一函数关系的具体表达式将在以后的研究中去讨论。

巷道开挖后，巷道处于长期载荷作用下，巷道围岩的变形与时间有关。从流动变形的观点分析，流动变形分为 3 个阶段，即①阻尼变形阶段，如图 9-1 中的 OA 段；②常速流动变形阶段，如图 9-1 中的 AB 段；③加速流变阶段，如图 9-1 中的 BC 段。在阻尼变形和常速流动变形阶段，由于岩体内变形增加，岩体防突潜能逐渐减弱，较大的流动变形发生在岩体的优势结构面和软弱围岩部位，围岩内产生差异流动变形，围岩内塑性区形成、发展，并产生塑性流动区域。在这些区域内的变形、破坏特征，由试验结果分析，应具有网化剪切流动变形破坏特征和网化流动变形破坏特征。如果塑性流动带与突水层发生水动力联系，网化流动破坏面是突水含水层的水进入巷道围岩的初始通道，这一结果导致围岩加速流动变形阶段提前发生。当加速流动变形开始后，也就是巷道壁与突水含水层之间形成一个围岩塑性流动变形破坏带，此带在高水头、大流量的水体作用下加速流动，使固体物质与水混合的流动变形在空间上定位，这一位置为突水通道的雏形，突水发生时为突水主通道。因此初始突水时，会有碎屑夹于突水中，水是浑浊的。由于水量大，水将起到楔劈岩体的效应，于是大规模突水发生。当楔劈效应消失，围岩岩体开始闭合，突水停止。

如图 9-1a 所示，巷道开挖未发生突水，则巷道围岩的防突水比值 R_0 处于大于 1、小于 S 的某一个范围。此时巷道围岩具有的防突潜能为 $U_{防}$（图 9-1b），巷道不会发生突水。巷道开挖后，巷道围岩产生流动变形 ε，这种变形导致围岩防突潜能 $U_{防}$ 减少，则防突水比值 R 减少。当围岩刚进入加速流变阶段时，防突水比值 R 减少到接近为 1，突水处于临界状态。相应巷道的围岩防突潜能降低到防突水潜能的临界值 $U_{临}$ 并等于突水潜能，巷道

突水将马上发生。因此为了防止巷道围岩突水，应采取防突措施。

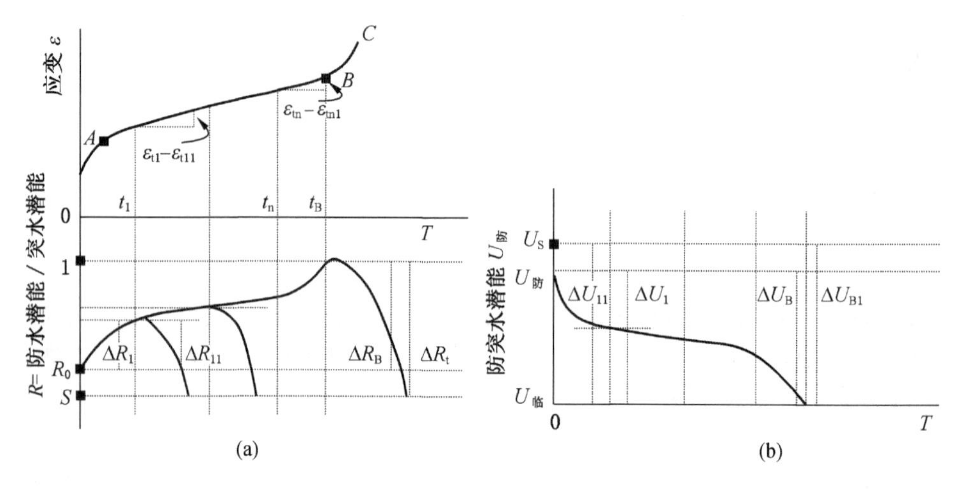

图 9-1 突水的时间效应

防突措施分两类。一类是消耗突水潜能，使 R 值增加到 S；另一类是增加防突潜能或者保护岩体的防突潜能，也是使 R 值增加到 S。后一种措施比较客观，但从流变观点来分析，何时施加防突措施有利就应当考虑流动变形能使防突潜能减少到何种程度。其原则是允许防突潜能减少到使防突水比值 R 在 $1\sim S$ 之间，此时若防突措施发生作用，使 R 值增加到 S，则突水不会发生。

如图 9-1 所示，若考察时间 t_1，围岩发生了常速流变，这种变形使 R_0 值继续变小，即 R_0 减少了 ΔR_1。若此时防突措施起作用，阻止常速流变发生，并使 R 增加到 S，其增加的 R 部分为 ΔR_{11}，在图 9-1b 中可以看出，由于开挖岩体产生了常速流变，使围岩相应地减少了防突潜能 ΔU_1，要使 R 达到 S 时，则要加防突措施，这时防突措施应增加防突潜能 ΔU_{11}，即使防突潜能达到防突水比值为 S 时相应的防突潜能 U_s。若考察时间 t_B，围岩处于加速流变发生前，$R=1$，岩体的防突潜能减少了 ΔU_B，R 值减少了 ΔR_B，若此时防突措施起作用，并防止围岩不产生加速流变和常速流变，则使 R 增加到 S。增加的 R 部分为 ΔR_{B1}，显然 $\Delta R_{B1}>\Delta R_{11}$。在图 9-1b 中也可以看到，在 t_B 时围岩相应地减少了防突潜能 ΔU_B，要使 R 值达到 S，则防突措施应增加防突潜能 ΔU_{B1}，显然 $\Delta U_{B1}>\Delta U_{11}$，因此防突措施尽量提前施加。

关于防突水的安全岩体厚度 L，如果巷道开挖后，巷道围岩具有防突水安全系数 S，并且在不采取加固措施时，巷道围岩不产生流动变形或不进入常速流变阶段时，巷道围岩就不会发生突水，这一安全岩体厚度 L_1 显然比较大。如果允许巷道发生流动变形，但又在某一阶段内不会发生突水，并且施加围岩加固后，使巷道围岩达到 S 值，这时相应的防突水的安全岩体厚度 L_2 就比较小。若考虑煤层作为防突水岩层，显然应当运用这一概念，即允许煤体巷道发生流变，但适时施加防突措施保证煤巷不会发生突水，同时可以利用 $L_2—L_1$ 这一段煤体开挖，增加煤的开挖量，并达到可观的经济效益。

9.2.3 影响突水时间效应的有关因素

突水的时间效应主要表现在巷道开挖以后，防突水潜能随时间的增加而减少。在这里依据有关工程的研究成果对影响防突水潜能的因素作如下说明。

1. 岩体结构力学效应

岩体结构力学效应是岩体力学的基础理论。各结构因素力学效应与突水的关系至关重要，例如产状力学效应中应着重考虑巷道潜在优势面的力学效应，尤其是流动变形的结构力学效应要优先考虑。

2. 差异流动变形

巷道开挖后，巷道围岩有的地段其岩性、岩体结构基本相同，但是由于巷道围岩的结构因素存在差异，这些差异是导致巷道围岩差异流动对应变形的主要原因。对于巷道，在变形较大、加速流动阶段发生较早的围岩部位则是突水最可能发生的部位。

3. 环境因素的力学效应

环境因素包括水、地应力、温度、地球化学对围岩力学性质的影响，从而影响围岩的防突潜能。试验表明，不同岩性其环境因素力学效应不尽相同。

4. 巷道开挖的力学效应及矿山的采动效应

巷道开挖和矿山开采使岩体从一种防突水潜能变化到另一种防突水潜能，了解这种变化的规律及最终结果将非常有利于对巷道突水的论证。

5. 岩体力学参数

对于一个岩体工程，在计算和分析过程中岩体力学参数的选取非常重要。一般认为岩体的强度和变形介于某一个区间，任何岩体力学参数的选取总是和具体的工程、具体的工程地段、具体的地质力学模型相联系，并且可从岩体结构力学效应、环境因素力学效应、流动变形的观点去获得实用的岩体力学参数。例如在环境因素中，对于断层破碎带突水问题研究的岩体力学参数选取应考虑岩体含水量可能达到的最大值相应的力学参数。依据针对有些工程岩体物质的力学试验，断层物质即断层泥、含泥糜棱岩，其含水量为20%时强度很低，一般考虑变形模量 E 小于 50 MPa，C 值忽略；瞬时的 Φ 值为 $7°\sim8°$，长期的 Φ 值为 $3°\sim4°$；黏滞系数 η 为 $(2\sim3)\times10^{11}$ Pa·s。

另外，加速流动变形前存在一个相应的应变值，不同物质和不同岩体的这一应变值不同。根据本次试验灰黄色含泥糜棱岩在加速流动变形发生前，含水量为12%、围压为0~0.2 MPa时的应变值为2.5%~3.1%。若考虑较大的含水量，该应变值可取3.5%~4.5%。对于黑色断层煤泥在含水量为12%、围压为0~0.2 MPa时，加速流动变形发生前对应的应变为1.9%~2.3%。若考虑含水量较大，该应变值可取2.4%~4.0%。在岩体突水时，这一应变的发生即可认为主突水通道形成，岩体会发生突水。

上述关于岩体力学参数的选取只是一种观点。一个工程岩体力学参数的选取，不仅要进行较多的岩体力学试验，而且要对工程岩体的地质规律给予充分的认识，进而从力学试验结果、工程作用特点、地质规律如岩体结构的概念去论证岩体力学参数的选取。目前国内有些岩体工程强调了试验的一部分，并利用这一部分来解决岩体工程中所有问题，这显然是不行的。作为工程的主管，设计、施工应当强调岩体力学工作，这一工作不仅仅是室内试验，而且包括岩体变形、破坏及参数的论证。

9.3 断裂构造带延迟滞后突水的流-固耦合模拟评价方法

受周围环境因素影响断裂带组成物质的材料性质往往变化较大，这种环境因素包括地应力、地温、地下水含量等。深部开采条件下，断裂带物质常表现为弹塑性或流变性等材料特性。针对这一材料特点，本次模拟将断裂带物质分别假设为弹塑性材料和流变材料情况，提出在这两种情况下流-固耦合模拟评价方法。另外，根据岩体力学参数与水力学参数的耦合规律，提出变参数条件下流变-渗流耦合的模拟评价方法。

9.3.1 弹塑性应变-渗流耦合条件下模拟评价方法

断裂构造带附近裂隙岩体在开采条件下，受应力场与渗流场的双重作用，其应力场和渗流场将发生改变。长期观测资料显示，这种改变在断裂破碎带附近尤为显著，从而导致断裂带附近巷道支护结构易于失效，地下水渗流量明显增加，易发生延迟滞后突水等井下灾害事故。以往的研究方法难以将这些变化过程加以展现。

弹塑性应变-渗流耦合条件下模拟评价方法，是将断裂破碎带物质视为等效连续弹塑性孔隙介质材料（其等效方法见后文），以比奥（Biot）固结理论模型为模拟基础，将孔隙介质渗流场与应力场的双场耦合模型应用于断裂破碎带岩体应力应变及渗流场的数值耦合模拟过程中。通过这一方法可实现煤层开采条件下，断裂带附近应力场和渗流场变化全过程的展示，对井下延迟滞后突水发生发展过程机理具有良好的模拟效果。

对于断裂构造带的岩体系统而言，岩体以密集裂隙分布为主，假定岩体介质具有非均质各向异性渗流特征，岩体介质的变形为线弹性，通过对渗流连续性方程和应力平衡方程的推导，可获得岩体渗流场与应力场耦合的数学模型为

$$\begin{cases} K\left(\dfrac{\partial^2 H}{\partial x^2} + \dfrac{\partial^2 H}{\partial y^2} + \dfrac{\partial^2 H}{\partial z^2}\right) + Q(x_0,\ y_0,\ z_0) = S\dfrac{\mathrm{d}H}{\mathrm{d}t} - R\dfrac{\mathrm{d}\sigma_{ij}}{\mathrm{d}t} \\ \mathrm{d}\varepsilon_V = n\beta\gamma \mathrm{d}H \\ \sigma_{ij} = D_{ijkl}(\varepsilon_{kl} + \mathrm{d}\varepsilon_V) \\ \mathrm{d}\sigma_{ij} = \dfrac{S_S}{a(1-n)}\delta_{ij}\mathrm{d}H = \dfrac{S_S}{\rho g a(1-n)}\delta_{ij}\mathrm{d}P \end{cases} \tag{9-4}$$

式中 K——渗透系数；

H——水头；

Q——源（汇）项；

S——贮水系数；

R——岩体压缩系数；

σ_{ij}——岩体应力张量；

D_{ijkl}——弹性张量；

n——岩体的孔隙率；

β——流体的压缩系数；

γ——流体的重度；

$\mathrm{d}H$——水头的变化量；

ε_{kl}——不考虑渗透水压力的应变张量；

$\mathrm{d}\varepsilon_V$——渗透水压力引起的岩体变形的体应变张量；

$\mathrm{d}P$——流体渗透压力变化量；

a——岩石体积压缩系数；

S_S——含水层的贮水率；

$d\sigma_{ij}$——岩体应力场的变化量。

由式 9-4 中可知，从岩体与地下水相互作用机理分析入手建立的应力场与渗流场耦合数学模型，是运用水头压力与岩体应变关系式作为桥梁从而实现应变场与渗流场的耦合。

9.3.2　流变-渗流耦合条件下模拟评价方法

深部开采条件下，受高压影响，断裂构造带物质往往处于流变状态。将断裂带物质视为流变材料，以岩体流变模型为基础建立的流变应力场与渗流场耦合模型是对流-固双场耦合理论的补充和更深入研究。

1. 断裂带物质流变特征试验研究

断层物质的力学特性与许多因素有关，如断层软、散、碎物质的比例，颗粒组成、颗粒形状，矿物成分、含水量，围压状态以及断层内软、散、碎物质的分布规律，劈理、节理发育状态及延伸性等。

本书针对赵各庄矿 13 水平（-1100 m）F_8 断层破碎带穿越的首采区的安全回采评价问题，专门进行了断层带物质的现场取样，并在室内分别进行不同含水量情况下的断裂带物质的单轴、三轴常规和流变力学试验，获得了断裂带物质的流变力学参数。其典型流变试验应变历时曲线如图 9-2 所示，试验结果见表 9-1。

表 9-1　赵各庄矿 F_8 断层靡棱岩与断层泥流变试验结果

岩样编号	岩性描述	含水状态/%	围压 σ_3/MPa	起始流变应力 σ_1/MPa	长期强度参数	
					内聚力/MPa	内摩擦角/(°)
2157	灰黄色含泥靡棱岩	7.2	0	0.20	0.03	26.1
2158		7.4	0.05	0.44		
2160		7.1	0.10	0.57		
2159		7.5	0.15	0.74		
2161		7.2	0.20	0.84		
2168		12.1	0	0.12	0.01	19.8
2167		12.0	0.05	0.35		
2172		12.2	0.10	0.44		
2171		12.1	0.15	0.55		
2173		12.2	0.20	0.64		
2181	黑色断层煤泥	7.2	0	0.22	0.04	30.0
2182		7.4	0.05	0.45		
2184		7.3	0.10	0.62		
2183		7.2	0.15	0.76		
2179		7.4	0.20	0.93		
2196		12.1	0	0.14	0.02	22.1
2192		12.2	0.05	0.32		
2193		12.1	0.10	0.45		
2191		12.0	0.15	0.54		
2194		12.0	0.20	0.69		

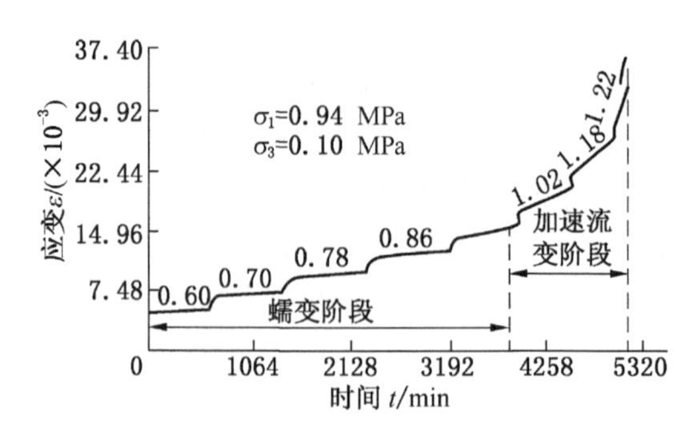

图 9-2　典型流变试验应变历时曲线

由上述试验成果可知，在4组流变试验中，由各试件在加速流变发生时所对应的应变显示（图9-2），对应的应变随着围压的增加而增加。如灰黄色含泥靡棱岩在含水量为7.1%~7.5%，围压分别为0、0.05、0.10、0.15、0.20 MPa时，加速流变发生所对应的应变分别为1.98%、2.30%、2.29%、2.33%、2.45%；黑色断层煤泥在含水量为7.2%~7.4%，围压分别为0、0.05、0.10、0.15、0.20 MPa时，加速流变发生所对应的应变分别为1.76%、1.82%、1.85%、1.97%、2.10%。

由上述结果，并通过 $FLAC^{3D}$ 数值模拟分析认为：对于巷道围岩在无支护且巷道壁围岩处于单轴压应力状态时，加速流动变形对应的应变小，巷道壁围岩的位移也小，巷道围岩在位移较小时，围岩就处于破坏阶段，突水可能发生。但当支护施加后，巷道围岩围压增加，巷道围岩的应变较大时，仍未达到加速流变发生所对应的应变，因此在大多数巷道工程中，即使鼓胀非常明显，巷道围岩仍处于常速流变（蠕变）阶段，也就是处于稳定安全状态，突水的可能性仍然较小。

对比常规瞬时加载试件破坏时对应的应变和流变试验中加速流变发生时的应变，可以发现，在瞬时加载破坏时对应的应变小，而加速流动变形发生时对应的应变大，增加的这一部分应变与时间有关，是历时载荷作用下的历时累加应变。由于作用力历时长，黏塑性成分相对充分地在试件的各部分发生。在实际工程中，巷道开挖时常发生围岩破坏，多数是由于瞬时变形引起。因此在突水现象中，若巷道开挖的工作面处发生突水，突水前兆是短暂的；而处于支护状态的巷道围岩中发生突水，突水前应发生与时间有关的变形，只要重视这种流变现象，加强监测并及时处理，巷道围岩就不会破坏，突水就可以防治。上述分析及结论对底板突水防治无疑是具有重要意义的。

2. 断裂带物质流变-渗流耦合原理

流变学是主要研究材料在应力、应变、温度、湿度等条件下与时间因素有关的变形和流动规律的科学。岩体是具有多结构的复杂介质，其耦合流变分析模型也应随之不同。不同的耦合流变分析模型可描述岩体的不同力学行为。

为建立流变-渗流耦合分析模型，后续内容将基于以下基本假设：①将岩体断裂带物质概化模型视为等效连续介质；②其流变（蠕变）变形不引起体积变形；③流体随时间是微可压缩液体；④渗流服从达西定律，岩体渗透系数 k 在整个过程中不随应力应变场的变化而变化；⑤应变率张量为 $\dot{\varepsilon}_{ij}=\dot{\varepsilon}_{ij}^{e}+\dot{\varepsilon}_{ij}^{c}$，其由弹性成分 $\dot{\varepsilon}_{ij}^{e}$ 和流变成分 $\dot{\varepsilon}_{ij}^{c}$ 组成。另外，在公式推导中，以压应力为正。根据 Terzaghi 有效应力原理：

$$\begin{cases}\sigma_{ij} = \sigma'_{ij} + \alpha\delta_{ij}P = D_{ijkl}\varepsilon^{e}_{kl} + \alpha\delta_{ij}P \\ \mathrm{d}\sigma_{ij} = \mathrm{d}\sigma'_{ij} + \alpha\delta_{ij}\mathrm{d}P = D_{ijkl}\mathrm{d}\varepsilon^{e}_{kl} + \alpha\delta_{ij}\mathrm{d}P \\ \alpha = 1 - \dfrac{K}{K_s}\end{cases} \tag{9-5}$$

式中 σ_{ij}——总应力张量；

σ'_{ij}——有效应力张量；

P——流体渗透压力；

α——Biot 系数；

K——岩体的有效压缩体积模量；

K_s——固体颗粒的体积模量；

δ_{ij}——Kronecker 符号；

D_{ijkl}——弹性张量；

ε^{e}_{kl}——弹性应变张量。

对于黏弹性流变材料，由假设条件⑤可得岩体弹性应变率张量公式：

$$\mathrm{d}\varepsilon^{e}_{ij} = \mathrm{d}\varepsilon_{ij} - \mathrm{d}\varepsilon^{c}_{ij} \tag{9-6}$$

将式（9-6）代入式（9-5）中，可得到流变-渗流耦合模型：

$$\mathrm{d}\sigma_{ij} = D_{ijkl}(\mathrm{d}\varepsilon_{kl} - d\varepsilon^{c}_{kl}) + \alpha\delta_{ij}\mathrm{d}P \tag{9-7}$$

式（9-7）写成增量形式为

$$\Delta\sigma_{ij} = D_{ijkl}(\Delta\varepsilon_{kl} - \Delta\varepsilon^{c}_{kl}) + \alpha\delta_{ij}\Delta P$$

式中 $\Delta\sigma_{ij}$——总应力张量增量；

$\Delta\varepsilon^{e}_{kl}$——岩体弹性应变张量增量；

$\Delta\varepsilon_{kl}$——全应变张量增量；

$\Delta\varepsilon^{c}_{kl}$——黏弹性流变应变张量增量，与所采用的流变模型有关。

9.3.3 变参数流变-渗流耦合条件下模拟评价方法

当煤矿带水压开采接近断裂带附近时，人为的工程活动对其附近的应力场和渗流场产生强烈影响，原本不含水的断裂带附近岩体在这种影响下其渗透性将发生改变，局部地段会产生渗透性增大的可能，从而使地下水体沿断层渗透，当遇到穿越断层的岩石巷道、井下车场、开切眼等具有开放空间的井下工程时，则发生涌出甚至突水，直接影响到煤矿的安全。这一过程即为应力场对岩体系统渗透性的改变从而造成煤矿延迟滞后突水的典型过程。

目前国内外关于裂隙岩体室内渗流试验进行得较多，并且积累了一定的数据及研究成果。但将这些试验成果应用于数值模拟计算过程中的相关研究成果较少。以试验得出的渗透系数与应力的耦合关系式为桥梁，实现渗流场与应力场的耦合，这种方法也被称为混合分析建模方法。该方法在数值模拟计算过程中要求渗透系数随各时段应力场的改变而改变，结合上述的流变-渗流耦合，可称之为变参数流变-渗流耦合法，其数值模型可用以下模型表示：

$$\begin{cases} K(\sigma, P)\left(\dfrac{\partial^2 H}{\partial x^2}+\dfrac{\partial^2 H}{\partial y^2}+\dfrac{\partial^2 H}{\partial z^2}\right)+Q(x_0, y_0, z_0)=S_S(\sigma, P)\dfrac{\mathrm{d}H}{\mathrm{d}t}+R\dfrac{\mathrm{d}\sigma_{ij}}{\mathrm{d}t} \\ \sigma_{ij}=D_{ijkl}B_{kl}u_k+\delta_{ij}P \\ K(\sigma, P)=\dfrac{\rho g k_0}{\mu}\exp[-a_1(\sigma-P)] \\ n(\sigma, P)=n_0\exp[-a_2(\sigma-P)] \\ S_S(\sigma, P)=\rho g\{\beta n(\sigma, P)+a[1-n(\sigma, P)]\} \end{cases} \tag{9-8}$$

式中 a_1，a_2——待定系数；

μ——流体动力黏滞系数；

g——重力加速度；

k_0——岩体在初始应力时的渗透率；

n_0——岩体在初始应力时的孔隙（裂隙）率；

$K(\sigma, P)$——岩体在有效应力作用下的渗透系数；

$n(\sigma, P)$——岩体在有效应力作用下的孔隙率；

$S_S(\sigma, P)$——岩体在有效应力作用下的贮水率；

P——流体渗透压力；

u_k——岩体的位移张量；

B_{kl}——岩体的几何张量。

第2篇
工程应用实例

10 矿井水文地质类型划分实例

矿井水文地质类型划分是矿井防治水的基础工作，所有矿井应当进行矿井水文地质类型划分，以此来指导和制定该矿的防治水措施和规划。本书以中煤平朔集团有限公司井工三矿（以下简称井工三矿）为研究对象，在充分收集研究区地质和水文地质资料的基础上，根据《煤矿防治水细则》中水文地质类型划分依据及相关要求，一方面应用常规方法定性划分研究区水文地质类型，另一方面应用模糊综合评判新型方法定量划分研究区水文地质类型。在此基础上，对比分析两种方法划分结果的异同，相互验证，综合确定研究区矿井水文地质类型为中等型。

10.1 研究区背景

井工三矿隶属于山西省朔州市平鲁区管辖，面积约 18 km^2。井田周边交通便利，公路与铁路纵横交错（图 10-1）。本区属典型的黄土丘陵地貌，因地表受到大气降水等现象的

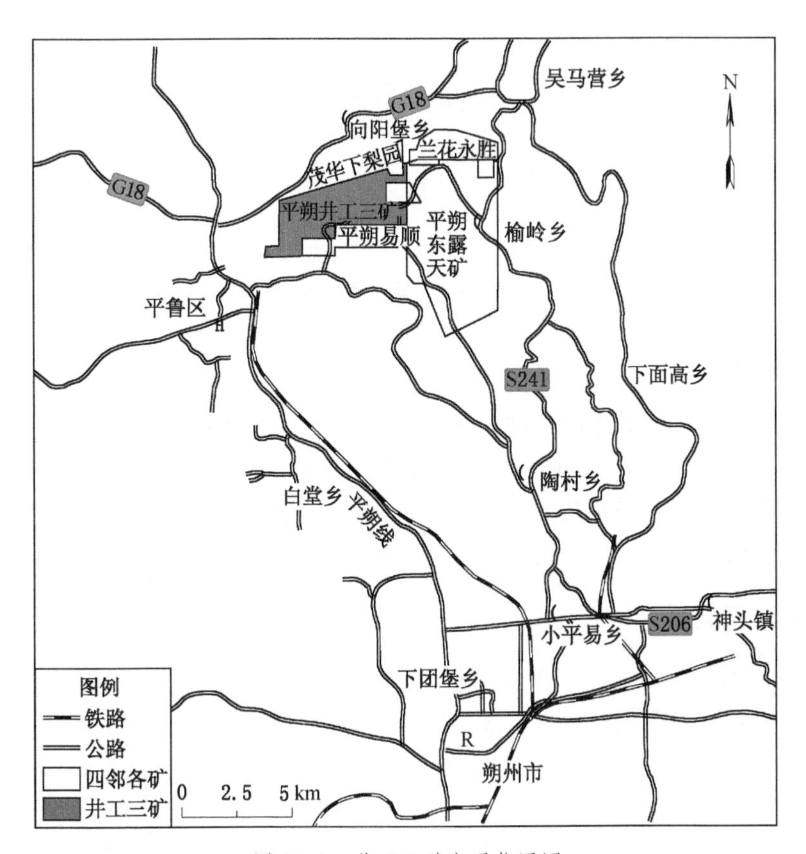

图 10-1 井工三矿交通位置图

强烈侵蚀与切割作用，致使区内“V”形或“U”形的沟谷遍布，且多呈树枝状分布。区内地表起伏变化，由南向北地势逐渐降低。

研究区属于典型的大陆性气候，全年大气降水分布不均，约占全年75%的降水量集中在每年的7—9月。一般，月平均降水量为36.5 mm，年蒸发量为2066.7 mm。区内河流属海河流域桑干河水系，分布有3条主要河流，分别是马营河、马关河和七里河（图10-2）。井田处于大同—太原—临汾地震活动带的北部中间部位，相应的抗震设防烈度为Ⅶ度，属山西省破坏性地震重点防范区。

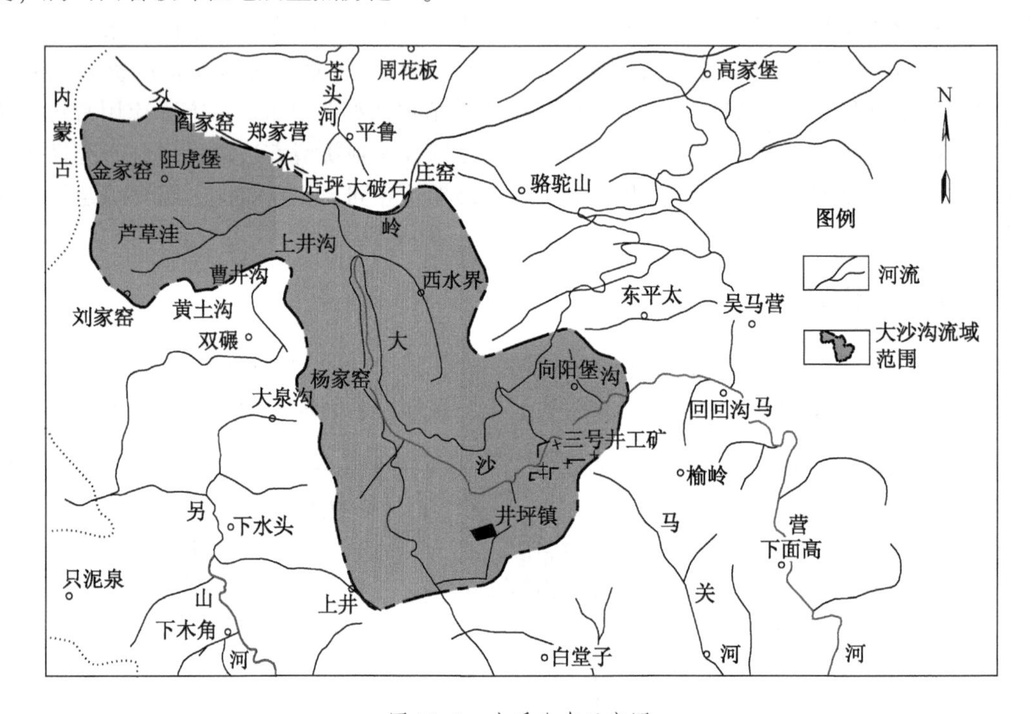

图10-2　水系分布示意图

10.2　地质条件

井工三矿井田位于宁武煤田平朔矿区最北部，地层总体走向为南西-北东向，倾向为北西。区域内沉积地层自老向新依次为太古界五台群、寒武系、奥陶系、石炭系、二叠系、三叠系、侏罗系、新近系及第四系。太原组为主要含煤地层，共含煤9层，其中4号（4-1号、4-2号）、9号、11号煤层为主要可采煤层。

10.3　水文地质条件

井田内自上而下划分为3套含水层组，分别是第四系松散孔隙含水层、石炭-二叠系碎屑岩裂隙含水层组及奥陶系灰岩岩溶裂隙含水层，其中石炭-二叠系碎屑岩裂隙含水层组可细分为5个含水层：太原组下部 T_2 砂岩裂隙含水层、太原组上部 T_{3+4} 砂岩裂隙含水层、山西组 K_3 砂岩裂隙含水层、下石盒子组 K_4 砂岩裂隙含水层、上石盒子组 K_6 砂岩裂隙含水层。井田水文地质剖面如图10-3所示，石炭-二叠系各砂岩含水层与煤层位置关系如图10-4所示。

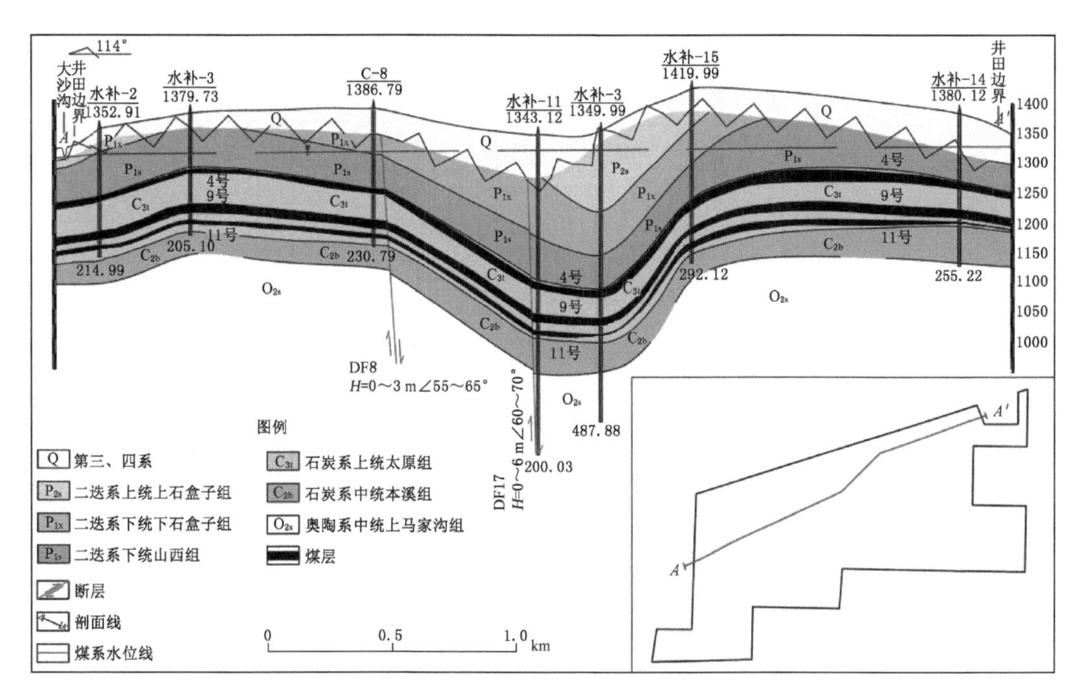

图 10-3 井田水文地质剖面图（A—A′剖面线）

10.4 矿井水文地质类型划分与分析

为使水文地质类型划分更加符合实际，分别应用常规定性划分方法和模糊综合评判定量划分方法对井工三矿水文地质类型进行划分，从而将传统定性分析与定量分析相结合，互相补充和验证。

10.4.1 基于定性方法的水文地质类型划分

《煤矿防治水细则》中，根据矿井受采掘破坏或影响的含水层及水体、矿井及周边采空区水分布状况、矿井涌水量或者突水量分布规律、矿井开采受水害影响程度以及防治水工作难易程度，将矿井水文地质类型划分为简单、中等、复杂、极复杂 4 种，分类依据的原则是就高不就低。

1. 井田内受采掘破坏或影响的含水层及水体

1）含水层（水体）性质及补给条件

从已有水文地质资料和矿井开采情况可知，井田内存在的 7 个含水层中，K_3、T_{3+4}、T_2 砂岩裂隙含水层为矿井直接充水含水层，第四系孔隙含水层、K_6、K_4 砂岩裂隙含水层为矿井间接充水含水层。受 4 号煤采掘破坏或影响的含水层为其顶板石炭-二叠系砂岩裂隙含水层，受影响的水体为地表水和采空区水；受 9 号、11 号煤层采掘破坏或影响的含水层除其顶板砂岩裂隙含水层外，最主要的是其底板奥灰岩溶含水层，受采掘影响的水体为采空区水。

井田内地下水以顺层径流为主，垂向越层的水力联系甚弱。冲积层底部砂砾、卵砾石层局部地带直接覆盖于煤系地层及奥陶系灰岩露头（井田西北边界沿大沙沟一带）之上，对应接触区可接受补给。补给来源主要包括两部分，一是地表水体渗漏补给，二是丰水期

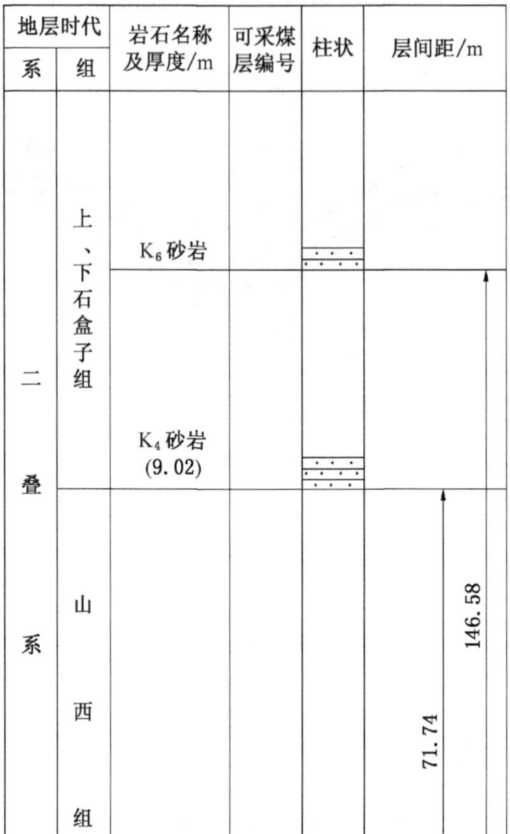

地层时代		岩石名称及厚度/m	可采煤层编号	柱状	层间距/m
系	组				
二叠系	上、下石盒子组	K_6砂岩			
		K_4砂岩 (9.02)			146.58
	山西组	K_3砂岩 (8.64)			71.74
石炭系	太原组				2.56
			4号煤		
		T_1砂岩 (8.03)			13.26
		T_2砂岩 (10.14)			57.40
					8.96
			9号煤		
		T_3砂岩 (3.03)			9.17
					6.65
			11号煤		

图 10-4　石炭-二叠系各砂岩含水层与煤层位置关系图

大气降水直接或间接的入渗补给。由于煤层间和底板隔水层的存在，在正常情况下，煤系地层与奥陶系灰岩之间不会发生直接水力联系。矿区内采空区水（自采形成的采空区仅在

39107 工作面采空区局部、39101 工作面采空区局部、9 号煤层东翼大巷西段内有部分积水，其余采空区均无积水；周边采空区积水面积及水量一定）接受一定的顶板砂岩裂隙水补给，但补给条件一般，与底板岩溶含水层间水力联系很弱。因此，依据《煤矿防治水细则》中的水文地质类型划分标准，确定含水层性质及补给条件为有一定补给水源，但补给条件一般，对应水文地质类别为中等。

2）单位涌水量

随着矿井开采、疏排水工程及大沙沟截流工程的建设，井工三矿水文地质条件有所改变，观测孔水位有所下降，含水层水量有减少趋势。另外，井田内开展的疏排水工作在一定程度上使得砂岩裂隙含水层对煤层开采的影响减小。

根据已有水文地质资料可知，井田内针对石炭-二叠系含水层组进行抽水试验共计 22 次。根据 2007—2009 年抽水试验成果，单位涌水量一般为 0.0083~0.4085 L/(s·m)，但个别钻孔单位涌水量较大，其中 C-3 孔单位涌水量 1.7252 L/(s·m)、水补 2 孔单位涌水量 5.2713 L/(s·m)、水补 10 孔单位涌水量 2.0854 L/(s·m)。2011—2012 年，共有 8 个水文孔（水补 13、水补 14、水补 15、水补 16、水补 17、水补 18、水补 19 和水补 20）对石炭-二叠系含水层组开展了抽水试验，所得单位涌水量为 0.0008~0.1905 L/(s·m)。2008—2012 年，共有 6 个水文孔（安 5、水补 8、水补 10、水补 11、水补 17、水补 20）对奥灰岩溶裂隙含水层开展了抽水试验，所得单位涌水量一般为 0.0015~0.0474 L/(s·m)，但水补 17 孔单位涌水量为 2.9099 L/(s·m)。

2012—2015 年该矿生产补充勘探工作中未进行抽水试验，因此无法获取煤层顶板石炭-二叠系砂岩含水层组最新水文参数（如单位涌水量等），且结合煤层顶板富水性评价结果（二采区整体为弱-中等富水区），故以 2011—2012 年试验数据作为本次水文地质类型划分依据，确定含水层单位涌水量类别为中等。

综上所述，依据水文地质类型划分标准，将井工三矿受采掘破坏或影响的含水层及水体类别划为中等。

2. 井田及周边采空区水分布状况

依据“矿井和周边煤矿采空区相关资料台账（2015 年 5 月）”，井工三矿及周边存在 4 号和 9 号煤的采空区，其中井田内存在二采区 4 号、9 号煤层采空区，井田周边采空区积水位置、范围及积水量已基本查清，积水基本排除。因此，依据水文地质类型划分标准，确定矿井及周边采空区水分布状况类别为中等。

3. 矿井涌水量

矿井涌水量主要为各工作面运输巷及回风巷出水量。据 2012—2015 年全矿监测涌水量资料，全矿涌水量最大值为 322.40 m^3/h(2014 年 4 月 29 日)，最小涌水量为 123.30 m^3/h(2015 年 6 月 6 日)，平均涌水量为 207.96 m^3/h(可视为正常涌水量)。因此，依据水文地质类型划分标准，确定矿井涌水量类别为中等。

4. 突水量

2012 年 3 月至 2015 年底，井工三矿未发生突水事故，因此，依据水文地质类型划分标准，确定突水量类别为简单。

5. 开采受水害影响程度

1）第四系松散层孔隙水对煤层开采的影响

井田内地表大面积被第四系地层覆盖，其厚度为1~96 m，平均厚约为37 m。该松散层大部分地区富水性相对较弱，且其下伏有广泛分布且隔水性能良好的细砂层以及新近系棕红色黏土层，使得该含水层与煤系及煤系以上砂岩基本无水力联系，一般对煤层回采不会造成影响。但是，局部地段有煤系地层（隐伏）露头被该松散层覆盖，易形成大气降水补给砂岩含水层的直接通道，从而间接对开采产生一定影响。

2）砂岩裂隙水对煤层开采的影响

砂岩裂隙水是井工三矿主要可采煤层（4号、9号、11号煤层）回采过程中的直接或间接充水水源，表现为顶板或煤壁淋水。主要含水层自下而上有T_2、T_{3+4}、K_3、K_4、K_6砂岩裂隙含水层，厚度为10.87~66.26 m。煤层顶板砂岩含水层相对强富水区主要分布在靠近大沙沟一带（矿区西北部边界区域）。根据矿区内导水裂隙带高度计算可知，回采4号、9号煤层所形成的顶板导水裂隙带高度分别为40.39~161.93 m和16.51~152.28 m，二者均不同程度导通至K_4砂岩含水层，但随着近几年矿井开采与排水工程的进行，煤层顶板砂岩含水层水位有所下降。二采区是该矿主要生产区，其砂岩裂隙水含水层整体富水性相对较弱，水量较小，回采过程中可以对其采取适当疏降。

3）岩溶裂隙水对煤层开采的影响

整体而言，井工三矿处在平鲁盆地岩溶系统弱富水区。针对煤层底板奥陶系灰岩岩溶裂隙含水层，井田内4号煤层全区不带压，9号、11号煤层仅局部地带属带压区（一、二采区过渡区域）。采用突水系数法计算可知，9号煤层底板突水系数为0~0.0151 MPa/m，11号煤层底板突水系数为0~0.0182 MPa/m，最大值均小于构造影响下的突水系数临界值0.06 MPa/m。而4号煤层全区不带压，且与奥灰含水层距离较大，正常情况下发生底板突水的可能性很小，不会对开采造成威胁。9号、11号煤层埋深较大，出现一定范围的带压区域，就整体而言，突水系数均小于临界值0.06 MPa/m，正常情况下奥灰水对煤层开采影响较小，但在陷落柱或富导水断层地带有发生底板奥灰突水的危险性。

4）构造对煤层开采的影响

据资料显示，井田内较明显的褶曲有311向斜、335向斜、木瓜界背斜、马营背斜及东坡向斜等，共有断层140余条，其中落差大于30 m的3条（F25、F_S35、F_S39），此外勘探发现或工作面回采揭露陷落柱7个。矿区内所查明的断层与陷落柱本身富水很弱，但处于对应含水层富水性较强地带的断层与陷落柱可能因采矿活动而活化成为导水通道，此外，向斜轴部裂隙较发育，易形成局部汇水，故不排除构造对采掘活动的影响。

综上所述，三年多来，井工三矿无突水记录，采掘工程和矿井安全受水害威胁较小，根据水文地质类型划分标准，将开采受水害影响程度类别确定为中等。

6. 矿井防治水工作难易程度

井工三矿主采4号、9号及11号煤层。就开采4号、9号煤层情况，矿井涌水方式主要以顶板淋水为主，并偶有采空区渗水情况；主要涌水水源是顶板砂岩裂隙水，而砂岩裂隙水又以地表水和大气降水入渗为主要补给来源。因此，对水害的防治应采取防、排相结合的方法，即地表防洪处理与井上、下超前疏排水工程等相结合。

地表防洪即对井田内石炭-二叠系砂岩隐伏或半隐伏露头区和导水破坏带做防洪处理，使大沙沟流域雨季洪水沿排洪沟径流，减少沿隐伏露头区和导水裂隙渗透补给砂岩地下水。地表防洪工程实施易于进行，经济可行。

井上、下超前疏排工程针对地质构造提前分阶段、多钻孔、长时间疏放水，实现安全疏干。井田内煤层顶板石炭-二叠系砂岩含水层分层较多，但因泥岩、砂质泥岩隔水层的阻挡作用，层间水力联系较弱。井上、下疏排水工程技术成熟，经济可行。

井田内奥灰岩溶水基本不会对4号煤层开采造成影响。9号、11号煤层开采过程中虽受到采空区水、顶板水害的威胁，还具有隔水层薄弱地带底板奥灰突水的可能性，但整体影响较小。

综上所述，4号煤层受顶板水害威胁，但是防治水工作易于进行，其难易程度为中等；9号、11号煤层开采受水害影响程度相对较大，但只要严格按照《煤矿防治水细则》操作，防治水难易程度为中等。依据水文地质类型划分标准，确定防治水工作难易程度类别为中等。

7. 定性方法划分结果

依据《煤矿防治水细则》相关规定与要求，结合井工三矿的实际情况，对照矿井水文地质类型划分表，分别确定六大项指标所属类别。按照“就高就不低”的原则，最后定性地确定井工三矿矿井水文地质类型为中等型（表10-1）。

表10-1 矿井水文地质类型

分类依据		特征	水文地质类别
井田内受采掘破坏或影响的含水层及水体	含水层（水体）性质及补给条件	受采掘破坏或影响的孔隙、裂隙、岩溶含水层，补给条件一般，有一定的补给水源	中等
	单位涌水量 $q/[L\cdot(s\cdot m)^{-1}]$	石炭-二叠系含水层0.0008～0.1905，奥灰岩溶裂隙含水层0.0015～0.0474	中等
井田及周边采空区水分布状况		存在少量采空区积水，位置、范围、积水量基本查清	中等
矿井涌水量/$(m^3\cdot h^{-1})$	正常 Q_1 最大 Q_2	正常涌水量为207.96，小于600；最大涌水量为322.40，小于1200	中等
突水量 $Q_3/(m^3\cdot h^{-1})$		2012—2015年无突水记录	简单
开采受水害影响程度		矿井偶有突水，采掘工程受水害影响，但不威胁矿井安全	中等
防治水工作难易程度		作为水文地质条件中等的矿井，近年来各类水害隐患不多，防治水工作易于进行	中等
综合评价			中等

10.4.2 基于模糊综合评判法的水文地质类型划分

矿井水文地质类型受矿床沉积规律、立体充水水文地质条件以及采掘活动等多因素影响。根据《煤矿防治水细则》中六大项矿井水文地质类型分类依据，除矿井涌水量与矿井突水量两大指标为定量指标之外，其他4项指标（受采掘破坏或影响的含水层及水体、矿井及周边采空区水分布状况、开采受水害影响程度与防治水工作难易程度）均为定性指标。因此，采用常规方法划分水文地质类型的结果便不可避免地具有一定的模糊性和主观性。而模糊综合评判方法恰恰能够对受多因素影响事物做出全面而科学有效的多元决策，因此可作为矿井水文地质类型划分的一种手段。

模糊综合评判方法基本原理及步骤详见 8.2.1.1。根据矿井水文地质类型划分指标以及各指标的主要影响因素，研究采用多级（二级）评判模型进行研究区水文地质类型划分。

10.4.2.1 模糊综合评判模型建立

1. 评判体系的建立

影响矿井水文地质类型的因素复杂且繁多，结合《煤矿防治水细则》中关于水文地质类型划分相关内容，将各影响因素归类合并为六大类，分别为受采掘破坏或影响的含水层及水体、矿井及周边采空区水分布、矿井涌水量、突水量、开采受水害影响程度和防治水工作难易程度。遵循评价体系建立的基本原则，构建包含 6 个一级评判因素和 15 个二级评判因素在内的矿井水文地质类型综合评判指标体系，如图 10-5 所示。其中 A 层为模糊综合评判目标层，B 层为主因素层，C 层为子因素层。

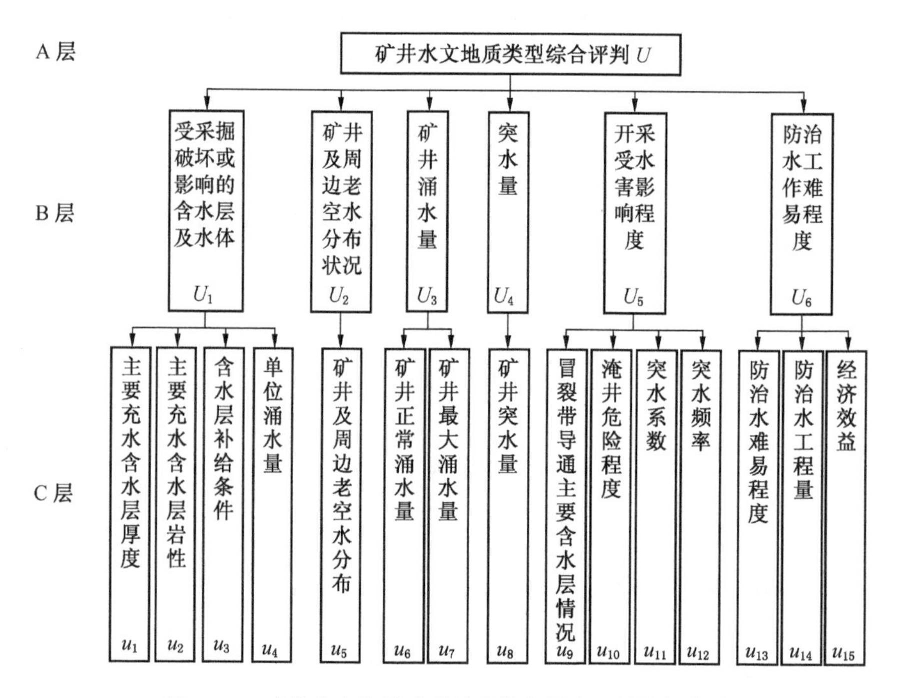

图 10-5 矿井水文地质类型划分模糊综合评判指标体系

2. 因素集与评判集的确定

1）因素集的确定

根据建立的矿井水文地质类型模糊综合评判指标体系，结合已有研究及相关规定，选取 15 个影响矿井水文地质类型复杂程度的因素，建立因素集 $U=\{u_1, u_2, \cdots, u_{15}\}$。根据各影响因素所属类型再将因素集分成六组：$U=\{U_1, U_2, U_3, U_4, U_5, U_6\}$，其中 U_1 为受采掘破坏或影响的含水层及水体，$U_1=\{u_1, u_2, u_3, u_4\}$；$U_2$ 为矿井及周边采空区水分布状况，$U_2=\{u_5\}$；U_3 为矿井涌水量，$U_3=\{u_6, u_7\}$；U_4 为矿井突水量，$U_4=\{u_8\}$；U_5 为开采受水害影响程度，$U_5=\{u_9, u_{10}, u_{11}, u_{12}\}$；$U_6$ 为防治水工作难易程度，$U_6=\{u_{13}, u_{14}, u_{15}\}$。

2）评判集的确定

依据《煤矿防治水细则》，矿井水文地质类型分为简单、中等、复杂与极复杂4种。针对所选取评判因素特点，确定矿井水文地质类型模糊综合评判集为$V=\{Ⅰ，Ⅱ，Ⅲ，Ⅳ\}$，其中Ⅰ表示简单，Ⅱ表示中等，Ⅲ表示复杂，Ⅳ表示极复杂。

在评判集确定的基础上，通过分析各子因素自身特征，同时结合已有研究和咨询专家，确定各参评子因素的分级标准（表10-2）。

3. 隶属函数的确定

隶属函数的确定是决定模糊综合单因素评判结果的关键。隶属函数的确定方法很多，如模糊统计法、德尔菲法、模糊分布法等。针对各参评子因素自身特征及分级标准，划分为定量因素与定性因素（表10-2）并分别确定其隶属函数。对于定量因素，采用模糊分布法中的半梯形和三角形分布确定隶属函数，而对于定性因素则通过给各等级赋边界值并线性插值的方法来确定隶属函数。

定量因素隶属函数计算公式见式（10-1）~式（10-4）：

$$\mu_{\mathrm{I}}(u)=\begin{cases}1 & u\leqslant u_1\\ \dfrac{u_2-u}{u_2-u_1} & u_1<u<u_2\\ 0 & u>u_2\end{cases} \tag{10-1}$$

$$\mu_{\mathrm{II}}(u)=\begin{cases}0 & u\leqslant u_1\\ \dfrac{u-u_1}{u_2-u_1} & u_1<u<u_2\\ \dfrac{u_3-u}{u_3-u_2} & u_2\leqslant u<u_3\\ 0 & u\geqslant u_3\end{cases} \tag{10-2}$$

$$\mu_{\mathrm{III}}(u)=\begin{cases}0 & u\leqslant u_2\\ \dfrac{u-u_2}{u_3-u_2} & u_2<u<u_3\\ \dfrac{u_4-u}{u_4-u_3} & u_3\leqslant u<u_4\\ 0 & u\geqslant u_4\end{cases} \tag{10-3}$$

$$\mu_{\mathrm{IV}}(u)=\begin{cases}0 & u\leqslant u_3\\ \dfrac{u-u_3}{u_4-u_3} & u_3<u<u_4\\ 1 & u\geqslant u_4\end{cases} \tag{10-4}$$

式中，$\mu_{\mathrm{I}}(u)$，$\mu_{\mathrm{II}}(u)$，$\mu_{\mathrm{III}}(u)$，$\mu_{\mathrm{IV}}(u)$分别为Ⅰ(简单)、Ⅱ(中等)、Ⅲ(复杂)、Ⅳ(极复杂）的定量因素的隶属函数；u_1，u_2，u_3，u_4分别为矿井水文地质类型复杂程度等级划分边界值；u为各参评指标实际值。

定性因素隶属函数的确定中，通过主观赋予各等级边界值及线性插值的方法得到，即分别赋值1、2、3、4给各评判集Ⅰ(简单)、Ⅱ(中等)、Ⅲ(复杂)、Ⅳ（极复杂），从而得到定性参评因素的隶属函数计算式（10-5）~式（10-8）：

表 10-2 矿井水文地质类型综合评判因素分级标准

参评因素	受采掘破坏或影响的含水层及水体				矿井及周边采空区水分布状况	矿井涌水量（$m^3 \cdot h^{-1}$）		矿井突水量/（$m^3 \cdot h^{-1}$）	开采受水害影响程度				防治水工作难易程度		
参评子因素	主要充水含水层厚度/m	主要充水含水层岩性	含水层补给条件	单位涌水量/[$L \cdot (s \cdot m)^{-1}$]		矿井正常涌水量	矿井最大涌水量		冒裂带导通顶板主要含水层情况	淹井危险程度	突水系数/（$MPa \cdot m^{-1}$）	突水频率/（次·a^{-1}）	防治水难易程度	防治水工程量	经济效益
Ⅰ（简单）	<20	砂岩	补给条件差，补给来源少或极少	<0.1	无	<180	<300	无	未导通	>4.6	非带压	0	容易	小	良好
Ⅱ（中等）	20~50	砂岩、薄层灰岩	补给条件一般，有一定补给来源	0.1~1.0	存在少量采空区积水，位置、范围、积水量清楚	180~600	300~1200	<600	部分导通	4.6~2.84	0~0.06	1~2	较容易	较小	较好
Ⅲ（复杂）	50~80	薄层砂岩、灰岩	补给条件好，补给来源充沛	1.0~5.0	存在少量采空区积水，位置、范围、积水量不清楚	600~2100	1200~3000	600~1800	全部导通	2.84~1.52	0.06~0.1	2~4	较难	较大	较差
Ⅳ（极复杂）	>80	厚层灰岩	补给条件好，补给来源极其充沛，地表泄水差	>5.0	存在大量采空区积水，位置、范围、积水量不清楚	>2100	>3000	>1800	导通至地表	<1.52	>0.1	>4	很难	很大	很差

$$\mu_{\mathrm{I}}(u)=\begin{cases}1 & u<1\\ 2-u & 1\leqslant u<2\\ 0 & u\geqslant 2\end{cases} \tag{10-5}$$

$$\mu_{\mathrm{II}}(u)=\begin{cases}0 & u<1\\ u-1 & 1\leqslant u<2\\ 3-u & 2\leqslant u<3\\ 0 & u\geqslant 3\end{cases} \tag{10-6}$$

$$\mu_{\mathrm{III}}(u)=\begin{cases}0 & u<2\\ u-2 & 2\leqslant u<3\\ 4-u & 3\leqslant u<4\\ 0 & u\geqslant 4\end{cases} \tag{10-7}$$

$$\mu_{\mathrm{IV}}(u)=\begin{cases}0 & u<3 \\ u-3 & 3\leqslant u<4 \\ 1 & u\geqslant 4\end{cases} \tag{10-8}$$

式中，$\mu_{\mathrm{I}}(u)$、$\mu_{\mathrm{II}}(u)$、$\mu_{\mathrm{III}}(u)$、$\mu_{\mathrm{IV}}(u)$ 分别为Ⅰ(简单)、Ⅱ(中等)、Ⅲ(复杂)、Ⅳ(极复杂) 的定性因素的隶属函数；u 为各参评指标实际值。

4. 权重集的确定

权重在模糊综合评判中反映了各个参评因素对评判目标的贡献程度或所占的地位，权重值的大小直接影响综合评判的结果。权重的确定方法有多种，如专家打分法、加权统计法、层次分析法（AHP）等，本书通过专家评议，运用层次分析法确定各参评主因素及其子因素的权重。

根据层次分析法（AHP）构建关于井工三矿矿井水文地质类型评价层次结构分析模型，包括目标层（A）、决策层（B）及方案层（C），该模型结构与模糊综合评判指标体系结构一致，故层析结构分析模型详如图 10-5 所示。依据 T. L. SAATY 创立的 1~9 及其倒数标度方法，逐对比较各参评子因素对水文地质类型复杂程度的相对重要性，并按标度定量化，从而构建各参评因素的判断矩阵（表 10-3~表 10-9）。在此需要说明的是，《煤矿防治水细则》中关于矿井水文地质类型划分的原则指明划分所考虑的六大指标具有同等地位，故此处确定参评主因素权重相同均为 1/6，参评子因素权重详见表 10-10。

表 10-3 判断矩阵 $U\sim U_i(i=1\sim6)$

U	U_1	U_2	U_3	U_4	U_5	U_6	W_i
U_1	1	1	1	1	1	1	1/6
U_2	1	1	1	1	1	1	1/6
U_3	1	1	1	1	1	1	1/6
U_4	1	1	1	1	1	1	1/6
U_5	1	1	1	1	1	1	1/6
U_6	1	1	1	1	1	1	1/6

$\lambda_{\max}=6.0000$，$CI=0$，$CR=0$。

表 10-4 判断矩阵 $U_1\sim u_i(i=1\sim4)$

U_1	u_1	u_2	u_3	u_4	W_i
u_1	1	0.9000	0.6000	0.6000	0.1850
u_2	1.1111	1	0.8000	0.7692	0.2230
u_3	1.6667	1.2500	1	1	0.2946
u_4	1.6667	1.3000	1	1	0.2974

$\lambda_{\max}=4.0035$，$CI=0.0013$，$CR=0.00144$。

表 10-5 判断矩阵 $U_2\sim u_i(i=5)$

U_2	u_5	u_5	W_i
u_5	1	1	0.5000
u_5	1	1	0.5000

$\lambda_{\max}=2.0000$，$CI=0$，$CR=0$。

表 10-6 判断矩阵 $U_3 \sim u_i (i=6\sim7)$

U_3	u_6	u_7	W_i
u_6	1	0.5	0.3333
u_7	2	1	0.6667

$\lambda_{max}=2.0000$，$CI=0$，$CR=0$。

表 10-7 判断矩阵 $U_4 \sim u_i (i=8)$

U_4	u_8	u_8	W_i
u_8	1	1	0.5000
u_8	1	1	0.5000

$\lambda_{max}=2.0000$，$CI=0$，$CR=0$。

表 10-8 判断矩阵 $U_5 \sim u_i (i=9\sim12)$

U_5	u_9	u_{10}	u_{11}	u_{12}	W_i
u_9	1	1.4286	1.4000	0.8333	0.2818
u_{10}	0.7000	1	1.1000	0.8000	0.2197
u_{11}	0.7143	0.9091	1	0.9091	0.2174
u_{12}	1.2000	1.2500	1.1000	1	0.2811

$\lambda_{max}=4.0214$，$CI=0.0080$，$CR=0.0089$。

表 10-9 判断矩阵 $U_6 \sim u_i (i=13\sim15)$

U_6	u_{13}	u_{14}	u_{15}	W_i
u_{13}	1	1.2000	1.4000	0.3928
u_{14}	0.8333	1	1.1000	0.3210
u_{15}	0.7143	0.9091	1	0.2862

$\lambda_{max}=3.0004$，$CI=0.0004$，$CR=0.00069$。

表 10-10 模糊综合评判各参评因素权重分配表

参评主因素	权重	参评子因素	权重
受采掘破坏或影响的含水层及水体	1/6	主要充水含水层厚度	0.1850
		主要充水含水层岩性	0.2230
		含水层补给条件	0.2946
		单位涌水量	0.2974
矿井及周边采空区水分布状况	1/6	矿井及周边采空区水分布状况	1
矿井涌水量	1/6	矿井正常涌水量	0.3333
		矿井最大涌水量	0.6667
突水量	1/6	矿井突水量	1

表 10-10(续)

参评主因素	权重	参评子因素	权重
开采受水害影响程度	1/6	冒裂带导通顶板主要含水层情况	0.2818
		淹井危险程度	0.2197
		突水系数	0.2174
		突水频率	0.2811
防治水工作难易程度	1/6	防治水难易程度	0.3928
		防治水工程量	0.3210
		经济效益	0.2862

5. 模糊综合评判

基于确定的单因素隶属度函数以及各因素权重，通过合成算子“∘”合成运算（即加权平均合成），采用二级模糊综合评判得出评判结果，并根据最大隶属原则确定研究区水文地质类型划分等级。

10.4.2.2 模糊综合评判计算

1. 一级综合评判

根据上述确定的关于定性、定量参评因素的隶属度函数，求得各子因素的隶属度见表10-11。

表 10-11 各参评因素隶属度

定量因素	隶属度				定性因素	分值	隶属度			
	Ⅰ	Ⅱ	Ⅲ	Ⅳ			Ⅰ	Ⅱ	Ⅲ	Ⅳ
主要充水含水层厚度	0	0.53	0.47	0	主要充水含水层岩性	1.2	0.80	0.20	0	0
单位涌水量	0	0.90	0.10	0	含水层补给条件	2.1	0	0.90	0.10	0
矿井正常涌水量	0	0.93	0.07	0	矿井及周边采空区水分布状况	2	0	1	0	0
矿井最大涌水量	0	0.98	0.02	0	冒裂带导通顶板主要含水层情况	2.2	0	0.80	0.20	0
矿井突水量	1	0	0	0	防治水难易程度	2	0	1	0	0
淹井危险程度	1	0	0	0	防治水工程量	2	0	1	0	0
突水系数	0	0.90	0.10	0	经济效益	2.4	0	0.60	0.40	0
突水频率	1	0	0	0						

各参评因素的模糊关系矩阵以及模糊综合评判结果分别如下：

$$R_1 = \begin{Bmatrix} 0 & 0.53 & 0.47 & 0 \\ 0.80 & 0.20 & 0 & 0 \\ 0 & 0.90 & 0.10 & 0 \\ 0 & 0.90 & 0.10 & 0 \end{Bmatrix}$$

$$B_1 = W_1 \circ R_1 = \{0.185,\ 0.223,\ 0.2946,\ 0.2974\} \circ \begin{Bmatrix} 0 & 0.53 & 0.47 & 0 \\ 0.80 & 0.20 & 0 & 0 \\ 0 & 0.90 & 0.10 & 0 \\ 0 & 0.90 & 0.10 & 0 \end{Bmatrix}$$

$$= \{0.1784,\ 0.6755,\ 0.1462,\ 0\}$$

$$R_2 = \{0 \quad 1 \quad 0 \quad 0\}$$

$$B_2 = W_2 \circ R_2 = \{1\} \circ \{0 \quad 1 \quad 0 \quad 0\} = \{0,\ 1,\ 0,\ 0\}$$

$$R_3=\begin{Bmatrix}0 & 0.93 & 0.07 & 0\\ 0 & 0.98 & 0.02 & 0\end{Bmatrix}$$

$$B_3=W_3\circ R_3=\{0.3333,\ 0.6667\}\circ\begin{Bmatrix}0 & 0.93 & 0.07 & 0\\ 0 & 0.98 & 0.02 & 0\end{Bmatrix}=\{0,\ 0.9633,\ 0.0367,\ 0\}$$

$$R_4=\{1\quad 0\quad 0\quad 0\}$$

$$B_4=W_4\circ R_4=\{1\}\circ\{1\quad 0\quad 0\quad 0\}=\{1,\ 0,\ 0,\ 0\}$$

$$R_5=\begin{Bmatrix}0 & 0.80 & 0.20 & 0\\ 1 & 0 & 0 & 0\\ 0 & 0.90 & 0.10 & 0\\ 1 & 0 & 0 & 0\end{Bmatrix}$$

$$B_5=W_5\circ R_5=\{0.2818,\ 0.2197,\ 0.2174,\ 0.2811\}\circ\begin{Bmatrix}0 & 0.80 & 0.20 & 0\\ 1 & 0 & 0 & 0\\ 0 & 0.90 & 0.10 & 0\\ 1 & 0 & 0 & 0\end{Bmatrix}$$

$$=\{0.5008,\ 0.4211,\ 0.0781,\ 0\}$$

$$R_6=\begin{Bmatrix}0 & 1 & 0 & 0\\ 0 & 1 & 0 & 0\\ 0 & 0.60 & 0.40 & 0\end{Bmatrix}$$

$$B_6=W_6\circ R_6=\{0.3928,\ 0.3210,\ 0.2862\}\circ\begin{Bmatrix}0 & 1 & 0 & 0\\ 0 & 1 & 0 & 0\\ 0 & 0.60 & 0.40 & 0\end{Bmatrix}=\{0,\ 0.8855,\ 0.1145,\ 0\}$$

2. 二级综合评判

将上述6个参评因素评判结果再作为单因素看待，得到二级模糊评判矩阵：

$$R=\begin{Bmatrix}0.1784 & 0.6755 & 0.1462 & 0\\ 0 & 1 & 0 & 0\\ 0 & 0.9633 & 0.0367 & 0\\ 1 & 0 & 0 & 0\\ 0.5008 & 0.4211 & 0.0781 & 0\\ 0 & 0.8855 & 0.1145 & 0\end{Bmatrix}$$

而已有各参评主因素的权重集：

$$W=\left\{\frac{1}{6},\ \frac{1}{6},\ \frac{1}{6},\ \frac{1}{6},\ \frac{1}{6},\ \frac{1}{6}\right\}$$

由此进行二级综合评判：

$$B=W\circ R=\left\{\frac{1}{6},\ \frac{1}{6},\ \frac{1}{6},\ \frac{1}{6},\ \frac{1}{6},\ \frac{1}{6}\right\}\circ\begin{Bmatrix}0.1784 & 0.6755 & 0.1462 & 0\\ 0 & 1 & 0 & 0\\ 0 & 0.9633 & 0.0367 & 0\\ 1 & 0 & 0 & 0\\ 0.5008 & 0.4211 & 0.0781 & 0\\ 0 & 0.8855 & 0.1145 & 0\end{Bmatrix}$$

$$=\{0.2799,\ 0.6576,\ 0.0625,\ 0\}$$

10.4.2.3 模糊综合评判结果

根据井工三矿矿井水文地质类型的二级模糊综合评判结果，矿井水文地质类型等级属于｛Ⅰ，Ⅱ，Ⅲ，Ⅳ｝的隶属度为｛0.2799，0.6576，0.0625，0｝。依据最大隶属度原则，最大隶属度为Ⅱ的0.6576，故该矿水文地质类型级别隶属于Ⅱ级，即中等型，划分结果与实际相吻合。

10.4.3 划分结果对比与分析

采用常规定性的水文地质类型划分方法和定量的模糊综合评判法分别对井工三矿矿井水文地质类型进行划分，划分结果均为中等。

常规定性的划分方法依据《煤矿防治水细则》中的六大划分指标分类标准，采用“就高不就低”原则进行确定。该方法简单易行，但在划分定性指标过程中有一定的主观性及模糊性，易使划分结果与实际不符；而模糊综合评判法较全面地考虑了影响水文地质类型复杂程度的各因素及其对类型复杂程度的权重，经二级模糊综合计算确定对类型级别的隶属程度，划分结果科学客观，但计算较为烦琐。

以上两种方法划分结果互相补充，互相验证。经综合分析，将井工三矿矿井水文地质类型划分为中等型。

11 煤层底板突水危险性评价应用实例

由于不同的地质背景，针对每个矿的实际情况，采取不同的方法进行底板突水危险性评价能有效提高预测精度。为此，选取5个典型矿井进行煤层底板突水预测评价：基于突水系数小于0.06 MPa/m带压区评价的东坡矿、基于AHP型常权脆弱性指数法评价的成庄矿、基于ANN型常权脆弱性指数法评价的章村矿、基于逻辑回归型和证据权型常权脆弱性指数法评价的九龙矿、基于变权脆弱性指数法评价的王家岭矿。

11.1 突水系数小于0.06 MPa/m带压区底板突水危险性评价应用——以东坡矿为例

11.1.1 矿区概况

山西中煤东坡煤矿井田位于山西省朔州市朔城区，井田面积约8.3 km^2。东坡煤矿与担水沟、杨涧、西沙河煤矿位置分布关系如图11-1所示。

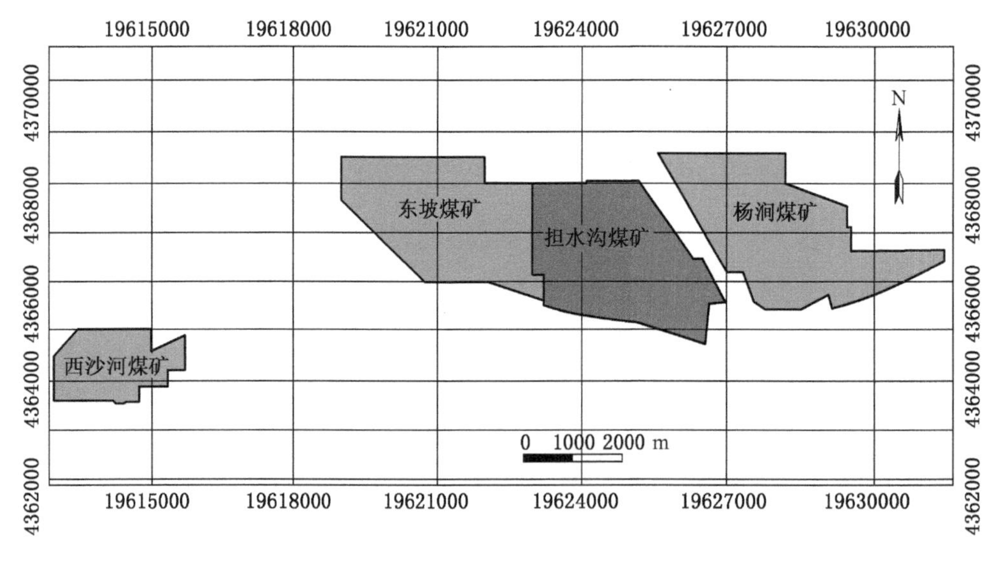

图11-1 东坡煤矿四邻图

东坡矿井田范围地表大部分被黄土覆盖，地势总体呈北高、南低。井田内黄土台地因受强烈的侵蚀、切割作用，加之又无有效的植被保护，因此多形成梁、塬、峁及黄土冲沟等黄土高原地貌景观。本区河流属海河流域，永定河水系。七里河在井田西侧1 km处流过，该河是平朔矿区西部主要河流之一。井田内西部发育有海燕沟，东部发育有瓦窑沟等黄土冲沟，大致呈南北向延伸；沟内土层与基岩接触处零星有泉水出露；沟内水流最终在井田外南部注入七里河。本区为典型的大陆性气候，气温一般较低，年平均气温5.4~13.8 ℃；年降水量分配极不均匀，多集中在7—9月，年平均降水量为426.7 mm，年蒸发量为 1996.00~2132.70 mm。

11.1.2　地质条件

1. 地层

东坡井田位于宁武煤田平朔矿区，井田内大部分为第四系黄土覆盖，仅在沟谷中出露上石盒子组地层。发育地层由下到上分别为：奥陶系中统马家沟组；石炭系中统本溪组、上统太原组；二叠系下统山西组、下石盒子组，二叠系上统上石盒子组；新近系上新统静乐组和第四系等（图 11-2）。

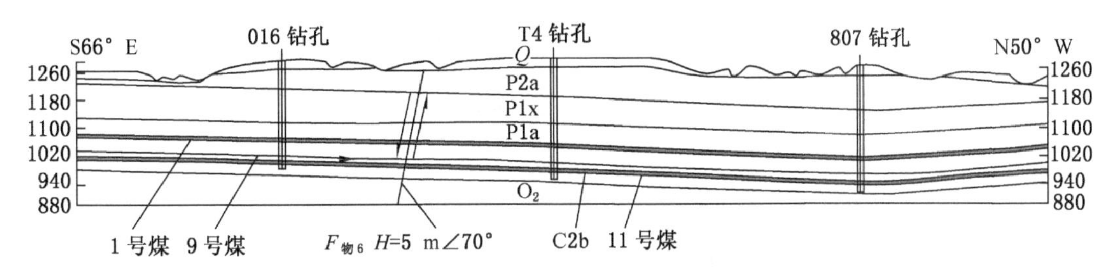

图 11-2　东坡煤矿 1-1′地质剖面示意图

2. 地质构造

本井田区域上归属宁武煤田，因受复合地质作用，煤田南北宽、东西窄并呈北东向斜形式展布于鄂尔多斯地台、吕梁地块、五台地块及内蒙地轴之间，为一继承性上叠构造盆地。宁武向斜贯穿宁武煤田南北，向斜轴除朔州平原一带偏向西部外，大部分地区偏向东部，且东翼地层倾角大于西翼，为一不对称向斜构造。

本井田主要受控于宁武主向斜，其南受担水沟断层控制。井田内主要属矿区次级构造——下窑子向斜构造单元，并伴随有少数短轴宽缓小型褶曲与小型断裂。井田内地层受区域复合构造影响，西南部在魏家窑村附近呈轴向为北东向向斜形态，东西两翼倾角在 7°~10°之间；中部则呈轴向近东西向，并向东倾伏的向斜形态，地层倾角一般在 2°左右。

经井下实际开拓巷道接露断层 6 条，其中 2 条（$F_{采1}$、$F_{采2}$）在开凿井筒时揭露，最大落差 26 m；4 条是在开采 4 号、9 号煤层是揭露，落差在 0.5~3.0 m 之间。根据三维地震勘探成果，井田范围内尚存在断层 6 条（$F_{物1}$—$F_{物6}$），落差在 4~25 m 之间。根据矿方已有资料，矿井未发现断层有明显导水现象。在矿井 4 号煤层采掘过程中还揭露 3 个陷落柱：XS_1、XS_2 和 XS_3，均无水。井田构造纲要图如图 11-3 所示。

11.1.3　水文地质条件

本井田位于神头泉域岩溶水系统范围内，泉域在大地构造上处于祁吕贺兰“山”字型构造东翼反射弧和新华夏构造体系的复合部位，为大同—静乐复向斜的中段。奥陶系碳酸盐层厚度 280~600 m，是岩溶地下水循环的主要含水层，埋藏于底部的太古界变质岩，构成了本区岩溶水的区域隔水底板。单元地下水的补给主要为大气降雨补给，经地下径流向东南部神头泉域集中，以泉水形式排出地表，神头泉域南北向岩溶水文地质剖面图如图 11-4 所示。东坡矿区处于区域径流带上，离东部神头泉排泄区很近。

井田内主要含水层有：奥陶系石灰岩岩溶裂隙含水层、太原组砂岩裂隙含水层、山西组砂岩裂隙含水层和石盒子组砂岩裂隙含水层。其中，奥陶系石灰岩岩溶裂隙含水层厚度大，总体富水性强，但具有不均一性，为煤系地层之下主要含水层，也是威胁煤层安全开

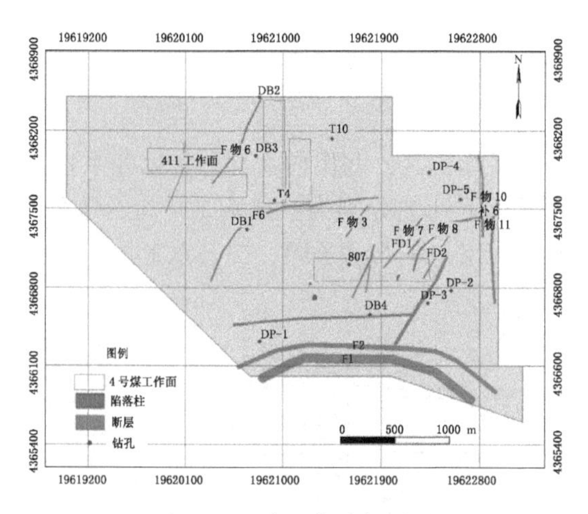

图 11-3　井田构造纲要图

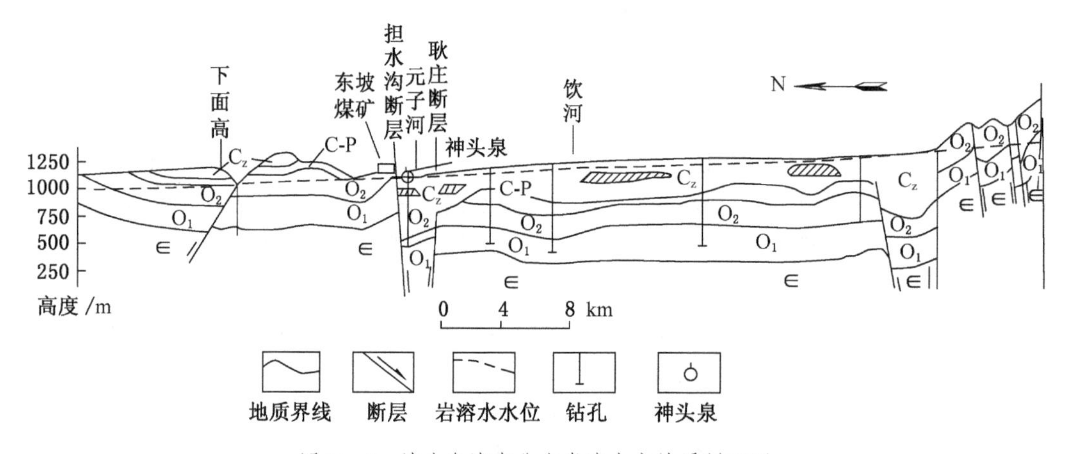

图 11-4　神头泉域南北向岩溶水文地质剖面图

采的主要含水层。

井田内主要隔水层有：石炭系中统本溪组隔水层、石炭系上统太原组及二叠系隔水层和新近系上新统隔水层。其中，石炭系中统本溪组隔水层平均厚度 47.26 m，阻隔了奥陶系灰岩岩溶水与上部煤系地层地下水之间的水力联系，这在整个矿区内具有普遍意义，是井田内主要隔水层。

大气降水是本区地下水的主要补给来源，但下渗量极为有限。奥陶系灰岩含水层地下水的补给主要是矿区西部、北部、东部三个方向外围由奥灰组成的山区，对应地表岩溶裂隙发育，利于大气降水入渗。地下水的排泄形式为泉水排泄、矿坑排水及人工开采。浅部风化裂隙水在地形低洼的沟谷中以泉的形式就近排泄，深部煤系砂岩裂隙水的排泄主要为众多煤矿的矿坑排水，石灰岩岩溶裂隙水在神头镇以泉群的形式集中排泄。

11.1.4　煤层底板突水影响因素分析、数据采集与量化

根据东坡煤矿地质条件和水文地质条件的分析，建立东坡煤矿奥灰底板突水的水文地质概化模型（图 11-5）。从影响煤层底板突水的五大方面因素（充水含水层、底板隔水岩段防突性能、地质构造、矿压破坏发育带、导升发育带）综合分析，影响 4 号、9 号、11

号煤层底板突水的奥陶系灰岩岩溶裂隙含水层富水性强，煤层底板与奥灰含水层之间隔水层较厚，地质构造发育有断层、褶皱和陷落柱。

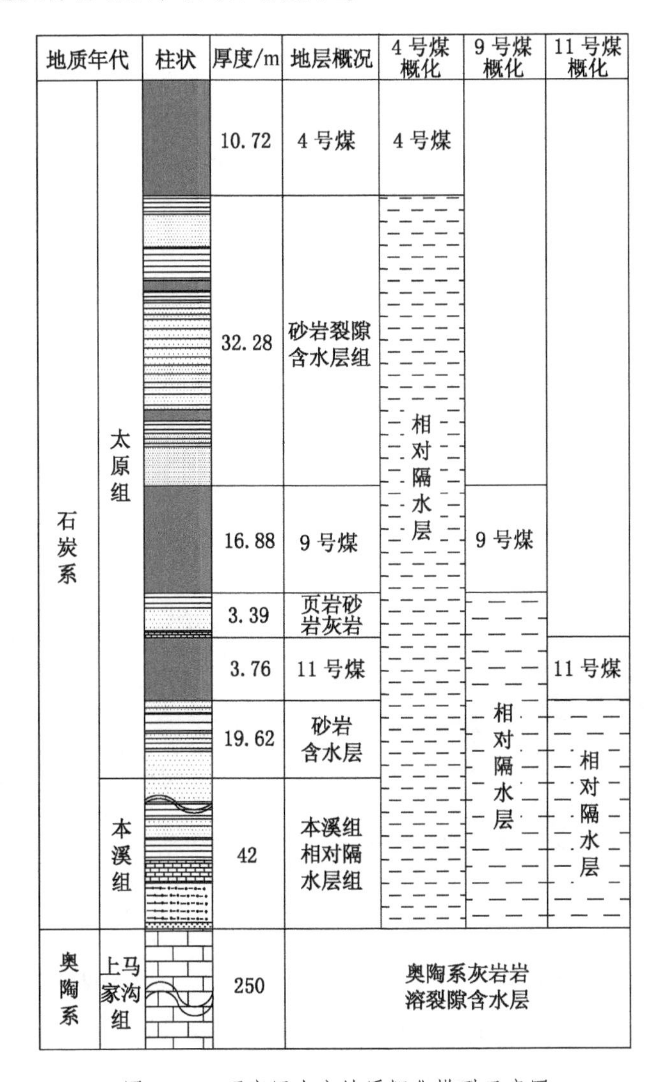

图 11-5 研究区水文地质概化模型示意图

为评价奥灰突水对 4 号、9 号、11 号煤层底板的威胁程度，对影响底板突水的主要因素（奥灰含水层水压、奥灰含水层富水性、隔水岩层厚度、有效隔水岩层厚度、地质构造分布）进行数据采集和量化，并利用 GIS 分别建立专题层图。

1. 煤层底板奥灰含水层水压专题图

已有资料中，见奥灰的水文孔有限，但见奥灰的钻孔较多。为此，该专题建立时，首先根据已有奥灰水文孔分析矿井奥灰水位，得出各钻孔位置奥灰水位；其次，结合已有钻孔奥灰含水层顶界面标高，得出各钻孔位置奥灰含水层水压；最终，对各钻孔的奥灰水压进行插值得出矿井奥灰含水层水压专题图。该专题建立时还充分利用邻近矿井水文地质资料，生成了区域奥灰水压等值线图（图 11-6）；如图 11-7a 显示了 4 号煤层开采工作面，图 11-7b 显示了 9 号煤层开采工作面。

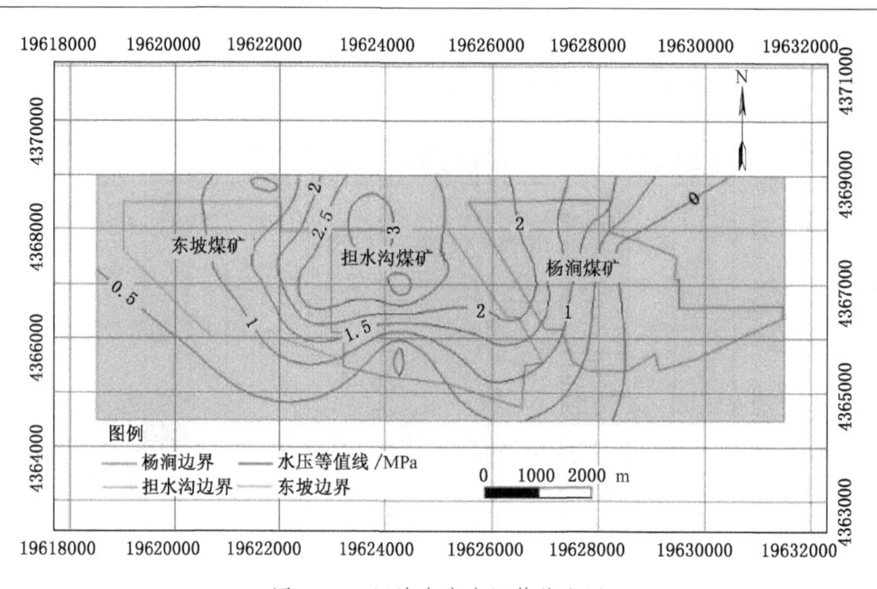

图 11-6 区域奥灰水压等值线图

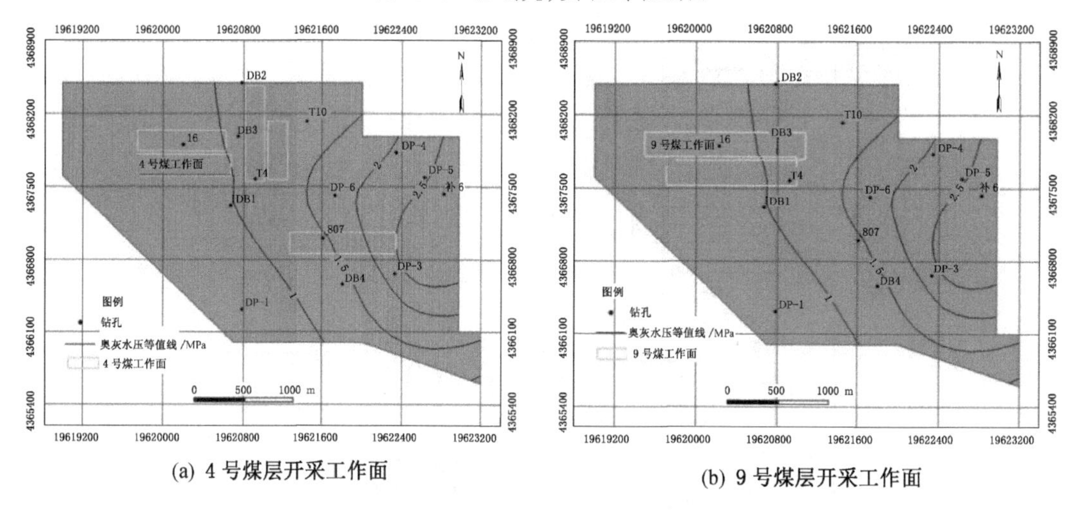

(a) 4 号煤层开采工作面 (b) 9 号煤层开采工作面

图 11-7 东坡奥灰水压等值线题图

2. 煤层底板奥灰含水层富水性专题图

《煤矿防治水细则》根据钻孔单位涌水量大小将含水层富水性分为 4 级：弱富水性、中等富水性、强富水性和极强富水性。本矿井和邻近矿井结合，已有奥灰水文抽水试验孔 3 个（补 6、补 7 和 DP-1 钻孔），经插值分析，定性和定量相结合，建立矿井煤层底板奥灰含水层富水性分区专题图（图 11-8）。结合矿井已有成果可知，奥灰含水层富水性不均一，但对于东坡煤矿的西部弱富水性区，由于缺少水文钻孔，对奥灰富水性的研究有待于进一步完善。

3. 煤层底板隔水层厚度专题图

煤层底板至奥灰顶界面之间即为隔水层，由此，根据煤层底板等高线和奥灰含水层顶界面等高线综合分析，得出煤层底板隔水层厚度专题图（图 11-9）。

4. 煤层底板有效隔水层厚度

利用经验公式对煤层底板有效隔水层厚度进行分析，4 号煤层典型工作面斜长 200 m，

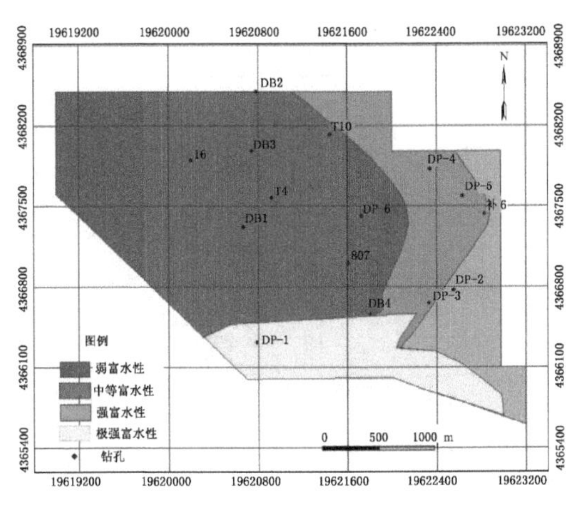

图 11-8 东坡奥灰富水性专题图

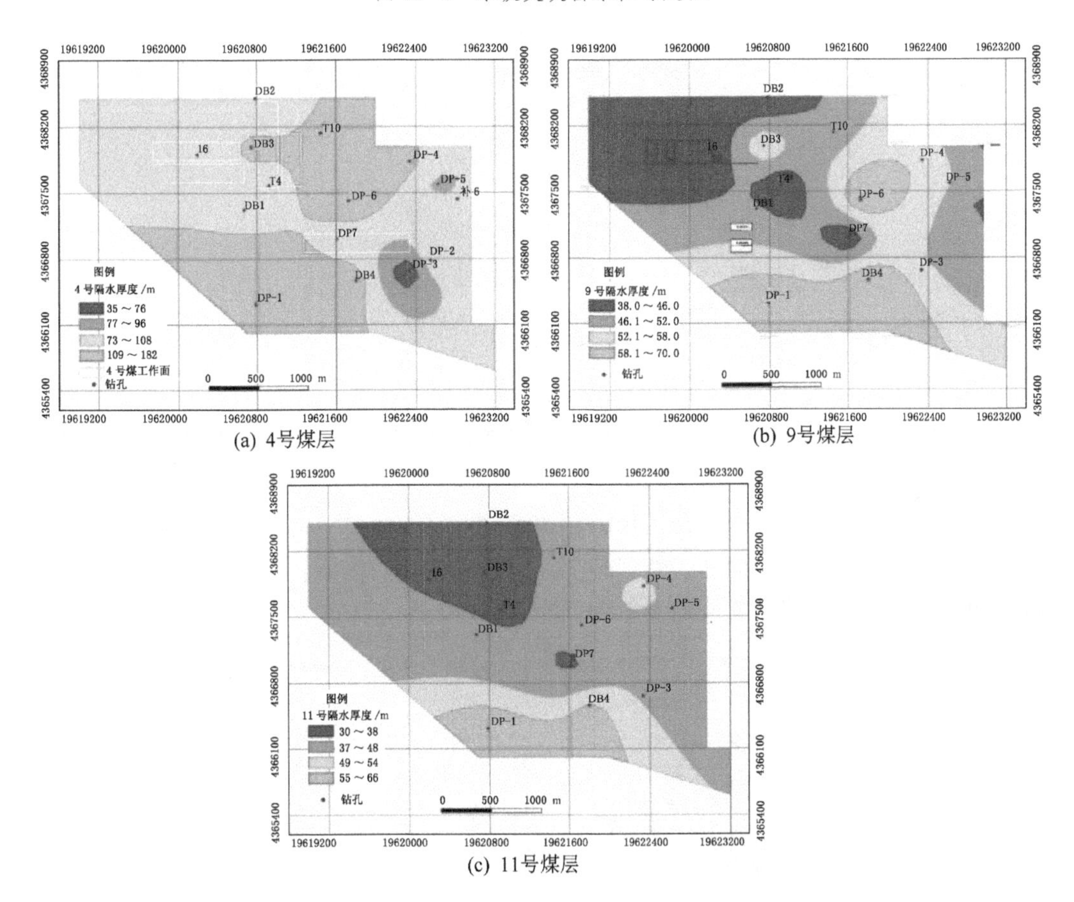

(a) 4号煤层

(b) 9号煤层

(c) 11号煤层

图 11-9 东坡矿 4 号、9 号、11 号煤层隔水层厚度专题图

9 号煤层典型工作面斜长 240 m；11 号煤层未开采，借鉴 9 号煤层工作面布置情况，设定工作面斜长 240 m，根据经验公式计算可得 4 号、9 号、11 号煤层底板导水破坏带深度。

矿区资料及其周边的开采观测研究资料表明，原始导升高度和矿压导升高度一般为零。各个钻孔的有效隔水层厚度就可以通过该钻孔隔水层总厚度减去矿压破坏带深度得到，建立 4 号、9 号、11 号煤层底板有效隔水层厚度专题图（图 11-10）。

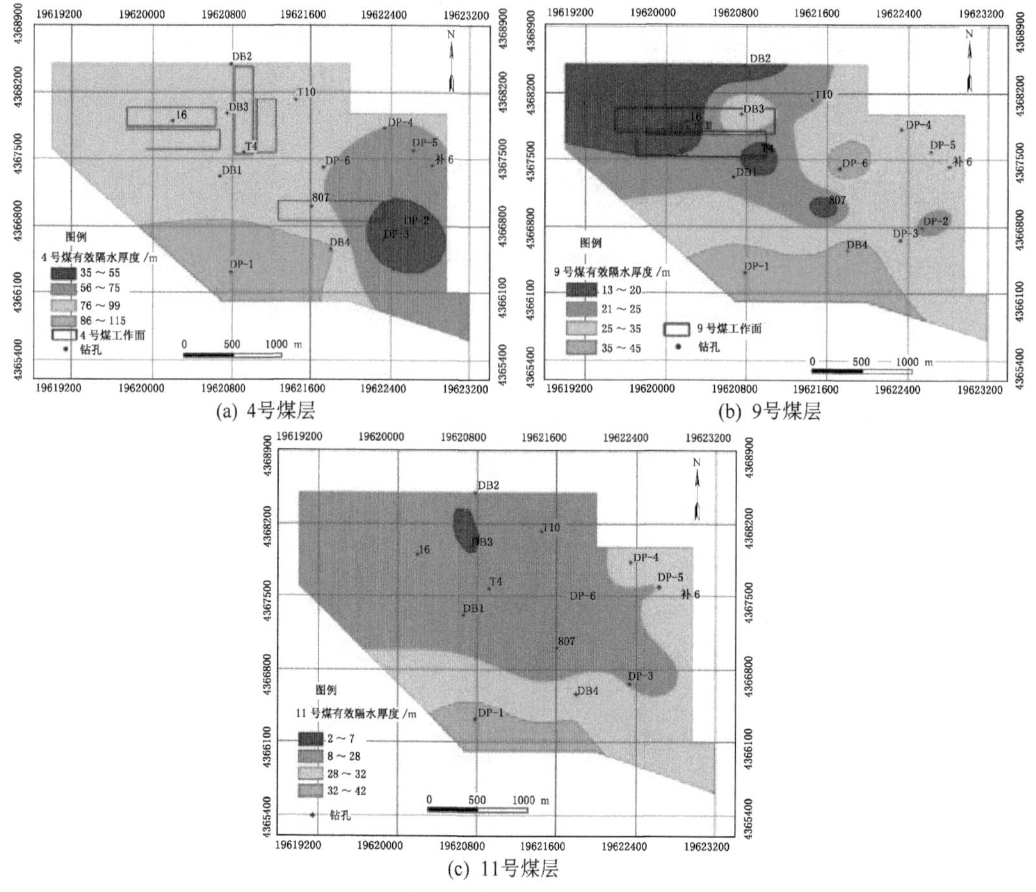

(a) 4号煤层　(b) 9号煤层

(c) 11号煤层

图 11-10　东坡矿 4 号、11 号、9 号煤层有效隔水层厚度专题图

5. 构造专题图

矿井存在褶皱、断层和陷落柱，该专题建立时，对于断层，考虑了断层破碎带和断层影响带；对于褶皱，考虑了向斜、背斜轴部一定范围宽度的影响；对于陷落柱，考虑了陷落柱周边的缓冲区，最终建立构造专题图（图 11-11）。

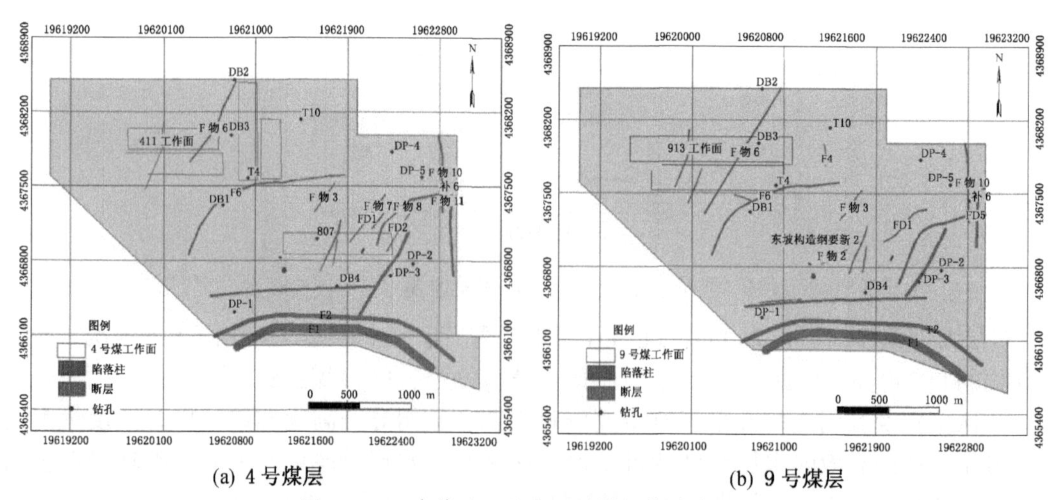

(a) 4 号煤层　(b) 9 号煤层

图 11-11　东坡矿 4 号和 9 号煤层构造专题图

11.1.5 煤层底板突水危险性评价与分析

1. 煤层带压开采区与非带压开采区的确定与分析

煤层存在底板突水危险的前提是煤层带压开采，若煤层不带压开采，即使是含水层富水性极强，也不会发生底板突水。为此，根据各煤层底板标高等值线图和奥灰含水层水位等值线图，生成4号、9号、11号煤层底板带压开采范围图（图11-12）。

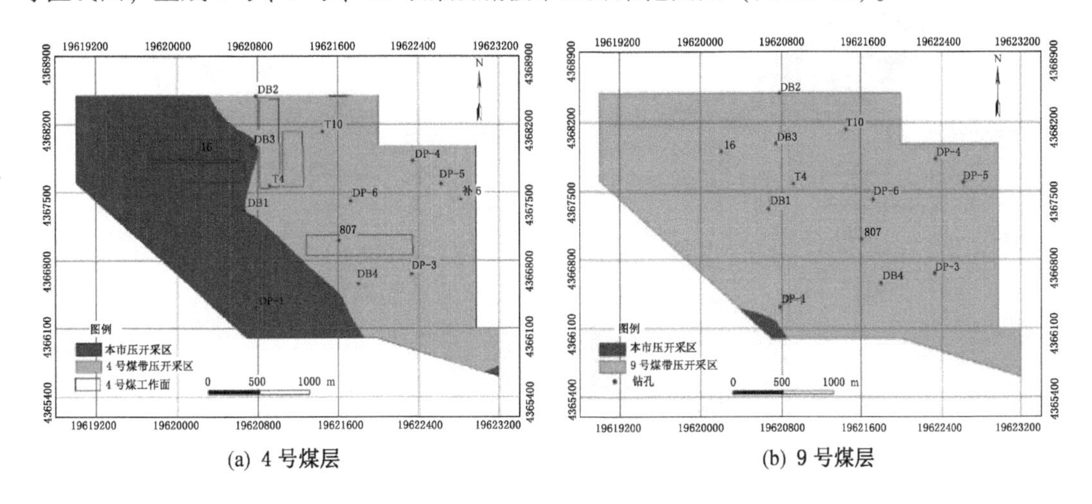

(a) 4号煤层　　(b) 9号煤层

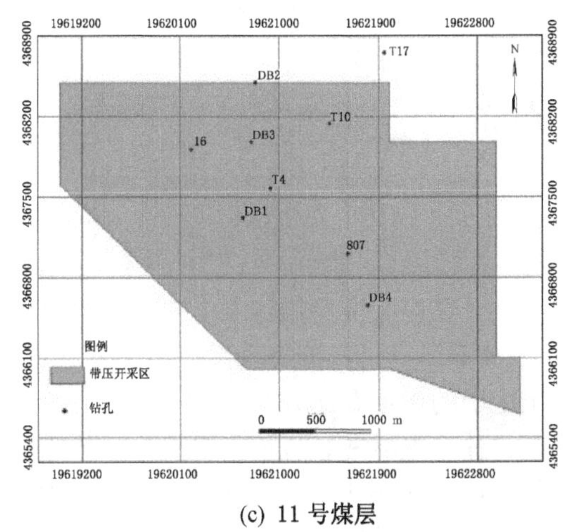

(c) 11号煤层

图11-12 东坡矿4号、9号、11号煤层带压开采范围图

由图11-12可知，东坡矿4号、9号、11号煤层带压开采范围区逐渐变大。对于非带压区不会发生突水，为安全区；对于带压区，存在煤层底板突水可能，需要采用突水系数法和多因素叠加法对突水危险性进行预测评价。

2. 煤层底板突水的突水系数法评价与分析

在带压条件下，利用突水系数法分析隔水层所承受的水压和隔水层厚度两个主要影响因素，构建东坡矿4号、9号、11号煤层底板奥灰突水系数等值线专题图（图11-13）。取临界突水系数值为0.06 MPa/m，对应生成4号、9号、11号煤层底板奥灰突水危险性评价分区图（图11-14）。

由图11-14可知，东坡煤矿4号煤层带压开采区突水系数值均在0.06 MPa/m以下，

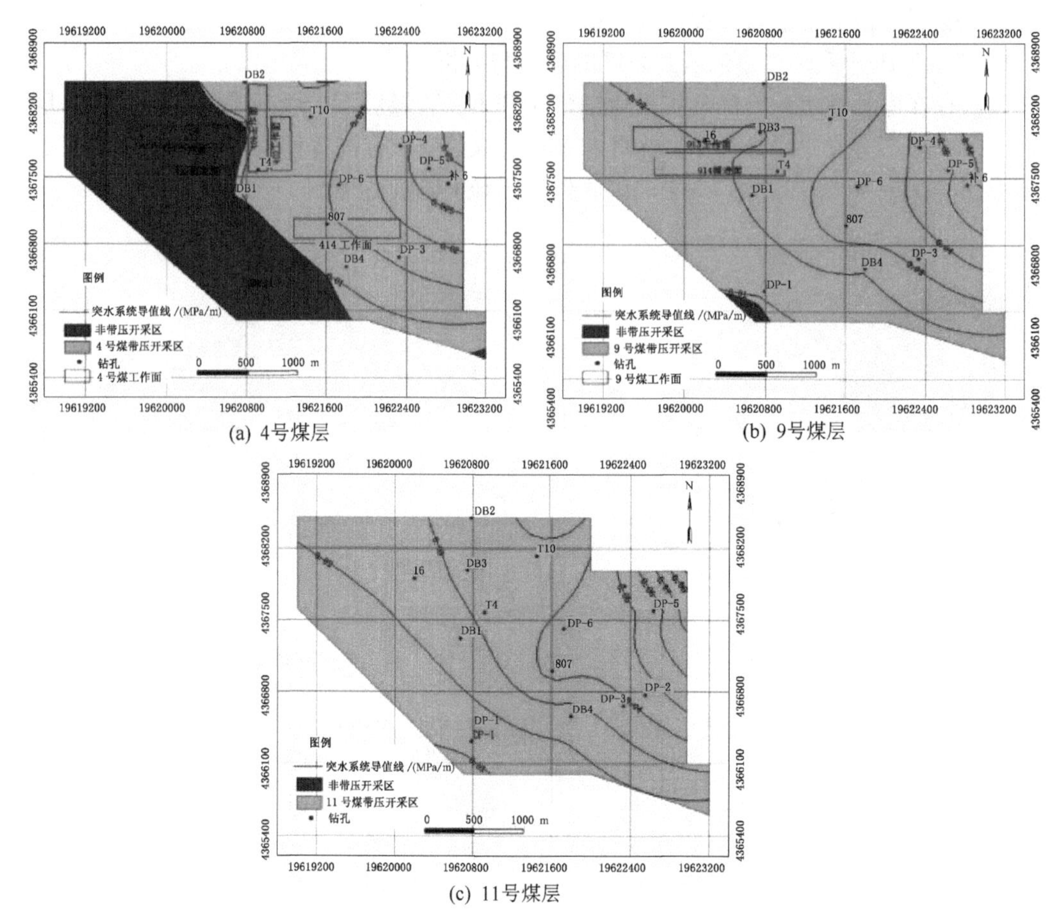

(a) 4号煤层 (b) 9号煤层

(c) 11号煤层

图 11-13 东坡矿 4 号、9 号、11 号突水系数等值线专题图

无论是否有构造地段，整个 4 号煤层区域是相对安全的。东坡煤矿 9 号煤层带压开采区全区突水系数都在 0.1 MPa/m 以下，有一部分突水系数值大于 0.06 MPa/m，带压开采区构造部分属于危险区域，这个区域的构造有部分 $F_{物11}$ 断层。所以在 9 号煤层开采时，矿方需要加大对这部分区域的勘查，并且提前做好防止突水措施。其他带压开采区区域是相对安全的。东坡煤矿 11 号煤层带压开采区全区突水系数都在 0.1 MPa/m 以下，有一部分突水系数值大于 0.06 MPa/m，带压开采区构造部分属于危险区域，这个区域的构造有部分 $F_{物10}$ 断层和部分 F_{D_5} 断层。

3. 煤层底板突水的多因素叠加法评价与分析

由于煤层底板突水受控于多种因素综合影响，而突水系数法仅考虑隔水层厚度和水压两个因素，没有考虑含水层的富水性和地质构造等因素的影响，仅应用突水系数法评价得出的安全区也并不是绝对的安全区，尤其在地质构造发育区域。如果奥灰含水层富水性强且构造导水的情况下，那么即使在突水系数值小于 0.06 MPa/m 时，此区域也会发生突水事故。

为此，应用多因素叠加法综合考虑多种因素的影响，对奥灰富水性、突水系数值和地质构造进行综合考虑，得到 4 号、9 号、11 号煤层多因素叠加分析图（图 11-15）。

应用多因素叠加法综合考虑东坡煤矿 4 号、9 号、11 号煤层底板至奥灰顶界面之间隔

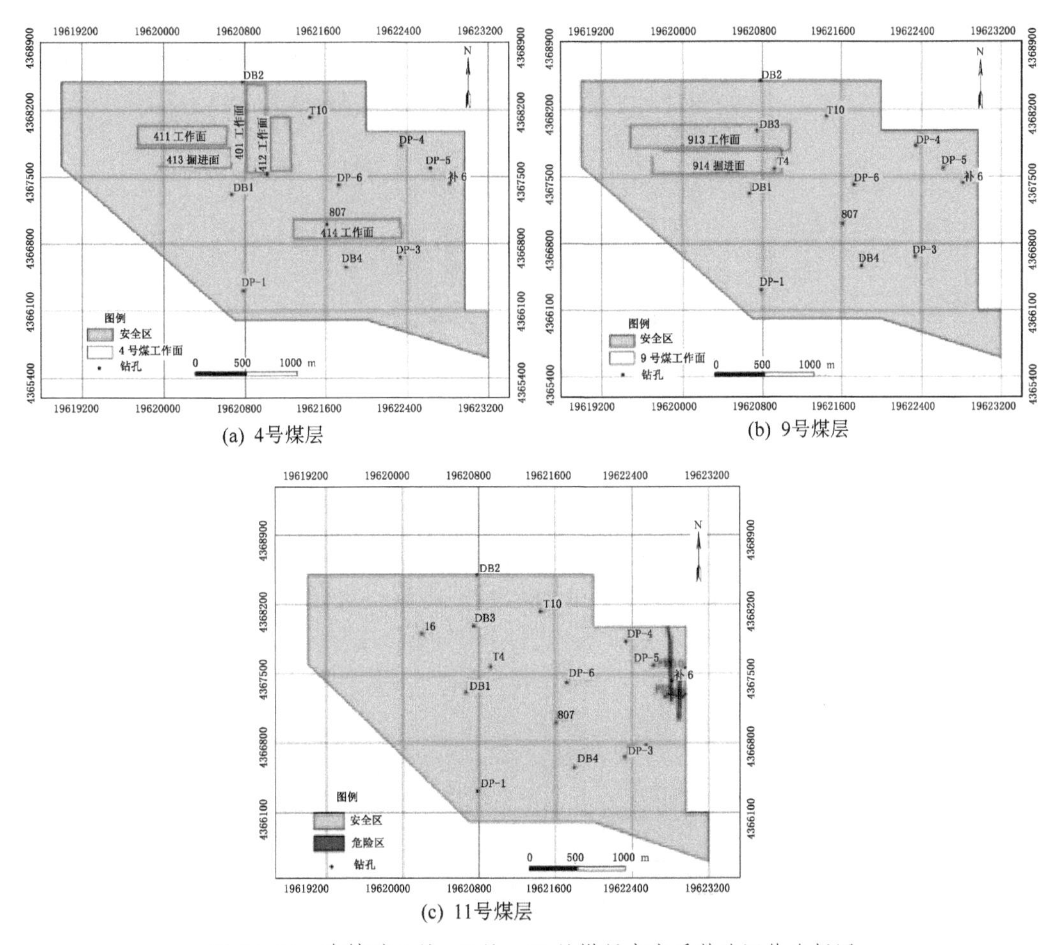

(a) 4号煤层　　(b) 9号煤层

(c) 11号煤层

图 11-14　东坡矿 4 号、9 号、11 号煤层突水系数法评价分析图

水层承受奥灰水压、奥灰富水性、隔水层厚度、地质构造（断层、陷落柱等）等多种因素，分析可知：非带压开采区为安全区；带压开采区中，对于突水系数值大于 0.06 MPa/m 的区域，属于相对危险区；对于突水系数值小于 0.06 MPa/m 的区域，若存在地质构造等导水通道且对应含水层富水性较强，也存在突水危险，为突水危险区。最终，生成 4 号、9 号、11 号煤层底板奥灰突水危险性评价分区图（图 11-16）。

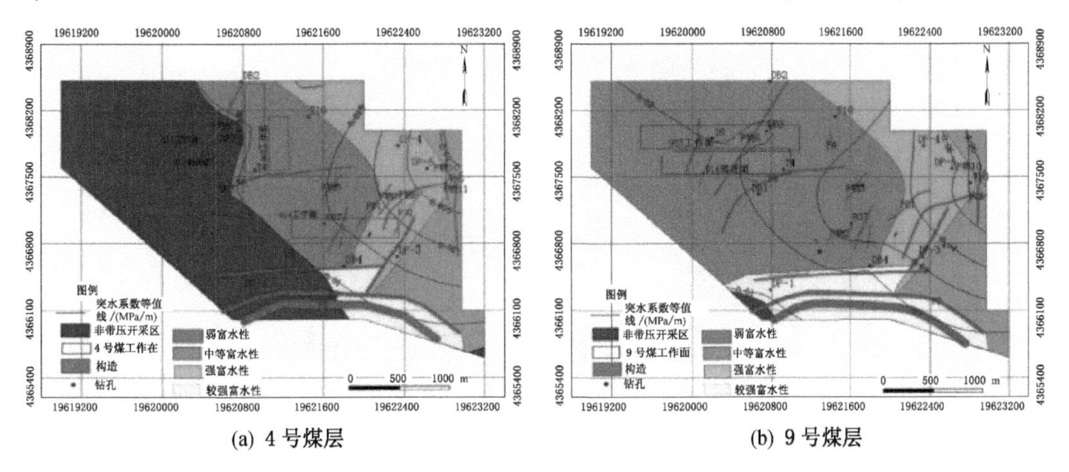

(a) 4 号煤层　　(b) 9 号煤层

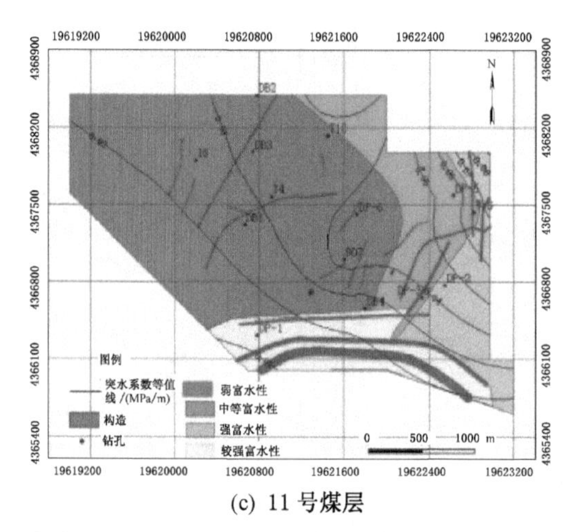

(c) 11 号煤层

图 11-15 东坡矿 4 号、9 号、11 号煤底板突水评价多因素叠加分析图

4 号煤层带压开采区，富水性中等至极强的区域，存在构造的块段容易发生底板突水，4 号煤层可能出现危险的位置主要是在地质构造影响带。弱富水性的区域，由于富水性不均一，存在构造的块段为潜在危险区（图 11-16a）。

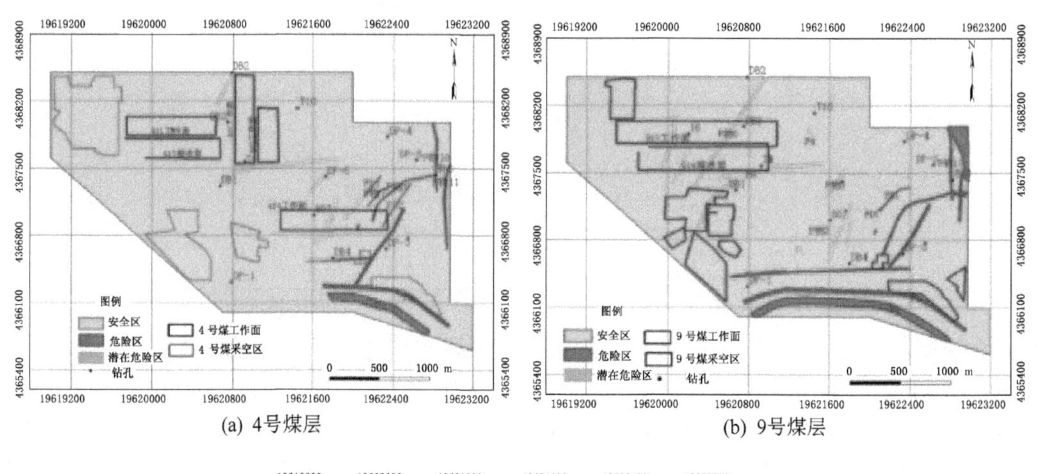

(a) 4号煤层 (b) 9号煤层

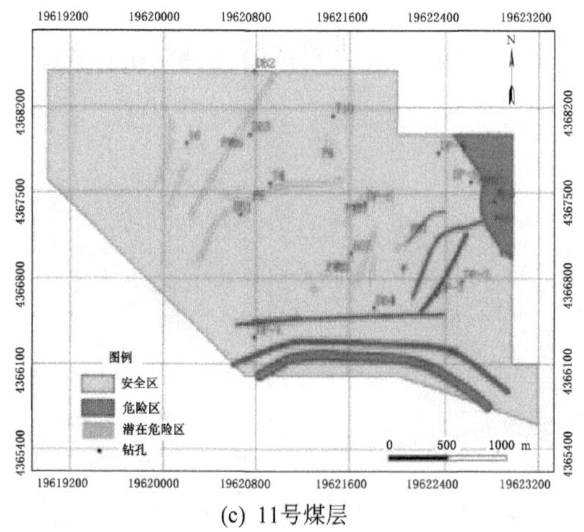

(c) 11号煤层

图 11-16 4 号、9 号、11 号煤底板突水危险评价分析图

9 号煤层底板地质构造影响区相对危险，处在这个区域的断层有部分 F_1、部分 F_2 和全部的 $F_{物11}$ 断层。同时在井田东北部突水系数值大于 0.06 MPa/m 并且富水性达到强的区域为危险区（图 11-16b），容易出现煤层底板透水事故。由于富水性不均一，在富水性弱、存在构造的块段为潜在危险区。

11 号煤层底板地质构造影响区相对危险，富水性中等至极强的区域，存在构造的块段容易发生底板突水；在井田东北部突水系数值大于 0.06 MPa/m 并且富水性达到强的区域为危险区，容易发生煤层底板透水事故；由于富水性不均一，在富水性弱、存在构造的块段为潜在危险区（图 11-16c）。

总之，随着开采深度的变大，突水的潜在危险性也随之加大，11 号煤层底板突水的危险区域明显比 9 号 和 4 号煤层大。多因素叠加法评价效果明显，与实际更为吻合，优于传统突水系数法评价。

11.2 基于 AHP 型常权脆弱性指数法评价应用——以成庄矿为例

成庄矿 3 号、9 号、15 号煤层开采面临着底板奥灰突水的威胁，属于底板突水评价的多煤层底板单一含水层类型。结合成庄矿实际，本次评价应用基于 GIS 的 AHP 型脆弱性指数法对 3 号、9 号、15 号煤层底板奥灰水害进行突水脆弱性评价。

11.2.1 矿区概况

成庄井田位于沁水煤田南端，跨晋城市泽州和沁水两县（图 11-17）。井田内山区、沟谷发育，中部高，东、西部低，属低山-丘陵区；井田内主要河流有长河及其支流为史村河、河底河等。井田属暖温带半干旱大陆性季风气候，年降水量一般在 400~800 mm。

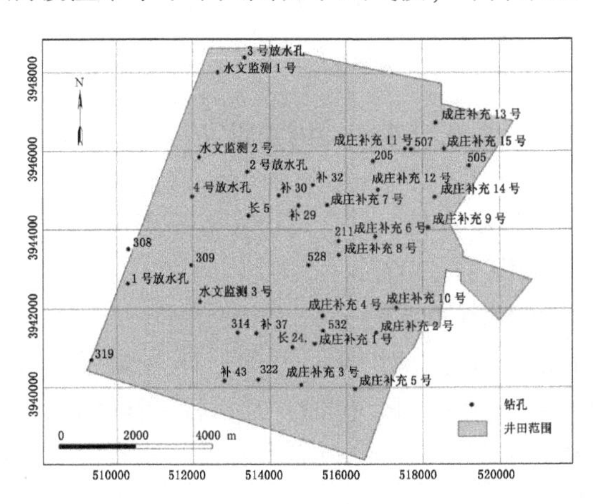

图 11-17 井田范围图

11.2.2 地质和水文地质条件

11.2.2.1 地质条件

1. 地层

该区属华北型石炭-二叠系地层区。据井田内钻孔揭露的地层由老到新为：奥陶系、石炭系、二叠系、第四系。主采煤层共 3 层：3 号、9 号和 15 号煤层，其中 3 号煤层位于山西组，9 号和 15 号煤层位于太原组。

2. 地质构造

矿井构造简单，井田内构造主要为走向北北东（北部）逐渐转折为北东向（南部）、倾向北西的单斜构造。对于3号煤层，共查明断层117条，其中已揭露断层46条，但断层落差均未超过20 m；区内褶曲8条，多为幅度不大，两翼平缓、开阔的背向斜构造；陷落柱较为发育，平均每平方公里内发育3~6个（图11-18）。

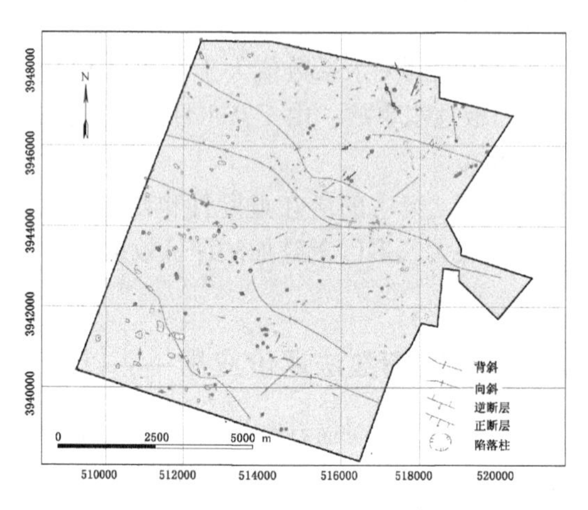

图11-18 研究区构造分布图

11.2.2.2 水文地质条件

井田位于太行山复背斜西翼，沁水煤田南端，总体为一向西倾斜的单斜构造。井田内主要有5层含水层（组）：奥陶系中统石灰岩岩溶裂隙含水层、石炭系上统太原组石灰岩岩溶裂隙含水层组、二叠系山西组、石盒子组砂岩裂隙含水层、第四系冲积层孔隙含水层及风化带裂隙含水层。对3号、9号和15号煤层开采影响较大的底板含水层主要是奥灰含水层（图11-19）。

11.2.3 煤层带压区与其底板奥灰突水主控因素研究

1. 煤层带压区确定

根据现有的地质及水文地质资料，结合煤层底板等高线和奥灰水位，确定3号、9号、15号煤层底板奥灰带压区（图11-20）。

2. 煤层底板奥灰突水主控因素研究

在煤层底板带压区确定基础上，对3号、9号、15号煤层底板奥灰带压区进行奥灰突水脆弱性评价研究。根据影响煤层底板突水的主控因素指标体系，结合成庄矿的地质条件和水文地质条件分析，从充水含水层、底板隔水岩段、地质构造、矿压破坏带和承压水导升带五大方面因素考虑影响3号、9号、15号煤层底板奥灰突水的主控因素。

综合考虑，评价3号、9号、15号煤层底板奥灰突水脆弱性时，各煤层选取主控因素相同，共8个主控因素：①奥灰含水层的富水性，②奥灰含水层的水压，③有效隔水层等效厚度，④矿压破坏带下脆性岩厚度，⑤陷落柱分布，⑥断层和褶皱轴的分布，⑦断层规模指数，⑧断层和褶皱轴的交点及端点的分布。

11.2.4 底板突水主控因素数据采集、量化及其专题图的建立

通过对各主控因素指标的数据采集和量化，利用GIS建立各主控因素专题图层。其中影响3号煤层底板奥灰突水的主控因素专题层图如图11-21~图11-25中所有的图a，以及图11-26~图11-28所示；影响9号煤层底板奥灰突水的主控因素专题层图如图11-21~

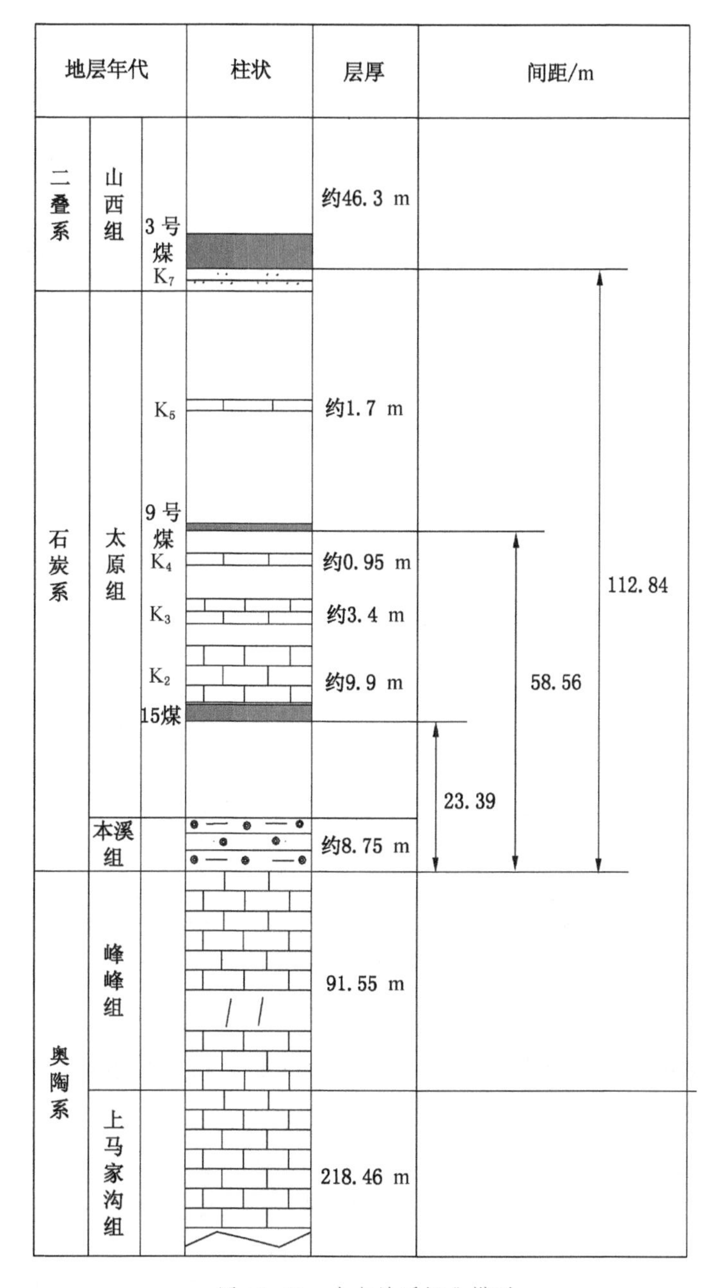

图 11-19　水文地质概化模型

图 11-25 中所有的图 b，以及图 11-26～图 11-28 所示；影响 15 号煤层底板奥灰突水的主控因素专题层图如图 11-21～图 11-25 中所有的图 c，以及图 11-26～图 11-28 所示。

需要说明的是：①用单位涌水量对奥灰进行富水性分区时，已经转化为标准降深和口径下的单位涌水量。②对于有效隔水层等效厚度，由于本溪组底部主要为铝土质泥岩，一般不存在奥灰承压水导升带；矿压破坏带量化时主要采用经验公式，3 号、9 号煤层工作面斜长取 200 m，15 号煤层工作面斜长取 160 m。③对于断层规模指数，研究区内断层较为发育，但规模较小，计算断层规模指数时对其值放大了 1000 倍；剖分单元网格取

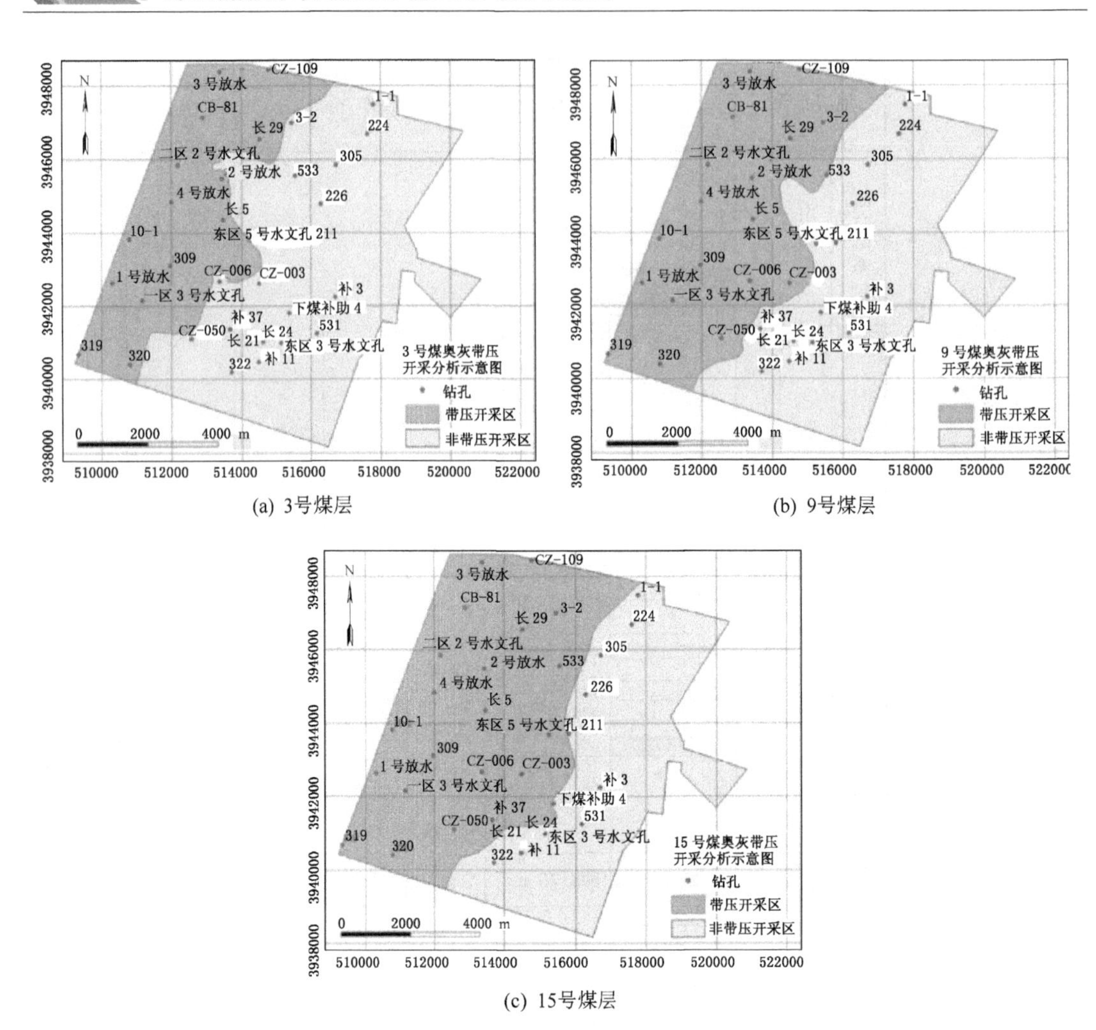

(a) 3号煤层 (b) 9号煤层

(c) 15号煤层

图 11-20 煤层底板奥灰带压分区图

250 m×250 m。④对于断层和褶皱轴的交点及端点的分布，端点部分主要考虑断层的端点。

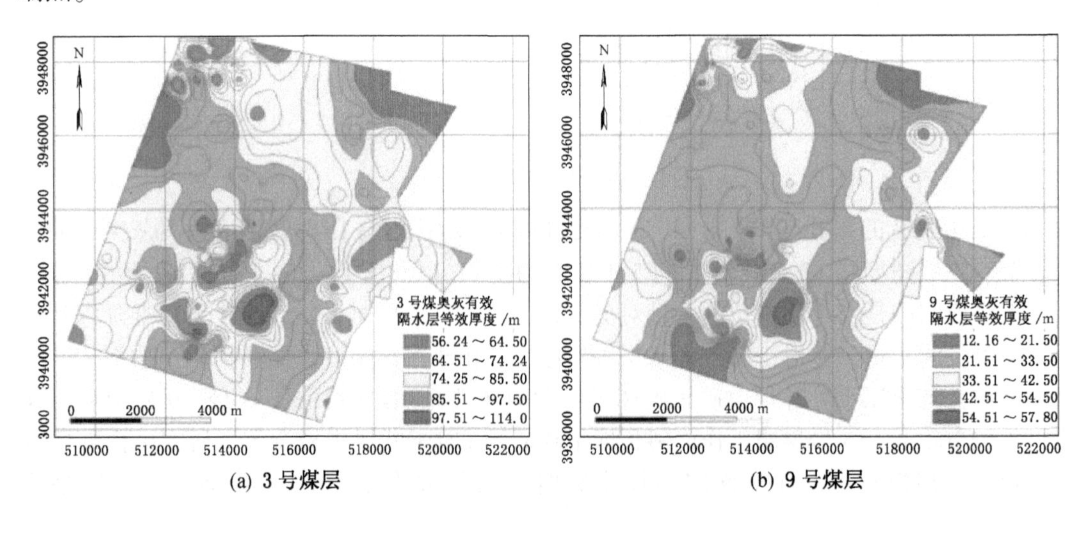

(a) 3 号煤层 (b) 9 号煤层

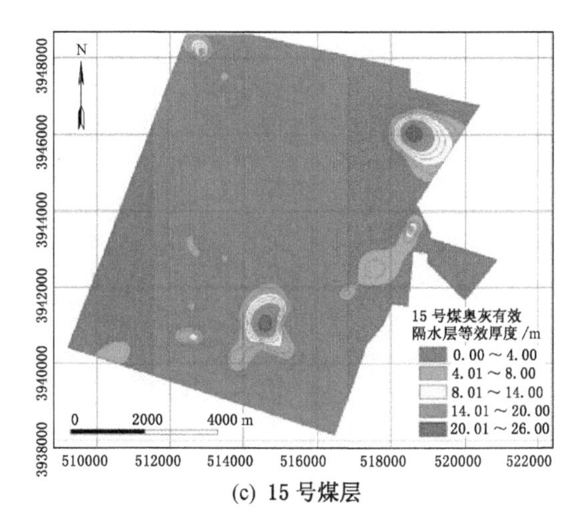

(c) 15 号煤层

图 11-21 有效隔水层等效厚度专题层图

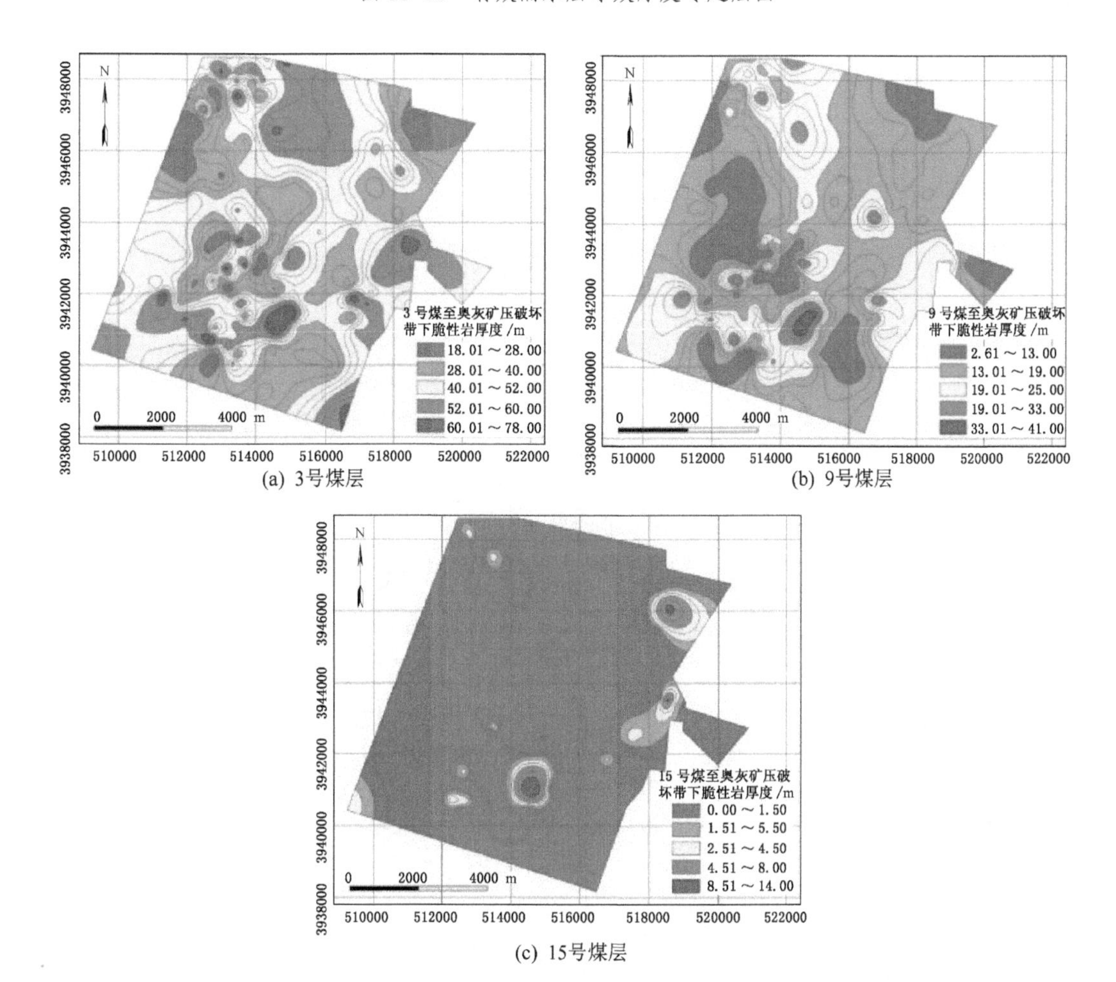

(a) 3号煤层

(b) 9号煤层

(c) 15号煤层

图 11-22 矿压破坏带下脆性岩厚度专题层图

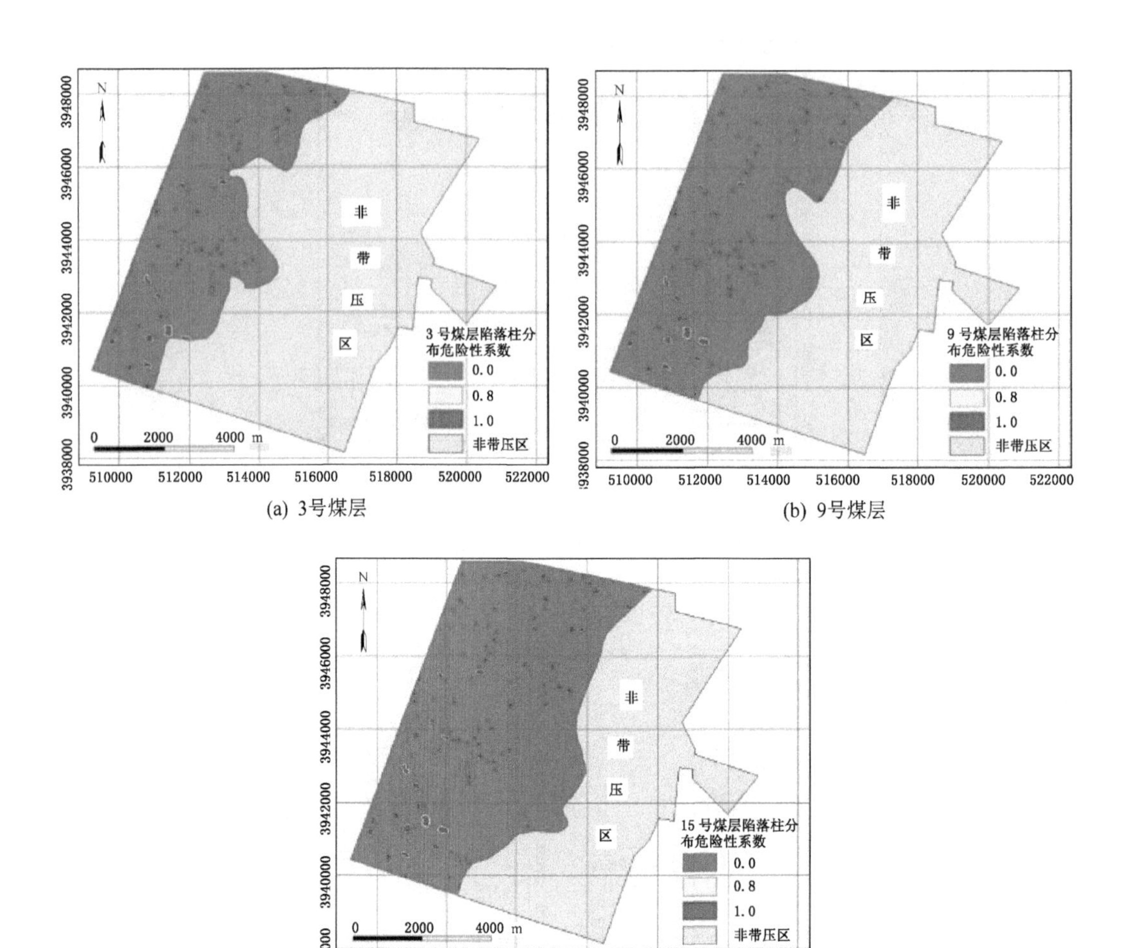

(a) 3号煤层

(b) 9号煤层

(c) 15号煤层

图 11-23 陷落柱分布专题层图

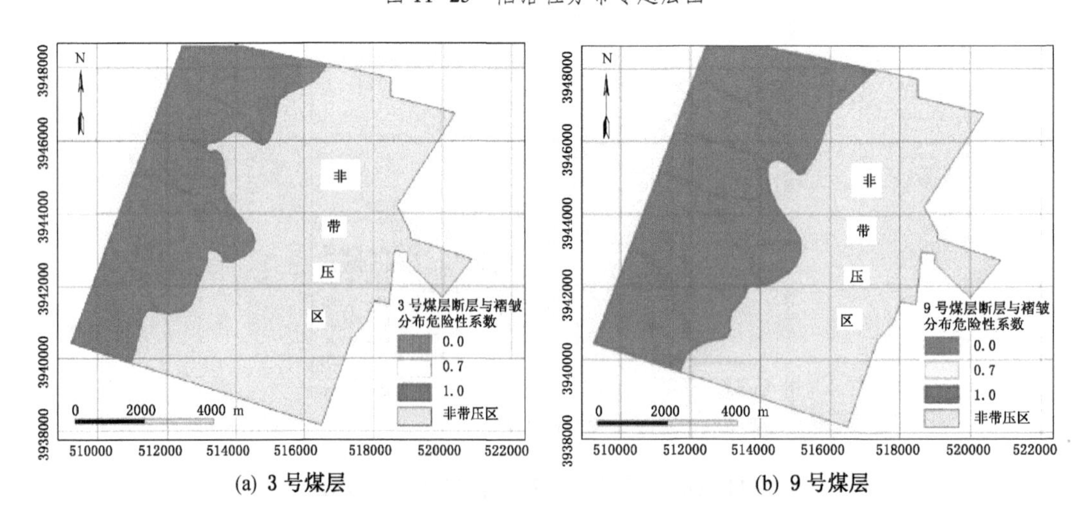

(a) 3 号煤层

(b) 9 号煤层

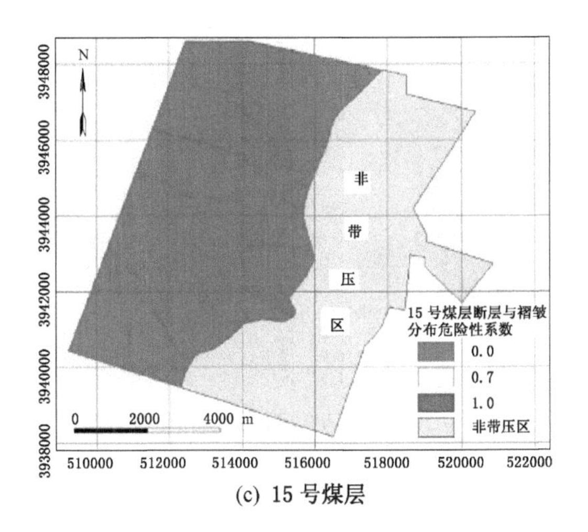

(c) 15 号煤层

图 11-24 断层和褶皱轴的分布专题层图

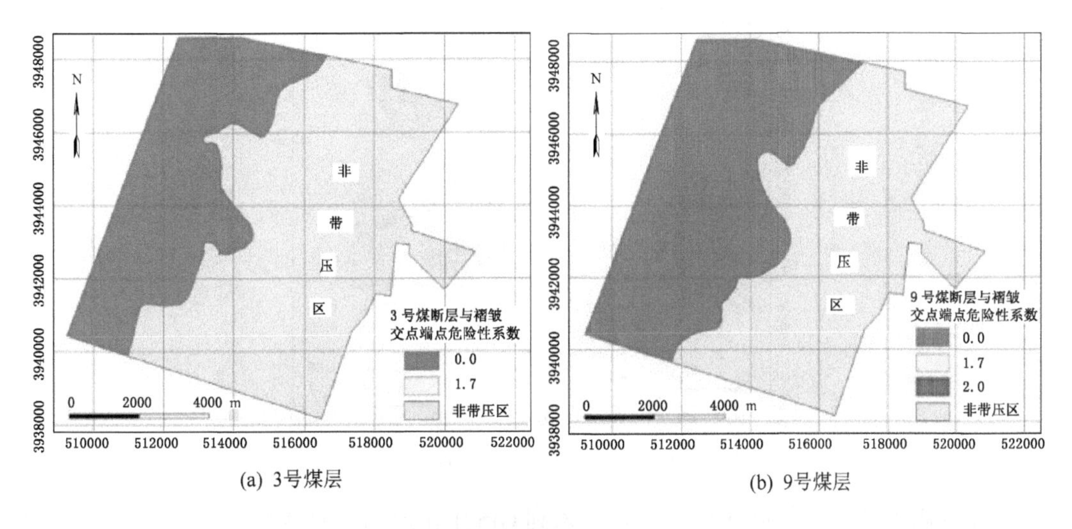

(a) 3号煤层

(b) 9号煤层

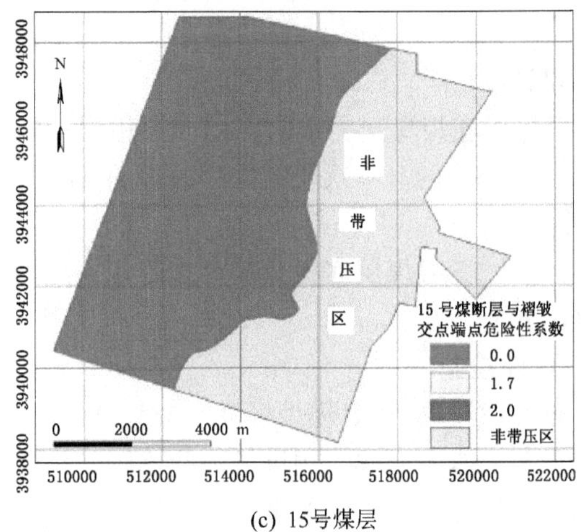

(c) 15号煤层

图 11-25 断层和褶皱轴的交点及端点的分布专题层图

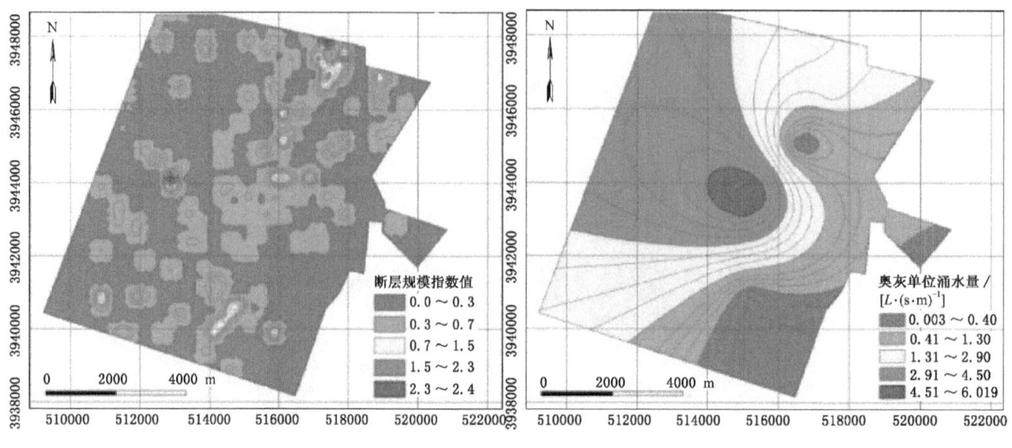

图 11-26 断层规模指数专题层图　　图 11-27 奥灰富水性专题层图

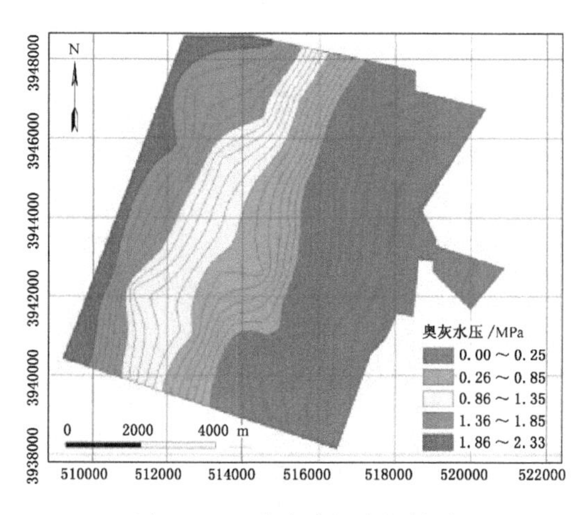

图 11-28 奥灰水压专题层图

将主控因素的属性数据（量化值）输入到 GIS 中生成属性数据库，形成图形与属性数据库的对应关系。

11.2.5 层次分析法模型设计

影响 3 号、9 号、15 号煤层底板奥灰突水的主控因素相同，同一区域各主控因素影响煤层底板奥灰突水的权重也是一样的。本次研究采用改进的 AHP 方法。

1. 建立层次结构分析模型

通过分析影响 3 号、9 号、15 号煤层底板奥灰突水的各主控因素，将研究对象划分为 A、B、C 3 个层次（图 11-29）。

2. 构造判断矩阵及一致性检验

通过征集专家意见，依照改进的 AHP 模型标度（5/5~9/1）方法，对各主控因素在 3 号、9 号、15 号煤层底板奥灰突水中所起作用进行两两比较，构建分层次判断矩阵，并计算各层单排序的权重（表 11-1~表 11-4 中的 *W* 列）。各组矩阵存在的 *CR* 值都小于 0.1，判断矩阵均具有令人满意的一致性，可以通过一致性检验。

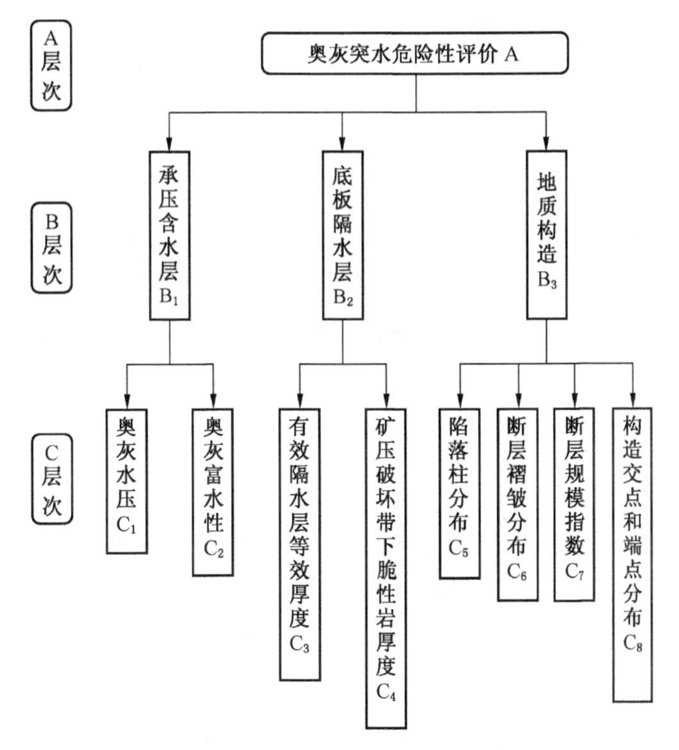

图 11-29 3号、9号、15号煤层底板奥灰突水脆弱性评价层次分析结构模型

表 11-1 判断矩阵 $A \sim B_i(i=1\sim3)$

A	B_1	B_2	B_3	$W(A/B)$
B_1	1	3/2	4.5/5.5	0.3501
B_2	2/3	1	2/3	0.2496
B_3	5.5/4.5	3/2	1	0.4003

$\lambda_{max} = 3.0045$，$CI_1 = 0.0022$，$RI_1 = 0.1690$，$CR = 0.0130$。

表 11-2 判断矩阵 $B_1 \sim C_i(i=1\sim2)$

B_1	C_1	C_2	W
C_1	1	5.5/4.5	0.55
C_2	4.5/5.5	1	0.45

$\lambda_{max} = 2$，$CI_{21} = 0$，CR 不存在。

表 11-3 判断矩阵 $B_2 \sim C_i(i=3\sim4)$

B_2	C_3	C_4	W
C_3	1	3	0.75
C_4	1/3	1	0.25

$\lambda_{max} = 2$，$CI_{22} = 0$，CR_{22} 不存在。

表 11-4 判断矩阵 $B_3 \sim C_i(i=5\sim8)$

B_3	C_5	C_6	C_7	C_8	W
C_5	1	1	4	8.5/1.5	0.4333
C_6	1	1	3	4	0.3692
C_7	1/4	1/3	1	1	0.1065
C_8	1.5/8.5	1/4	1	1	0.0910

$\lambda_{max} = 4.0256$，$CI_{23} = 0.0085$，$CR = 0.0328$。

在层次单排序基础上，建立层次总排序（A 层—C 层），计算各指标 C_i 对总目标的权重（表 11-5），其中符号 A/C_i 表示各指标 C_i 相对于总目标 A，W^{A/C_i} 为各指标 C_i 对总目标 A 的权重。计算可得 C 层总排序随机一致性比率 CR：

$$CR = \frac{CI}{RI} = \frac{\sum_{i=1}^{3} CI_{2i} W^{\frac{A}{B_i}}}{\sum_{i=1}^{3} RI_{2i} W^{\frac{A}{B_i}}} = 0.00327 < 0.10 \tag{11-1}$$

具有较满意的一致性，从而确定 8 个影响 3 号、9 号、15 号煤层底板奥灰突水的主要控制因素的权重值（表 11-6）。

表 11-5 各指标对总目标的权重

A/C_i	$B_1/0.3501$	$B_2/0.2496$	$B_3/0.4003$	$W(A/C_i)$
C_1	0.55			0.1926
C_2	0.45			0.1575
C_3		0.75		0.1872
C_4		0.25		0.0624
C_5			0.4333	0.1735
C_6			0.3692	0.1478
C_7			0.1065	0.0426
C_8			0.0910	0.0364

表 11-6 影响底板突水各主控因素的权重

影响因素	含水层水压（W_1）	含水层富水性（W_2）	有效隔水层等效厚度（W_3）	矿压破坏带下脆性岩厚度（W_4）	陷落柱分布（W_5）	断层和褶皱轴分布（W_6）	断层规模指数（W_7）	断层和褶皱轴交点及端点分布（W_8）
权重 W_i	0.1926	0.1575	0.1872	0.0624	0.1735	0.1478	0.0426	0.0364

11.2.6 脆弱性指数法评价的工作方法

1. 数据归一化及各主控因素归一化专题图层的建立

针对多煤层底板单一含水层类型的成庄矿 3 号、9 号、15 号煤层底板奥灰突水评价，在各主控因素归一化时统一考虑 3 号、9 号、15 号煤层影响底板奥灰突水的各对应主控因素专题。对底板突水正相关因素，含水层的水压、含水层的富水性、断层规模指数采取极大值法；对底板突水负相关因素，有效隔水层等效厚度、矿压破坏带以下脆性岩厚度采取极小值法；对于断层与褶皱轴分布、断层和褶皱轴的端点及交点分布、陷落柱分布，量化和归一化时均采用特征值赋分法。计算中各主控因素最大值和最小值取 3 号、9 号、15 号煤层同类专题中对应的极值。应用 GIS 建立 3 号煤层底板奥灰突水的各主控因素归一化专题层（图 11-30~图 11-32 中所有的图 a)、9 号煤层底板奥灰突水的各主控因素归一化专题层（图 11-30~图 11-32 中所有的图 b）和 15 号煤层底板奥灰突水的各主控因素归一化专题层（图 11-30~图 11-32 中所有的图 c)。

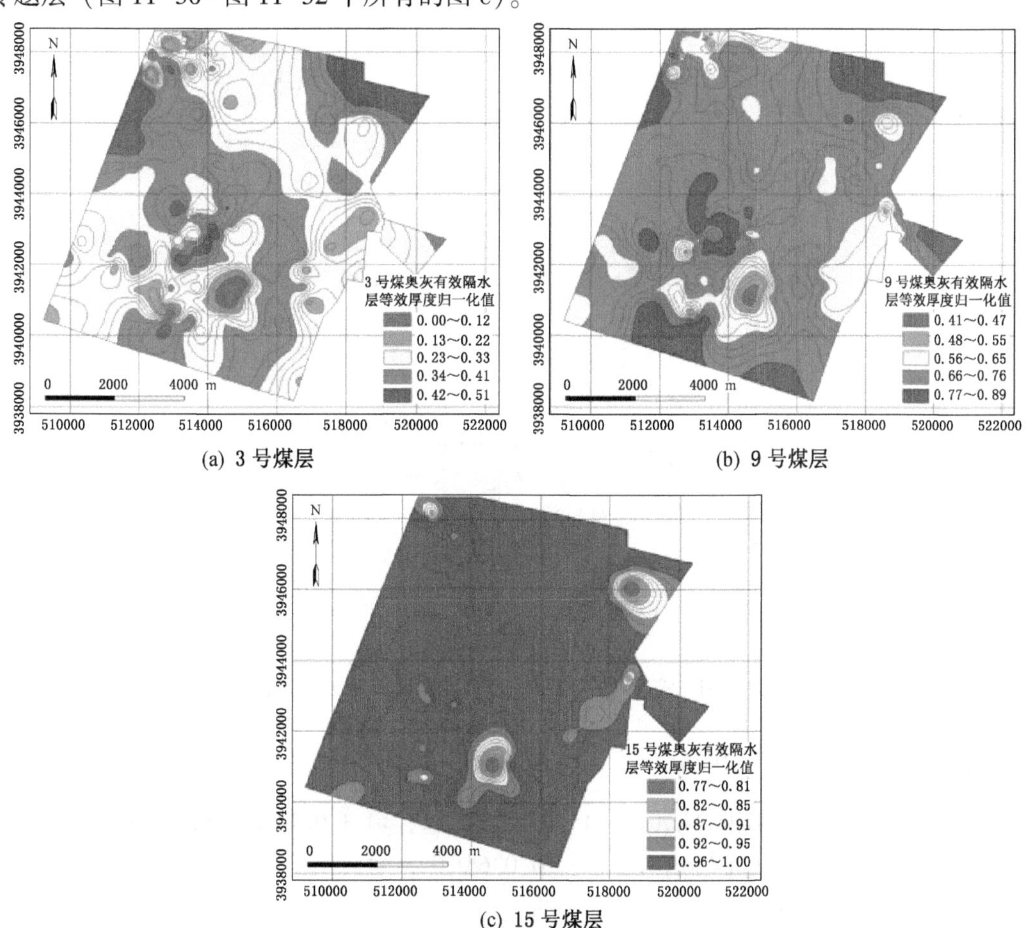

(a) 3 号煤层

(b) 9 号煤层

(c) 15 号煤层

图 11-30 有效隔水层等效厚度归一化专题层图

注意，断层与褶皱轴分布、陷落柱分布两专题量化时采用特征值赋分法，其专题层图与归一化专题层图一样，如图 11-33~图 11-35 所示。

2. 信息融合及脆弱性评价模型建立

应用 GIS 分别对影响 3 号、9 号、15 号煤层底板奥灰突水的各主控因素归一化专题层图进行信息融合，建立 3 号、9 号、15 号煤层底板奥灰突水脆弱性评价模型；结合改进的 AHP 法确定各主控因素的权重系数，对信息融合后新图形进行重新拓扑，确定各区段单元的脆弱性指数，建立属性数据库。

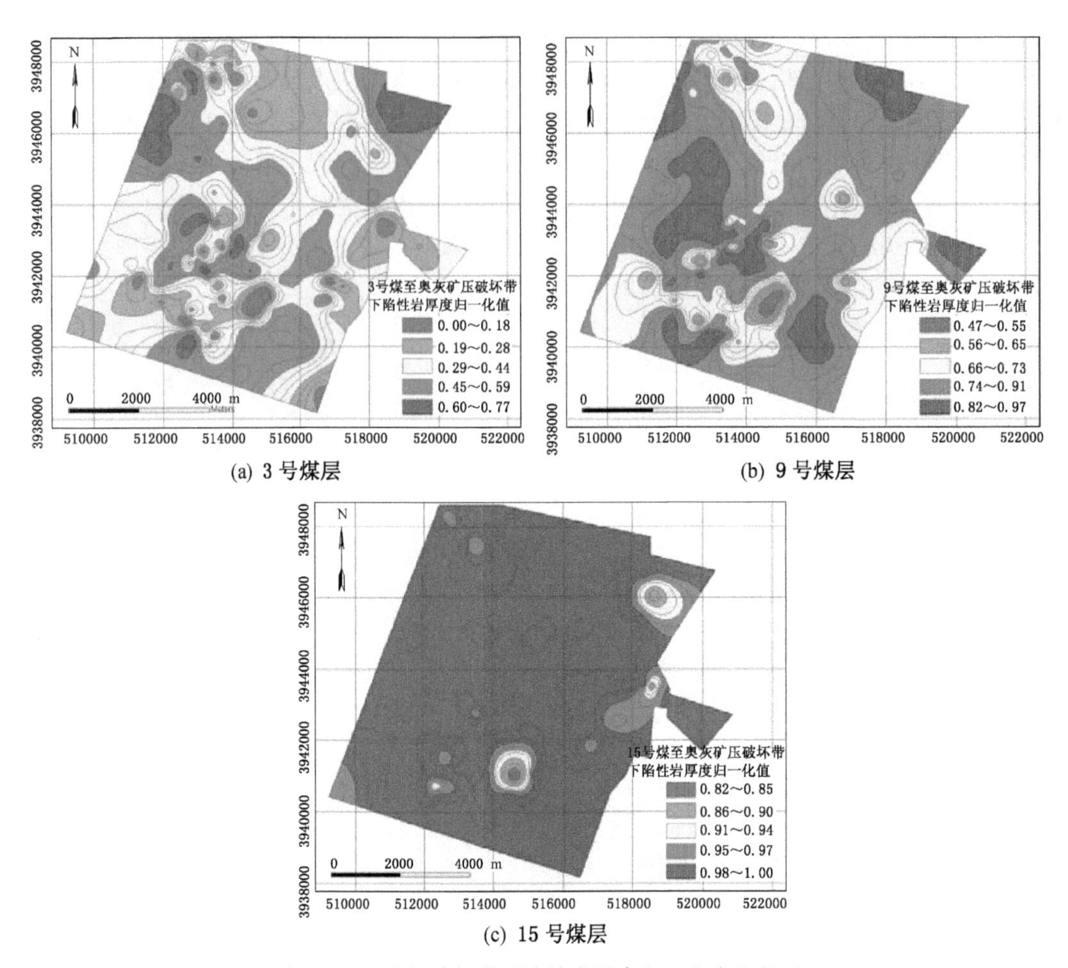

(a) 3 号煤层

(b) 9 号煤层

(c) 15 号煤层

图 11-31 矿压破坏带下脆性岩厚度归一化专题层图

$$VI = \sum_{k=1}^{n} W_k \cdot f_k(x, y) = 0.1926f_1(x, y) + 0.1575f_2(x, y) + 0.1872f_3(x, y) + 0.0624f_4(x, y) + 0.1735f_5(x, y) + 0.1478f_6(x, y) + 0.0426f_7(x, y) + 0.0364f_8(x, y) \quad (11-2)$$

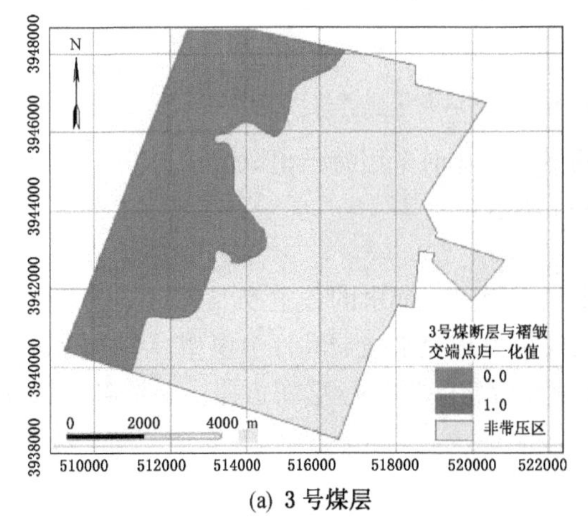

(a) 3 号煤层

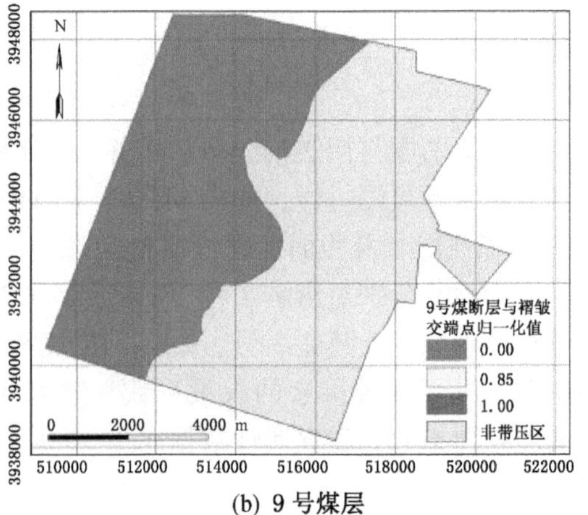

(b) 9 号煤层

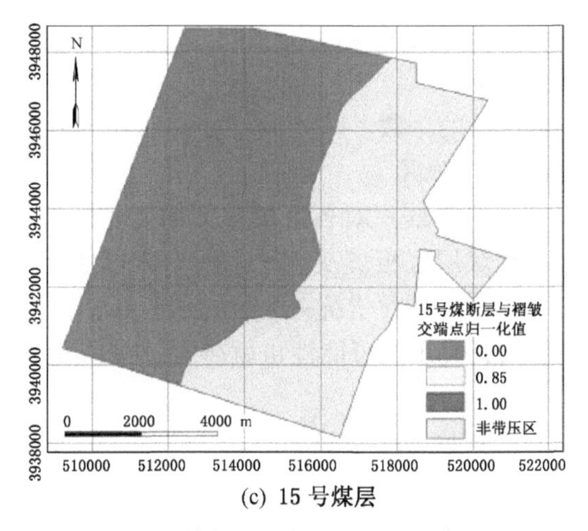

(c) 15 号煤层

图 11-32 断层和褶皱轴的交点及端点的分布归一化专题层图

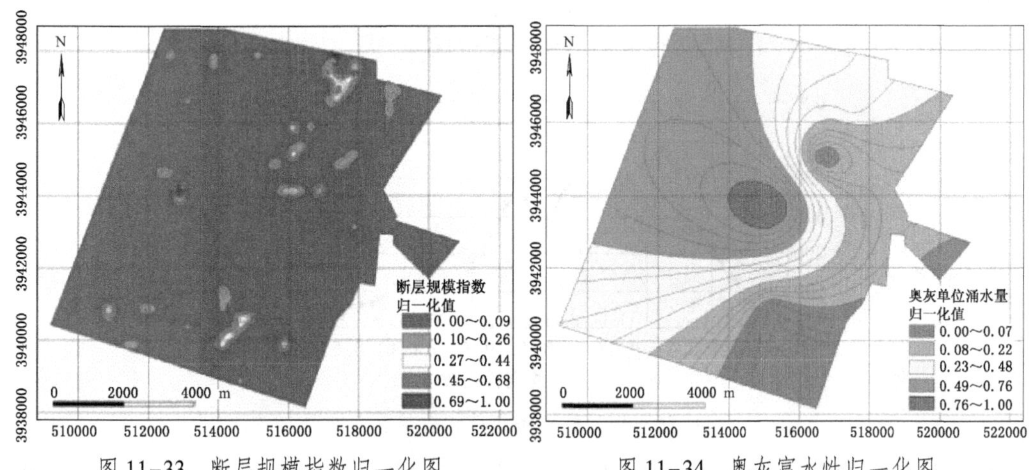

图 11-33 断层规模指数归一化图

图 11-34 奥灰富水性归一化图

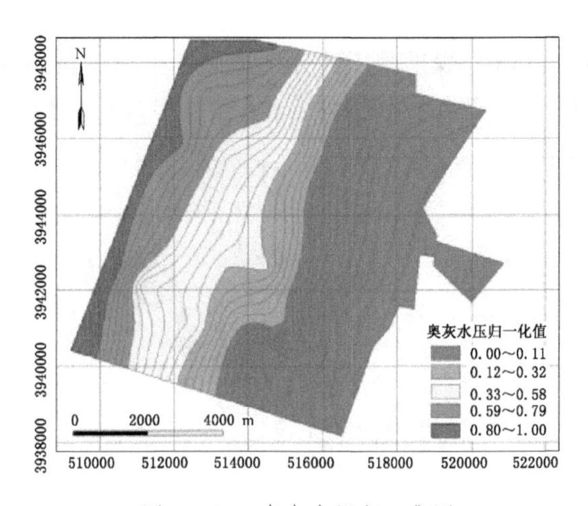

图 11-35 奥灰水压归一化图

式中 VI——脆弱性指数；

W_k——主控因素权重；

$f_k(x, y)$——单因素影响值函数；

x，y——地理坐标；

n——影响因素的个数。

3. 煤层底板突水脆弱性评价分区

应用自然分级法（Natural Breaks）对各区段单元的脆弱性指数频率统计图进行研究，并综合考虑3号、9号、15号煤层底板奥灰评价的所有区段单元脆弱性指数，确定3号、9号、15号煤层底板奥灰突水脆弱性评价统一分区阈值为0.27、0.34、0.42、0.53。如图11-36所示，脆弱性指数越大，突水的可能性也就越大。根据分区阈值将研究区域划分为5个区域：

$VI \geqslant 0.53$　　煤层底板突水脆弱区

$0.53 < VI \leqslant 0.42$　　煤层底板突水较脆弱区

$0.42 < VI \leqslant 0.34$　　煤层底板突水过渡区

$0.34 < VI \leqslant 0.27$　　煤层底板突水较安全区

$VI < 0.27$　　煤层底板突水相对安全区

图 11-36　煤层底板脆弱性指数频数直方图

根据脆弱性评价分区阈值，得出3号、9号、15号煤层底板奥灰突水脆弱性评价分区图（图11-37）。

进一步在3号、9号、15号煤层带压区分别选取5个点进行验证拟合，5个3号煤层底板奥灰突水脆弱性拟合点全部与实际相吻合，5个9号煤层底板奥灰突水脆弱性拟合点

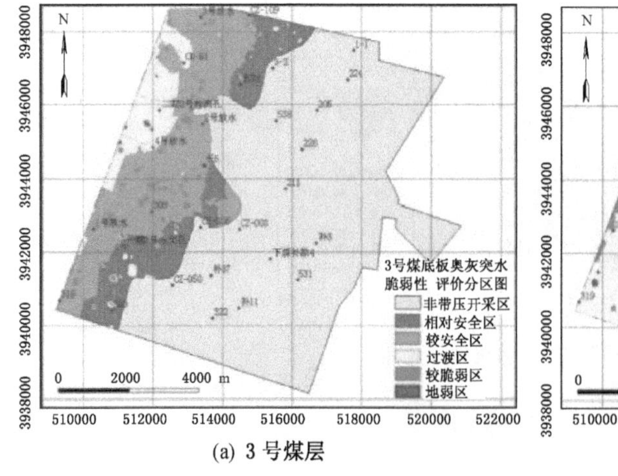

(a) 3号煤层

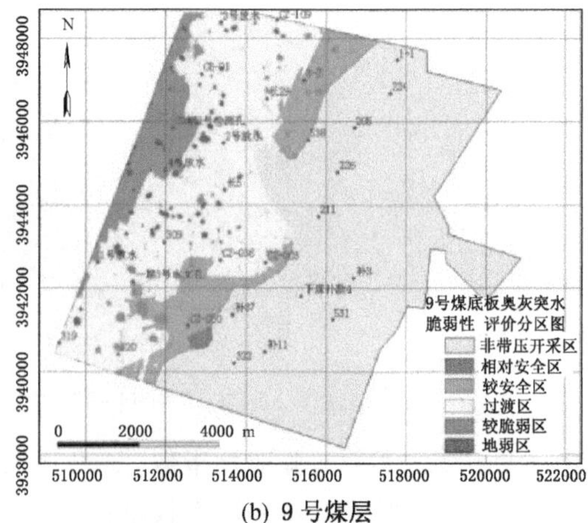

(b) 9号煤层

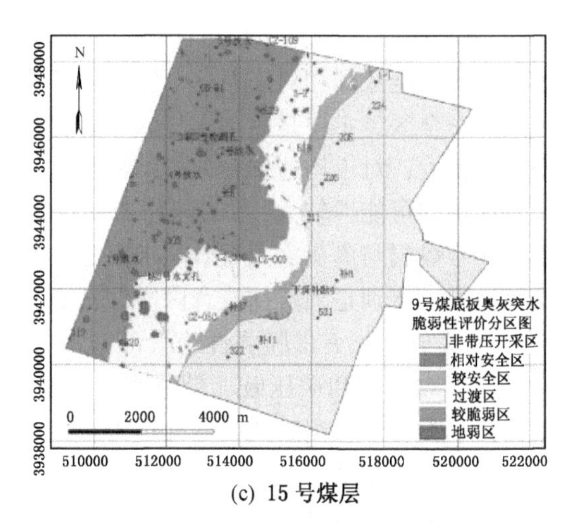

(c) 15 号煤层

图 11-37 3 号、9 号、15 号煤层脆弱性指数法评价

全部与实际相吻合，5 个 15 号煤层底板奥灰突水脆弱性拟合点全部与实际相吻合，拟合率都达到 100%，如图 11-38 所示。因此，煤层底板灰岩突水脆弱性评价分区比较理想。

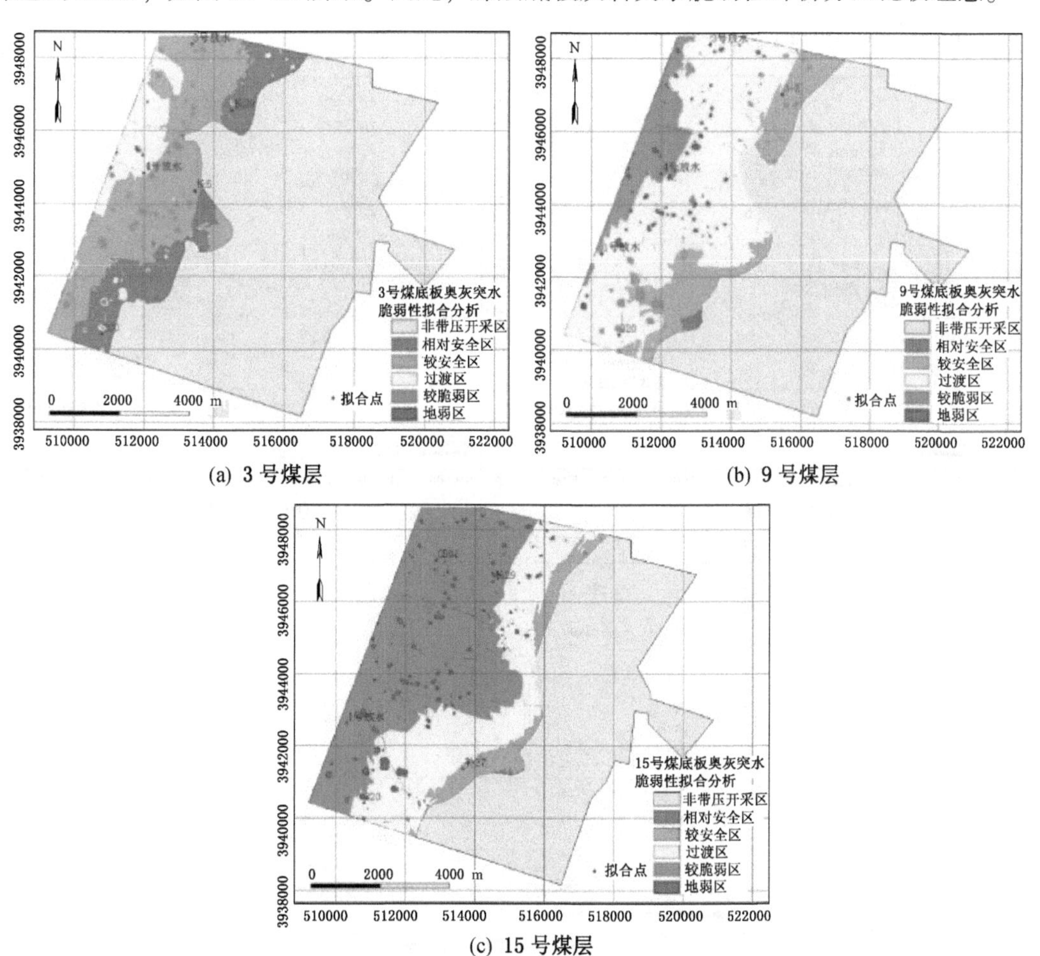

(a) 3 号煤层

(b) 9 号煤层

(c) 15 号煤层

图 11-38 3 号、9 号、15 号煤层脆弱性评价拟合图

由图11-38可知，3号、9号、15号煤层带压区底板奥灰突水脆弱性都分为5个区域：脆弱区、较脆弱区、过渡区、较安全区和相对安全区。3号煤层带压区底板奥灰突水脆弱性绝大部分为较安全区和相对安全区，主要是由于3号煤层与奥灰之间有效隔水层等效厚度和矿压破坏带下脆性岩厚度较大；对于构造发育地段，特别是陷落柱发育区段，基本处在突水较脆弱区和脆弱区，突水的可能性较大。9号煤层带压区底板奥灰突水脆弱性绝大部分为过渡区，主要是由于9号煤层与奥灰之间有效隔水层等效厚度和矿压破坏带下脆性岩厚度适中；对于构造发育地段，特别是陷落柱发育区段，基本处在突水脆弱区，突水的可能性增大。15号煤层带压区底板奥灰突水脆弱性绝大部分为较脆弱区，主要是由于15号煤层与奥灰之间有效隔水层等效厚度和矿压破坏带下脆性岩厚度较小，阻水性能较差；对于构造发育地段基本处在突水脆弱区，突水的可能性增大。

4. 脆弱性指数评价法与突水系数法评价的比较与分析

应用突水系数法对3号、9号、15号煤层带压区底板奥灰突水危险性进行评价，并得出3号、9号、15号煤层带压区底板奥灰突水危险性评价分区图（图11-39）。由于研究区构造发育，根据《煤矿防治水细则》，临界突水系数取0.06 MPa/m。由图11-40可知，3号、9号煤层带压区均处在底板奥灰突水的安全区；15号煤层带压区大部分处在底板奥灰突水的危险区，仅在研究区东部有少部分安全区。

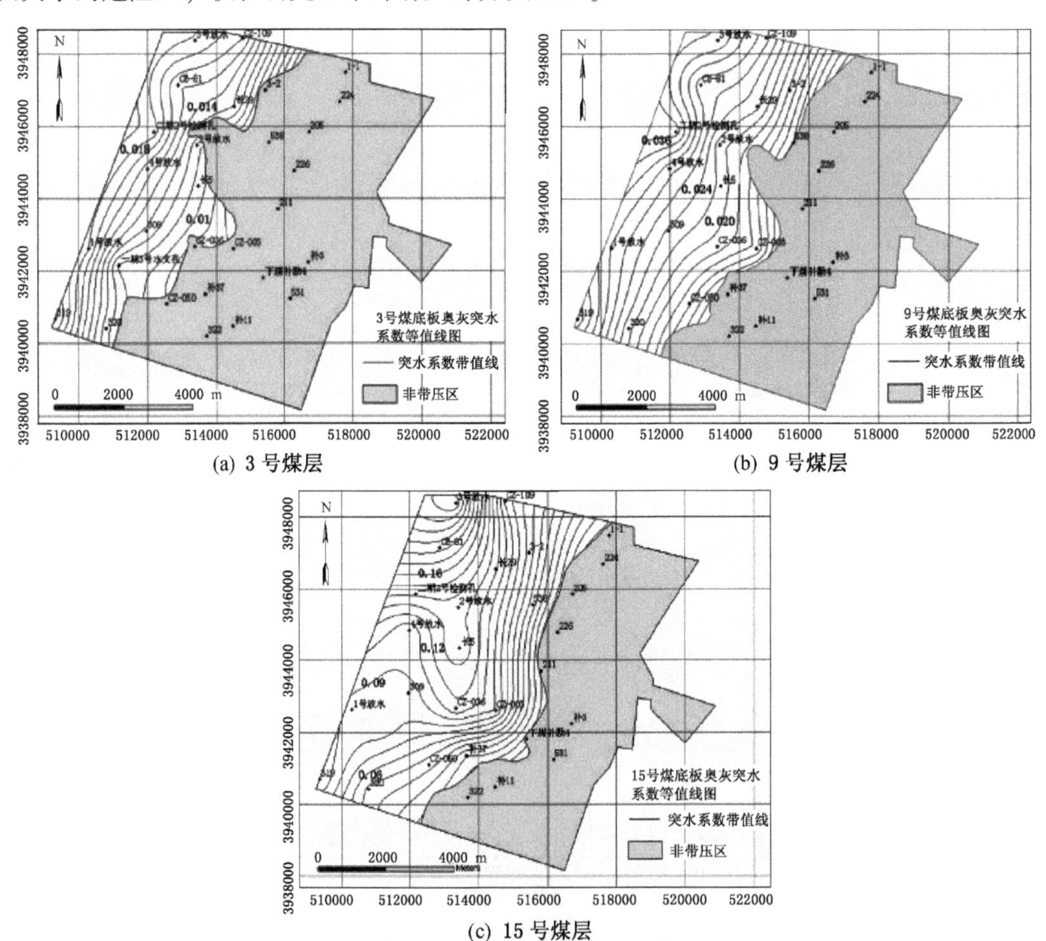

(a) 3号煤层　(b) 9号煤层

(c) 15号煤层

图11-39 3号、9号、15号煤层突水系数等值线图

通过对比 3 号、9 号、15 号煤层带压区底板奥灰突水的脆弱性指数法评价结果和对应传统突水系数法评价结果，可知：①脆弱性指数法考虑因素更为全面，综合考虑了煤层至奥灰之间隔水层的岩性、厚度和关键层的位置，奥灰的水压和富水性，地质构造，以及矿压和工作面布置等因素影响，并提炼为 8 个主控因素，同时考虑了各主控因素影响突水的权重大小；而突水系数法仅考虑了奥灰的水压和隔水层的厚度两个因素的影响。②脆弱性指数法对 3 号、9 号、15 号煤层带压区奥灰突水脆弱性评价进行了五级分区，评价结果与实际更吻合；而突水系数法评价仅分为安全区和危险区两个区域，预测精度较差，显然不符合实际。

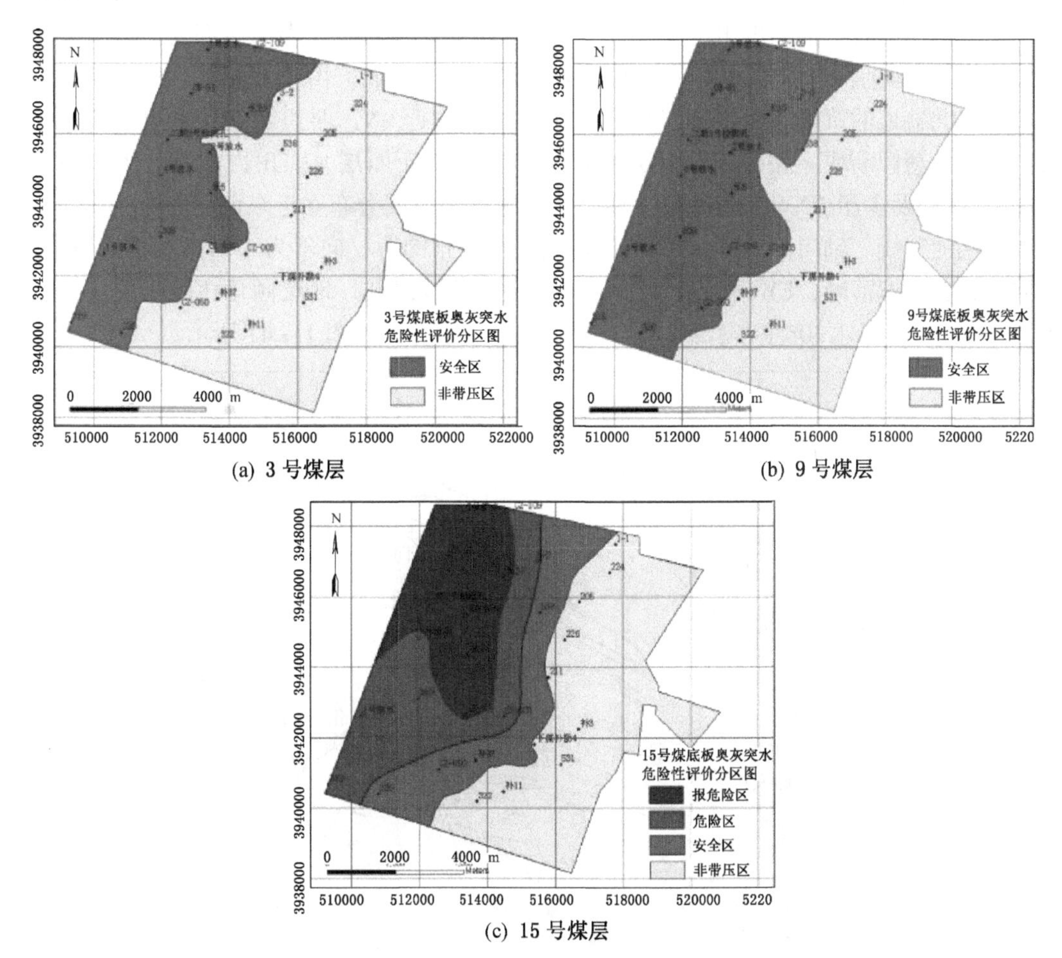

图 11-40 3 号、9 号、15 号煤层突水系数法评价

11.3 基于 ANN 型常权脆弱性指数法评价应用——以章村矿为例

11.3.1 矿区概况

邢台章村煤矿三井位于河北省邢台地区显德旺和白塔镇境内，处于太行山东麓山前丘陵地带，属山前台地地形，地势西高东低；井田南北长约 3.5 km，东西宽约 2.5 km，井田面积约 7.1 km^2。井田内无常年地表水流，地表水系不发育，仅有 2 条季节性小溪，属洺河支流，即中关小溪和白涧小溪。本地区属大陆性季风气候，四季分明，多年平均气温

为 11.6 ℃，年平均降雨量为 576.2 mm，年平均蒸发量为 1977.2 mm。

11.3.2 地质条件

1. 地层

本区地层从老至新有上古生界中奥陶统马家沟组，中上石炭统本溪组、太原组，下二叠统山西组和下石盒子组，以及新生界第四系。该区发育有一套标准的华北型石炭-二叠系煤系地层，主要含煤地层为下二叠统山西组和上石炭统太原组、中石炭统本溪组，共含煤 13~15 层，其中可采煤层 4 层：9 号煤层全区稳定可采，2 号、8 号、10 号煤层局部可采。

2. 地质构造

从区域角度看，邯邢煤田位于太行山东麓，华北盆地西缘。煤田西部为太行山隆起中南段，整体走向呈北东向展布，由赞皇隆起和武安断陷组成。由于西侧太行山隆起的上升和东侧华北盆地的沉降，使邯邢煤田形成走向 NNE~近 SN，西边翘起、东边倾降，并具波状起伏的翘倾断块。煤田边界断层多为 NEE 走向的正断层，煤田内发育有大量 NNE~NE 向正断层及少量 NNW 向正断层。煤田内褶皱构造主要分布在近东西向的隆尧南正断层以南至洺河一线。轴向 NNE 且与大断层走向平行展布的背、向斜为煤田内主要褶皱构造，延伸较长，形态清晰，EW 和 NW 向褶皱规模小，断续出现。地层倾角比较平缓，一般为 10°~20°，局部可达 30°左右。章村矿三井地质构造示意图如图 11-41 所示。

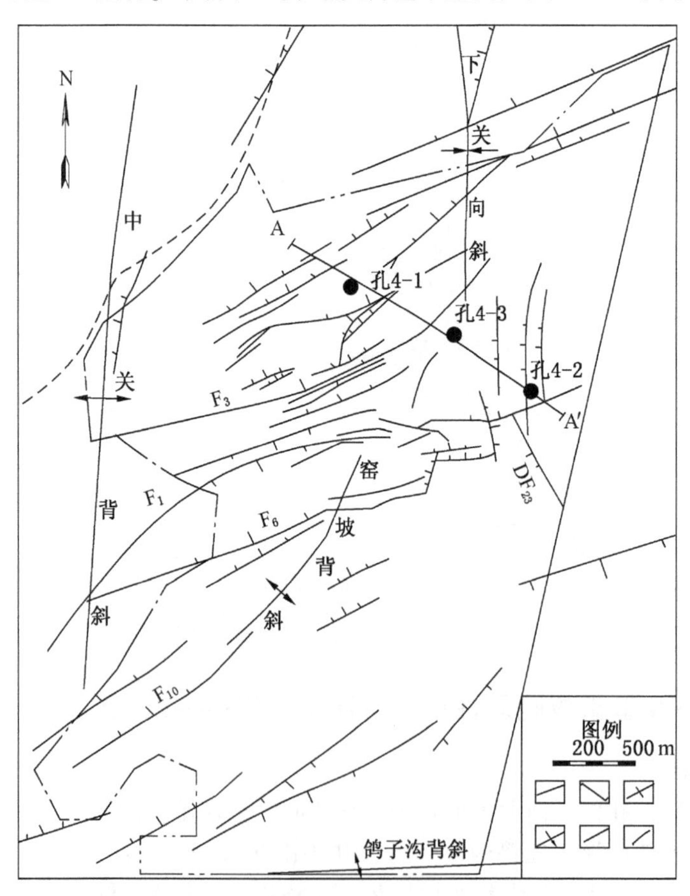

图 11-41 章村矿三井地质构造示意图

11.3.3 水文地质条件

章村三井井田处于山前丘陵及洪积-冲积平原区，位于百泉水文地质单元。本单元奥陶系灰岩地下水丰富，主要来源依靠大气降水，其补给形式是以西部山区的侧向补给为主，其次是雨季时的北洺河、沙河、马会河的渗漏补给以及灰岩裸露区对大气降水的直接吸取。本单元地下水径流场以百泉为汇点呈扇形，并且受构造控制作用，地下水径流具有明显分带现象。地下水的排泄主要有3个方向：其一是从达活泉、百泉等泉群自然排出地表；其二是人工开采；其三是在百泉附近，一部分以潜流的形式横向补给新生界含水体。

章村三井基本为向东南倾具波状褶曲的单斜构造，井田北部和西部受中管背斜控制含水层埋藏浅，裂隙岩溶发育，富水性强。井田内共沉积含水层10层，自上而下为：①第四系顶部砾石含水层，②第四系底部砾石含水层，③下石盒子组底部砂岩含水层，④山西组2煤顶板砂岩含水层，⑤野青灰岩含水层，⑥伏青灰岩含水层，⑦中青灰岩含水层，⑧大青灰岩含水层，⑨本溪灰岩含水层，⑩奥陶系灰岩含水层。影响9煤层底板突水脆弱性的含水层是本溪灰岩含水层和奥陶系灰岩含水层。

11.3.4 底板突水主控因素确定

从影响煤层底板突水的五大方面因素（充水含水层、底板隔水岩段防突性能、地质构造、矿压破坏发育带、导升发育带）综合分析，研究主要选取8个因素作为井田底板突水预测的主控因素：奥灰含水层的水压、奥灰含水层的富水性、奥灰含水层顶部古风化壳厚度、本溪灰岩厚度、区域内构造密度（褶皱和断层）、断层断距（落差大于1 m）、有效隔水层等效厚度、矿压破坏带以下脆性岩的厚度。其中，断层密度、断层断距、奥灰水含水层水压、奥灰水含水层富水性和本溪灰岩厚度5个因素与煤层底板突水脆弱性指数成正比关系，为正相关因素；而奥灰顶部古风化壳厚度、有效隔水层等效厚度以及矿压破坏带以下脆性岩厚度3个因素却与底板突水脆弱性指数成反比关系，为负相关因素。

11.3.5 底板突水主控因素数据采集、量化及其专题图的建立

通过对各主控因素指标的数据采集和量化，利用GIS建立各主控因素专题图层。

1. 构造密度

构造对底板突水影响重大，按500 m×500 m的大小建立单元网格，统计单元网格内发育的断层条数、尖灭点数、断层交叉点数和褶皱个数，据此做出构造密度统计网格图。在统计时，跨越多个网格的同一断层，分别在不同网格中统计，然后提取网格中心点的坐标，据此生成专题层图，如图11-42所示。

2. 断层断距

断层规模是底板突水的一个重要影响因素，根据断距大小及规定的留设煤柱宽度进行插值量化处理，生成专题层图，如图11-43所示。

3. 奥灰含水层的水压

煤层底板突水实质是由于含水层的水头压力超过了由各种因素影响破坏后的等效厚度的隔水强度的结果，由于水压随时间呈动态变化，在建立水压等值线图时，以平均水位值作为水压专题层图生成的依据，如图11-44所示。

4. 奥灰含水层的富水性

奥灰含水层富水性是衡量底板含水层充水强度的另一个重要指标，可通过现有的煤田勘探孔和井下穿过奥灰的放（供）水孔资料获得。一般在富水区，岩溶裂隙发育，冲洗液

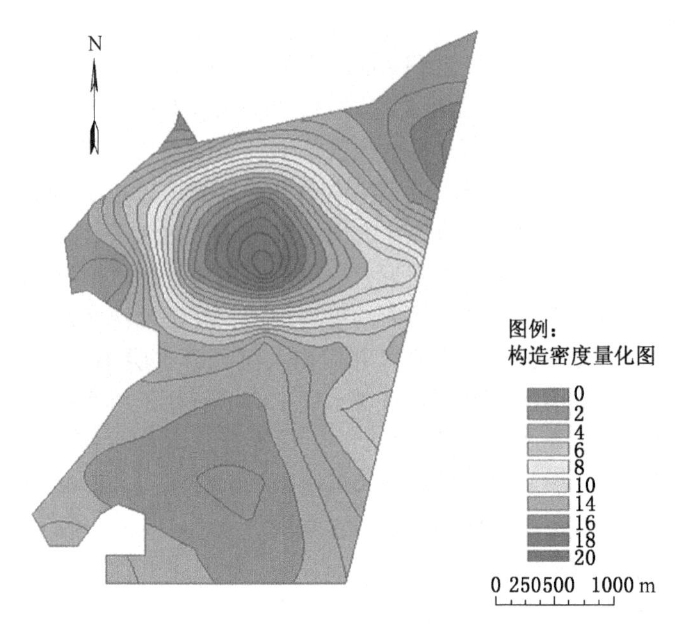

图 11-42 三井地质构造专题图

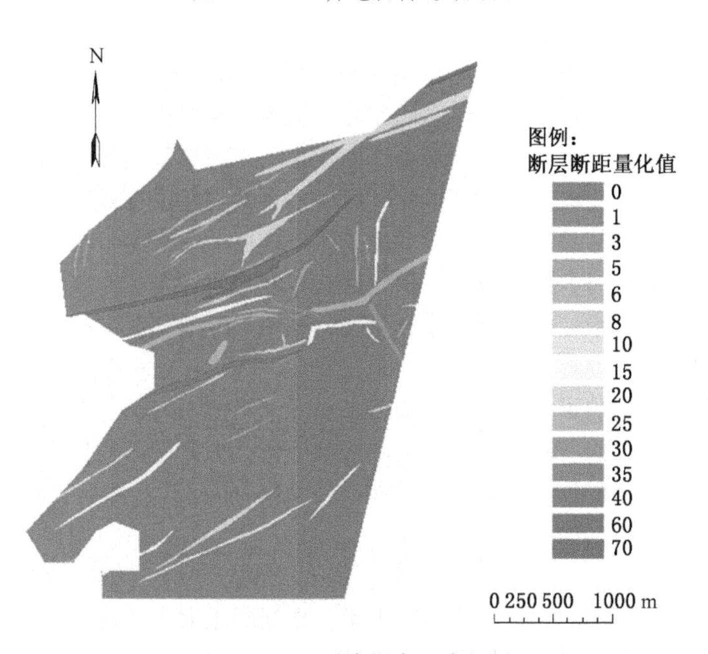

图 11-43 三井断层断距专题图

消耗量较大，放（供）水孔单位涌水量较大，根据这一特点，生成富水性量化专题层图，如图 11-45 所示。

5. 本溪灰岩厚度

本溪灰岩的厚度对煤层底板突水的影响比较复杂，本溪灰岩越厚对煤层底板的威胁相对越大，其厚度分布在 1.4~8.8 m 之间，平均 3.79 m，如图 11-46 所示。

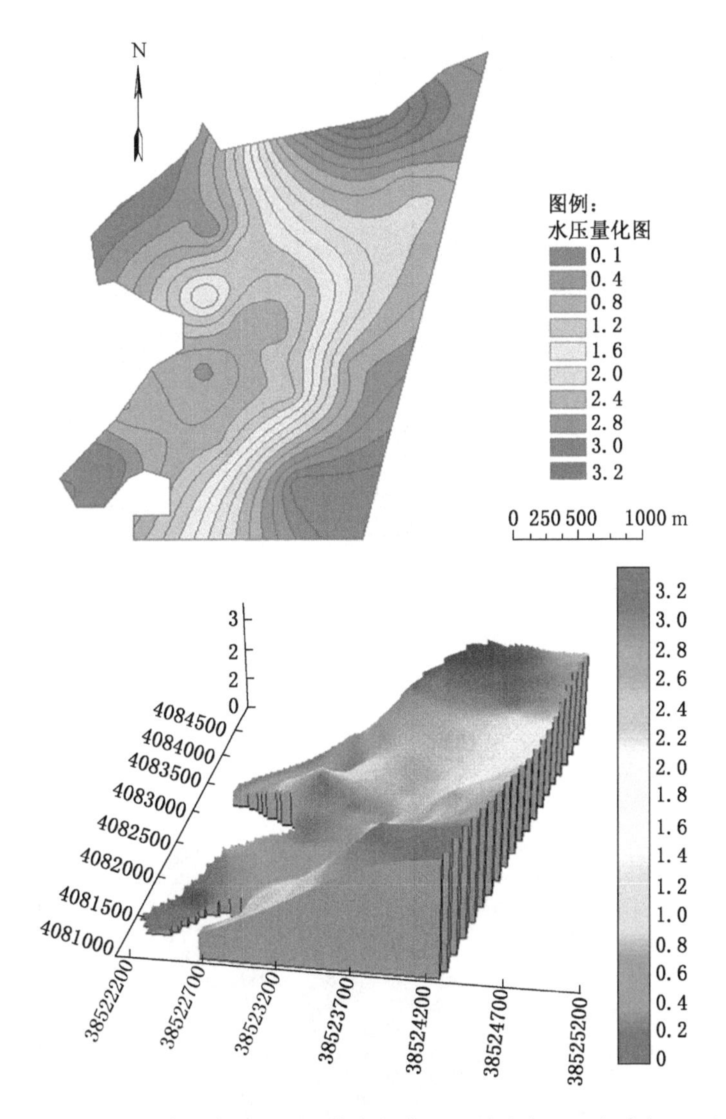

图 11-44 三井水压专题图（平均水位为 80m 时的水压）和对应 3D 图

6. 奥灰顶部古风化壳发育厚度及充填情况

从地质发展史分析，我国华北型煤田自奥陶系灰岩沉积以后经历了长期抬升的剥蚀作用，致使奥陶系灰岩顶部普遍存在岩溶裂隙较发育的古风化壳。但其多被黏土物质充填，且充填致密，黏性很大，并与灰岩接触紧密，致使古风化壳透水能力大幅下降，在 9 号煤层开采过程中基本可视作相对隔水层。根据奥灰的地面勘探孔、井下奥灰孔的冲洗液消耗量、岩性描述和钻孔涌水量等因素随深度变化情况，确定奥灰顶部古风化壳相对隔水层厚度专题层图如图 11-47 和图 11-48 所示。

7. 有效隔水层等效厚度

隔水层厚度对抵抗煤层底板高承压水具有非常关键性的意义，隔水层的防突能力与其厚度、强度和岩性组合等有关，根据等效系数概念，将不同岩性岩层厚度折算成相应的等效厚度，再累加生成隔水层等效厚度专题层图如图 11-49 和图 11-50 所示。由于井田内隔水层底部以塑性较强的铝质泥页岩沉积为主，同时考虑奥灰顶部古风化壳的相对隔水层作用，该井田原始导升高度存在的可能性不大。

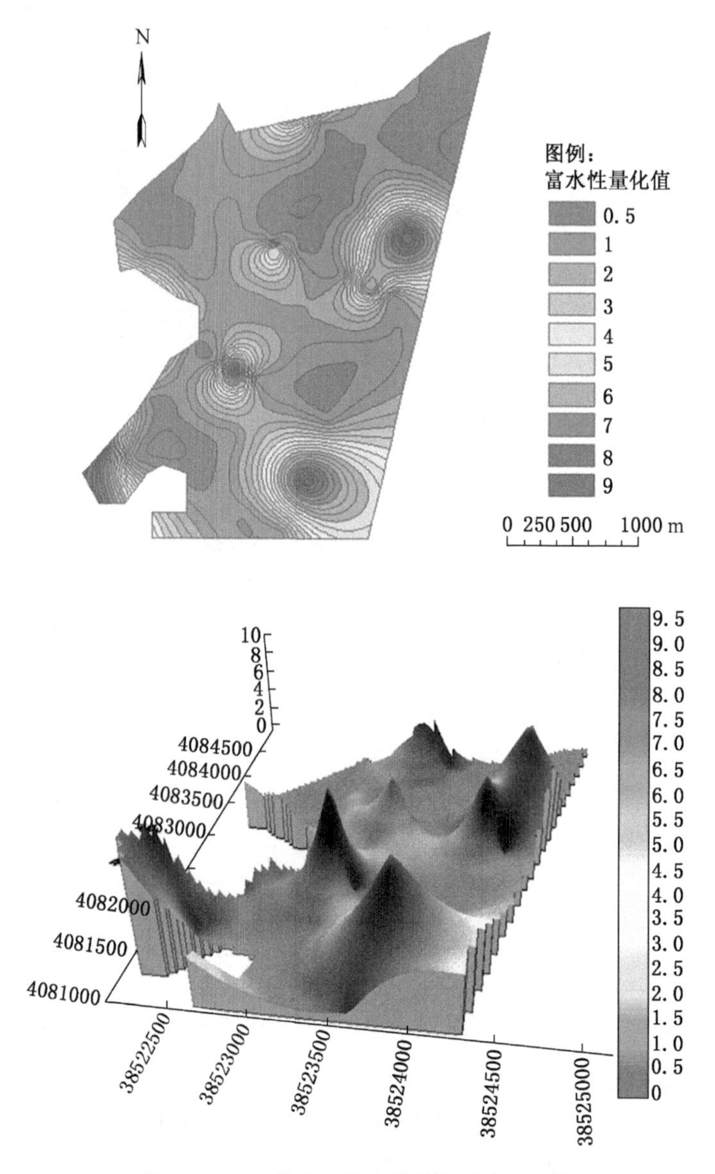

图 11-45 三井富水性专题图和对应 3D 图

8. 矿压破坏带以下脆性岩厚度

除上述隔水层中不同岩性岩层组合外，不同岩性的岩层展布位置对底板突水的影响也很大。在隔水层岩性组合中，脆性岩岩性坚硬，抗压能力强，位于矿压破坏带以下脆性岩的阻水抗压作用不应忽视，因此矿压破坏带深度以下各脆性岩层厚度和岩性的统计分析非常重要。根据钻孔资料统计累加各种脆性岩厚度，可得到矿压破坏带以下脆性岩厚度专题层图如图 11-51 和图 11-52 所示。

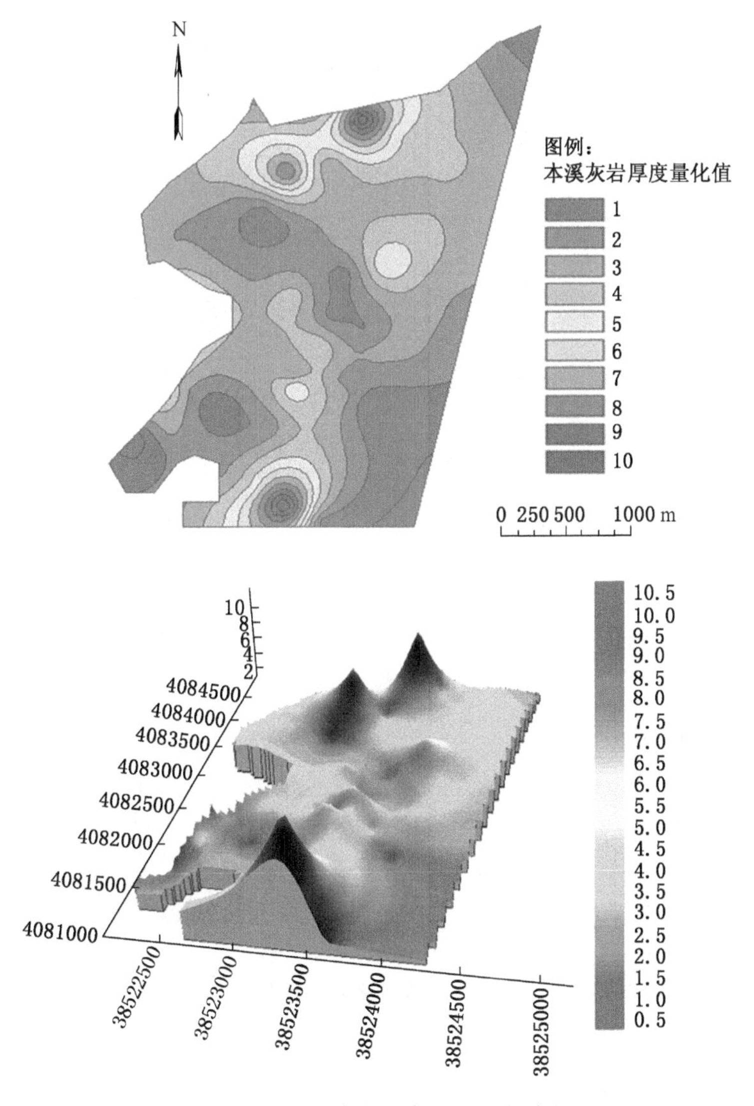

图 11-46 三井本溪灰岩厚度专题图和对应 3D 图

11.3.6 BP 神经网络训练

考虑到影响底板突水的 8 个主控因素中，构造密度、断层断距、奥灰含水层水压、奥灰含水层富水性、本溪灰岩厚度这 5 个因素与底板突水脆弱性指数成正比关系，也就是脆弱性指数随着这 5 个因素数值的增加而增加；而有效隔水层等效厚度、奥灰顶部古风化壳厚度、矿压破坏带以下脆性岩厚度与底板突水脆弱性指数成反比关系，即脆弱性指数随着这 3 个因素数值的增大而减小。因此，根据这两种情况，本书建立了两个底板突水预测模型，即预测模型 1 和预测模型 2。

1. BP 神经网络预测模型 1 的训练过程

训练样本（表 11-7）和测试样本（表 11-8）点的数据采用原始数据，即从构造密度、断层断距、有效隔水层等效厚度、奥灰含水层水压、奥灰含水层富水性、奥灰古风化壳厚度、矿压破坏带以下脆性岩厚度和本溪灰岩厚度 8 个主控因素专题图中提取样本点数

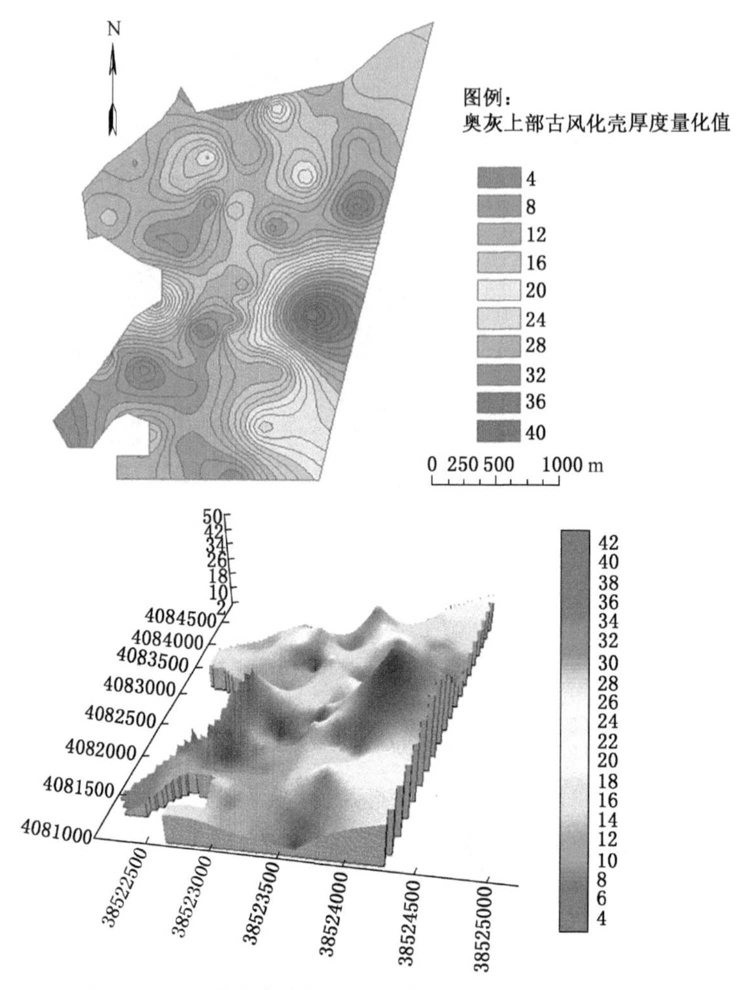

图 11-47 三井奥灰上部古风化壳厚度专题图和对应 3D 图

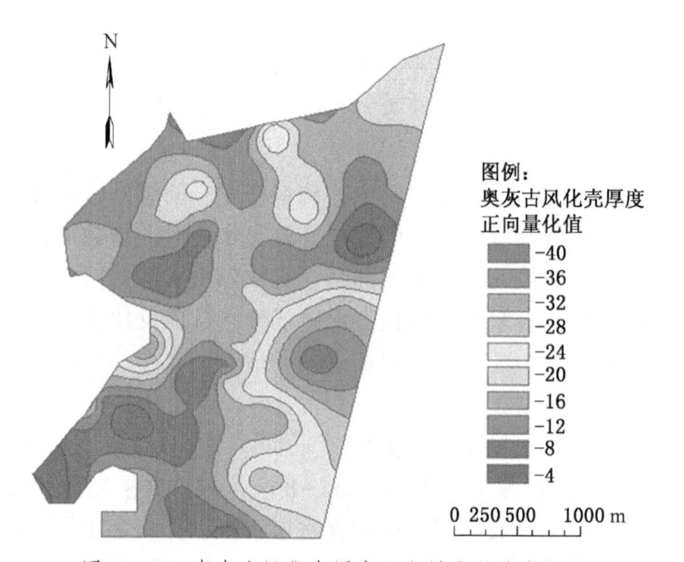

图 11-48 奥灰古风化壳厚度正向量化后的专题图

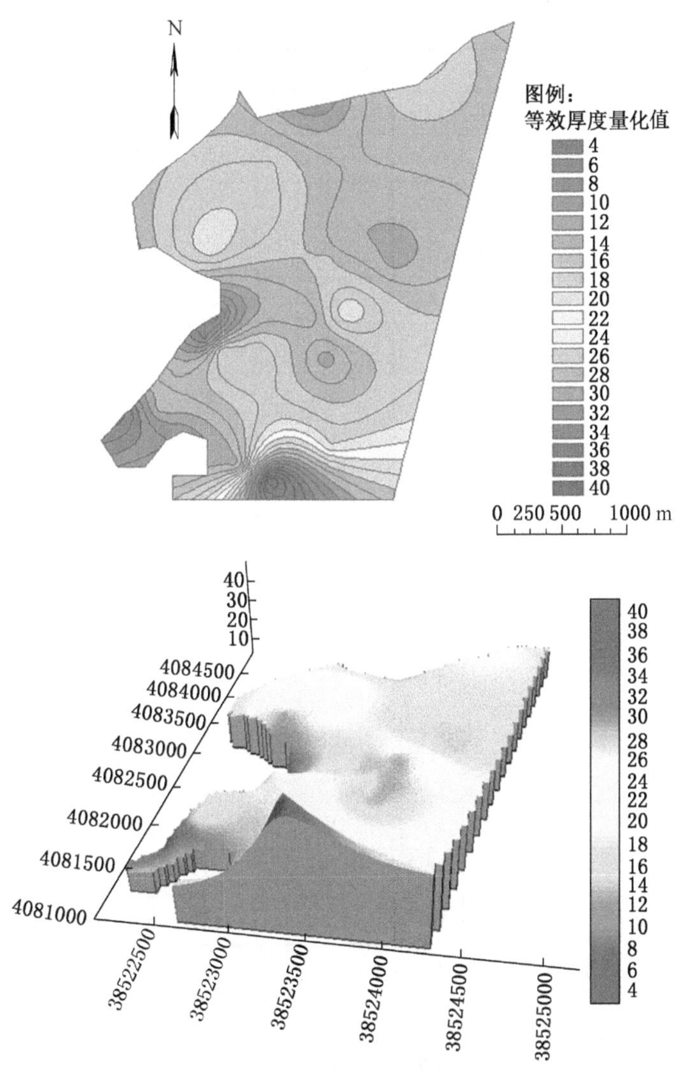

图 11-49 三井有效隔水层等效厚度专题图和对应 3D 图

据进行训练。图 11-53 所示是 BP 神经网络预测模型第一次训练过程收敛曲线，网络误差平方和为 9.77469e-5，达到误差要求。训练好的预测模型 1 所确定的 BP 神经网络参数见表 11-9。

表 11-7 BP 神经网络预测模型 1 训练样本集

序号	主控因素量化赋值								脆弱指数赋值
	断层断距	等效厚度	脆性岩厚度	水压	古风化壳厚度	富水性	构造密度	本溪灰岩厚度	
1	0	12	6	1.4	8	10	2	6	1
2	23	14	4	2.0	0	10	12	4	1
3	0	12	6	1.4	14	5	4	6	1
4	0	12	7	1.3	8	10	2	6	1
5	0	8	5	0.9	0	8	4	6	1

表 11-7(续)

序号	主控因素量化赋值								脆弱指数赋值
	断层断距	等效厚度	脆性岩厚度	水压	古风化壳厚度	富水性	构造密度	本溪灰岩厚度	
6	0	2	1	0.9	2	10	3	5	1
7	19	2	1	0.9	4	9	4	2	1
8	20	18	7	3.2	18	0.5	3	4	1
9	0	20	10	4	2	1	3	5	1
10	70	8	3	2.6	2	9	3	2	1
11	0	12	6	1.4	8	10	2	6	1
12	0	12	4	1.6	12	3	15	6	0.75
13	0	16	6	0.6	8	5	4	4	0.75
14	0	20	7	2.6	16	1	5	5	0.75
15	0	12	5	1.8	20	7	10	5	0.75
16	23	22	7	2.8	26	1	6	10	0.75
17	0	6	6	0.8	22	5	4	6	0.75
18	0	22	7	2.8	24	1	6	10	0.75
19	1	18	4	1.6	14	1	7	5	0.5
20	0	18	3	1.6	12	1	5	5	0.5
21	0	24	6	2.4	18	1	8	5	0.5
22	3	16	8	1.4	14	1	3	4	0.5
23	0	8	6	0.8	18	1	3	5	0.5
24	0	20	9	1.8	12	0.1	5	3	0.5
25	40	14	7	0.8	14	2	6	5	0.5
26	0	18	7	0.6	4	8	4	4	0.5
27	0	26	1	3.2	26	10	3	4	0.5
28	0	18	6	0.2	10	0.1	4	4	0.25
29	7	16	5	1.4	16	0.1	18	4	0.25
30	7	30	6	1.2	14	1	18	4	0.25
31	0	16	2	0.6	14	1	8	7	0.25
32	0	20	7	0.4	4	1	8	4	0.25
33	0	18	6	0.8	16	1	7	7	0.25
34	8	22	2	0.8	6	1	13	8	0.25
35	0	20	10	1.2	24	1	5	2	0.25
36	0	16	4	0.1	10	0.1	1	4	0.25

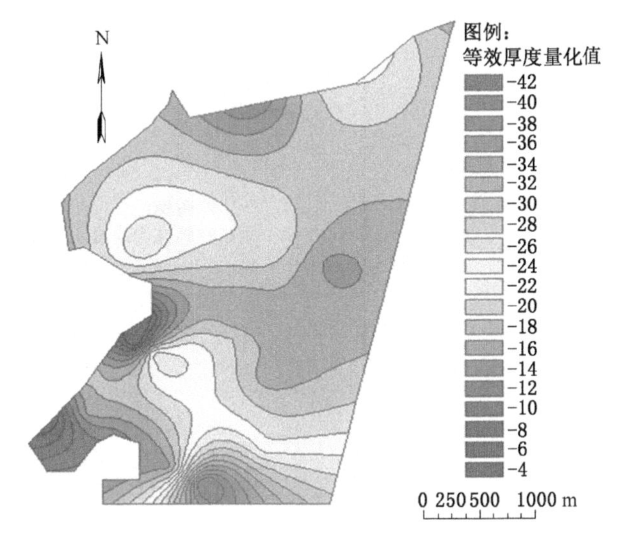

图 11-50 有效隔水层等效厚度正向量化后的专题图

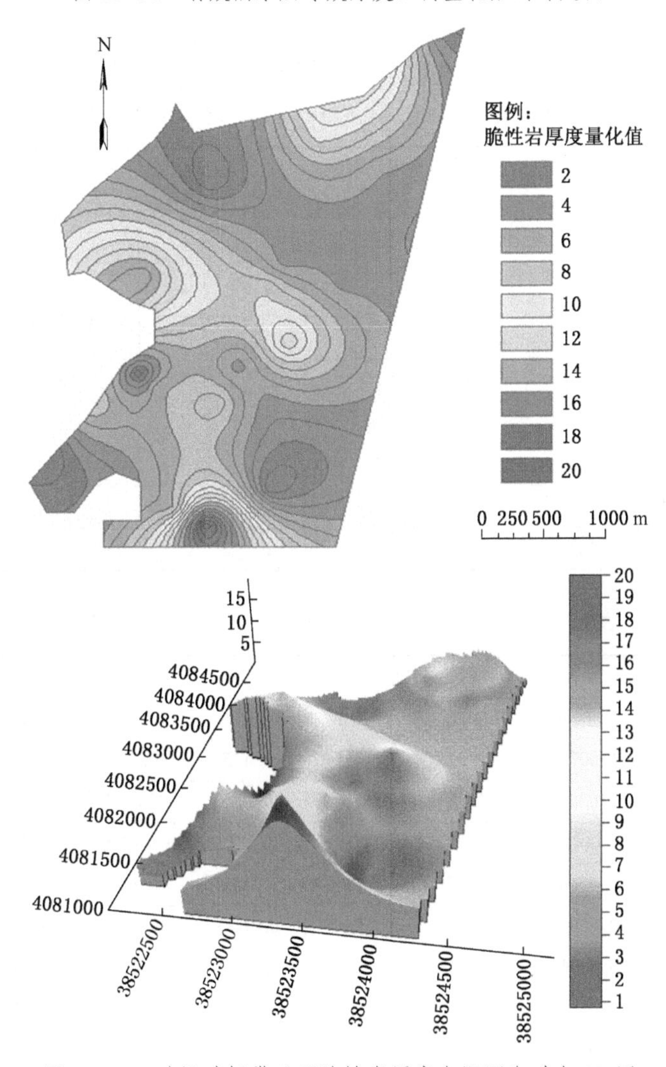

图 11-51 矿压破坏带以下脆性岩厚度专题图和对应 3D 图

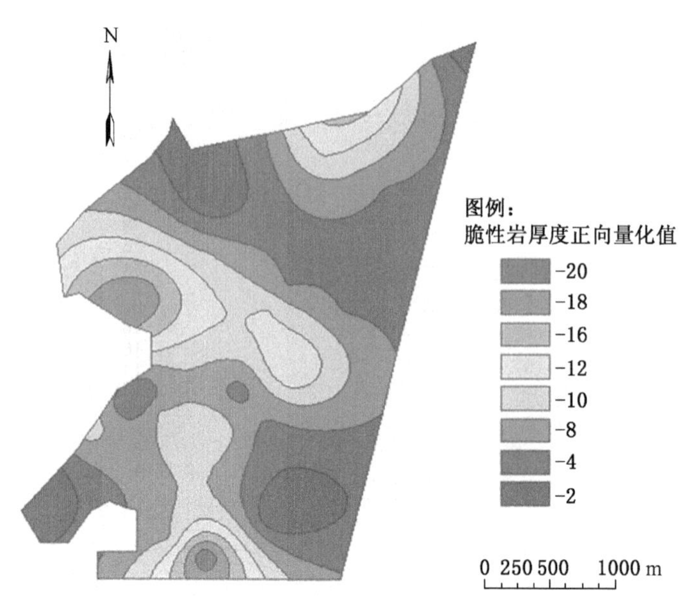

图 11-52 矿压破坏带以下脆性岩厚度正向量化专题图

表 11-8 BP 神经网络预测模型 1 测试样本及预测结果

序号	主控因素量化赋值								实际结果	预测结果
	断层断距	等效厚度	脆性岩厚度	水压	古风化壳厚度	富水性	构造密度	本溪灰岩厚度		
1	0	12	5	2.0	12	8	10	3	1	0.9887
2	70	20	14	3.4	6	2	3	5	1	0.9999
3	0	14	4	1.6	14	6	11	4	0.75	0.7302
4	0	16	7	1.6	20	3	7	6	0.5	0.5109
5	0	30	10	2.0	8	2	8	7	0.25	0.2502
6	0	20	5	0.1	14	1	5	5	0.25	0.2500
7	0	24	7	0.1	12	1	5	4	0.25	0.2500
8	0	20	9	1.4	28	1	5	3	0.25	0.2519

表 11-9 BP 神经网络预测模型 1 各主控因素权重系数

输入层到隐含层结点的权重								偏移量
-2.2082	0.1741	-1.8089	0.7426	0.9844	1.8929	0.1065	0.4219	1.7245
-0.8522	0.3432	1.0073	-0.9995	-0.7854	-1.1351	-0.2721	0.5366	1.3716
0.2189	-0.9273	0.6882	0.1338	1.4798	0.2098	1.1427	0.1163	1.5342
0.2626	0.7745	-1.4445	0.1434	-0.2693	-0.1319	-1.6795	1.0719	1.2119
0.2275	0.6683	1.4598	0.3035	-0.7650	-1.1963	-0.9477	0.6981	-1.1824
-1.1588	0.6996	0.8696	-1.0255	0.0764	0.3640	0.1218	0.3582	0.7277
1.0598	0.2485	0.1191	-0.0483	0.7900	-1.0529	-1.2515	0.1378	-0.4561
1.5340	-0.4268	-0.9662	0.7999	-0.1019	-0.6878	-0.7055	-0.5375	-0.3521
-0.0655	-0.8973	-0.6018	1.3352	-0.4323	-0.3317	0.6229	-0.8354	0.7722

表 11-9(续)

<table>
<tr><td colspan="9">输入层到隐含层结点的权重</td><td>偏移量</td></tr>
<tr><td>0. 5696</td><td>-0. 9567</td><td>-0. 2623</td><td>1. 4028</td><td>-0. 7664</td><td>0. 3972</td><td>-1. 2182</td><td colspan="2">-0. 2905</td><td>0. 7645</td></tr>
<tr><td>-1. 0115</td><td>-1. 2443</td><td>0. 1800</td><td>0. 9069</td><td>-1. 5138</td><td>0. 9331</td><td>0. 2527</td><td colspan="2">2. 3822</td><td>-0. 4306</td></tr>
<tr><td>0. 1058</td><td>-0. 2235</td><td>0. 0978</td><td>-1. 7273</td><td>0. 5607</td><td>0. 5204</td><td>1. 9871</td><td colspan="2">0. 6835</td><td>0. 0743</td></tr>
<tr><td>0. 3597</td><td>0. 3203</td><td>0. 3641</td><td>-1. 7575</td><td>-0. 1935</td><td>-1. 1579</td><td>0. 3514</td><td colspan="2">0. 0438</td><td>-1. 3976</td></tr>
<tr><td>-1. 3096</td><td>-0. 1818</td><td>-0. 6188</td><td>-0. 5341</td><td>0. 0095</td><td>-0. 2000</td><td>-1. 2372</td><td colspan="2">-0. 2172</td><td>-1. 2614</td></tr>
<tr><td>-0. 0157</td><td>0. 2920</td><td>1. 6594</td><td>-0. 0841</td><td>0. 8110</td><td>1. 1729</td><td>0. 7827</td><td colspan="2">-0. 5724</td><td>1. 5883</td></tr>
<tr><td>-0. 5228</td><td>0. 5633</td><td>-0. 0659</td><td>0. 6481</td><td>0. 2126</td><td>0. 7174</td><td>1. 1192</td><td colspan="2">-0. 7972</td><td>-1. 9245</td></tr>
<tr><td>1. 0102</td><td>-1. 0013</td><td>-0. 9734</td><td>-1. 1584</td><td>0. 8905</td><td>-1. 6089</td><td>0. 5489</td><td colspan="2">-0. 3398</td><td>1. 6749</td></tr>
<tr><td colspan="9">隐含层到输出层结点的权重</td><td>偏移量</td></tr>
<tr><td>-2. 6657</td><td>0. 8523</td><td>0. 8332</td><td>1. 4423</td><td>-1. 2388</td><td>-0. 2340</td><td>-0. 1962</td><td>0. 9829</td><td>0. 6357</td><td rowspan="2">-0. 5231</td></tr>
<tr><td>1. 5456</td><td>2. 0228</td><td>-1. 2480</td><td>-0. 8232</td><td>-0. 6978</td><td>1. 0767</td><td>0. 3851</td><td>1. 0897</td><td></td></tr>
</table>

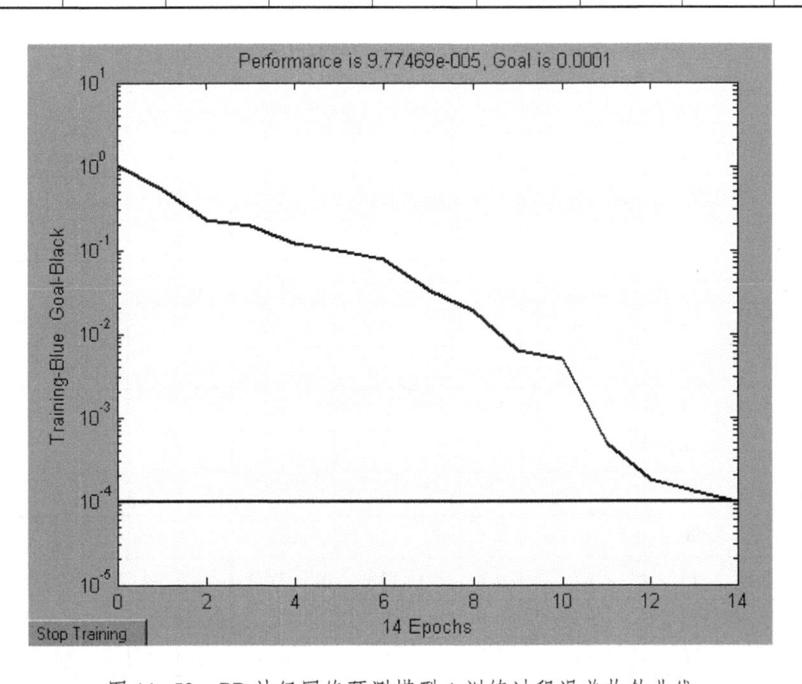

图 11-53 BP 神经网络预测模型 1 训练过程误差收敛曲线

2. BP 神经网络预测模型 2 的训练过程

训练样本（表 11-10）和测试样本（表 11-11）点的数据采用的是正向化处理后的数据，即从构造密度、断层断距、奥灰含水层水压、奥灰含水层富水性、本溪灰岩厚度专题图和有效隔水层等效厚度、奥灰古风化壳厚度、矿压破坏带以下脆性岩厚度正向量化后的专题图中提取样本点的数据进行训练。图 11-54 所示是 BP 神经网络预测模型第二次训练过程收敛曲线，网络误差平方和为 9. 97817e-5，达到期望的目标误差。模型训练符合期望要求以后，便可得到 BP 神经网络预测模型 2 的参数（表 11-12）。

表 11-10 BP 神经网络预测模型 2 训练样本集

序号	主控因素量化赋值								脆弱指数赋值
	断层断距	等效厚度	脆性岩厚度	水压	古风化壳厚度	富水性	构造密度	本溪灰岩厚度	
1	0	-12	-6	1.4	-8	10	2	6	1
2	23	-14	-4	2	-0	10	12	4	1
3	0	-12	-6	1.4	-14	5	4	6	1
4	0	-12	-7	1.3	-8	10	2	6	1
5	0	-8	-5	0.9	-0	8	4	6	1
6	0	-2	-1	0.9	-2	10	3	5	1
7	19	-2	-1	0.9	-4	9	4	2	1
8	20	-18	-7	3.2	-18	0.5	3	4	1
9	0	-20	-10	4	-2	1	3	5	1
10	70	-8	-3	2.6	-2	9	3	2	1
11	0	-12	-6	1.4	-8	10	2	6	1
12	0	-12	-4	1.6	-12	3	15	6	0.75
13	0	-16	-6	0.6	-8	5	4	4	0.75
14	0	-20	-7	2.6	-16	1	5	5	0.75
15	0	-12	-5	1.8	-20	7	10	5	0.75
16	23	-22	-7	2.8	-26	1	6	10	0.75
17	0	-6	-6	0.8	-22	5	4	6	0.75
18	0	-22	-7	2.8	-24	1	6	10	0.75
19	1	-18	-4	1.6	-14	1	7	5	0.5
20	0	-18	-3	1.6	-12	1	5	5	0.5
21	0	-24	-6	2.4	-18	1	8	5	0.5
22	3	-16	-8	1.4	-14	1	3	4	0.5
23	0	-8	-6	0.8	-18	1	3	5	0.5
24	0	-20	-9	1.8	-12	0.1	5	3	0.5
25	40	-14	-7	0.8	-14	2	6	5	0.5
26	0	-18	-7	0.6	-4	8	4	4	0.5
27	0	-26	-1	3.2	-26	10	3	4	0.5
28	0	-18	-6	0.2	-10	0.1	4	4	0.25
29	7	-16	-5	1.4	-16	0.1	18	4	0.25
30	7	-30	-6	1.2	-14	1	18	4	0.25
31	0	-16	-2	0.6	-14	1	8	7	0.25
32	0	-20	-7	0.4	-4	1	8	4	0.25
33	0	-18	-6	0.8	-16	1	7	7	0.25
34	8	-22	-2	0.8	-6	1	13	8	0.25
35	0	-20	-10	1.2	-24	1	5	2	0.25
36	0	-16	-4	0.1	-10	0.1	1	4	0.25

表 11-11 BP 神经网络预测模型 2 测试样本及预测结果

序号	主控因素量化赋值								实际结果	预测结果
	断层断距	等效厚度	脆性岩厚度	水压	古风化壳厚度	富水性	构造密度	本溪灰岩厚度		
1	0	-12	-5	2.0	-12	8	10	3	1	0.9760
2	70	-20	-14	3.4	-6	2	3	5	1	0.9986
3	0	-14	-4	1.6	-14	6	11	4	0.75	0.7314
4	0	-13	-7	1.6	-20	3	7	6	0.5	0.5442
5	0	-30	-10	2.0	-8	2	8	7	0.25	0.2588
6	0	-20	-5	0.1	-14	1	5	5	0.25	0.2501
7	0	-24	-7	0.1	-12	1	5	4	0.25	0.2500
8	0	-20	-9	1.4	-28	1	5	3	0.25	0.2505

表 11-12 BP 神经网络预测模型 2 各主控因素权重系数

输入层到隐含层结点的权重								偏移量
-0.3846	0.0296	-1.3374	0.8494	-1.2515	0.0901	-0.1871	0.8424	1.8953
-0.8453	-1.0118	-1.0062	-0.2348	0.6301	-0.2659	-0.8087	-0.2669	1.7199
1.1176	-0.5621	-0.0778	0.5825	-1.3198	-0.5790	-1.5452	-0.8110	-1.0978
0.4713	1.0023	-1.1343	0.0690	0.1713	1.7654	-0.2743	0.5111	-0.8230
0.3292	0.3441	-0.8307	-1.2086	-0.5579	-0.2846	-0.9994	-0.4454	-1.2316
0.2717	0.6640	1.0647	-0.8860	0.5310	-0.1951	-0.8468	0.7674	-1.0280
1.0689	-0.4777	-1.2024	-0.8250	-0.5911	0.0287	0.5105	1.6832	-0.2335
0.0572	0.7471	-0.6580	-0.6996	-0.5661	-0.4700	-1.2183	0.9898	-0.2649
-1.2293	1.3720	-0.1373	0.9817	0.2279	-0.7262	-0.5519	0.5383	-0.1514
-0.1058	-0.1643	0.7330	1.3408	-1.1134	0.9393	-0.2831	0.3663	-0.4043
-0.8051	0.4340	-0.9032	1.0994	-0.8748	0.7543	0.9129	-0.9527	-0.8582
-0.9297	0.3451	0.0978	1.8816	-0.0942	0.0186	0.7607	-0.4118	-1.0674
-0.6860	2.4420	-0.2142	-1.9272	-0.3350	0.4545	0.4927	-1.3083	-1.1874
1.4321	-0.2045	0.2690	-0.8665	-1.0122	1.5151	0.8190	0.0027	0.8205
-0.1819	1.3147	-1.5245	-0.1582	-0.2153	-1.5773	0.8744	0.1324	-1.2010
-0.9918	-0.3677	0.7862	-0.7443	-0.6017	0.8170	1.7617	0.9741	-1.8919
0.4738	0.2012	1.1897	-1.1946	-0.9657	0.2358	-0.3566	-1.7973	1.3094

隐含层到输出层结点的权重									偏移量
0.9214	0.2819	1.2571	-1.3335	0.6555	-0.6798	1.5078	0.0535	-0.2589	-0.0465
-0.043	0.7544	1.4331	-1.9148	0.4220	-1.5461	1.4665	-0.5543		

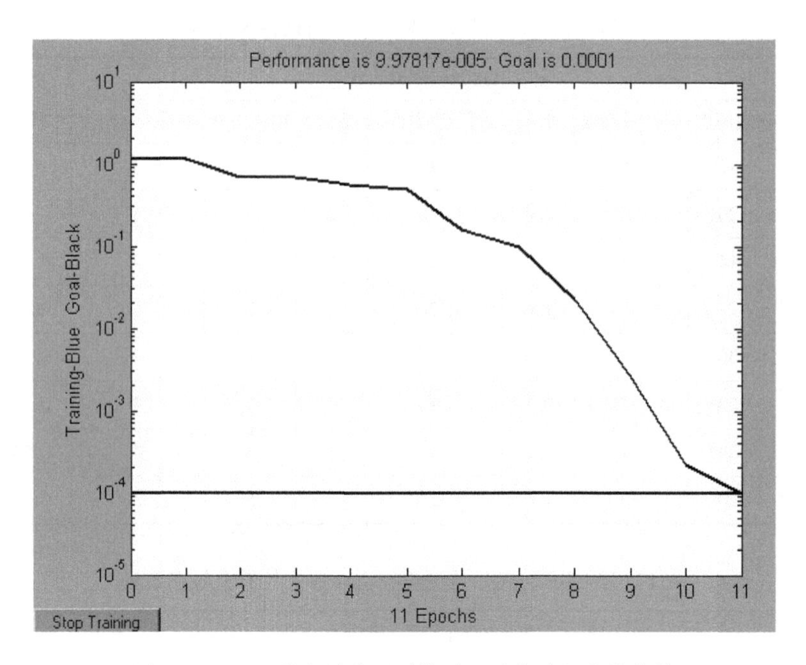

图 11-54 BP 神经网络预测模型 2 训练过程误差收敛

11.3.7 BP 神经网络模型设计与建立

1. BP 神经网络模型的结构及模型参数选择

根据底板突水的特点，本模型采用三层 BP 神经网络，即输入层、隐含层、输出层，进行分区预测。输入结点是 BP 神经网络模型的输入数据源，根据以上对井田内底板突水因素的分析，确定 8 个影响底板突水的主控因素作为 BP 神经网络的输入因子，因此输入结点数为 8 个。底板突水的脆弱性指数是模型的输出，因此模型有 1 个输出层结点。隐含层神经元数目的选择是一个非常复杂的问题，一般根据多次实验和结果的拟合情况来确定，隐含层的结点过多或过少，结果都无法达到最佳。该模型采用经验个数 $2\times(n_i+n_l)-1$，（n_i 和 n_l 分别为输入层结点数和输出层结点数），故隐含层结点设为 17 个。BP 神经网络模型的结构如图 5-18 所示。

输入层到隐含层、隐含层到输出层的转移函数为 tansig 函数；选用 trainlm 函数进行网络训练，最大训练循环次数 epochs 为 100，目标函数误差为 0.0001，w 步长为 10，trainlm 函数的其他参数均选用缺省值。

2. 数据的归一化处理

为消除主控因素不同量纲的数据对网络训练和预测结果的影响，需要对数据进行归一化处理，以提高网络训练的效率和精度。

在神经网络中，函数 premnmx 可以解决这个问题，此函数可将输入、输出数据限定在 [-1, 1] 之间，该函数归一化方法的数学表达式为

$$A_i = a + \frac{(b - a) * [x_i - \min(x_i)]}{\max(x_i) - \min(x_i)} \tag{11-3}$$

式中 A_i——归一化处理后的数据；

a、b——归一化范围的上限和下限，分别取-1 和 1；

x_i——归一化前的原始数据；

$\max(x_i)$，$\min(x_i)$——各主控因素量化值的最大和最小值。

11.3.8 煤层底板突水脆弱性分区的确定与评价

为得到比较符合实际的预测结果，更好地指导实际生产，对预测模型 1 和预测模型 2 的预测结果进行分析比较，得出最终预测结果。同时，应用突水系数法对章村三井 9 号煤层底板突水的危险性进行预测，并把预测结果与应用 ANN 与 GIS 耦合技术的脆弱性指数法最终预测结果进行对比分析。

1. 模型预测结果与拟合对比

利用 ArcInfo 进行复合叠加处理，把各个主控因素的信息存储层复合成为一个信息存储层，使所生成的信息存储层中包含所有主控因素的信息。

1）预测模型 1 预测结果

利用 ArcInfo 首先对构造密度、断层断距、有效隔水层等效厚度、奥灰含水层水压、奥灰含水层富水性、奥灰古风化壳厚度、矿压破坏带以下脆性岩厚度和本溪灰岩厚度 8 个主控因素专题图进行复合叠加处理，根据存储信息的不同，复合叠加后的图形分成 9087 个大小和形状不同的单元。从复合后的信息存储层属性表中读取所需的数据输入到训练好的 ANN 预测模型 1 中运算，计算得出的值表示对应区域内突水可能性的大小，可以称其为底板突水脆弱性指数（VI），脆弱性指数越大，煤层底板突水的可能性也就越大。对由预测模型 1 计算出的脆弱性指数进行统计分析，从统计图 1（图 11-55）上确定分区阈值，再根据分区阈值将所研究的井田区域按照脆弱性大小顺序划分为 4 个等级，从而生成：

安全区：	$VI_1 \leq 0.26$	3159 个单元	面积约 1.989 km^2
过渡区：	$0.26 < VI_1 \leq 0.56$	2468 个单元	面积约 2.329 km^2
较脆弱区：	$0.56 < VI_1 \leq 0.76$	756 个单元	面积约 0.827 km^2
脆弱区：	$0.76 < VI_1 \leq 1.00$	2704 个单元	面积约 1.919 km^2

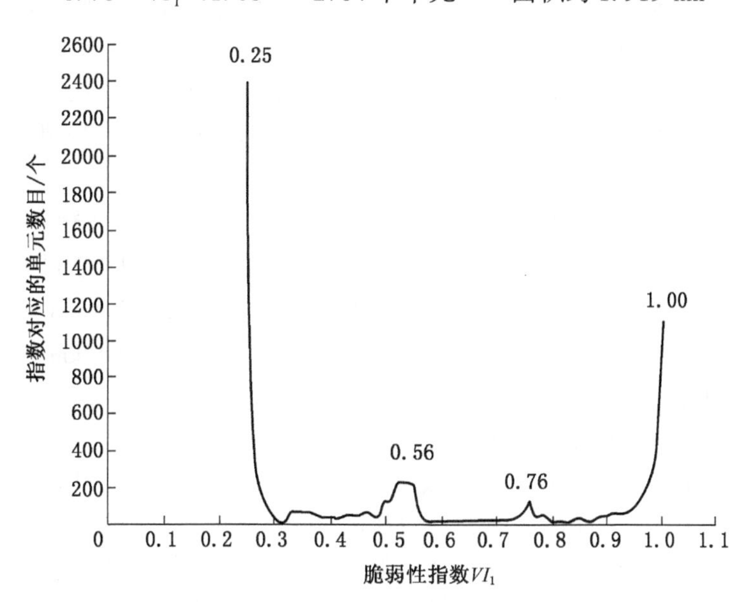

图 11-55 脆弱性指数统计图 1

根据分区阈值，应用 ArcInfo 生成章村三井 9 号煤层底板脆弱性分区图 1(图 11-56)。

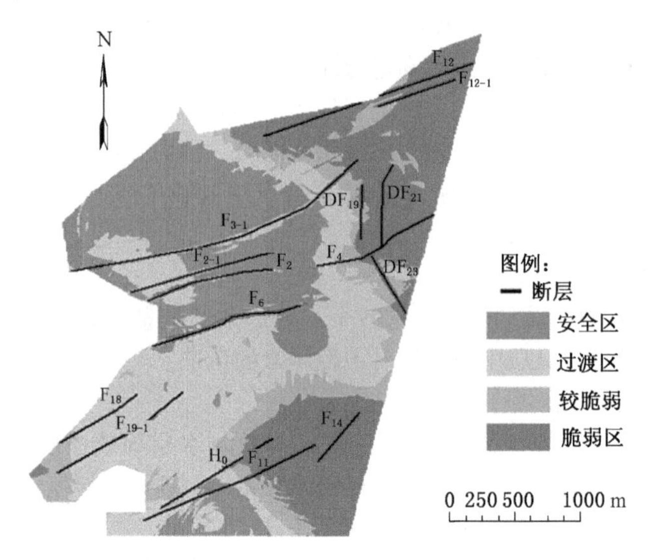

图 11-56 9 号煤层底板突水脆弱性指数评价分区图 1

2) 预测模型 2 预测结果

以上在进行煤层底板突水预测时，输入到 ANN 预测模型 1 中计算的数据都是采用原始数据归一化后的值，下面把正向量化后的数据归一化后输入到 ANN 预测模型 2 中进行计算预测。

利用 ArcInfo 对构造密度、断层断距、奥灰含水层水压、奥灰含水层富水性、本溪灰岩厚度专题图和有效隔水层等效厚度、奥灰古风化壳厚度、矿压破坏带以下脆性岩厚度正向量化后的专题图，进行复合叠加成一个信息存储层，使所生成的信息存储层中包含所有主控因素的信息。图形共生成 7249 个大小和形状不同信息单元。从复合后的信息存储层属性表中读取所需的数据输入到训练好的 ANN 预测模型 2 中运算，得出底板突水脆弱性指数（*FC*）。把有预测模型 2 计算出的脆弱性指数进行统计分析，从统计图 2(图 11-57) 中确定分区阈值，再根据分区阈值将所研究的井田区域按照脆弱性大小顺序划分为 4 个等级，从而生成：

安全区： $VI_2 \leqslant 0.26$ 1818 个单元 面积约 1.913 km^2

过渡区： $0.26 < VI_2 \leqslant 0.55$ 2445 个单元 面积约 2.408 km^2

较脆弱区： $0.55 < VI_2 \leqslant 0.76$ 737 个单元 面积约 0.745 km^2

脆弱区： $0.76 < VI_2 \leqslant 1.00$ 2248 个单元 面积约 1.998 km^2

根据分区阈值，应用 ArcInfo 生成章村三井 9 号煤层底板脆弱性分区图 2(图 11-58)。

3) 脆弱性分区拟合分析与比较

得出预测评价结果之后，还要对底板突水脆弱性分区进行检验，以验证其预测效果。用预测区域实际状况与划分出的安全区、过渡区、较危险区和危险区进行拟合并比较、分析，脆弱性分区的拟合率未达到 90% 以上，则必须修改评价模型，调整各单因子之间的关系、各子专题层中的属性参数及评价分区阈值的划分，然后再利用修改后的评价模型进行评价。得出分区结果后，再比较、计算脆弱性拟合率，如何反复进行，直到脆弱性的拟合

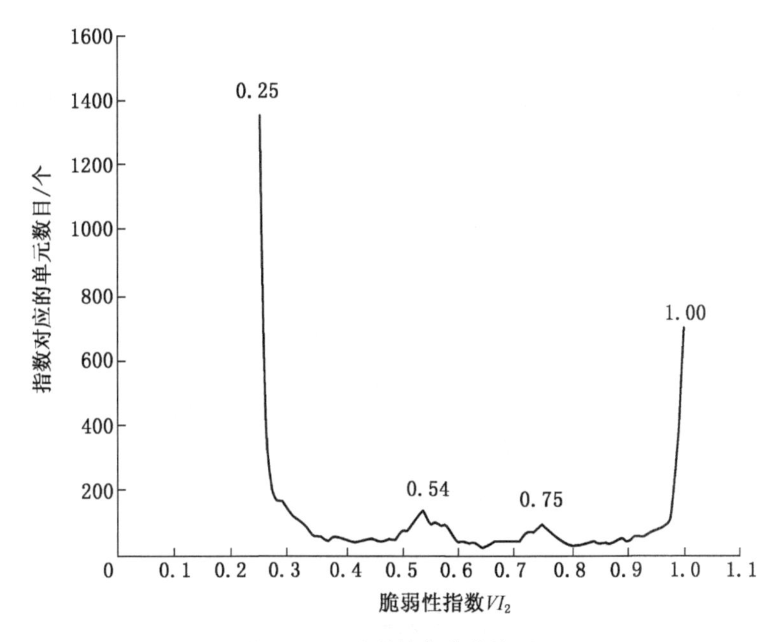

图 11-57 脆弱性指数统计图 2

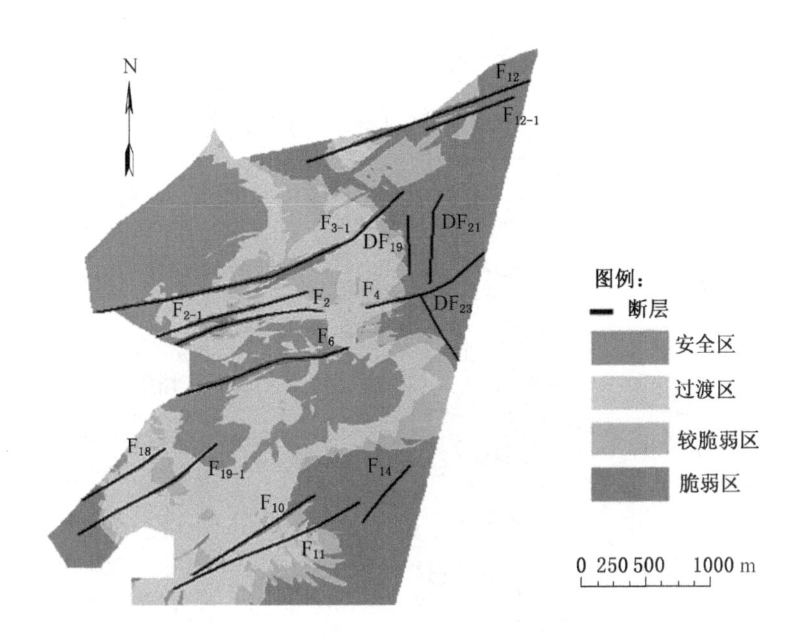

图 11-58 9 号煤层底板突水脆弱性指数评价分区图 2

率达到标准，最终确定得出较为准确的突水脆弱性预测分区评价图。

按照上述方法，将井田内的 4 个安全点和 6 个危险点与生成的章村三井 9 号煤层底板突水脆弱性预测分区图 1 和分区图 2 进行拟合，从拟合分析图（图 11-59 和图 11-60）可以看出脆弱性分区图 2 拟合率相对较高，特别是对断层附近区域的脆弱性预测比较符合实际情况，在断层 F_3、F_2 周围的区域预测结果的区别比较突出。再结合实际生产揭露的状况加以对比，可确定煤层底板突水脆弱性分区图 2 的预测效果比较理想。

通过对预测结果的对比分析可以看出，在预测过程中，主控因素数据的量化程度和量化方法对预结果有较大的影响，合理的、符合生产实际的数据处理方法可以提高预测结果的精确程度，更加有利于指导实际生产，有利于更多地解放煤炭储量，保证矿井的安全生产。

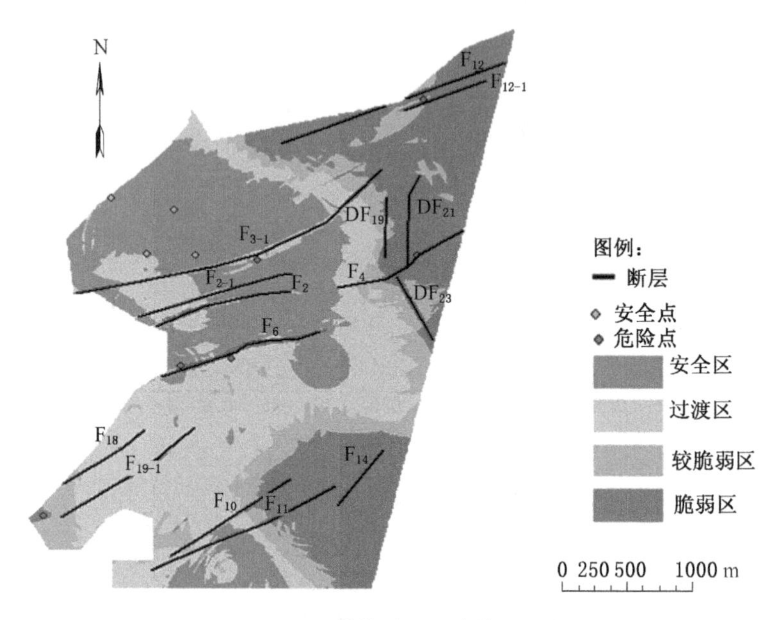

图 11-59 预测模型 1 评价结果拟合图

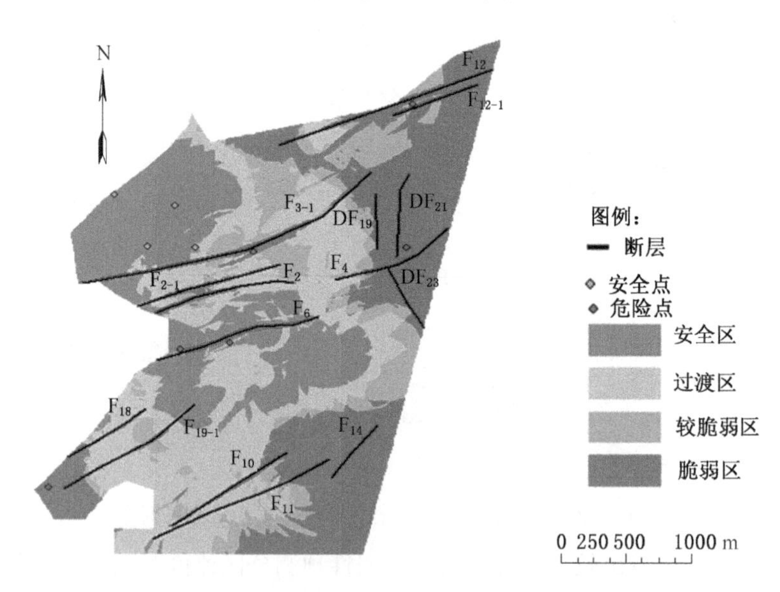

图 11-60 预测模型 2 评价结果拟合图

2. 突水系数法预测评价的分析比较

应用突水系数法对 9 号煤层底板奥灰突水危险性进行评价分区，取临界突水系数值 0.06 MPa/m，如图 11-61 所示。

突水系数法的预测结果与预测模型 2 的预测结果相比，预测精度较差，从安全区到脆

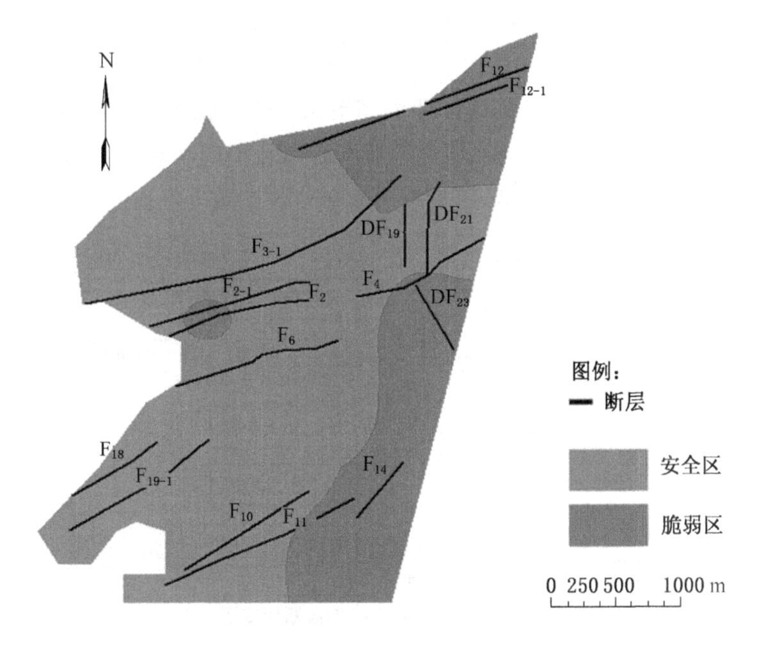

图 11-61 章村矿三井 9 号煤底板突水系数法评价分区图

弱区没有明显的过渡区域，这显然不符合实际地质情况；而且断层以及周围区域的脆弱性无法准确地表现出来；预测结果的不同之处在断层 F_3、F_2、DF_{19} 和 DF_{21} 周围的区域表现得比较明显。由于突水资料统计中每次突水的原因和具体条件不同，所以突水系数法的表达式不能反映多因素的复杂情况，因此对于本来可能存在突水危险的区域，由于考虑因素过少，在预测结果中，部分区域的危险性体现不出来。在井田东部的中间区域，由于突水系数法没有考虑奥灰含水层上部古风化壳厚度的影响，其预测结果与预测模型 2 的预测结果相比有明显区别。通过与实际生产揭露情况的对比可知，预测模型 2 的预测结果比较符合矿井底板突水脆弱性的实际情况。

由此可见，预测底板突水脆弱性的 ANN 与 GIS 耦合技术是一套完整的、行之有效的工作方法，通过对预测结果的对比分析可知，这种预测方法优于传统的突水系数法。

3. 煤层底板突水脆弱性分区的确定与评价

通过对 3 种预测结果的对比分析，确定煤层底板突水脆弱性分区 2 为最终的预测结果。

为对预测结果进行更直观的分析，制作底板突水分析空间透视图（图 11-62），从空间透视图中可以看出以下 4 种情况：

（1）从空间透视图可以看出，脆弱区位于矿井范围的东北和东南部以及各大断层的周围区域。该区域 9 号煤层埋藏最深，水压最大，构造较发育，大部分区域富水性很强，而且矿压破坏带以下的脆性岩厚度较薄；其中东北部有效隔水层等效厚度和奥灰古风化壳厚度较薄，有几个大的断裂构造存在，以上说明该区抗压阻水能力较差，因此发生突水的可能性较大。

（2）安全区主要分布于矿井的西北部和矿区中部，矿井的西北部奥灰富水性差，有效隔水层等效厚度相对较厚，奥灰水头压力小；矿区中部奥灰古风化壳较发育，且该区域断层不太发育，而且充填密实，不导水，对底板的脆弱性影响不大，正常开采的情况下一般不会发生突水。

(3) 从透视图上还可以看出，矿区的西南部奥灰富水性较差，水压低，有效隔水层等效厚度较厚，且没有大的断层存在，地质条件相对较好；但由于该区西部紧接奥灰含水层的补给区，不排除有底板突水的可能。

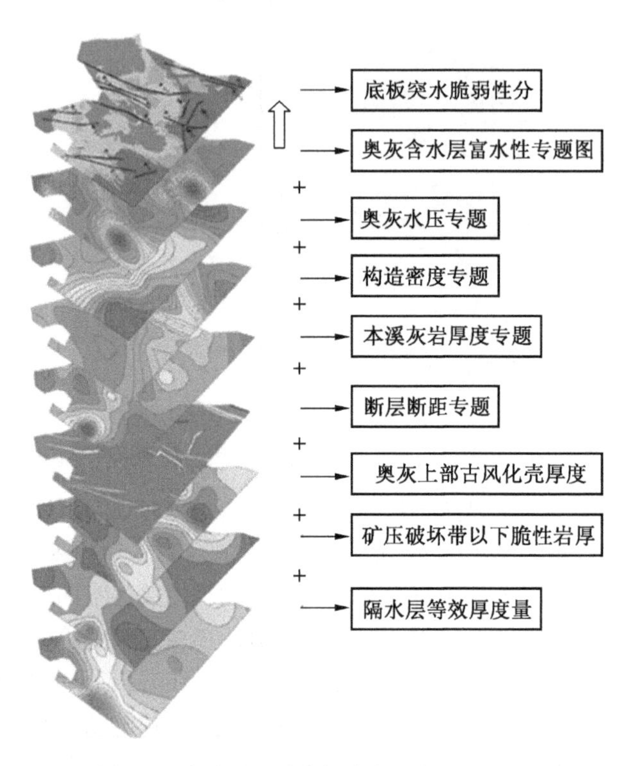

图 11-62 章村矿三井底板突水分析空间透视图

(4) 从脆弱性分区图上可以看出，较脆弱的区域位于过渡区和脆弱区之间，影响底板突水的主要因素在该区域的情况也比较复杂，因此开采时也存在一定的危险性。

综上所述，应用地理信息系统与 BP 神经网络耦合技术进行底板突水的预测，其结果与实际情况和理论分析的结论一致，因此预测结果是可信的。

4. 各主控因素权重系数的确定

神经网络训练得到的结果只是神经网络各神经元之间的关系，也就是输入因素对输出因素的决策权重。要想得出输入因素相对于输出因素之间的真实关系，即影响底板突水的各主控因素权重系数，还需要对各神经元之间的权重加以分析处理。利用显著相关系数、相关指数、绝对影响系数 3 项指标来描述输入因素和输出因素之间的关系，得到的绝对影响系数 S 就是影响底板突水的各主控因素的权重见表 11-13。

由分析计算得出的权重系数可知，有效隔水层等效厚度、奥灰含水层水压、断层断距、奥灰古风化壳厚度、构造密度、奥灰含水层富水性等因素对底板突水的影响比较大。由于井田内的导水断层不多，且规模较小，因此构造对底板突水的影响不是很明显。本溪灰岩既有抵抗奥灰突水的作用，又是可能引起底板突水的含水层，因此它对底板突水的影响不大，而且情况比较特殊。

表 11-13 影响底板突水的各主控因素

各主控因素权重系数			
断层断距	有效隔水层等效厚度	破坏带下脆性岩厚度	奥水含水层水压
0.0285	0.2333	0.0456	0.2068
奥灰古风化壳厚度	奥灰含水层富水性	构造密度	本溪灰岩厚度
0.1982	0.05129	0.07732	0.1590

11.3.9 评价模型中各主控因素的灵敏度分析

该评价模型的 8 个主控因素对底板突水脆弱性的影响程度是不同的，研究引入灵敏度分析的方法，来分析突水脆弱性指数对各主控因素变化的敏感性。灵敏度分析是指研究一个或多个不确定性参数的变化对预测系统或预测模型的预测结果产生的影响，即模型对某个参数或参数组合变化的灵敏程度。灵敏度分析包括情景灵敏度分析、参数灵敏度分析和模式灵敏度分析。本次分析只涉及参数灵敏度分析，即研究主控因素参数对底板突水脆弱性指数的影响。

在研究分析中，把影响底板突水的其中 7 个主控因素固定在中等水平上，使另一个因素从最小值到最大值进行变化，从而观察分析脆弱性指数随这一因素的变化情况，如图 11-63 所示。从各主控因素灵敏度分析组图中可以看出，奥灰含水层水压、奥灰含水层富水性、构造密度、断层断距、本溪灰岩厚度与底板突水脆弱性指数具有某种正相关关系，构造密度对脆弱性指数的影响较复杂，由于该井田内大多断层规模不大，且充填密实，因而导水性断层不多，对底板突水的脆弱性影响规律性不强；构造密度与底板脆弱性具有正相关趋势；本溪灰岩虽然是隔水层的组成部分，但当厚度不断增大时，其与奥灰含水层的水力联系就有可能加强，从而增加底板突水的可能性；有效隔水层等效厚度、奥灰上部古风化壳厚度与底板突水脆弱性指数具有某种负相关关系，矿压破坏带以下脆性岩厚度对底板突水的影响不大。由此可以看出，各主控因素敏感性分析的结果与相关各因素对底板突水影响的定性和定量分析是基本相符的。

由于在进行灵敏度分析时，没有考虑各主控因素在实际情况下取值的相互影响，即没有考虑实际研究区域各主控因素的数据组合，因此灵敏度分析与实际情况有一定的偏差，今后在这方面还需要做进一步的探讨和总结。

11.3.10 煤层底板突水脆弱性预测信息系统的开发与操作说明

1. 预测信息系统的原理和设计

煤层底板突水脆弱性预测信息系统是在人工神经网络技术的基础上，根据训练的神经网络预测模型的数学算法，采用微软公司提供的 C/C++应用程序集成开发工具 Microsoft Visual C++(简称 VC) 二次开发而成的。

本信息系统是人工神经网络技术的仿真应用。根据章村煤矿区域内影响底板突水的各主控因素提供的数据和建立的神经网络预测模型确定的参数进行编程，由于建立的 BP 神经网络预测模型涉及众多的矩阵运算，程序中采用了大量的矩阵非线性算法。该系统针对预测章村矿三井 9 号煤层底板的突水脆弱性而开发，应用简单方便。

预测系统的设计主要包括两个方面：操作界面设计和计算模块设计。

2. 预测信息系统操作说明

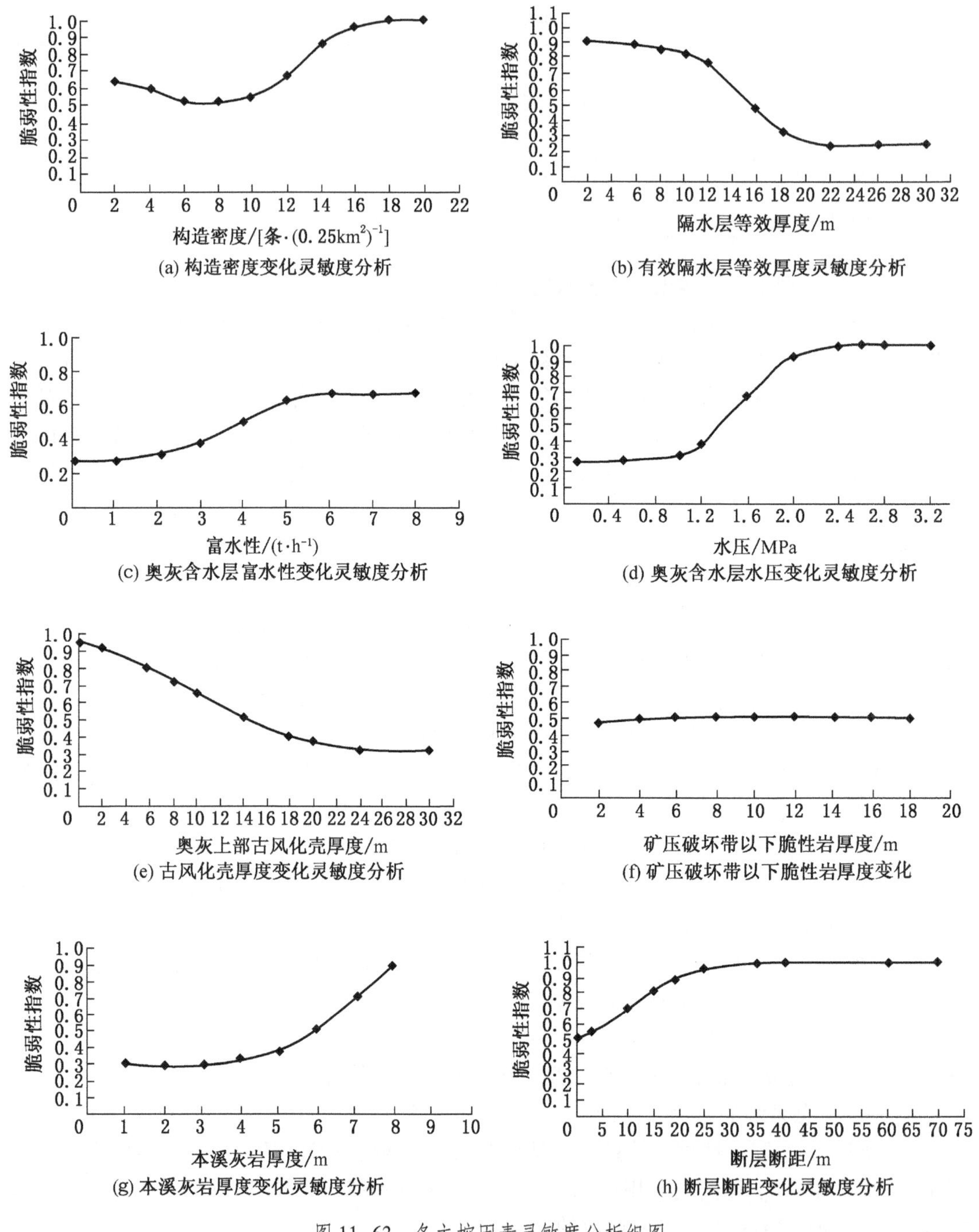

图 11-63 各主控因素灵敏度分析组图

本系统相当于一个简单的计算模块，界面简单，操作自如。计算数据的输入、预测结果的输出均采用向导式模块，易于操作掌握。其主界面如图 11-64 所示。

根据主界面提示点击【进入】，便进入数据输入界面（图 11-65）。输入预测区域各影响因素的原始数据，点击【运行】，底板突水脆弱性指数值就会出现在预测界面（图 11-66）。在数据输入界面上点击【关于系统】按钮，便会出现该系统的简要说明界面

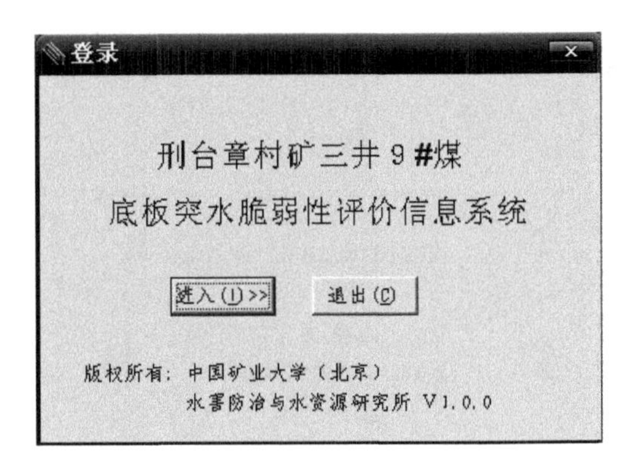

图 11-64 操作主界面

(图 11-67)。可见此预测信息系统占用空间小，无须安装，简便易操作，易于掌握。

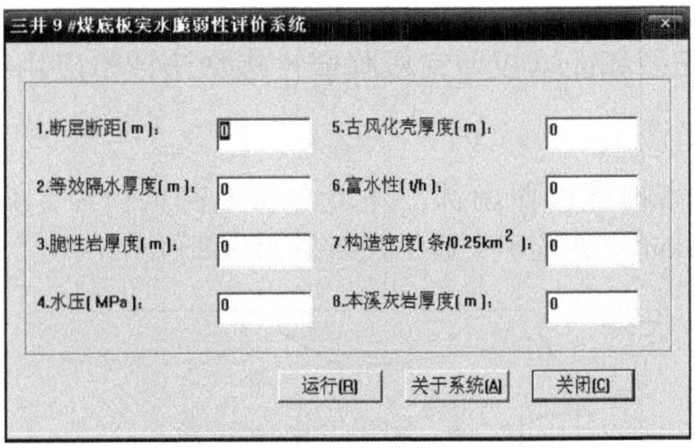

图 11-65 数据输入界面

图 11-66 预测界面

在实际生产过程中，当开采条件随具体情况变动时，应用该预测系统可以随时预测各采区底板突水的脆弱性，例如在对脆弱区进行开采时，如果该区域水压较大，采用疏水降压的方法以降低底板脆弱性，通过此预测系统可以确定疏水降压的程度，以保证生产的安全性，对生产现场的指导具有很重要的现实意义。

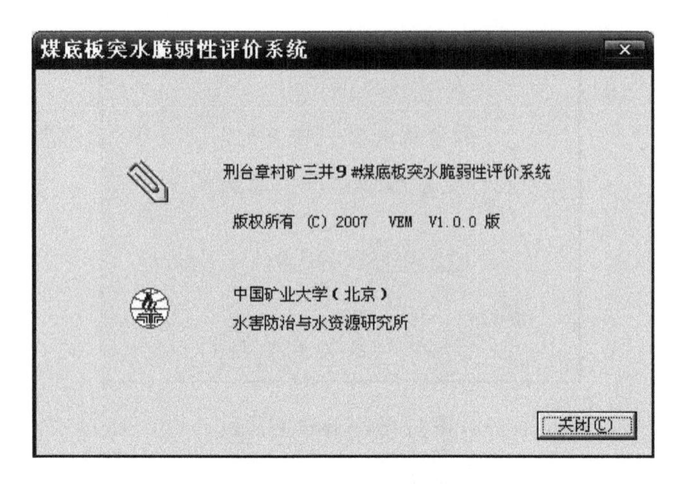

图 11-67 系统说明界面

11.4 基于逻辑回归型和证据权型常权脆弱性指数法评价应用——以九龙矿为例

11.4.1 矿井概况

九龙矿位于河北省邯郸市西南部，井田南北走向长约为 8 km，东西倾斜宽约为 2.5 km，面积约为 20 km^2。九龙矿交通位置如图 11-68 所示。

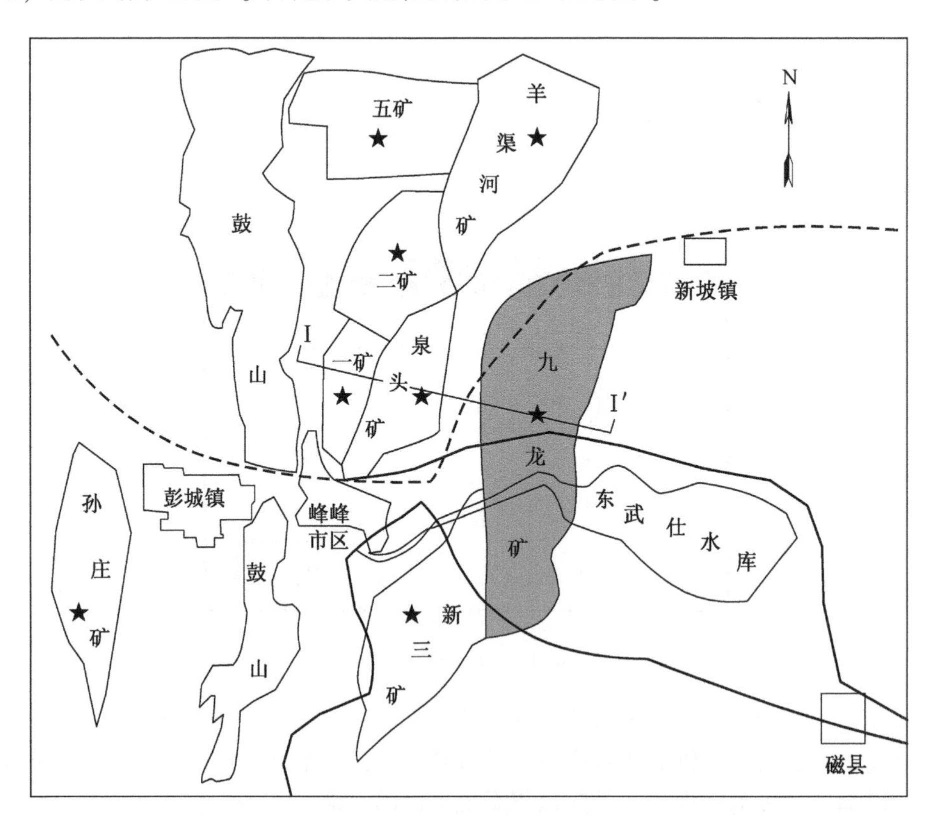

图 11-68 九龙矿交通位置示意图

九龙矿井田西依鼓山，东近华北大平原的西部边缘，为侵蚀堆积类型的缓倾斜山前平原，地表有一定的起伏，以低缓丘陵为其特征。井田内地势西低东高、南低北高，虽发育有较多的冲沟，但一般切割不深，井田内总体地形为四周高而中间低的盆地地形。滏阳河为井田内主要地表水系，源起鼓山奥陶系石灰岩之泉群，自西向东流经本井田。东武仕水库为本井田及附近最大的地表水体，水库大坝距矿井约 5 km。本区历年最高气温为 42.5 ℃，最低气温为零下 21 ℃，年降水量为 300~600 mm，年蒸发量为 1600~2000 mm。

11.4.2 地质条件

1. 地层

九龙口煤矿位于峰峰矿区的东南部，区内多为新生界松散及半固结沉积物覆盖，仅后朴子村一带冲沟内有上石盒子组四段及石千峰组基岩零星出露。钻孔揭露地层包括奥陶系中统峰峰组；石炭系中统本溪组、上统太原组；二叠系下统山西组、下石盒子组，上统上石盒子组、石千峰组；三叠系下统刘家沟组、和尚沟组。

2. 地质构造

九龙矿井田北以 F_9 断层为界，南以 F_{26} 断层为界，西以 F_8 断层为界，东以 2 号煤层-900 m 等高线为人为边界。该矿总体构造形态为一单斜构造，次级褶曲及北东、北北东向断裂比较发育，构造复杂程度中等。矿区构造如图 11-69 所示。

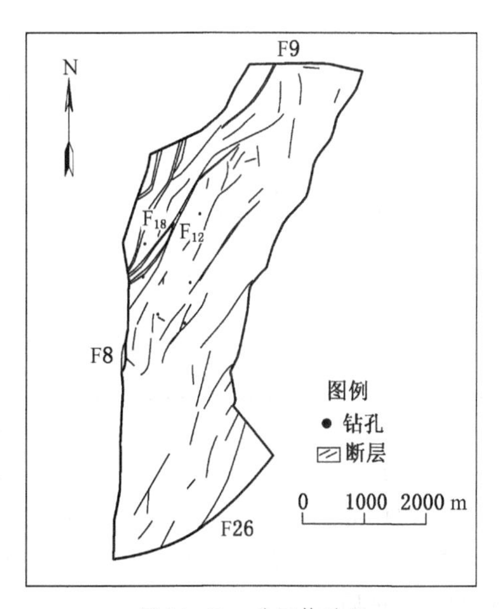

图 11-69 矿区构造图

3. 煤层

区内主要含煤地层为太原组和山西组，含煤地层总厚度平均为 198.89 m，含煤 15~18 层，其中 2 号、4 号、7 号、9 号煤层为全区稳定可采煤层。

11.4.3 水文地质条件

1. 区域水文地质概况

峰峰煤田位于太行山东麓南段，大致呈北北东向条带状分布。在邯郸区域水文地质单元中，九龙煤矿位于黑龙洞泉群岩溶水文地质单元。黑龙洞泉群岩溶水文地质单元地下水径流条件受地势、构造及排泄条件的控制。在地势及岩层产状的控制下，流向基本自西向东。该水文地质单元西部山区基岩裸露，为奥灰岩溶水的主要补给区；在山前附近基岩被第四系覆盖或被煤系地层所覆盖，为奥灰水径流区，地下水的排泄除集中在纸坊至黑龙洞附近以泉水形式排泄外，并有矿坑排水、工农业及生活用水等人工排泄，此外还有少量深部潜流排泄。九龙矿位于纸坊至黑龙洞泉水排泄区的下游，属地下水向深部潜流的滞流区。

本区地下水动态属典型的气象型，地下水补给期基本与大气降水相吻合，雨季水位上升，旱季水位下降；年降水量大，则水位升值大，年变幅大；年降水量小，则水位升值小，年变幅小。

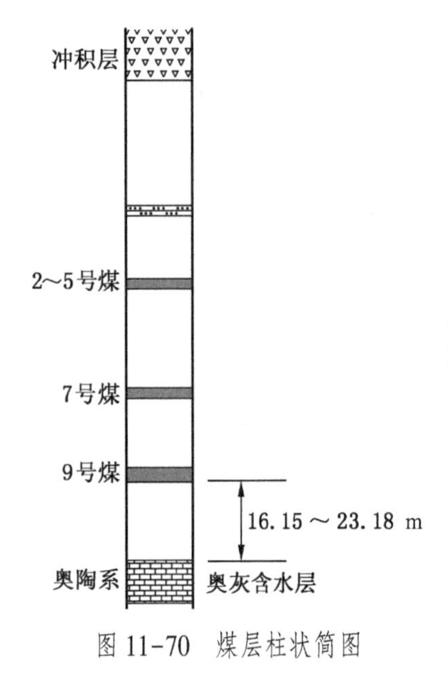

图 11-70 煤层柱状简图

2. 井田水文地质条件

九龙煤矿位于峰峰矿区东部，属隐伏煤田，与矿井采煤有关的含水层自上而下主要有：新生界砂砾岩含水层组、上石盒子组砂岩含水层、下石盒子组砂岩含水层、大煤顶板砂岩含水层、野青灰岩含水层、山伏青灰岩含水层、大青灰岩含水层、奥陶系灰岩含水层。奥灰顶面距 9 号煤层底板平均厚度为 16.15 ~ 23.18 m，是威胁 9 号煤层安全开采的主要充水含水层。煤层柱状简图如图 11-70 所示。

根据峰峰集团有限公司有关资料，奥陶系灰岩含水层主要水文地质特征概括为：①调节储量大，集中补给，长年消耗；②奥灰是以裂隙为主要导水介质的岩溶裂隙含水层；③具有富水性不均一的特点；④奥灰的富水性随着埋藏深度的增加而减弱；⑤奥灰顶部 20~30 m 范围内，裂隙被上覆地层物质所充填；⑥奥灰各组段的富水性差异甚大。奥灰与煤系地层呈假整合接触，正常情况下不发生水力联系，但遇落差较大的断层使之与煤系含水层直接对接时，奥灰便成为煤系含水层的主要补给来源。

九龙矿井北起 F_9 断层，南至 F_{26} 断层，西自 F_8 断层，东为深部边界，整个井田形成四周下降中间隆起的地垒构造，使矿井内各主要含水层与外围含水层基本失去水力联系，大大减少了地下水的补给来源，形成了地下水以静储量为主的水文地质特征，为一封闭较好的水文地质块段。

11.4.4 矿井底板突水规律分析

九龙矿自开采以来，工作面共出现过 14 起突水事故，但从 2002 年开始，突水频率明显增高，而且这几次突水大多表现为大青和奥灰含水层底板裂隙，曾先后 9 次发生底板突水事故。经分析，底板突水存在以下规律：

(1) 矿井突水与断层规模和断层密度相关。九龙矿井田范围内张性断层发育，虽经生产证实，本井田大部分已揭露的断层表现为隔水，但也有导水的。特别是规模大的断层可能会导通大青和奥灰含水层，使其发生水力联系，破坏了底板的完整性，降低了底板的强度，减小了有效隔水层的厚度，可能引发大型突水。并且多次突水地点都揭露有小断层，这些小断层成为主要的导水通道，是最终发生突水的直接诱因。

(2) 一些封堵不良的钻孔引发突水。除底板裂隙突水外，还有几次底板突水是钻孔封堵不良引起的。很多钻孔直接打入了奥灰含水层，如果封堵工作效果不好，可能引起大规模的突水。

(3) 底板突水与承压含水层的厚度、岩溶发育程度以及富水性密切相关。一般情况下含水层厚度越大，岩溶越发育，富水性越强，底板突水的概率越大，反之越小。作为直接充水含水层，奥陶系灰岩厚度大，岩溶发育，且井田内部分区域富水性很强，对底板造成很大的威胁。

(4) 含水层水压和有效隔水层厚度的关系对底板突水的影响很大。有效隔水层较薄、水压较大的区域，比较容易突水。根据生产经验，隔水层厚度对底板突水的抑制作用很大。

11.4.5 煤层底板突水评价的脆弱性指数法

11.4.5.1 底板突水主控因素的确定及数据采集

根据九龙矿矿井水文地质条件和充水特征，并结合矿井已有钻探、物探和化探等地质和水文地质资料，特别在地质构造资料齐全完整的情况下，从充水含水层、底板隔水岩段防突性能、地质构造、矿压破坏发育带和导升发育带五大方面综合分析，确定影响煤层底板突水的六大主要控制因素：①奥灰含水层的水压，②奥灰含水层的富水性，③断层线密度，④断层端点和交点密度，⑤断层规模密度，⑥有效隔水层的等效厚度。

11.4.5.2 各主控因素专题图和属性数据库的建立

1. 各主控因素专题图的建立

1）奥灰含水层富水性专题图

一般在富水区，岩溶裂隙发育，冲洗液消耗量较大，放（供）水孔单位涌水量较大，根据这一特点，在对富水性进行量化时，以单位涌水量为量化指标，生成奥灰含水层富水性专题图如图 11-71a 所示。

2）奥灰含水层水压专题图

由于水压随时间呈动态变化，在建立水压等值线图时，采用近几年水文孔水位的最大观测值作为依据，生成奥灰含水层水压专题图如图 11-71b 所示。

3）断层线密度专题图

断层、裂隙结构面是承压水从煤层底板突出的薄弱面，这些构造带破坏了岩体本身的完整性，易成为导水通道。在做断层线密度专题图时，不仅考虑断层破碎带，也考虑断层影响带，也可称之为断层的缓冲区。断层线密度专题图如图 11-71c 所示。

4）断层交点和端点密度专题图

断层在空间和平面上的展布交叉形成了具有一定发育规律的尖灭点和交叉点，是地应力较为集中的地带。在断层相交与断层的端点处，岩体裂隙发育，导水的可能性增强。在建立断层交点和端点的分布专题图时，考虑断层影响带的影响，如图 11-71d 所示。

5）断层规模密度专题图

断层规模密度综合反映断层的规模和发育程度，是影响煤层底板突水脆弱性的又一指标。断层规模密度越大表明断层的规模越大，发育程度越好，发生突水的可能性也就越大。建立断层规模密度时对应统计分析单元网格为 500 m×500 m，断层规模密度专题图如图 11-71e 所示。

6）有效隔水层等效厚度专题图

隔水层对煤层底板突水起着抑制作用，而隔水层的隔水能力与隔水层的厚度、强度和岩性组合有关。根据煤层底板突水的“下三带”理论，真正起到阻水作用的是有效隔水层，所以首先应确定有效隔水层厚度。在考虑不同岩性的隔水强度时，将有效隔水层中不同岩性岩层厚度折算成相应的等效厚度，再累加生成有效隔水层等效厚度，生成煤层底板隔水层等效厚度专题图如图 11-71f 所示。

2. 属性数据库的建立

利用 GIS 对空间数据的管理功能，将主控因素的属性数据（量化值）输入到计算机中

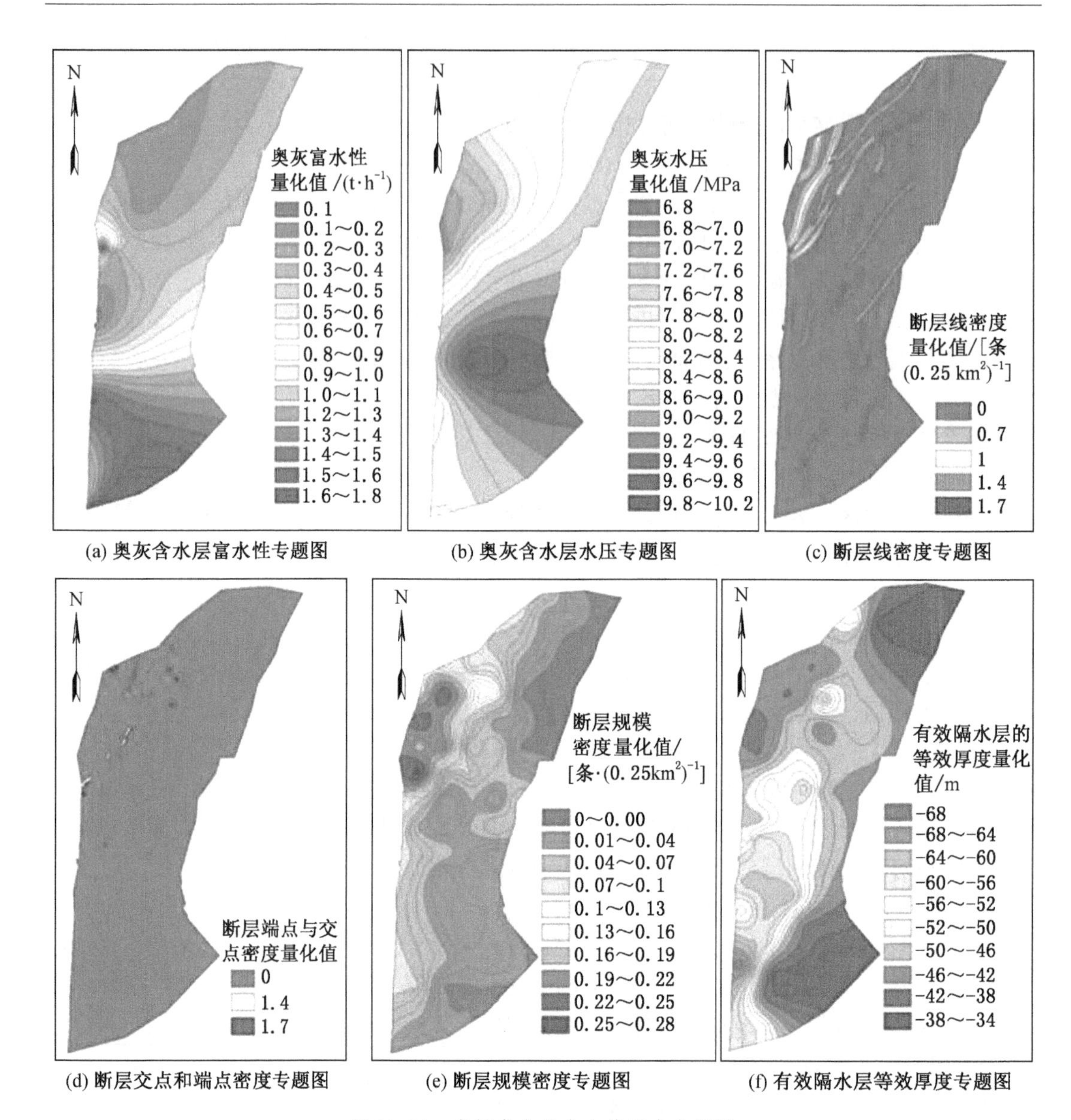

(a) 奥灰含水层富水性专题图　(b) 奥灰含水层水压专题图　(c) 断层线密度专题图

(d) 断层交点和端点密度专题图　(e) 断层规模密度专题图　(f) 有效隔水层等效厚度专题图

图 11-71　底板突水的各主控因素专题图

生成属性数据库，并建立图形与属性数据库之间的关系。各个主控因素的专题图和它们各自的属性数据表是进行底板脆弱性评价的基础，以便用于各主控因素专题图复合叠加、数据的统计和查询。例如，断层规模密度专题图中建立的属性数据库如图 11-72 所示。

11.4.5.3　基于 GIS 的 ANN 型脆弱性指数法评价模型

1. 人工神经网络模型的设计

根据煤层底板突水脆弱性与其主控因素之间复杂的非线性关系，应用 3 层 BP 神经网络进行预测。利用前面生成的奥灰含水层富水性、奥灰含水层水压、断层线密度、断层交点及端点密度、断层规模密度、有效隔水层的等效厚度 6 个主控因素作为 ANN 模型的输入层，设计 13 个隐含层，最终得出 1 个脆弱性指数 *VI* 作为输出层。期间设计 25 个样本点对模型进行训练，用已知的 8 个突水点对模型加以验证，从而得出适合本研究区的 ANN

Attributes of 断层规模密度_Clip

FID	Shape *	量化值	devide	归一值
0	Polygon	0	0	0
1	Polygon	.010000	0	.035700
2	Polygon	.02	0	.071400
3	Polygon	.030000	0	.1071
4	Polygon	.040000	0	.1429
5	Polygon	.050000	1	.1786
6	Polygon	.060000	1	.214300
7	Polygon	.07	1	.25
8	Polygon	.080000	1	.285700
9	Polygon	.090000	1	.321400
10	Polygon	.1	1	.357100
11	Polygon	.11	1	.392900
12	Polygon	.12	1	.428600
13	Polygon	.13	1	.464300
14	Polygon	.14	1	.5
15	Polygon	.150000	1	.535700
16	Polygon	.16	1	.571400
17	Polygon	.17	1	.607100
18	Polygon	.180000	1	.642900
19	Polygon	.19	1	.678600
20	Polygon	.2	1	.714300
21	Polygon	.210000	1	.75
22	Polygon	.22	1	.785700
23	Polygon	.23	1	.821400
24	Polygon	.240000	1	.857100
25	Polygon	.25	1	.892900
26	Polygon	.260000	1	.928600
27	Polygon	.270000	1	.964300
28	Polygon	.28	1	1

Record: 0 Show: All Selected

图 11-72 断层规模密度专题图属性数据库的建立

网络模型。

2. 底板突水脆弱性分区的确定

应用 ArcInfo 的叠加功能，首先将 6 个主控因素的专题层图进行复合叠加，从复合后的信息存储层属性表中读取所需的数据并输入到训练好的 ANN 模型中运算，可分别计算出研究区复合叠加后形成的 10493 个大小和形状不同的单元，得出的脆弱性指数越大，煤层底板突水的可能性也就越大。把网络模型计算出的脆弱性指数进行统计分析，确定分区阈值，再根据分区阈值将所研究的井田区域按照脆弱性大小划分为 5 个等级：①安全区，$VI \leq 0.1$；②较安全区，$0.1 < VI \leq 0.25$；③过渡区，$0.25 < VI \leq 0.5$；④较脆弱区，$0.5 < VI \leq 0.75$；⑤脆弱区，$0.75 < VI \leq 1$。根据分区阈值，应用 ArcInfo 生成研究区煤层底板突水脆弱性指数法的评价分区图如图 11-73a 所示。

将井田内的 8 个突水点及 8 个安全点与生成的煤层底板突水脆弱性预测分区图进行拟合，安全区的拟合是通过科学分析和借鉴实际生产经验来完成的。从拟合分析图（图 11-73a）可以看出，8 个突水点中有 7 个落在了脆弱区和较脆弱区，而 8 个安全点全部落在了安全区和较安全区，拟合率为 93.75%，达到要求，生成的煤层底板突水脆弱性预测分区评价图准确度较高，预测结果比较理想。

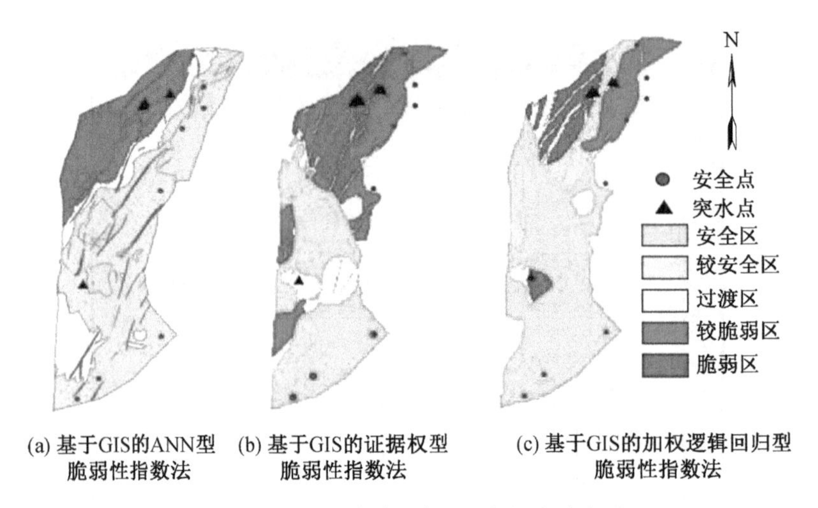

图 11-73 3 种模型评价分区和拟合对比图

11.4.5.4 基于 GIS 的证据权型脆弱性指数法评价模型

1. 证据权模型的建立

应用证据权法进行煤层底板突水评价过程中，首先将研究区内已知突水点根据证据权方法按照一定面积进行网格划分，生成具有面积属性的训练图层或底板突水网格图层；然后分析煤层底板突水的主控因素，将前面生成的 6 个主控因素作为证据层，并对这些证据层进行预处理，将其转化为分类数据，形成证据专题图层；将各证据因子的专题图层分别与训练图层进行叠加，计算每个证据图层的先验概率及权重，并对证据图层关于煤层底板突水条件的独立性进行检验，根据前验概率及权重，筛选出最合理的证据因子专题图层；进行后验概率计算，最后根据后验概率计算的结果确定煤层底板危险突水区。

2. 煤层底板突水脆弱性分区的确定

根据不同区域的后验概率值生成煤层底板突水后验概率评价分区图，然后将后验概率按照 1 倍的标准差进行重新分类，得到煤层底板突水脆弱性分区图。大于 3 倍标准差的后验概率值大于 0.83，8 个突水点中有 6 个落在此区域内，可被认为是突水发生的高危险区，即脆弱区；在 2~3 倍标准差之间的后验概率是 0.591~0.83，该区域可被认为是较脆弱区；在 1~2 倍标准差之间的后验概率是 0.352~0.591，该区域可看作是过渡区；在 0~1 倍标准差之间的后验概率是 0.112~0.352，该区域是较安全区；后验概率小于 0.112 的区域可看作是安全区如图 11-73b 所示。

将前期预定的井田内 8 个突水点及 8 个安全点与生成的煤层底板突水脆弱性预测分区图进行拟合，从拟合分析图（图 11-73b）可以看出，8 个突水点有 7 个落在脆弱区和较脆弱区，1 个落在过渡区；而 8 个安全点有 6 个落在安全区和过渡区，2 个落到较脆弱区，拟合率为 81.25%，也达到要求，生成的煤层底板突水脆弱性预测分区评价图准确度较高，预测结果比较理想。

11.4.5.5 基于 GIS 的逻辑回归型脆弱性指数法评价模型

应用加权逻辑回归方法预测煤层底板突水，仍以影响煤层底板突水的 6 个因素作为影响变量，以 ArcView GIS 作为平台，应用 ARCSDM 系统的加权逻辑回归模块进行计算。

根据以上计算的结果，得出各个证据层各个分类值的统计量和后验概率值，以及显著性水平和相应的 T 检验值。根据不同区域的后验概率值生成煤层底板突水后验概率评价分区图，然后根据其频率累计直方图和标准差将后验概率图分区，得到煤层底板突水脆弱性分区图。如图 11-73c 所示，后验概率值大于 0.273 的区域，8 个突水点中有 7 个落在此区域内，可被认为是突水发生的高危险地区，即脆弱区；后验概率值在 0.233~0.273 的区域，该区域出现一个突水点，可被认为是较脆弱区；后验概率值在 0.015~0.233 的区域，可被看作是过渡区；后验概率值在 0.005~0.015，该区域是较安全区；后验概率值小于 0.005 的区域可看作是安全区。

将前期预定的井田内 8 个突水点及 8 个安全点与生成的煤层底板突水脆弱性预测分区图进行拟合。从拟合分析图（图 11-73c）可以看出，8 个突水点有 7 个落在脆弱区，1 个落在较脆弱区；8 个安全点中有 6 个落在安全区和过渡区，有 2 个落在较脆弱区，拟合率达到 87.5%，也达到了要求，生成的煤层底板突水脆弱性预测分区评价图准确度较高，预测结果比较理想。

11.4.5.6 评价结果分析

从脆弱性评价分区和拟合图（图 11-73）可以看出，脆弱区主要为红色区域，3 种方法的评价结果基本都指向了采区的西北区域。该区域主要是水压较大，富水性强，隔水层厚度相对较小；断层相当发育，发育有 F_{15}、F_{19}、F_{20} 等多条大断层，并且多条大断层在这一区域相交或尖灭，断层规模密度很大，所以是突水易发区。在开采时均需采取适当措施防止突水发生。

较脆弱区主要分布在矿区北部偏中部的橙色（或紫色）区域，该区域水压和富水性较大，隔水层以薄层为主，另外部分区域断裂构造比较发育，断层规模密度也相对较大，所以突水的可能性较大。开采时需注意观察突水征兆，防患于未然。

过渡区主要分布在井田东部和中部的黄色区域，该区域构造不是太发育，水压和富水性中等，但是隔水层厚度较薄，并且也发育有一些小断层，也有可能与北部的大断层导通，所以该区域也有突水的可能。

较安全区位于井田中部和西南小部分的浅绿色（或蓝色）区域，该区域富水性不是很强，水压较小，隔水层厚度较大，正常开采一般不会发生突水。

安全区主要是矿区东南部的深绿色区域，该区隔水层厚度大，水压和富水性都比较小，且断层不发育，在正常开采时一般不会发生突水。

通过脆弱性评价分区和拟合图（图 11-73），可以很直观地进行底板突水脆弱性空间分析，评价分区图反映了各主要控制因素对底板突水的影响，评价结果与理论分析基本一致，因此评价结果是可信的。

11.4.6 评价对比分析

1. 脆弱性指数法比较分析

研究采取了 3 种脆弱性指数法进行煤层底板突水危险性评价，分别是基于 GIS 的 ANN 型脆弱性指数法、基于 GIS 的证据权型脆弱性指数法、基于 GIS 的加权逻辑回归型脆弱性指数法。通过不同的算法和实现方法，分别利用 3 种评价方法对峰峰九龙矿区影响煤层底板突水的各主控因素进行分析，得出煤层底板突水脆弱性分区图（图 11-73）。通过对 3 种脆弱性指数法进行分析比较，可以得出：

（1）脆弱区基本都分布在井田的西北部，在图中都以红色显示；较脆弱区分布也基本一致，都在井田的北部偏中地区，在图中以紫色显示；但是从过渡区到安全区的分区范围，3 种评价模型得出的结果有一定的差异。

（2）ANN 模型关于断层对底板突水影响的描述较其他两种方法更准确，将断层线、端点及交点的位置和断层规模较大的区域都判定为脆弱区，显示了断层对底板突水影响较大；而证据权模型将发育规模较大的断层和缓冲区划定为较危险区；逻辑回归模型对于断层的刻画不太准确，将断层线及缓冲区划定为较安全区，明显与实际情况不符。因此，从断层对底板突水的影响方面分析，ANN 模型评价结果最为理想，证据权模型次之，而逻辑回归模型与实际不符，对断层的影响判断不够准确。

（3）从图 11-73 可以看出，ANN 模型对于突水危险点与安全点的拟合要比证据权法和逻辑回归方法准确。在 ANN 模型中，16 个拟合点中有 15 个落在了目标区域，拟合率达到了 93.75%；证据权模型中，16 个拟合点中有 13 个落在了目标区域，拟合率为 81.25%；逻辑回归模型中 16 个拟合点中有 14 个落在了目标区域，拟合率为 87.5%。因此，从突水点对于突水的验证角度来看，ANN 模型要优于证据权模型和逻辑回归模型。

（4）从总体评价结果来看，ANN 模型对于各个主控因素的综合考虑要优于证据权模型和逻辑回归模型。ANN 模型通过多级映射，将各个主控因素中的点、线、面对于研究区域的影响全部分析处理，最终得出各因素的影响权重；而证据权模型和逻辑回归模型在考虑各因素的影响权重时，更多考虑了面积元素，关于断层线密度和断层交点及端点密度等点线状要素对目标值的影响考虑较少。因此，ANN 模型对于煤层底板突水的评价预测更为全面客观，而证据权模型和逻辑回归模型更适合应用在构造不是特别发育，各主控因素都是面积元素控制并且有较多验证突水点的地区。

2. 脆弱性指数法与突水系数法的比较

突水系数即单位隔水层厚度所承受的水压，而临界突水系数则是单位隔水厚度所能承受的最大水压。应用突水系数法对 9 号煤层底板奥灰突水进行评价，因研究区构造发育，临界突水系数值取 0.06 MPa/m，突水系数小于 0.06 MPa/m 的区域划定为安全区，大于或等于 0.06 MPa/m 的区域划定为危险区，生成突水系数法预测分区图如图 11-74 所示。

将脆弱性指数法评价结果图与传统底板突水系数法评价分区图进行比较可以看出，突水系数法预测精度差，且从安全区到脆弱区没有明显的过渡区域，这显然是不符合实际地质情况的。主要表现在以下 5 个方面：

（1）对于研究区中断层以及其周围区域的脆弱性评价方面，在突水系数法评价分区图中，无法准确地表现出来，特别在断层周边；而在脆弱性指数法评价图中，反映比较明显，在断层分布区与其周围区域有一个相对的过渡区，评价结果更接近实际。

（2）对于研究区西北部的脆弱性评价方面，由突水系数法评价图可以看出，该区域处在脆弱区，而在脆弱性指数法评价中该区域则处在过渡区。这主要是突水系数法考虑因素相对较少，没有考虑含水层富水性对突水的影响，而该区域奥灰顶部古风化壳厚度较薄，所以也会有可能发生突水，将其划为过渡区较为合理。

（3）对于研究区东北部区域方面，在突水系数法评价中主要为危险区，而在脆弱性指数法评价中主要为较脆弱区和过渡区。该区总体上水压中等，隔水层厚度中等，但是断层在该区域不发育，综合考虑，将该区评价为较脆弱区较为合理。

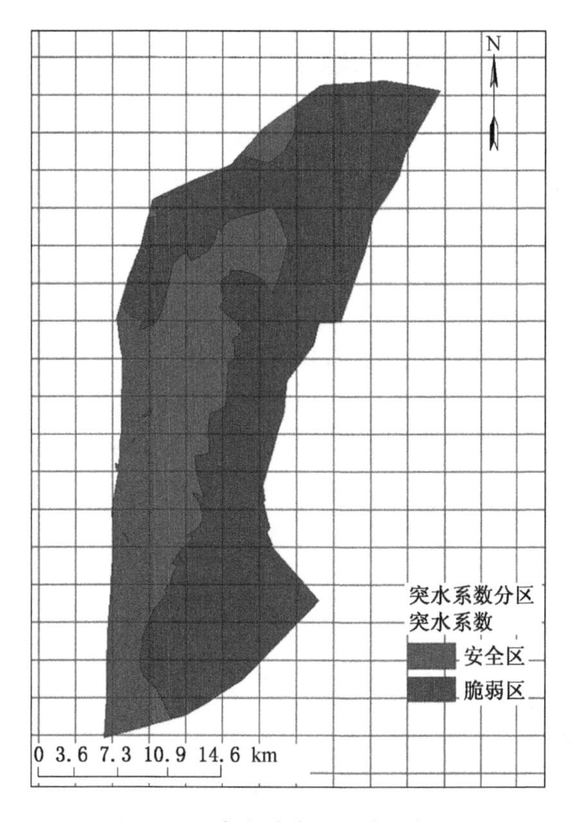

图 11-74 突水系数法预测评价分区

(4) 对于研究区东南部的脆弱性评价方面，在突水系数法评价中为脆弱区，而在脆弱性指数评价法中该区域大多被划分为安全区或者过渡区。该区域隔水层相对较厚，而奥灰富水性相对较强，所以将该区划为较安全区或过渡区更为科学。

(5) 对于研究区中部地区的脆弱性评价方面，在突水系数法评价中为安全区，而在脆弱性指数评价法中该区域被划分为过渡区或者较脆弱区。该区域隔水层厚度中等，富水性和水压也属中等，但是该地区有一些小断层发育，极有可能与位于其北部的脆弱区的大断层发生导通，也是有突水可能的。因此，该区域划分为过渡较为合理。

可见，由于考虑因素过少，突水系数法不能反映在多种因素的综合影响下各个区域的危险性，而脆弱性指数法则能够反映在多种因素的综合影响下各个区域的脆弱性。因此，煤层底板突水评价预测中，基于 GIS 的脆弱性指数法技术是一套完整的、行之有效的工作方法，通过对预测结果的对比分析可知，这种预测方法优于传统突水系数法。

11.5 基于变权脆弱性指数法评价应用——以王家岭矿为例

山西王家岭矿于 2010 年 3 月 28 日发生了 153 人被困井下的透水事故，经 8 天 8 夜的全力抢救，115 人成功获救，38 人死亡。王家岭煤矿位于山西省西南部，地处黄土高原的最南端，西临黄河，位置基本属于黄河中游峡谷区的下游。整个研究区的形状呈现西南-东北狭长形，矿区面积约 119.7109 km^2。由于该矿 10 号煤层底板与奥灰含水层间隔较小，且该区域局部地段构造发育，因此准确评价奥灰含水层对 10 号煤层的威胁，对指导 10 号煤层的安全高效开采具有重要意义。王家岭矿区属于禹门口泉域系统，奥陶系灰岩水大体由东北流向西南，而含煤地层的倾向与流向相反，含煤地层与岩溶水的流场叠置关系属于典型的单斜逆置型。本次研究以该矿10号煤层底板奥灰含水层突水危险性评价为例，采用AHP确定各主控因素权重，然后引入变权模型，通过建立状态变权向量来确定各因素指标值对应的动态权重，最后运用分区变权理论对王家岭矿10号煤层底板奥灰含水层突水脆弱性进行分区评价。

11.5.1 矿区概况

王家岭煤矿地处山西省乡宁县西南部，南侧与河津市接壤，矿区西边界距离黄河较近，黄河对岸即为陕西省韩城矿区，行政区划隶属乡宁县。井田西起枣岭乡南岭、杨家圪垛、上西村一线，东至西交口乡岭东、傲顶村一线，北起昌宁镇张马、柳阁原村一线，南至枣岭乡前安、古涧、岭上村一线。王家岭煤矿范围如图11-75所示。

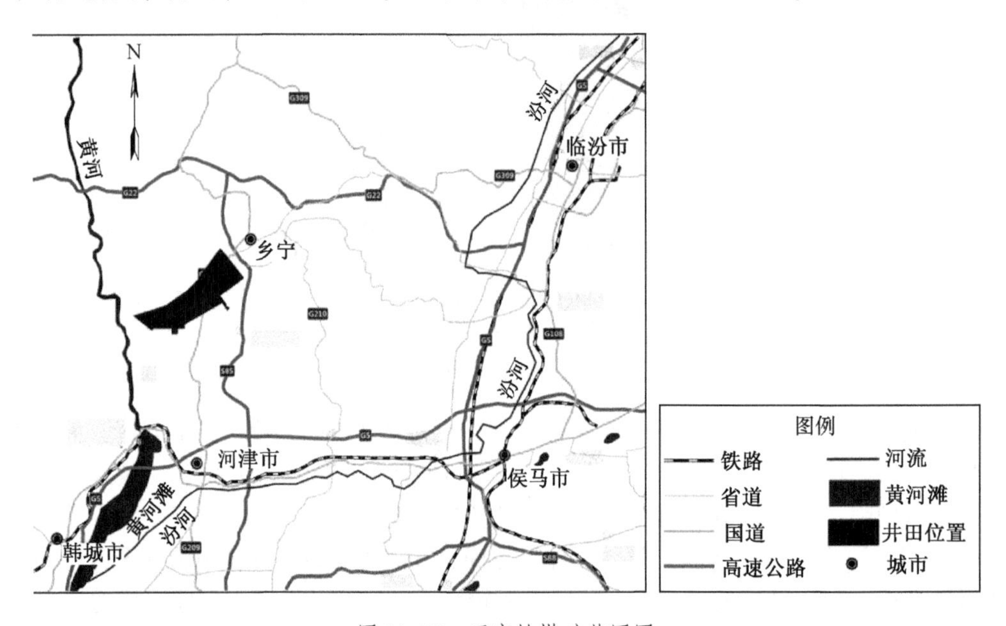

图11-75 王家岭煤矿范围图

矿区地处黄土高原，其特殊的地域导致该地区气候往往发生较明显的变化，该区域气候类型为半干旱大陆性季风型气候。降水多主要集中在第三季度，降水时间分布极不均匀，多年平均降水量为567.2 mm，最大和最小年降水量分别为767.4 mm、385.4 mm，最大年蒸发量达到2346.4 mm，土的上冻深度可以达到61 cm。井田内地表水属黄河流域，鄂河、顺义河水系。黄河在井田的西部边界之外自北向南经过，区内均为季节性河流。顺义河由东北向西南流经本井田的中西部，鄂河由东向西流经本井田的东北部。

11.5.2 地质和水文地质条件

11.5.2.1 地质条件

1. 地层

该井田大部分地段均发育有第四系黄土，但在少量地段由于受到沟谷的影响，往往会露出二叠系的上、下石盒子组地层。依据以往地质资料，研究区地层主要有：奥陶系、石炭系、二叠系、第四系（由老至新）。井田内煤层大部分都位于本溪组、太原组和山西组，其中可采煤层主要分布在太原组和山西组。其中2号和10号煤层厚度比较稳定，储量比较可观，为本区的主要开采煤层，本次研究的10号煤层位于太原组下段K2石灰岩之下，为本区的主要可采煤层。

2. 地质构造

该井田的构造属于断层与褶曲共生的复合形式。综合来看，王家岭矿处于一个单斜构造的一翼，该单斜构造倾向为北偏西，此外次一级的褶皱发育在此单斜构造的基础上，同时发育次一级断层，断层以正断层为主。地层倾角多为5°~10°，但是局部地区倾角最大可以达到37°。研究区内陷落柱极少发育，目前尚未发现有岩浆岩侵入的现象。由于研究区内部的构造相对不太复杂，因此地层相对比较完整。目前井田内发现褶皱两条，即S1背斜和S2向斜；井田内发现断裂103条（均为正断层），其中以往地面填图发现断层1条，解释断层71条，井下巷道工作面揭露断层31条。目前井田领域内尚未发现有岩浆岩。井田地质构造纲要图如图11-76所示。

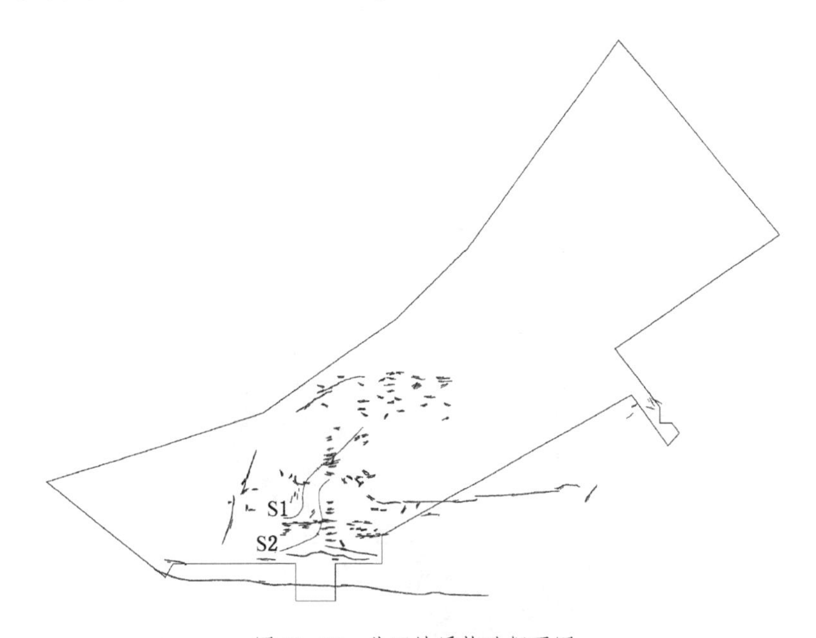

图11-76 井田地质构造纲要图

11.5.2.2 水文地质条件

王家岭井田位于禹门口泉岩溶水系统西部径流区，禹门口泉岩溶水系统从补给、径流至排泄构成完整的水文地质单元。研究区内主要有奥陶系灰岩含水层、太原组灰岩含水层、二叠系砂岩含水层、第四系孔隙含水层，含水层与煤层的位置关系如图11-77所示，本次研究的10号煤层位于太原组K2灰岩底部，其中奥灰顶界面距10号煤层底板约29.32 m，由于两者相距较近，因此奥灰含水层是影响10号煤层安全开采的最大威胁。

11.5.3 带压区的分析与确定

通过比较奥灰水位标高与10号煤层底板标高的关系，最终确定10号煤层开采奥灰带压区，奥灰带压分区如图11-78所示。

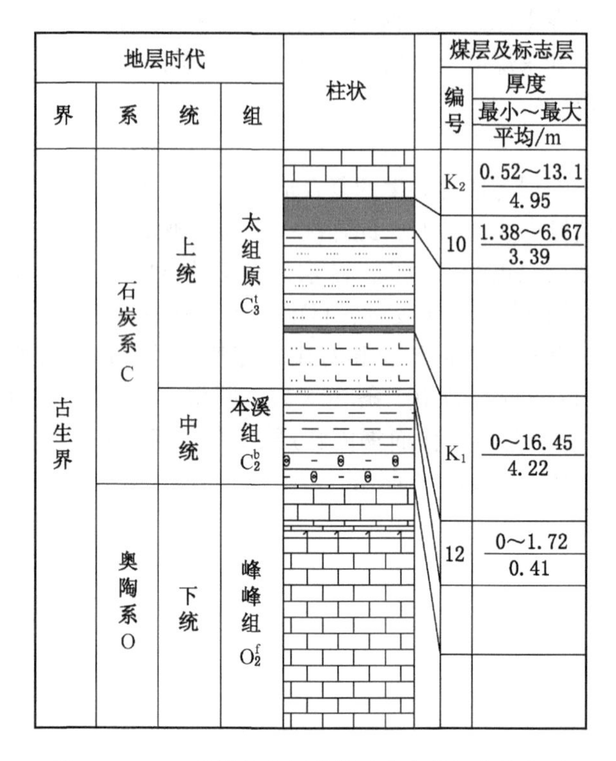

图 11-77　10 号煤层底板地层及含水层概化柱状图

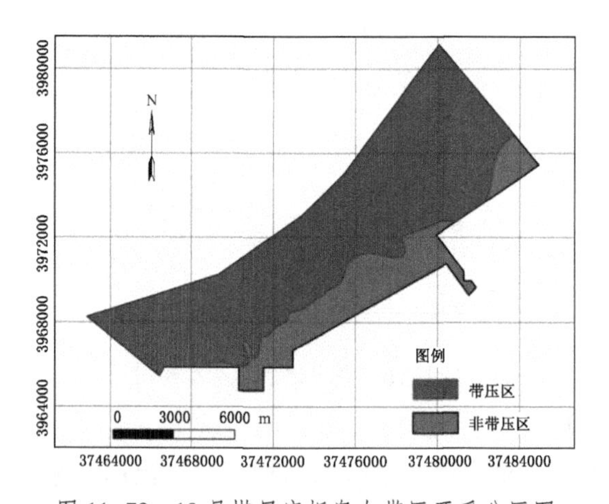

图 11-78　10 号煤层底板奥灰带压开采分区图

11.5.4　10 号煤底板奥灰突水主控因素研究

通过对王家岭矿区域水文地质条件、矿井水文地质条件以及地质条件的分析研究，主要从底板含水层、隔水层以及构造情况 3 个方面对影响研究区 10 号煤层底板突水的主要因素进行分析，最终确定了含水层富水性、含水层水压、有效隔水层等效厚度、煤层底板矿压破坏带以下脆性岩厚度、古风化壳隔水性、断层与褶皱轴分布、断层与褶皱轴交端点分布、断层规模指数 8 个因素为影响王家岭矿 10 号煤层底板突水的主要控制因素。

11.5.5　底板突水各主控因素专题图建立

在确定个主控因素之后，首先在收集的资料中提取各主控因素的数据，并利用 Surfer

的插值功能和 GIS 的空间分析功能对数据进行量化处理，然后建立各主控因素专题图层（图 11-79）。由于该区域奥灰顶界面存在古风化壳，因此本次研究认为不存在奥灰承压水导升带；对于矿压破坏带深度的计算，由于没有研究区实测数据，因此采用经验公式进行计算；研究区内断层较多，但分布不均，因此在断层较发育的区域按 100 m×100 m 单元网格进行剖分，在断层不发育的区域按 500 m×500 m 单元网格进行剖分。

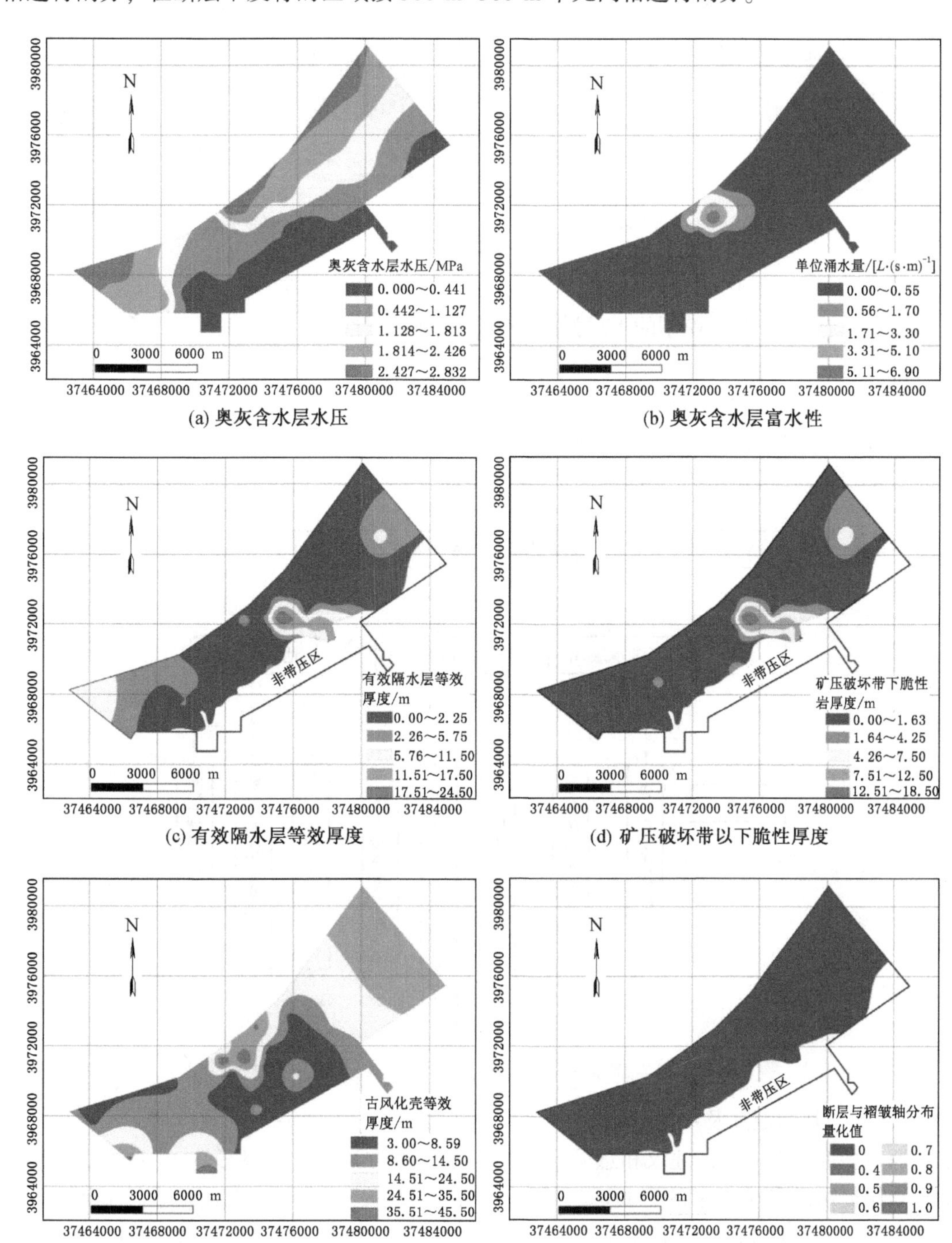

(a) 奥灰含水层水压 (b) 奥灰含水层富水性

(c) 有效隔水层等效厚度 (d) 矿压破坏带以下脆性厚度

(e) 古风化壳等效厚度 (f) 断层与褶皱轴分布

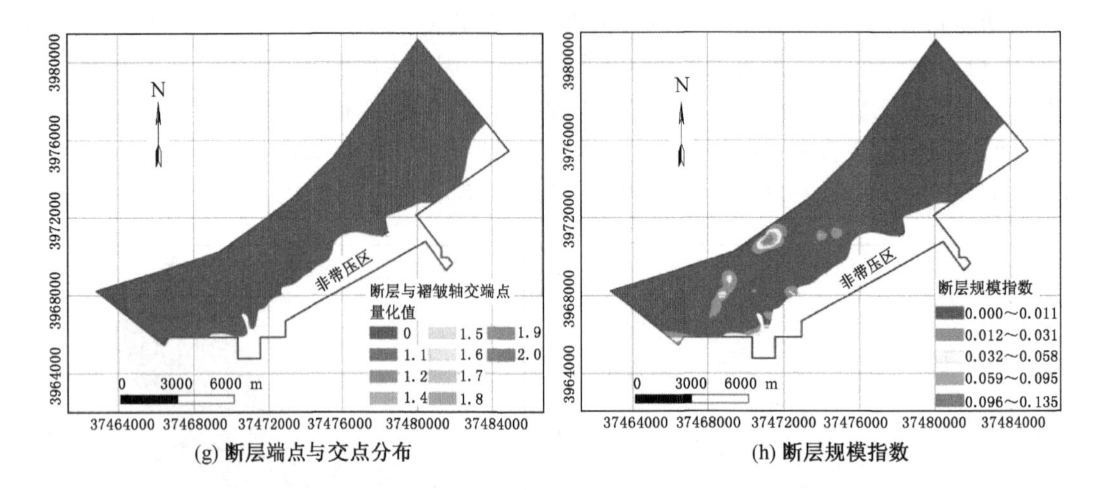

(g) 断层端点与交点分布　　(h) 断层规模指数

图 11-79　影响 10 号煤层底板奥灰突水的各主控因素专题层图

11.5.6　基于 AHP 常权模型的 10 号煤层底板突水脆弱性评价

1. 层次分析法模型设计

1）建立层次结构分析模型

通过以上分析研究，结合对该研究区水文地质条件以及地质条件的分析，最终确定将研究对象划分为 A、B、C3 个层次（图 11-80）。

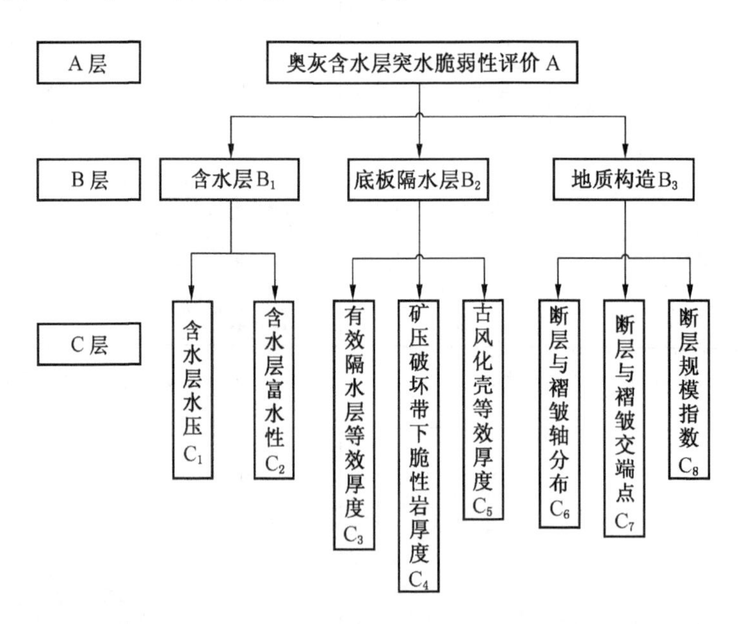

图 11-80　10 号煤层底板奥灰突水脆弱性评价层次分析结构模型

2）建立判断矩阵及一致性检验

通过咨询相关专家的建议和意见，依照 1~9 标度方法，对最终影响 10 号煤层底板奥灰含水层突水的各个因素的“贡献”大小分别进行比较，以此为基础来建立各个层次的判断矩阵（表 11-14~表 11-16），并最终计算出各层单排序的权重，即表 11-17 中的 W 列。

表 11-14 判断矩阵 $A-B_i(i=1\sim3)$

A	B_1	B_2	B_3	$W(A/B)$
B_1	1	1	2	0.4111
B_2	1	1	1	0.3278
B_3	1/2	1	1	0.2611

$\lambda_{max}=3.0537$，$CI_1=0.02685$，$CR_1=0.0516<0.1$。

表 11-15 判断矩阵 $B_1-C_i(i=1\sim2)$

B_1	C_1	C_2	W
C_1	1	3/2	0.6
C_2	2/3	1	0.4

$\lambda_{max}=2$，$CI_{21}=0$，$CR_{21}=0<0.1$。

表 11-16 判断矩阵 $B_2-C_i(i=3\sim5)$

B_2	C_3	C_4	C_5	W
C_3	1	3	4	0.6232
C_4	1/3	1	1/2	0.2395
C_5	1/4	1/2	1	0.1373

$\lambda_{max}=3.0183$，$CI_{22}=0.00915$，$CR_{22}=0.0176<0.1$。

表 11-17 判断矩阵 $B_3-C_i(i=6\sim8)$

B_3	C_6	C_7	C_8	$W(B_1/C_i)$
C_6	1	3	4	0.6327
C_7	1/3	1	1	0.1924
C_8	1/4	1	1	0.1749

$\lambda_{max}=3.0092$，$CI_{23}=0.0046$，$CR_{23}=0.0089<0.1$。

建立判断矩阵之后，首先对建立的判断矩阵是否具有一致性进行判定，根据判定原则，当各组矩阵的 CR 值都小于 0.1 时，则认为建立的判断矩阵是合理的。从表 11-14~表 11-16 所列出的数据可以看出，本次所构造的判断矩阵均可以通过一致性检验。

在完成层次单排序基础上，下一步就需要完成 $A\sim C$ 层的层次总排序，见表 11-18。

表 11-18 各指标对总目标的权重

A/C_i	B_1/0.32748	B_2/0.4126	B_3/0.25992	$W(A/C_i)$
C_1	0.6			0.2467
C_2	0.4			0.1644
C_3		0.6232		0.2043
C_4		0.2395		0.0785
C_5		0.1373		0.045
C_6			0.6327	0.1652
C_7			0.1924	0.0502
C_8			0.1749	0.0457

W^{A/C_i} 则作为最终决策依据，从而最终确定出 8 个影响 10 号煤层底板奥灰突水的主控因素的权重值（表 11-19）。

表 11-19 影响底板突水各主控因素的权重

影响因素	含水层水压（W_1）	含水层富水性（W_2）	有效隔水层等效厚度（W_3）	矿压破坏带以下脆性岩厚度（W_4）	古风化壳等效厚度（W_5）	断层与褶皱轴分布（W_6）	断层与褶皱交端点布（W_7）	断层规模指数（W_8）
权重 W_i	0.2467	0.1644	0.2043	0.0785	0.045	0.1652	0.0502	0.0457

2. 基于 AHP 常权模型的 10 号煤层底板突水脆弱性评价

1）数据归一化及各主控因素归一化专题图层的建立

由于各主控因素的量纲不同，因此在脆弱性评价前应首先消除各主控因素的量纲，这样不同主控因素之间才具有可比性。消除量纲采取归一化的方法，由于各主控因素与底板突水的相关性不同，有的主控因素为正相关因素，如含水层的水压、含水层的富水性、断层与褶皱轴分布、断层与褶皱交端点、断层规模指数；有的主控因素为负相关因素，如古风化壳等效厚度、有效隔水层等效厚度、矿压破坏带以下脆性岩厚度。因此在归一化的过程中应首先确定主控因素与底板突水的相关性，对于正相关因素则采取极大值法进行归一化，负相关因素则采取极小值法进行归一化，对于断层与褶皱轴分布以及断层与褶皱轴交端点分布采用特征值法进行归一化。

2）脆弱性评价模型建立以及信息融合

根据 AHP 确定的常权权重，建立基于常权的脆弱性指数法评价模型：

$$VI = \sum_{k=1}^{n} W_k \cdot f_k(x, y) = 0.2467f_1(x, y) + 0.1644f_2(x, y) + 0.2043f_3(x, y) + 0.0785f_4(x, y) + 0.045f_5(x, y) + 0.1652f_6(x, y) + 0.0502f_7(x, y) + 0.0457f_8(x, y)$$

式中 VI——脆弱性指数；

W_k——主控因素权重；

$f_k(x, y)$——单因素影响值函数；

x, y——地理坐标；

n——影响因素的个数。

然后利用 GIS 对各主控因素处理为无量纲的图层进行分析加工，根据不同的属性形成新的拓扑关系，进而进一步确定各区段脆弱性指数的单元个数。

3）煤层底板突水脆弱性评价分区

应用自然分级法对各区段单元的脆弱性指数频率统计图进行研究，确定 10 号煤层底板奥灰突水脆弱性评价分区阈值分别为：0.34、0.41、0.47、0.54 煤层底板脆弱性指数频数直方图如图 11-81 所示。脆弱性指数的大小直接可以反映出突水的可能性大小。根据分区阈值将研究区域划分为 5 个区域：

$VI \geq 0.54$ 煤层底板突水脆弱区

$0.47 < VI \leq 0.54$ 煤层底板突水较脆弱区

$0.41 < VI \leq 0.47$ 煤层底板突水过渡区

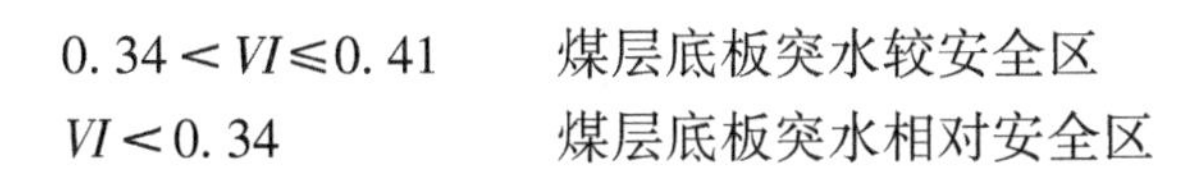

0.34 < VI ≤ 0.41　　煤层底板突水较安全区

VI < 0.34　　煤层底板突水相对安全区

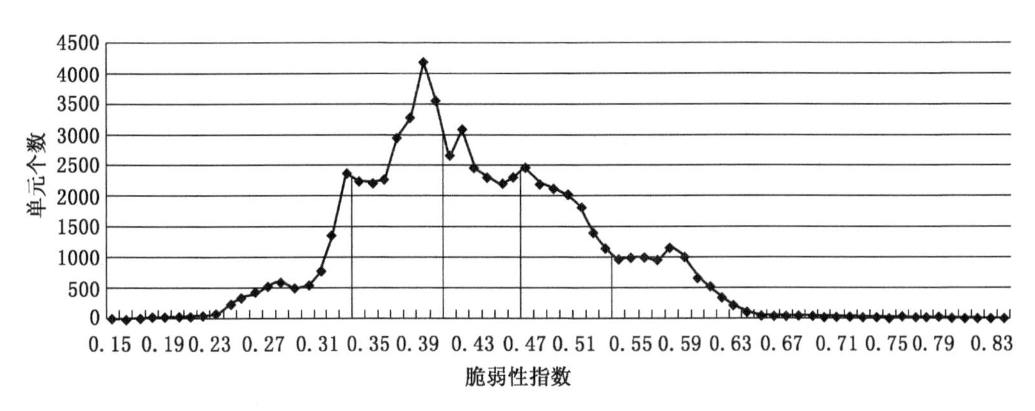

图 11-81　煤层底板脆弱性指数频数直方图

确定分区阈值之后，就可以得出最终的王家岭煤矿 10 号煤层底板奥灰突水脆弱性评价分区图（图 11-82）。由于该矿 10 号煤层还未开采，因此随机选取 10 个点对评价结果进行拟合验证，最终选取的 10 个拟合点全部与实际相吻合，拟合率达到 100%。因此脆弱性评价分区可信度较高，评价结果比较理想。

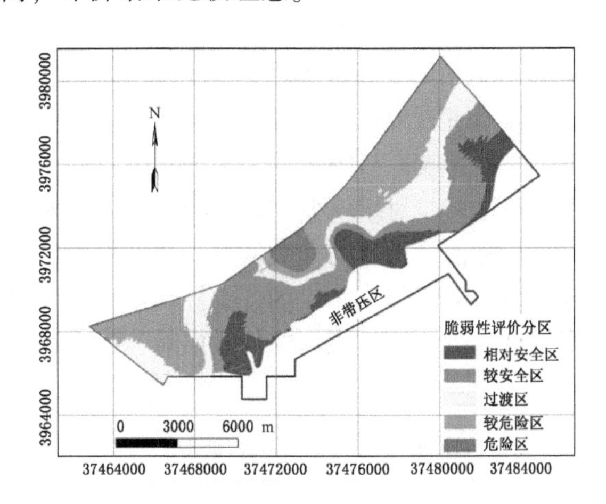

图 11-82　煤层底板脆弱性指数法评价分区

由图 11-82 可知，王家岭 10 号煤层底板奥陶系灰岩含水层突水的危险性可以划分为 5 个不同的等级。总体来看，研究区西部以及中北部 10 号煤层发生奥灰突水的可能性较大，而研究区南部及东南部煤层底板奥灰发生奥灰突水的危险性相对较小。

11.5.7 基于分区变权模型的 10 号煤层底板突水脆弱性评价

1. 分区状态变权向量的构建

根据煤层底板突水变权评价特点，变权模型应能够更确切地反映各主控因素指标值突变对评价结果的影响。根据指标值与底板突水的正负相关性，分别采取“惩罚”和“激励”措施，以进一步突出或削弱其对底板突水的影响。本次研究确定的状态变权向量数学模型如下，状态变权向量曲线如图 11-83 所示。

$$S_j(x)=\begin{cases}e^{a_1(d_1-x)}+c-1 & x\in[0,\ d_1)\\ c & x\in[d_1,\ d_2)\\ e^{a_2(x-d_2)}+c-1 & x\in[d_2,\ d_3)\\ e^{a_3(x-d_3)}+e^{a_2(d_3-d_2)}+c-2 & x\in[d_3,\ 1]\end{cases}$$

其中 a_1、a_2、a_3、c 为待确定的参数，d_1、d_2、d_3 为主控因素的变权区间阈值。

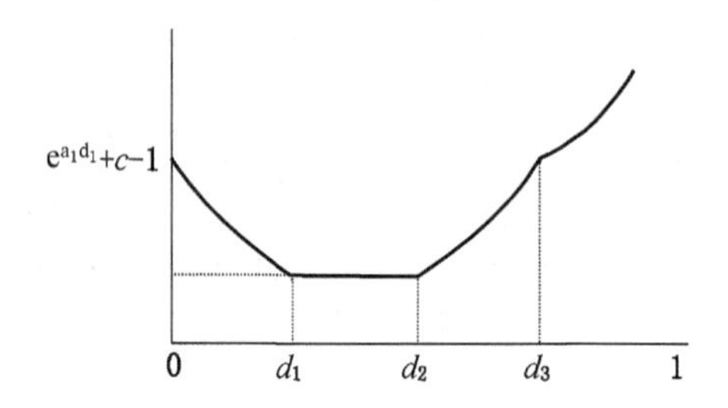

图 11-83 不同主控因素的状态变权向量

由于不同的指标对底板突水的贡献是不同的，因此将状态值分为 4 个区间，即强激励区间 $[d_3,\ 1]$、初激励区间 $[d_2,\ d_3)$、不惩罚不激励区间 $[d_1,\ d_2)$、惩罚区间 $[0,\ d_1)$。

2. 各主控因素变权区间和调权参数的确定

本次评价运用动态聚类中的 K-均值聚类法对因素指标值进行分析，聚类方法按照 K-均值聚类算法选择迭代分类，根据构建的变权模型需要，确定分类类别为 4 类，进而对含水层水压、隔水层厚度等 8 个影响底板突水的因素分别进行分区，得到各个主控因素的指标值分类临界值，取平均后进一步可求取变权区间阈值。对于断层分布、断层与褶皱交端点分布两个主控因素，其指标值是固定的且数值少，在评价中结合以往的应用经验来确定这两个因素的变权区间阈值。最终得到相应的各主控因素变权区间见表 11-20。

研究中经过反复分析调试，当达到理想的变权效果时，$a_1=0.6923$、$a_2=0.8234$、$a_3=0.4681$、$c=0.5216$。

表 11-20 各主控因素变权区间

主控因素 \ 变权区间性质	惩罚区间	不激励不惩罚区间	初激励区间	强激励区间
含水层水压	$0.208>x\geq0$	$0.381>x\geq0.208$	$0.623>x\geq0.381$	$1\geq x\geq0.623$
煤层底板有效隔水层等效厚度	$0.469>x\geq0$	$0.755>x\geq0.469$	$0.939>x\geq0.755$	$1\geq x\geq0.939$
矿压破坏带以下脆性岩厚度	$0.405>x\geq0$	$0.723>x\geq0.405$	$0.919>x\geq0.723$	$1\geq x\geq0.919$
含水层富水性	$0.06>x\geq0$	$0.203>x\geq0.06$	$0.493>x\geq0.203$	$1\geq x\geq0.494$
断层分布		$0.500>x\geq0$	$0.800>x\geq0.500$	$1\geq x\geq0.800$
断层与褶皱交端点分布		$0.350>x\geq0$	$0.500>x\geq0.350$	$1\geq x\geq0.500$
断层规模指数	$0.093>x\geq0$	$0.278>x\geq0.093$	$0.593>x\geq0.278$	$1\geq x\geq0.593$
奥灰顶部古风化壳等效厚度	$0.416>x\geq0$	$0.640>x\geq0.416$	$0.778>x\geq0.640$	$1\geq x\geq0.778$

3. 各主控因素变权权重的计算

建立10号煤层底板突水主控因素的分区变权模型之后，再利用分区变权模型计算随因素指标值变化的各主控因素权重，见表11-21。

应用分区变权模型确定各主控因素的变权权重，其数学表达如下：

$$W(X)=\frac{W_0S(X)}{\sum_{j=1}^{8}w_j^{(0)}S_j(X)}=\left[\frac{w_1^{(0)}S_1(X)}{\sum_{j=1}^{8}w_j^{(0)}S_j(X)},\ \frac{w_2^{(0)}S_2(X)}{\sum_{j=1}^{8}w_j^{(0)}S_j(X)},\ \cdots,\ \frac{w_8^{(0)}S_8(X)}{\sum_{j=1}^{8}w_j^{(0)}S_j(X)}\right]$$

$$W_0=[w_1^{(0)},\ w_2^{(0)},\ \cdots,\ w_8^{(0)}]$$

式中　W_0——任一常权向量；

$S(X)$——8维分区状态变权向量；

$W(X)$——8维分区变权向量。

以含水层水压为例，得到含水层水压变权权重分析图（图11-84），可以看出含水层水压权值的变化情况基本与所建立的状态向量走势一致。

表11-21　各主控因素变权权重值

含水层富水性变权权重	构造交端点变权权重	脆性岩厚度变权权重	断层分布变权权重	含水层水压变权权重	断层规模指数变权权重	有效隔水层等效厚度变权权重	古风化壳等效厚度有效隔水层变权权重
0.196983	0.037358	0.082316	0.122939	0.224768	0.035829	0.263848	0.0359594
0.194669	0.036919	0.081349	0.121495	0.233873	0.035408	0.26075	0.035537
0.194528	0.037524	0.082681	0.123484	0.225766	0.035988	0.265019	0.035011
0.194312	0.037482	0.082589	0.123348	0.225516	0.035948	0.264726	0.0360789
0.192084	0.037689	0.083044	0.124027	0.226758	0.036146	0.266183	0.0340704
0.191874	0.037647	0.082953	0.123891	0.22651	0.036106	0.265892	0.0351264
0.154404	0.042183	0.090837	0.138819	0.26886	0.043298	0.222241	0.0393586
0.154212	0.042131	0.090724	0.138646	0.268525	0.043244	0.221964	0.0405536
0.154017	0.042078	0.090609	0.138471	0.268186	0.04319	0.221684	0.0417657
0.15457	0.042229	0.091088	0.138967	0.269148	0.043345	0.222479	0.0381746
0.15438	0.042177	0.090977	0.138797	0.268818	0.043291	0.222207	0.0393526
0.148385	0.042358	0.091212	0.139393	0.269971	0.043477	0.22316	0.0420437
0.148219	0.04231	0.091264	0.139236	0.269669	0.043428	0.22291	0.0429633
0.148954	0.04252	0.09182	0.139927	0.271006	0.043644	0.224015	0.0381156
0.148906	0.042506	0.09179	0.139881	0.270918	0.04363	0.223943	0.0384257
0.148204	0.042306	0.091357	0.139222	0.269641	0.043424	0.222887	0.0429589
0.148107	0.042278	0.091298	0.139131	0.269466	0.043396	0.222742	0.0435817
0.148931	0.042513	0.09196	0.139905	0.270964	0.043637	0.22398	0.0381097
0.148931	0.042513	0.09196	0.139905	0.270964	0.043637	0.22398	0.0381097
0.148085	0.042272	0.091438	0.13911	0.269424	0.043389	0.222707	0.043575

表 11-21(续)

含水层富水性变权权重	构造交端点变权权重	脆性岩厚度变权权重	断层分布变权权重	含水层水压变权权重	断层规模指数变权权重	有效隔水层等效厚度变权权重	古风化壳等效厚度有效隔水层变权权重
0. 148885	0. 0425	0. 092242	0. 139862	0. 27088	0. 043623	0. 223911	0. 0380979
0. 149334	0. 042629	0. 091796	0. 140284	0. 271697	0. 043755	0. 218193	0. 0423126
0. 142601	0. 042571	0. 092396	0. 140096	0. 271333	0. 043696	0. 229145	0. 0381616
0. 142601	0. 042571	0. 092396	0. 140096	0. 271333	0. 043696	0. 229145	0. 0381616
0. 142542	0. 042554	0. 092773	0. 140037	0. 27122	0. 043678	0. 22905	0. 0381458
0. 142542	0. 042554	0. 092773	0. 140037	0. 27122	0. 043678	0. 22905	0. 0381458
0. 142522	0. 042548	0. 092035	0. 140018	0. 271183	0. 043672	0. 224162	0. 0438595
0. 142381	0. 042506	0. 091944	0. 139879	0. 270914	0. 043629	0. 223939	0. 0448076
0. 142337	0. 042493	0. 092225	0. 139836	0. 27083	0. 043615	0. 22387	0. 0447937
0. 139469	0. 042587	0. 092846	0. 140147	0. 271433	0. 043713	0. 23163	0. 0381757
0. 139469	0. 042587	0. 092846	0. 140147	0. 271433	0. 043713	0. 23163	0. 0381757
0. 125399	0. 038291	0. 083106	0. 12601	0. 325498	0. 039303	0. 206106	0. 0562877
0. 125353	0. 038277	0. 083449	0. 125962	0. 325376	0. 039288	0. 206029	0. 0562667
0. 138927	0. 042422	0. 092071	0. 139603	0. 270378	0. 043543	0. 228339	0. 0447189
0. 138741	0. 042365	0. 091948	0. 139416	0. 270016	0. 043484	0. 228033	0. 0459963
0. 139804	0. 04269	0. 093069	0. 140484	0. 272086	0. 043818	0. 229781	0. 0382676
0. 139804	0. 04269	0. 093069	0. 140484	0. 272086	0. 043818	0. 229781	0. 0382676
0. 138683	0. 042347	0. 092323	0. 139358	0. 269905	0. 043466	0. 227939	0. 0459773
0. 139603	0. 042628	0. 092519	0. 140282	0. 271694	0. 043754	0. 224584	0. 0449365
0. 139186	0. 042501	0. 093074	0. 139864	0. 270884	0. 043624	0. 232768	0. 0380985
0. 139469	0. 042587	0. 092846	0. 140147	0. 271433	0. 043713	0. 23163	0. 0381757
0. 13941	0. 042569	0. 093224	0. 140089	0. 27132	0. 043694	0. 231534	0. 0381598
0. 13941	0. 042569	0. 093224	0. 140089	0. 27132	0. 043694	0. 231534	0. 0381598
0. 138109	0. 042172	0. 092353	0. 138781	0. 268787	0. 043286	0. 229372	0. 0471403
0. 138683	0. 042347	0. 092323	0. 139358	0. 269905	0. 043466	0. 227939	0. 0459773
0. 138626	0. 04233	0. 092699	0. 139301	0. 269793	0. 043448	0. 227845	0. 0459582
0. 138438	0. 042272	0. 092573	0. 139112	0. 269427	0. 043389	0. 227536	0. 0472526
0. 139036	0. 042455	0. 093599	0. 139712	0. 270591	0. 041207	0. 235343	0. 0380572
0. 13907	0. 042465	0. 093622	0. 139747	0. 270657	0. 040971	0. 235401	0. 0380666
0. 139019	0. 04245	0. 093588	0. 139696	0. 270558	0. 040712	0. 235924	0. 0380527
0. 139104	0. 042476	0. 093645	0. 139781	0. 270723	0. 040737	0. 235459	0. 0380759
0. 13907	0. 042465	0. 093622	0. 139747	0. 270657	0. 040362	0. 23601	0. 0380666
0. 137395	0. 041954	0. 092494	0. 138064	0. 267398	0. 043063	0. 231366	0. 0482658
0. 138917	0. 042419	0. 093519	0. 139593	0. 27036	0. 041417	0. 235751	0. 0380247

表 11-21(续)

含水层富水性变权权重	构造交端点变权权重	脆性岩厚度变权权重	断层分布变权权重	含水层水压变权权重	断层规模指数变权权重	有效隔水层等效厚度变权权重	古风化壳等效厚度有效隔水层变权权重
0.138951	0.042429	0.093542	0.139627	0.270426	0.041182	0.235809	0.0380341
0.138985	0.04244	0.093565	0.139662	0.270492	0.040947	0.235866	0.0380434
0.139019	0.04245	0.093588	0.139696	0.270558	0.040712	0.235924	0.038053
0.13907	0.042465	0.093622	0.139747	0.270657	0.040362	0.23601	0.038067
0.13907	0.042465	0.093622	0.139747	0.270657	0.040362	0.23601	0.038067
0.138122	0.04186	0.092288	0.137756	0.266801	0.042967	0.232048	0.048158
0.138287	0.041911	0.092399	0.137921	0.267121	0.043018	0.231127	0.048216
0.139675	0.042331	0.093326	0.139305	0.269801	0.042321	0.234657	0.038584
0.139709	0.042342	0.093349	0.139339	0.269868	0.042083	0.234715	0.038594
0.139735	0.04235	0.093366	0.139365	0.269918	0.041905	0.234759	0.038601
0.139753	0.042355	0.093378	0.139383	0.269952	0.041787	0.234788	0.038606
0.139842	0.042382	0.093438	0.139472	0.270124	0.041813	0.234938	0.037992
0.139868	0.04239	0.093455	0.139497	0.270174	0.041636	0.234981	0.037999
0.139817	0.042374	0.093421	0.139447	0.270077	0.041374	0.235504	0.037985
0.139902	0.0424	0.093478	0.139532	0.270241	0.041399	0.235039	0.038008
0.139264	0.041805	0.092166	0.137573	0.266448	0.04291	0.23174	0.048094
0.14049	0.042173	0.092977	0.138784	0.268793	0.043099	0.23378	0.039905
0.140516	0.042181	0.092994	0.13881	0.268843	0.042919	0.233824	0.039913
0.140722	0.042243	0.093131	0.139014	0.269238	0.042982	0.234167	0.038504
0.140758	0.042253	0.093154	0.139049	0.269305	0.042742	0.234226	0.038513
0.140793	0.042264	0.093178	0.139083	0.269373	0.042503	0.234284	0.038523
0.140828	0.042274	0.093201	0.139118	0.26944	0.042265	0.234342	0.038532
0.140325	0.041724	0.091988	0.137308	0.265934	0.042827	0.231892	0.048002
0.141616	0.042108	0.092835	0.138572	0.268382	0.043221	0.233422	0.039844
0.140409	0.041749	0.092043	0.13739	0.266093	0.042853	0.231432	0.04803
0.141625	0.042111	0.092841	0.13858	0.268398	0.043161	0.233437	0.039846
0.141472	0.041669	0.091865	0.137125	0.265579	0.04277	0.231582	0.047938

注：因数据量较大，在此只选取部分数据。

4. 分区变权模型的脆弱性指数法模型建立

根据分区变权模型确定的各主控因素变权权重，在充分分析研究区基本水文地质条件的前提下，进一步建立王家岭矿 10 号煤层底板奥灰含水层突水脆弱性评价的基本数学模型，可表示为

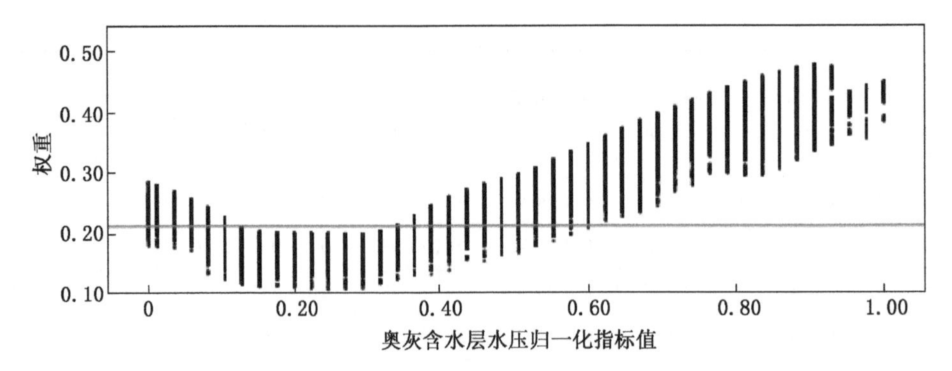

图 11-84 含水层水压变权权重分析图

$$VI = \sum_{i=1}^{8} w_i(z) \times f_i(x,\ y) = \sum_{i=1}^{8} \frac{w_i^{(0)} S_i(X)}{\sum_{j=1}^{8} w_j^{(0)} S_j(X)} f_i(x,\ y)$$

$$= \frac{w_1^{(0)} S_1(X)}{\sum_{j=1}^{8} w_j^{(0)} S_j(X)} f_1(x,\ y) + \frac{w_2^{(0)} S_2(X)}{\sum_{j=1}^{8} w_j^{(0)} S_j(X)} f_2(x,\ y) + \frac{w_3^{(0)} S_3(X)}{\sum_{j=1}^{8} w_j^{(0)} S_j(X)} f_3(x,\ y) +$$

$$\frac{w_4^{(0)} S_4(X)}{\sum_{j=1}^{8} w_j^{(0)} S_j(X)} f_4(x,\ y) + \frac{w_5^{(0)} S_5(X)}{\sum_{j=1}^{8} w_j^{(0)} S_j(X)} f_5(x,\ y) + \frac{w_6^{(0)} S_6(X)}{\sum_{j=1}^{8} w_j^{(0)} S_j(X)} f_6(x,\ y) +$$

$$\frac{w_7^{(0)} S_7(X)}{\sum_{j=1}^{8} w_j^{(0)} S_j(X)} f_7(x,\ y) + \frac{w_8^{(0)} S_8(X)}{\sum_{j=1}^{8} w_j^{(0)} S_j(X)} f_8(x,\ y)$$

$$S(X) = \{S_1(X),\ S_2(X),\ \cdots,\ S_8(X)\}$$

式中 VI——脆弱性指数；

w_i——影响因素变权向量；

$w^{(0)}$——任一常权向量；

$f_i(x,\ y)$——第 i 个单因素影响值函数；

$(x,\ y)$——地理坐标；

$S(X)$——8 维分区状态变权向量。

5. 基于分区变权模型的煤层底板突水脆弱性评价分区

通过以上公式计算得出研究区每个叠加单元的脆弱性指数值（VI），该值越大，则发生突水的可能性就越大。然后运用分级地图上常用的 Natural Breaks（Jenks）对脆弱性指数值进行分级，进而确定出分区的阈值 0.34、0.42、0.50、0.59。最后得到 10 号煤层底板奥灰突水脆弱性指数法评价分区图如图 11-85 所示。

$VI > 0.59$　　煤层底板突水脆弱区

$0.50 < VI \leqslant 0.59$　　煤层底板突水较脆弱区

$0.42 < VI \leqslant 0.50$　　煤层底板突水过渡区

$0.34 < VI \leqslant 0.42$　　煤层底板突水较安全区

$VI \leqslant 0.34$　　煤层底板突水相对安全区

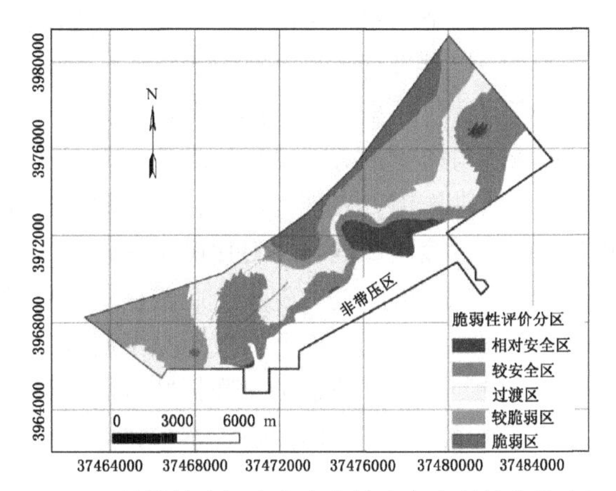

图 11-85 10号煤层底板奥灰含水层突水脆弱性指数法评价图

6. 模型的识别与检验

10号煤层目前尚未开采，还没有实际的突水点资料进行拟合，在此选取 B9-1、B15-1、SW7、B1-3、B6-2、S4 共6个钻孔作为拟合点，评价分区拟合图如图 11-86 所示。通过验证分析，选取的拟合点所在位置均与评价结果相吻合，因此本次所建模型的评价结果比较理想。

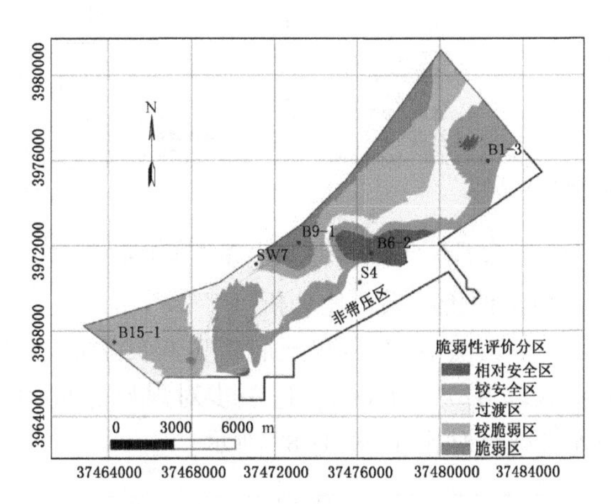

图 11-86 10号煤层底板奥陶系灰岩含水层突水脆弱性评价分区拟合图

11.5.8 变权模型与常权模型、突水系数法评价结果对比分析

1. 变权模型与常权模型评价结果对比分析

变权模型与传统常权模型下 10 号煤层底板突水脆弱性评价分区结果如图 11-87 所示，结合两者进行对比分析，二者的评价结果在大部分地段是相匹配的，而且都可以看出从研究区东南向北以及西北方向发生底板突水的可能性逐渐增大；但也明显可看出，两者在局部地区评价结果存在差异，此处选取代表性的局部差异区域（A 区、B 区、C 区）进行比对。

经对比分析不难看出，相对于传统的常权模型，变权模型能够更好地反映各主控因素指标值突变对评价结果造成的影响，评价结果更加符合矿井底板水害威胁的实际情况，更加准确。如在图 11-87 中的 A 区域，“激励”指标值对底板突水起促进作用的因素，该区域水压较大且隔水性较薄，而这两个因素指标的变化对突水起到促进作用，因此变权模型对含水层水压以及隔水层厚度的权重进行了适当的“激励”，表现为由常权模型评价结果中橙色的较脆弱区变为变权模型评价结果中红色的脆弱区。如图 11-87 中的 B 区域，虽说古风化壳的等效厚度较大、断层与褶皱轴分布量化值较低，但是单位涌水量较大，而这个因素指标的变化也对突水起到促进作用，表现为由常权模型评价结果中浅绿色的较安全区变为变权模型评价结果中黄色的过渡区。同样，对比图 11-87 中的 C 区，由于该区域有效隔水层等效厚度和矿压破坏带下脆性岩厚度的变小，由常权模型评价结果中相对安全区变为变权模型评价结果中较安全区。因此变权模型有效避免了起控制作用的指标被其他指标中和。同时研究中构建的变权模型也充分考虑了对底板突水起阻碍作用的因素的作用。对这些指标值在底板突水中起到明显阻碍作用的因素，本书也对其权重进行了相应的提高。

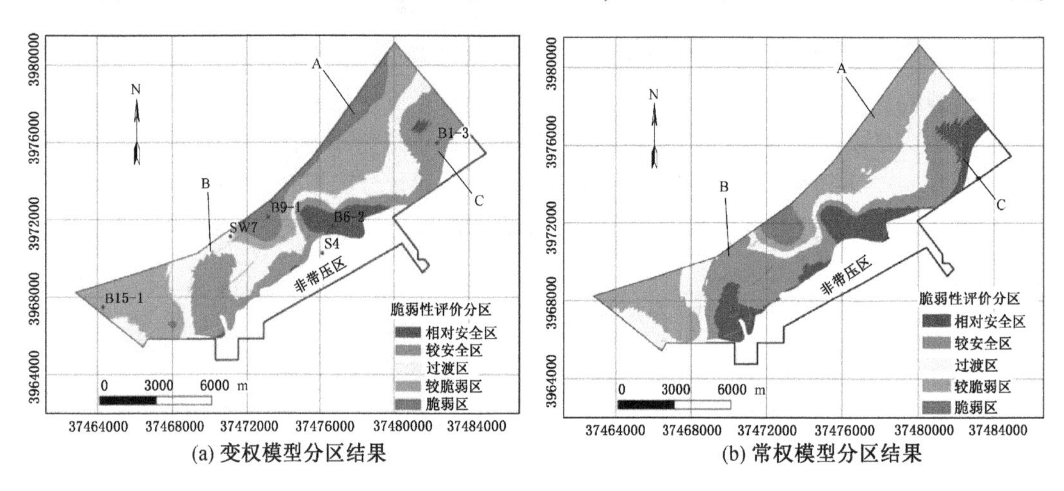

图 11-87 变权模型和常权模型下脆弱性评价分区对比图

2. 变权模型与突水系数法评价结果对比分析

本书还应用传统的突水系数法对 10 号煤层底板奥灰突水危险性进行评价，由于研究区构造发育，临界突水系数取 0.06 MPa/m，进一步对煤层底板的突水危险性进行划分。变权模型与突水系数法评价结果对比如图 11-88 所示。

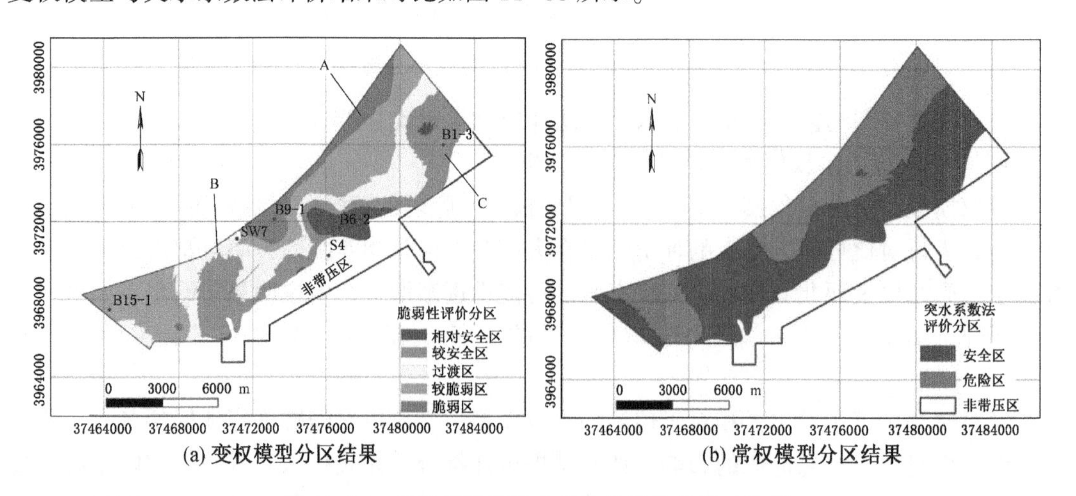

图 11-88 变权模型和突水系数法评价结果对比图

通过对比王家岭井田10号煤层底板突水分区变权模型的评价结果和传统突水系数法评价结果可以看出：

(1) 基于分区变权模型的煤层底板奥灰含水层突水脆弱性指数法充分考虑了隔水层、含水层、地质构造3个方面8个主控因素对煤层底板含水层进行分析评价，因此脆弱性评价结果包含的信息更加丰富、考虑的因素更加全面，而突水系数法仅考虑了奥灰含水层水压和隔水层厚度两个因素，忽略了其他因素的影响，这显然是不符合实际情况的，因此难以全面地对底板突水的危险性进行准确的评价。

(2) 突水系数法评价精度差，评价结果只划分为安全区与危险区，而脆弱性指数法评价进行了五级分区，对实际更有指导意义。

从水文地质评价公式上对比分析：突水系数法评价仅是考虑10号煤层底板隔水层厚度和隔水层底界面所承受的水头压力两个方面得出的结论，而且这两者之间也仅仅是一个比值，毫无"权重"的概念。变权模型下煤层底板脆弱性评价是从含水层、地质构造和隔水层3个方面选取了8个主控因素综合考虑后得出的，并且通过变权模型，确切地反映了各影响因素指标值的突变对底板突水危险性大小的影响。相比之下，变权模型所涉及的因素更多，评价结果也更符合实际情况。

11.6 煤层底板突水评价信息系统应用——以显德汪矿为例

11.6.1 矿区概况

显德汪矿位于邢台和邯郸交界处，南北长约5 km，东西宽约4 km，井田面积约18 km^2。交通便利。该地区地形为山前台地类型；气象为温带大陆性气候，四季十分鲜明；地表水流少，仅有属于北洺河支流的3条季节性小溪。

11.6.2 地质条件和水文地质条件

该地区为典型的华北型煤田，主要地层有：奥陶系、石炭系、二叠系、第四系。石炭系上统太原组和二叠系下统山西组是矿区内主要含煤地层，本次研究主要针对太原组9号煤层。

矿区内断层以NNE向的正断层为主，区内褶皱主要有东部NNE向的显德汪向斜、南部NWW向的栾卸向斜以及西部NW向的李石岗向斜这3条大的向斜，背斜形态不明显，向斜开阔，形态比较明显，并被正断层切割。井田构造纲要图如图11-89所示。

研究区内主要有奥陶系灰岩含水层、太原组灰岩含水层、二叠系砂岩含水层、第四系孔隙含水层，含水层与煤层的位置关系如图11-90所示。威胁9号煤层开采的含水层主要为其底部奥陶系灰岩含水层。

通过对矿井地质条件和水文地质条件的分析，综合考虑含水层、隔水层、地质构造矿压破坏带和导升高度等方面，最终确定含水层富水性、含水层水压、有效隔水层等效厚度、矿压破坏带以下脆性岩厚度、断层与褶皱轴分布、断层与褶皱轴交端点分布、断层规模指数、陷落柱分布共8个因素为影响显德汪煤矿9号煤层底板突水的主要控制因素。

11.6.3 煤层底板突水评价信息系统

1. 系统界面

系统界面首界面和主界面如图11-91和图11-92所示。

2. 文件

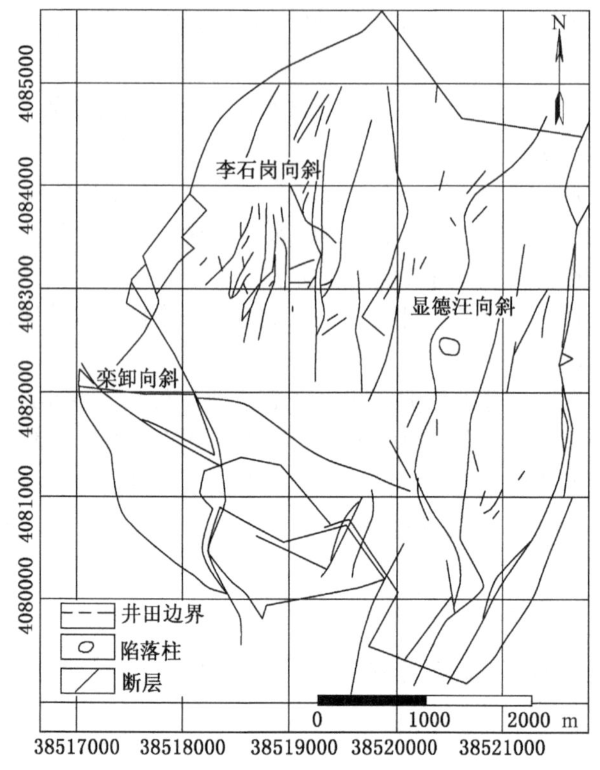

图 11-89 显德汪井田构造纲要图

文件系统是预测评价信息系统的基本功能：保存图层、关闭图层功能，实现了对图层的管理；放大、缩小、漫游、全图功能，实现了对图层的人性化显示，GIS 基本功能如图 11-93 所示。特别是屏幕左下方设置了鹰眼视图功能，用红框表示当前地图的视角，主要为图层放大时给操作人员全局示意提醒（图 11-92)。

3. 数据库管理

数据管理模块实现了对影响煤层底板突水的含水层水压、含水层富水性、有效隔水层等效厚度、矿压破坏带以下脆性岩厚度四大主控因素对应钻孔原始数据以及隔水层厚度的钻孔原始数据进行管理，如图 11-94 所示。

根据业务需要打开待操作的数据库，如【含水层水压原始数据】，即可对该数据库进行添加数据、删除数据、修改数据、查询数据、刷新数据及导出数据等操作如图 11-95 所示。

4. 各主控因素专题图

突水主控因素专题图模块是根据建立的含水层水压、含水层富水性、有效隔水层等效厚度、矿压破坏带下脆性岩厚度四大主控因素原始数据的数据库信息，以及断层与褶皱轴线、陷落柱分布区空间数据库信息，依次建立煤层底板突水的 8 个主控因素专题图（图 11-96)。在考虑地质构造空间数据库时主要借助于【参数设置】部分进行了数据调用。

以含水层水压专题图（图 11-97）生成为例，说明各专题生成过程及显示效果。主要分为 3 步：第一步，将视图转到【突水主控因素专题图】，点击【含水层水压】按钮，系统自动生成含水层水压矢量图；第二步，设置好阈值，点击【分级】和【图片设置】按钮，

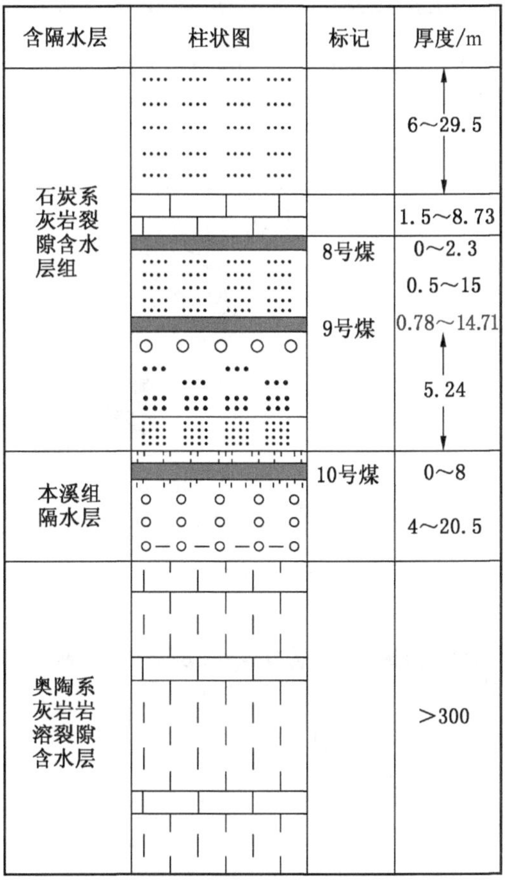

含隔水层	柱状图	标记	厚度/m
石炭系灰岩裂隙含水层组			6～29.5
			1.5～8.73
		8号煤	0～2.3
			0.5～15
		9号煤	0.78～14.71
			5.24
本溪组隔水层		10号煤	0～8
			4～20.5
奥陶系灰岩岩溶裂隙含水层			>300

图 11-90　9号煤层底板地层及含水层概化柱状图

图 11-91　系统首界面

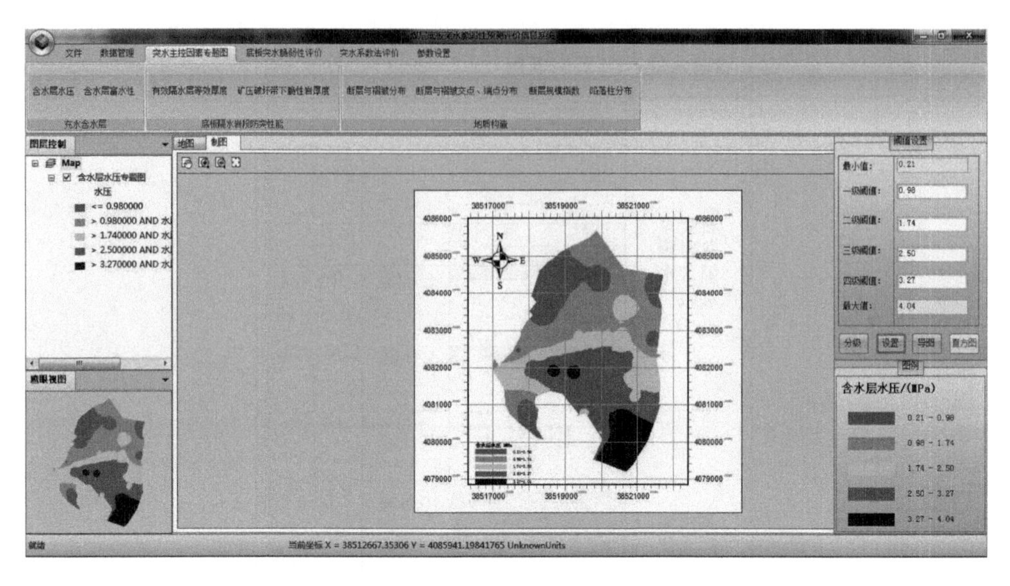

图 11-92 系统主界面

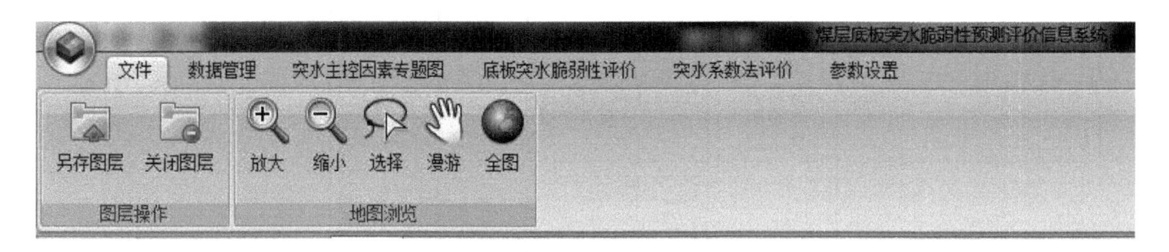

图 11-93 GIS 基本功能

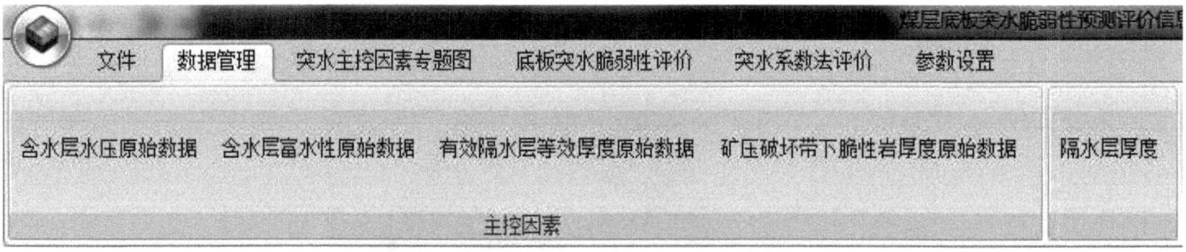

文件　数据管理　突水主控因素专题图　底板突水脆弱性评价　突水系数法评价　参数设置

含水层水压原始数据　含水层富水性原始数据　有效隔水层等效厚度原始数据　矿压破坏带下脆性岩厚度原始数据　隔水层厚度

主控因素

图 11-94 数据库管理

生成含水层水压专题图；第三步，点击【导图】，将专题图转成相应格式的图片保存在本地。

5. 底板突水脆弱性评价

该部分主要包括：各主控因素权重确定、各主控因素耦合叠加、脆弱性评价分区 3 部分，如图 11-98 所示。

在各主控因素权重确定时，主要基于建立的 8 个主控因素专题层图，利用 AHP 法和 BP 神经网络进行确定。以 AHP 法为例，进行权重计算过程分析。

（1）将视图转到【底板突水脆弱性评价】，点击【AHP 算法预测】按钮，开始构建

含水层水压原始数据

新增 修改 删除 查询 刷新 导出

数据信息

ID	钻孔编号	钻孔名称	X	Y	含水层水压
85	1	504	38519054.28	4084335.84	0.532336
86	2	507	38519964.68	4084244.46	0.3264380000...
87	3	515	38521577.87	4084006.12	0.0085260000...
88	4	703	38518680.02	4083838	0.3144820000...
89	5	707	38519504.62	4083749.35	1.0786859999...
90	6	709	38519841.58	4083694.12	1.2199040000...
91	7	710	38520050.4	4083684.8	0.9820579999...
92	8	712	38520541.49	4083640.88	2.5364360000...
93	9	714	38520897.52	4083604.78	1.8019260000...
94	10	802	38518383.84	4083368.57	0.2992920000...
95	11	807	38519530.35	4083292.96	1.5242920000...
96	12	1004	38518109.19	4082915.68	0.9205140000...

图 11-95 数据库操作主界面

煤层底板突水脆弱性预测评价信息系统

文件 数据管理 突水主控因素专题图 底板突水脆弱性评价 突水系数法评价 参数设置

含水层水压 含水层富水性 | 有效隔水层等效厚度 矿压破坏带下脆性岩厚度 | 断层与褶皱分布 断层与褶皱交点、端点分布 断层规模指数 陷落柱分布

充水含水层 | 底板隔水岩段防突性能 | 地质构造

图 11-96 突水主控因素专题图

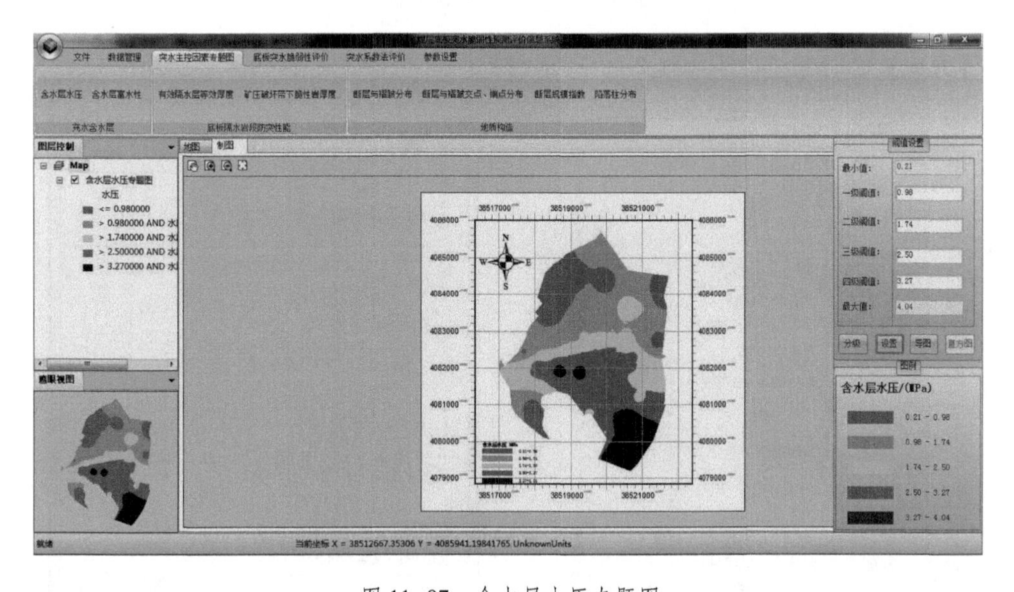

图 11-97 含水层水压专题图

层次分析模型，其首界面如图 11-99 所示。

（2）点击【新建层次关系】按钮，打开层次关系构成向导，创建好准则层和指标层，点击【下一步】（图 11-100）。在弹出窗口中关联准则层与指标层（图 11-101），设置后

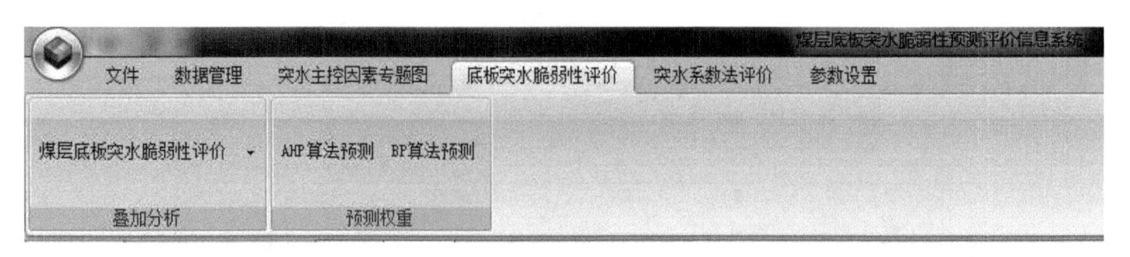

图 11-98 底板突水脆弱性评价

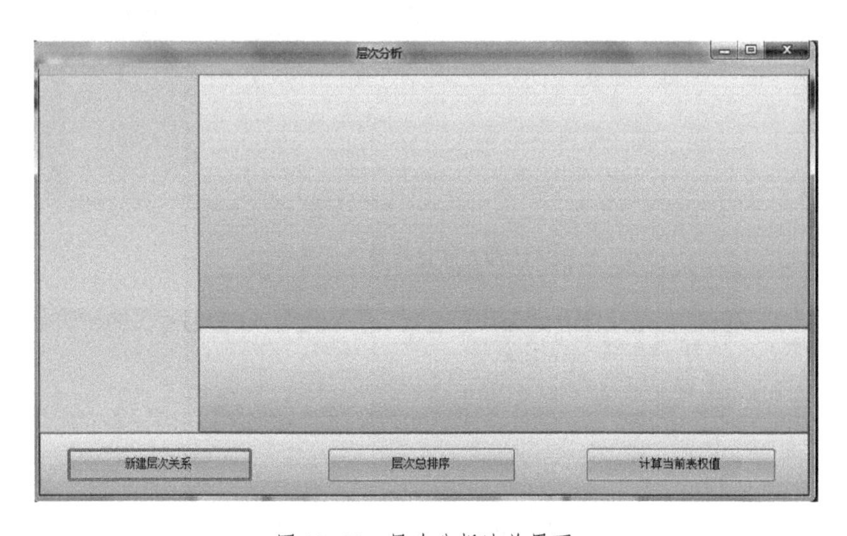

图 11-99 层次分析法首界面

点击【完成】。

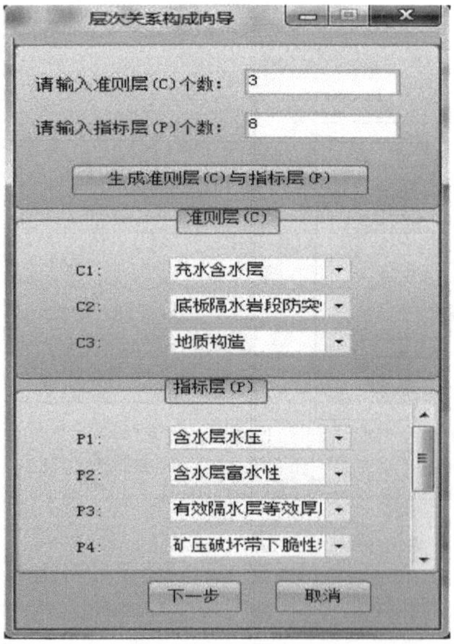

图 11-100 准则层与指标层

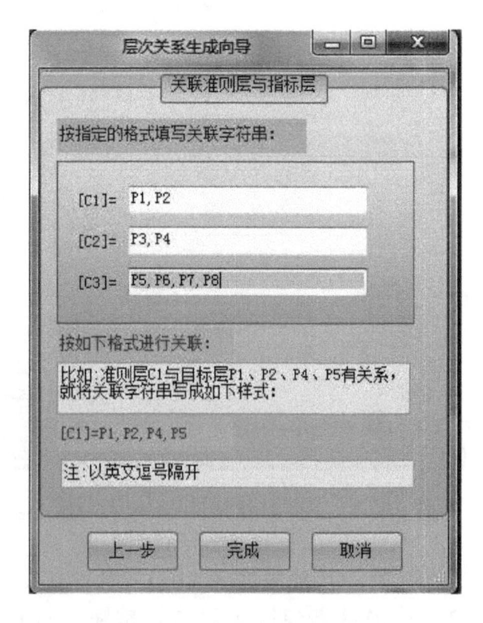

图 11-101 关联准则层与指标层

（3）在左侧树形图选择相应的要素，点击【计算当前表权值】，对充水含水层、底板隔水岩段防突性能、地质构造分别进行权值计算如图 11-102 所示。最后点击【层次总排序】，确定各主控因素的权重如图 11-103 所示。

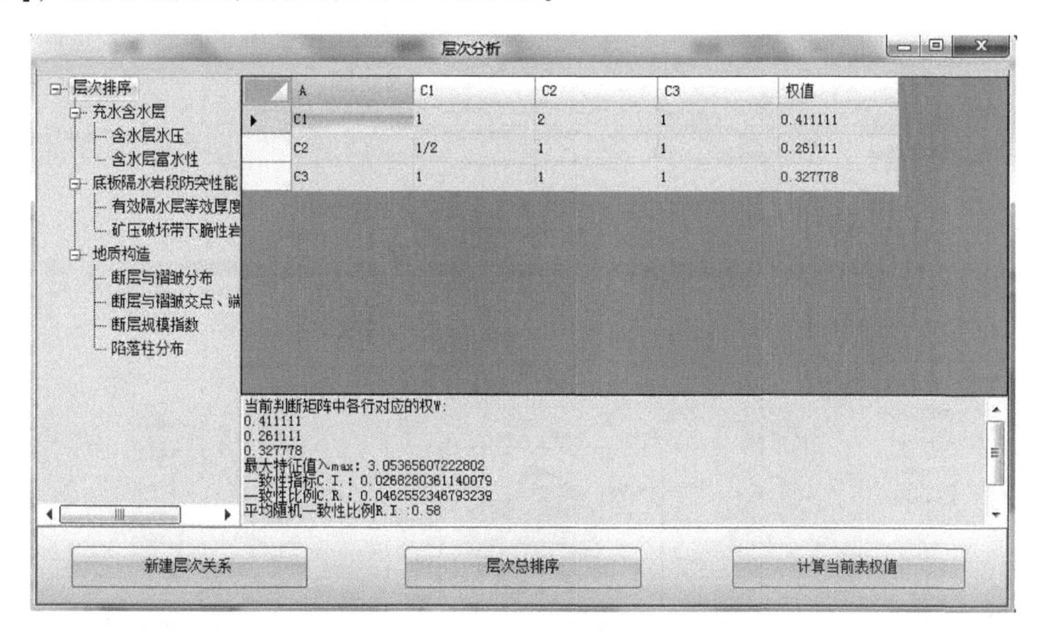

图 11-102 权值计算

层次总排序表

层次P/层次C	充水含水层: 0.411111	底板隔水岩段防突性能:	地质构造: 0.327778	层次P的排序表
含水层水压	0.333333	0	0	0.1370
含水层富水性	0.666667	0	0	0.2741
有效隔水层等...	0	0.333333	0	0.0870
矿压破坏带下...	0	0.666667	0	0.1741
断层与褶皱分布	0	0	0.328198	0.1076
断层与褶皱交...	0	0	0.209521	0.0687
断层规模指数	0	0	0.242412	0.0795
陷落柱分布	0	0	0.219868	0.0721

层次P的总排序W

含水层水压：0.1370
含水层富水性：0.2741
有效隔水层等效厚度：0.0870
矿压破坏带下脆性岩厚度：0.1741
断层与褶皱分布：0.1076
断层与褶皱交点、端点分布：0.0687
断层规模指数：0.0795
陷落柱分布：0.0721

图 11-103 层次总排序

在各主控因素权重确定基础上，打开【煤层底板突水脆弱性评价】，点击【层次分析法】，实现对各主控因素的耦合叠加（图 11-104）。通过对耦合叠加对应时空数据的分析处理，得出煤层底板脆弱性评价分区，评价结果如图 11-105 所示。

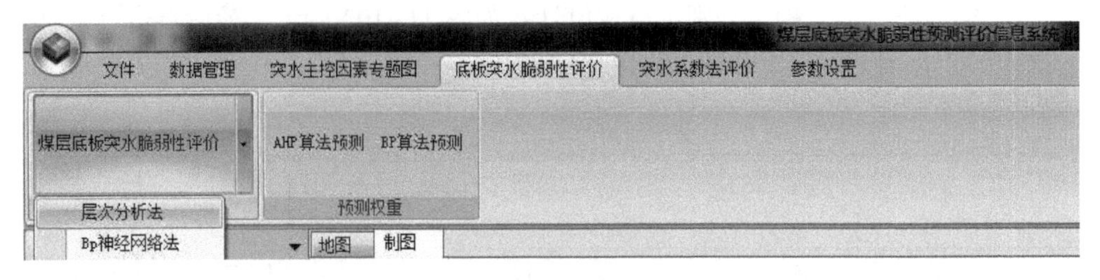

图 11-104　基于 AHP 法的各主控因素耦合叠加

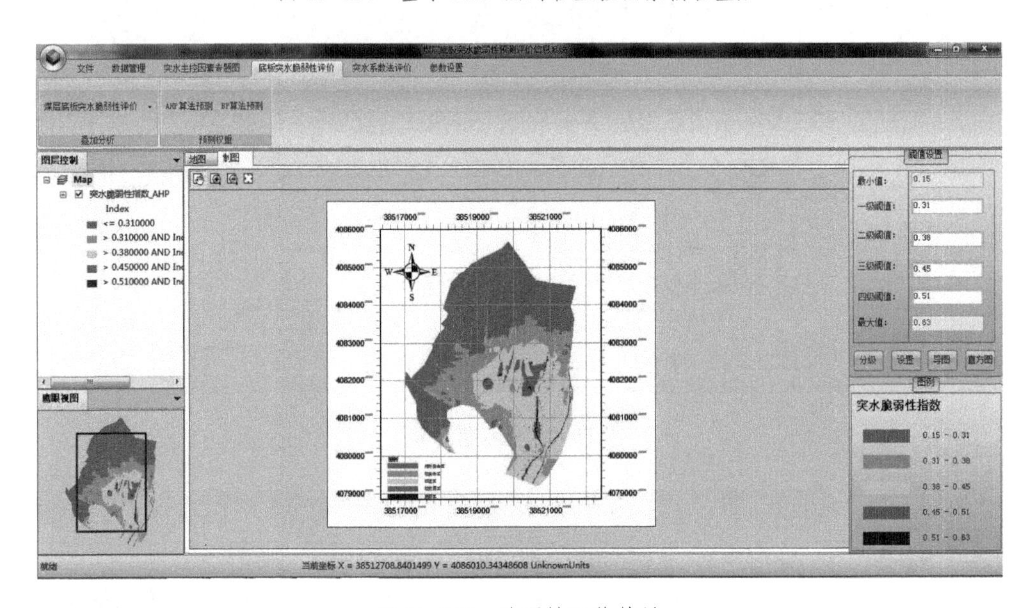

图 11-105　脆弱性评价结果

6. 突水系数法评价

突水系数法评价模块是根据建立的含水层水压和隔水层厚度专题图，对叠加图进行突水系数评价分区如图 11-106 所示。

图 11-106　突水系数法评价

通过点击【突水系数法评价】按钮，可以生成突水系数叠加图（图 11-107）。进一步点击【危险性分区】和【图片设置】，可以生成突水系数法评价分区图如图 11-108 所示。

本章通过应用煤层底板突水评价信息系统，采用脆弱性指数法和突水系数法对显德汪矿 9 号煤层底板奥灰突水进行了危险性评级，实现了煤层底板突水评价的信息化和自动化，为防治煤层底板水害提供了决策依据和支撑。

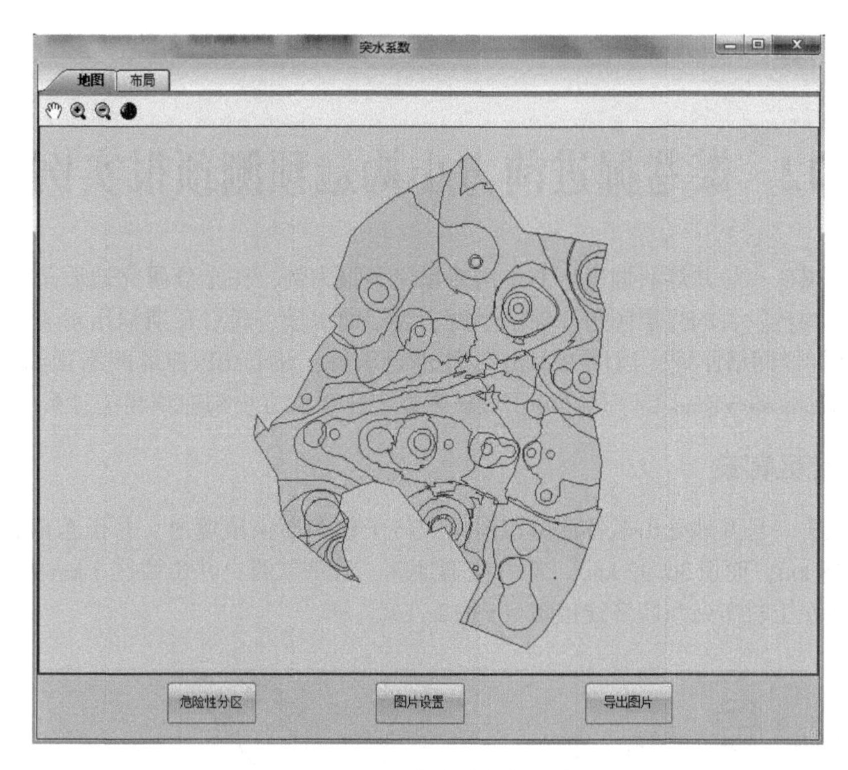

图 11-107 突水系数叠加图

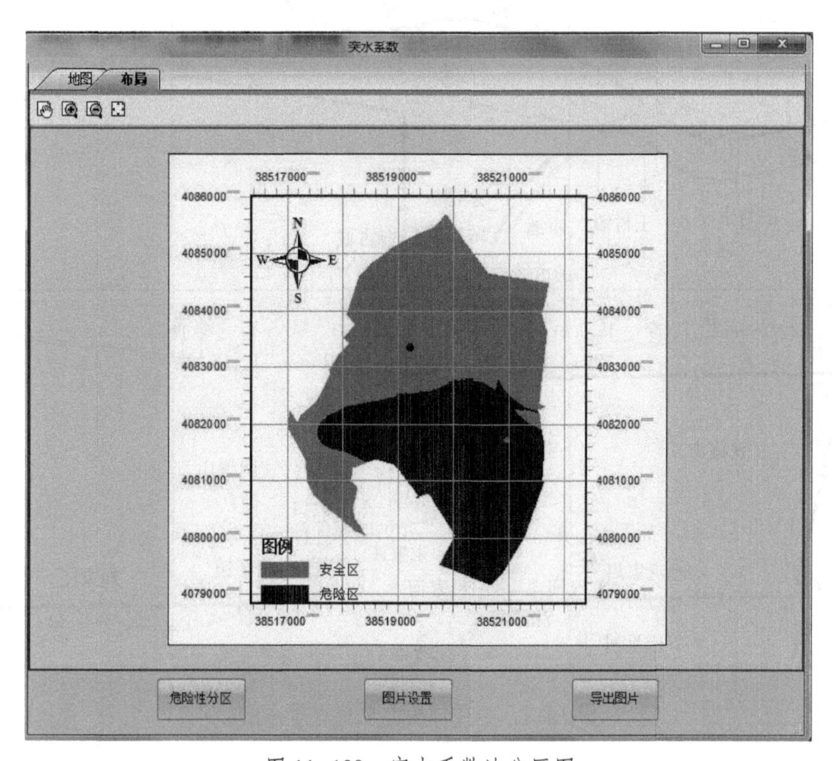

图 11-108 突水系数法分区图

12 煤巷掘进前方小构造预测预报实例

以岭子煤矿一号井煤巷掘进前方小构造预测预报为例，在充分研究地质条件的基础上选取影响小构造发育的煤层倾角、煤层厚度、煤层涌水量、煤层瓦斯涌出量4个因素。然后根据BP神经网络原理，运用Matlab软件进行求解，建立BP神经网络预测预报模型。最后基于Microsoft Visual C++开发岭子煤矿采煤工作面前方小构造预测信息系统。

12.1 研究区背景

岭子煤矿一号井地处山东省淄博市淄川区岭子镇和商家镇境内。井田东西长6.5 km，南北宽5.68 km，面积36.92 km^2。矿井交通便利，胶济铁路自井田西北5 km处横向穿过，铁路专用线在王村车站与胶济线接轨（图12-1）。

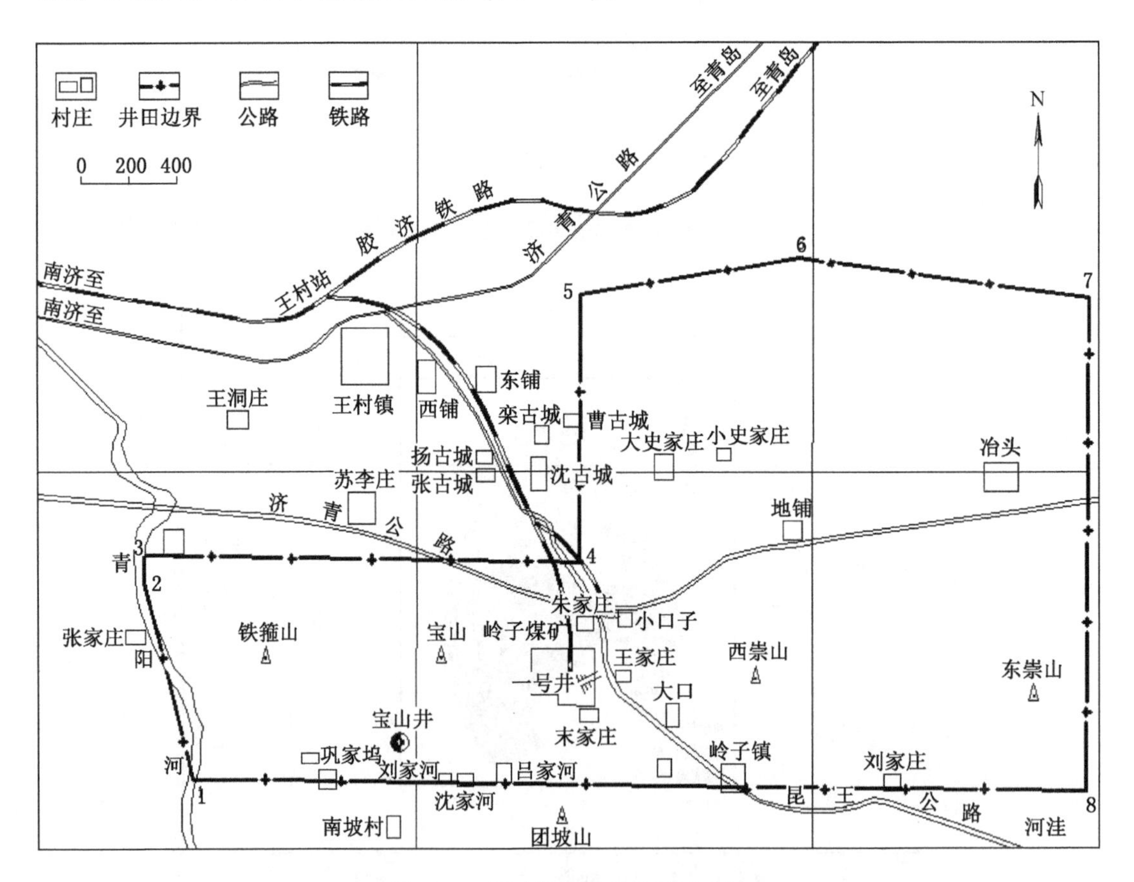

图12-1 岭子煤矿交通位置示意图

12.2 地质条件

12.2.1 地层和煤层

井田位于济东煤田最东部，系古生代华北型含煤沉积，整个井田出露的年代地层由寒武系、奥陶系（下统：纸坊庄组、北庵庄组和马家沟组，中统：阁庄组和八陡组）、石炭系（本溪组和太原组）、二叠系（山西组、下石盒子组、上石盒子组和石千峰组）、侏罗系和第四系组成，地质剖面图如图 12-2 所示。

井田内的主要含煤地层为石炭系太原组和二叠系山西组，总厚度 210.51~256.50 m，平均厚度为 233.89 m。井田主要可采煤层有太原组 7 号煤层和山西组 3 号煤层，局部可采煤层有太原组 4 号煤层和 $10_{-2,3}$ 号煤层。

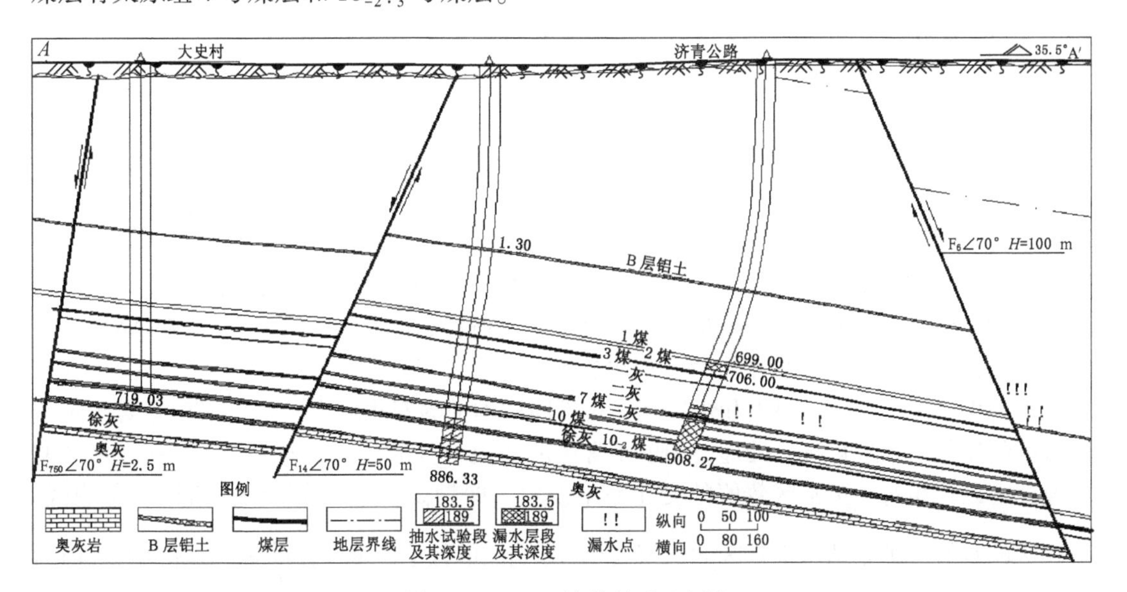

图 12-2 A—A′地质剖面示意图

12.2.2 地质构造

岭子煤矿井田地处济东煤田岭子-明水斜地的东部，位于禹王山和朱家庄两条断层切割形成的地垒构造之中。井田内地质构造比较发育，均为大角度正断层，且分布不均，伴有很多滋生小构造，严重影响矿井正常生产。落差大于 10 m 的正断层共有 11 条，落差大于 50 m 的有 6 条，落差在 30~49 m 之间的有 3 条，落差在 11~29 m 的有 2 条。

矿井生产中，运用现有技术已对井田周围及井田内大的地质构造采取有效措施，但对煤层附近小于 5 m 的小构造却一直没有很有效的办法。

井田内主要含水层有 3 类：第四系松散孔隙含水层，煤系地层中的薄层石灰岩及砂岩含水层，煤系基底奥陶系石灰岩岩溶裂隙含水层。

威胁矿井安全开采的水害主要是 $10_{-2,3}$ 号煤层开采受底板高承压水和与一号井直接或间接相通的地方小煤矿采空区水，而地质构造是良好的导水通道，特别是难以探测的小构造。为此，开展煤巷掘进前方小构造预测预报研究，能有效防止突水事故发生。

12.3 单因素确定及人工神经网络预测技术路线

由于煤层中保留了大量的构造运动痕迹，结合矿井实际，研究分析影响构造的七大因素：煤层裂隙类型的变化、煤层倾角的变化、煤层厚度的变化、煤层瓦斯聚集量的变化、煤层涌水量的变化、煤层的温度、煤层破碎程度的变化。根据在岭子煤矿一井收集的数据，岭子煤矿一号井为高瓦斯矿井；关于岭子煤矿一号井地温的状况，没有详细记录，故对井下实际地温资料亦无法叙述；关于一号井的煤岩破碎程度也没有详细划分。最终确定影响岭子煤矿小构造的四大因素：煤层涌水量变化、煤层倾角变化、煤层厚度变化和煤层瓦斯涌出量变化。结合环套理论和人工神经网络技术，确定小构造位置。

人工神经网络方法具有极强的非线性动态处理能力，事先不必知晓数据服从什么分布、变量之间符合什么规律或具有什么样的关系。它采用类似于“黑箱”的方法，通过学习和记忆而不是假设，找出输入与输出变量之间的非线性关系（映射）。根据环套原理中的各信息集，将选取的煤层倾角、煤层厚度、煤层涌水量、煤层瓦斯涌出量作为人工神经网络输入层因子。总体技术路线如图 12-3 所示。

经研究分析，根据小构造对岩层的破坏情况，可将岭子煤矿一井分为 3 个区域（图 12-4）：无构造影响的正常区、受构造影响的影响区、受构造控制的破坏区。将在每一个区域测得的煤层倾角、煤层厚度、煤层涌水量、煤层瓦斯作为 ANN 模型的训练样本数据（筛选出 22 组）。在执行问题求解时，将获取的数据输入到训练好的网络，依赖 ANN 模型学到的知识（关系）进行网络推理，得出答案。

因为煤层倾角、煤层厚度和煤层瓦斯在不同样本中的变化较大，所以采用相对于正常区数值的变化率来进行统一处理，即取正常区的数值为基准，设为 0，影响区和破坏区的数值处理以其相对于正常区数值的变化率来设定，即设 a、b、c 分别为正常区、影响区、破坏区的数值，则处理后正常区的数值为 0，影响区的数值为 $y_1=\left|\frac{b-a}{a}\right|$，破坏区的数值为 $y_2=\left|\frac{c-a}{a}\right|$。而涌水量都是随着与小构造距离的减小而增大，所以只对其原数值进行归一化，减少下一步运算的时间。

12.4 ANN 模型的选择和设计

人工神经网络的种类很多，本次研究采用能够有效分析复杂关系变量的 BP 神经网络。

12.4.1 BP 神经网络模型简介

BP 神经网络是基于误差反向传播算法的多层前向神经网络，是 D. E. Rumelhart 和 J. L. McCelland 及其研究小组在 1986 年研究并设计出来的。与其他模型相比，BP 神经网络有更好的持久性和适时预报性，应用更广泛，效果更好。由于它可以实现输入和输出的任意非线性映射，这使得它广泛应用于诸如函数逼近、模式识别、数据压缩等领域。

以下是关于 BP 网络的两个著名定理：

（1）Kolmogorov 定理。给定任一连续函数 f：$R^m \to R^n$，$y=f(x)$，这里 R 是闭区间 [0, 1]，f 可以精确地用一个三层前向网络实现逼近。

（2）BP 定理。给定任意 ε 和在 L_2 范数下 f：$[0,1]^m \to R^n$，存在一个三层 BP 网络，

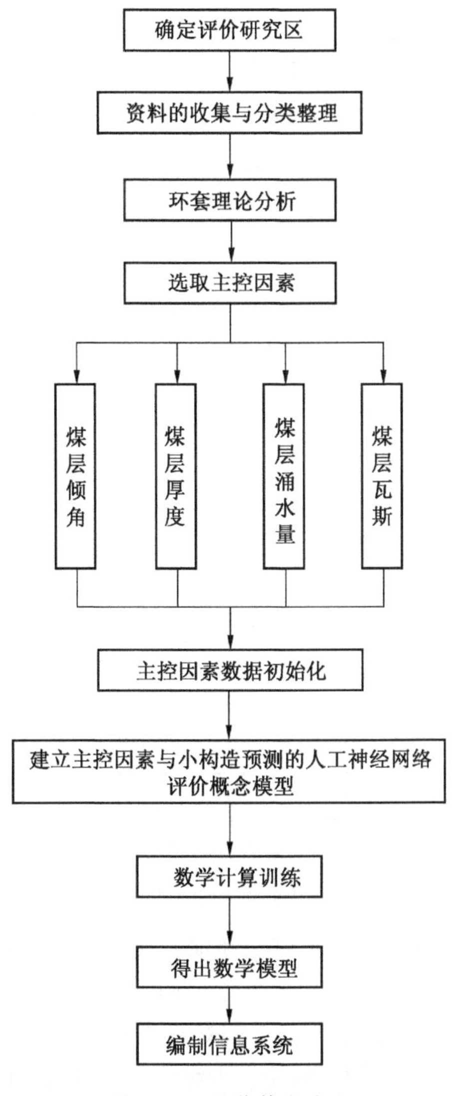

图 12-3　总体技术路线

它可以在任意 ε 平方误差精度内逼近 f。

BP 模型非线性优化问题时，使用了优化中最普遍的梯度下降法，用迭代运算求解权相应于学习记忆问题，加入隐节点使优化问题的可调参数增加，从而可得到更精确的解。如果把这种神经网络看成一个从输入到输出的映射，则这个映射是一个高度非线性的映射。如果输入节点数为 n，输出节点数为 m，即有

$$F: R^n \to R^m \qquad Y = F(X) \tag{12-1}$$

对于样本 X 和输出 Y，可认为存在某一映射 G 使

$$y_i = G(x_i) \qquad i = 1, 2, 3, \cdots, k \tag{12-2}$$

现要求出一映射 F，使得在某种意义下，F 是 G 的最佳逼近。数学中首先给出 F 含参数的表达方式，然后求出参数。通常是选择一组基函数的线性组合，可以通过最小二乘法或者其他方法确定基函数前的系数，从而得到 G 的一种逼近。对于低维或者较简单的 G 函

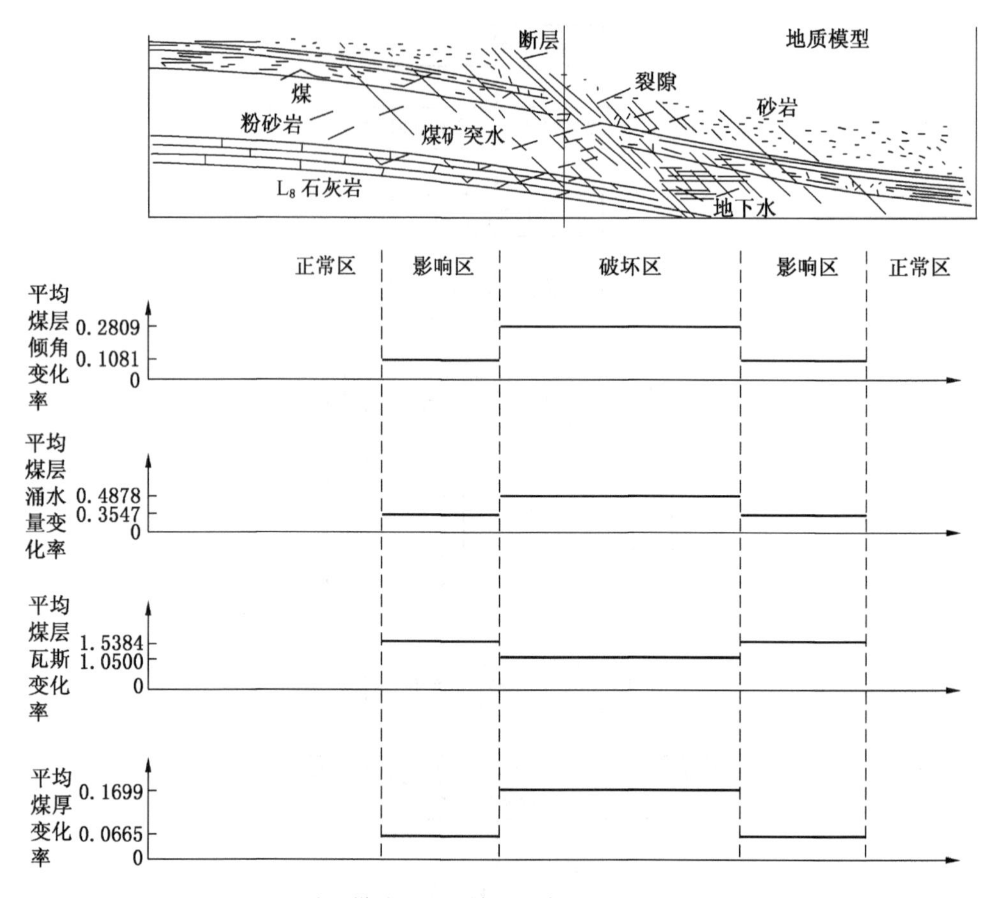

图 12-4 岭子煤矿一号井煤层小构造预测影响因素示意图

数，这种方法还能解决一些问题；对于复杂映射，面临基函数选取以及系数求解等困难，这种映射表示方法有其局限性。神经网络是另一种映射表示方法，它是对简单的非线性函数进行复合，经过少数几次复合后，则可实现对复杂的函数的有效处理，这对数学映射方法有着重要的启示。BP 神经网络模型结构、训练流程等分析具体见 5.3.5。

12.4.2 转移函数的确定

本次设计模型的转移函数有两种。隐含层到输出层采用对数 S(Sigmoid) 型转移函数 log *sig*。对数 S 型函数用于将神经元的输入范围为（-∞，+∞）映射到（0，+1）的区间上，其函数表达式为 $\log sig(y)=\dfrac{1}{1+e^{-y}}$。输入层到隐含层采用双曲正切 S 型转移函数 tan *sig*，双曲正切 S 型函数用于将神经元的输入范围为（-∞，+∞）映射到（-1，+1）的区间上。其函数表达式为 $\tan sig(x)=\tanh(x)$。

S 型函数能很好地适合于利用 BP 神经网络算法训练网络其图象如图 12-5 所示。

S 型函数具有以下良好的特性：

（1）当 x 较小时，也有一定的 y 值与之相对应，即输入到神经元的信号比较弱时，神经元也有输出，不会丢失较小的信息。

（2）当 x 较大时，输出趋于常数，不会出现“溢出”现象。

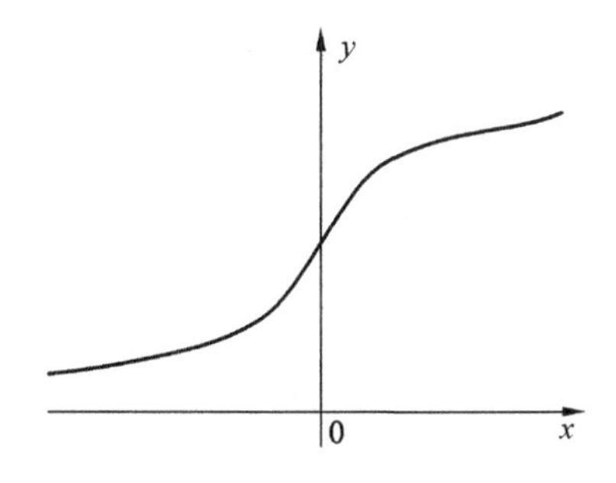

图 12-5 S型函数图象

（3）具有良好的微分特性，即有

$$\frac{\mathrm{d}y}{\mathrm{d}x} = y(1 - y) \tag{12-3}$$

12.4.3 层数的确定

确定网络层数实际上是确定隐含层数目的问题。隐含层具有抽象的作用，每个隐含神经元可以按不同的方法来划分输入空间，也就是说，神经元能够抽取输入空间中包含的某些特征，从而形成更为复杂的分类区域，这样就大大提高了神经网络的分类能力。增加隐含层能够增加神经网络的处理能力，但这也使训练复杂化并强化了黑盒子效应（更难于跟踪误差）。理论证明，具有单隐层的前馈网络可以映射所有连续函数，只有当学习不连续函数时才需要两个隐层，故一般情况下隐含层最多需要两层。层数的增加必将增加训练样本数目和训练时间，作为经验规则，应当开始设定一个隐含层，然后再按要求增加隐含层数目。对于分类或判决边界问题（包括二进制输入输出的逻辑和判决界），一个隐含层就足够了。如果网络的输出需要表示成输入的任意连续函数或复杂功能，则可选用两个隐含层。本次模型中选用一个隐含层。

12.4.4 输入结点数的确定

在数据源确定后，必须将其加到网络的输入层。对于能接受实数的网络，每个输入结点可接受一组随机连续变化的数据，或任一实数参量。显然，确定了数据源并且明确输入结点如何表示它们后，所需的结点数目也就确定了。

由单因素影响分析可知，影响岭子煤矿一井煤层小构造预测预报的主要因素有 4 个，已经对各个因素进行了量化，每个因素对应一组数据，因此最终确定岭子煤矿一井煤层掘进前方小构造预测预报评价模型有 4 个输入节点。

12.4.5 隐含层结点数目的确定

增加隐含层的结点数可以改善网络与训练组匹配的精确度。然而，为改善网络的概括推理能力，即改善对新信息的适应性，又要求适当减少隐含层的结点数。对某一特定应用网络，其隐含层的结点数应统一考虑精确度和概括性。隐含层节点数过少时，学习的容量有限，不足以存储训练样本中蕴涵的所有规律；隐层数过多不仅会增加网络训练时间，而且会将样本中非规律性的内容如干扰和噪声存储进去，反而降低泛化能力。一般方法是凑试法，先由经验公式确定：

$$m = \sqrt{n + l} + \alpha \quad 或 \quad m = \sqrt{nl} \tag{12-4}$$

式中 m——隐层节点数；

n——输入节点；

l——输出节点；

α——调节常数，在 1~10 之间。

$$m = 2N_i + 1 \tag{12-5}$$

式中 m——隐层节点数；

N_i——输入层节点数。

同一样本集训练情况下，改变 m，从中确定网络误差最小时对应的隐层节点数。

本次研究在开始时采用经验性的个数为 9，后经修正，在综合考虑了精确度和概括性的情况下，最后确定隐层节点数为 12 个，即可满足研究精度要求。

12.4.6 输出层结点数的确定

岭子煤矿一号井的煤层掘进前方小构造预测预报模型以工作面回采前方小构造预测危险性分区作为模型的输出，由于煤层掘进前方小构造危险性没有明确的指标界限划分，在此人为设定分为正常区、影响区和破坏区 3 个区域，对应模型输出使用 3 个结点，以矩阵的形式确定。以 {1，0，0}、{0，1，0}、{0，0，1} 分别表示正常区、影响区和破坏区。设计的模型结构图如图 6-2 所示。

12.4.7 训练模型设计

岭子煤矿一号井煤层掘进前方小构造预测预报 BP 神经网络训练算法以学习速率系数 (lr) 作为其训练限制参数，取 $lr=0.25$，以全局误差的均方值 E_k 来定量地反映网络的学习性能。一般地，当网络的全局误差均方差 E_k 值低于 0.0001 时，表明给定训练集的学习已满足要求。根据对影响岭子煤矿一号井煤层掘进前方小构造预测预报的综合研究，拟定预测预报模型的结构及参数：模型输入个数为 4 个，模型输出个数为 3 个，模型隐含层层数为 1 个，模型隐含层结点数为 12 个，转移函数为 S 型函数，模型训练的算法为 Levenberg-Marquardt 算法，模型尺寸为 4 m×12 m×3 m，训练参数，隐含层及输出层学习速率均取 0.25、Momentum（冲量）常数为 0.8。

12.5 BP 神经网络训练与结果分析

利用专业软件工具 Matlab，按设计好的 BP 神经网络进行编程，运行求解。

BP 神经网络模型的整个求解过程分为两个阶段。首先是利用神经网络对典型的工程实例进行学习，建立各影响因素（如煤层倾角、煤层厚度等）与预测指标（如正常带、影响带、破坏带）之间的非线性映射，获得求解知识。这个阶段一般需要较多的工程实例，而且覆盖面要尽可能广，以保证获得的知识可靠。学习结束后，将待预测问题的输入指标值输入训练好的网络，神经网络自动将其与学得的知识进行匹配，推导出合理的求解结果。

BP 神经网络求解效果与各种因素有关，如提供给神经网络的学习样本是否具有典型性、特征抽取是否正确、神经网络结构设计是否合理等。神经网络学习结束后，要用未提供给神经网络学习的样本集来检验神经网络的推广能力。若求解效果好则可认为神经网络学得了正确的知识可用作求解，否则要重新学习。

对于多层神经网络进行训练时，首先要提供若干由输入样本与理想输出对组成的训练样本。从岭子煤矿一井收集到的数据中，选取 53 组试验数据作为训练样本，输入建好的

BP 神经网络模型进行训练。经矩阵运算软件 Matlab 反复训练计算后，得到多组结果，反复比较后得出最终结果，见表 12-1~表 12-3。

表 12-1 处理后的训练数据（正常区）

编号	正常区				实际输出			期望输出
	煤层倾角变化率	煤层厚度变化率	涌水量变化率	煤层瓦斯变化率	正常区	影响区	破坏区	
1	0.0000	0.0000	0.0000	0.0000	1.0000	0.0001	0.0000	1, 0, 0

表 12-2 处理后的训练数据（影响区）

编号	影响区				实际输出			期望输出
	煤层倾角变化率	煤层厚度变化率	涌水量变化率	煤层瓦斯变化率	正常区	影响区	破坏区	
1	0.0462	0.1172	0.0645	0.3684	0.0001	0.9710	0.0092	0, 1, 0
2	0.0833	0.0338	0.0833	0.5000	0.0238	0.9780	0.0000	0, 1, 0
3	0.1250	0.0541	0.0294	0.2381	0.0077	0.9961	0.0000	0, 1, 0
4	0.0667	0.0748	0.1250	1.1818	0.0001	0.9967	0.0010	0, 1, 0
5	0.0625	0.0530	0.1507	1.4615	0.0003	0.9971	0.0002	0, 1, 0
6	0.1111	0.0395	0.0000	3.7500	0.0001	1.0000	0.0001	0, 1, 0
7	0.1000	0.0336	0.1875	1.0000	0.0006	0.9976	0.0000	0, 1, 0
8	0.0909	0.0662	0.0000	1.4444	0.0001	0.9977	0.0008	0, 1, 0
9	0.1667	0.0722	0.0885	1.1250	0.0000	0.9873	0.0172	0, 1, 0
10	0.1364	0.0349	0.0408	1.7500	0.0001	0.9995	0.0002	0, 1, 0
11	0.0833	0.0357	0.6822	1.4000	0.0003	0.9995	0.0000	0, 1, 0
12	0.3400	0.0488	0.4898	0.7059	0.0000	0.9655	0.0337	0, 1, 0
13	0.1429	0.0833	0.6000	0.5833	0.0001	0.9879	0.0005	0, 1, 0
14	0.0000	0.0533	1.0000	0.0625	0.0156	0.9863	0.0000	0, 1, 0
15	0.1250	0.0685	0.3333	1.4444	0.0000	0.9993	0.0011	0, 1, 0
16	0.1111	0.0732	0.7143	0.5385	0.0020	0.9938	0.0000	0, 1, 0
17	0.0769	0.0923	0.6875	0.5000	0.0008	0.9857	0.0001	0, 1, 0
18	0.1111	0.0694	0.1667	1.6667	0.0000	0.9992	0.0008	0, 1, 0
19	0.1000	0.0822	0.3256	2.2222	0.0000	0.9997	0.0006	0, 1, 0
20	0.1111	0.1286	0.2581	4.2000	0.0000	0.9879	0.0094	0, 1, 0
21	0.1250	0.0800	0.5652	4.4286	0.0000	1.0000	0.0001	0, 1, 0
22	0.0625	0.0694	1.2105	3.2727	0.0000	1.0000	0.0000	0, 1, 0

表 12-3 处理后的训练数据（破坏区）

编号	破坏区				实际输出			期望输出
	煤层倾角变化率	煤层厚度变化率	涌水量变化率	煤层瓦斯变化率	正常区	影响区	破坏区	
1	0.1538	0.1862	0.1389	0.4737	0.0000	0.0000	1.0000	0, 0, 1
2	0.2500	0.1149	0.0833	0.2778	0.0000	0.0078	0.9960	0, 0, 1
3	0.3333	0.1486	0.0833	0.0952	0.0000	0.0013	1.0000	0, 0, 1
4	0.1333	0.1429	0.1515	0.3636	0.0000	0.0126	0.9972	0, 0, 1

表 12-3(续)

编号	破坏区				实际输出			期望输出
	煤层倾角变化率	煤层厚度变化率	涌水量变化率	煤层瓦斯变化率	正常区	影响区	破坏区	
5	0.2500	0.1192	0.1507	1.7692	0.0000	0.0007	0.9969	0, 0, 1
6	0.4444	0.1118	0.0278	4.2500	0.0000	0.0002	0.9946	0, 0, 1
7	0.3000	0.1141	0.1146	0.5000	0.0000	0.0003	0.9997	0, 0, 1
8	0.3636	0.3046	0.1146	1.0000	0.0000	0.0000	1.0000	0, 0, 1
9	0.4167	0.1222	0.1416	0.3750	0.0000	0.0001	1.0000	0, 0, 1
10	0.4545	0.2384	0.0816	1.5833	0.0000	0.0000	1.0000	0, 0, 1
11	0.2500	0.0952	0.2430	0.7333	0.0000	0.0387	0.9627	0, 0, 1
12	0.7000	0.1341	0.1429	0.4118	0.0000	0.0000	1.0000	0, 0, 1
13	0.2857	0.1944	1.1667	1.4167	0.0000	0.0002	1.0000	0, 0, 1
14	0.2857	0.1467	1.7083	0.1875	0.0000	0.0009	0.9998	0, 0, 1
15	0.1250	0.1644	0.8056	1.8889	0.0000	0.0033	0.9913	0, 0, 1
16	0.2222	0.1341	1.4857	0.0769	0.0000	0.0077	0.9913	0, 0, 1
17	0.1538	0.1692	0.8125	0.5000	0.0000	0.0002	1.0000	0, 0, 1
18	0.2222	0.2361	0.8000	1.4167	0.0000	0.0000	1.0000	0, 0, 1
19	0.3000	0.2603	0.8667	1.0000	0.0000	0.0001	1.0000	0, 0, 1
20	0.1111	0.2714	0.7333	1.6250	0.0000	0.0000	1.0000	0, 0, 1
21	0.2500	0.1200	0.3235	1.7000	0.0000	0.0010	0.9960	0, 0, 1
22	0.1750	0.2083	0.5556	1.4545	0.0000	0.0000	1.0000	0, 0, 1

根据训练集数据序列，利用人工神经网络的自适应与学习功能，以简单函数的多次迭代，实现对映射函数 f 的逐次逼近，最终得到满意的预测模型。当所有实际输出与理想输出的误差均方根 E_k 小于 0.0001 时，表明训练结束；否则，通过修正权值，使网络的实际输出与理想输出一致。取隐含层及输出层的学习率均为 0.15，当经过 218 次训练后，其实际输出误差均方根误差 $E_k=7.28674e-5$，达到精度要求，训练结束，神经网络训练的收敛过程如图 12-6 所示。最后采用预留的 3 组试验数据进行模型检验，当实际输出与理想输出的误差小于 5%时，则认为模型训练成功，所得模型可以代表实际情况。从模型检验的拟合结果来看，可以认为模型训练成功。

得到的 BP 神经网络模型可以简单地表示为两部分：一是从输入层到隐含层，二是从隐含层到输出层。模型的输入层有 4 个神经元，则输入设为 4×1 的向量 p；隐含层有 12 个神经元，其输入设为 12×1 的向量 I，其输出设为 12×1 的向量 O；输出层有 3 个神经元，设为 3×1 的向量 O。

$$i=\alpha\times p \tag{12-6}$$

式中，α 是 12×4 的输入层结点到隐含层结点的权重矩阵。

$$I=f(i+b_1) \tag{12-7}$$

式中，$f(x)$ 是输入层转移函数；$f(x)=\tan sig(x)=\dfrac{e^x-e^{-x}}{e^x+e^{-x}}$； b_1 是输入层的阈值，又叫

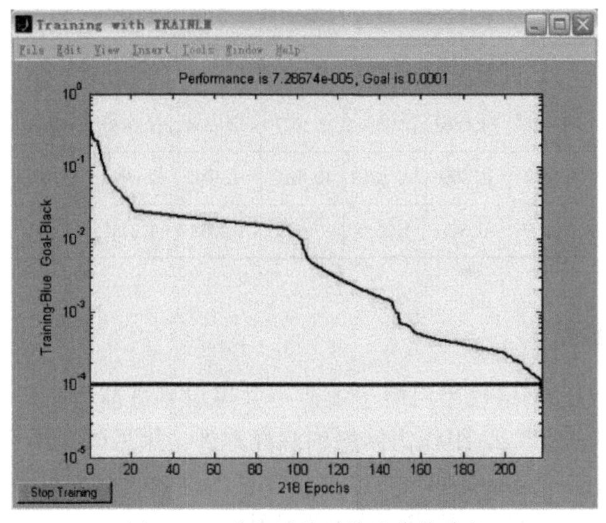

图 12-6 神经网络训练的收敛过程

偏置值。

$$o=\beta\times I \tag{12-8}$$

式中，β 是 3×12 的隐含层结点到输出层结点的权重矩阵。

$$O = g(o + b_2) \tag{12-9}$$

式中，$g(x)$ 是输出层转移函数，$g(x)=\log sig(x)=\frac{1}{1+\mathrm{e}^{-x}}$，$b_2$ 是输出层的阈值（偏置值）。

神经网络模型的输入层结点到隐含层结点的权重 α 阈值 b_1，见表 12-4；隐含层结点到输出层结点的权重 β 和阈值 b_2，见表 12-5。

表 12-4 神经网络的隐含层节点参数

输入层结点到隐含层结点的权重 α				阈值 b_1
4. 5036	13. 1277	-3. 816	3. 3565	-1. 5486
0. 5069	7. 3663	2. 8717	-2. 0693	-1. 4385
3. 3420	12. 4557	1. 5190	-0. 9491	-4. 9412
3. 7437	10. 5583	-1. 1193	-2. 1718	-3. 6511
-2. 1299	-9. 0052	0. 3610	0. 5348	5. 4969
-1. 2265	-14. 1586	0. 3638	3. 1086	4. 1166
-5. 4553	-16. 9014	0. 2889	0. 1196	2. 5308
2. 7949	-5. 4659	2. 2117	2. 9206	-0. 5747
1. 0927	2. 2244	-1. 4332	0. 1044	4. 2841
0. 2488	-10. 4453	0. 3938	-2. 9485	2. 7216
1. 6372	8. 9770	-0. 3749	-0. 4806	-0. 8760
7. 7361	16. 0059	0. 6554	0. 3424	-1. 3558

表 12-5 神经网络的输出层节点参数

隐含层结点到输出层结点的权重 β												阈值 b_2
-5.4525	-4.2935	1.6272	-1.4478	-1.6863	2.1886	2.1627	-2.7564	-1.3488	-0.3481	-1.5037	-5.1690	-3.9034
5.2099	3.3106	2.379	0.9013	1.3999	-3.6718	10.8102	-1.1005	-2.0993	2.7961	-3.9491	9.3247	-2.3337
2.6268	3.4971	1.9050	0.0209	-0.6451	1.2630	-7.9710	1.6062	-1.2481	-3.0034	5.7982	0.1155	1.9557

12.6 模拟检验结果

为了弄清楚 BP 神经网络模型对岭子煤矿一井煤层掘进前方小构造的预测预报效果，除了从收集到的数据中选取 22 组作为网络训练样本外，用另外 3 组样本检验神经网络的预测能力。将这 3 组样本输入模型，通过拟合计算，得到的结果见表 12-6。通过数据分析知，结果符合实际，达到精度要求，模型训练成功。

表 12-6 检验数据的拟合结果与理想值对照

样本号	检验样本				实际输出			期望输出
	煤层倾角	煤层厚度	涌水量	煤层瓦斯	正常区	影响区	破坏区	
1	9	1.12	3	0.09	0.9992	0.0009	0.0000	1, 0, 0
	10	1.09	3.8	0.12				
2	9	1.12	3	0.09	0.0077	0.9938	0.0001	0, 1, 0
	12	1.16	3.6	0.32				
3	9	1.12	3	0.09	0.0000	0.0000	1.0000	0, 0, 1
	13	1.36	6.26	0.32				

12.7 小构造预测信息系统

12.7.1 预测信息系统设计的原理和设计

小构造预测信息系统是基于人工神经网络技术，采用微软公司提供的基于 C/C++应用程序集成开发工具 Microsoft Visual C++(简称 VC) 研发而成的。

本信息系统是人工神经网络技术的一个仿真应用。根据岭子煤矿所获得的影响小构造各主控因素的先前数据建立 BP 神经网络模型，基于 VC 进行编程开发，研发岭子煤矿采煤工作面前方小构造预测信息系统，其启动界面如图 12-7 所示。该系统可以在 Windows 的任何一台计算机上运行，无须依赖其他程序环境。程序无须安装，拷贝后即可运行，具有占用空间小、操作简单、运算速度快等优点。

12.7.2 系统操作说明

由于 BP 神经网络模型涉及较多的矩阵运算，所以本系统将大量的矩阵非线性算法融入其中。前方小构造预测信息系统最为突出的优点是比较人性化，便于工作人员在第一次打开界面就可以操作自如，如数据的录入采用了向导式模块，这样就不必花费时间去熟练操作。信息系统的操作步骤如下：

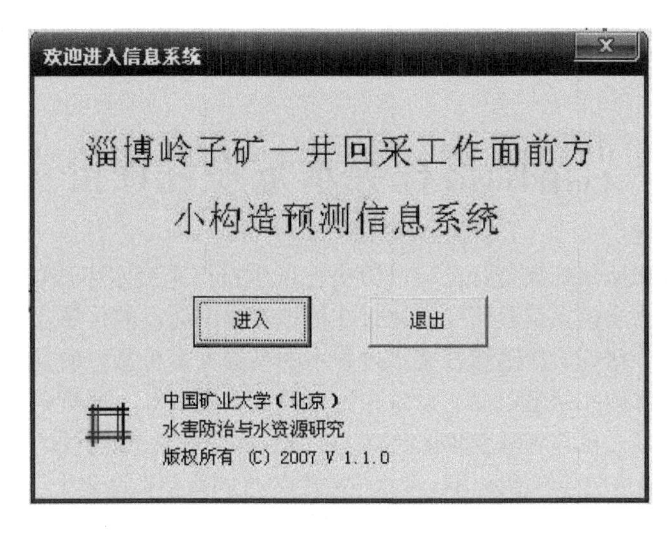

图 12-7　岭子煤矿小构造预测信息系统启动界面

1. 数据输入

本系统采用便捷的向导式数据输入，数据输入准备分为两部分：一是对预测点背景值的输入，二是对预测位置的实际数据输入。预测点背景值的输入，即为对预测点前方正常带主控因子值的输入。点击菜单栏【输入向导 | 预测点背景值…】，弹出【输入预测点背景值】的向导对话框 1/4-4/4，按其要求录入数据即可。预测位置数据输入，即是对预测位置得到的主控因子实际值的输入。点击菜单栏【输入向导 | 预测位置数据…】，弹出【输入预测位置数据】的向导对话框 1/4-4/4，按其要求录入数据即可。

这样就按照要求完成预测小构造的数据录入准备，下面就要对煤层巷道掘进前方可疑构造点进行小构造预测。

2. 预测小构造

点击菜单栏的【预测】，即可对输入数据点进行小构造的预测，预测结果在主界面显示。结果有 3 个值，第一个为正常带值，第二个为影响带值，第三个为破坏带值。当这 3 个值中某一个值最接近“1”，就说明预测的这个位置属于哪一结果。

13 岩溶陷落柱突水危险性评价实例

针对华北型煤田陷落柱典型特征，以历史上发生过严重突水事故的东庞矿 X7 陷落柱为例进行三维地质力学模式试验研究。通过在模拟岩体中埋设的传感仪器，监测采动过程中各种变量的变化，研究岩溶陷落柱突水过程中的渗流灾变机制。研究内容主要包括：模型设计和制作、突水前兆信息监测、设备布置以及试验模拟等，分析采动条件下陷落柱突水机理和突水渗流场、位移场时空演化规律。在分析邢台东庞矿地下水径流条件、岩溶陷落柱内部结构、关键隔水层等岩溶陷落柱突水危险性评价因素指标基础上，利用模糊综合评判法确定其相应的隶属函数和对应指标的权重，最终对 X7 陷落柱的突水危险性进行综合评价。

13.1 地质条件和水文地质条件

东庞井田位于河北省内丘县西南约 10 km，井田形状为不规则菱形，南北长约 8 km，东西宽约 5 km，面积 40.423 km^2。矿区东侧分布有京广铁路、京深高速公路及 107 国道，交通十分便利。目前主采 2 号煤层，X7 煤处于试采阶段，采煤方法为走向长壁综合机械化采煤。东庞矿北井（以下简称北井）位于东庞井田西部，试采 9 号煤层，开拓方式为立井单水平下山开采。

13.1.1 地层

东庞井田为典型的华北型煤田，地表均被第四系松散沉积物所覆盖，仅在井田西部边缘有基岩出露，倾角一般在 10°~15°之间，地层平缓。在勘探深度范围内，揭露的地层由老至新依次为：太古界赞皇群、奥陶系、石炭系、二叠系、三叠系、第四系。

13.1.2 水文地质

1. 区域水文地质

邢台矿区属于邯邢水文地质单元的中单元，即百泉水文地质单元，为一基本独立且封闭的单元，单元面积 3843 km^2，寒武系及奥陶系灰岩裸露面积为 645 km^2，全区补给量约为 6.911 m^3/s。东庞井田位于百泉水文地质单元的西北边界地段，如图 13-1 所示。

2. 含水岩组划分

根据含水层的空隙特征，区内含水岩组可分为孔隙、裂隙、岩溶裂隙含水岩组 3 种基本类型。第四系孔隙含水岩组分布于太行山以东的山前和广大平原地区，属冲洪积扇及冲积平原，厚度为 0~570 m，可以划分为上下两个含水层段：第四系顶砾孔隙含水层段和第四系底砾孔隙含水层段。裂隙含水岩组主要包括砂岩裂隙含水岩组和变质岩、侵入岩类含水岩组，富水性较弱-极弱。岩溶裂隙含水岩组主要包括薄层灰岩含水岩组和奥陶系灰岩岩溶裂隙含水岩组。其中，含水层中上部岩性为中厚层灰岩组段，岩溶裂隙发育，含水丰富，构成相对统一的含水体。由于构造和裂隙发育具有明显的方向性和不均一性，奥陶系灰岩岩溶裂隙含水层的富水性具有明显的不均一性。受采矿和工农业生产用水等影响，奥灰含水层具有集中补给，长年消耗的主要补给期为每年的 7—9 月，目前区域奥灰水水位标高一般为+2～30 m。

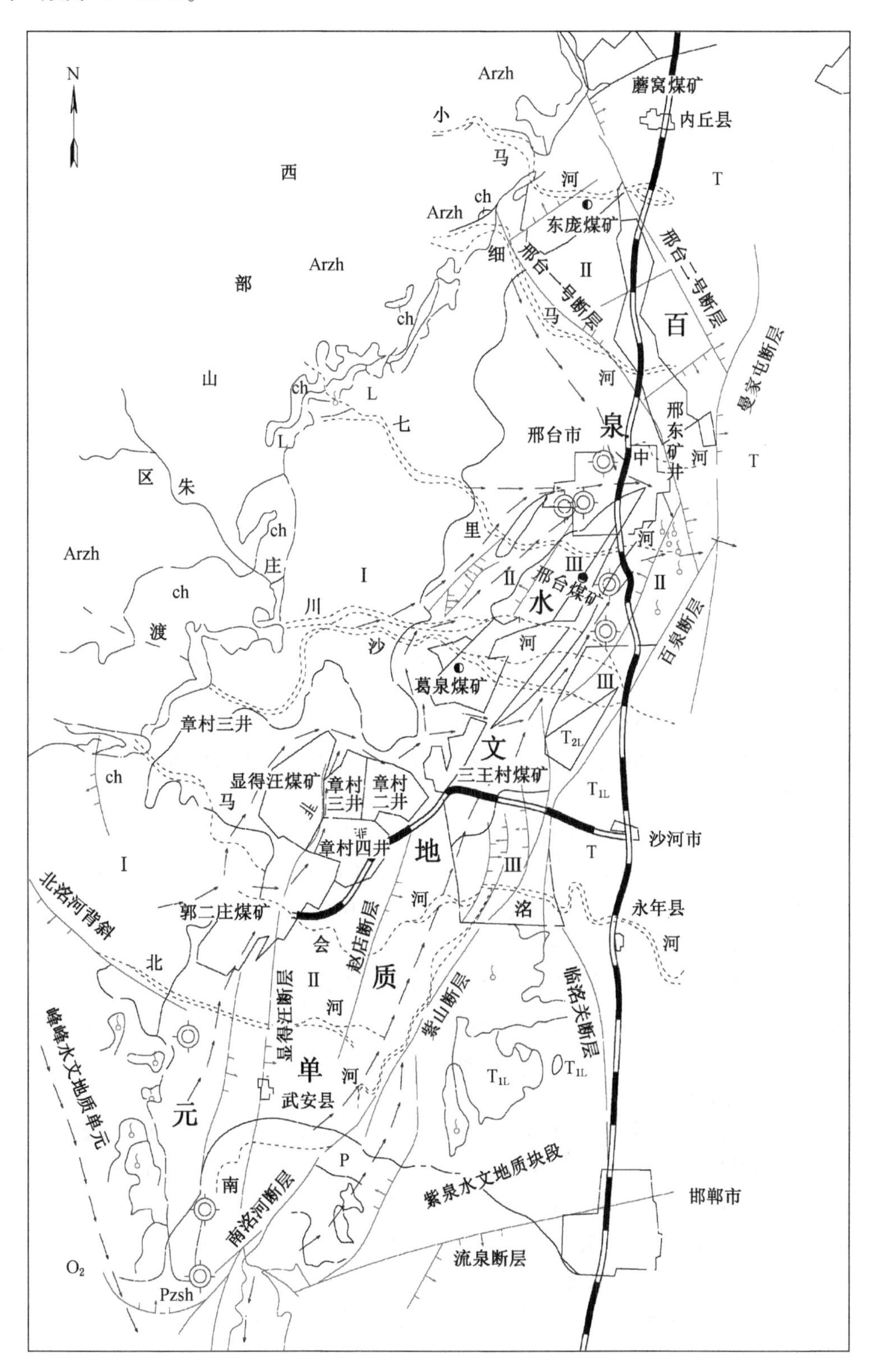

图 13-1 百泉水文地质单元略图

13.2 流-固耦合相似模拟试验

13.2.1 试验概况

1. 试验意义及必要性

岩溶陷落柱是华北型煤田中常见的一种地质构造，大多数陷落柱并不导水，但极少数具有强导水性的陷落柱也曾引起过重大的突水灾害。陷落柱突水具有突水量大、突水速度快、突出物量大等特点，对矿井安全有极大的威胁。近些年来，陷落柱问题逐渐受到工程人员和科技工作者的重视，但大量的研究集中在陷落柱的形成机理和预测、治理方面，关于陷落柱突水机理尤其是延迟滞后突水机理的研究不足，相似物理模拟试验更几乎空白。因此，为了查清岩溶陷落柱尤其是大型隐伏陷落柱的突水模式并揭示其突水机理，减少岩溶陷落柱突水所带来的财产损失和人员伤亡，保证矿井施工和生产安全，本书选取东庞矿曾经发生过大型突水事故的X7岩溶陷落柱段作为试验主体，着重研究大型隐伏岩溶陷落柱延迟滞后突水机理；同时，也对煤巷开挖处的突水速度、突水量和围岩的位移、应变等进行监测，研究巷道开挖引起的岩溶陷落柱活化机理，以及陷落柱的存在对巷道施工的影响。

矿井水防治问题所处的工程地质和水文地质条件复杂而具有随机性，因此长期以来，模型试验是解决相关问题的重要手段。地质力学模型试验直观性强，能较好地模拟不同荷载作用方式以及开采方式；模型能模拟工程受力从弹性到塑形破坏，从渗水到突水失稳的全过程；模型试验也可以比较全面真实地模拟各类复杂地质构造，揭示不同地质构造下施工过程中所表现的力学现象和规律，为建立以及验证新的数学模型和物理理论提供依据。由于模型试验的上述优点，模型试验渐成为相关方向的研究热点。

研究拟通过流-固耦合模型试验研究大型陷落柱突水机理问题，得到开采条件下应力场与渗流场共同作用下巷道的应力、位移分布规律以及承压水的导升规律。

2. 主要研究内容

1）采动条件下陷落柱突水机理

研究巷道开采过程中，开挖至不同位置时，扰动对不同位置陷落柱各个监测点的影响，即在陷落柱突水的发育、发展到发生过程中，分析应力、位移等的变化和承压水的导升过程，并对巷道的稳定性进行研究。

2）采动条件下陷落柱突水渗流场、位移场时空演化规律

通过监测开挖推进引起的各关键监测点的水量、位移等监测量随空间和时间的发生变化，揭示陷落柱突水的滞后性和隐伏性，研究其时空演化规律。

3. 流-固耦合相似理论

相似理论来源于量纲分析（Dimensional Analysis）中的Π定理，概括来说就是：问题中若基本量的数目是k且有N个变量（包括n个自变量和1个因变量，$N=n+1$），那么一定形成$N-k$个无量纲变量（包括1个无量纲因变量和$N-k-1$个无量纲自变量），而且它们之间形成确定的函数关系。在此基础上，又发展出所谓的“相似三定理”。

1）相似第一定理（相似正定理）

若两个物理量的物理现象相似，则其物理指标为1。也可以表示为相似现象的同名相似数值相同。

2）相似第二定理（π定理）

可以用各相似准则之间的关系来表述现象各物理量间的关系，其数学表述可以表示为如下形式：设一个物理系统有 n 个物理量，其中有 k 个物理量的量纲是相互独立的，那么相似准则 π_1，π_2，…，π_{n-k} 之间的函数关系可以表示这 n 个物理量。

3）相似第三定理（相似逆定理）

相似第三定理解决了两个同类物理现象满足什么样的条件才能相似的问题，其内容是：凡具有同一特性的现象，当单值条件（系统的几何性质、介质的物理性质、起始条件和边界条件等）彼此相似，且由单值条件的物理量所组成的相似判据在数值上相等，则这些现象必定相似。两个现象单值条件相似，且如果单值量组成同名相似准则数值相同，则两个现象相似。

流-固耦合相似考虑渗流，其关系式可以表述为

$$\begin{cases}\dfrac{\partial}{\partial x}\left[k(\sigma_{ij})\dfrac{\partial h}{\partial x}\right]+\dfrac{\partial}{\partial z}\left[k(\sigma_{ij})\dfrac{\partial h}{\partial z}\right]=0 & (x,\ z)\in\Omega\\ h(x,\ z)=h_1(x,\ z) & (x,\ z)\in\Gamma_1\\ k(\sigma_{ij})\dfrac{\partial h}{\partial n_2}=q(x,\ z) & (x,\ z)\in\Gamma_2\\ h(x,\ z)=z,\ k(\sigma_{ij})\dfrac{\partial h}{\partial n_3}=0 & (x,\ z)\in\Gamma_3\end{cases}\tag{13-1}$$

式中，$k(\sigma_{ij})$ 为渗透系数，是应力场的函数。

$$k(\sigma_{ij})=\frac{\gamma}{\mu}k_0(\sigma_{ij})=\frac{\gamma}{\mu}k_0\exp(-\alpha\sigma_{ij}+\beta p)\tag{13-2}$$

利用该模型求解渗流场时，将应力场计算结果 σ_{ij} 代入渗透系数计算式，经反复迭代运算即可得到耦合作用下渗流场的水头分布等渗流要素。

渗流场影响下的应力场数学模型为

$$\begin{cases}\sigma_{ij,\ j}+f_i(h)=0 & (x,\ z)\in\Omega\\ \varepsilon_{ij}=\dfrac{1}{2}(u_{i,\ j}+u_{j,\ i}) & (x,\ z)\in\Omega\\ \sigma_{ij}=\lambda\varepsilon_v\delta_{ij}+2G\varepsilon_{ij} & (x,\ z)\in\Omega\\ \sigma_{ji}n_j=\tau_i(h) & (x,\ z)\in S_\sigma\\ u_i=\overline{u_i} & (x,\ z)\in S_u\\ (i,\ j=1,\ 2)\end{cases}\tag{13-3}$$

4）试验各参数的相似比

岩溶陷落柱突水是一类流-固耦合问题，可用单位突水量 q 来表征，决定其的控制参数包括：

- 岩、煤层
  - 几何性质：各层高度 h_1，h_2，…，h_n，陷落柱高度 H、底部半径 d、倾角 α
  - 物理性质：各层密度 ρ_1，ρ_2，…，ρ_n
  - 水理性质：各含水层渗透系数 k_a，k_b，…，k_n
  - 力学性质：各层及陷落柱弹模 E，泊松比 μ，黏聚力 C，摩擦角 ϕ
  - 环境特性：原始地应力 σ_0，采动扰动应力 σ_r
- 水：密度 ρ_0，动水压力 P

为简单表述，把同一属性的量用同一字母表示，得到以下函数，即

$$q=f(h,\ H,\ d,\ \alpha,\ \rho,\ k,\ E,\ \mu,\ C,\ \phi,\ \sigma_0,\ \sigma_r,\ \rho_0,\ p) \tag{13-4}$$

对于这类纯力学问题，有 3 个基本量纲，选取 d、ρ_0、p 作为基本量，式（13-4）可以化为以下无量纲形式

$$\frac{q\sqrt{\rho_0}}{d^2\sqrt{pd}}=f\left(\frac{h}{d},\ \frac{H}{d},\ \alpha,\ \frac{\rho}{\rho_0},\ k\sqrt{\frac{\rho_0}{pd}},\ \frac{E}{p},\ \mu,\ \frac{C}{p},\ \phi,\ \frac{\sigma_0}{p},\ \frac{\sigma_r}{p}\right) \tag{13-5}$$

把左端移动到右端，式（13-5）可以整理为

$$q=\frac{d^2}{\sqrt{\frac{pd}{\rho_0}}}f\left(\frac{h}{d},\ \frac{H}{d},\ \alpha,\ \frac{\rho}{\rho_0},\ k\sqrt{\frac{\rho_0}{pd}},\ \frac{E}{p},\ \mu,\ \frac{C}{p},\ \phi,\ \frac{\sigma_0}{p},\ \frac{\sigma_r}{p}\right) \tag{13-6}$$

故由此得到相似试验的相似系数，即试验系统与所模拟系统的相应物理量之比，$C_i=\frac{x_i}{x_i'}$。

基本相似比（可控制的物理量所对应的相似比）为几何相似比 c_l 和容度相似比 c_γ，其他物理量相似比可以据此来计算出来，其中

应力相似比：

$$c_\sigma=c_\gamma c_l$$

渗透系数相似比：

$$c_k=\frac{\sqrt{c_l}}{c_\gamma}$$

原型和模型中的无量纲数的相似比为 1，即：

$$c_\alpha=c_\mu=c_\phi$$

模型中相同量纲的物理量相似比例尺相等，即：

$$c_l=c_H=c_h=c_d,\ c_\sigma=c_E=c_C=c_{\sigma_0}=c_{\sigma_r}=c_P$$

在本次试验中，由于流体选择水，故容度相似比 c_γ 选择为 1，其他物理量的相似比便只是几何相似比 c_l 的单一函数。

根据设计资料和研究内容要求，试验下部需模拟至陷落柱的主水源——奥陶系灰岩含水层，上部需模拟至开挖和突水所未影响到的层位。所模拟的范围比较大，故所选取的比例尺比较小，能有效规避边界效应，但是对监测和开挖的要求较高。基于上述要求，初步设计尺寸相似比为 1∶100。

13.2.2 模拟材料配置正交试验

本正交试验的目的是研究不同原料配比情况下，相关原料对相似材料力学和渗流性质的影响和变化趋势，并最终确定相似模拟材料的强度和渗透系数及确定控制相似材料各性能的主要组分。要求配置的相似材料在相对固定的密度下满足与原材料的抗压、抗拉、抗剪等力学相似，满足材料的亲水性能和渗透系数相似，满足在流-固耦合情况下材料的软化相似和有水作用情况下的破坏形态相似，以达到整体试验对相似材料的要求。

1. 正交试验设计

由前人经验可知，利用相关原料制成的相似材料在满足抗压强度的前提下，其抗拉强度与抗压强度之比、抗剪强度等均在常见岩石的范围以内，故试验的关键强度指标为材料

的抗压强度。由于原料中有水泥，所以要考虑其强度的时间固化效应；由于是流-固耦合材料，需考虑其有水情况下的保水性和软化效应，同时需考虑水在材料中的运动规律。综合考虑以上因素，选取材料的 7 天抗压强度、14 天抗压强度以及饱水抗压强度和渗透系数为试验指标。

1）因素的选取和水平的确定

综合前人成果和经验，本材料以河砂、碳酸钙和重晶石粉作为骨料，水泥为胶结剂，氯化石蜡为调节剂，并伴以适量的水利用模具压实制成。本试验设计使用定量的水，以便于加工和数据的比较处理，考察另外 5 种原料对材料性质的影响。为减少选定的因素，采用相互比例的形式分别选取细骨料（碳酸钙加重晶石粉）占总骨料的比例、重晶石粉占细骨料的比例、水泥占总质量的比例、氯化石蜡占总质量的比例以及水占总质量的比例 5 个因素来考察各原料对材料性质的影响。在本试验的水平选择问题上，遵循既总结前人经验又充分尝试深入研究的原则，即在根据已有经验和知识的基础上选定各原料比例时采取限定最大范围，同时增加各因素的水平数，缩小各个水平之间的差值。最终选定每个因素的水平数为 5，具体因素和水平的选取见表 13-1。

表 13-1　正交试验因素选择

水平	因素				
	A[(碳酸钙+重晶石粉)/骨料]	B[重晶石粉/(碳酸钙+重晶石粉)]	C(水泥)	D(氯化石蜡)	E(水)
1	10%	40%	1.70%	5.20%	7.50%
2	13%	45%	2.50%	6.30%	7.90%
3	16%	50%	3.30%	7.30%	8.30%
4	19%	55%	4.20%	8.30%	8.70%
5	22%	60%	5.00%	9.40%	9.10%

2）正交表的选取

通常正交表选取的原则是在能够安排试验因素和交互作用的前提下，尽可能选取较小的正交表，以减少试验次数。本试验共 5 个因素，各 5 个水平，且各因素之间不存在交互作用，故综合选取 5 水平所常用的 $L_{25}(5^6)$ 正交表，即共进行 25 次试验，每因素 5 个水平，共可考察 6 种因素。对于本试验，因只有 5 种因素，共有一列空列，为便于绘制和分析，空列在正交表中不予列出。

3）表头设计

本试验不考虑各因素的交互作用，故将细骨料占总骨料的比例（A）、重晶石粉占细骨料的比例（B）、水泥占总质量的比例（C）、氯化石蜡占总质量的比例（D）以及水占总质量的比例依次安排在正交表的第 1、2、3、4、5 列中。

综上所述，试验采取的正交表见表 13-2，满足正交设计要求的正交性、代表性和综合可比性。

根据试验的要求，利用配置的材料模拟煤层顶、底板岩体，通过对常用岩石的物理参数查询，取常见岩石的密度 2.45×103 kg/m^3，在此基础上乘以标准模具的体积，即可得到每个试件的质量，取整为 480 g。由正交试验设计的比例，可以得到各组试验所需原料的质量，见表 13-3。

表 13-2 正交试验表

试验组号	因素				
	A[(碳酸钙+重晶石粉)/骨料]	B[重晶石粉/(碳酸钙+重晶石粉)]	C(水泥)	D(氯化石蜡)	E(水)
A	1	1	1	1	1
B	1	2	2	2	2
C	1	3	3	3	3
D	1	4	4	4	4
E	1	5	5	5	5
F	2	1	2	3	4
G	2	2	3	4	5
H	2	3	4	5	1
I	2	4	5	1	2
J	2	5	1	2	3
K	3	1	3	5	2
L	3	2	4	1	3
M	3	3	5	2	4
N	3	4	1	3	5
O	3	5	2	4	1
P	4	1	4	2	5
Q	4	2	5	3	1
R	4	3	1	4	2
S	4	4	2	5	3
T	4	5	3	1	4
U	5	1	5	4	3
V	5	2	1	5	4
W	5	3	2	1	5
X	5	4	3	2	1
Y	5	5	4	3	2

表 13-3 正交试验材料质量表

试验组号	原料质量/g					
	河沙	碳酸钙	重晶石粉	水泥	氯化石蜡	水
A	370	25	16	8	25	36
B	360	22	18	12	30	38
C	350	19	19	16	35	40
D	340	17	21	20	40	42
E	330	15	22	24	45	44
F	340	30	20	12	35	42

表 13-3(续)

试验组号	原料质量/g					
	河沙	碳酸钙	重晶石粉	水泥	氯化石蜡	水
G	331	27	22	16	40	44
H	330	25	25	20	45	36
I	342	23	28	24	25	38
J	350	21	31	8	30	40
K	320	37	24	16	45	38
L	332	35	28	20	25	40
M	323	31	31	24	30	42
N	330	28	35	8	35	44
O	329	25	38	12	40	36
P	313	44	29	20	30	44
Q	312	40	33	24	35	36
R	319	37	37	8	40	38
S	310	33	40	12	45	40
T	322	30	45	16	25	42
U	293	50	33	24	40	40
V	300	47	38	8	45	42
W	311	44	44	12	25	44
X	310	39	48	16	30	36
Y	302	34	51	20	35	38

2. 正交试验内容

1）相似材料的研制

根据相似材料成分，相似材料的配制过程大概可以分为称取—混合—加水搅拌—加入硅油搅拌—加热氯化石蜡或凡士林—装模压实—脱模并养护等步骤，材料配制过程如图 13-2 所示，成型试件如图 13-3 所示。

2）抗压试验

单轴抗压试验下，试件只受到轴向压力的作用，没有侧向压力作用在试件之上，导致试件变形不受限制，如图 13-4 所示。试件的单轴抗压强度 σ_c 是指试件在单轴压缩荷载作用下破坏前所能承受的最大压应力，由于没有侧向压力则也被称为非限制性抗压强度。

单轴抗压强度 σ_c 等于达到破坏时的最大轴向压力 p 除以试件的横截面积 A，其表达式为

$$\sigma_c = \frac{p}{A} \tag{13-7}$$

试件在单轴压缩荷载作用下破坏时，在测试中可产生 3 种破坏形式：

（1）X 状共轭斜面剪切破坏，是最常见的破坏形式，如图 13-5a 所示。破坏面法线与荷载轴线（即试件轴线）的夹角 $\beta=\frac{\pi}{4}+\frac{\varphi}{2}$，其中 φ 为岩石的内摩擦角。

图 13-2　相似材料配置过程

（2）单斜面剪切破坏，是由于破坏面上的剪应力超过极限引起的压-剪破坏，如图 13-5b 所示。同时，破坏面上的正应力也影响了破坏前破坏面所需承受的最大剪应力。

图 13-3　相似材料试件

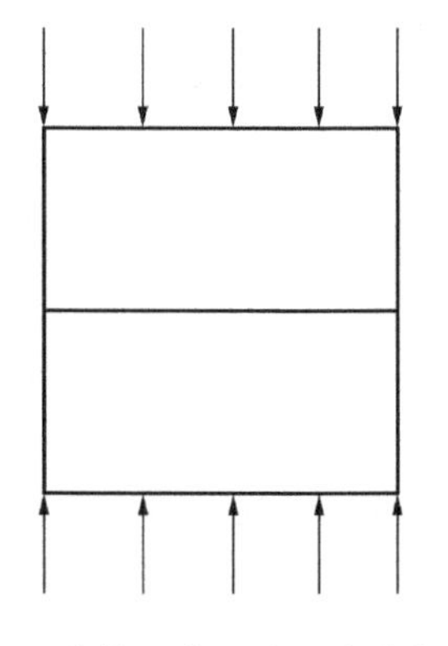

图 13-4　单轴压缩试验试件受力示意图

（3）拉伸破坏是横向拉应力超过材料的抗拉极限引起的破坏，如图 13-5c 所示，横向拉应力是在轴向压应力的作用下产生的。

试件实际压缩效果如图 13-6 所示。

由于相似材料的弹模较低，利用电阻应变仪进行量测时不易去除刚化效应的影响，故不宜采用。而电子万能试验机可以良好解决此问题，可以自动测试每级荷载作用下试件的

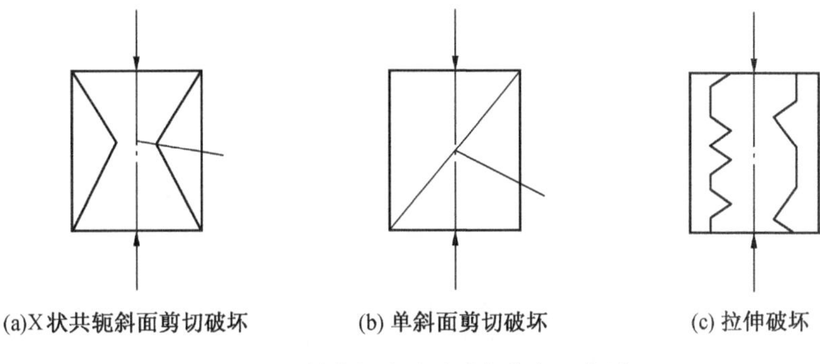

图 13-5 单轴压缩试验破坏状态示意图

图 13-6 试件实际压缩效果

位移，并得到分级作用下的压力-位移曲线，再通过内置标定程序将压力-位移曲线转化为 σ-ε 曲线，得到 E。试件典型的应力-应变曲线如图 13-7 所示。

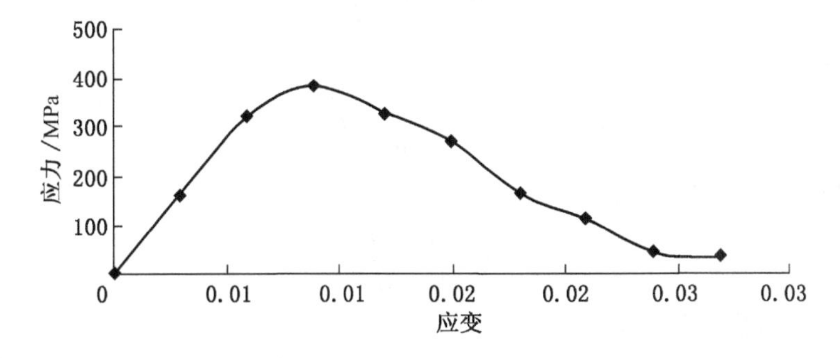

图 13-7 典型应力-应变曲线

3）渗透系数测试

渗透系数是岩体渗流性质的重要指标，对其测试一直是相关研究的难点。由于模拟原型的渗透系数本身跨度较大，还需经相似比转化，转化后的数值更小，采用工程常见方法无法实现，只能采取实验室内的低渗透系数测量方法。经过对比，最终采用变水头试验测定渗透系数，并严格控制试验环境参数以确保试验结果的精确。

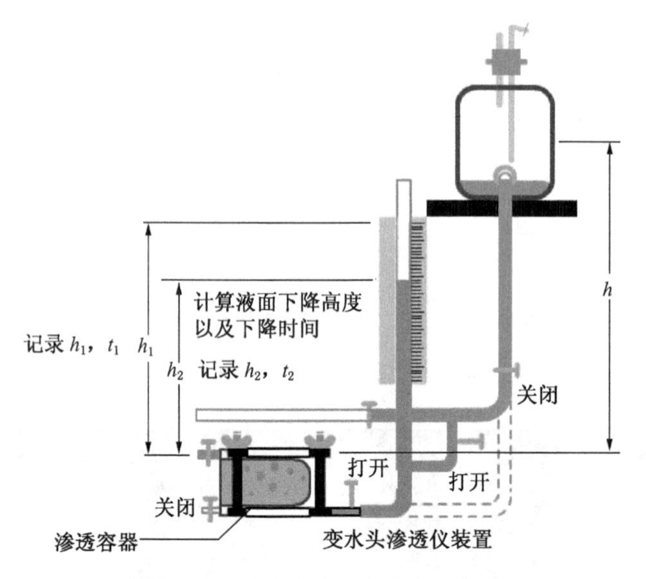

图 13-8 变水头渗透仪装置示意图

试验装置如图 13-8 所示，试验时将试样（截面面积为 A）置于周边密闭的试验设备内，采用三通原理用一根细玻璃量管连接圆筒上端，量管的过水断面积为 a。根据达西定律，水在压力差作用下在试样内渗流，玻璃量管中的水位下降，即水柱高度 h 随时间 t 逐渐减小，通过读取两个时间 t_1 和 t_2 对应的水头高度 h_1 和 h_2，可以得到流经试样的渗流水量，设经过 dt 时间，量管水位下降 dh，单位时间内流经试样的渗流水量为

$$q = - a\frac{\mathrm{d}h}{\mathrm{d}t} \tag{13-8}$$

式中，负号表示渗流的方向与水头高度 h 增大的方向相反。

根据达西定律，流经土样的渗流量又可表示为

$$q = A \cdot k \cdot \frac{h}{l} \tag{13-9}$$

于是可得

$$\mathrm{d}t = - \frac{Al}{Akh} \cdot \mathrm{d}h \tag{13-10}$$

将式（13-10）两边积分得

$$t = - \frac{al}{Ak}\ln\left(\frac{h}{h_0}\right) \tag{13-11}$$

式中，h_0 为起始水头高度。

把时间 t_1 和 t_2 对应的水头高度 h_1 和 h_2 分别代入式（13-11），并取两个方程之差，可得渗流系数为

$$k = \frac{al}{A(t_2 - t_1)}\ln\left(\frac{h_1}{h_2}\right) \tag{13-12}$$

变水头渗透仪较好地解决了小尺寸试件的低渗透系数测试难题，试验仪器及试件如图 13-9 所示。

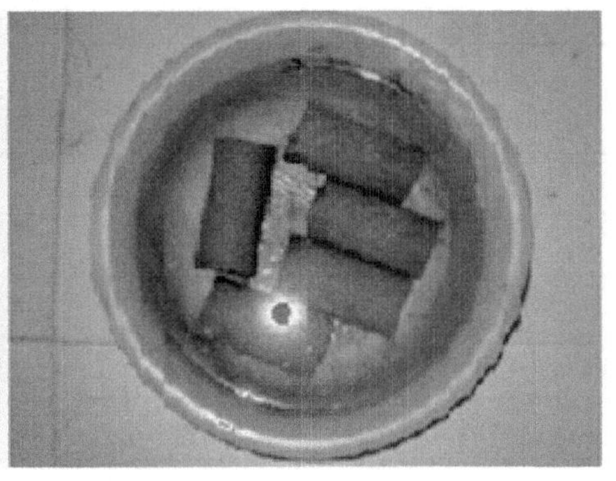

图 13-9 渗流试验仪及试件

3. 正交试验结果

分别测试同一配比试件的 7 日培养强度、7 日浸水强度和 14 日培养强度，相似材料力学性质正交试验结果见表 13-4。

分析 3 组数据可知，材料的强度范围为 160 kPa 至 1400 kPa，按照合适的比例尺可以模拟各种软岩和中硬岩。其主次关系均为 C > D > E > B > A，可知水泥对试件强度影响最大，其次为氯化石蜡和水，而骨料主要影响试件的重度，而对强度影响不大。除去几个水泥含量较高的试件的软化系数为 72% ~97%，与常见岩石的软化系数相近，完全可以模拟现实中的岩石软化效应。同时试件的渗透系数范围也比较大，可在 4.36×10^{-8} ~ 8.29×10^{-4} cm/s 之间调节，可以充分模拟各种导水性能的岩体。

表 13-4 正交试验结果

因素	A[(碳酸钙+重晶石粉)/骨料]	B[重晶石粉/(碳酸钙+重晶石粉)]	C(水泥)	D(氯化石蜡)	E(水)	7 日应力/kPa	7 日浸水应力/kPa	14 日应力/kPa
实验 1	1	1	1	1	1	210.49	164.83	243.8
实验 2	1	2	2	2	2	426.73	357.09	437.95
实验 3	1	3	3	3	3	668.94	569.14	719.89
实验 4	1	4	4	4	4	893.55	846.96	852.15
实验 5	1	5	5	5	5	1197.63	1386.93	1584.29
实验 6	2	1	2	3	4	513.74	376.34	587.77
实验 7	2	2	3	4	5	693.27	587.24	814.22
实验 8	2	3	4	5	1	916.87	814.31	946.88
实验 9	2	4	5	1	2	1163.91	1276.41	1213.05
实验 10	2	5	1	2	3	274.21	237.41	234.86
实验 11	3	1	3	5	2	783.56	687.14	879.03
实验 12	3	2	4	1	3	820.4	817.69	833.86
实验 13	3	3	5	2	4	1078.06	1248.07	1153.94
实验 14	3	4	1	3	5	258.64	187.54	319.52

表 13-4(续)

因素	A[(碳酸钙+重晶石粉)/骨料]	B[重晶石粉/(碳酸钙+重晶石粉)]	C(水泥)	D(氯化石蜡)	E(水)	7日应力/kPa	7日浸水应力/kPa	14日应力/kPa
实验15	3	5	2	4	1	470.22	364.18	511.98
实验16	4	1	4	2	5	896.61	800.24	1032.48
实验17	4	2	5	3	1	1107.49	1154.61	1032.71
实验18	4	3	1	4	2	354.97	296.14	396.24
实验19	4	4	2	5	3	529.04	475.8	588.44
实验20	4	5	3	1	4	618.99	555.25	674.38
实验21	5	1	5	4	3	1154.71	1219.57	1193.96
实验22	5	2	1	5	4	379.27	310.98	410.96
实验23	5	3	2	1	5	424.88	371.21	514.08
实验24	5	4	3	2	1	659.16	589.6	713.86
实验25	5	5	4	3	2	874.8	854.31	911.43
7日强度	均值1	679.468	711.822	295.516	647.734	672.846		
	均值2	713.4	685.432	472.922	666.954	720.794		
	均值3	682.176	688.744	684.784	684.722	689.46		
	均值4	701.42	700.86	880.446	713.344	696.722		
	均值5	698.564	687.17	1140.36	761.274	694.206		
	极差	32.932	26.39	844.844	113.54	47.948		
7日浸水强度	均值1	664.99	649.624	239.38	637.078	617.506		
	均值2	658.342	645.522	388.924	646.482	694.218		
	均值3	660.924	659.774	597.674	628.388	663.922		
	均值4	656.408	675.262	826.702	662.818	667.52		
	均值5	669.134	679.616	1257.12	735.032	666.632		
	极差	13.726	34.094	1017.74	106.644	76.712		
14日强度	均值1	767.616	787.408	321.076	695.834	689.646		
	均值2	759.356	705.94	528.044	714.418	767.54		
	均值3	739.666	746.206	760.076	714.264	714.202		
	均值4	744.85	737.204	915.36	753.71	735.84		
	均值5	748.658	783.388	1235.59	881.92	852.918		
	极差	27.95	81.468	914.514	186.086	163.272		

13.2.3 模拟试验装置

13.2.3.1 试件箱体

由于水的加入，流-固耦合试验对试验系统的密封性和可视性提出了严格的要求，本着保证系统密闭的同时便于观测的原则，本试验系统采用钢化玻璃作为箱体材料。钢化玻璃是一种预应力玻璃，相比于钢板、有机玻璃等常见箱体材料，钢化玻璃具有耐腐蚀、热稳定、高强度以及安全性高等优点，可比较好地满足流-固耦合对试验箱体的要求。但是钢化后的玻璃不能再进行切割和加工，这在一定程度上增加了试验设计的难度和试验成本。本系统为了规避钢化玻璃的这一弊端，采用模块化的箱体组装方式，按照试验要求和目的把箱体分成 8 部分，分别为侧面的两块 2400 mm×1200 mm 和正面的 6 块 2400 mm×800 mm 钢化玻璃，其中正面的两块钢化玻璃上预留孔，便于后续开挖。待有机玻璃按试验要求组装完成后利用高强度优质玻璃胶把各个部分固定后黏合。待下一次试验对箱体提出新的要求时，仅需重新组合或者替换相关模件，而不用对整个箱体进行替换，从而保证箱体可重复利用和灵活性。试验箱体如图 13-10 所示。

图 13-10 试验箱体

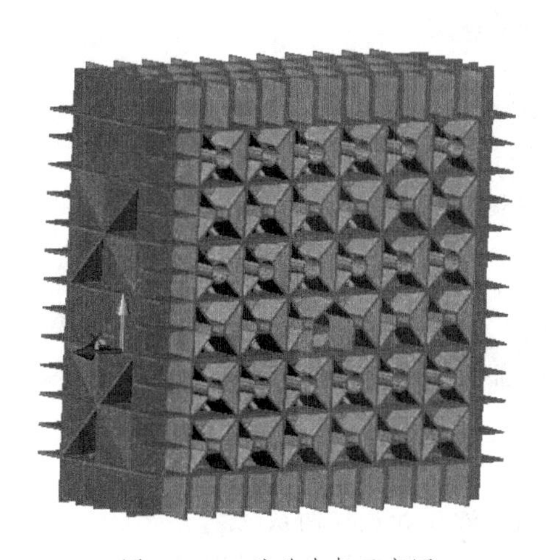

图 13-11 试验支架示意图

13.2.3.2 承载支架

由于试验系统箱体采用的钢化玻璃一般跨度都比较大，受力时在玻璃中部容易产生比较大的挠度变形，对试验影响较大；加之玻璃胶黏合处承载力相对较低，是承载的软弱面；同时考虑加载反力的要求以及组装时的固定要求，需设置承载支架。承载支架的前后两面由安装在底座之上的数榀模块化高强度合金钢框架组合而成，合金框架采用镂空设计，尺寸为：长×宽=2400 mm×800 mm，并预制螺栓预留槽，可根据试验具体要求进行长度与宽度方向的拓展，以适应不同模型尺寸的要求。侧面承载系统由一块长 2400 mm、宽 800 mm 的钢结构铸件与一块长 2400 mm、宽 400 mm 的钢结构铸件拼接而成，并预制螺栓预留槽，可进行纵深方向的拓展。因承载压力较小，故采用较为疏松的镂空结构。各个组件之间通过高强螺栓与底座、加压顶梁相连，组成一套严密的约束系统，可有效控制钢化玻璃的形变并减小玻璃胶结处的应力，大幅度提高系统的承载能力，同时可以为顶部加载提供反力。试验支架如图 13-11 所示。

13.2.3.3 水压加载系统

本试验系统为矿井地质构造突水而设计，在矿井突水三要素——水源、通道和强度中，地质构造为通道，含水层为水源，水压为主要的强度指标。含水层只与突水位置有水力联系，而没有力学联系，故设计含水层作为突水水源，且为力学的边界，假设其刚度无限大，渗透系数也无限大。本试验系统设计采用承载透水板和承载透水柱组合的方式模拟含水层，其中承载透水柱为高强度钢所制成的柱体，侧面打孔形成水流通道，承载透水柱通过焊接等方式固定在一钢板上。钢板置于试验箱体底面，再将承载透水板安置于承载透水柱之上。水压控制系统为自行设计，试压泵额定水压力 0~3 MPa，精度 0.001 MPa，可根据试验需要调节水压并保持恒压。同时，在箱体底部设置水流出口，出口处连接一个水用三通管道，三通的一头连接压差变送器，压差变送器通过导线连接单通道数显表，数显表可以准确显示加载的水压；另一头连接水用安全阀，水用安全阀用于精确控制加载的水压，把超压的水通过管道导出试验箱体以外，从而使整个水压保持动态平衡水压加载系统如图 13-12 所示。

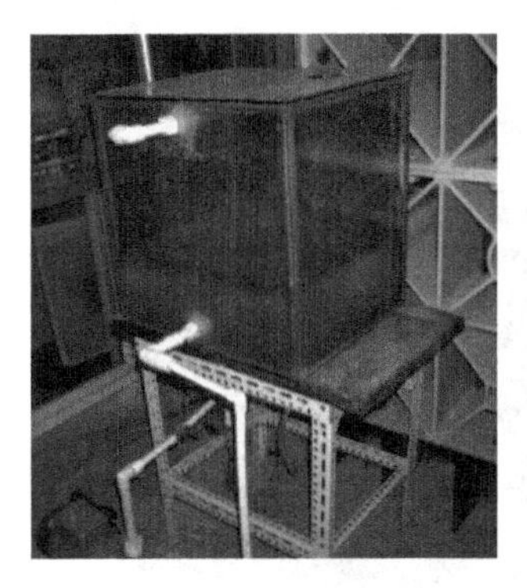

图 13-12 水压加载系统

13.2.3.4 液压加载控制系统

本试验系统使用液压来模拟试验范围内所受的垂直地应力，液压加载控制系统由控制柜、液压泵站、均布压力加载装置等组成，其中均布压力加载装置包括 4 个设计吨位油缸、推力器、阻水钢板、反力架等，如图 13-13 所示。

图 13-13 液压加载控制系统

油缸后端固定在反力架上，前端作用于推力器，推力器下放置阻水钢板以使荷载均匀分布，减小边界效应。反力架通过4根高强螺栓杆与承载支架相连。高压加载系统包括千斤顶群、加压板，各有一个进油口和一个出油口安置在每个千斤顶之上，千斤顶的最大行程可达150 mm，可控制拉伸和压缩量，最大压力可达40 t。为实现力的调整和均匀加载，在液压缸与模型表面之间设加压板，且在千斤顶和加压板之间设球铰。同时，在安装完成后对钢板进行密闭处理，使其具有阻水作用。

数字智能液压自动控制系统由山东大学自主研制，包括液压控制柜、压力交送器、十五路液压站和高压油管等，可同时带动72个液压缸共同工作。反力装置主要作用是为高压加载系统提供反力，包括模型反力墙、法兰和反力架等。

整个液压控制系统可实现高垂直地应力的模拟，并辅助以堵水密闭的作用，能够满足试验的要求，可以灵活快捷地安装和拆除，能重复使用以提高其利用效率。

13.2.3.5　多元数据采集系统

1. 防水电阻应变测试系统

电阻式应变片是常用的应变监测元件，但是一般的电阻应变片不防水，在流固试验中常因水对电阻的干扰而失效。本次试验对电阻式应变片进行了防水处理，具体方法是在预制应变砖外表面均匀涂抹薄层防水弹性材料，待应变砖干燥后外层再包裹一层薄橡胶套。将防水式电阻应变片在水中浸泡48 h后与未做防水处理的应变片进行比较后发现，防水处理达到了预定的防水效果，并且未对应变片性能产生明显影响，满足试验要求。

应变采集采用由静态应变仪、计算机及相关支持软件组成的XL2101G高速静态应变仪量测系统，如图13-14所示。该系统具有性能稳定、零点漂移小（$\pm 3\mu\varepsilon/4$ h，$\pm 1\mu\varepsilon/℃$）、精度高、抗干扰能力强、扫描测试速度快（1200点/s）以及能够自动扫描平衡等优点，可用于全桥、半桥和1/4桥（公共补偿片）等多点应变测试，同时可以对多点压力、应力、温度等静态物理量进行测试，也是目前国内最先进的同类型应变采集分析系统之一。

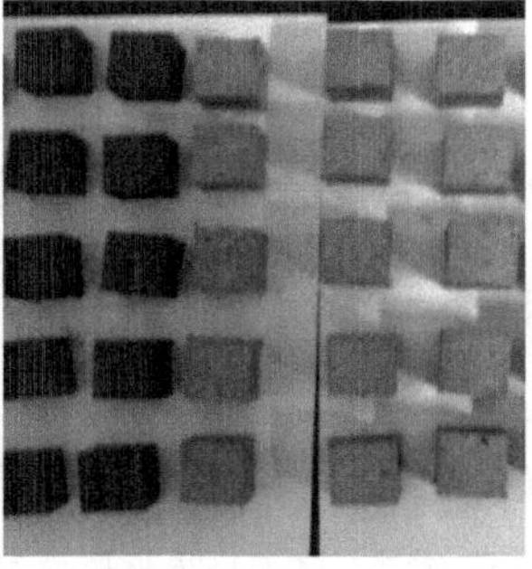
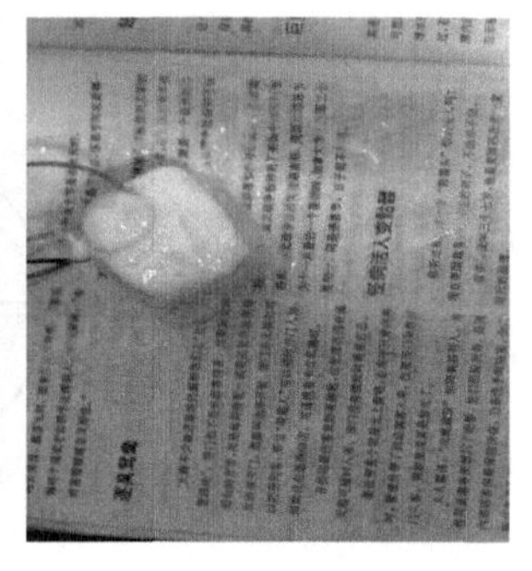

图13-14　应变采集系统

电阻式应变片采用三片式复合应变片，每个应变片包括竖向、横向和斜向3个应变头，每个应变头通过电线与应变仪的对应接头连接，可通过计算机上的软件利用标定参数读出应变值和应变的变化。由于应变是应力改变的量度，要测试的点也比较多，故在连接线时需统筹安排并做好记录，将相关需要比较的点安排在一起以便于记录和分析数据，提高试验的效率和准确性。

2. 光栅式多点位移量测系统

采用山东大学岩土工程中心研制的高精度光栅多点位移量测系统，其原理是通过莫尔条纹来显示光栅尺的标尺光栅与指示光栅之间产生的相对位移。该系统将柔性微型多点位移计与高精度光栅位移传感器、位移采集原件组合在一起，具有精确、便捷的特点。同时，为满足流-固耦合试验的要求，对该系统的护管端部进行了防水处理，避免水流通过护管流出影响试验效果。多点位移计如图 13-15 所示。

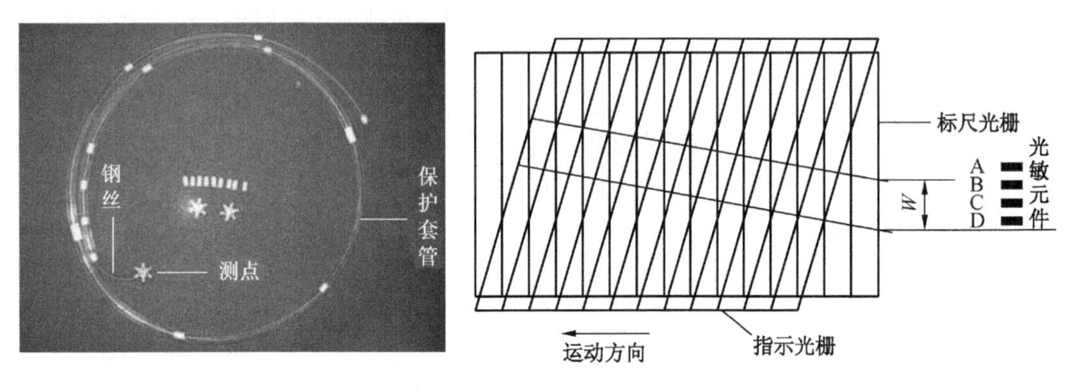

图 13-15 多点位移计

3. 光纤渗压传感测试系统

光纤布拉格光栅是一种利用光纤材料的光敏性形成空间相位光栅的波长调制测试元件，其作用实质是在纤芯内形成窄带发射镜。相比传统技术，光纤布拉格光栅具有实时性强、受环境影响小、可靠性能高、测量范围广、监测距离长、量测精度高和抗腐蚀、抗干扰等优点。

1）光纤布拉格光栅的测量原理

光纤布拉格光栅如图 13-16 所示，光纤布拉格光栅的传感光路如图 13-17 所示。

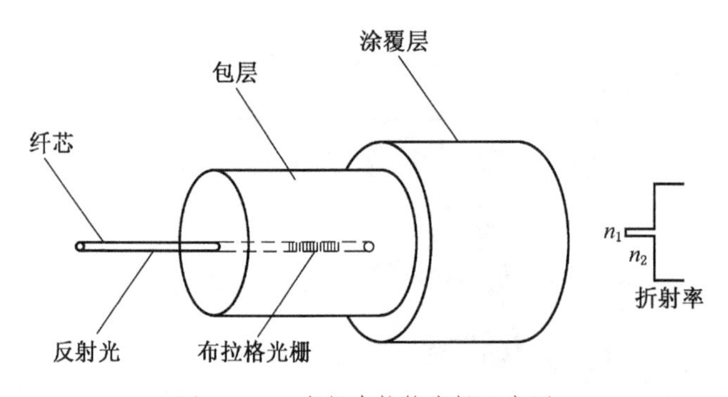

图 13-16 光纤布拉格光栅示意图

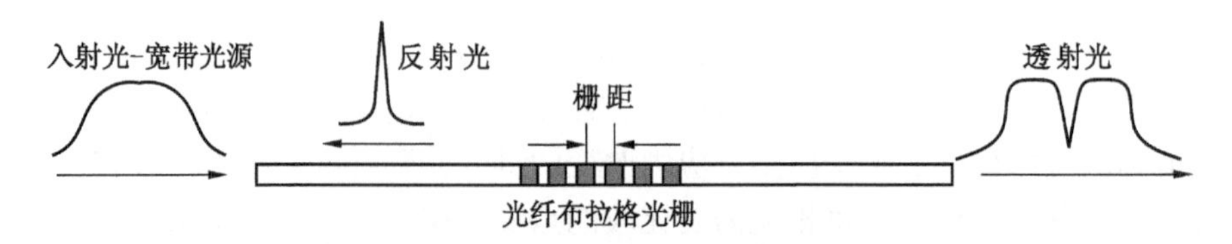

图 13-17 光纤布拉格光栅的传感光路图

光纤布拉格光栅中心波长受到外界影响将在横向或者轴向产生应变，或者因环境温度变化而发生变化。光纤布拉格光栅用作传感器的基本原理就是通过监测中心波长的变化来推测环境状况。

2）光纤光栅传感器的参数和设计

本试验采用由山东大学光纤研究中心研发的微型膜片式光纤布拉格光栅渗压传感器，其主要由膜片、渗水盖、保护壳、延伸管和光纤光栅等组成，采用半径为 16 mm 的铝制外壳。为增强传感器气密性，设计有阶梯式封口。金属膜片有效感应半径 $R=13$ mm，厚度 $h=0.2$ mm，传感器的感受面积 A_e 和全面积 A_o 之比为 0.66，厚度为 8 mm，厚径比为 0.25。其作用原理为：当水体通过深水盖进入传感器腔时，金属膜片将外界压力转化为径向应变，作用在光纤布拉格光栅上，调整膜片厚度便可以改变传感器压力灵敏度。光栅标定图如图 13-18 所示。

渗压与波长关系可表示为

$$\Delta\lambda_B = K_e\varepsilon = K_e(1-v^2)\frac{3pR^2}{8Eh^2}\lambda_B \tag{13-13}$$

式中 λ_B——反射波的中心波长；

$\Delta\lambda_B$——反射波的中心波长漂移量；

K_e——光纤布拉格光栅应变的灵敏系数；

ε——应变量；

p——外界均匀渗压；

E——膜片的弹性模量；

v——膜片的泊松比；

h——膜片的厚度；

R——有效半径标定曲线。

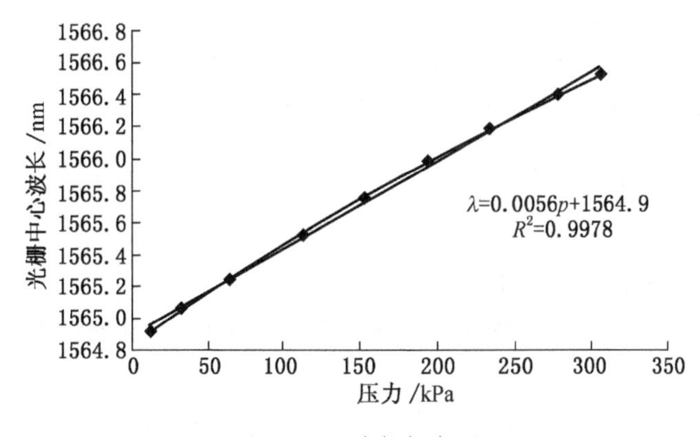

图 13-18　光栅标定图

这个标定范围是 300 kPa，量程可以写成 300 kPa。误差为 0.5%。拟合度高于 99.9%，压力敏感系数均为 5.9 nm/MPa。

3）测试系统

测试系统主要包括时实照相和摄像系统。由于本试验需要考虑时间效应，即需要研究应变、位移以及渗压等随时间的变化，故采用时实观测技术。

13.2.4 模拟试验的实施

1. 试验平台

本次试验选取东庞矿 X7 陷落柱处发生突水事故的 2903 工作面为原型，比例尺为 1∶100。煤层厚度 4 m，顶板砂岩裂隙含水层厚度 15 m，底板为铝质泥岩，距离水源奥灰 150 m，陷落柱直径取为 50 m。巷道为矩形煤巷，尺寸为 4 m×3 m，距陷落柱边缘的最小距离为 5 m。模型试验示意图如图 13-19 所示。

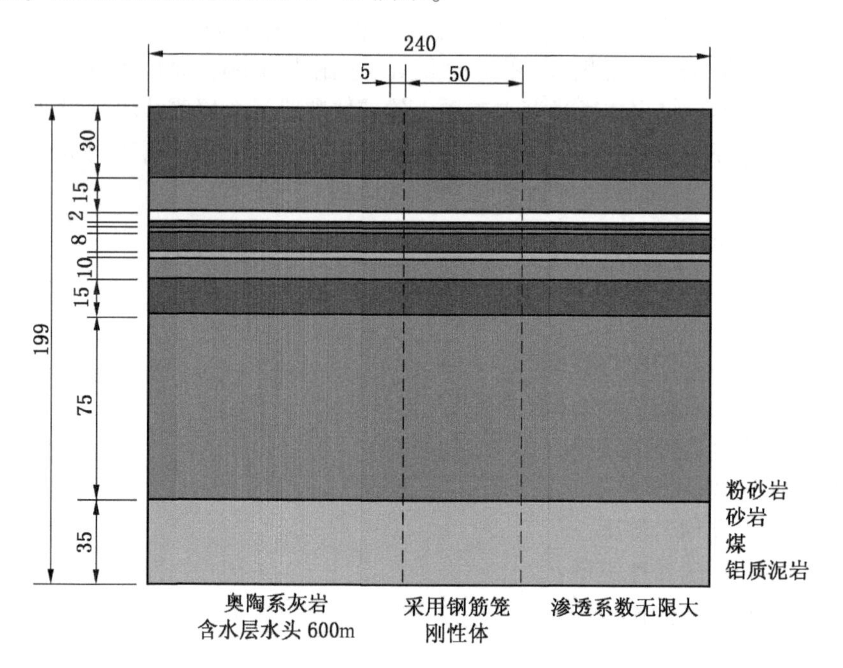

图 13-19 模型试验示意图

本试验旨在探讨大型陷落柱的突水尤其是延迟滞后突水机理，以人工钻凿的方式开挖位于陷落柱侧壁的煤巷，每次进尺 4 cm，待每次开挖数据稳定后采集渗水量、位移、应变等数据，采集完成后进行下一次开挖，直至突水发生。

2. 监测系统

待定监测物理量如下：

（1）陷落柱的渗水量、渗压、位移。

（2）煤层及顶底板的位移、应变，顶板含水层渗压。

试验中，使用防水应变砖监测应变，使用多点位移计监测位移并使用光纤渗压传感器监测水压力。

本试验拟采用 7 个监测断面，最主要的为陷落柱距离巷道最近距离所在的监测面Ⅳ，此面监测物理量包括陷落柱中心和边缘的渗压、煤层顶底板位移和应变、靠近陷落柱段煤层的渗压和位移。监测面Ⅲ、Ⅴ不监测陷落柱渗压，由于监测面Ⅰ、Ⅱ、Ⅵ、Ⅶ在陷落柱范围以外，故只监测其顶底板位移和应变。光纤渗压传感器共计 21 个，多点位移计共计 1748 个，应变砖共计 20 个。监测方案示意图如图 13-20 所示。

3. 模拟各层的物理力学参数

试验中模拟各层的物理力学参数见表 13-5。

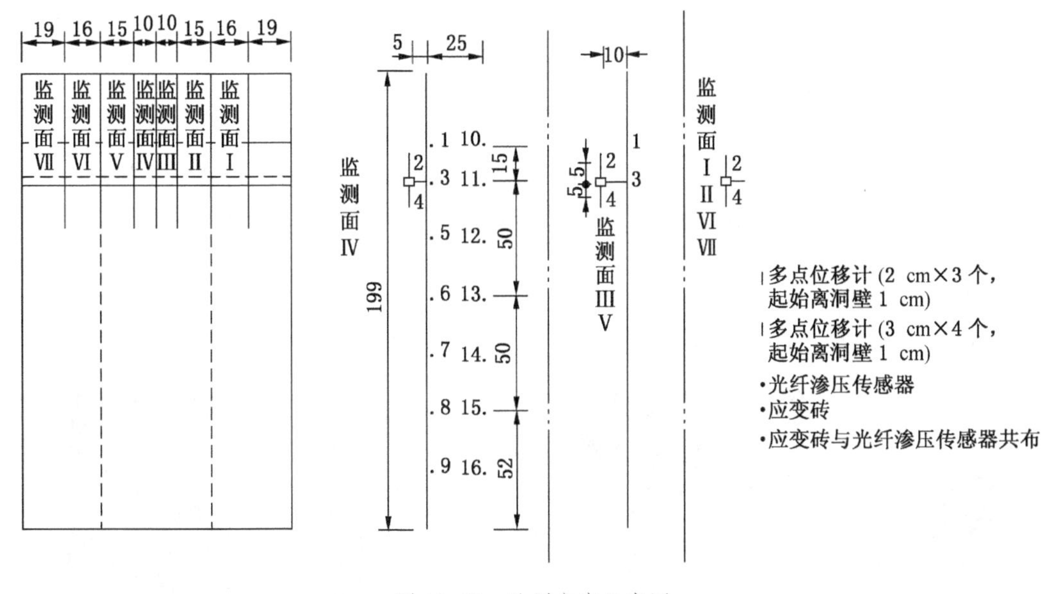

图 13-20　监测方案示意图

表 13-5　模拟各层物理力学参数

岩石名称	重度/（kN·m^{-3}）	渗透系数/（m·d^{-1}）	抗压强度/MPa	弹模/GPa	泊松比	内摩擦角/（°）	黏聚力/MPa
粉砂岩	25	0.008~0.02	22	3	0.15	33	1
砂岩	24	0.3~0.7	45	10	0.35	30	5
煤	14	0.02~0.2	15	1.5	0.3	32	3
铝质泥岩	22		20	3	0.25	35	0.8

4. 模型的制作

采掘工作面模型制作采用夯实填筑法，按照以下流程来进行：①筛选并称量试验所需配料，利用合适方法加热凡士林、氯化石蜡等至液态使其满足试验要求；②按顺序将按照试验选定的材料配比配置相似材料放入搅拌机并均匀搅拌材料；③在试验架内自下向上从最底层开始分层摊铺材料；④通过人工碾压的方式在每层材料铺设完成后对材料进行夯实；⑤注意监测和控制各层的预定标高，并以此检测碾压后的密实度；⑥将测试元件（包括光纤光栅渗压传感器、位移计、应变砖等）分层埋设在模型体设计部位；⑦待每层稳定后进行下一层的铺设直至设计高度；⑧吊装模型架顶盖并密封；⑨安装千斤顶并调试加压；⑩水压预加载检测密闭性。

5. 模型开挖与测试

模型制作完成后，采用人工钻凿方式掘进开挖。模型体开挖采用分步开挖的形式，以模拟巷道开挖的实际工况。按照东庞矿的施工资料和类似矿区的开挖经验，经过相似比转化后，将每步步长定为 4 cm。每开挖完一个进尺后停止掘进，观察并记录各监测元件的数据，待其稳定（5 min 内各监测量都没有变化）再进行下一进尺的开挖和记录。如果某个或者多个监测量持续变化，则引入时间相似，把时间步定为 1 d，经过相似比转化后为

140 min，即在上一步开挖 140 min 后进行下一次开挖。如此循环模拟直至突水发生或者巷道开挖完毕。

13.2.5 模拟试验结果及分析

1. 突水发生过程

试验严格按照开挖设计进行，在前 14 步都能得到稳定的数据，而后几步按照时间相似进行开挖，在第 15 步开挖过程中开始出现滴水现象，如图 13-21a 所示；随着时间的推移水量逐渐增大，在第 16 步开挖前形成线状水流，如图 13-21b 所示；最终在第 18 步开挖过程中发生突水，如图 13-21c 所示。开挖地点超过陷落柱中心位置 6 cm，而突水发生地点在陷落柱中心位置前 1.5 cm，突水地点如图 13-22 所示。

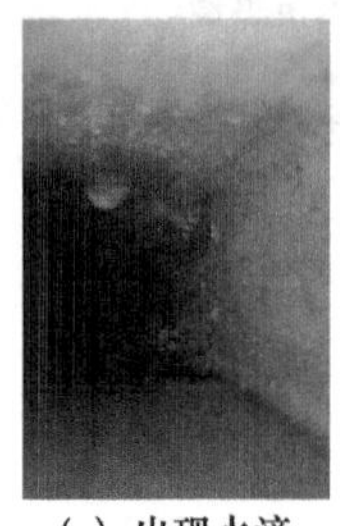
(a) 出现水滴

(b) 形成水流

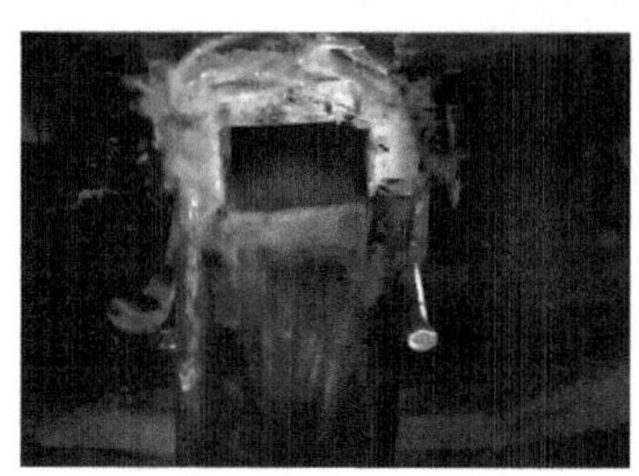
(c) 突水发生

图 13-21 突水过程

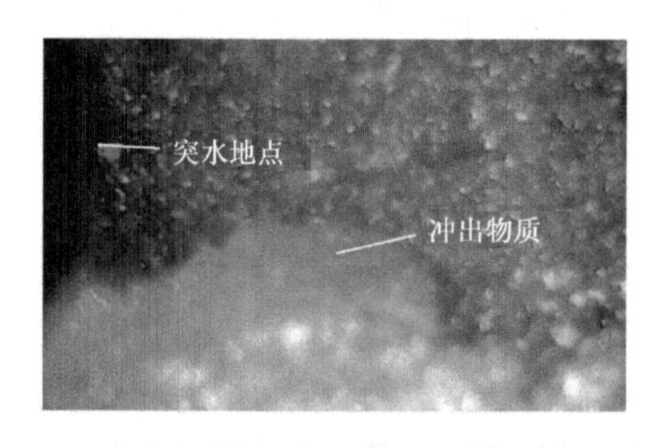

图 13-22 突水地点

2. 应变变形特征

图 13-23 和图 13-24 所示是巷道开挖过程中监测面Ⅳ和监测面Ⅲ防水应变片相应位置的应变变化曲线；图中对应的两点均在巷道侧面靠近岩溶陷落柱的一侧。由两图分析可知，当巷道的采掘工作面距离监测点所在断面较远时，开挖对监测点的应变没有产生大的影响，即监测点保持原有应变状态。应变数值在初始值附近产生了小幅度的波动，属于开挖震动扰动和仪器正常的偏差。当开挖至监测面前两个开挖步时开始产生了较大的应变变化，且其变化随着距离监测点的距离减小反应更加明显。就各个方向的应变变化而言，斜向应变最大，横向应变次之，竖向应变最小。开挖至监测面所在位置时应变变化最明显，随着采掘工作面远离监测面，应变小幅恢复并最终趋于稳定。但是对于距离突水位置最近的Ⅳ-3 点，还未等应变恢复便在突水发生时产生了剧烈的应变增加，由于岩溶陷落柱位于采掘工作面侧面，水平应变增加最大而竖向应变增加较小；反观距离突水位置次近的Ⅲ-3 点，突水的发生并未对此处的应变产生明显的影响。由此说明，岩溶陷落柱突水会

对突水点附近的点产生较大的影响并出现明显的应力集中现象，但应力集中产生的范围有限，等到明显的应力显现出现时，突水可能即将或者已经发生。所以，对于岩溶陷落柱突水，突然的应力显现可以作为紧急的预警指标，但其并非明显前兆，从而不宜作为监测和预报的指标。但对能量集聚现象，提前观测的微震监测可能会预测到突水的发生。

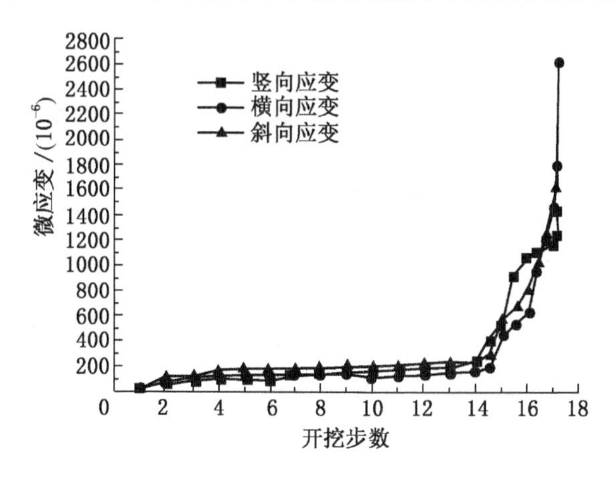

图 13-23 Ⅳ-3 点应变随开挖步变化曲线

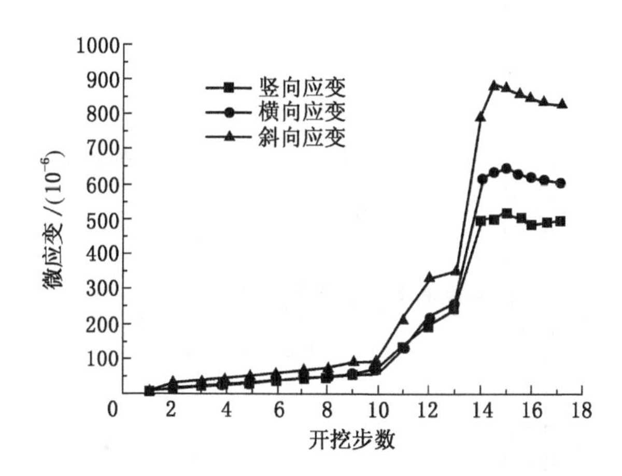

图 13-24 Ⅲ-3 点应变随开挖步变化曲线

3. 位移变化特征分析

由于在第 18 步开挖时发生突水，监测面Ⅵ、Ⅶ没有发生大的影响，两监测面实测的位移结果也没有明显变化，故不参与分析。

图 13-25 和图 13-26 所示是巷道开挖过程中监测面Ⅳ和监测面Ⅲ多点位移计相应位置的位移变化曲线，图中对应的观测点均在巷道周边距离巷道 10 mm 的位置。由于多点位移计安放方向和数据采集的特点，定义垂直方向向下的位移为正，水平方向向左即朝向巷道方向的位移为正。由两图分析可知，工作面顶板产生向下的位移而顶板向上运动，侧壁向洞内移动，与应变变化相类似。当巷道的采掘工作面距离监测点所在断面较远时，开挖对监测点的位移没有产生大的影响，即监测点保持相对稳定。当开挖至监测面前两个开挖步时，监测点开始产生位移，且其变化随着距离监测点的距离减小反应更加明显。由于各个岩层岩性和开挖影响，底板位移最大而顶板位移最小。位移变化最明显时位于开挖至监测

面所在位置的开挖步，随着采掘工作面远离监测面，位移也会小幅恢复并最终趋于稳定。但是对于距离突水位置最近的监测面Ⅳ，还未等位移恢复便在突水时发生剧烈的变化。与应变变化不同的是，垂直位移和水平位移都发生了明显改变。对于距离突水位置次近的监测面Ⅲ，突水的发生也未对此面的位移产生明显的影响。说明岩溶陷落柱突水会对突水点附近的点产生较大的影响并出现明显的位移，但是变形产生的范围有限，等到明显的变形出现时，突水也即将或者已经发生。所以，对于岩溶陷落柱突水，突然的位移变化也只能作为紧急预警指标，但其并非明显前兆，从而不宜作为监测和预报的指标。

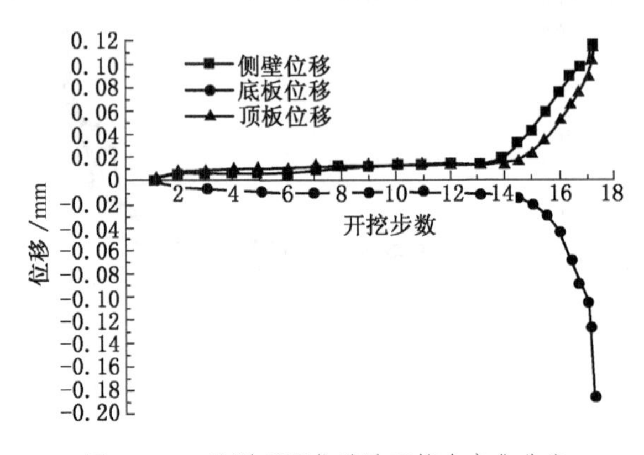

图 13-25 监测面Ⅳ位移随开挖步变化曲线

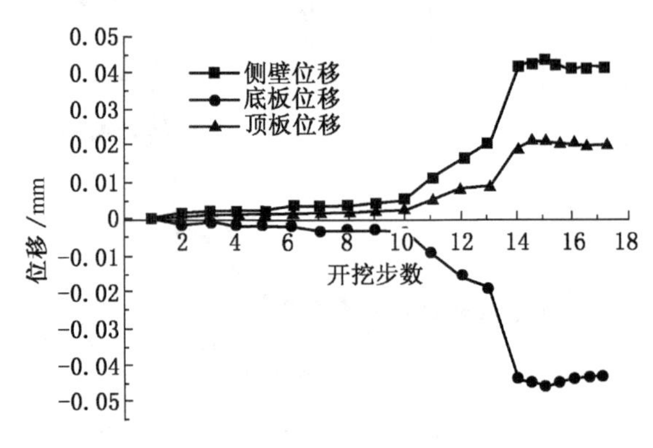

图 13-26 监测面Ⅲ位移随开挖步变化曲线

4. 渗压变化特征分析

渗透压力通过光纤渗压传感器进行量测，传感器分布在陷落柱各个截面的中心点和靠近巷道的陷落柱边缘。

开挖前Ⅳ截面岩溶陷落柱内各个位置的稳定渗压值见表 13-6。由于岩溶陷落柱是孔隙介质，水流可在其中自由运动，其各点渗压基本符合静水压力的分布规律，同一平面的渗压基本相同且随着高度的增加而线性减小，边缘处的渗压略小于中心处渗压。由Ⅳ-3点渗压随开挖步变化曲线（图 13-27）可得，当巷道的采掘工作面距离监测点所在断面较远时，渗压没有明显变化。在开挖至第 11 步后，渗压逐渐缓慢升高，并在第 14 步达到最高值；第 15 步开始滴水后，渗压逐渐下降，初始时加速下降，后下降速率趋平；在第 16 步达到一个相对低点，后渗压开始上升但未超过初始渗压值；随着突水的发生，水大量流出，渗压急剧下降。由图可知，在突水的每个关键点之前，渗压都有个逐步积聚的过程，渗压是反映突水的良好先兆。

表 13-6 开挖前Ⅳ截面岩溶陷落柱内各个位置的稳定渗压

点号	1	3	5	6	7	8	9	10	11	12	13	14	15	16
渗压/kPa	43.4	44.8	47.4	51.0	53.0	56.2	58.4	43.8	45.2	47.6	51.4	53.8	56.2	58.4

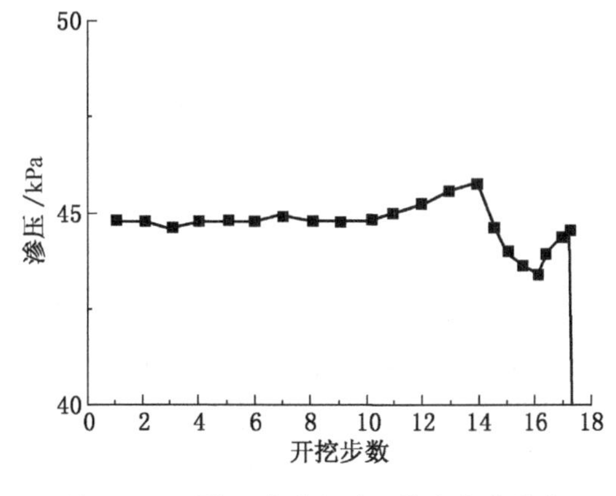

图 13-27 Ⅳ-3 点渗压随开挖步变化曲线

5. 突水量变化特征

试验进行过程中，在第 15 步开始出现滴水现象，监测过程中的各个量也因在这一步不能稳定到某一定值而采用时间控制开挖，故可以得到出水量和时间的变化特征，如图 13-28 所示。利用作图工具，针对出水量-时间关系曲线通过切线法得到突水速率随时间变化图如图 13-29 所示。

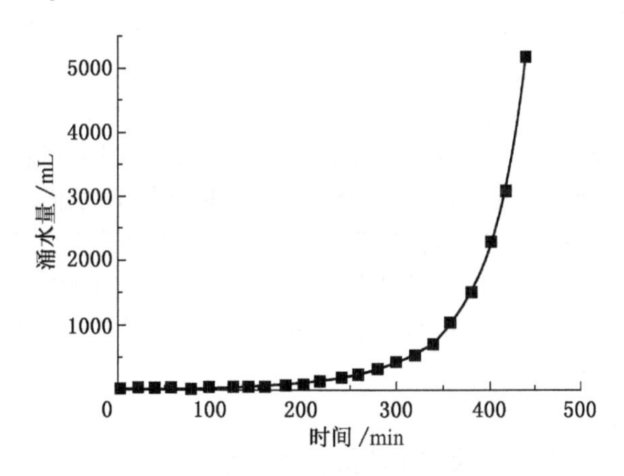

图 13-28 出水量随时间变化图

由图 13-28 和图 13-29 可知，在第 14 步开挖 60 min 后，出水量开始缓慢增长，此时水通过顶板砂岩导水层的薄弱点逐渐渗出，但此时渗流的通道还没贯通。在第 14 步开挖 280 min 后，出水量加速增长，而此时水滴已经发展成水流，随着开挖的继续进行，巷道侧面靠近岩溶陷落柱一边的模型体由于软化和水流作用，最终在水压之下发生破坏并引起突水，突水量和突水速率急剧增加。观察图中曲线可以发现，突水量基本符合指数形式，

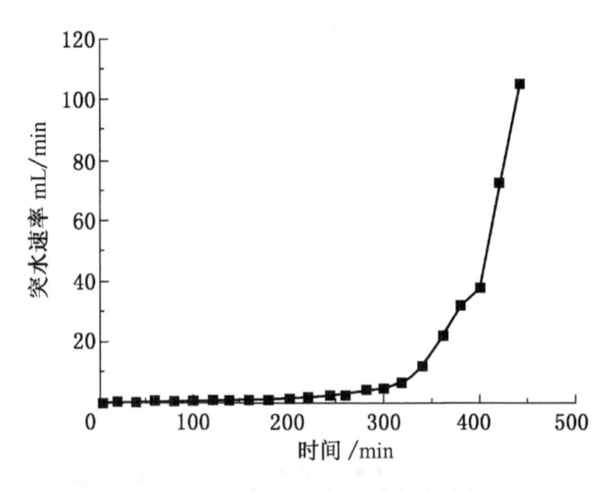

图 13-29 突水速率随时间变化图

而突水速率也基本符合指数型增长，但是突水速率明显不如突水量平滑，这可能是由于突水通道形成过程中沙粒等大颗粒的存在引起阻塞作用导致。通过分析可知，出水量是岩溶陷落柱突水过程中良好的先兆指标，如果提前观测到岩溶陷落柱水源的水涌出巷道或者巷道出水量加速并及时采取措施，可以有效避免突水事故的发生。

13.3 岩溶陷落柱突水机理数值模拟

本书采用国际上最为流行 FLAC^{3D}(三维拉格朗日有限差分法）对不同假设条件下的岩溶陷落柱突水进行数值模拟，其目的在于：

（1）研究不同地质条件和开采方式下岩溶陷落柱及其周边围岩的应力场、位移场和渗流场等的时空演化规律，总结出华北型煤田岩溶陷落柱突水的不同突水模式及其特点。

（2）明确岩溶陷落柱突水的发展过程，总结岩溶陷落柱突水先兆规律。

（3）研究不同地质条件和开采方式对岩溶陷落柱突水的影响。

FLAC^{3D} 具有强大的渗流计算功能，可以解决完全饱和及有地下水变化的单相流渗流问题。FLAC^{3D} 提供不同的渗流模型和丰富的渗流参数以及实用的流体边界条件，同时渗流模型还可以与力学模型和热模型进行耦合，模拟多种条件下的流-固-热耦合问题。在计算岩土体的流-固耦合效应时，将岩体视作多孔介质，流体在孔隙介质中流动满足 Biot 方程和 Darcy 定律。使用 FLAC^{3D} 软件可以准确监测试验所指定的物理量，快速模拟试验所预定的流-固耦合过程，能够达到进行岩溶陷落柱突水数值模拟的目的和要求。

13.3.1 数值模拟模型及方案

1. 建模基本原则

模型的合理程度一定程度上决定了数值模拟的可靠性，为直观地分析不同结构的岩溶陷落柱在不同地质条件和开采方式时，岩溶陷落柱及其围岩的破坏形态、破坏深度及应力分布等情况随工作面开挖变化的规律，数值模拟研究应遵循以下建模原则：

（1）建立三维模型模拟分析现实开挖情况。

（2）在建立数值模型时，重点细化开挖部分靠近或者穿越岩溶陷落柱的区域。

（3）数值模型几何尺寸应保证足够大以避免边界效应，同时模拟中使用的参数和条件尽可能符合工程实际。

2. 数值模拟模型

根据华北型煤田典型岩溶陷落柱突水的地质条件，建立岩溶陷落柱突水三维数值模拟模型，如图 13-30 所示。模型中 x 方向为工作面走向（箭头所指方向为工作面的推进方向）或巷道的走向，工作面的宽度为 L，为了方便研究，煤层倾角均设定为水平方向。开采方式采用分步开挖，以工程实际的开采方式和开采顺序进行开采。分别约束模型底面和前后左右的位移，保留模型上表面为自由面，在模型上表面加载均布载荷。

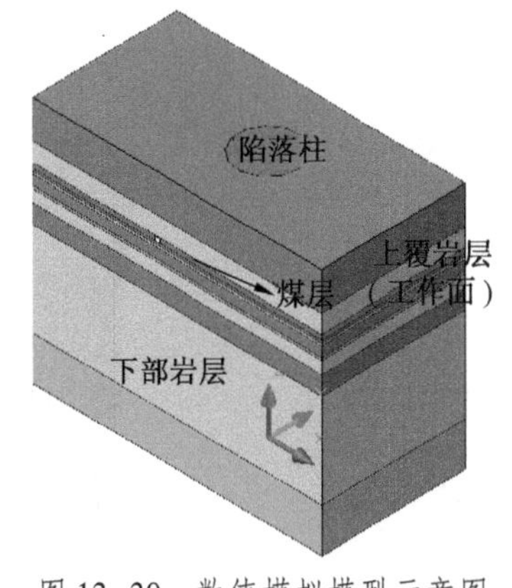

图 13-30 数值模拟模型示意图

由于岩溶陷落柱内部结构不同，其各部分采用不同的本构模型。其中堆石段和岩块碎屑段为松散的导水介质，故采用力学参数极小的莫尔-库仑介质，并赋予其极大的渗透系数；泥石浆段为黏性较高、密实度好的阻水介质，此段的强度相对较小，且在持续压力的作用下表现出流变性质，故采用软件自带的蠕变模型，初始赋予其较小的渗透系数，但保证岩体破坏后水流可以通过此段；柱壁裂隙段的强度介于堆石段和陷落柱周边普通岩体之间，渗透系数较大。煤层的上覆岩层和下部岩层的参数参考具体矿区数据，选用华北型煤田典型地层及相应的强度和渗流系数，在研究开采工作面在陷落柱顶部情况时注意考虑下部岩层的不同岩性组合。

3. 数值模拟方案

为研究不同陷落柱突水模型的突水机理，岩溶陷落柱及其周边岩体的应力场、位移场和渗流场的时空演化规律，设置如下数值模拟方案：

（1）开采工作面在岩溶陷落柱顶部时，在全断面导水型岩溶陷落柱和边缘导水型岩溶陷落柱影响下，不同下部岩体组合（单一岩性和软、硬岩和不同软硬岩岩性组合）情况下工作面底部岩体应力、位移和破坏规律，以及水流的渗流规律。

（2）开采工作面在岩溶陷落柱导水段侧面时，在不同的水压力作用下，不同工作面宽度的开采工程在开采过程中，工作面前方靠近岩溶陷落柱方向岩体的应力、位移和破坏规律，以及水流的渗流规律。

（3）开采工作面穿越岩溶陷落柱的非导水段时，在不同陷落柱内部结构下工作面下方陷落柱内部岩体的应力、位移和破坏规律，以及水流的渗流规律。

（4）巷道在岩溶陷落柱不同位置开挖时，巷道和岩溶陷落柱之间岩体应力、位移和破坏规律，以及水流的渗流规律。

13.3.2 数值模拟结果分析

结合东庞矿资料，选定模拟高度 200 m，考虑边界条件以及奥灰含水层和陷落柱的水力联系，模型长度取 300 m，陷落柱近似圆形，直径 50 m。工作面在中间开采，由于对称性，取模型一半进行建模和计算。工作面宽度为 40 m，每次开挖 15 m，从距离陷落柱 120 m 开始开挖，经过 8 次开挖揭露陷落柱。

依据模拟的原则，将陷落柱柱体及其围岩、工作面围岩的应力、变形和破坏规律作为重点模拟考察对象。采用 $FLAC^{3D}$ 智能网格划分四面体单元，考虑采动集中应力对围岩变形破坏的影响并细化局部网格，网格划分结果如图 13-31 所示，模拟各层的力学参数见表 13-7。

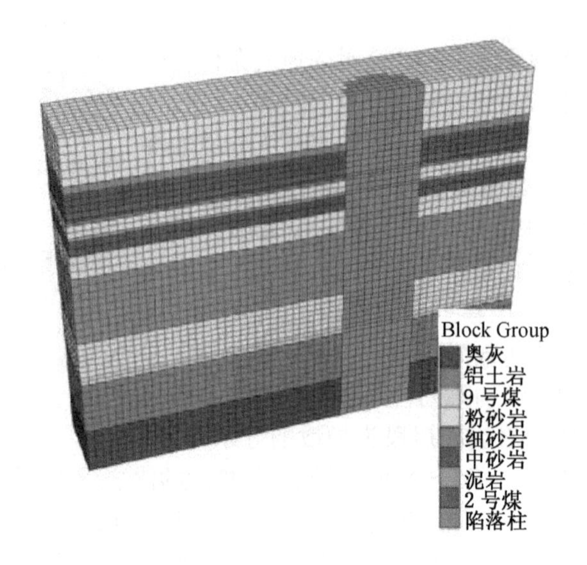

图 13-31 模型立体图

表 13-7 东庞矿 2903 工作面顶底板岩性

岩性	抗拉强度/MPa	抗压强度/MPa	容重/(kN·m^{-3})	摩擦角/(°)	弹模/GPa	泊松比	黏聚力/MPa
奥灰	5	60	26	37	33	0.2	20
铝土岩	1.4	20	24	30	10	0.32	11
9 号煤层	0.9	9.5	15	38	3	0.37	2.5
粉砂岩	2.4	24	24	31	25	0.25	18
细砂岩	3.2	32	22	30	30	0.28	14
中砂岩	3.5	30	23	31.5	24	0.3	20
泥岩	1.1	35.5	24.7	32	15	0.28	17
2 号煤层	0.9	9.5	15	38	3	0.37	2.5
陷落柱	0.2	5	18	40	4	0.38	1.5

1. 塑性破坏区分析

工作面开采至距陷落柱不同距离，围岩塑性破坏区变化规律如图 13-32 所示。

通过分析图 13-32 可知：

（1）开采活动会改变陷落柱初始破坏状态，随着工作面距离陷落柱边缘距离的减小，底板破坏深度逐渐增大。

（2）对于软硬岩组合分布的底板，可能会出现间隔破坏现象，即位于底板更近的硬岩没有破坏但是硬岩以下的软岩发生破坏。

（3）随着工作面推进，顶底板出现周期性的破坏，当工作面开采至距离陷落柱边缘 45 m 处，陷落柱周边的塑性区已经和工作面前方的塑性区逐渐联系，从而可能形成危险的导水通道。同时可以观察到，随着工作面推进，底板剪破坏逐渐增多而拉破坏逐步减少，破坏形式由拉破坏向剪破坏转化。当工作面逐步逼近陷落柱时，工作面前方的塑性区和陷落柱上方边缘塑性区贯通。同时，陷落柱也受到开挖影响而进一步失稳。当此陷落柱

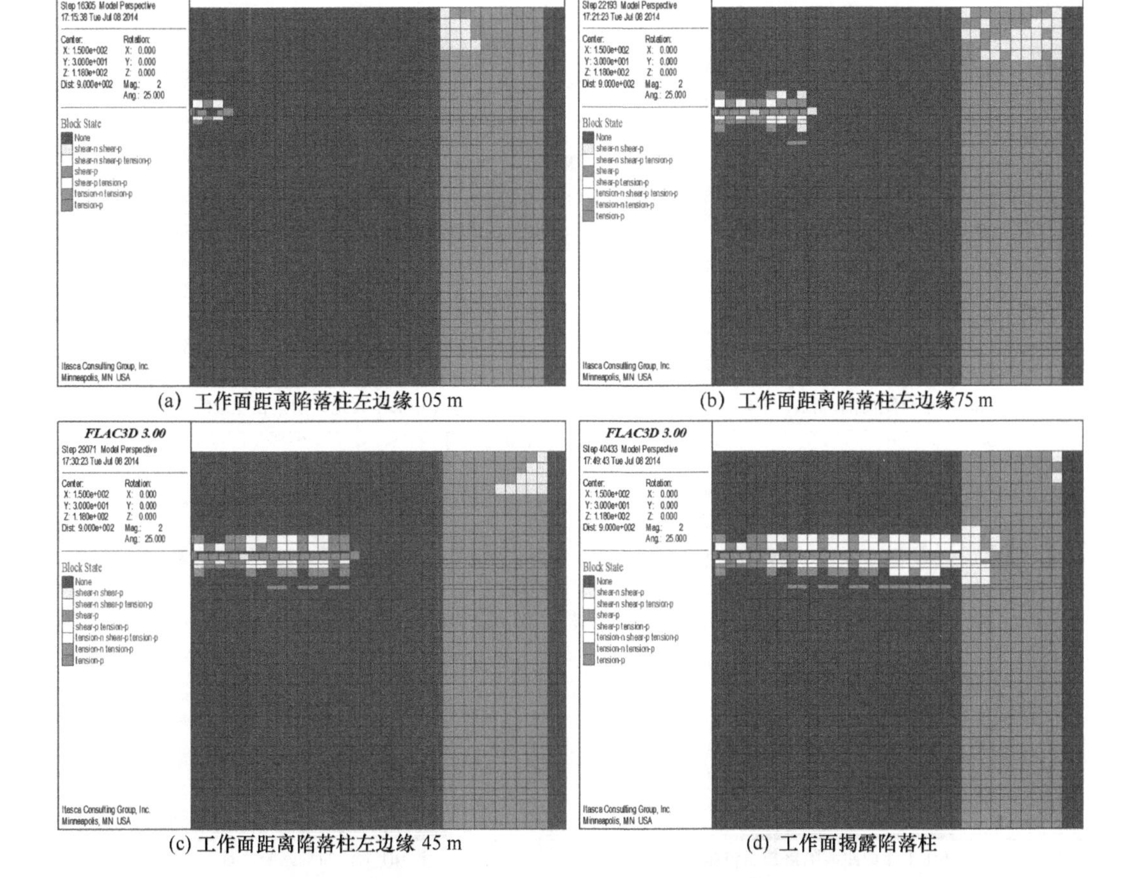

(a) 工作面距离陷落柱左边缘105 m　(b) 工作面距离陷落柱左边缘75 m

(c) 工作面距离陷落柱左边缘 45 m　(d) 工作面揭露陷落柱

图 13-32　围岩塑性破坏区变化分布图

充水且水压较大时，便会发生突水。

2. 围岩应力场变化

工作面开挖至距陷落柱不同距离，围岩应力场变化规律如图 13-33 所示。

由图 13-33 分析可知：

（1）在初始条件下，围岩的应力高于陷落柱内应力，陷落柱柱体内为相对卸压区；在压力重分布过程中，陷落柱周边形成一定的压力支承区域，此区域破坏陷落柱的周边范围。

（2）工作面周边围岩应力集中区域随着开挖的进行而扩大，最大应力集中区域出现在工作面前方 10 m 左右处；随着工作面开采的进行，最大主应力集中系数也随之增大。同时随着工作面的推进，采空区顶、底板出现了范围逐步扩大的周期性拉应力，且具有一定的滞后性。

（3）随着工作面的推进，底板周期性出现拉、压应力，引起底板周期性的压缩、膨胀，造成拉破坏、剪破坏以及陷落柱裂隙的重新活动，陷落柱周边裂隙带的范围扩大，更加有利于突水通道的形成和贯通。

（4）陷落柱本身的低应力区使应力集中分布在陷落柱靠近工作面侧的完整岩层上。

（5）随着工作面与陷落柱边缘距离的减小，集中应力范围逐渐缩小。

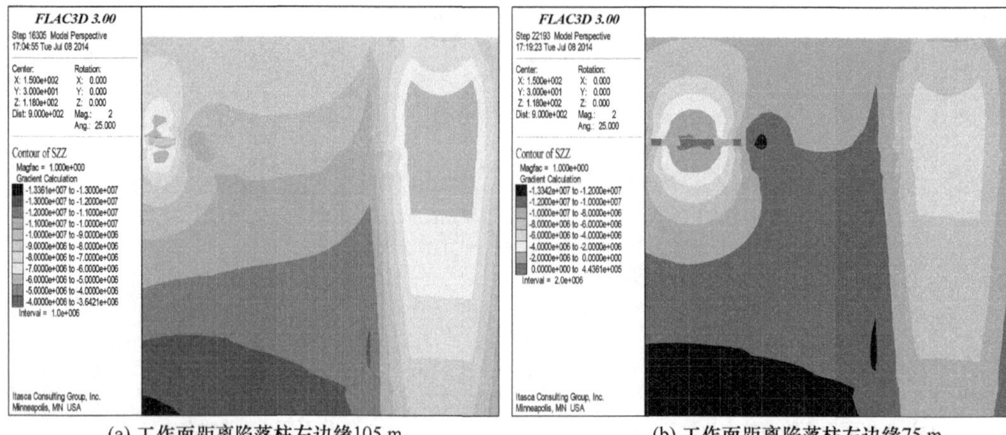

(a) 工作面距离陷落柱左边缘105 m　　(b) 工作面距离陷落柱左边缘75 m

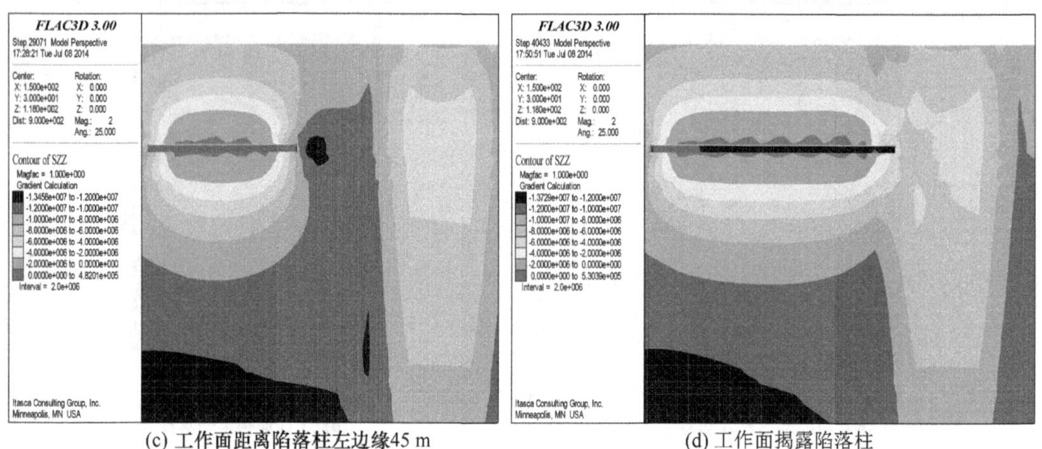

(c) 工作面距离陷落柱左边缘45 m　　(d) 工作面揭露陷落柱

图 13-33　围岩垂直应力变化分布图

3. 围岩位移场变化

工作面距陷落柱不同距离，围岩位移场变化分布如图 13-34 所示。

由图 13-34 分析可知：

（1）随着工作面的开采，陷落柱的垂向位移逐渐增大。

（2）底板垂向位移较小且与应力变化保持一致。

（3）顶板位移远大于底板位移，且随工作面的推进变形越来越大，变形在开采过后会有一定恢复。

综上，对于此类陷落柱和开挖条件，应力是陷落柱突水的关键控制因素，陷落柱的存在导致应力集中，开挖所引起的周期性拉、压应力转化使得靠近陷落柱的围岩更加容易在开挖接近时产生剪切破坏，更容易和陷落柱柱边破碎岩体形成贯通通道，若此时陷落柱含水，则极易发生突水。

13.4　岩溶陷落柱突水危险性评价

岩溶陷落柱具有隐伏性，故具备完整相关资料的岩溶陷落柱并不多。本书选取曾经发生突水事故的邢台东庞矿 X7 陷落柱作为研究对象，在突水发生淹井之后，东庞矿对此陷

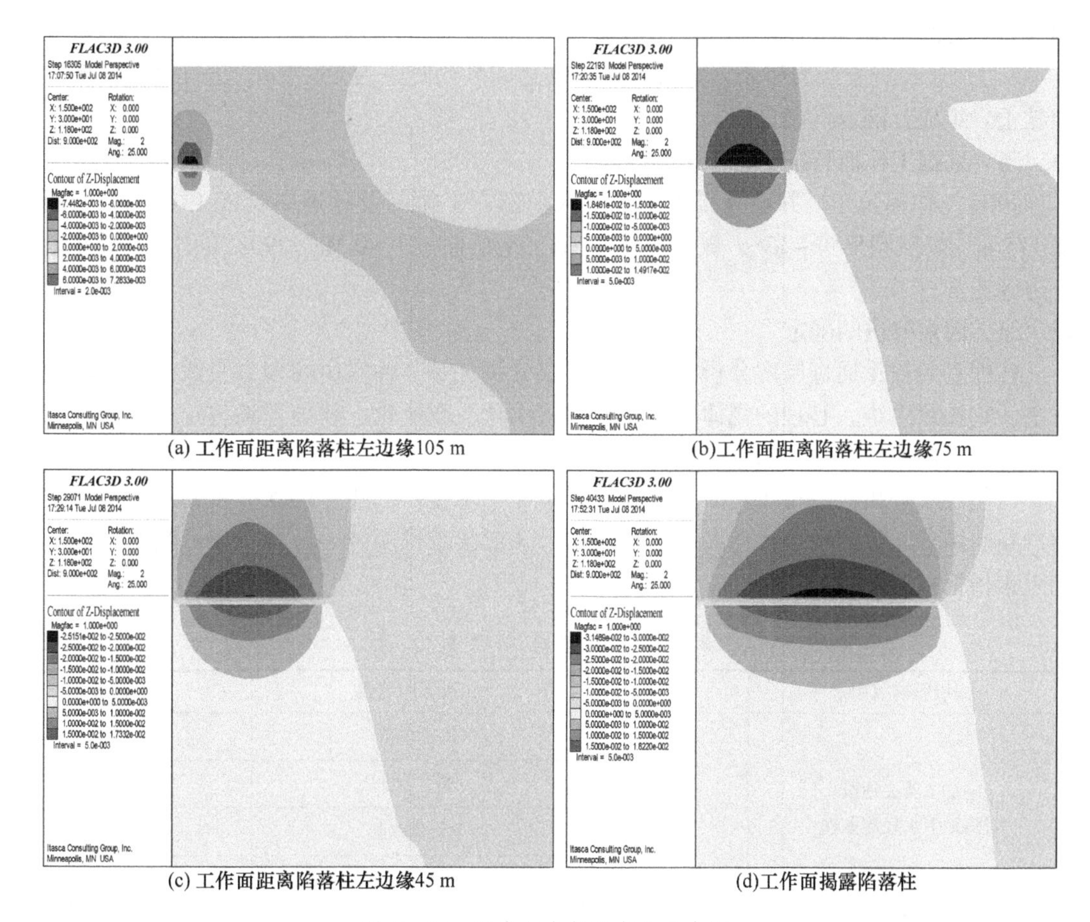

(a) 工作面距离陷落柱左边缘105 m (b)工作面距离陷落柱左边缘75 m (c) 工作面距离陷落柱左边缘45 m (d)工作面揭露陷落柱

图 13-34 围岩垂直位移变化分布图

落柱进行了三维地震勘探、电法勘探以及综合物探和钻探等综合勘探，掌握了此陷落柱的相关具体信息，同时可以通过已发生的事故验证本书方法的正确性。

13.4.1 陷落柱所处区域水文地质情况

邢台东庞矿 X7 陷落柱，其开始发育的上马家沟组以厚层、中厚层灰岩和花斑灰岩为主；上部夹少量角砾状薄层泥灰岩，并含少量燧石结核；下部夹角砾状灰岩，并夹石膏层，厚度 218.4~229.74 m，其中部富水性强。奥灰单位涌水量为 0.00427~26.75 L/(s·m)，渗透系数为 0.05~304 m/d。此陷落柱处在北洺河强径流带上，此径流带西起北洺河河谷渗漏段，经矿山村火成岩体、灰岩过水廓道，汇马河河谷渗漏段，岩溶水绕显德汪向斜西翼分流，一股汇集中关沙河来水向西葛泉方向径流，另一股经阳邑、新城与紫泉强径流带汇合向百泉排泄。其中最长一支为 14 km，水力坡度 2.4‰~5.45‰，流量约为 2.8 m^3/s，奥灰顶部水压大约 6 MPa。

13.4.2 陷落柱内部结构及周边构造

对此岩溶陷落柱进行三维地震勘探、电法勘探以及综合物探和钻探后发现，此陷落柱内部多为松散岩体，且岩性基本与原始岩层岩性保持一致，内部几乎没有填充，柱壁裂隙没有明显发育。工作面内发育断层少，共 4 条，厚度为 0.4~1.8 m。下巷掘进 750 m，共揭露断层 5 条，皆为小断层，厚度为 0.2~1.3 m。

13.4.3 关键隔水层特征

2号煤层与野青灰岩砂岩岩溶裂隙含水层之间平均间距为45.77m，岩性主要由粉砂岩和黏土岩组成，隔水性能良好。

13.4.4 采掘工作面特征

2903工作面位于矿井南翼二水平九采区南部，工作面设计走向长度1370 m，倾斜长度175 m，煤层倾角9°~13°，煤层厚度4.3m，地质储量1.40 Mt。2903工作面下巷距陷落柱边缘5 m。

13.4.5 因素权重的确定

各因素的权重通过层次分析法获得，层次分析法是一种实用的多方案或多目标的决策方法，它按照思维、心理的规律把决策过程层次化、数量化，能合理地将定性与定量的决策结合，适用于陷落柱突水危险性评价过程。

运用层次分析法进行决策时，具体有以下4个步骤：①建立层次分析模型，②分层次构造判断矩阵，③层次单排序及一致性检验，④层次总排序及一致性检验。最终得到的影响因素指标权重见表13-8。

表13-8 影响因素指标权重

一级影响因素	一级权重	二级影响因素	二级权重
陷落柱所在地段岩溶地下水径流条件	0.29	渗透系数	0.11
		水力坡度	0.10
		单位涌水量	0.45
		顶部水压	0.34
岩溶陷落柱内部结构和其导水性	0.31	泥浆比例	0.35
		压实程度	0.13
		胶结程度	0.12
		柱壁裂隙发育程度	0.40
关键隔水层（段）	0.18	隔水层总厚度	0.42
		隔水层岩性组合防突能力	0.58
采掘工程的扰动	0.12	工作面尺度	0.18
		与陷落柱的位置关系	0.82
岩溶陷落柱周边地质构造发育情况	0.10	构造发育密度	0.35
		构造性质	0.65

13.4.6 综合评判

根据上文提到的确定隶属函数的方法，求得模糊关系矩阵如下：

$$R_1=\begin{pmatrix}0 & 0 & 0.88 & 0.12\\ 0 & 0 & 0.36 & 0.64\\ 0 & 0 & 0.24 & 0.76\\ 0 & 0.82 & 0.18 & 0\end{pmatrix}$$

$$R_2 = \begin{pmatrix} 0 & 0 & 0.16 & 0.84 \\ 0 & 0 & 0.88 & 0.12 \\ 0 & 0.44 & 0.56 & 0 \\ 0.54 & 0.46 & 0 & 0 \end{pmatrix}$$

$$R_3 = \begin{pmatrix} 0 & 0 & 0.08 & 0.92 \\ 0.48 & 0.52 & 0 & 0 \end{pmatrix}$$

$$R_4 = \begin{pmatrix} 0.02 & 0.98 & 0 & 0 \\ 0 & 0 & 0.31 & 0.69 \end{pmatrix}$$

$$R_5 = \begin{pmatrix} 1 & 0 & 0 & 0 \\ 0 & 0.11 & 0.89 & 0 \end{pmatrix}$$

进行一级模糊评判：

$$B_1 = A_1R_1 = (0 \quad 0.082 \quad 0.345 \quad 0.573)$$

$$B_2 = A_2R_2 = (0.216 \quad 0.237 \quad 0.238 \quad 0.309)$$

$$B_3 = A_3R_3 = (0.278 \quad 0.302 \quad 0.034 \quad 0.386)$$

$$B_4 = A_4R_4 = (0.004 \quad 0.176 \quad 0.254 \quad 0.566)$$

$$B_5 = A_5R_5 = (0.350 \quad 0.072 \quad 0.578 \quad 0)$$

得到二级模糊关系矩阵

$$R = \begin{pmatrix} 0 & 0.082 & 0.345 & 0.573 \\ 0.216 & 0.237 & 0.238 & 0.309 \\ 0.278 & 0.302 & 0.034 & 0.386 \\ 0.004 & 0.176 & 0.254 & 0.566 \\ 0.350 & 0.072 & 0.578 & 0 \end{pmatrix}$$

由此进行二级模糊评判：

$$B = AR = (0.153 \quad 0.180 \quad 0.268 \quad 0.399)$$

根据最大隶属度原则，评价取值 $B=0.399$，所以此陷落柱的突水危险性极大，与工程实际相吻合，说明用此方法来评价岩溶陷落柱的突水危险性切实可行。评价结果和实际情况一致，为华北型煤田岩溶陷落邢台东庞矿柱突水危险性评价提供一定的参考，可供相似类型情况的地区借鉴。

14 矿井涌（突）水水源快速判识实例

本书在第 8 章中构建了矿井涌（突）水水源快速判识的数学模型，并在此基础上结合常规水化学离子、水温及水位数据研发了矿井涌（突）水水源快速判识的多源信息综合决策系统，现结合矿井涌（突）水水源快速判识实例加以说明。

如图 14-1 所示，当矿井中仅存在水质数据且无水温及水位数据的情况下，直接利用常规水化学离子进行判识。首先确定评价因子，然后分别在模糊综合判识法、灰色关联法、模糊识别法、人工神经网络法、系统聚类分析法、简约梯度法判识模块下，输入待评价因子的数值，进行矿井突水水化学判识。若矿井还存在水温及水位数据，则一方面可辅助水质数据判识方法的实现，另一方面又可将水位及水温数据与水质数据融于综合识别体系中，进行矿井涌（突）水水源综合判识，从而得到更精确的判识结果，为矿井开采过程中防治水工作提供技术支持。

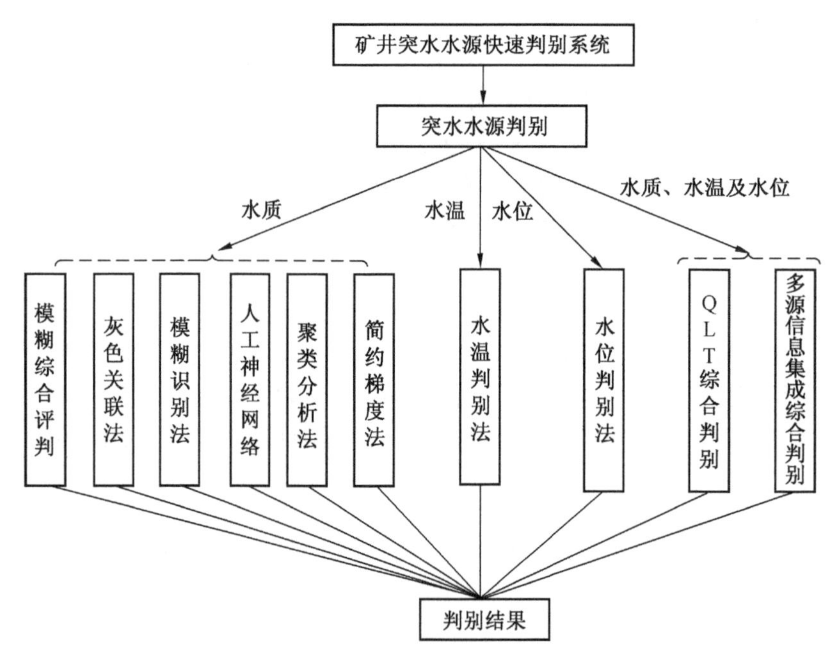

图 14-1 矿井涌（突）水水源判识流程

14.1 马兰矿矿井涌（突）水水源快速判识

马兰矿位于西山煤田古交矿区的西部边缘。井田东部与屯兰矿相邻，西部以 9 号煤层露头线及营立、北社断层为界，南部以原相北断层、原相至上白泉沟南洪水位线与邢家社普勘区分开，北部与镇城底矿接壤。

14.1.1 矿井地质条件

本区含煤地层为二叠系下统山西组和石炭系上统太原组。其中二叠系山西组平均总厚度 44.54 m，为井田内主要含煤地层之一，赋存有稳定的中厚 2 号煤层和不稳定的 3 号、4 号煤层；石炭系上统太原组平均总厚度为 104.80 m，其中 8 号、9 号煤层为稳定煤层，10 号煤层为不稳定煤层。

14.1.2 矿井充水条件

根据含水介质性质特征，马兰井田可划分四大含水岩组，即松散岩类孔隙含水岩组、碎屑岩类裂隙含水岩组、碎屑岩类夹层间岩溶裂隙含水岩组和碳酸盐岩类岩溶裂隙含水岩组。

1. 松散岩类孔隙含水岩组（Q+N）

松散层由砂、砾石、卵石、砂质黏土等松散物组成，厚度 0~20 m，含裂隙潜水，富水性中等~强。含水层厚度为 12.11~16.09 m，单位涌水量为 1.3~11.79 L/(s · m)，渗透系数为 13.49~92.59 m/d。水质属 $HCO_3 \cdot SO_4-Ca \cdot Mg$ 型，矿化度 0.232~0.287 g/L，水质较好。

2. 碎屑岩类裂隙含水岩组（P）

二叠系地层分布广泛，是一套砂岩、泥岩、页岩组成的沉积地层，出露范围较广。二叠系上、下石盒子组的多层砂岩，裂隙比较发育，是主要含水岩层；对应浅部出露区或者近地表区，以风化裂隙为主，富水性较强；而对应中深部富水性逐渐变弱。井田内有 21 个钻孔探至本组涌水，孔口涌水量多小于 0.1 L/s，最大 1.67 L/s。据 563 号孔抽水试验，水位标高 1205.53 m，单位涌水量为 0.00134 L/(s · m)，渗透系数为 0.00177 m/d，据此反映石盒子组富水性很弱。本组在研究区埋藏较深，水化学类型为 $HCO_3-Ca \cdot Na \cdot Mg$ 型，矿化度 0.25 g/L，钻孔揭露时未发现水文异常现象。

3. 碎屑岩类夹层间岩溶裂隙含水岩组

太原组地层由砂岩、泥页岩夹厚度不等的灰岩组成，石灰岩与砂岩构成含水岩层。据井田内勘探孔资料的统计，灰岩在井田内分布稳定，厚度大，特别是 K_2 与 L_1 灰岩最稳定。据井田内 M_{46} 号孔抽水试验，单位涌水量为 0.0081 L/(s · m)，渗透系数 0.44 m/d。石炭系含水层虽然分布稳定，厚度较大，是矿坑直接充水的主要含水层，但岩溶裂隙不发育，侧向径流补给条件差，富水性弱。水质类型多为 HCO_3-Na 或 $HCO_3 \cdot Cl-Na$、$HCO_3 \cdot SO_4-Na$，具有明显的煤系地层水质特征。

4. 碳酸盐岩类岩溶裂隙含水岩组

碳酸盐岩含水岩组是一套从寒武系至中奥陶统地层，对矿床具有充水危害的主要是奥陶系中统峰峰组及上马家沟组岩溶裂隙含水岩组，碳酸盐岩岩溶裂隙水的总体特征如下：

（1）峰峰组二段岩溶裂隙含水层为煤层底板第一个间接充水的主要含水层，岩溶作用弱，其水压值较大。钻孔抽水试验资料表明其补给条件差，含水层的富水性因地而异，相差悬殊，是一个没有统一岩溶水位系统的弱含水层。马兰向斜轴部地段及井田南部甚至可视作隔水层。

（2）峰峰组二段与上马家沟组上中部之间，有巨厚的相对隔水岩层起阻水作用，但当存在较大张性断层时，两含水层可能发生一定程度的水力联系。在断层断距大于 60 m 时，两含水层发生对接，相互连通。另外，由于人为的勘探活动，可能使两含水层通过钻孔发生水力联系。

(3) 太原组9号煤层底板下所夹的砂岩、石灰岩，对应钻孔抽水试验结果表明其基本不含水或极弱含水。因而，直接底板产生突水的可能极小，属于富水性弱的含水层。

14.1.3 矿区控制因素分析

根据现有资料，本次判识选取常规水化学离子 $K^{+}+Na^{+}$、Ca^{2+}、Mg^{2+}、Cl^{-}、SO_4^{2-}和HCO_3^{-}等化学指标以及水温和水位标高作为影响因素，这些数据能较好地反映采样点处地下水水文地球化学特征、水温特征以及水位动态特征。

将数据录入系统基础数据库中，首先利用水化学数据，分别采用模糊综合评判法、灰色关联法、模糊识别法、人工神经网络法、聚类分析法、简约梯度法进行水化学判识；在水化学判识的基础上，分别选取水温数据和水位数据进行相应的水温与水位判识，它一方面可辅助水化学判识方法的实现，另一方面又可将水温及水位数据与水质数据融于综合识别体系中，进行矿井涌（突）水水源 QLT 综合判识和多源信息集成综合判识，从而可得到更精确的判识结果。

在马兰矿区选取30个钻孔的源数据作为涌（突）水水源判识的背景值，其中8个奥灰水数据，6个第四系孔隙水数据，9个8号煤层顶板灰岩水数据，7个2号煤层顶板砂岩裂隙水数据。

14.1.4 判识分析

1. 水化学判识分析

根据8.2节中建立的数学模型，结合西山马兰矿水文地质资料，利用矿井涌（突）水水源快速判识多源信息综合决策系统对涌（突）水水源进行判识。为验证模型的可靠性和系统的功能，首先将标准水样中的每一个水样作为待测水样，用各个数学方法进行回代实验，实验结果比较理想，实验结果见表14-1。

表14-1 各水化学判识模型分析结果

ID	钠+钾	镁	钙	氯	硫酸	重碳酸盐	层位	模糊综合	灰色关联	模糊识别	神经网络	聚类分析	简约梯度
1	43	90	290	58	702	459	1	1	1	1	1	1	1
2	64	53	239	100	623	228	1	1	1	1	1	1	1
3	109	140	561	68	1878	197	1	1	1	1	1	1	1
4	180	47	476	470	1156	97	1	1	1	1	1	1	1
5	58	23	99	76	172	205	1	1	2*	2*	1	1	2*
6	24	31	87	10	193	227	1	1	2*	2*	2*	1	2*
7	11	15	65	10	68	183	1	1	2*	2*	2*	1	2*
8	25	28	96	6	194	230	1	1	2*	2*	1	1	2*
9	33	17	62	11	34	277	2	2	2	2	2	2	2
10	9	19	87	17	49	290	2	2	2	2	2	2	2
11	9	16	85	20	97	206	2	2	2	2	2	2	2
12	5	16	80	19	77	204	2	2	2	2	2	2	2
13	14	17	79	16	64	244	2	2	2	2	2	2	2

表 14-1（续）

ID	钠+钾	镁	钙	氯	硫酸	重碳酸盐	层位	模糊综合	灰色关联	模糊识别	神经网络	聚类分析	简约梯度
14	24	15	56	18	48	286	2	2	2	2	2	2	2
15	231	2	3	68	4	471	3	3	3	3	3	3	3
16	221	1	2	90	4	391	3	3	3	3	3	3	3
17	208	4	5	85	2	379	3	3	3	3	3	3	3
18	229	4	5	93	4	433	3	3	3	3	3	3	3
19	177	5	8	86	5	368	3	3	3	3	3	3	3
20	183	5	11	71	32	364	3	3	3	3	3	3	3
21	255	8	18	27	91	616	3	3	4*	3	3	3	4*
22	216	1	7	108	23	327	3	3	3	3	3	3	3
23	215	4	7.3	80	21	419	3	3	3	3	3	3	3
24	145	0	5	76	40	195	4	4	4	4	3*	4	4
25	132	14	42	13	35	211	4	4	4	4	3*	4	4
26	137	9	41	26	36	243	4	4	4	4	3*	4	4
27	124	4	14	49	25	237	4	4	4	4	3*	4	4
28	134	7	25	41	34	221	4	4	4	4	3*	4	4
29	141	2	6	80	38	184	4	4	4	4	4	4	4
30	140	16	39	10	37	200	4	4	4	4	3*	4	4

注：* 表示判错的水样；表中层位及判识结果中：1—奥灰水，2—第四系，3—8 号煤层顶板灰岩水，4—2 号煤层顶板砂岩裂隙水；离子含量单位为 mg/L。

根据上述水样判识结果可知，模糊综合判识和系统聚类分析判识准确率都达到 100%，灰色关联法判识准确率为 83.3%，模糊识别判识准确为 86.7%，人工神经网络判识准确率为 73.3%，简约梯度法判识准确率为 83.3%。可见，各模型判识准确率均较好，采用模糊综合评判用于综合信息判识计算不仅符合模型复合的意义，而且具有较高的判识准确率。

结合表 14-1 分析错判数据，5 号、6 号、7 号、8 号样本归属于奥灰水，但是在 6 种不同的判识结果中出现 3 次以上的错判，且全部错判为第四系。通过选取奥灰水和第四系中 6 种判识因子的样本均值与这四组数据比较（图 14-2），5 号样本数据折线基本处于奥灰水和第四系两类样本均值之间，因此在灰色关联法、模糊识别以及简约梯度法判识中往往会出现错判；而 6 号、7 号、8 号样本数据变化趋势类似，因归属于同一含水层，但是由于各类判识因子变化不稳定，因此有可能在判识中出现误判。

综合分析可知，6 种判识方法在马兰矿水源样本数据判识中均可取得比较精确的判识结果，可以利用以上模型对马兰矿未知水样进行识别。

2. 水温与水位判识分析

根据马兰矿水文地质补勘资料得出，该矿井未发现地温异常现象，且恒温带深度 30 m，恒温 18 ℃，地温梯度 1.65 ℃/100 m。结合水温识别模型得出马兰矿地温方程如下：

$$突水点温度=1.65\times\frac{突水点埋深-30}{100}+18 \tag{14-1}$$

由于矿井缺少涌（突）水点实测水温数据，故依据不同涌（突）水含水层的平均埋

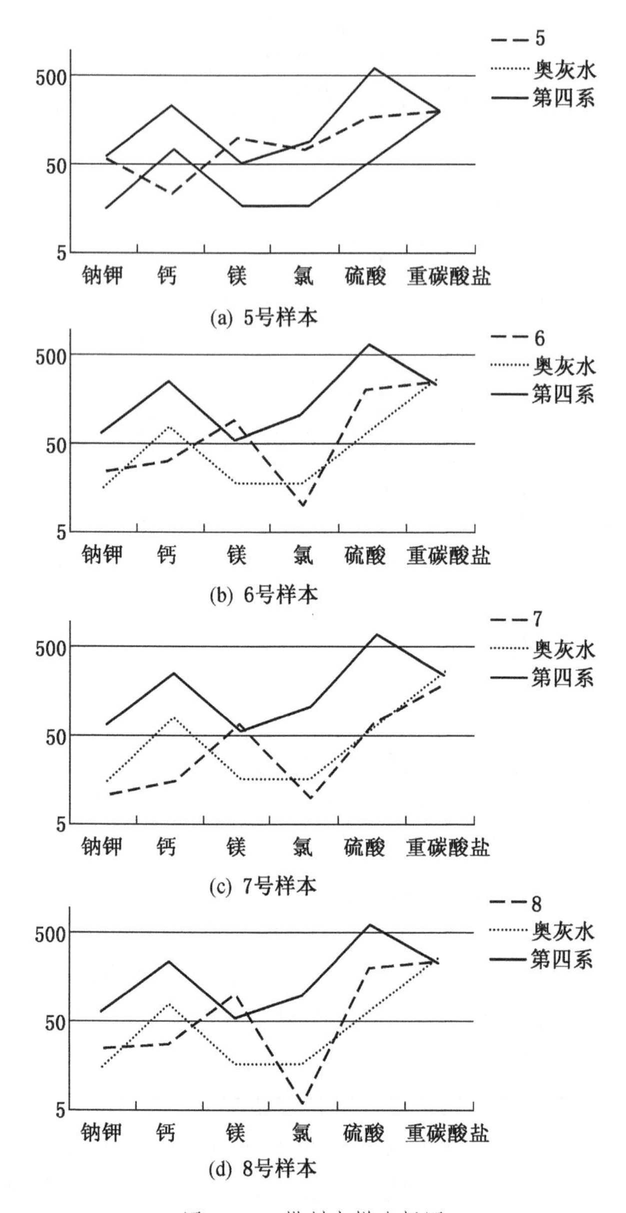

图 14-2 错判水样分析图

深，利用上述地温方程可以初步计算其温度，计算结果见表 14-2，然后将突水点计算温度与实测温度进行对比分析。

表 14-2 地温方程计算含水层的温度

含水层	平均埋深/m	计算温度/℃
第四系	230	20. 3
2 号煤层顶板砂岩裂隙水	423. 94	24. 5
8 号煤层顶板砂岩水	702. 73	29. 1
奥灰水	1096. 7	35. 6

为验证水温模型及水位模型的可靠性和系统的功能，将 30 个标准样品作为待测因子进行回代实验，得出判识结果正确率达到 100%，实验结果非常理想。

3. 综合判识分析

马兰矿矿井涌（突）水水源快速综合判识分析，包括 QLT 综合判识和多源信息集成综合判识。根据在 8.2.3 节中建立的综合判识模型，QLT 综合判识模型将常规水化学离子、水温与水位作为判识因子，通过采用模糊综合判识法对马兰矿矿井涌（突）水水源进行综合判识，而多源信息集成综合判识是以马兰矿涌（突）水水源的水化学判识分析为前提，模糊综合评判和聚类分析的效果较好，故采用模糊综合判识法模型对马兰矿未知水质进行判识，并通过与水温判识和水位判识相结合，按照 0.7、0.2 和 0.1 的权重叠加得出判识结果，见表 14-3。

表 14-3 综合判识模型分析结果

ID	x 点	y 点	水温	埋深	水位标高	层位	综合判识	
							QLT	多源信息集成
1	37588855	4198630	35.6	1097	884.52	1	1	1
2	37592470	4192875	35.6	1097	905.11	1	1	1
3	37588360	4192760	35.6	1097	951.25	1	1	1
4	37588010	4192760	35.6	1097	878	1	2*	1
5	37587900	4197260	35.6	1097	889	1	2*	1
6	37589262	4188852	35.6	1097	891.6	1	2*	1
7	37589160	4189400	35.6	1097	897.2	1	2*	2*
8	37588824	4189834	35.6	1097	895.59	1	1	1
9	37588360	4191014	20.3	230	1119.18	2	2	2
10	37590274	4197947	20.3	230	1075.54	2	2	2
11	37592180	4196950	20.3	230	1116.76	2	2	2
12	37592187	4195767	20.3	230	1196.35	2	2	2
13	37590113	4191343	20.3	230	1205.53	2	2	2
14	37590584	4191420	20.3	230	1135.84	2	2	2
15	37592149	4194464	29.1	703	917.9	3	3	3
16	37593150	4194171	29.1	703	903.43	3	3	3
17	37594909	4192185	29.1	703	1069.03	3	3	3
18	37595899	4189808	29.1	703	1054.47	3	3	3
19	37597200	4189808	29.1	703	922.35	3	3	3
20	37597200	4187250	29.1	703	905.63	3	3	3
21	37593500	4183650	29.1	703	889.7	3	3	3
22	37590274	4184922	29.1	703	908.84	3	3	3
23	37594831	4186647	29.1	703	1019.36	3	3	3
24	37589162	4191014	24.5	424	1127.71	4	4	4

表 14-3(续)

ID	x 点	y 点	水温	埋深	水位标高	层位	综合判识	
							QLT	多源信息集成
25	37589340	4191456	24.5	424	1104.6	4	4	4
26	37592649	4187626	24.5	424	1168.41	4	4	4
27	37592283	4188235	24.5	424	1206.46	4	4	4
28	37594318	4189025	24.5	424	1033.25	4	4	4
29	37588514	4191081	24.5	424	1042.95	4	4	4
30	37590659	4196352	24.5	424	1033.19	4	4	4

注：常规水化学离子的值见表 14-1 中 2~7 列；* 表示判错的水样；表中层位及判识结果中：1—奥灰水，2—第四系，3—8 号煤层顶板灰岩水，4—2 号煤层顶板砂岩裂隙水；离子含量单位为 mg/L。

最后，通过采用两种判识方法对马兰矿 30 个样本数据进行回代检验，各模型判识准确率较好，其中 QLT 综合判识法准确率为 86.7%，多源信息集成综合判识法准确率则达到 96.7%。由此可见，采用模糊综合评判用于综合信息判识计算不仅符合模型复合的意义，而且具有较高的判识准确率。

14.2 卧龙湖矿 8101 工作面涌（突）水水源快速判识

在马兰矿涌（突）水水源快速判识案例分析中，采用样本数据回代检验判识模型的准确率，实验结果比较理想。判识模型建立成功之后，依托卧龙湖煤矿数据，重新建立数据库，尝试将该系统应用于该井田 8101 工作面突水水源判识。由于该矿井缺少水温及水位数据，以下仅以常规水化学离子作为判识因子进行矿井混合充水水源判识。

14.2.1 矿井水文地质概况

卧龙湖煤矿地处淮北矿区，位于安徽省西北部，属淮北煤田。卧龙湖煤矿可采煤层为 8 号煤层，上距 7 号煤层约 10 m，下距铝质泥岩 15~20 m，8101 工作面位于矿井北部，为 8 号煤层的首采面。

矿井主要含水层包括新生界松散含水岩组、二叠系煤系含水岩组和太原组石灰岩岩溶裂隙含水岩组。

1. 新生界松散含水岩组

新生界松散层厚度变化受下伏古地形控制，自东南向西北有逐渐增厚的趋势。松散层平均厚度为 230.80 m。按其岩性组合特征和区域水文地质剖面，自上而下可划分为 4 个含水组和 3 个隔水组，其中对矿井存在威胁的主要为结构松散的砂层第 3 含水组。

2. 二叠系煤系含水岩组

二叠系各含水岩层之间均为有效隔水层，各含水岩层的富水性主要取决于岩层的裂隙发育程度、连通性和补给条件。其 8 号煤层顶底板砂岩裂隙水是井巷开拓、煤层开采时的矿井直接充水水源。据抽水试验资料，8 号煤层顶底板砂岩裂隙含水层 $q = 0.004012 \sim 0.00937$ L/(s·m)。井下揭露的涌水点变化规律，一般是开始涌水量较大，随时间延长衰减较快，后呈淋水或滴水状态。总的来说煤系砂岩裂隙含水层富水性较弱。

3. 太原组石灰岩岩溶裂隙含水岩组

卧龙湖煤矿共有 40 个钻孔揭露太原组地层，最大揭露厚度 99.08 m。岩性由石灰岩、泥岩、粉砂岩及薄煤层组成，并以石灰岩为主。该组共有 13 层石灰岩，厚 53.87 m，占全组总厚的 46.6%。富水性主要取决于岩溶裂隙发育的程度，岩溶裂隙发育具有不均一性。一灰厚度 1.08～2.75 m，二灰厚度 1.38～5.86 m，三灰厚度 7.20～10.27 m，四灰厚度 6.79～22.81 m。一～四灰累计平均厚度 25.35 m，富水性不均一。各段之间距离仅数米，可将其视为一个含水岩组；五～十三灰埋深较深，距主采 8 号煤层较远，岩溶裂隙不太发育，水动力条件相对较差。

14.2.2 样品水化学组成

为判识卧龙湖矿突水水源，现分别对该矿区 3 个已探明松散层、煤系砂岩、太灰的含水岩组 30 个取样点及 8 个突水点进行水质取样、检测。根据实际检测数据选择具有区分意义的 $K^{+}+Na^{+}$、Ca^{2+}、Mg^{2+}、Cl^{-}、SO_4^{2-}、HCO_3^{-}及 CO_3^{2-} 7 种离子组分作为不同水源的化学特征，对同一突水点的 8 个水样数据进行突水水源识别。水源离子检测含量的平均值、突水点离子检测含量见表 14-4。

表 14-4 卧龙湖矿已知水源和突水点检测数据 mg/L

样本来源			离子组分含量						
			Na^{+}/K^{+}	Ca^{2+}	Mg^{2+}	Cl^{-}	SO_4^{2-}	HCO_3^{-}	CO_3^{2-}
已知水源		松散层	377	52	56.6	148	319	803	0
		煤系水	640	5.36	3.32	186	8.29	1203	123
		太灰水	505	400	200	374.89	2175.72	174.08	0
突水点水样	1	9.17	596	8.1	1.2	133	599	538	41
	2	9.17	603	7.94	1.81	153	616	508	39.3
	3	9.18	584	8.53	3.29	168	552	572	31.7
	4	9.18	622	3.97	2.01	157	663	496	31
	5	9.2	600	3.31	1.1	150	567	523	51.1
	6	9.28	389	4.19	2.42	154	201	479	30.1
	7	10.9	681	6.78	0.8	143	915	371	25
	8	10.9	659	6.78	1.3	154	936	387	15
	平均值		596	6.2	1.74	151	631	484	33

从含量上来看，待判水样的阳离子与煤系砂岩水类似，阴离子除 SO_4^{2-}外与其他含水层均相似，如图 14-3 所示，这无疑增加了水源判识的难度。进一步结合图 14-3 和突水情况，推测 8101 工作面突水来源可能有煤系砂岩水和松散层水。

14.2.3 水源判识分析

根据 8.2 节中建立的数学模型，结合卧龙湖煤矿水文地质资料，利用矿井涌（突）水水源快速判识多源信息综合决策系统对突水水源进行判识。为验证模型的可靠性和系统的功能，再次将标准水样中的每一个水样作为待测水样，用各个数学方法进行回代实验，实验结果比较理想，结果准确见表 14-5。

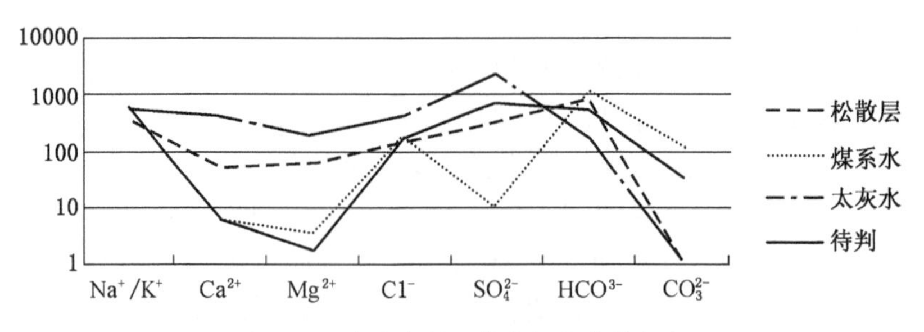

图 14-3 各含水层平均常规水化学组成

表 14-5 数学模型判识结果准确率

数学方法	模糊综合判识	灰色关联法	模糊识别	人工神经网络	系统聚类分析	简约梯度法
准确率	100%	100%	100%	19/22=86.4%	100%	19/22=86.4%

通过表 14-5 可以看出，在卧龙湖煤矿突水水源判识中，模糊综合评判、灰色关联法、模糊识别以及系统聚类分析的效果较好。在判识模型建立之后，选取井田内 8101 工作面同一突水点在不同时期内的 8 个水样数据作为待判水样，然后利用以上 6 种数学模型分别进行突水水源快速判识，综合分析得出判识结果，见表 14-6~表 14-11。

表 14-6 模糊综合评判法判识结果 %

含水层名称	1	2	3	4	5	6	7	8	平均
松散层	0.414	0.333	0.34	0.278	0.394	0.476	0.333	0.333	0.363
煤系水	0.436	0.5	0.508	0.611	0.46	0.423	0.5	0.5	0.492
太灰水	0.15	0.167	0.151	0.111	0.146	0.101	0.167	0.167	0.145
最大隶属度	煤系水	煤系水	煤系水	煤系水	煤系水	松散层	煤系水	煤系水	煤系水

采用模糊综合评判法分析卧龙湖煤矿突水点待判水样，其中 1 号和 6 号水样输入模型后测得松散层和煤系水的隶属度接近，而 2 号、3 号、4 号、5 号、7 号、8 号待判水样的判识结果中煤系水所占比重较大，松散层所占基本比重超过 30%，因此 8101 工作面突水水源主要来自煤系水，并测得有松散层水源的参与。

表 14-7 灰色关联法判识结果 %

含水层名称	1	2	3	4	5	6	7	8	平均
松散层	0.7433	0.7517	0.745	0.7476	0.7529	0.7329	0.7118	0.7191	0.7380
煤系水	0.713	0.7141	0.7134	0.7047	0.7071	0.7675	0.6776	0.6944	0.7115
太灰水	0.4811	0.4875	0.483	0.4927	0.4755	0.4783	0.5061	0.5249	0.4911
最大关联度	松散层	松散层	松散层	松散层	松散层	煤系水	松散层	松散层	松散层

灰色关联法判识卧龙湖煤矿突水点待判水样，主要通过比较待判水样与含水层水样的关联度来实现判识突水水源的目的。由表 14-7 可见，8 个待判水样输入灰色关联模型后，测得松散层和煤系水关联度非常相近，其中仅有 6 号待判水样表现出更接近煤系水，其他 7 个水样则关联度更与松散层接近。由此可得，8101 工作面突水为松散层和煤系砂岩混

合水。

表 14-8 模糊识别法判识结果 %

含水层名称	1	2	3	4	5	6	7	8	平均
松散层	0.85208	0.84369	0.86721	0.83091	0.85494	0.88998	0.76563	0.76458	0.8336
煤系水	0.70631	0.69956	0.71899	0.69085	0.71047	0.7532	0.63899	0.6359	0.6943
太灰水	0.44161	0.45675	0.41379	0.47823	0.43459	0.35682	0.59537	0.59952	0.4721
最大隶属度	松散层	松散层	松散层	松散层	松散层	松散层	松散层	松散层	松散层

利用模糊综合评判法分析卧龙湖煤矿突水点待判水样，其判识结果也比较明显且与以上结果类似，计算的松散层水和煤系水的贡献量都在50%以上。

表 14-9 人工神经网络判识结果 %

含水层名称	1	2	3	4	5	6	7	8	平均
松散层	0.89401	0.74686	0.60355	0.988	0.89696	0.14517	0.99413	0.83182	0.7626
煤系水	0.5209	0.18638	0.2743	0.00973	0.06159	0.22334	0.00659	0.06134	0.1680
太灰水	0.00018	0.00339	0.00989	0.00519	0.00958	0.06604	0.00079	0.00744	0.01281
最大隶属度	松散层	松散层	松散层	松散层	松散层	煤系水	松散层	松散层	松散层

将8个待判水样输入人工神经网络判识模型后，预测值分析从9月17日至10月9日，测得卧龙湖煤矿8101工作面突水中7个待判水样均隶属于松散层。其中与灰色关联类似，仅有6号待判水样表现出更接近煤系水。由此可见，8101工作面突水为松散层和煤系砂岩混合水。

表 14-10 系统聚类法判识结果 %

含水层名称	1	2	3	4	5	6	7	8	平均
判识结果	松散层	松散层	松散层	松散层	松散层	松散层	煤系水	煤系水	松散层

系统聚类分析结果见表14-10，其中1号、2号、3号、4号、5号、6号待判水样测得8101工作面突水水源来自松散层水，而7号和8号水样输入系统聚类模块分析结果为煤系水。由于水源来自同一突水点的不同时期，因此结果表明，8101工作面突水为松散层和煤系砂岩混合水。

表 14-11 简约梯度法判识结果 %

含水层名称	1	2	3	4	5	6	7	8	平均
松散层	57.93	59.01	78.87	71.9	66.77	22.17	12.09	12.08	47.60
煤系水	28.16	28.22	10.02	19.13	12.93	37.79	65.68	65.54	33.44
太灰水	4.77	2.2	3.88	0.78	7.55	9.6	11.01	11.4	6.40
未探明	9.15	10.56	7.23	8.19	12.75	30.43	11.21	10.98	12.56
最大比例	松散层	松散层	松散层	松散层	松散层	煤系水	煤系水	煤系水	松散层

采用简约梯度法分析卧龙湖煤矿 8101 工作面突水点待判水样，其优势不仅在于能够判断突水水样占已知水源的比值，还可以揭露突水水源中是否有未探明水源的参与。其中 1 号、2 号、3 号、4 号、5 号待判水样计算得出松散层水的贡献率较大，其次为煤系水。6 号待判水样依旧表现为更接近煤系水，松散层贡献率为 22.17%，且未探明水源占 30.43%，如断层水、采空区水等。而 7 号、8 号待判水样判识结果更与煤系水相近，其次为松散层水。由此可得，判识结果主要为松散层和煤系砂岩混合水，可能有未探明水源的参与。

14.2.4 水源识别结果对比

通过将卧龙湖井田内 8101 工作面某突水点 9 月 17 日至 10 月 9 日的水化学数据分别输入模糊综合评判、灰色关联法、模糊识别法、人工神经网络法、系统聚类分析法以及简约梯度法模块，进行水化学突水水源判识，判识结果见表 14-12。采用 6 种不同的判识方法对同一组数据测试，所测结果比较理想，均为松散层和煤系砂岩混合水，且简约梯度法测得可能有未探明水源。

表 14-12 突水水源判识结果

水样编号	取样地点	数学模型		判识归属
1-8	8101 工作面	水化学判识	模糊综合评判	松散层、煤系水
			灰色关联法	松散层、煤系水
			模糊识别法	松散层、煤系水
			人工神经网络	松散层、煤系水
			系统聚类分析	松散层、煤系水
			简约梯度法	松散层、煤系水、未探明水源

总体而言，卧龙湖煤矿 8101 工作面突水来源比较复杂，水文地球化学的研究只能从水化学的角度提供信息，但要进一步确定突水水源尚需继续开展研究工作，具体包括：查明本井田范围内松散层和煤系地层的岩性、构造及水文地质条件；利用卧龙湖矿西部勘探区资料，分析对比松散层和煤系地层的岩性、构造及水文地质条件的差异性，必要时使用连通性试验确定断层的导水性。

15 断裂构造延迟滞后突水实例

本书第1篇第9章主要从理论上研究了断裂构造引发突水的时间效应，分析了影响突水时间效应的有关因素。断裂活化延迟滞后突水的实质就是原来不导水的断层在外界应力的作用下，随着时间的推移发生了突水；原来不存在导水通道的薄弱带（或者说是潜在的导水通道）随着时间的推移逐渐活化；原来不连通的裂隙、节理连通起来，形成导水通道并发生了突水。

在采矿活动作用影响下，采场断层会发生重新活动，这就是所谓的“断裂活化”。断层的重新活动使断裂带及其附近岩体中的裂隙发生再扩展作用，致使其渗透性发生改变。原来的非导水断裂可能转变为导水断裂而引发突水。对于断裂活化问题，不仅要研究矿山压力造成的断裂面（带）发生活化的情况，而且对断裂面（带）附近岩体中伴生构造的活动状况也应足够重视。断裂面（带）的重新活动会使断裂的导水性发生变化，断裂面带附近伴生裂隙的性状改变同样会引发突水。虽然采掘工程直接揭露断裂面会引发突水，但也有大量的底板突水并非在揭露断裂面（带）时产生，而是靠近断裂时发生的，这与断裂再活动导致的伴生节理扩展作用有直接关系。

原始地质条件下的导水断层往往具有一定的前兆，根据对各种工程显现特征的分析，结合少量钻探或物探工作，是可以判断前方有无导水断层的，而采动影响下的断层突水要复杂得多。因此，研究由于采矿活动和承压水双重作用而导致的断裂活化延迟滞后突水，探讨采动影响下断层的变形活化与延迟滞后突水机制对于各种不同类型地下工程断裂突水问题具有广泛意义。

现有断裂延迟滞后突水机理方面的研究均未在模拟模型中对延迟滞后突水发生发展的过程加以具体展现，也不能对延迟滞后时间及孔隙水压变化加以定量。为此，本书以开滦赵各庄矿13水平东1石门的小型突水事故为例，运用FLAC^{3D}软件，通过数值模拟的方法，模拟延迟滞后突水发生和发展的全过程，对延迟滞后时间加以定量，并对延迟滞后突水机理给予解释，其结果对煤矿突水防治问题具有重要意义。

15.1 矿井概况

15.1.1 矿井基本概况

开滦（集团）有限责任公司赵各庄矿位于唐山市东北部，其矿区位置如图15-1所示。矿区年平均降水量为602.78 mm，降雨多集中在7—8月。目前矿井开采深度已达十三水平（-1150 m），根据实测，地应力为214.1 MPa，属高地应力区。

15.1.2 矿井地质条件

赵各庄矿为典型的华北型煤田，主要含煤地层为石炭系上统赵各庄组（C_3^2）和二叠系下统大苗庄组（P_1^1）。该段含煤地层从上至下夹5号煤层~12号煤层共8层煤层，其中5号、7号、9号、12号等煤层为赵各庄矿多年来的主采煤层。

开滦矿区位于唐山块陷开平向斜展布区，赵各庄矿井田展布于开平向斜转折段的北翼（图 15-1）。赵各庄矿共有矿井型大中型断层 20 余条，井口东翼共有落差 3～35 m 的张剪或压、压剪性断层十四条，断层倾角 27°～70°，倾向 180°～210°；井口西翼主要有落差 8～210 m 的压剪性断层 10 条，断层倾角 40°～85°，倾向 100°～350°。

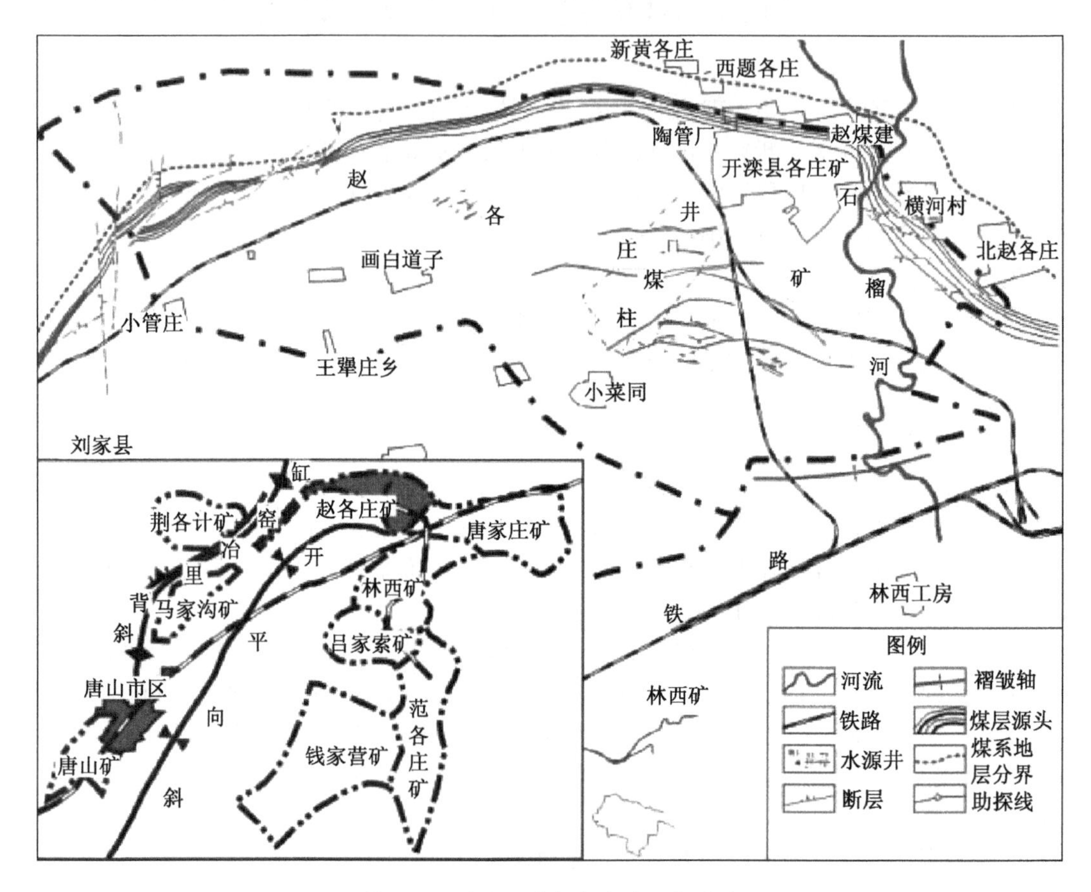

图 15-1 唐山开滦赵各庄矿区位置图

15.1.3 矿井水文地质条件

矿井发育有 5 层含水层，各含水层特征见表 15-1。威胁 12 号煤层安全开采的含水层主要为奥陶系、寒武系灰岩承压水和含煤岩系砂岩含水层，矿井水文地质概化图如图 15-2 所示。

表 15-1 矿 井 含 水 层

含水层编号	厚度/m	含 水 层 特 征
Ⅶ	0～22	第四系冲积层孔隙承压含水层
Ⅵ	383～878	A 层以上砂岩裂隙承压含水层
ⅤB	30～211	5 号煤层顶板 58 m 以上段砂岩裂隙承压含水层
ⅤA	25～69	5 号煤层顶板 0～58 m 段砂岩裂隙承压含水层
ⅣB	9～31	5 号煤层至 7 号煤层砂岩裂隙承压含水层
ⅣA	21～83	7 号煤层至 12 号煤层砂岩裂隙承压含水层

表 15-1(续)

含水层编号	厚度/m	含 水 层 特 征
Ⅲ	11~57	12 号煤层至 14 号煤层砂岩裂隙承压含水层
Ⅱ	12~53	14 号煤层至唐山石灰岩砂岩裂隙承压含水层
Ⅰ	>555	奥陶系、寒武系石灰岩岩溶裂隙承压含水层

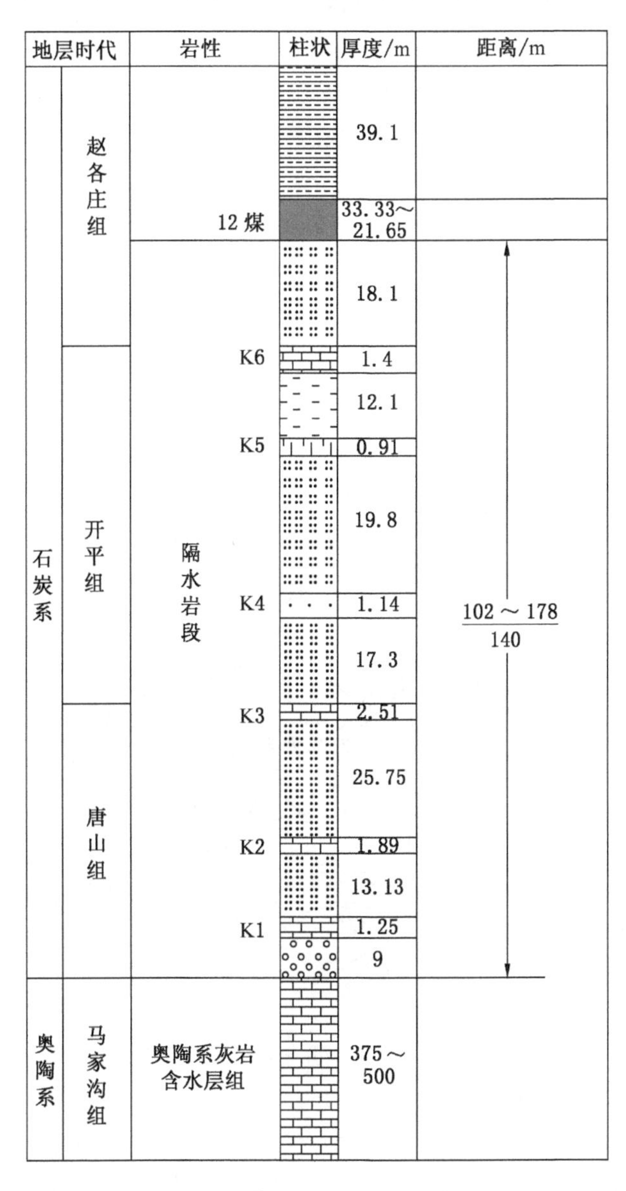

图 15-2 赵各庄矿井水文地质概化图

赵各庄矿多数断层不导水，只有金庄区Ⅳ断层在六水平巷道揭露时涌水量为 0.2 m^3/min，七水平涌水量达 2.0 m^3/min；东Ⅲ断层为张扭性正断层，倾角 35°~70°，最小落差 6 m，最大落差 35 m。断层破碎带宽度较宽，该断层九水平以上位于井口东翼，十水平以下位于井口煤柱内。各水平均有控制点，揭露后不含水也不导水。但受开采扰动的影响，会改变断层的导水、含水性质，降低其阻水能力，有可能发生采动型延迟滞后突水事故，其危害性更大。

15.2 13水平概况

15.2.1 突水概况

赵各庄矿2003年在开采13水平（-1150 m）12_1煤层时，前期开拓的同水平岩石大巷发生边壁淋水现象，当时水量较小。2004年5月开始回采其下伏122煤层3132工作面，至2005年7月27日，巷道淋水现象开始加剧，并且淋水范围由60 m延伸范围扩大至150 m，涌水量达1.1~1.6 m^3/min，水压最高达4.9 MPa，同时伴随着巷道底鼓变形加剧，变形量达162 mm。

为预防涌水现象进一步扩大，2005年8月19日至9月5日采掘工程停工数日，直至2006年3月3132工作面全部回采结束。目前涌水量为0.5~1.0 m^3/min，水压为0.4~2.9 MPa，涌水量和水压逐渐减小并趋于稳定，该矿煤层采掘工作面及巷道平面布置关系如图15-3所示。

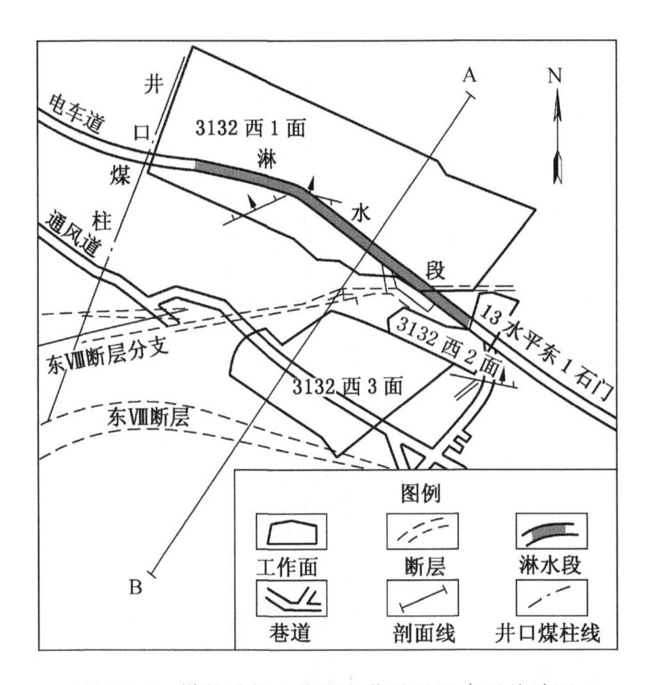

图15-3 煤层采掘工作面与巷道平面布置关系图

15.2.2 地质条件和水文地质条件

13水平巷道开凿于一套砂岩、粉砂岩和黏土岩地层之中，从上至下分属于石炭系下统开平组（C_3^1）和石炭系中统唐山组（C_2），其间夹六层厚度在0.47~2.77 m海相沉积的灰岩薄夹层（K_1，K_2，…，K_6），薄层灰岩在局部地段含水，但水量较小，补给条件较差。

唐山组砂岩层下部为奥陶系中统马家沟组（O_2）灰岩，平行不整合状与上层相接，奥陶系灰岩富含岩溶裂隙、孔隙承压水，水量大，水压高（8.0~9.0 MPa），并直接接收地表大气降水补给，是威胁矿区开采的主要充水含水层。

据地质资料，从 K_6 灰岩顶界面至 12 号煤层间为浅灰色中、粗砂岩，以乳白色石英为主，为煤系地层含水层，富水性较强，但补给条件一般。该矿 *A—B* 剖面如图 15-4 所示。

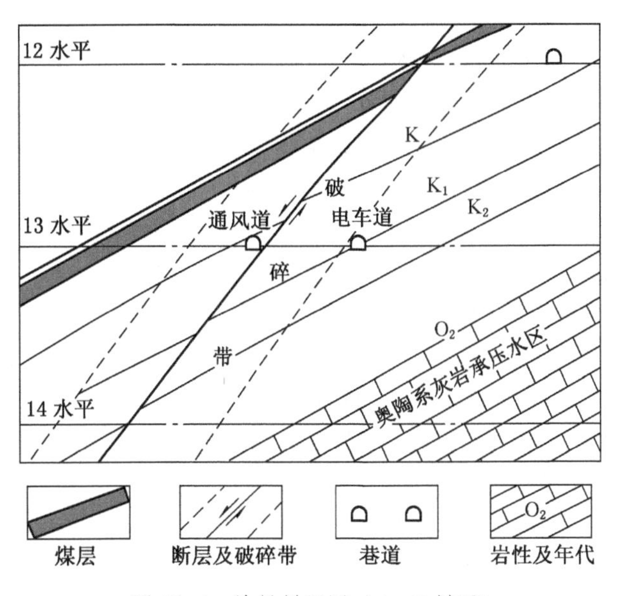

图 15-4 地层剖面图（*A—B* 剖面）

15.2.3 延迟滞后突水现象分析

赵各庄矿历史上曾发生过大型延迟滞后突水灾害事故。1972 年 3 月，在回采 9 水平 9132 工作面时，从工作面初采至 9 水平巷道突水事故发生，时间间隔约 5 个月（1971 年 9 月—1972 年 3 月），当时突水量达 514.3 m^3/min。结合历史资料进一步分析，可以发现赵各庄矿巷道延迟滞后突水具有以下特征：

（1）突水现象的发生和扩大都与煤层开采有一定的关系，如 9 水平巷道侧上方 122 煤层 9132 工作面、13 水平巷道侧上方 121 煤层 3122 工作面和 122 煤层 3132 工作面。

（2）突水位置一般在开凿于断层破碎带附近的岩石巷道一段，如 9 水平巷道位于东Ⅲ断层带、13 水平巷道位于东Ⅷ断层带。

（3）从工作面回采开始到突水事故发生这一段存在一个明显的滞后期。

由以上分析可知，巷道延迟滞后突水与采掘活动、地下水赋存条件和地质构造条件等有密切关系，地下水赋存和地质构造是突水现象发生的必要条件，采掘施工则是突水的诱发因素。

15.3 煤矿井巷断裂带延迟滞后突水机理数值模拟

研究分别采用弹塑性应变-渗流耦合模型、流变-渗流耦合模型和变参数流变-渗流耦合模型 3 种模型对赵各庄矿 13 水平东 1 石门延迟滞后突水进行数值模拟，分析延迟滞后突水机理和延迟滞后时间。

15.3.1 断裂破碎带等效连续介质模型

发生突水的地段主要涉及的断层为 F_8 断层的一个分支。根据井下现场勘测资料，该断层夹软-流塑状的全风化砂岩，断层两侧的断裂破碎带中发育众多的裂隙、节理、片理等结构面，岩性为砂岩夹糜棱岩。断裂破碎带所涉及的空间范围为沿断层延伸的、宽约80 m的区域，在该区域范围内，结构面分布相对较均匀，岩体的渗流取决于裂隙，岩块相对不透水。

从宏观角度看，断裂破碎带岩体的表征单元体（即REV，Representative Elementary Volume）尺度应小于该断裂破碎带涉及的空间尺度范围，当表征单元体相对于研究区域规模足够小时，可将具有裂隙存在的断裂破碎带物质视作等效连续介质，在破碎带岩体中取一个表征单元体代表该处岩体的总体力学及渗流特性，建立岩体渗流场和应力场相耦合的连续介质模型。

岩体等效力学参数的确定已有众多学者进行过研究，以下3种方法比较具有代表性。

Barton(1976）和Bandis(1983）基于裂隙的弹簧模型，结合对岩体裂隙的统计，如裂隙长度、裂隙宽度、裂隙面粗糙系数、裂隙面平均抗压强度以及表征单元体中裂隙分布密度等，分别推导出裂隙剪切刚度 k_s 和法向刚度 k_n 的等效计算公式。运用Gerrard(1982)推导的三向裂隙岩体等效弹性模量和剪切模量公式，即可获得相应的等效力学参数。

$$\begin{cases}\dfrac{1}{E_i}=\dfrac{1}{E_r}+\dfrac{1}{s_i k_{ni}} & (i=1,\ 2,\ 3)\\[2ex] \dfrac{1}{G_{ij}}=\dfrac{1}{G_r}+\dfrac{1}{s_i k_{si}}+\dfrac{1}{s_j k_{sj}} & (i,\ j=1,\ 2,\ 3)\end{cases} \tag{15-1}$$

式中 E_i——岩体第 i 组裂隙的法向弹性模量；

G_{ij}——岩体 i，j 两组裂隙的剪切模量；

E_r——岩块的弹性模量；

G_r——岩块的剪切模量；

s_i——第 i 组裂隙间距；

k_{ni}——第 i 组裂隙的法向刚度；

k_{si}——第 i 组裂隙的剪切刚度。

另外，通过承压板载荷试验、钻孔旁压试验等现场试验，由荷载-位移曲线直接求取岩体的弹性模量也是获得岩体力学参数的重要方法。

再就是Bieniawski(1978）基于现场试验结果发展的岩体质量指标（RMR）与岩体弹性模量 E_m(单位为GPa）的经验公式，获得岩体力学参数。其拟合公式为

$$\begin{cases}E_m=2(RMR)-100 & RMR\geqslant 55\\ E_m=10^{\frac{RMR-10}{40}} & RMR<55\end{cases} \tag{15-2}$$

Goodman(1980)、Brady和Brown(1985）对该方法给予了深入的探讨。由于能够充分利用前期的井下现场岩体裂隙的统计勘测资料，计算公式又相对简单，本次模拟计算即采用Bieniawski的经验公式法求取断裂破碎带岩体的等效力学参数。

15.3.2 弹塑性应变-渗流耦合模拟

将断层带物质设为弹塑性介质材料，变形破坏条件满足莫尔-库仑屈服准则，采用FLAC^{3D}软件的流-固双场耦合功能模块，对模型设定的煤层开采各阶段进行模拟计算，以获取各阶段地下水渗流发生发展的模拟计算结果。

15.3.2.1 数值模拟模型的建立

1. 模拟模型及边界条件

采用 FLAC^{3D} 软件，根据 A—B 剖面反映的主要地质特征，构建三维有限差数值计算模型。模型取计算深度标高-1000～-1230 m，x 方向长 320 m，y 方向宽 200 m，z 方向高 230 m，图 15-5 所示为计算模型网格及岩性分布图。模型侧面限制水平移动，底面限制垂直移动，模型上部模拟上覆岩层的重量，取 $\sigma_z = 23.0$ MPa。

介质材料采用莫尔-库仑屈服模型，分别建立 6 种介质材料类型，即细砂岩（煤层顶板）、煤层、中粗砂岩（煤层底板）、砂岩夹糜棱岩（断层破碎带）、糜棱岩夹断层泥、砂岩（隔水层）和石灰岩（奥灰含水层），根据现场取样和岩石力学实验结果，并考虑到岩石尺度效应，各介质材料采用的岩石物理力学参数见表 15-2。在模型中还特别建立了 2 个相应于 13 水平位置的岩石巷道。

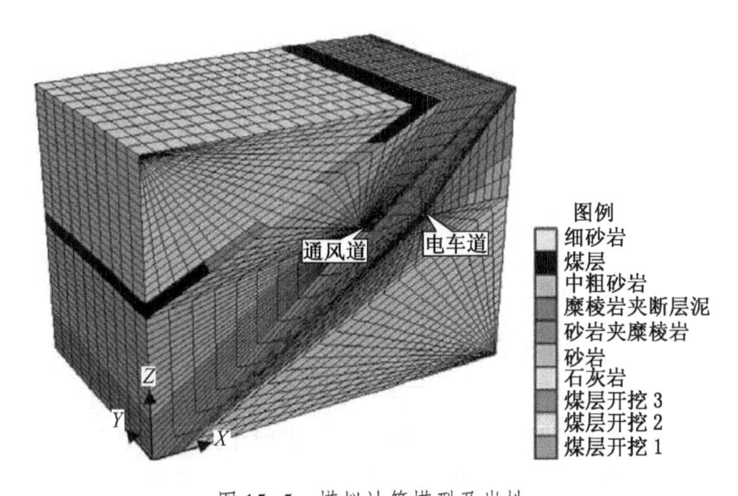

图 15-5 模拟计算模型及岩性

表 15-2 岩石物理力学计算参数

项目 岩石	容重/(kg·m^{-3})	弹性模量/GPa	泊松比	内聚力/MPa	内摩擦角/(°)	抗拉强度/MPa
细砂岩	2600	19	0.24	2.0	42	3.0
煤层	1500	0.2	0.4	0.07	27	0.5
中粗砂岩	2650	20	0.25	2.2	24	1.3
砂岩夹糜棱岩	2600	0.6	0.45	0.3	23	0.1
糜棱岩断层泥	2000	0.2	0.25	0.013	18	1.0
砂岩	2800	23	0.23	5.0	44	4.0
石灰岩	2700	25	0.22	8.0	45	6.0

模拟计算模型采用 FLAC^{3D} 软件的流-固耦合计算模块。流-固耦合模型理论认为岩石等多孔介质材料都是可变形体，在载荷和流体压力作用下，其变形将引起其中孔隙、裂隙通道的改变，从而影响孔隙流体的流动；而孔隙流体压力、流动速度变化等也会引起多孔介质形状的改变，这样，多孔介质变形与其中流体流动间存在相互影响相互作用，称之为

流-固耦合作用。有关流-固耦合模型理论的具体内容可参考第9章的有关内容。

2. 初始应力场

图15-6显示了煤层未开采条件下岩石巷道（即通风道和电车道）附近和断层面上σ_z的应力场分布情况。从图中可知，位于断层上盘的通风道，在其底角和边帮附近产生了应力集中现象，达-30.0~-35.0 MPa，如以-18.0 MPa作为该深度下平均应力水平，应力集中系数最高达1.67~1.94。与之相反，位于断层下盘的电车道附近，在其左侧边帮则出现了类似耳状的应力松弛区域，甚至在10.0~15.0 m的范围内岩石处于受拉状态，σ_z为0~7.54 MPa。断层面上应力分布情况则显示其分布呈对称状。

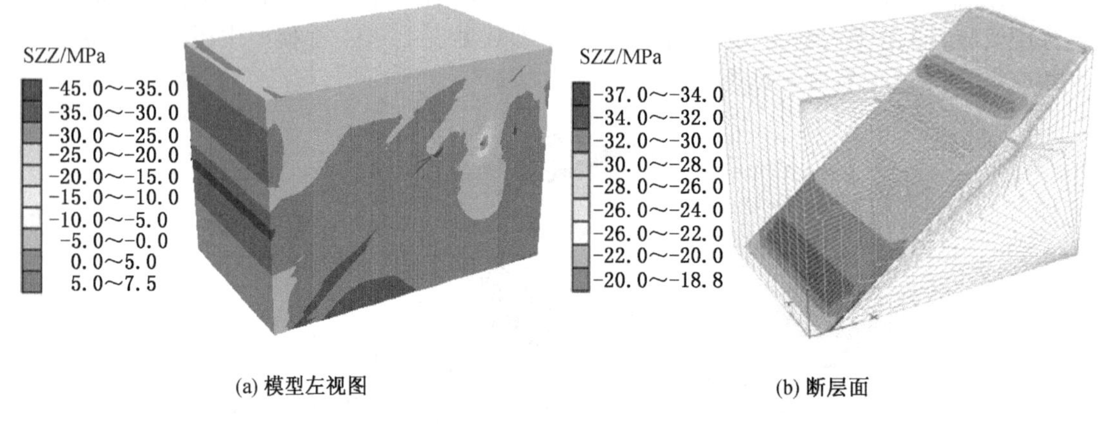

(a) 模型左视图　　(b) 断层面

图15-6　岩石巷道初始σ_z应力场

以上情况说明，处于断层两侧的岩石巷道虽然处在同一水平，但由于受断层的影响，岩石巷道初始应力场的分布情况有较大区别，具体表现在处于断层上盘的通风道基本呈受压状态，而处于断层下盘的电车道则处于受拉状态，这一现象的产生可能与断层上下盘相互错动有一定关系。

3. 地下水初始渗流场和边界条件

根据矿区水文地质条件，模型设置上下2层含水层，由上至下分别为：①煤系地层含水层，位于K6灰岩顶界面至12号煤层间，厚度约18 m，两含水层之间隔水段厚约100 m；②奥陶系灰岩承压含水层，厚度200 m以上。

根据矿区多年地下水位监测资料可知，奥陶系灰岩承压含水层和煤系地层含水层分属两个联系较弱的地下含水层系统。将两者的观测水位值换算成相应高程下的水压值，确定奥陶系灰岩承压含水层的初始水压为8.0 MPa，煤系地层含水层初始水压为4.5 MPa。模型侧面设为流量边界条件，以水平方向为各向同性条件考虑，边界流量$q=7.6\times10^{-5}$ m³/s，均为流向模型内。图15-7显示了两含水层初始水压经182 d流-固耦合稳定计算后所得到的水压分布，并将它作为煤层开挖之前的初始水压分布。从图15-7a中可以看到，在断层破碎带附近，奥灰含水层中的地下水已有向上渗透的迹象，同时煤系地层含水层中的地下水则有向下渗透的迹象。图15-7b则是从计算模型中单独抽取出断层面，并显示其上的水压分布情况，可以看到模型中断层面上初始水压沿y轴方向呈对称分布，断层与两含水层相交接处水压呈逐渐升高之势，最高达2.0 MPa（在断层面与奥灰含水层相交接处）。

4. 模拟开采工况条件

如前所述，赵各庄矿突水具有延迟滞后发生的特征，即某水平巷道在开拓阶段及其后几年间都没有突水情况发生，但当到了开采阶段，并且当采煤工作面开采到一定阶段时才发生巷道突水，因此对开采工况条件的模拟至关重要。

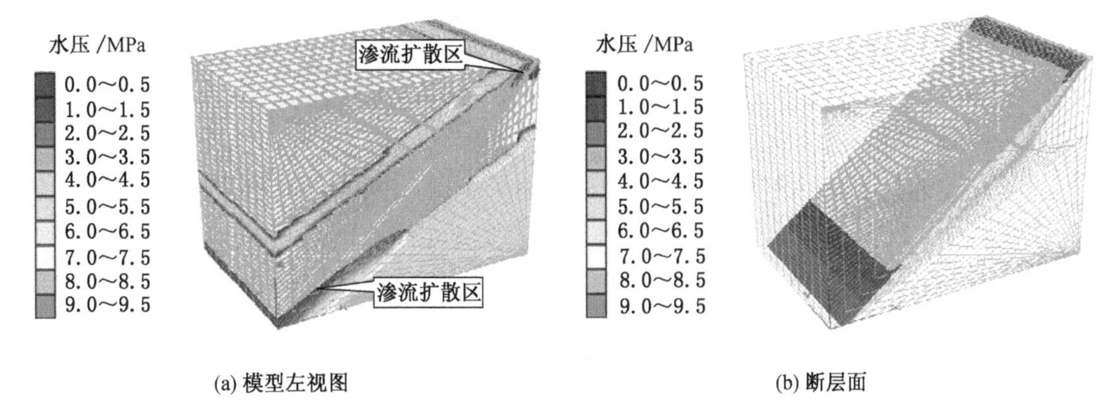

(a) 模型左视图　　(b) 断层面

图 15-7　地下水初始渗流场

模拟将以 122 煤层 3132 的 3 个开采工作面的斜长作为煤层开采阶段的划分依据，开采顺序为首先开采西一面、其次开采西二面、最后开采西三面，同时沿 y 轴方向开采长度为 50 m，共划分出 3 个开采阶段：①煤层开采第一阶段模拟开采 3132 西一面，采用 Null 本构模型模拟该阶段煤层在模型中被瞬时挖去，并持续 120 d。②煤层开采第二阶段模拟开采 3132 西二面，该阶段煤层亦被瞬时挖去并持续 120 d，同时第一阶段煤层采空面以材料充填的形式模拟开采煤层顶板完全垮塌，开采部位被垮落的岩石材料完全充填的状态。③煤层开采第三阶段模拟开采 3132 西三面，该阶段煤层再被瞬时挖去并持续 120 d，同时在第二阶段煤层采空面以材料充填的形式模拟煤层顶板处于完全垮塌，开采部位被垮落的岩石材料再次完全充填的开采状态。各阶段具体开采部位如图 15-8、图 15-9 所示。

15.3.2.2　模拟结果分析

1. 渗流场分析

图 15-8a～图 15-8d 显示了煤层开采各阶段 $y=10$ m(以模型坐标原点为起点，沿 y 轴方向起算）剖面处渗流场计算结果，从图中可以看到，从煤系地层含水层沿断层带有一股向下发展的地下水渗流，该渗流在第二阶段发展至模型中标注的 8 号观测点处（图 15-8c)，并直接威胁电车道上方。结合电车道附近应力场模拟计算结果可知，该处应力水平较低，且局部以拉张应力为主，也就是说在电车道附近的岩体裂隙基本呈张开状态，一旦渗流发展到该处极容易造成延迟滞后突水灾害的发生。

图 15-9a～图 15-9d 显示了煤层开采各阶段 $y=180$ m 剖面处渗流场计算结果，从图中可以看到，初始阶段的水压导升带发生了较大的扩展，扩展范围达奥灰含水层顶面以上 30～40 m。随着煤层开采阶段的推进，从奥灰含水层沿断层带有一股渗流向上发展，该水压在第三开采阶段达到 7 号观测点附近。该渗流扩散区基本涵盖了下一开采水平的主巷道地带，这就可以解释为何在开采上一水平煤层时，其下一水平的岩石巷道经常会有地下水涌出量增大甚至延迟滞后突水发生现象。

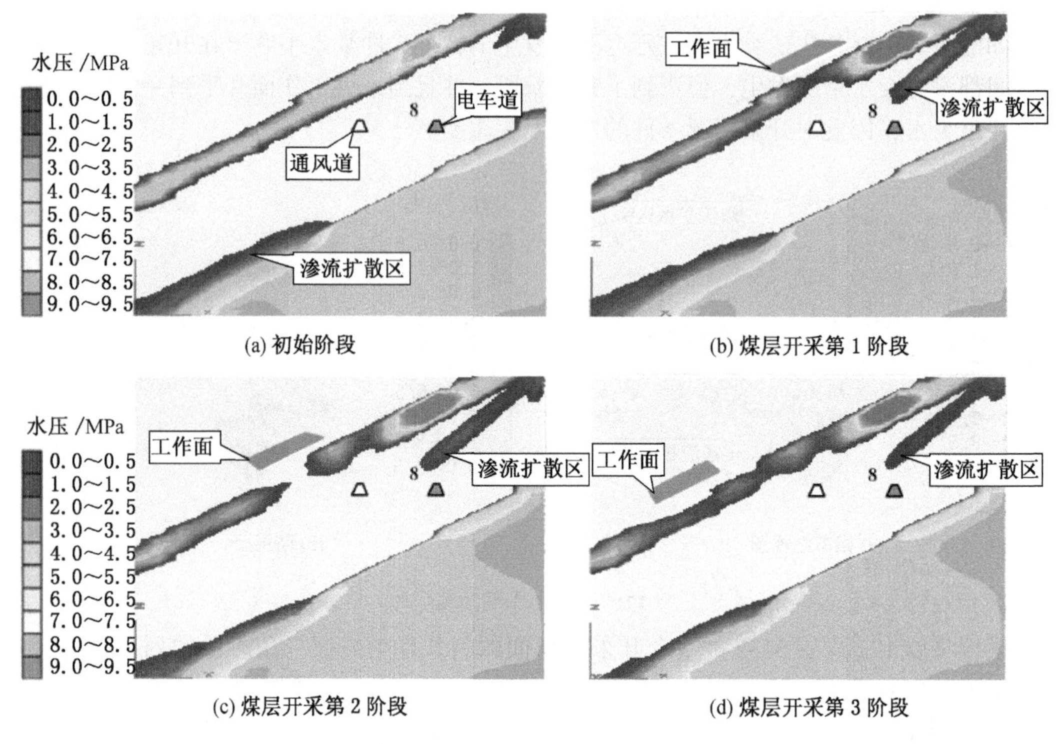

(a) 初始阶段　(b) 煤层开采第 1 阶段

(c) 煤层开采第 2 阶段　(d) 煤层开采第 3 阶段

图 15-8　各阶段水压发展过程云图（y=10 m 剖面）

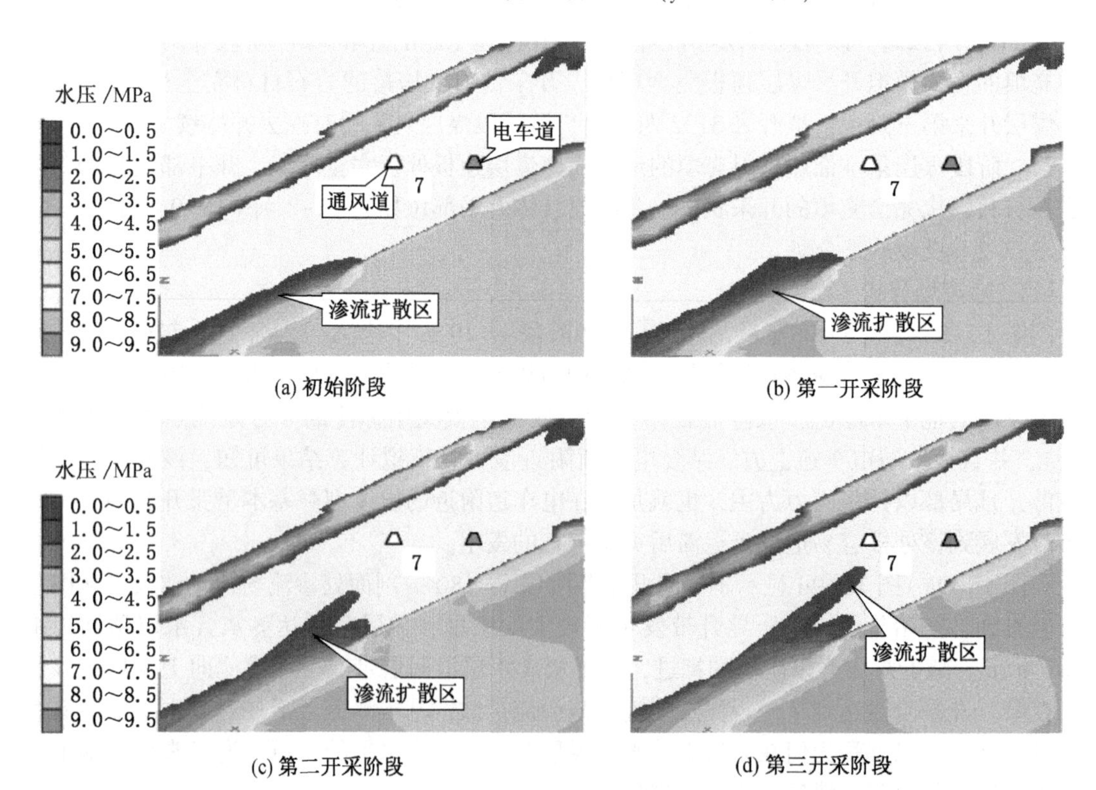

(a) 初始阶段　(b) 第一开采阶段

(c) 第二开采阶段　(d) 第三开采阶段

图 15-9　各阶段水压发展过程云图（y=180 m 剖面）

从图 15-8、图 15-9 中还可以看到，在开采工作面端部的煤系地层含水层中出现了水压高达 9.0~9.5 MPa 的高值区，这是由于开采工作面端部往往是应力集中带，应力的增加导致局部地带水压力的增高，正是由于增高的水压力驱动着地下水沿断裂带向下的渗流。这些现象的产生，主要是由于受煤层开采所产生的二次应力影响，地下天然应力环境发生改变。这种应力环境改变将直接造成地下孔隙（裂隙）水压力的调整和改变，从而导致地下水沿断裂破碎带产生附加渗流运动，使原始导升高度及巷道附近水压增高，一旦达到诸如巷道、井下车场、开切眼等开放空间即发生突水。这种突水过程一般需要一定的延迟滞后时间，通过流-固双场耦合模拟计算，其计算结果可揭示这一过程。

2. 水压力动态变化及突水延迟滞后时间分析

$FLAC^{3D}$ 软件可在模型中特殊部位设置计算过程观测点，以便观测该点应力、应变、温度、孔隙水压等计算值随模拟时间变化的全过程。由于流-固耦合模型中的地下水渗流运动方程表达的是多孔介质微元体中流体通量的变化等于流体体积随时间的变化，所以该模块的模拟计算时间代表的是真实时间。

图 15-8 和图 15-9 已显示出了在模型中设立的 2 个水压观测点的位置，它们均位于断层上，可用来观测在整个模拟计算过程中水压力的变化过程。图 15-10 显示了煤层开采过程中孔隙水压和最大不平衡力随时间的变化过程曲线，最大不平衡力是 $FLAC^{3D}$ 软件系统内置的一个系统变量，当其由一个较大的数值收敛于一个稳定的量，表明系统已趋于内外力系的平衡状态，当满足要求即可停止计算。从图中可以看到，该曲线具有以下特征：

（1）最大不平衡力曲线具有脉冲曲线的特点，其突变点可以清楚地标识各开采阶段的起始和终结时刻。

（2）沿断层设置的 6~8 号观测点，其孔隙水压力曲线在煤层开采第一、二阶段具有明显的突变峰值，但峰值大小有所不同。如在 6 号观测点第一阶段峰值为 1.168 MPa，第 2 阶段峰值则为 2.851 MPa，在第 3 阶段则未出现峰值，其他两观测点也有类似现象（表 15-3）。这与各观测点相应于开采工作面的相对位置有关。

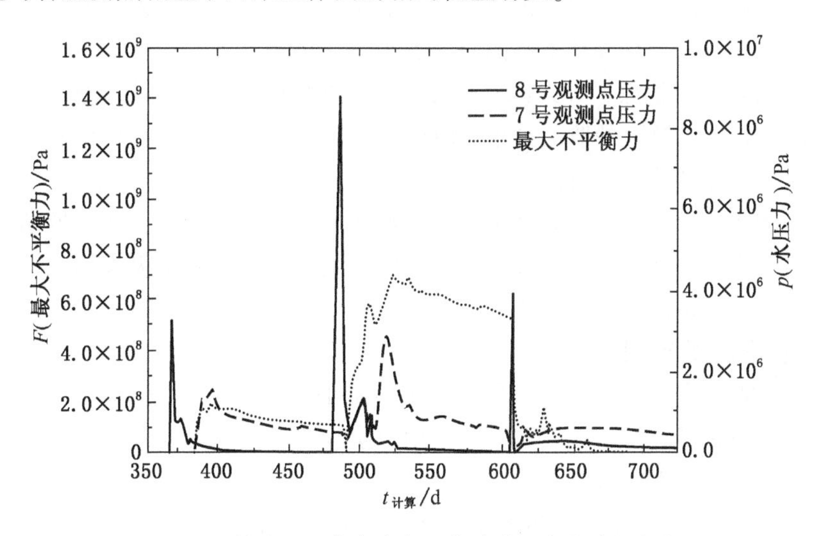

图 15-10 最大不平衡力和水压力随时间变化过程曲线图

（3）7 号、8 号观测点孔隙水压峰值点的产生时间与煤层开采的起始时间具有明显的延迟滞后，如在7号观测点第一阶段峰值产生时间是在第395天，滞后30 d(第一阶段起始时间为第365天)，第二阶段峰值产生时间是在第518天，滞后33 d(第二阶段起始时间为第485天)，第三阶段峰值产生时间是在第674天，滞后69 d(第三阶段起始时间为第605天)。

(4) 8号观测点孔隙水压值在第一阶段基本保持在1.5 MPa左右，在第二阶段有所增加，约在4.0 MPa左右，第三阶段则消失，这与其相应于开采工作面的相对位置有关。

不同开采阶段各观测点水压峰值及其滞后时间见表15-3。

表15-3 观测点水压峰值及其滞后时间统计

观测点 \ 项目 \ 开采阶段	煤层开采第1阶段		煤层开采第2阶段		煤层开采第3阶段	
	水压峰值/MPa	滞后时间/d	水压峰值/MPa	滞后时间/d	水压峰值/MPa	滞后时间/d
7号观测点	1.534	30	2.871	33	0.609	69
8号观测点	1.215	29	4.383	37	0.266	38

注：滞后时间起算时间为各开采阶段开始时间。

3. 延迟滞后突水机理

根据模拟结果可知，开采扰动造成工作面及巷道周围应力环境发生改变，进而对岩层中赋存的地下水体施加额外的压力，导致水压力升高。升高的水压短时间内来不及消散，又会使岩体应力发生进一步的调整，从而更进一步使水压力升高。在水压达到峰值的时刻，一旦冲破周围的岩体阻抗，则发生地下水突然涌出的现象。断裂带附近的岩石巷道受到突水威胁最大，而这种突变反映在水压上一般需要一定的时间，模拟结果表明，其延迟滞后时间一般为1~3个月，这就是延迟滞后突水的流-固耦合实质。

由此基本可以判定赵各庄煤矿13水平东1石门突水是由于煤层开采扰动所导致的断层采动型延迟滞后突水。进一步的模拟还可以证实其突水水源主要来自上部煤系地层含水层，故突水水量不大，且呈逐渐减小的趋势。

图15-11所示为模拟煤层开采第二阶段完成后2年时间内，8号观测点孔隙水压模拟结果与现场相应位置监测孔的监测结果比较图，由图可见，模拟计算结果与现场观测结果值域范围相近，变化趋势吻合较好。

另外，奥陶系灰岩含水层在断裂破碎带附近产生了较高的导升，从模拟结果看其对下一水平的巷道产生巨大威胁，一旦突破岩石强度产生突水，后果不堪设想，模拟结果可对确定突水预防区域和范围进行科学指导。

15.3.3 流变-渗流耦合模拟

基于流-固双场耦合计算模型，断层带物质本构模型采用流变模型，对模型设定的煤层开采各阶段进行模拟计算，以获取各阶段地下水渗流发生发展的模拟计算结果。

15.3.3.1 数值模拟模型建立

根据建立的流变-渗流耦合分析模型，在流-固双场耦合计算模型的基础上，将断层带物质本构模型由原来的弹塑性模型改为FLAC^{3D}软件自带的流变模型——两成分幂率模型，其标准形式如下：

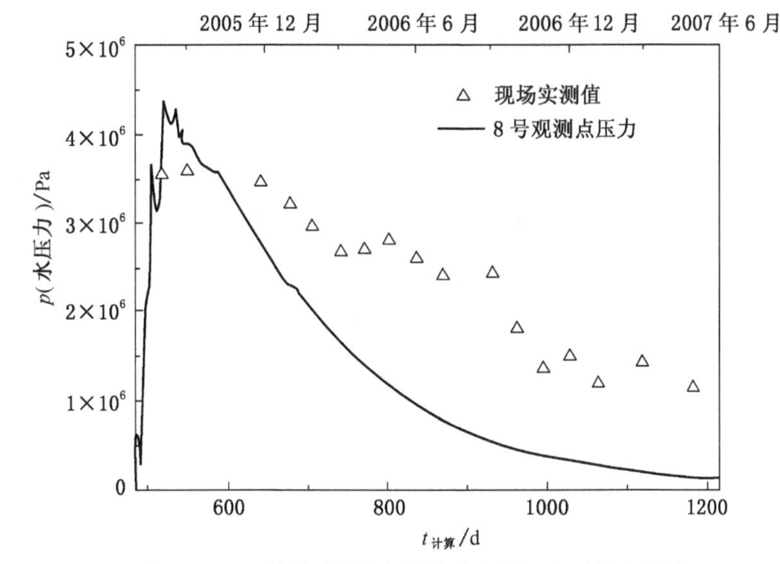

图 15-11 8 号观测点模拟计算值与现场监测值比较图

$$
\begin{cases}
\dot{\varepsilon}_{cr} = A\bar{\sigma}^{n} \\
\bar{\sigma} = \sqrt{\dfrac{3}{2}\sigma_{ij}^{d}\sigma_{ij}^{d}}
\end{cases}
\tag{15-3}
$$

式中 $\dot{\varepsilon}_{cr}$——流变率；

A，n——材料参数；

σ_{ij}^{d}——σ_{ij} 的偏量。

该流变模型为经验型本构关系式，根据前期在赵各庄矿 F8 断层带物质流变试验结果，通过曲线拟合的方式确定各流变参数，主要是对断层带物质——靡棱岩夹断层泥的黏弹性材料的物理力学性质指标作了确定，幂率法则材料常数 $A=1.01\times10^{-7}$ MPa^{-3}·a^{-1}，幂率法则材料指数 $n=3$，其他流变参数同原模型。另外根据现场经验，取渗透系数 $k=0.169$ m/d，水的动黏度 $\mu=1.14\times10^{3}$ Pa·s，比奥系数 $\alpha=1$，水的重度 $\gamma_{w}=10$ kN/m^{3}，模型边界条件以及模拟开采工况条件均与原模型相同。模拟计算模型如图 15-12 所示。

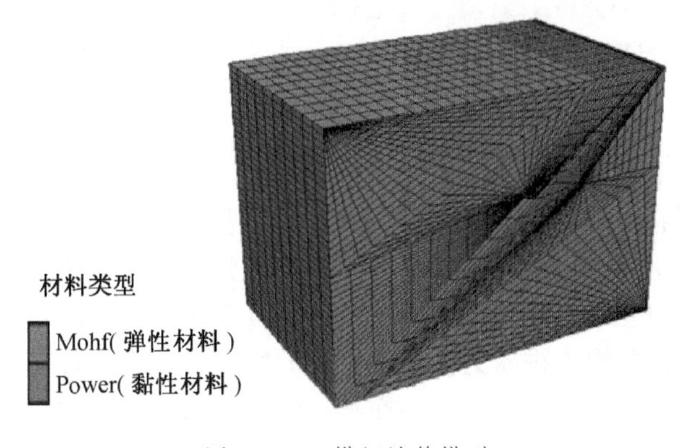

图 15-12 模拟计算模型

15.3.3.2 模拟结果分析

1. 渗流场特征

图 15-13、图 15-14 显示了当断层物质为流变材料情况下，各开采阶段在 $y=10$ m 和 $y=180$ m 剖面上渗流场模拟计算结果，与前期模拟（图 15-8、图 15-9）相比较可以看到，本次模拟中，沿断层带延展的渗流扩散区延伸范围较前次明显增大。另外，本次模拟在断层面上产生较高的水压力，局部区域断层带处，渗流场呈整体贯通情况下（图 15-14d），整个断层均处于高水压状态，水压达 5.0~5.5 MPa，其总体突水危险性高于前期模拟的情况。

模拟结果显示断裂带物质为黏弹性流变材料的情况下，当开采过程开始时，地下水沿断裂部位向上或向下渗流，使断裂部位往往较容易充水，这与大多数矿区的实际情况相符。如果在这期间一旦形成有利的突水通道，如开采诱发或有不利的小构造，滞后突水将随时可能发生，并威胁其邻近的诸如岩石巷道、井下车场等开放空间的安全。

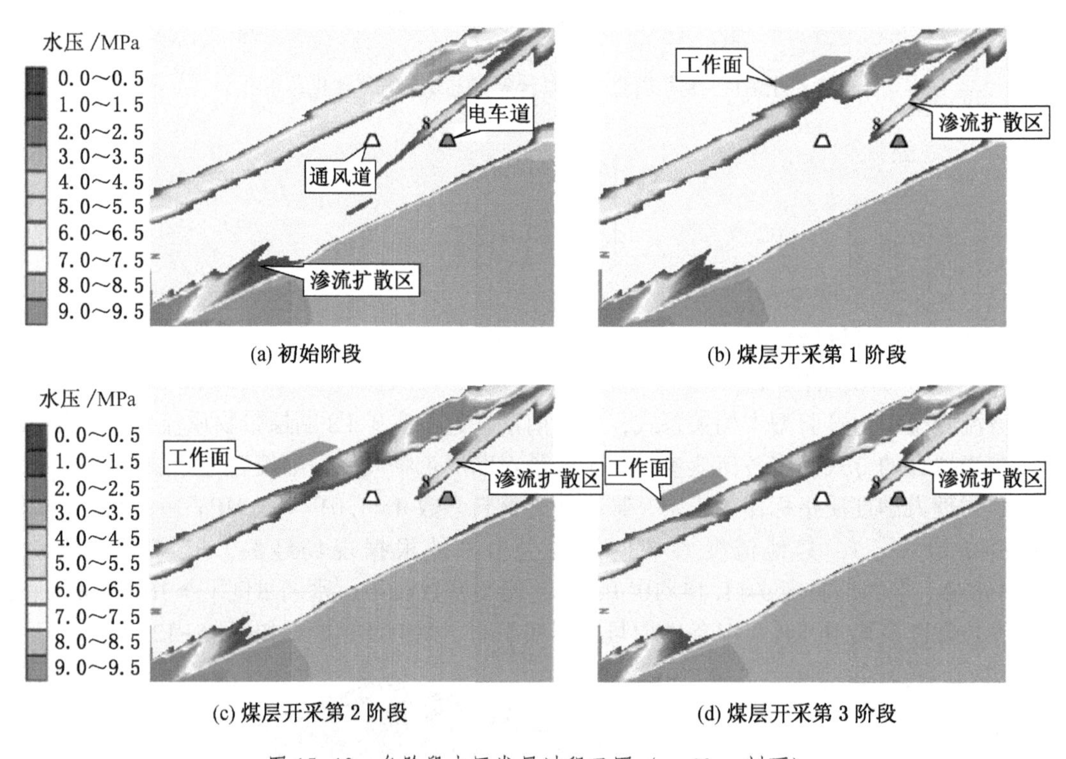

图 15-13 各阶段水压发展过程云图（$y=10$ m 剖面）

2. 水压力动态变化分析

图 15-15 显示了在 8 号观测点观测到的水压力在整个模拟计算过程中的变化情况，并与前期假定断裂带物质为弹塑性材料情况下的模拟计算结果进行比较。图中呈脉冲状波动的曲线为最大不平衡力变化曲线，由该曲线可代表各开采阶段的起止时间。

从图中可以发现，断裂带物质为弹塑性材料的情况下，模拟计算结果的水压力值会随着开采阶段的更替出现大幅波动情况，并在某一时间点出现水压力最高值（达 4.5 MPa），其最高值发生在第二开采阶段，这也是发生突水的最危险时刻。而将断裂带物质设为黏弹性材料的情况下，8 号观测点处的水压力不会随着各个开采阶段的更替出现水压力大幅波

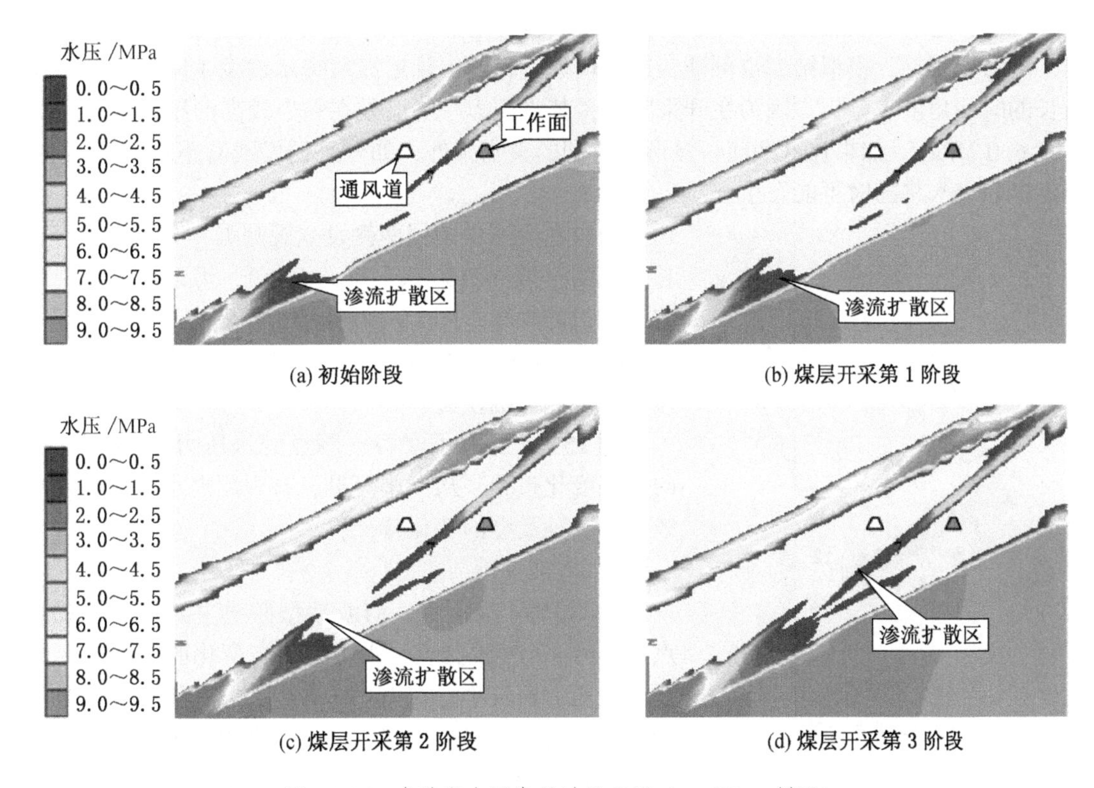

(a) 初始阶段

(b) 煤层开采第 1 阶段

(c) 煤层开采第 2 阶段

(d) 煤层开采第 3 阶段

图 15-14 各阶段水压发展过程云图（y=180 m 剖面）

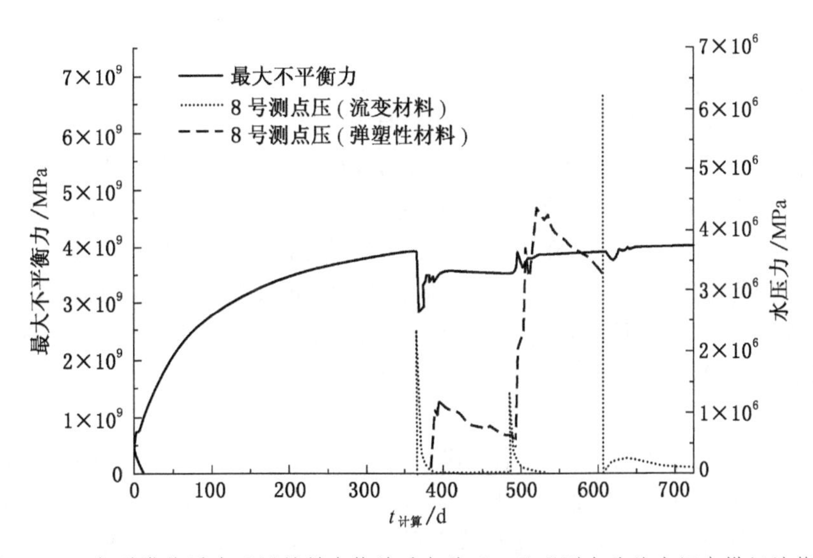

图 15-15 断裂带物质为不同材料本构关系条件下 8 号观测点处的水压力模拟计算值

动的情况，仅有较小的波动，从模拟开始时水压力就逐渐升高，在未开采之前断层带便已存在较高的水压力，即已充满地下水，在开采期间水压力值总体维持在 2.8～4.0 MPa 之间，并呈不断升高的趋势。

3. 延迟滞后突水时间分析

如前所述，从模拟开始到第一开采阶段开始，水压呈逐渐上升的趋势并逐渐稳定在一定的范围，这说明断裂带物质为黏弹性流变材料的情况下，其断裂带往往充满地下水，这与实际情况相符，模拟结果也可证实这一现象。因此，延迟滞后突水的发生时间要从一个较长的时间角度来分析，因为在开采阶段，其水压力一般已处在一个较高的压力状态（如4.0~6.0 MPa），如果在这期间一旦形成有利的突水条件，如开采诱发或有不利的小构造，延迟滞后突水将随时可能发生。

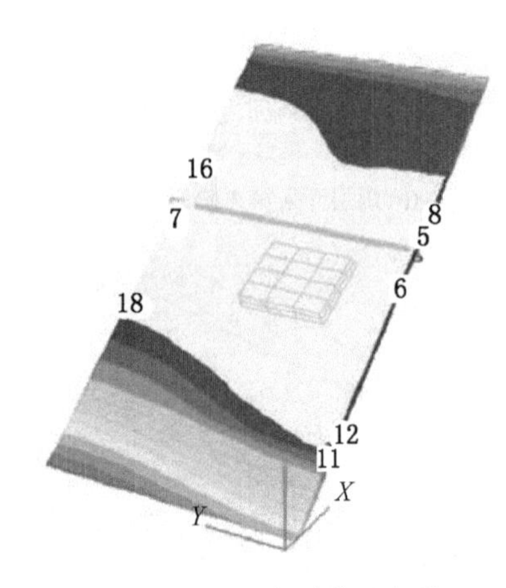

图 15-16 沿断裂带设立的水压观测点位置

通过在模型中断层两侧设立观测点，对模型进行更长时间的模拟（2180天，即约6年），可以从中发现一些有价值的规律。图15-16显示了在断裂带上设立的5号、6号、8号、11号、12号、7号、16号、18号模拟计算观测点的位置。

图15-17显示了在各观测点处水压力在2180 d内的动态变化过程。从图中可见，各观测点水压力变化曲线呈现3种类型的变化特征：

1）弱波动型

如图15-17a所示，弱波动型曲线主要代表性观测点是5号、6号观测点，水压力动态变化曲线的主要特征是水压力值较小，在1.0 MPa左右，在第一开采阶段开始时或很短的滞后时间内，会出现水压力突然消失现象。如6号观测点，在第一开采阶段开始时刻后滞后3 d(即第368天)，水压力由0.771 MPa突然消失；5号观测点同样在该时刻，水压力由1.267 MPa突然消失。

2）波动型

如图15-17b所示，波动型曲线主要代表性观测点是11号、12号观测点，水压力动态变化曲线的主要特征是水压力值一般大于1.0 MPa，在各开采阶段开始时水压力在短时间内急剧下降，直至消失，然后在一段较长的时间后又出现。如11号观测点在第一开采阶段开始时刻后滞后2 d(即第367天)，水压力由1.926 MPa经30 d时间下降至1.095 MPa；然后水压力上升，在第二开采阶段开始的时刻后滞后1 d(即第486天)，水压力由1.577 MPa经2 d时间后消失；然后经历了相当长的一段时间，在第1508天，水压力又突然出现直至计算结束。12号观测点也有类似的现象发生。

3）稳定型

如图15-17c所示，稳定型曲线主要代表性观测点是8号、7号、16号、18号观测点，水压力动态变化曲线的主要特征是各开采阶段的扰动对断裂带水压力总体变化趋势影响较小，水压力的变化仍然按自身的变化趋势发展，8号观测点在第911天出现水压峰值，达到3.772 MPa，16号观测点在第1034天出现水压力峰值，达到4.636 MPa，7号观测点在第645天出现水压力峰值，达到1.545 MPa。

对照各观测点与煤层开采区及岩石巷道的空间相对位置（图15-16）可以发现，弱波动型和波动型观测点一般位于岩石巷道或煤层开采工作面附近地带，在这些地带受开采的影响，水压力波动幅度较大，一旦地应力状态发生变化，通过巷道或工作面排泄地下水，并由此产生水压力急剧下降的情况，当排泄地下水超过巷道或工作面的设计排泄能力，即

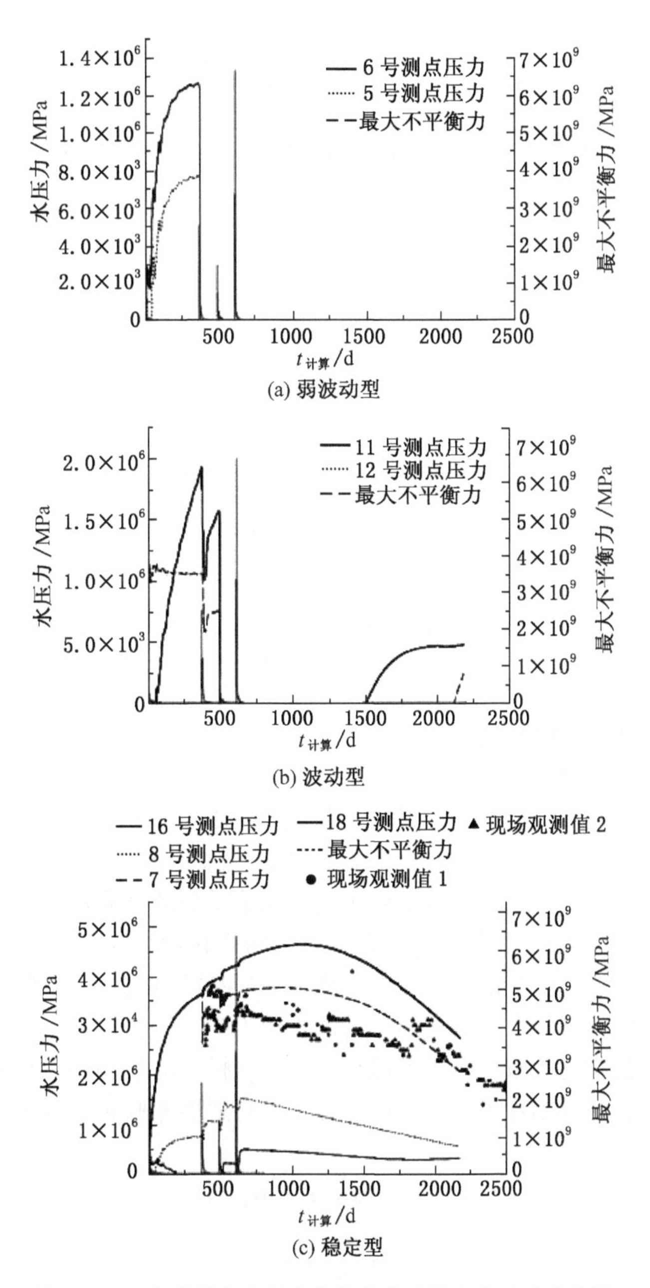

图 15-17 各观测点水压力值随计算时间变化波动曲线图

会发生突水或延迟滞后突水，如果以各开采阶段的开始时间算起，其延迟滞后时间一般在 2~5 d，各观测点水压峰值及其延迟滞后时间见表 15-4。

而对于稳定型观测点，其水压受开采扰动的影响较小，这些观测点一般位于远离巷道或开采工作面地带。8 号观测点虽距离巷道较近，但由于受到煤系地层含水层的补给，其在各开采阶段（尤其是第一开采阶段）水压力有较大波动。它们的总体趋势是水压不断升高，并在其后某一天达到水压力峰值，其峰值滞后时间往往较长，一般要经历 1~2 a(表 15-5)。在此假设峰值出现的时间即为最危险突水时间。

表 15-4 观测点水压峰值及其延迟滞后时间统计

观测点 \ 项目 \ 开采阶段		煤层开采第 1 阶段		煤层开采第 2 阶段		煤层开采第 3 阶段	
		水压峰值/MPa	滞后时间/d	水压峰值/MPa	滞后时间/d	水压峰值/MPa	滞后时间/d
弱波动型	6 号	0.771	3	—	—	—	—
	5 号	1.267	3	—	—	—	—
波动型	11 号	1.926	2	1.577	2	—	—
	12 号	1.060	2	0.752	5	—	—

注：滞后时间起算时间为各开采阶段开始时间。

表 15-5 观测点水压峰值及其滞后时间统计

观测点	水压峰值/MPa	滞后时间/d	观测点	水压峰值/MPa	滞后时间/d
16 号	4.637	713	7 号	1.545	280
8 号	3.772	546	18 号	0.498	299

注：滞后时间起算时间为第一开采阶段开始时间（即模拟起始时间后第 365 天）。

15.3.4 变参数流变-渗流耦合模拟

1. 数值模拟模型建立

在 $FLAC^{3D}$ 软件中，其流-固耦合功能模块是基于 Biot 渗透固结理论实现的多孔介质渗流模型下的双场耦合，其渗透率 k 在整个流-固耦合模拟计算过程中是不变的。如前所述，同时也是经过长期的工程实践和室内试验表明，无论是裂隙介质还是孔隙介质，在应力场变化条件下，其岩体的渗透性质也会随着应力场的变化而变化，称之为渗流应力参数耦合。要使这种耦合在 $FLAC^{3D}$ 软件中得以实现，首先需要确定一个方便和适合于在该软件中进行编程操作，同时又为大家普遍认可的渗流应力参数耦合模型。

通过对各类渗流应力参数耦合模型进行分析，从模型的适用性、可控性、可操作性等方面进行综合比较，并根据现场地应力场情况，进行适度地修正，确定所采用的耦合模型公式如下：

$$\begin{cases} k = k_0 \exp(-a_1 \sigma_{c,e}) \\ \sigma_{c,e} = \dfrac{\sigma_{kk}}{3} - p \\ \sigma_{kk} = \sigma_{11} + \sigma_{22} + \sigma_{33} \end{cases} \tag{15-4}$$

式中 a_1——待定系数；

k_0——岩体在初始应力时的渗透系数；

$\sigma_{c,e}$——平均有效应力；

p——孔隙水压力。

式（15-4）反映了孔隙介质渗透率与平均有效应力状态的耦合关系，从式中可见渗透率随应力状态的变化而变化。式中各参数通过总结该地区及类似地区以往的计算经验获得，其中 k_0=0.169 m/d，a_1=0.221。公式可运用 FISH 语言编程，并嵌入到 $FLAC^{3D}$ 模拟计算过程中，实现对参数耦合效应考虑。

2. 模拟结果分析

图 15-18、图 15-19 显示了变参数流变-渗流耦合条件下，各开采阶段在 $y=10$ m 和 $y=180$ m 剖面上渗流场模拟计算结果。与图 15-13、图 15-14 相比，模拟计算结果基本相同，仅有微小的差异，说明在模型所采用的计算深度下（−1000～−1230 m），应力场的变化对孔隙（裂隙）的影响较小。

图 15-19 显示了本次模拟在 $y=180$ m 剖面上渗流场、渗流线分布及危险突水地段划分情况。从图中可以看到，本次模拟中，断层与奥灰含水层相交接处存在一定范围的水压导升带，同时断层与煤系地层含水层相交接处存在一条水压下渗带。

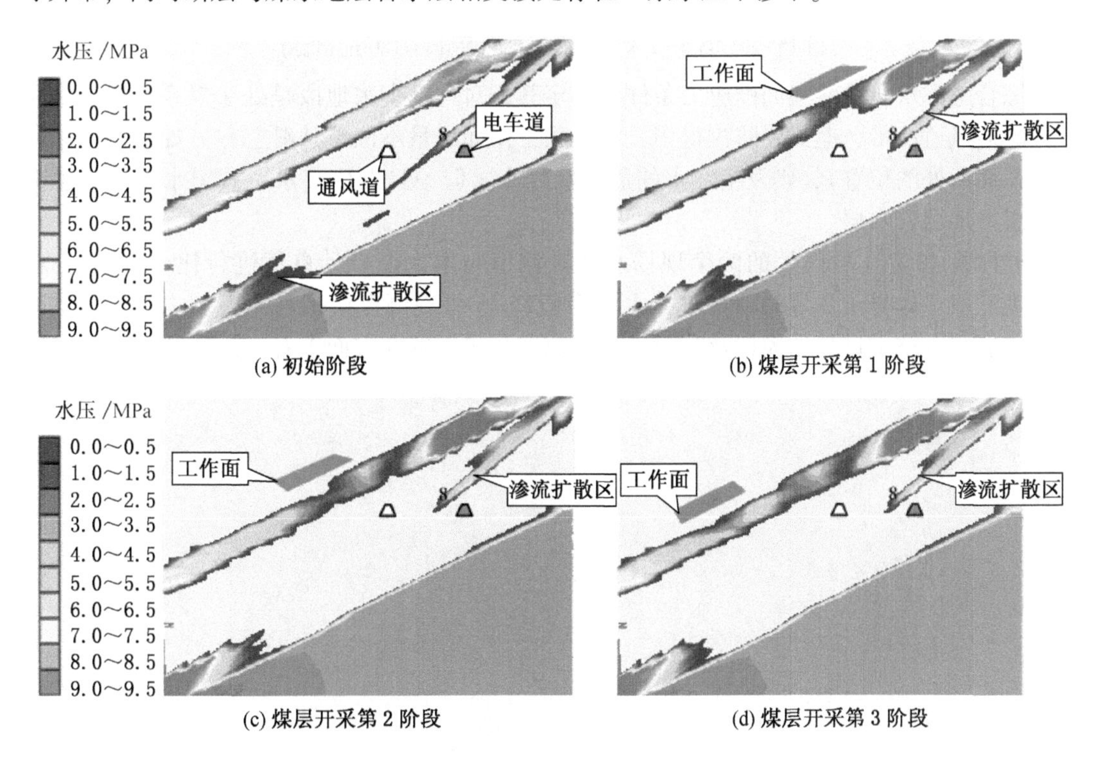

(a) 初始阶段　(b) 煤层开采第 1 阶段

(c) 煤层开采第 2 阶段　(d) 煤层开采第 3 阶段

图 15-18　各阶段水压发展过程云图（$y=10$ m 剖面）

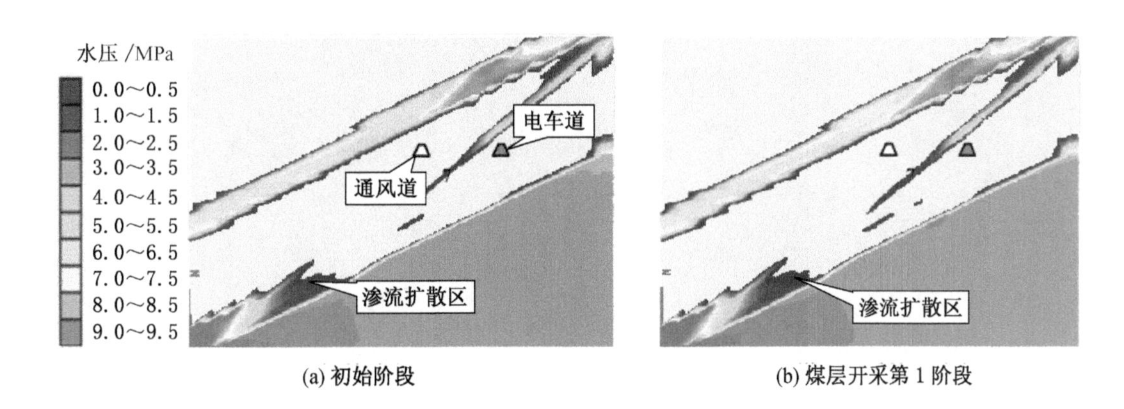

(a) 初始阶段　(b) 煤层开采第 1 阶段

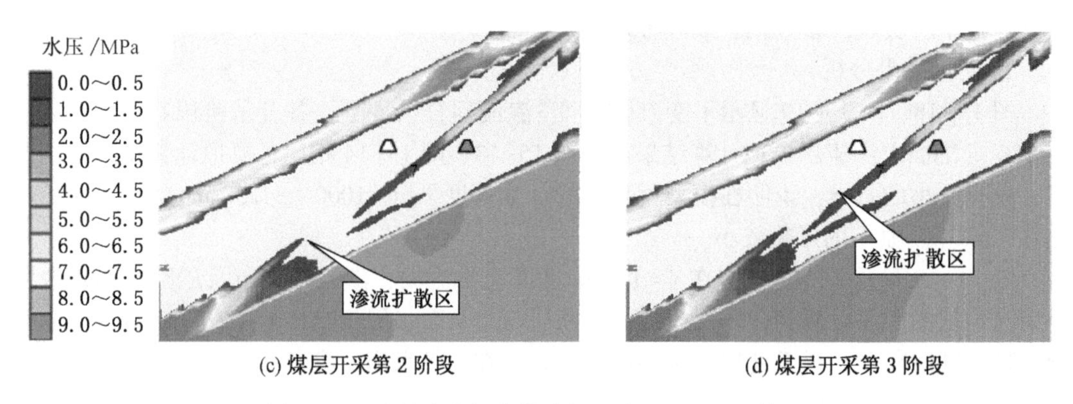

图15-19 各阶段水压发展过程云图（y=180 m剖面）

综合考虑水压及巷道周围应力条件，确定其相对危险突水地段是处于煤系地层含水层下方的通风道一带，但只要防控得当，如开采工作面尽量不位于其斜上方（如第一开采阶段工作面所处的位置），则发生突水的危险性较小。但一旦发生突水，其突水水源将主要来自煤系地层含水层。

同样将13东1石门处的两个现场水压观测值与本次模拟计算值进行比较可以发现，现场观测值总体界于8号观测点模拟水压力值和15号观测点模拟水压力值之间，从其对延迟滞后突水整个过程的模拟及其对渗流参数变化机理解释方面来看，无疑是最好的。

参 考 文 献

[1] 武强，李周尧．矿井水灾防治［M］．徐州：中国矿业大学出版社，2002.

[2] 葛亮涛，叶贵军，高洪烈．中国煤田水文地质学［M］．北京：煤炭工业出版社，2001.

[3] 王永红，沈文．中国煤矿水害预防及治理［M］．北京：煤炭工业出版社，1996.

[4] 武强等．华北型煤田矿井防治水决策系统［M］．北京：煤炭工业出版社，1995：125-127.

[5] 武强，董书宁，张志龙．矿井水害防治［M］．徐州：中国矿业大学出版社，2007：1-14.

[6] 中国煤炭工业劳动保护科学技术学会．矿井水害防治技术［M］．北京：煤炭工业出版社，2007.

[7] Qiang Wu，Li Ting Xing，Chun He Ye，et al. The influences of coal mining on the large karst springs in North China［J］. Environmental Earth Sciences，2011，64(6)：1513-1523.

[8] 赵铁锤．华北地区奥灰水综合防治技术［M］．北京：煤炭工业出版社，2006.

[9] 国家安全生产监督管理总局，国家煤矿安全监察局．煤矿防治水规定［S］．北京：煤炭工业出版社，2009.

[10] 国家煤矿安全监察局．煤矿防治水规定释义［S］．徐州：中国矿业大学出版社，2009.

[11] 国家煤矿安全监察局．煤矿防治水细则［S］．北京：煤炭工业出版社，2018.

[12] 武强．煤矿防治水细则解读［M］．北京：煤炭工业出版社，2018.

[13] 刘守强，武强，曾一凡．煤矿防治水细则修订要点解析［J］．煤炭工程，2019，51(3)：1-4.

[14] Hailing Kong，Xiexing Miao，Luzhen Wang. Analysis of the Harmfulness of Water-Inrush from Coal Seam Floor Based on SeePage Instability Theory［J］. Joumal of China University of Mining and Technology，2007，17(4)：453-458.

[15] Wu Qiang，Wang Mingyu. Characterization of Water Bursting and Discharge into Underground Mines with Multi- Layered Groundwater Flow Systems in the North China Coal Basin［J］. Hydrogeology Journal，2006，14(6)：882-893.

[16] 李金凯．矿井岩溶水防治［M］．北京：煤炭工业出版社，1990.

[17] 谢和平，王金华，申宝宏，等．煤炭开采新理念——科学开采与科学产能［J］．煤炭学报，2012，37(7)：1069-1079.

[18] 董书宁．对中国煤矿水害频发的几个关键科学问题的探讨［J］．煤炭学报，2010，35(1)：66-71.

[19] 王显政．贯彻新发展理念　坚持服务宗旨　为建设现代化煤炭经济体系而努力奋斗［J]，中国煤炭工业，2018，(11)：4-9.

[20] 赵庆彪．高承压水上煤层安全开采指导原则及技术对策［J］．煤炭科学技术，2013，41(9)：83-86.

[21] 赵庆彪，高春芳，王铁记．区域超前治理防治水技术［J］．煤矿开采，2015，20(2)：90-94.

[22] 赵苏启，武强，尹尚先．煤矿水害事故科学快速救援［J］．煤炭工程，2016，48(S2)：9-11.

[23] 武强，赵苏启，李竞生，等．《煤矿防治水规定》编制背景与要点［J］．煤炭学报，2011，36(1)：70-74.

[24] WU Qiang，Li Wei，Li Rui Jun. Study on the assessment of mine environments［J］. Acta Geologica Sinica，2008，82(5)：1027-1034.

[25] Qiang Wu，Entai Guan. Emergency responses to water disasters in coalmine，China［J］. Environmental Geology，2009，58(1)：95-100.

[26] Wu Qiang，Wang Minyu，Wu Xiong. Investigations of groundwater bursting into coal mine seam floors from fault zones［J］. International Journal of Rock Mechanics and Ming Sciences，2004，41(4)：557-571.

[27] Wu Qiang，Ye Siyuan. The prediction of size-limited structures in a coal mine using artificial neural networks［J］. International Journal of Rock Mechanics and Ming Sciences，2008，45(6)：999-1006.

[28] 武强，朱斌，李建民，等．断裂带煤矿井巷滞后突水机理数值模拟［J］．中国矿业大学学报，2008，37(6)：780-785.

[29] Wu Qiang，Xu Hua. On three-dimensional geological modeling and visualization［J］. Science in China (D)，2004，47(8)：739-748.

[30] 武强，徐建芳，董东林，等．基于GIS的地质灾害和水资源研究理论与方法［M］．北京：地质出版社，2001，129-130.

[31] 武强，刘守强．煤矿水害预测评价与应急救援预案探讨［J］．中国工程科技论坛第118场：2011国际煤矿瓦斯治理及安全论文集，徐州：中国矿业大学出版社，2011：295-301.

[32] M. Y. Wang，J. S. Li. Technology of mine water control in China［J］. International Journal of Mine Water，1987，6(3)：25-38.

[33] Brace，Matthew. Predicting coalmine water［M］. Australian Mining，Reed Business Publishing Pty. Ltd.，2006.

[34] V. Mironenko，F. Strelsky. Hydrogeomechanical problems in mining［J］. Mine Water and the Environment，1993，12(1)：35-40.

[35] Jincai Zhang，Baohong Shen. Coal mining under aquifers in China-a case study［J］. International Journal of Rock Mechanics & Mining Sciences，2004(41)：629-639.

[36] Olivit，R. S.，Suraee，L.. The Damage Assessment of Conerete Struetures by Time-frequeney Distribution［J］. Experimental Mech.，1997，37(3)：355-359.

[37] G. Saeedi，K. Shahriar，B. Rezai，et al. Numerical modelling of out-of-seam dilution in longwall retreat mining［J］. International Journal of Rock Mechanics & Mining Sciences，2010，(47)：533-543.

[38] Qiang Wu，Wanfang Zhou，Guoying Pan，et al. Application of a Discrete-Continuum Model to Karst Aquifers in North China［J］. Ground Water，2009，47(3)：453-461.

[39] 武强，刘守强，贾国凯．脆弱性指数法在煤层底板突水评价中的应用［J］．中国煤炭，2010，36(6)：15-22.

[40] HanJin，Shi Longqing，Yu Xiaoge，et al. Mechanism of mine water-inrush through a fault from the floor［J］. Mining Science and Technology，2009(19)：276-281.

[41] Qiang Wu，Wan Fang Zhou，Jinhua Wang. Prediction of groundwater inrush into coal mines from aquifers underlying the coal seams in China：Application of vulnerability index method to Zhangcun Coal Mine，China［J］. Environmental Geology，2009，57(5)：1187-1195.

[42] B. 斯列萨列夫．水体下安全采煤的条件［J］．国外矿山防治水技术的发展与实践．北京：冶金矿山设计院，1983.

[43] C. F. Santos，Z. T. Bieniawski. Floor design in underground coalmines［J］. Rock Mechanics and Rock Engineering，1989，22(4)：249-271.

[44] Z. T. Bieniawski. Mechanism of brittle fracture of Rock. Part2. Experimental studies［J］. Int J Rock Mech Min Sci，1967，14(1)：407-423.

[45] O. Sammarco. Inrush prevention in an underground mine［J］. International Journal of Mine Water，1988，7(4)：43-52.

[46] Marinelli F.，Niccoli W. L. Simple analytical equations for estimating ground water inflow to a mine pit［J］. Ground water，2000，38(2)：311-314.

[47] Bouw P. C.，Morton K. L. Calculation of mine water inflow using interactively a groundwater model and an inflow model［J］. International Journal of Mine Water，1987，6(3)：31-50.

[48] O. Mughieda，M. T. Omar. Stress Analysis for Rock Mass Failure with Offset Joints［J］. Geotechnical and Geological Engineering，2008，26(5)：543-552.

[49] Oda M. An equivalent model for coupled stress and fluid flow analysis in joined rock masses [J] . Water Resour. Res. 1986(22): 1945-1956.

[50] Derek Elsworth, Mao Bai. Flow-deformation of dual-porosity media [J] . Journal of Geotechnical Engineering, 1992.

[51] S. V. Kuznetsov, V. A. Trofimov. Hydrodynamic effect of coal seam compression [J] . Journal of Mining Science, 1993(12): 35-40.

[52] N. Doerfliger, P. -Y. Jeannin, F. Zwahlen. Water vulnerability assessment in karst environments: a new method of defining protection areas using a mult-attribute approach and GIS tools(EPIK method) [J]. Environment Geology, 1999, 39(2): 165-167.

[53] Fawcett R. J. , Hibberd S. , Singh R. N. . An appraisal of mathematical models to predict water inflows into underground coal workings [J] . International Journal of Mine Water, 1984, 3(2): 33-54.

[54] Renard, Philippe. Approximate discharge for constant head test with recharging boundary [J] . Ground Water, 2005, 43(3): 439-442.

[55] 童有德．我国井工开采的水害及对策 [J] ．全国矿井水文工程地质学术交流会论文集，北京：地震出版社，1992.

[56] 段水云．煤层底板突水系数计算公式的探讨 [J] ．水文地质工程地质，2003. 1：97-101.

[57] 管恩太．突水系数的产生及修正过程 [J] ．中国煤炭地质，2012，24(2)：30-32.

[58] 李白英，沈光寒，荆自刚，等．预防采掘工作面底板突水的理论与实践 [J] ．第二十二届国际采矿安全会议论文集，北京：煤炭工业出版社，1987.

[59] 李白英，弭尚振．采矿工程水文地质学（上册）[M] ．泰安：山东矿业学院教材，1988.

[60] 李白英．预防矿井底板突水的“下三带”理论及其发展与应用 [J] ．山东矿业学院学报（自然科学版），1999，18(4)：11-18.

[61] 张金才．煤层底板突水预测的理论与实践 [J] ．煤田地质与勘探，1989，(4)：38-41.

[62] Jincai Zhang. Investigations of water inrushes from aquifers under coal seams [J] . International Journal of Rock Mechanics & Mining Sciences, 2005, (42): 350-360.

[63] 王作宇，刘鸿泉．煤层底板突水机制的研究 [J] ．煤田地质与勘探，1989，(1)：11-13.

[64] 王作宇．底板零位破坏带最大深度的分析计算 [J] ．煤炭科学技术，1992，(2)：21-28.

[65] 王成绪．研究底板突水的结构力学方法 [J] ．煤田地质与勘探，1997(12)：48-50.

[66] Xu Jialin, Qian Minggao. Study and application of mining-induced fracture distribution in green mining [J]. Journal of China University of Mining and Technology, 2004, 33(2): 141-144.

[67] 钱鸣高，缪协兴，许家林．岩层控制中的关键层理论研究 [J] ．煤炭学报，1996，21(3)：225-230.

[68] Wang J. A. , PARK H. D. . Coal mining above a confined aquifer [J] . Int. J. Rock Mech. Min. Sci. , 2003, 40(4): 537-551.

[69] Wang Lianguo, Wu Yu, Sun Jiana. Three-dimensional numerical simulation on deformation and failure of deep stope floor [J] . Procedia Earth and Planetary Science, 2009(6): 577-584.

[70] Wenquan Zhang, Yanghui Ren, Hongri Zhang, etc. Research on the integrated neural network water inrush prediction system based on Takagi-sugeno fuzzy criteria [J] . Fourth International Conference on Natural Computation, 2008(4): 228-231.

[71] 白海波．奥陶系顶部岩层渗流力学特性及作为隔水关键词应用研究 [D] ．徐州：中国矿业大学，2008.

[72] 李加祥．用模糊数学预测煤层底板的突水 [J] ．山东矿业学院学报，1990，9(1)：5-10.

[73] 张跃．模糊数学方法及其应用 [M] ．北京：煤炭工业出版社，1991.

[74] 陈秦生，蔡元龙．用模式识别方法预测煤矿突水［J］．煤炭学报，1990，12(4)：63-68.
[75] 靳德武，马培智，王延福．华北型煤田煤层底板突水的随机-信息模拟及预测［J］．煤田地质与勘探，1998(6)：36-39.
[76] 倪宏革，罗国煜．煤矿水害的优势面机理研究［J］．煤炭学报，2000，25(5)：518-521.
[77] 武强，戴国锋，吕华．基于ANN与GIS耦合技术的地下水污染敏感性评价［J］．中国矿业大学学报，2006，35(4)：431-436.
[78] Qiang Wu. Prediction of inflow from overlying aquifers into coalmines - A case study in Jinggezhuang Coalmine, Kailuan, China［J］. Environmental Geology, 2008, 55(4): 775-780.
[79] 武强，解淑寒，裴振江，等．煤层底板突水评价的新型实用方法Ⅲ——基于GIS的ANN型脆弱性指数法应用［J］．煤炭学报，2007，32(12)：1301-1306.
[80] Wu Qiang, Xu Hua, Pang Wei. GIS and ANN coupling model: An innovative approach to evaluate vulnerability of karst water inrush in coalmines of North China［J］. Environmental Geology, 2008, 54(5): 937-943.
[81] 刘东海．基于AHP与GIS耦合技术的煤层底板突水脆弱性评价研究——以开滦东欢坨矿北部采区为例［D］．北京：中国矿业大学（北京），2007.
[82] 刘守强．大同燕子山矿底板突水特征及脆弱性评价方法研究［D］．北京：中国矿业大学（北京），2008.
[83] 刘守强．煤层底板突水评价方法与应用研究［D］．北京：中国矿业大学（北京），2008.
[84] 武强，张志龙，马积福．煤层底板突水评价的新型实用方法Ⅰ——主控指标体系的建设［J］．煤炭学报，2007，32(1)：42-47.
[85] 武强，张波，赵文德，等．煤层底板突水评价的新型实用方法Ⅴ——基于GIS的ANN型、证据权型、Logistic回归型脆弱性指数法的比较［J］．煤炭学报，2013，38(1)：21-26.
[86] Wu Qiang, Li Duo. Management of karst water resources in mining area: dewatering in mines and demand for water supply in the Dongshan Mine of Taiyuan, Shanxi Province, North China［J］. Environmental Geology, 2006, 50(8): 1107-1117.
[87] Wu Qiang, Xu Hua. Development of a 3D GIS and its application to karst areas［J］. Environmental Geology, 2008, 54(5): 1037-1045.
[88] 施龙青，韩进，宋扬．用突水概率指数法预测采场底板突水［J］．中国矿业大学学报，1999，28(5)：442-446.
[89] Shi Longqing, Han Jin. Theory and practice of dividing coal mining area floor into four-zone［J］. Journal of China University of Mining and Technology, 2005, 34(1): 16-23.
[90] J. A. Ray, P. W. O′dell. DIVERSITY: A new method for evaluating sensitivity of groundwater to contamination［J］. Environment Geology, 1993(22): 345-352.
[91] 王桂梁．矿井构造预测［M］．煤炭工业出版社，1993.
[92] 武强，黄晓玲，董东林，等．GIS技术在预报煤层回采前方小构造的应用潜力［J］．煤炭学报，1999(2)：1-5.
[93] 储绍良．矿井物探应用［M］．北京：煤炭工业出版社，1995.
[94] 董秀桃，宋玉平．大同矿区地质小构造在无线电坑道透视中的一般规律［J］．山西煤炭，2000(4)：29-31.
[95] 刘杰，王维忠．坑道透视法在石炭井二矿的应用［J］．煤田地质与勘探，1998(25)：55-56.
[96] 王安民，蒋成站．无线电波透视在煤矿中的应用现状和研究方向［J］．煤田地质与勘探，1998(5)：43-45.
[97] 王连元，苗富林，苗日民．槽波勘探技术在鸡西杏花煤矿的应用［J］．黑龙江矿业学院学报，

1997(7)：1-4.
[98] 刘有年，程建元．用高分辨率地震勘探北皂煤矿四采区的小构造［J］．陕西煤炭技术．2000(2)：6-11.
[99] 杨志刚．利用断层走向预测煤层中小构造应注意的问题［J］，河北煤炭．1997(3)：54-55.
[100] 王忠，宋贵生．利用断层产状预测急倾斜煤层中的断层［J］，河北煤炭．2001(1)：12-12.
[101] 张军工，济宁二井田边界断层与采区断层的规律性研究［J］，煤炭工程．2005(12)：57-59.
[102] 霍明远．环套理论在找水中的应用［J］．自然资源，1997(2)：46-49.
[103] 陈锁忠，黄家柱，闾国年．“环套理论”在镇江缺水丘陵山区供水勘察中的应用研究［J］．工程勘察，2001(4)：35-38.
[104] 王献坤，程生平，庞良，等“多重环套理论”在豫西缺水低山丘陵区供水勘查中的应用研究．严重缺水地区地下水勘查论文集（第二集）［C］．北京：地质出版社，2004：330-336.
[105] 王献坤，庞良，王春晖，等．“多重环套方法”在山丘区供水勘察中的应用——以豫西山丘区供水勘察为例［J］．水文地质与工程地质，2004(3)：108-110.
[106] 俞佳．基于GIS与ANN耦合技术在煤矿开采前方小构造预测中的应用研究［D］．中国矿业大学（北京）．2005.
[107] 尹尚先，吴文金，李永军，等．华北煤田岩溶陷落柱及其突水研究［M］．北京：煤炭工业出版社，2008.
[108] 王友瑜．华北石炭二叠系煤田的岩溶陷落柱［J］．煤炭科学技术，1987(5)：49-52.
[109] 王锐．论华北地区岩溶陷落柱的形成［J］．水文地质工程地质，1982(1)：37-41.
[110] 刘鹏兰．新河煤矿陷落柱成因的浅析［J］．江苏煤炭，1988(1)：43-45.
[111] 钱学溥．石膏喀斯特陷落柱的形成及其水文地质意义［J］．中国岩溶，1988(4)：344.
[112] 尚克勤．华北地区岩溶陷落柱成因探讨［J］．中州煤炭，1988(5)：14-18.
[113] 苏昶元，韩朴．岩溶陷落柱的形成机理［J］．山西煤炭，1997(5)：16-18.
[114] 盛业华，郭达志．GIS支持下矿区岩溶陷落柱的综合探测技术［J］．中国安全科学学报，1998(4)：22-25.
[115] 崔若飞．利用反射波地震法探测陷落柱［J］．勘察科学技术，1993(4)：56-58.
[116] 王瑞杰．高精度重力勘探在探测煤矿陷落柱中的应用［J］．中国煤田地质，1999(1)：68-70.
[117] 李振华，谢晖，李见波，等．采动影响陷落柱活化导水规律试验研究［J］．中南大学学报（自然科学版），2014(12)：4377-4383.
[118] 关永强．四位一体法封堵千米埋深微型隐伏导水陷落柱技术［J］．煤炭与化工，2015(2)：9-12.
[119] 郭强．东庞矿综采工作面过陷落柱技术应用研究［J］．科技创新与应用，2014(30)：103.
[120] 杨武洋．煤矿陷落柱赋水特征的综合物探探查原理与方法［J］．采矿与安全工程学报，2013(1)：45-50.
[121] 李宁，郝志超，吕梁栋，等．综合物探法在陷落柱探测中的应用［J］．中州煤炭，2013(4)：45-48.
[122] 张丽红．桃园矿区陷落柱及其富水性地球物理识别方法［D］．北京：中国矿业大学（北京），2012.
[123] 蔡波．基于煤矿生产建设的综合物探技术在探测陷落柱中的应用［J］．科技创新与应用，2012(28)：36.
[124] 刘美娟．肥城煤田奥陶系灰岩岩溶发育规律及其控制因素研究［D］．山东科技大学，2011.
[125] 赵金贵，郭敏泰．太原东山大窑头煤系层间构造与岩溶陷落柱群发育模式［J］．煤炭学报，2013，38(11)：1999-2006.
[126] 杨光亮，方文林．金刚井田岩溶陷落柱特征及形成机理分析［J］．矿业安全与环保，2013(6)：

79-81.
[127] 闫珍．顾桂矿区地质异常体（岩溶陷落柱）分布及其水质特征研究［D］．合肥：合肥工业大学，2013.
[128] 鲁海峰，姚多喜，郭立全，等．渗流作用下岩溶陷落柱侧壁突水的临界水压解析解［J］．防灾减灾工程学报，2014(4)：498-504.
[129] 王家臣，李见波，徐高明．导水陷落柱突水模拟试验台研制及应用［J］．采矿与安全工程学报，2010，27(3)：305-309.
[130] 尹尚先，武强．陷落柱概化模式及突水力学判据［J］．北京科技大学学报，2006，28(9)：812-817.
[131] 杨为民，司海宝，吴文金．岩溶陷落柱导水类型及其突水风险预测［J］．煤炭工程，2005(8)：60-63.
[132] 许进鹏，宋扬，成云海，等．陷落柱及其周边地应力分布研究［J］．矿山压力与顶板管理，2005，22(4)：118-120.
[133] 尹尚先，王尚旭．陷落柱影响采场围岩破坏和底板突水的数值模拟分析［J］．煤炭学报，2003，28(3)：264-269.
[134] 岳建华，刘树才，刘志新，等．巷道直流电测深在探测陷落柱中的应用［J］．中国矿业大学学报，2003，32(5)：479-481.
[135] 杨双安，张淑婷，郭勇洪，等．时间剖面上分析陷落柱充水性的探讨［J］．中国矿业大学学报，2001，30(5)：503-505，522.
[136] 杨德义，王赟，王辉．陷落柱的绕射波［J］．石油物探，2000，39(4)：82-86.
[137] 段中稳．任楼煤矿隐伏导水陷落柱的快速判识与探查［J］．西安科技学院学报，2004，24(3)：268-270，335.
[138] 奥灰岩溶陷落柱特大突水灾害的治理（上）［J］．煤炭科学技术，1986(1)：6-14+64.
[139] 苏昶元，韩朴．岩溶陷落柱的分析与预测［J］．山西煤炭，1997(2)：16-20.
[140] 汪茂连，李定龙．GIS 在刘桥二矿煤层底板突水预测中的应用［J］．煤田地质与勘探，1997(5)：65-68.
[141] 张春雷．淮南煤田岩溶陷落柱（带）特征及形成机理［D］．合肥：合肥工业大学，2010.
[142] 张永双，曲永新，刘国林，等．华北型煤田岩溶陷落柱某些问题研究［J］．工程地质学报，2000，8(1)：35-39.
[143] 张同兴，闫东育，马建民，等．煤系地层陷落柱特征与煤层气分布浅析［J］．断块油气田，2003，10(1)：22-24.
[144] 吴文金，杨为民，范春学，等．刘桥一矿岩溶陷落柱成因特征及岩体力学条件［J］．北京工业职业技术学院学报，2005(4)：1-5.
[145] 安润莲，宁永香．岩溶研究现状及发展趋势［J］．煤炭技术，2002，21(5)：55-57.
[146] 赵金贵，郭敏泰．平顺老马岭岩溶陷落柱的发现及形成时段探讨［J］．煤炭学报，2014(08)：1716-1724.
[147] 李振华，徐高明，李见波．我国陷落柱突水问题的研究现状与展望［J］．中国矿业，2009，18(4)：107-109.
[148] 刘景山．陷落柱透水性分析与阻水强度试验［J］．煤田地质与勘探，1988(1)：35-38.
[149] 项远法．陷落柱突水力学模型［J］．煤田地质与勘探，1993，21(5)：36-39.
[150] 李金凯，周万芳．华北型煤矿床陷落柱作为导水通道突水的水文地质环境及预测［J］．中国岩溶，1989(3)：192-199.
[151] 许进鹏，孔一凡，童宏树．弱径流条件下陷落柱柱体活化导水机理及判据［J］．中国岩溶，2006

(1)：35-39.
[152] 杨天鸿，陈仕阔，朱万成，等．矿井岩体破坏突水机制及非线性渗流模型初探［J］．岩石力学与工程学报，2008，27(7)：1411-1416.
[153] 陈仕阔．采动破碎岩体渗流特性及渗流耦合模型研究［D］．沈阳：东北大学采矿工程，2008.
[154] 张永双，刘伟韬，卜昌森．煤层底板突水因素的综合评价——以肥城矿区为例［J］．煤田地质与勘探，1996(3)：32-36.
[155] 杨永杰，刘传孝，张永双，等．杨庄矿“一号陷落柱”的地质雷达探测及分析［J］．中国地质灾害与防治学报，1999(3)：84-89.
[156] 李永军，彭苏萍．华北煤田岩溶陷落柱分类及其特征［J］．煤田地质与勘探，2006，34(4)：53-57.
[157] 杨新安，程军，杨喜增．峰峰矿区矿井突水分类及发生机理研究［J］．地质灾害与环境保护，1999(2)：25-30.
[158] 张建国，刘东旭．陷落柱围岩裂隙与矿井防治水［J］．河北煤炭，1999(S1)：22-26.
[159] 刘国林，潘懋，尹尚先．华北型煤田岩溶陷落柱导水性研究［J］．中国安全生产科学技术，2009，5(2)：154-158.
[160] 张福壮．断层突水与陷落柱突水的流固耦合分析［D］．沈阳：东北大学采矿工程，2009.
[161] 尹尚先，王尚旭，武强．陷落柱突水模式及理论判据［J］．岩石力学与工程学报，2004，23(6)：964-968.
[162] 刘国林，尹尚先，王延斌．华北型煤田岩溶陷落柱侧壁厚壁筒突水模式研究［J］．工程地质学报，2007，15(2)：284-287.
[163] 刘国林，尹尚先，王延斌．华北型煤田岩溶陷落柱顶底部剪切破坏突水模式［J］．煤炭科学技术，2007，35(2)：87-89.
[164] 许进鹏，宋扬，程久龙．顶空型与顶实型陷落柱的成因与导水性能的差异［J］．水文地质工程地质，2006，33(1)：76-79.
[165] 许进鹏，梁开武，徐新启．陷落柱形成的力学机理及数值模拟研究［J］．采矿与安全工程学报，2008，25(1)：82-86.
[166] 薛晓峰，许进鹏，齐跃明，等．岱庄陷落柱柱体成分与其导水性关系分析［J］．中国煤炭，2012(2)：42-45.
[167] 司海宝，杨为民，吴文金．岩溶陷落柱发育的地质环境及导水类型分析［J］．煤炭工程，2004(10)：52-55.
[168] 周治安，杨为民．山西岩溶陷落柱的岩体力学背景［J］．煤炭学报，1999(4)：341-344.
[169] 杨为民，李智毅，周治安．岩溶陷落柱充填特征及活化导水分析［J］．中国岩溶，2001，20(4)：279-283.
[170] 杨为民，周治安．岩溶陷落柱形成的岩体力学条件［J］．煤田地质与勘探，1997(6)：31-33.
[171] 杨为民，周治安．岩溶陷落柱岩体结构分析［J］．淮南工业学院学报（自然科学版），1997(2)：1-7.
[172] 司海宝，杨为民，吴文金，等．煤层底板突水的断裂力学模型［J］．北京工业职业技术学院学报，2005，4(3)：48-50.
[173] 朱万成，魏晨慧，张福壮，等．流固耦合模型用于陷落柱突水的数值模拟研究［J］．地下空间与工程学报，2009，5(5)：928-933.
[174] 杨天鸿，唐春安，刘红元，等．承压水底板突水失稳过程的数值模型初探［J］．地质力学学报，2003，9(3)：281-288.
[175] 刘洪磊，杨天鸿，朱万成，等．范各庄矿5煤顶板破坏及突水模拟研究［J］．采矿与安全工程学

报，2009(3)：332-335.

[176] 刘洪磊，杨天鸿，朱万成，等．范各庄矿12煤底板突水过程模拟分析 [J]．煤田地质与勘探，2010，38(3)：27-31.

[177] 李连崇，唐春安，梁正召，等．煤层底板陷落柱活化突水过程的数值模拟 [J]．采矿与安全工程学报，2009，26(2)：158-162.

[178] 李连崇，唐春安，左宇军，等．煤层底板下隐伏陷落柱的滞后突水机理 [J]．煤炭学报，2009(9)：1212-1216.

[179] 李连崇，唐春安，梁正召，等．含断层煤层底板突水通道形成过程的仿真分析 [J]．岩石力学与工程学报，2009，28(2)：290-297.

[180] 李志超，李连崇，唐春安．煤层底板陷落柱突水过程及其影响因素数值分析 [J]．煤矿安全，2014(10)：162-165.

[181] 刘志军，熊崇山．陷落柱突水机制的数值模拟研究 [J]．岩石力学与工程学报，2007(S2)：4013-4018.

[182] 李正立，王连国，侯化强．考虑渗流应力耦合关系的陷落柱突水机理研究 [J]．地下空间与工程学报，2013(5)：1173-1178.

[183] 王家臣，杨胜利．采动影响对陷落柱活化导水机理数值模拟研究 [J]．采矿与安全工程学报，2009，26(2)：140-144.

[184] 顾秀根，王家臣，刘玉德．煤层下伏岩层采动变形规律及承压水突水机理研究 [J]．湖南科技大学学报（自然科学版），2010，25(2)：1-5.

[185] 王家臣，李见波．预测陷落柱突水灾害的物理模型及理论判据 [J]．北京科技大学学报，2010(10)：1243-1247.

[186] 王家臣，王树忠，熊崇山．五阳煤矿陷落柱发育特征及突水危险性评价 [J]．煤炭学报，2009(7)：922-926.

[187] 杨德义，要会芳，刘鸿福．复数道分析方法在陷落柱研究中的应用 [J]．太原理工大学学报，2011，42(1)：15-17.

[188] 杨晓东，杨德义．煤田陷落柱特殊波对陷落柱解释的影响 [J]．物探与化探，2010，34(5)：627-631+634.

[189] 杨德义，彭苏萍，常锁亮，等．特殊剖面在陷落柱研究中的应用 [J]．煤田地质与勘探，2002(6)：47-49.

[190] 曹志勇，杨德义．陷落柱的高斯射线束法模拟 [J]．中国煤炭地质，2008(6)：63-65.

[191] 曹志勇，王伟，杨德义，等．煤田陷落柱波场模拟与分析 [J]．太原理工大学学报，2008(S2)：247-250.

[192] 肖建华，唐德林，胡宗正．地震勘探法探测陷落柱及小构造的有关理论问题 [J]．中国煤田地质，1999(4)：51-53.

[193] 宁建宏，张广忠．陷落柱的地震识别技术及其应用 [J]．煤田地质与勘探，2005，33(3)：64-67.

[194] 常锁亮，张胤彬，杨晓东．方差体技术在识别断层及陷落柱中的应用 [J]．山西建筑，2003，29(10)：32-33.

[195] 王琦，王永，姚辉磊，等．方差体技术在识别陷落柱中的应用 [J]．能源技术与管理，2006(5)：47-49.

[196] Gabrovšek F.，Dreybrodt W.．Spreading of tracer plumes through confined telogenetic karst aquifers：A model [J]．Journal of Hydrology，2011，409(1-2)：20-29.

[197] 张献民，王俊茹，刘国辉．应用高密度电法探测煤田陷落柱 [J]．物探与化探，1994，18(5)：

363-370.

[198] Panno S. V., Hackley K. C., Hwang H. H., et al. Determination of the sources of nitrate contamination in karst springs using isotopic and chemical indicators [J]. Chemical Geology, 2001, 179(1-4): 113-128.

[199] Zuo J., Peng S., Li Y., et al. Investigation of karst collapse based on 3D seismic technique and DDA method at Xieqiao coal mine, China [J]. International Journal of Coal Geology, 2009, 78(4): 276-287.

[200] 张戬. 坑道无线电波透视法在探测井下陷落柱中的应用 [J]. 科技情报开发与经济, 2006(19): 166-168.

[201] 曹振国. 微动观测方法在煤矿陷落柱探测中的应用 [J]. 山东煤炭科技, 2010(1): 89-90.

[202] 杨淼, 陈锁忠, 黄鑫磊, 等. 温度对梧桐庄矿岩溶陷落柱发育影响的模拟实验研究 [J]. 煤矿安全, 2010(10): 5-7.

[203] 乔宝印. 范各庄矿岩溶陷落柱发育规律及防治对策 [J]. 河北煤炭, 2003(3): 1-2.

[204] 何思源. 开滦范各庄矿岩溶陷落柱特大突水灾害的治理 [J]. 煤田地质与勘探, 1986(2): 37-44.

[205] 蔡图, 朱炎铭, 钟和清. 开滦范各庄煤矿陷落柱发育特征分析 [J]. 矿业安全与环保, 2011(4): 61-63

[206] 郝柏园, 郭英海, 王飞, 等. 古交矿区奥灰岩溶发育特征及主控因素研究 [J]. 煤炭科学技术, 2013(2): 91-95.

[207] 李百贵. 通过水力连通试验判断工作面水源 [J]. 江苏煤炭, 2003, 1: 33-34

[208] 杨武洋, 王文祥, 智建水, 等. 监测采动岩层地应力变化预测矿井出水情况 [J]. 采矿与安全工程学报, 2007, 24(1): 101-104.

[209] 袁智, 郭德勇, 宋建成. 超化煤矿矿井突水特征及防治对策 [J]. 煤炭科学技术, 2007, 35(1): 29-32.

[210] 潘婧. 基于 Matlab 的潘三矿地下水水化学场分析及突水水源判别模型 [D], 合肥: 合肥工业大学, 2010.

[211] 马雷. 基于 GIS 的矿井突水水源综合信息快速判别系统 [D], 合肥: 合肥工业大学, 2010.

[212] 佟凤健, 朱泽虎. 用水化学分析法判别井下突水水源 [J]. 煤矿开采, 1999(4): 35-36+39.

[213] 杜希山, 张崇良, 茹卫平, 等. 北宿煤矿含水层水化学特征分析 [J]. 煤矿现代化, 2006, 1: 61-62.

[214] 刘现宣. 利用水化学特征判断煤矿涌突水水源 [J]. 煤炭科技, 1999, 3: 15-16.

[215] 李明山, 程学丰, 胡友彪, 等. 用地下水水质特征模型判别姚桥矿井突水水源 [J]. 矿业安全与环保, 2001, 6: 174-176.

[216] 高卫东, 何元东, 李新社. 水化学法在矿井突水水源判断中的应用 [J]. 矿业安全与环保, 2001, 28(5): 44-45.

[217] 陈陆望, 桂和荣, 胡友彪, 等. 皖北矿区煤层底板岩溶水环境同位素判别模式 [J]. 煤炭科学技术, 2003, 31(2): 44-47.

[218] 夏筱红, 张华, 杨伟峰. 用模糊综合评判方法判定曹庄煤矿突水水源 [J]. 西部探矿工程, 2002, 4: 54-56.

[219] 张慧, 郑金龙. 福建马坑铁矿主要含水层水化学特征与突水水源的判别 [J]. 有色金属 (矿山部分), 2010, 62(2): 20-24.

[220] 叶立贞. 中国煤炭百科全书 [M]. 北京: 煤炭工业出版社, 1994.

[221] 董书宁. 煤矿安全高效生产地质保障技术现状与展望 [J]. 煤炭科学技术, 2007, 35(3): 1-5.

[222] 彭苏萍．深部煤炭资源赋存规律与开发地质评价研究现状及今后发展趋势［J］．煤，2008，17(2)：1-11.

[223] 靳德武，刘其声，王琳，等．煤矿（床）水文地质学的研究现状及展望［J］．煤田地质与勘探，2009，37(5)：28-31.

[224] 虎维岳，王广才．煤矿水害防治技术的现状及发展趋势［J］．煤田地质与勘探，1997，25(S1)：17-23.

[225] 赵振军，王秀丽，张敬东．煤田地质勘探前沿发展趋势初探［J］．中国新技术新产品，2011(22)：71-72.

[226] 薛禹群．中国地下水数值模拟的现状与展望［J］．高校地质学报，2010，16(1)：1-6.

[227] 郝治福，康绍忠．地下水系统数值模拟的研究现状和发展趋势［J］．水利水电科技进展，2006，26(1)：77-81.

[228] 国家安全生产监督管理总局．煤矿安全规程（防治水）［S］．北京：煤炭工业出版社，2011.

[229] 武强，赵苏启，孙文洁．中国煤矿水文地质类型划分与特征分析［J］．煤炭学报，2013，38(6)：901-905.

[230] 李白英．中国煤矿井水文地质类型的划分及防治水对策［J］．山东矿业学院学报．1982.(1)：133-157.

[231] 武强，金玉洁，李德安．华北型煤田矿床水文地质类型划分及其在突水灾害中的意义［J］．中国地质灾害与防治学报，1992.(2)：97-98.

[232] 武强，徐华．虚拟地质建模与可视化［M］．北京：科学出版社，2011.

[233] 林杭．顶板突水分析的研究方法［J］．煤炭学报，2002，27(1)：30-33.

[234] 郑纲．模糊聚类分析法预测顶板砂岩含水层突水点及突水量［J］．煤矿安全，2004(1)：24-25.

[235] 武强，张志龙，赵苏启，等．试论矿难征兆学与预测预报［J］．煤炭学报，2009，34(9)：1184-1189.

[236] 武强，樊振丽，刘守强，等．基于 GIS 的信息融合型含水层富水性评价方法——富水性指数法［J］．煤炭学报，2011，36(7)：1124-1128.

[237] 武强，陈红，刘守强．基于环套原理的 ANN 型矿井小构造预测方法与应用——以淄博岭子煤矿为例［J］．煤炭学报，2010，35(3)：449-453.

[238] 武强，张志龙，张生元．煤层底板突水评价的新型实用方法Ⅱ——脆弱性指数法［J］．煤炭学报，2007，32(11)：1121-1126.

[239] 武强，黄晓玲，董东林，等．试论煤层顶板涌（突）水条件定量评价的“三图-双预测法”［J].煤炭学报，2000，25(1)：60-65.

[240] 姚宁平．我国煤矿井下近水平定向钻进技术的发展［J］．煤田地质与勘探，2008，36(8)：78-80.

[241] 姜福兴．高精度微震监测技术在煤矿突水监测中的应用［J］．岩石力学与工程学报，2008，27(9)：1932-1934.

[242] 赵苏启，武强，郭启文，等．导水陷落柱突水淹井的综合治理技术［J]，中国煤炭，2004，30(7)：25-27.

[243] 李恩龙，杜士强，李书生．充填采煤方法初探［J］．煤矿现代化，2009(3)：12-13.

[244] 王厚柱，丁厚稳．新集矿 111311 工作面突水机理探讨［J］．矿业安全与环保，2002，29(1)：24-27.

[245] 付民强，刘显云．东滩煤矿 3 煤顶板突水因素分析［J］．煤田地质与勘探，2005，33(S0)：166-168.

[246] 王强，胡向志，张兴平．利用综合物探技术确定煤矿老窑采空区陷落柱及断层的赋水性［J］．科

技大观，2001：29-31.
[247] 武强，王志强．矿井水控制、处理、利用、回灌与生态环保五位一体优化结合研究［J］．中国煤炭，2010，36(2)：109-112.
[248] 武强，李铎．“煤-水”双资源矿井建设与开发研究［J］．中国煤炭地质，2009，21(3)：32-36.
[249] 武强，申建军，王洋．“煤-水”双资源型矿井开采技术方法与工程应用［J］．煤炭学报，2017(1)：12-20.
[250] 武强，董东林，石占华，等．华北型煤田排-供-生态环保三位一体优化结合研究［J］．中国科学，1999，29(6)：567-573.
[251] 武强，崔芳鹏，赵苏启，等．矿井水害类型划分及主要特征分析［J］．煤炭学报，2013，38(4)：561-565.
[252] 武强，赵苏启，董书宁，等．《煤矿安全规程》（防治水部分）修改技术要点剖析［J］．中国煤炭地质，2012，24(7)：34-37.
[253] 陈佩佩，刘秀娥．矿井顶板突水预警机制研究与展望［J］．矿业安全与环保，2010，37(4)：71-73.
[254] 王经明，董书宁，刘其声．煤矿突水灾害的预警原理及其应用［J］．煤田地质与勘探，2005，33(8)：1-4.
[255] 武强，刘伏昌，李铎．矿山环境研究理论与实践［M］．北京：地质出版社，2005.
[256] 武强．我国矿井水防控与资源化利用的研究进展、问题和展望［J］．煤炭学报，2014，39(5)：795-805.
[257] Cui Fangpeng，Wu Qiang，Zhao Suqi，et al. Major char-acteristics，categories and control technique of coal minewater disaster in China［J］. Energy Education Scienceand Technology Part A：Energy Science and Research，2014，32(5)：3747-3760.
[258] 李宏杰，董文敏，杨新亮，等．井上下立体综合探测技术在煤矿水害防治中的应用［J］．煤矿开采，2014，19(1)：98-101.
[259] 崔若飞，孙学凯，崔大尉．三维地震动态解释技术在防治煤矿突水中的应用［J］．采矿与安全工程学报，2009，26(2)：150-157.
[260] 孙升林，宁书年，李育芳，等．地震勘探在煤矿防治水工程中的应用［J］．煤炭工程，2002(11)：45-47.
[261] 尹金柱，吴有信．煤矿水害防治中的综合物探技术应用［J］．矿业安全与环保，2011，38(5)：55 -58.
[262] 武强，王金华，刘东海，等．煤层底板突水评价的新型实用方法Ⅳ——基于 GIS 的 AHP 型脆弱性指数法应用［J］．煤炭学报，2009，34(2)：233-238.
[263] 刘守强，武强，曾一凡，等．基于 GIS 的改进 AHP 型脆弱性指数法［J］．地球科学，2017，42(4)：625-633.
[264] 卜昌森．煤矿水害探查、防治实用技术应用与展望［J］．中国煤炭，2014，40(7)：100-108.
[265] 崔芳鹏，武强，刘德民，等．煤矿井突水灾害综合预防与治理技术研究［J］．煤矿安全，2015，46(3)：175-177.
[266] 李德安，张勇．我国煤矿水害现状及防治技术［J］．煤炭科学技术，1997，25(1)：7-11.
[267] 刘国林，潘懋，尹尚先．煤矿采空区水害特征及其防治技术［J］．煤矿安全，2009，35(1)：78-80.
[268] 樊振丽．煤矿陷落柱水害特征与防治技术研究［J］．煤炭工程，2011(8)：93-95.
[269] 王则才，武强．岩溶陷落柱与矿井防治水策略研究［J］．工程勘察，2002(1)：29-30.
[270] 武强，赵苏启，董书宁，等．煤矿防治水手册［M］．北京：煤炭工业出版社，2013.

[271] 武强，许珂，张维．再论煤层顶板涌（突）水危险性预测评价的“三图-双预测法”［J］．煤炭学报，2016，41(6)：1341-1347.
[272] 张志龙，高延法，武强，等．浅谈矿井水害立体防治技术体系［J］．煤炭学报，2013，38(3)：378-383.
[273] 李宏杰，陈清通，牟义．巨厚低渗含水层下厚煤层顶板水害机理与防治［J］．煤炭科学技术，2014，42(10)：28-31.
[274] 林青，乔伟．崔木煤矿顶板离层水防治技术［J］．煤炭科学技术，2016，44(3)：129-134.
[275] 乔伟，黄阳，袁中帮，等．巨厚煤层综放开采顶板离层水形成机制及防治方法研究［J］．岩石力学与工程学报，2014，33(10)：2076-2084.
[276] 王经明，喻道慧．煤层顶板次生离层水害成因的模拟研究［J］．岩土工程学报，2010，32(2)：231-236.
[277] 王成真，冯光明．超高水材料覆岩离层及冒落裂隙带注浆充填技术［J］．煤炭科学技术，2011，39(3)：32-35.
[278] 国家安全生产监督管理总局，国家煤矿安全监察局．煤矿安全规程［M］．北京：煤炭工业出版社，2011.
[279] 武强．煤矿安全规程（防治水部分）释义［M］．徐州：中国矿业大学出版社，2011.
[280] 赵苏启，武强，尹尚先．广东大兴煤矿特大突水事故机理分析［J］．煤炭学报，2006，31(5)：618-622.
[281] 武强，刘金韬，钟亚平，等．开滦赵各庄矿断裂滞后突水数值仿真模拟［J］．煤炭学报，2002，27(5)：511-516.
[282] Wu Q.，Zhou W. F.. Prediction of groundwater inrush into coal mines from aquifers underlying the coal seams in China：vulnerability index method and its construction［J］. Environ Geol，2008，56(2)：245-254.
[283] Qiang Wu，Hua Xu，Wei Pang. GIS and ANN coupling model：an innovative approach to evaluate vulnerability of karst water inrush in coalmines of north China［J］. Environ Geol，2008，54：937-943.
[284] 张自政，杨勇，田立娇，等．模糊评价分类模型在矿井底板突水判别中的应用［J］．矿业安全与环保，2010，37(6)：41-43.
[285] 孙亚军，杨国勇，郑琳．基于 GIS 的矿井突水水源判别系统研究［J］．煤田地质与探，2007(2)：34-37.
[286] 卫文学，卢新明，施龙青．矿井出水点多水源判别方法［J］．煤炭学报，2010(5)：811-815.
[287] 刘仁武，孙景华．南庄矿大型滞后突水及其原因分析［C］，全国矿井水文工程地质学术交流会论文集，北京：地震出版社，1992.
[288] 童有德，叶贵钧．华北岩溶充水煤矿区底板滞后突水机制及其评价方法［C］．中国煤炭学会矿井地质专业委员会 2001 年学术年会论文集，北京：煤炭工业出版社，2001.
[289] 武强，刘金韬，董东林，等．煤层底板断裂突水时间弱化效应机理的仿真模拟研究——以开滦赵各庄煤矿为例［J］．地质学报，2001，75(4)：554-561.
[290] 夏镛华．焦作煤田矿床充水条件及地下水防治建议［J］．煤田地质与勘探，1985(2)：29-35.
[291] FLAC3D Fast Lagrangian Analysis of Continua in 3 Dimensions［M］. User's Manual，Itasca Consulting Group Inc，1997.
[292] 靳德武，董书宁，刘其声．带（水）压开采安全评价技术及其发展方向［J］．煤田地质与勘探，2005，33(Z1)：21-24.
[293] 仵彦卿．岩体水力学基础（三）——岩体渗流场与应力场耦合的集中参数模型及连续介质模型［J］．水文地质工程地质，1997，2：54-57.

[294] Wang M., Kulatilake P. H. S. Estimation of REV size and three-dimensional hydraulic conductivity tensor for a fractured rock mass through a single well packer test and discrete fracture fluid flow modeling [J]. Int. J. Rock Mech. Min. Sci., 2002, 39(7): 887-904.

[295] Barton N., Bandis S., Bakhtar K. Strength, deformation and conductivity coupling of rock joints [J]. International Journal of Rock Mechanics and Mining Science & Geomechanics. Abstracts. 1985, 22(3): 121-140.

[296] 刘继山. 单裂隙受正应力作用时的渗流公式 [J]. 水文地质工程地质, 1987, 14(2): 28-32.

[297] 赵阳升, 杨栋, 郑少河, 等. 三维应力作用下岩石裂缝水渗流物性规律的实验研究 [J]. 中国科学 (E辑), 1999, 29(1): 82-86.

[298] 刘才华, 陈从新. 三轴应力作用下岩石单裂隙的渗流特性 [J]. 自然科学进展, 2007, 17(7): 989-994.

[299] 叶源新, 刘光廷. 三维应力作用下砂砾岩孔隙型渗流 [J]. 清华大学学报 (自然科学版), 2007, 47(3): 335-339.

[300] 向文飞, 周创兵. 裂隙岩体表征单元体研究进展 [J]. 岩石力学与工程学报, 2005, 24(S2): 5686-5692.

[301] 仵彦卿. 岩体水力学基础 (四) ——岩体渗流场与应立场耦合的等效连续介质模型 [J]. 水文地质工程地质, 1997, 3: 10-14.

[302] Gerrard, C. M. Equivalent elastic moduli of a rock mass consisting of orthorhombic layers [J]. Int. J. Rock Mech. Min. Sci. & Geomech. Abstr. 1982a, 19: 9-14.

[303] Gerrard, C. M. Elastic Models of Rock Masses having one, two and three sets of joints [J]. Int. J. Rock Mech. Min. Sci. & Geomech. Abstr., 1982b, 19: 15-23.

[304] Bieniawski, Z. T. Determining rock mass deformability: Experience from case histories [J]. Int. J. Rock Mech. Min. Sci. & Geomech. Abstr., 1978, 15: 237-247.

[305] Goodman, R. E. Introduction to rock mechanics [M]. New York: John Wiley and Sons, 1980.

[306] Brady, B. H. G., E. T. Brown. Rock mechanics for underground mining [M]. London: George Allen & Unwin., 1985.

[307] 李建明, 朱斌, 武强. 赵各庄矿大倾角煤层综放开采突水条件的力学机理分析 [J]. 煤炭学报, 2007, 32(4): 461-466.

[308] Itasca Consulting Group, Inc. FLAC3D, Fast Lagrangian Analysis of Continua in 3 Dimensions, version 2.0, user's manual [R]. USA: Itasca Consulting Group, Inc, 1997.

[309] 朱斌. 断裂带滞后突水流-固耦合机理模拟及应用研究 [R]. 北京: 中国矿业大学 (北京) 博士后研究工作报告, 2009: 64-66.

[310] 邵爱军. 煤矿地下水与底板突水 [M]. 北京: 地震出版社, 2001: 33-34.

[311] Dong Donglin, Wu Qiang, Zhang Rui, et al. Environmental characteristics of groundwater: an application of PCA to water chemistry analysis in Yulin [J]. Journal of China University of Mining & Technology, 2007, 17(1): 73-77.

[312] Wu Qiang, Wang Mingyu. An Framework for Risk Assessment on Soil Erosion by Water Using an Integrated and Systematic Approach [J]. Journal of Hydrology, 2007(1-2): 11-21.

[313] Fan Shukai, Wu Qiang, Pan Guoying, et al. Mine hydrogeology information management system based on VB and MapObjects [J]. The International Conference on E-Product, E-Service and E-Entertainment (ICEEE-2010), 2011: 1272-1275.

[314] Zhu Qinghua, Feng Meimei, Mao Xianbiao. Numerical analysis of water inrush from working-face floor during mining [J]. J. China Univ. Mining & Technol. 2008(18): 159-163.

[315] Dong Qinghong, Cai Rong, Yang Weifeng. Simulation of water-resistance of a clay layer during mining-analysis of a safe water head [J] . China Univ Mining & Technol, 2007, 17(3): 345-348.
[316] Ding Shuli, Liu Qinfu, Wang Mingzhen. Study of kaolinite rock in coal bearing stratum, North China [J]. Procedia Earth and Planetary Science 1, 2009: 1024-1028.
[317] 黎良杰，钱鸣高，李树刚．断层突水机理的分析 [J] ．煤炭学报，1994，6(2)：119-123.
[318] 王经明．承压水沿煤层底板递进导升突水机理的模拟和观测 [J] ．岩土工程学报，1999，21(5)：546-549.
[319] Gongyu Li, Wanfang Zhou. Impact of karst water on coal mining in North China [J] . Environ Geol. , 2006(49): 449-457.
[320] 张茂林，尹尚先．华北型煤田陷落柱形成过程研究 [J] ．煤田地质与勘探，2007，35(6)：26-30.
[321] 苏建国．邢台矿区陷落柱发育特点及水害防治 [J] ．河北煤炭，2009(2)：1-2.
[322] 宋振骐．实用矿山压力控制 [M] ．徐州：中国矿业大学出版社，1989.
[323] 王宝清．山西省柳林奥陶系古岩溶顶部方解石充填物 [J] ．地质评论，1995，41(5)：473-479.
[324] 孟召平，彭苏萍，黎洪．正断层附近煤的物理力学性质变化及其对矿压分布的影响 [J] ．煤炭学报，2001，26(6)：561-566.
[325] 冯本超，洪允河．正断层上盘防水煤柱合理宽度的研究 [J] ．中国矿业大学学报，1993，22(3)：117-122.
[326] 于喜东．地质构造与煤层底板突水 [J] ．煤炭工程，2004(12)：34-35.
[327] 尹尚先，武强，王尚旭．华北煤矿区岩溶陷落柱特征及成因探讨 [J] ．岩石力学与工程学报，2004，23(1)：120-124.
[328] D. J. Maguire. An overview and definition of GIS. Geographic Information System [M] . London: Longman Inc. 1991.
[329] 黄杏元，汤勤．地理信息系统概论 [M] ．北京：高等教育出版社，1990.
[330] 陆守一，唐小明．地理信息系统实用教程 [M] ．北京：中国林业出版社，1999.
[331] 陈述彭．地理信息系统概论 [M] ．北京：科学出版社，1999.
[332] LE M. J. , SMITH J. . Image registration and fusion in remote sensing for NASA [C] . In: Proceeding of 2000 International Conference on Information Fusion. France: Paris, 2000: 344-348.
[333] Shalom Y. Bar, Li X. R. Multitarget-Multisensor Tracking: Principles and Technologues, Stoors [J]. CT: YBS Publishing, 1995.
[334] Hall David L. , Llinas James. An Introduction to Multisensor Data Fusion [J] . Proceedings of the IEEE, 1997, 85(1): 6-15.
[335] Waltz E. , Llines J. , Multisensor Data Fusion [M], Artech House, INC. 1990.
[336] Haydn R. . Application of the HIS color transform to the processing of multi-sensor data [J] . Conference Remote Sensing of Arid and Semi-Arid Lands, Cairo, Egypt, 1992.
[337] 刘同明，夏祖勋，解洪成．数据融合技术与应用 [M] ．北京：电子工业出版社，2000.
[338] Nunez J. , Otazu X. , Fors O. , et al. Multi-resolution-based image fusion with additive wavelet decomposition [J] . IEEE Transactions on Geoscience and Remote Sensing, 1999, 37(3): 1204-1211.
[339] Bedworth M. O, Brien J. . The Omnibus model: a new model of data fusion [J] . IEEE Transactions on Aerospace and Electronic Systems, 2000, 15(4): 30-36.
[340] Logothetis A. , Krishnamurthy V. . Expectation maximization algorithm for MAP estimation of jump markov linear systems [J] . IEEE Transactions on Signal Processing, 1999, 47(8): 2139-2156.
[341] Lawrence A. Klein. 多传感器数据融合理论及应用 [M] ．戴亚平，刘征，郁光辉，译．北京：北

京理工大学出版社，2004.

[342] Djuric P. M.，Joon-Hwa Chun. An MCMC sampling approach to estimation of nonstationary hidden markov models. Signal Processing [J]. IEEE Transactions on Signal Processing，2002，50(5)：1113-1123.

[343] Doucet A.，Logothetis A.，Krishnamurthy V.. Stochastic sampling algorithms for state estimation of jump markov linear systems [J]. IEEE Transactions on Automatic Control，2000，45(2)：188-201.

[344] 何友，王国宏，彭应宁，等. 多传感器信息融合及应用 [M]. 北京：电子工业出版社，2000.

[345] 韩崇昭，朱洪艳. 多传感信息融合与自动化 [J]. 自动化学报，2002，28(增刊)：117-124.

[346] Ren Zhong，Shao Junli. A Rough Set Method for the Fusion Communicatin Intercept Information [J]. Conference proceedings of the 5th international conference on electronic measurement&instruments，2005：664-669.

[347] S. N. Rao，B. Reister，J. Barhen，Fusion method for physical systems based on physical laws [J]. In proceedings of 2000 international conference on information fusion，France：Paris，2000：89-95.

[348] Barron A.，Rissanen J.，Yu B.. The minimum description length principle in coding and modeling [J]. IEEE Transactions on Information Theory，1998，44(6)：2743-2760.

[349] Nelson C. L.，Fitzgerald D. S.. Sensor fusion for intelligent alarm analysis [J]. IEEE Transactions on Aerospace and Electronic Systems，1997，12(9)：18-24.

[350] Petrovic V. S.，Xydis C. S.. Gradient-based multiresolution image fusion [J]. IEEE Transactions on Image Processing，2004，13(2)：228-237.

[351] Douglas J. Kewley. Some Principles For Developing New Data Fusion Systems [J]. IEEE Trans ASE，1994，300(6)：281-287.

[352] Alspach D. L.，Sorenson H. W.. Nonlinear baysian astimation using Gaussian sum approximation [J]. IEEE Transactions on Automatic Control，1972，17(4)：439-448.

[353] I Bloch. Information combination operators for data fusion：A comparative review with classification [J]. IEEE Transactions on Systems，Man and Cybernetics Part A，1996，26(1)：52-67.

[354] Robin R. Murphy. Dempster-Shafer theory for sensor fusion in autonomous mobile robots [J]. IEEE Transactions on Robotics and Automation，1988，14(2)：197-206.

[355] P. M. Atkinson，A. R. L. Tatnall，Neural Networks in Remote Sensing [J]. Int. J. Remote Sensing，1997，18(4)：699-709.

[356] 韩力群. 人工神经网络理论、设计及应用 [M]. 北京：化学工业出版社，2005.

[357] 王万良. 人工智能及其应用 [M]. 北京：高等教育出版社，2008.

[358] F. Kanaya，S. Miyaker. Bayes Statistical Behavior and Valid Generalization of Pattern Classifying Neural Networks [J]. IEEE Trans. Neural Networks，1992(3)：471-475.

[359] 李忠，宁书年，张进德，等. 矿山环境评价的 ANN 模型研究 [J]. 计算机工程与应用，2007，43(16)：238-240.

[360] J. S. Taur，S. Y. Kung. Fuzzy Decision Neural Network and Application to Data Fusion Interference and Neural Network [J]. Information Sciences，1993，71(1)：27-41.

[361] 武强，陈佩佩，董东林. 基于 GIS 与 ANN 耦合技术的地裂缝灾情非线性模拟预测系统——以山西榆次地裂缝灾害为例 [J]. 地震地质，2002(6)：249-257.

[362] AGTE RBERG F. P.，BONHAM-CARTER G. F.. Weights of Evidence Modeling：A new approach to mapping mineral potential statistical application in the Earth science [J]. Geology Survey of Canada，1990，89(9)：171-183.

[363] Bonhamr Carter G. F.，Agterberg F. P.. Weights of evidence：a new approach to mapping mineral potential，statistical applications in the earth sciences [M]. Canada：Geological Survey of Canada，1990：

231-245.
[364] 段树乔．电力企业安全管理变权综合评价方法［J］．数学的实践与认识，2003，33(8)：17-23.
[365] 樊茂飞，陈国华．基于变权模型的燃气电厂危险性评价方法研究［J］．煤气与热力，2008，28(4)：B48-B53.
[366] 汪培庄．模糊集与随机集落影［M］．北京：北京师范大学出版社，1985.
[367] 李洪兴．因素空间理论与知识表示的数学框架（Ⅷ）——变权综合原理［J］．模糊系统与数学，1995，9(3)：1-9.
[368] 李洪兴．因素空间理论与知识表示的数学框架（Ⅸ）——均衡函数的构造与 Weber-Fechner 特性［J］．模糊系统与数学，1996，10(3)：12-17.
[369] 刘文奇．变权综合中的惩罚——激励效用［J］．系统工程理论与实践，1998，18(4)：41-47.
[370] 刘文奇．变权综合的激励策略及其解法［J］．系统工程理论与实践，1998，18(12)：40-43.
[371] 刘文奇．一般变权原理与多目标决策［J］．系统工程理论与实践，2000(3)：1-11.
[372] 姚炳学，李洪兴．局部变权的公理体系［J］．系统工程理论与实践，2000，20(1)：106-109.
[373] 李德清，李洪兴．状态变权向量的性质与构造［J］．北京师范大学学报（自然科学版），2002，38(4)：455-461.
[374] 李德清，李洪兴．变权决策中变权效果分析与状态变权向量的确定［J］．控制与决策，2004，19(11)：1241-1245.
[375] 李德清，郝飞龙．状态变权向量的变权效果［J］．系统工程理论与实践，2009，29(6)：127-131.
[376] 崔红梅，谷云东，孙魁明，等．关于状态变权公理体系的注记［J］．北京师范大学学报（自然科学版），2004，40(1)：1-7.
[377] 侯海军，谷云东，王加银．由某些函数构造的状态变权［J］．模糊系统与数学，2005，19(4)：119-124.
[378] 徐则中．变权综合决策中变权向量的构造［J］．辽宁工程技术大学学报（自然科学版），2010，29(5)：843-846.
[379] 朱勇珍，李洪兴．状态变权的公理化体系和均衡函数的构造［J］．系统工程理论与实践，1999，19(7)：116-118.
[380] 李月秋．变权综合理论与多目标决策［D］．昆明：昆明理工大学，2008.
[381] 武强，李博，刘守强，等．基于分区变权模型的煤层底板突水脆弱性评价——以开滦蔚州典型矿区为例［J］．煤炭学报，2013，09：1516-1521.
[382] 尹万才，施龙青，卜昌森．华北煤田陷落柱发育的几何特征［J］．山东科技大学学报（自然科学版），2004，23(2)：23-25.
[383] 熊浩．太原西山煤田杜儿坪垒状断裂带的几何学与运动学分析［D］．太原：太原理工大学，2010.
[384] 沈仕美．余吾煤业公司陷落柱发育特征及分布规律探讨［J］．煤，2010(9)：74-75.
[385] 赵金贵．西山煤田岩溶陷落柱形态学特征及构造水文演化［D］．太原：太原理工大学，2004.
[386] 许海涛，李永军，康庆涛．陷落柱发育规律及其地球物理特征研究［J］．中国矿业，2014(8)：119-122.
[387] 褚志忠．陷落柱伴生断层特征及陷落柱预测［J］．煤田地质与勘探，1998(3)：27-29.
[388] 郭红玉．太原西山岩溶陷落柱发育时间研究［D］．太原：太原理工大学，2004.
[389] 刘登宪，李永军．淮南寒武纪岩溶陷落柱发育特征及导水性分析［J］．中国煤田地质，2006，18(1)：38-40，44.
[390] 李海涛．太原西山岩溶水系统演化模拟与煤系陷落柱群分布规律探讨［D］．太原：太原理工大

学，2006.
[391] 李文钧，张仲斌，徐志敏．朔州矿区岩溶发育规律及陷落柱形成机制研究［J］．山西煤炭，2014(8)：1-4.
[392] 徐智敏．深部开采底板破坏及高承压突水模式、前兆与防治［D］．徐州：中国矿业大学，2010.
[393] 田干．煤层底板隔水层阻抗高压水侵入机理研究［D］．北京：煤炭科学研究总院，2005.
[394] 王遇国．岩溶隧道突水灾害与防治研究［D］．北京：中国铁道科学研究院，2010.
[395] 黄存捍．采动断层突水机理研究［D］．长沙：中南大学，2010.
[396] 郭佳奇．岩溶隧道防突厚度及突水机制研究［D］．北京：北京交通大学，2011.
[397] 李利平．高风险岩溶隧道突水灾变演化机理及其应用研究［D］．山东：山东大学，2009.
[398] 孙建．倾斜煤层底板破坏特征及突水机理研究［D］．徐州：中国矿业大学，2011.
[399] 陈佩佩，管恩太，邱显水．我国华北煤矿底板突水危险性评价［J］．煤矿开采，2004，9(2)：1-3+9.
[400] 易伟欣，刘保民．米村矿一$_1$煤底板奥灰水突水危险性分析［J］．河南理工大学学报（自然科学版），2007，26(2)：146-151.
[401] 王计堂，王秀兰．突水系数法分析预测煤层底板突水危险性的探讨［J］．煤炭科学技术，2011，39(7)：106-111.
[402] 李忠建，魏久传，郭建斌，等．运用突水系数法和模糊聚类法综合评价煤层底板突水危险性［J]．矿业安全与环保，2010，37(1)：24-26.
[403] 黎良杰，殷有泉．评价矿井突水危险性的关键层方法［J］．力学与实践，1998(3)：34-36.
[404] Han D. M.，Xu H. L.，Liang X.．GIS-based regionalization of a karst water system in Xishan Mountain area of Taiyuan Basin，north China［J］．Journal of Hydrology，2006，331(3-4)：459-470.
[405] Ma T.，Wang Y.，Guo Q.．Response of carbonate aquifer to climate change in northern China：a case study at the Shentou karst springs［J］．Journal of Hydrology，2004，297(1-4)：274-284.
[406] North L. A.，van Beynen P. E.，Parise M.．Interregional comparison of karst disturbance：West-central Florida and southeast Italy［J］．Journal of Environmental Management，2009，90(5)：1770-1781.
[407] 成春奇，李珀，张丹．惰性气体含量对深层地下水形成温度的示踪意义分析［J］．南京大学学报(自然科学)，2001，37(3)：328-333
[408] 周宁，李贞子，贾仲宜．地温梯度的统计回归分析［J］．钻采工艺，1997，25(20)：5-9
[409] 哀文华，桂和荣．任楼煤矿地温特征及在水源判别中的应用［J］．安徽理工大学学报（自然科学），2005，12(4)：9-11.
[410] 王新．含水层水压差变化与煤矿突水关系分析［J］．煤炭工程，2009(10)：80-81.
[411] 章至洁．水文地质学基础［M］．北京：中国矿业大学出版社，2004.
[412] 李明山，禹云雷，路风光．姚桥煤矿矿井突水水源模糊综合评判模型［J］．勘察科学技术，2001(2)：16-20.
[413] 张俊福．应用模糊数学［M］．北京：地质出版社，1988.
[414] 王家兵．模糊综合评判方法在水文地质分区中的应用［J］．煤田地质与勘探，1996，(4)：32-34.
[415] 邓聚龙．灰色系统基本方法［M］．武汉：华中工学院出版社，1987.
[416] 邓聚龙．灰色系统（社会·经济）［M］．北京：国防工业出版社，1985.
[417] 季叔康，张新建．用判别分析法区分矿井涌水水源［J］．水文地质工程地质，1988(1)：60-62+44.
[418] 梁俊勋．用灰色关联度分析法判别矿井突水水源［J］．煤田地质与勘探．1993(12)：42-44.
[419] 潘国营，钱家忠．矿井底板突水的评价与预测［A］．煤炭高校第二届青年学术讨论会论文集

[C]．北京：中国矿业大学出版社，1998.
[420] 汪世花．鹤壁矿区各含水层水化学特征与水源判别初探［J］．中州煤炭，1998(2)：30-31.
[421] 樊京周，李化玉，谢拂晓，等．模糊概率法在识别矿井突水水源中的应用［J］．中州煤炭，2000(6)：1-2.
[422] 徐忠杰，杨永国，汤琳．神经网络在矿井水源判别中的应用［J］．煤矿安全，2007(2)：4-6.
[423] 杨永国，李宾亭．用数学地质方法判别鹤壁矿务局矿井水源［J］．中国煤田地质，1995，7(4)：66- 70.
[424] 张许良，张子戌，彭苏萍．数量化理论在矿井突（涌）水水源判别中的应用［J］．中国矿业大学学报，2003，32(3)：251- 254.
[425] 朱长军，李文耀，张普．人工神经网络在水环境质量评价中的应用［J］．工业安全与环保，2005，31(2)：27-29.
[426] 秦松柏，欧阳正平，程天舜．分层聚类分析在水文地球化学分类中的应用［J］．地下水，2008，30(1)：21-24.
[427] 修中标，魏廷双，李彬，等．聚类分析在矿井水源判别中的应用［J］．煤矿安全，2008，(2)：47-49.
[428] 杨小兵．聚类分析中若干关键技术的研究［D］．浙江：浙江大学，2005.
[429] 殷晓曦，许光泉，桂和荣，等．系统聚类逐步判别法对皖北矿区突水水源的分析［J］．煤田地质与勘探，2006，34(2)：58-61.
[430] 王芳．传统聚类方法的分析及改进［D］．长沙：中南大学，2007.
[431] 石磊，徐楼英．基于水化学特征的聚类分析对矿井突水水源判别［J］．煤炭科学技术，2010，38(3)：97-100.
[432] 许丽利．聚类分析的算法及应用［D］．吉林：吉林大学，2010.
[433] 魏斌，刘淑芝．线性约束优化问题一种简约梯度算法［J］．内蒙古大学学报，1996，27(2)：168-171.
[434] 张瑞刚．基于 GIS 的潘一矿地下水环境特征分析及突水水源判别模型［D］．合肥：合肥工业大学，2008：71-80.
[435] 刘文明，桂和荣，孙雪芳．潘谢矿区矿井突水水源的 QLT 法判别［J］．中国煤炭，2000(5)：31-34.
[436] 宫辉力．地下水地理信息系统——设计、开发与应用［M］．北京：科学出版社，2006.
[437] Liu Difu，Tan Qiaojun，Li Jinyan. Study on Classification of Hydrogeological Exploration Type in Meishan Mining Area［J］. Jiangxi Coal Science & Technology，2011.
[438] Manukhin Yu. F.，Pavlova L. E. Classification of hydrogeological features in volcanic areas of Kamchatka and a characterization of volcanogenic basins［J］. Journal of Volcanology and Seismology，2011，5(3)：159-178.
[439] Sun Wenjie，Zhou Wanfang，Jiao Jian. Hydrogeological Classification and Water Inrush Accidents in China's Coal Mines［J］. Mine Water and the Environment，2015：1-7.
[440] Zhi Jing M. A.，Qin Peng，Wang Jin Xi. Hydrogeology Type Classification of Xihe Coal Mine［J］. Coal & Chemical Industry，2013.
[441] 关钢，何艳绿，欧阳福．浅谈如何完善矿井水文地质类型划分［J］．江西煤炭科技，2011(2)：99-100.
[442] 管新邦．中煤平朔井工二矿水文地质类型划分［J］．科技创新导报，2013(34)：63-64.
[443] 马亚杰，郑翠敏，张岳，等．河北承德兴隆汪庄煤矿水文地质类型划分［J］．河北联合大学学报(自然科学版)，2012(1)：57-61.

[444] 唐燕波，翟立娟，傅耀军，等．我国煤炭基地规划矿区水文地质类型划分［J］．中国煤炭地质，2012(9)：28-32.

[445] 王建彬，程绍强，李永军．胡底煤矿水文地质类型划分探讨［J］．华北科技学院学报，2014(4)：25-30.

[446] 杨占军，崔芳鹏，苏俊辉，等．霍州煤电团柏矿矿井水文地质类型分析与划分［J］．煤，2014(9)：18-19.

[447] 周起谋，李小明，向晓蕊，等．双龙煤业矿井水文地质类型划分［J］．华北科技学院学报，2014(9)：27-30.

[448] 谢季坚，刘承平．模糊数学方法及其应用［M］．武汉：华中科技大学出版社，150-156.

[449] Saaty Thomas L. Desicion making by the analytic hierarchy process：Theory and applicationsHow to make a decision：The analytic hierarchy process［J］. 1990. 48(1)，9-26.

[450] Saaty Thomas L. The Analytic Hierarchy Process［M］. New York. McGraw-Hill，1980.

[451] 张国立，张辉，孔倩．模糊数学基础及其应用［M］．北京：化学工业出版社，2011.

[452] 梁保松，曹殿立．模糊数学及其应用［M］．北京：科学出版社，2017.

[453] 蔡斌，胡卸文．模糊综合评判在绵阳市环境地质风险性分区评价中的应用［J］．水文地质工程地质，2006(2)：67-70.

[454] 章熙海．模糊综合评判在网络安全评价中的应用研究［D］．南京：南京理工大学，2006：13-25.

[455] Ozdemir Oguzhan，Tekin Ahmet. Evaluation of the presentation skills of the pre-service teachers via fuzzy logic［J］. Computers in Human Behavior，2016(61)：288-299.

[456] Yi Guang Wang，Qin Hua Li. Fuzzy Comprehensive Evaluation of Fire Risk on High-Rise Buildings［J］. Procedia Engineering. 2011，11(11)：614-618.

[457] Li Weijun，Liang Wei，Zhang Laibin. Performance assessment system of health，safety and environment based on experts' weights and fuzzy comprehensive evaluation［J］. Journal of Loss Prevention in the Process Industries，2015(35)：95-103.

[458] 韩科明，李凤明．采煤沉陷区稳定性模糊综合评判［J］．煤炭学报，2009(12)：1616-1621.

[459] 苗霖田，夏玉成，姚建明．金鸡滩井田开采地质条件的模糊综合评判［J］．煤田地质与勘探，2007(5)：16-19.

[460] 孙树海，曹兰柱，张立新．露天矿边坡稳定性的模糊综合评判［J］．辽宁工程技术大学学报，2007(2)：177-179.

[461] 李博，郭俊，李恒凯，等．基于模糊综合判别的岩溶地区煤层顶板涌（突）水危险性总体评价［J］．中国煤炭，2012(8)：51-54.

[462] 邓雪，李家铭，曾浩健，等．层次分析法权重计算方法分析及其应用研究［J］．数学的实践与认识，2012(7)：93-100.

[463] 许树柏．层次分析法原理［M］．天津：天津大学出版社，133-142.

[464] 章志敏，魏翠萍．层次分析若干理论与应用研究［J］．曲阜师范大学学报（自然科学版），2013.(1)：37-41.

[465] 王学武，石豫川，黄润秋，等．多级模糊综合评判方法在泥石流评价中的应用［J］．灾害学，2004(2)：3-8.

[466] 周印章，贺可强，李庆倩，等．高阳铁矿充水程度模糊综合评判［J］．矿业快报，2008.(4)：29-33.

[467] 牟来艳．陕北侏罗纪煤田水文地质特征及水文地质单元划分［D］．西安：西安科技大学，2014，34-40.

[468] 武强，周英杰，董云峰．基于地理信息系统与人工神经网络耦合技术的产油潜力评价模型［J］．石油大学学报（自然科学版），2004，28(5)：18-22.
[469] 武强，庞炜，戴迎春．煤层底板突水脆弱性评价的 GIS 与 ANN 耦合技术［J］．煤炭学报，2006(3)：314-319.
[470] 阎平凡，张长水．人工神经网络与模拟进化计算［M］．北京：清华大学出版社，2000.
[471] 马骥．基于 MATLAB 的 BP 神经网络在砂土液化评价中的应用［D］．南京：南京大学，2002.
[472] 朱大奇，史慧．人工神经网络原理及应用［M］．北京：科学出版社，2006.

图书在版编目（CIP）数据

煤层底板水害预测防控理论与技术/武强等著．
--北京：煤炭工业出版社，2020
（煤矿灾害防控新技术丛书）
ISBN 978-7-5020-7335-0

Ⅰ．①煤… Ⅱ．①武… Ⅲ．①煤矿—矿山水灾—防治
Ⅳ．①TD745

中国版本图书馆 CIP 数据核字（2019）第 054805 号

煤层底板水害预测防控理论与技术
（煤矿灾害防控新技术丛书）

著　　者　武　强　刘守强　曾一凡　崔芳鹏　孙文洁　赵颖旺　董东林　李沛涛
责任编辑　闫　非　刘晓天
责任校对　邢蕾严
封面设计　王　滨

出版发行　煤炭工业出版社（北京市朝阳区芍药居 35 号　100029）
电　　话　010-84657898（总编室）　010-84657880（读者服务部）
网　　址　www. cciph. com. cn
印　　刷　北京建宏印刷有限公司
经　　销　全国新华书店

开　　本　787mm×1092mm 1/16　**印张**　24 1/4　**字数**　587 千字
版　　次　2020 年 10 月第 1 版　2020 年 10 月第 1 次印刷
社内编号　20180561　　**定价**　175. 00 元